国家科学技术学术著作出版基金资助出版

中间体衍生化法与新农药创制

刘长令　关爱莹　谢 勇　著

Intermediate Derivatization Method
and
Novel Agrochemical Discovery

化学工业出版社
· 北 京 ·

本书在系统总结作者研究团队长期从事新农药创制研究实践与成果的基础上，紧紧围绕首创的新农药创新研究方法——中间体衍生化法，详细阐述了其在我国新农药创制中的内涵、意义及其应用，具体介绍了包括替换法、衍生法及直接合成法在新农药创制中的应用实例，具有极高的学术价值与极强的理论指导意义。

本书适合广大从事新农药创制以及相关精细化学品如新医药、新材料等创新研究的人员阅读，也可供农药学、植物保护、有机化学、精细化工、应用化学、环境化学和农业科学专业师生参考。

图书在版编目（CIP）数据

中间体衍生化法与新农药创制/刘长令，关爱莹，谢勇著. —北京：化学工业出版社，2019.10
ISBN 978-7-122-34798-5

Ⅰ.①中… Ⅱ.①刘…②关…③谢… Ⅲ.①农药-生产工艺 Ⅳ.①TQ450.6

中国版本图书馆CIP数据核字（2019）第131756号

责任编辑：刘　军　　文字编辑：向　东
责任校对：边　涛　　装帧设计：王晓宇

出版发行：化学工业出版社（北京市东城区青年湖南街13号　邮政编码100011）
印　　装：大厂聚鑫印刷有限责任公司
710mm×1000mm　1/16　印张26¼　字数509千字　2020年1月北京第1版第1次印刷

购书咨询：010-64518888　　售后服务：010-64518899
网　　址：http://www.cip.com.cn
凡购买本书，如有缺损质量问题，本社销售中心负责调换。

定　　价：168.00元

序　一

自新中国成立后沈阳化工研究院在老一代科技带头人张少铭、王大翔、李宗成等老专家的创业和实干精神指导下，70年来一贯坚持我国农药科技的创新工作，先后建立了我国最完整的情报信息中心、生测中心、安评中心并创建我国农药学会等，是我国农药科技事业的开拓者。更值得重视的是在通过承担不同时期国家下达的各项攻关任务中薪火相传，培养了一代又一代农药研发骨干。新一代专家刘长令教授继承了先辈们的光荣传统，在新农药研发道路上继续奋进。最近刘长令研究团队编写的《中间体衍生化法与新农药创制》是沈阳化工研究院多年发展积累沉淀的成果。

新中国成立前由于战争连绵、工业基础十分薄弱，连最简单的手表、自行车也不会制造，作为精细化工的农药工业更是技术空白，连最简单的杀虫剂六六六也不能生产。我国历史上曾先后发生了500多次大规模的蝗灾和瘟疫，每次灾后都发生全国性严重饥荒，导致大规模农民起义甚至改朝换代。当今我国农药生产规模已达世界第一，保护我国农作物增产30%以上。但由于农药科技工作者和社会沟通不够，加上一些缺乏科学依据的报道，农药这个“有功之臣”却不断地被污名化，实有欠公允。农药除了保护农作物、果蔬与各种经济作物有效抵抗各种病、虫、草等的严重侵袭外，也为我国人民免受旧社会各种大规模流行病（如霍乱、痢疾、鼠疫、疟疾、黑死病，吸血虫病等）的重大危害，现在这些流行病已近乎绝迹，我国人民寿命也逐步提高。因此农药参与我国社会进步的贡献不应被忽视。

在新中国成立后，由于国家大力支持农业现代化，因此农药工业由解放前一穷二白到今天生产规模巨大，尽管如此，但由于我国有关科技基础研究薄弱，没有建立起来自己的新农药创制体系，所以导致当前生产的农药品种绝大部分是外国发明和开发的，严重缺乏符合我国国情自己的创制品种。新农药创制是一类学科跨度大、时间长、投资巨、风险高的复杂型战略项目。据国外统计，成功地研发一个新农药品种需投资3亿美元和至少十年以上的艰苦工作。目前创制目标已从原来要求的高效低毒、绿色农药发展到生态农药的新阶段。换言之，创制新农药品种不但要求突破外国数量广泛的发明专利保护圈、超高效用量低、对温血动物无毒、工艺绿色化等外，还要求对非靶体有很高的选择性，对环境与生态不能有任何影响。这样的复杂开发过程不仅需要巨额的投资，还要承担很高的风险。在新农药对诸多非靶生物体的评估中如发现对某个非靶体有不良影响，那么前期创制工作全部作废。在某种程度上比新医药的创制要求更为复杂，这点是人们不太了解的。目前不少发达国家认为创制新农药的投入产出比太小而风险太高，已陆续退出农药创制的历史舞台，如意大利、法国、英国、以色列等。当前仍坚持新农药创制研发的仅有美国、日本、德国、中国等国家。

我国农药的创制工作始于20世纪80年代后，由于我国申请加入WTO，国际形势要求我们启动创制具有自主知识产权新农药的途径。在这个领域涉及很多与非化学化工专业（如农学、植物学、动物学、昆虫学、微生物学、药理学、毒理学、病理学、生物化学、分子生物学、环境保护学、土壤学、生态学、剂型学、计算机学等）交叉学科的基础研究。当前创制工作就是要面向绿色农药——生态农药的方向努力。我们当前基础研究和国际水平还有不少差距。在党中央的“创新驱动发展”“加强原始创新”号召下，我国的农药工作者必须痛下决心，迎难而上，积极参加到这个国际竞争洪流中去。

在拜读了刘长令研究团队编写的《中间体衍生化法与新农药创制》一书后颇有感慨。这是刘长令教授经过20多年的研究实践总结出来的新农药分子设计的经验和体会。本书系统地介绍“中间体衍生化（IDM）”所包含的替换法（TRM），衍生法（ADM），直接合成法（CIM）等具体内容，并多次强调在分子设计之时，就要考虑到产品的产业化；既关注选择各种原料或中间体能适合最后产业化的需要，同时考虑绿色化、专利权、成本和工艺过程。在替换法中系统介绍了17个案例，衍生法3个案例和在直接合成法中1个案例。这里应予说明这些案例都是刘长令团队在长年创制新农药过程中亲身积累的宝贵资料，列出了大量有关新农药的合成、结构、生测、田间、毒理、专利、文献等详尽信息。该团队在利用IDM创制成功的品种包括候选品种有丁香菌酯、唑菌酯，唑胺菌酯、嘧螨胺和苯嘧草唑等。庞大的工作量有力地说明创制新农药需要长期坚持艰苦工作才能有所收获的基本道理。

在现代医药创新研究所强调的靶向分子设计的理念处在不同发展阶段和当前农药基础研究严重滞后的现状下，作者在农药创制的实践证明IDM不失为一种重要的分子设计手段。在此设计过程中关键中间体的准确界定和备有完善的生测系统无疑也是十分重要的条件。我国在农药分子设计上除了学习国外先进经验外还需要不断总结自己在创制中的经验和体会。可贵的是刘长令教授勇于提出自己的创新方法——中间体衍生化法，将鼓励其他专家展述各自创制经验梳理出来的新观点和新体会，进一步丰富我国的创制理念，使之进入百花争鸣日益繁荣的境界，将在世界农药科技史上占有一席之地。此书的出版对广大专业工作者来说是一本高水平的专业参考书，对同学们来说是一本有益的教科书，对管理同志来说是一本了解国内外最新信息动态的科普书。

最近报道人工智能自主设计各种最佳的合成路线和发明新的反应使人得到启发。随着中央号召将我国建成一个生态文明国家的伟大目标，利用人工智能和大数据等前沿技术或可在创制阶段借鉴各自总结的结构-药效、结构-毒性、结构-工艺、结构-生态等相互关联的软件进行预测，将对新农药设计工作起很大帮助。世界科技进步日新月异，满足国家重大需求就是我们的使命。我国农药工作者有信心将我国由目前的农药大国早日建成一个世界农药强国。

中国工程院院士
南开大学讲席教授 李正名

2019 年 9 月 30 日

序　二

上世纪五十年代我国处于列强的禁运和制裁之中，中国人民和工程技术人员在党的领导下艰苦奋斗自力更生开始建立自己的现代农药工业生产基础。六十年代初开始了新农药的研究开发，老一辈科研工作者提出我国农药研发从先仿后创、仿创结合、仿中有创逐渐走向以创为主的新农药研发道路。全国建立了两个农药创新及工程研究中心，经过多年的努力，特别是本世纪初连续获得两个国家有关创制新农药的973重大专项的支持，使我国农药创新能力总体水平有了很大的提高，基本走上了自主开发的创新道路。纵观世界农药工业的发展创新道路，经历了战争化学武器的改良以及以除虫菊素、藜碱类、生物激素类活性物质为代表的天然生物活性物质的模拟合成及结构改造，研制出了一批在农业病、虫、草害防治及农作物高产中发挥了重要作用的新农药。

同时蓬勃发展的化合物分子结构与活性关系的研究，活性物质的活性与目标生物的作用靶标的研究，以及分子设计候选化合物农药活性物质的前体基础研究，结合高通量筛选技术的发展研制出了一大批在防治农业病、虫、草中发挥重大作用的新农药，为农作物的稳产高产发挥了重要的作用。但经过新农药的发现和创新的黄金阶段，新农药的创新难度会愈来愈大，发现几率也越来越小。为了适应环境变化及病、虫、草的变异，同时人类和社会对农药安全性要求也会愈来愈高，农作物的保护对新农药的要求也会与日俱增，科研工作者还是要创新、创新、再创新，但目前创新和发现新农药的难度愈来愈高，需要更多的投入，同时也需要多学习协同创新。

刘长令团队长期从事新农药的研究开发，潜心研究现有农药的结构和活性的关系，总结出一套活性物质结构模块与功能的关系。首先考虑结构模块的合成难度、原料成本以及对环境和其他生物的影响等因素，创建了中间体衍生化法设计活性候选化合物的新农药创新思路，成效显著，经过大量的实验合成创新了一批候选化合物，其中已选出了多种新农药实现了产业化并应用于病、虫、草的防治。刘长令等编著的《中间体衍生化法与新农药创制》一书是他们多年来实践的总结。他们创立了一种高效发现新农药之路，对我们从事农药创新科研开发有很大的参考价值，也是相关农药专业学生和研究生很好的教材。

中国工程院院士
浙江工业大学名誉校长　沈寅初

2019年10月4日

前　言

经过国家“八五”至“十二五”期间，尤其是“十五”至“十二五”的大力投入，加上各单位或企业的投入，我国在新农药创制领域获得了飞速的发展，并取得了一批创新性的研究成果。然而，与国外公司相比，仍存在较大的差距。鉴于新农药创制目前仍属“试错”的学科，并具有长周期、高投资、高风险、低成功率等特点，需要不断总结探索出新农药创制方法，尤其是适合我国国情的创新方法，提高创新的效率与成功率，进而开发出具有独立自主知识产权、安全、环保、低风险的农药新品种。

本书作者研究团队在参考当前国际先进研究成果的基础上，通过 20 多年新农药创制研究实践创建了一种新农药创新研究方法——中间体衍生化法。与现有创新方法的不同之处或该方法的创新之处在于：在研究之初，即在设计新化合物之时，就考虑未来产品的开发；选用便宜易得、安全环保的原材料或中间体，利用常规的化学反应，通过多轮 DSTA（设计-合成-测试-分析）研究发明知识产权稳定、性能好，或成本低、性价比高、安全高效的新产品，并确保产业化过程安全环保。

中间体衍生化法不仅可以突破专利垄断，大幅提高研发成功率，既适用于“me too”尤其是“me better”研究，也适宜于全新结构化合物的研究，且更利于产品产业化。该方法的实质就是利用有机中间体可进行多种有机化学反应的特性，以市场为导向，从化学的角度出发，把新药先导发现的复杂过程简单化。中间体衍生化法，不仅适宜于新农药创制，对其他相关精细化学品的创新研究也有借鉴意义。该方法属于原创性的研究思路，将为新农药创制研究工作提供更好的指导。

本书系统收集了作者团队新农药创制中采用“中间体衍生化法”所取得的进展和成果，将对新农药创制研究具有重要的学术价值和实用价值，供新农药创制相关学术界同行研究农药时参考，也适合作为农药学、植物保护、有机化学、精细化工、应用化学、环境化学与农业科学专业的教师和学生的教科书或参考书。

本书在撰写过程中还得到了众多同事的参与和帮助，如李淼、杨吉春、李慧超、柴宝山、王立增、刘鹏飞、吴峤、李洋、杨帆、杨金龙、芦志成、刘淑杰、白丽萍等，刘玉猛、张鹏飞、杨萌等参与本书校对工作，书中相关研究工作由本团队科研人员和研究生完成，相关生物活性、工艺、制剂、毒理学等数据均来自公司对应团队或其他单位合作团队，在此一并表示衷心的感谢。同时，感谢长期给予我们关心、支持与帮助的领导、前辈与同行！

尽管作者十分努力地想使本书成为一本很好的学术参考书，但由于相关书籍很少，且限于作者水平和编写时间，疏漏与不当之处在所难免，敬请广大读者给予批评指正。

刘长令

2019 年 5 月

目 录

1 农药的使用与研发现状

1.1 农药的使用现状

农药主要是指防治危害农林牧业生产的有害生物（病原菌、害虫、害螨、线虫、杂草及鼠类）和调节植物生长的化学药品，分为杀菌剂、杀虫剂、杀螨剂、杀线虫剂、除草剂和灭鼠剂，还有植物生长调节剂等，通常也把改善有效成分的物理、化学性状的各种助剂包括在内。它们可来源于人工合成的化合物，也可来源于自然界的天然产物，它们可以是单一的一种物质，也可以是几种物质的混合物及其制剂[1]。

1.1.1 农药在国民经济发展中的作用

农药是重要的植物保护化学品，投入产出比高达6～20倍。在全球人口增长及耕地面积减少的矛盾下，农药的广泛施用以提高单位面积粮食产量是解决粮食问题的重要出路。据联合国粮食及农业组织（FAO）统计，1950年世界人口25亿，2005年世界人口超过65亿，2017年世界人口超过75亿，2030年将超过80亿，到2050年将达到98亿。20世纪60年代，每公顷土地需要养活两个人，2012年每公顷土地需要养活4个人以上，而到2030年每公顷土地需要养活5个人以上。更为严峻的是，由于城市化、土壤侵蚀和其他人为因素的影响，致使可耕种的土地逐渐减少；同时，由于砍伐森林、温室气体的排放等，加剧了气候的恶化和水资源的短缺。因此，生产出足够的粮食，以满足世界人口不断增长的需要，是全球面临的一个严峻问题[2,3]。

对我国来说，形势也很严峻，我国人口已超过14亿，但耕地面积相对日益缩小，目前我国人均耕地面积仅1.4亩（1亩=666.7m^2），在世界人均占有耕地面积排名中处于倒数第3位。经过统计与计算，人口增长所需的粮食，1/3是靠耕地获得，2/3是靠提高农作物的单位面积产量来解决。因此，如何在有限的耕地上满足对粮食不断增长的需求，是我国持续发展中面临的极为重要的问题。农业增产主要依赖于土壤、肥料、机械化、灌溉等农业技术的革新，然而杂草、害虫和病害则一直影响农业的收成，且影响日益严重，已成为影响农业生产的主要因素。避免病、虫、草害对农业生产的危害，挽回它们造成的损失，尽管有多种办法，但农药起到极其重要的作用，正如人类离不开医药，植物保护也离不开农药。据 FAO 统计（见图 1-1），如果不使用农药，粮食产量将至少减少 1/3，将无法生产足够的食物满足人类的需要，世界各地将出现饥荒。因此，农药在农业生产中具有不可替代的作用[4~7]。

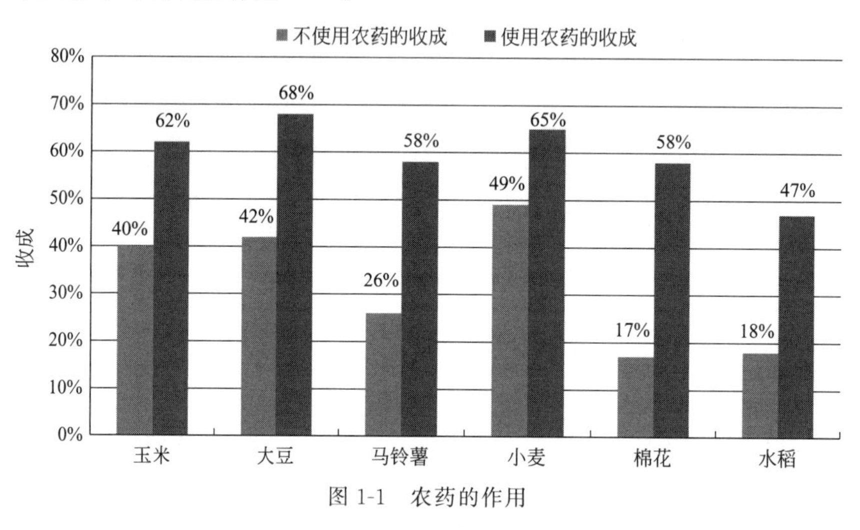

图 1-1　农药的作用

尽管农药非常重要，且目前使用的农药都是经过严格的甚至严酷的登记，合理使用是安全的，但以前曾经使用过高毒（部分有机磷杀虫剂）、高残留（含多氯的杀虫剂）农药，随着科学技术水平的提高，新产品不断推出，高毒高残留农药（主要指部分杀虫剂）绝大多数已经被淘汰（部分保留是为了应急，如蝗虫泛滥之时使用），但公众对农药的认识仍然停留在 30 年前，依然认为农药就是指高毒高残留的杀虫剂，就是“坏东西”。事实上，农药不仅仅有杀虫剂，还有杀菌剂、除草剂和植物生长调节剂等，现在使用的大多数农药几乎都是低毒、低残留、低风险的，且高效，尽管使用后会有残留，但有残留并不等于不安全，只要按照农药登记标签使用相关产品，尤其是在安全间隔期内不能采收，这样残留就不会超标，就是安全的（安全间隔期是指在农业生产中，最后一次喷药与收获之间的时间，必须大于安全间隔期，不允许在安全间隔期内收获作物）。当然农药在制造过程中产生污染环境的现象、不合理使用造成的残留超标以及人为的吞服造成的伤亡事件等都是不容忽视的，目前环保法、教育培训以及新农药管理条例等的实施，将确保农药本身安全、生产安全及合理使用，更好地服务于人类社会的可持续发展。

1.1.2　国内外农药的使用现状

各发达国家历来对农药的开发、生产、使用都十分重视，尽管生物农药备受关注，但化学农药的使用占据绝对优势。早在 1992 年，世界环境与发展大会提出：2000 年生物农药要占总用药量的 60%。事实上到目前为止，生物农药所占比例仍很低。根据英国 Phillips McDougall 咨询公司的统计数据[8]，按分销商水平计，2017 年全球作物用农药市值 542.19 亿美元，同比增长 3.7%，中国约占 10%；全球生物农药的销售额仅占整个作物保护市场的 5%，不到 30 亿美元。化学农药为什么占据绝对优势？因为化学农药是以市场或需求为导向研发的，且大多是在天然产物基础上改造而得，可以更好地满足市场防治病、虫、草害的需要。

1.1.2.1 生物农药

生物农药是指利用生物活体（真菌、细菌、昆虫病毒、转基因生物、天敌等）或其代谢产物（信息素、生长素、萘乙酸钠、2,4-D 等）针对农业有害生物进行杀灭或抑制的制剂；或称天然农药，系指非化学合成，来自天然的化学物质或生命体，而具有农药的作用。

由于化学农药效果好、见效快，人们更偏向于使用化学农药防治病、虫、草害，导致生物农药的研制和应用一度停滞。进入 20 世纪 90 年代，科学技术不断发展进步，减少使用化学农药、保护人类生存环境的呼声日益高涨，研究开发利用生物农药防治农作物病、虫、草害，成为国内外植物保护科学工作者的重要研究课题之一。生物农药对农业的可持续发展、农业生态环境的保护、食品安全的保障等提供了物质基础和技术支撑而受到越来越广泛的关注与厚爱。生物农药在病、虫、草害综合防治中的地位和作用显得愈加重要。

生物农药具有以下优点[9]：

（1）低残留，对生态环境影响小　生物农药控制有害生物的作用主要是利用某些特殊微生物或微生物的代谢产物所具有的杀虫、防病、促进生长的功能。其有效活性成分完全存在和来源于自然生态系统如植物源农药，最大特点是极易被日光、各种土壤微生物、植物分解，是一种来源于自然、归于自然正常的物质循环方式，对自然生态环境无污染，比较安全。如除虫菊素最主要的特点是光稳定性极差，因此使用后在农产品中无残留，适合绿色食品的生产。

（2）高选择性，对人畜比较安全　生物农药与传统的化学农药相比，主要区别在于它们通常是控制而不是杀灭病、虫，更具有选择性（事实上现在的化学农药多具有很好的选择性，且都通过安全风险评估，确保低残留、低风险、高安全性）。目前市场开发并大范围应用成功的生物农药产品多易降解，它们只对病、虫、草害有作用，一般对人、畜及各种有益生物安全，对非靶标生物的影响也比较小。如印楝素对黑肩盲蝽、菲岛长体茧蜂、智利小植绥螨等多种天敌安全；对蜜蜂、蚯蚓等有益生物安全；对大白鼠、虹鳟等低毒，无致畸作用。但并非所有生物农药对非靶标生物都安全，如烟碱对人畜高毒、对蜜蜂也有害；阿维菌素属高毒农药，对大鼠、水生生物、蜜蜂都是高毒；鱼藤酮对鱼类有极高的毒性，天然除虫菊素对鱼及其水生生物和蜜蜂都有毒害。

(3) 控制时间长，不易产生抗性　一些生物农药品种（昆虫病原真菌、昆虫病毒、昆虫微孢子虫、昆虫病原线虫等）具有在害虫群体中的水平或经卵垂直传播能力，在野外一定的条件之下，具有定殖、扩散和发展流行的能力，不但可以对当年当代的有害生物种群起到一定的抑制作用，而且对后代或者翌年的有害生物种群也能起到一定的抑制作用，具有明显的后效作用。生物农药作用方式独特，一般是多种成分协同发挥作用，使害虫不易产生抗性。如阿维菌素对螨类持效期长达 30～45 天，虽不易产生抗药性，但单一制剂长期使用，目前也产生了较为严重的抗性。

(4) 取材容易，费用较低　我国的土壤、气候、农作物的多样性以及微生物的多样性，使我国在生物农药资源方面具有得天独厚的优势，丰富的野生动植物农药资源、微生物资源为我国发展微生物农药提供了坚实的基础。对于微生物农药，可以利用天然可再生资源或工业废料，通过普通发酵设备就能进行生产，生产成本比较低廉。投资开发生物农药的市场风险相对较小。生产生物农药一般不会产生与利用不可再生资源生产化工合成产品争夺原材料的矛盾，有利于人类自然资源保护和永久利用。据国外研究分析，目前新化学农药开发成功的概率已由过去的 1/5000 降低至 1/160000～1/40000。在研究资金投入方面开发一种生物农药投入 200 万～400 万美元，一种新的化学农药投入 2.3 亿～2.9 亿美元，化学农药开发周期通常为 10 年，生物农药 3～5 年。

(5) 生产设备用途多样化，操作方便，安全可靠　生物农药的工业生产一般采用液体深层发酵，所用生产设备为通用设备，一般主要包括种子罐、发酵罐、浓缩过滤系统、有效成分的分离提取和干燥装置等。设备通用性较好，有利于企业根据市场需求变化进行大规模工业化、系列化开发生产。可以采用简单的方法浸提生物农药，有时甚至无需专门的设备和工厂，保管、施用和运输也十分方便，是安全系数很高的农药品种。

生物农药具有上述优点的同时，也存在着一些缺点[9]：

(1) 药效慢且单一　农民施用农药往往是为了预防或者快速处理已经发生的病害，提高农产品的产量、质量，达到农业丰收的目的。但生物农药在这一点上却远不如化学农药。生物农药的药效相对较慢，如白僵菌一个侵染周期 7～10 天，一周左右才能达到药效高峰。当突发毁灭性的病、虫、草害时，生物农药难以及时控制，这时就需要作用快、用量少的化学农药发挥作用。这是生物农药的致命缺点。生物农药具备高选择性的优点，也使得其药效单一，控制有害生物的范围较窄。一种生物农药只能防治一种害虫，如 Bt（苏云金芽孢杆菌）生物农药一般只能防治食叶性害虫。

(2) 药效易受环境因素制约和干扰　生物农药的药效易受环境因素制约，如温度、湿度、光照等。如白僵菌孢子发芽侵入虫体后，在 24～28℃范围内菌丝生长最好，药效也最好；低于 15℃或高于 28℃时菌丝生长缓慢，药效慢且低；

在 0～5℃低温下菌丝生长极为缓慢，甚至休眠不生长，基本不显药效。环境湿度对药效影响也很大，尤其是施用粉状生物制剂，只有在高湿条件下药效才能得到充分发挥。生物农药的光稳定性差，如除虫菊素光稳定性极差，在太阳光照射下易失去活性，施药时多选 16 时以后或阴天。

（3）安全或环境安全性问题有待深入研究　提及“生物农药”人们常常“想当然”地认为生物农药是源于生物的天然农药，经过代谢降解又回到自然，是安全、无公害的。其实不然，生物农药本质上就是具有生物活性的单一化合物或者混合物，无论其来源如何，都可能因与生物靶标结合而对某些生物具有保护或者危害作用。如前面提及的，并非所有生物农药对非靶标生物都安全，如烟碱对人畜高毒、对蜜蜂也有害；天然除虫菊素对鱼及其他水生生物和蜜蜂都有毒害；鱼藤酮是传统植物性杀虫剂，过去认为其只对节肢动物之类害虫起作用，对人畜比较安全，但对鱼类有极高的毒性，另有英国《科学》杂志报道，农作物中残留的“鱼藤酮”杀虫剂一旦随食物进入人体，最终可诱发帕金森病；印楝素对赤眼蜂、通草蛉、斑腹刺益蝽、绿僵菌等也有一定的影响。再如常用的阿维菌素大鼠急性经口毒性（LD_{50}：10mg/kg）为高毒，且对水生生物、蜜蜂都是高毒。生物农药不等于安全，化学农药不等于不安全。中国农业出版社出版的由傅正伟和钱旭红翻译的《农药与食品安全》中也有描述：天然的不等于安全。有些作物自身会产生毒素以抵御外来病虫侵害，这些毒素包括如剧毒和致癌力极强的黄曲霉素等，也有因病产生的毒素如小麦赤霉病发生如果不能很好防治，产生的毒素毒性更高。PloS ONE 曾报道加拿大科研人员 C. A. Bahlai 等通过研究发现：与化学农药相比，生物农药并不见得对环境友好，甚至副作用更大（https://journals.plos.org/plosone/article?id=10.1371/journal.pone.0011250）。而天敌的安全性问题主要表现在对生物多样性的影响，引入的天敌可能会造成生态平衡的破坏进而带来新的虫害。

目前全球生物农药市场主要参与者包括拜耳作物科学（德国）、巴斯夫（德国）、孟山都（美国）、Marrone Bio Innovations 公司（美国）、Certis USA LLC（美国）和 Koppert 生物体系（荷兰）。大多数公司通过在全球发布新产品、合作收购等措施获得竞争优势[10]。近年来，生物农药在全球范围内呈现快速增长态势，且增长速度远超传统的化学农药，市值从 2009 年的 13.32 亿美元快速增加至 2016 年的 33.7 亿美元，增长了 153%，占全球农药市值的比重提高了 4 个百分点。

据不完全统计，2015 年全球新登记生物农药品种约 24 种，其中微生物农药达 18 种，占有绝对优势。微生物农药作为目前产量最大、应用范围最广的生物农药被广泛用于植物病虫害防治，其中苏云金芽孢杆菌（*Bacillus thuringiensis*，Bt）制剂是使用最广泛的细菌性杀虫剂，占微生物杀虫剂总量的 90%以上，已登记了 180 多个品种，主要用于防治鳞翅目害虫；白僵菌（*Beauveria bassiana*）是应用范围最广的真菌性杀虫剂[11]。

2016年，我国有260多家生物农药生产企业，约占全国农药生产企业的18%，生物农药制剂年产量为10多万吨，年产值30多亿元人民币，占整个农药总产量和总产值10%左右。目前已有多个生物农药产品获得广泛应用，如苏云金芽孢杆菌、井冈霉素、中生菌素、武夷菌素及除虫菊素、苦参碱、芸苔素等。

截至2017年年底，我国登记农药产品总数为38248个，其中生物化学农药、微生物农药和植物源农药登记产品数1366个，占比3.6%，涉及97种有效成分(含不同菌株)，如表1-1所示；农用抗生素（国外不承认其为生物农药）登记产品数2415个，占比6.3%，涉及13种有效成分，两种合计占农药登记总数的9.9%。而目前美国已登记的生物农药制剂约1420个，占总登记制剂数的8.3%；登记的生物农药有效成分约248种，占总登记有效成分数的20%。由此可以看出，与美国生物农药成熟市场相比，无论是在有效成分占比还是登记数量占比方面，我国仍存在不小的差距。2017年新增登记农药品种（有效成分）38个，其中生物农药占10个，分别是金龟子绿僵菌CQMa421、苏云金芽孢杆菌G033A、解淀粉芽孢杆菌B1619和梨小性迷向素等，如表1-2所示。

表1-1 我国登记生物农药品种及产品数量[12]

类别		品种数		产品数	
		2016年	2017年	2016年	2017年
微生物农药	细菌	14	15	59	67
	真菌	13	17	347	367
	病毒	11	11	63	70
	原生动物	1	1	1	1
生物化学农药	信息素类	3	4	74	81
	植物生长调节剂	14	16	392	383
	植物抗诱剂	6	7	115	135
植物源农药		25	26	240	262
合计		87	97	1291	1366

表1-2 2017年新增登记农药品种[12]

序号	有效成分	类别	防治对象
1	金龟子绿僵菌CQMa421	真菌微生物	稻飞虱和稻纵卷叶螟
2	苏云金芽孢杆菌G033A	细菌微生物	甘蓝小菜蛾和马铃薯甲虫
3	解淀粉芽孢杆菌B1619	细菌微生物	番茄枯萎病
4	解淀粉芽孢杆菌PQ21	细菌微生物	烟草青枯病
5	甲基营养型芽孢杆菌9912	细菌微生物	黄瓜灰霉病
6	表芸苔素内酯	植物生长调节剂	草莓、芒果调节生长

续表

序号	有效成分	类别	防治对象
7	14-羟基芸苔素甾醇	植物生长调节剂	棉花调节生长
8	梨小性迷向素	信息素	梨树梨小食心虫
9	寡糖链蛋白	植物诱抗剂	番茄、烟草病毒病
10	异硫氰酸烯丙酯	植物源农药	番茄根结线虫

我国的微生物农药生产已初具规模，我国是Bt、阿维菌素、井冈霉素的生产与应用及出口大国，Bt年产值约3.5亿元，年出口1.5亿元左右；阿维菌素年产值15亿元，年出口约7亿元。木霉菌等真菌生物农药发酵产抗逆性孢子工艺取得突破。传统微生物农药生产工艺、应用推广面积和产品质量都有了长足的进步。同时，我国害虫天敌的生产与利用技术处于国际领先水平，赤眼蜂的人工繁殖与应用全球面积最大，年繁蜂量100亿头左右，应用2000万亩以上。农用抗生素、植物源农药都有了长足的进步。

然而目前我国生物农药品种结构还不够合理，突出体现在生物农药产品与生物防治技术还比较落后，无法满足农业生产需求。生物农药的协同增效、适宜剂型、功能助剂等配套技术成为制约生物农药和生物防治的技术瓶颈。当今在微生物活体、天敌昆虫、微生物代谢产物、植物源农药和昆虫病毒类农药以及在基因及化学调控、植物免疫诱导抗性和RNAi干扰等领域开展新型生物农药的创新与探索得到了快速和令人鼓舞的发展。

1.1.2.2 化学农药

几十年来化学农药的迅速发展主要表现在如下方面[14]：

（1）化学农药安全性及效率水平大幅度提高　大多数化学农药源自天然产物，且克服了天然产物的诸多缺陷，更高效、更安全。例如，来自天然除虫菊的拟除虫菊酯类杀虫剂不仅比天然除虫菊性能更优，且比有机磷杀虫剂的活性提高了一个数量级，用药量已降至150g(a.i.)/hm^2，鱼尼丁类杀虫剂如氯虫酰胺的使用量则为15g(a.i.)/hm^2；三唑类杀菌剂用量为150g(a.i.)/hm^2，甲氧基丙烯酸酯类杀菌剂用量为50g(a.i.)/hm^2；磺酰脲类除草剂在5～75g(a.i.)/hm^2下就可以表现出卓越的除草活性，新发现的许多除草剂（如氯氟吡啶酯等）用量甚至低至7.5g(a.i.)/hm^2等。新的化学农药不仅自身低毒、低残留、低风险、高选择性，且用药量的大幅度降低，减少了对环境的影响和对人类不安全的风险。

（2）现今的化学农药几乎可以防治各种已知的病、虫、草害　据统计，世界上农药品种2000多个（指单一有效成分的化合物），常用的农药品种有600多个。2017年全世界农药销售统计，除草剂占42.9%，杀菌剂占28.6%，杀虫（螨）剂占24.9%，其他3.6%。销售额超过2亿美元以上的品种28个；销售额过亿美元的品种78个，67个为非专利产品，占86%，除草剂29个、杀虫剂18

个、杀菌剂15个、植物生长调节剂5个；手性农药品种30多个。全球农药总使用量300万吨左右，欧洲96万吨，占32%，美国17%，其他发达国家17%，亚洲发展中国家10%，其他24%；作物果树与蔬菜（25.7%）、谷物（16.2%）、大豆（14.5%）、玉米（11.2%）、水稻（10.2%）、棉花（4.7%）等农药使用量占82.5%。据Phillips McDougall的统计数据，预计2022年全球农药市场将达到650亿美元，其中前十大农药使用国家排序为：巴西、美国、中国、日本、印度、法国、德国、加拿大、阿根廷、意大利，农药使用费用合计占全球的68.8%；排名11至20的国家为：俄罗斯、澳大利亚、西班牙、墨西哥、英国、韩国、波兰、越南、泰国、乌克兰，农药使用费用合计占全球的13.0%；前20个国家农药使用花费占全球的81.8%。因此现代植保产品体系针对各种病害可以提供相应的防治手段，至今，没有其他的防治方法可以为农业生产提供如此得心应手的简便防治手段。

（3）化学农药的剂型与使用技术有了很大的进步　现在应用的剂型有：乳油、粉剂、可湿性粉剂、胶悬剂、胶体剂、微胶囊剂、颗粒剂、微粒剂、油雾剂、烟雾剂、气雾剂等。研究剂型的目的不仅仅为了更有效地用药，提高农药利用率，而且为了环境保护，同时对使用技术也提出了新的要求。现在许多农药可以配成高浓度油剂，这就使高效的转碟式离心雾化器很快发展起来，利用它可以把少到几百毫升的农药油剂均匀分散雾化并覆盖在一亩农田的作物上，雾滴细度可小到50～70μm。这项低容量和超低容量喷洒法已发展成为现今最重要的农药喷洒技术之一。

我国农药行业近年有了长足进步，为我国农业生产提供了强有力支撑，具体表现在如下方面[15,16]：

（1）我国农药工业经过多年的发展，现已形成了包括科研开发、原药生产和制剂加工、原材料及中间体配套的较为完整的产业体系　到2014年年底，获得农药生产资质的企业有近2000家，其中原药生产企业500多家，全行业从业人员16万人。2014年农药工业主营业务收入3008.41亿元（含重复统计），实现利润225.92亿元。2011～2014年，我国农药销售收入年均递增17%，利润年均递增23.9%。据Phillips McDougall的统计数据，2012年、2016年、2017年我国的农药销售额分别为36.69亿美元、56.49亿美元、59.99亿美元，2017年与2016年同比增长率6.2%，2012年至2017年复合增长率为10.3%。而据国家统计局数据显示，2017年，中国农药行业主营业务收入达到3080.1亿元（含重复统计），同比增长11.8%，利润总额达到259.6亿元，同比增长25.0%。化学原药利润总额同比增长12.1%，生物化学农药及微生物农药同比增长10.0%。

（2）生产规模大幅增长，质量稳步提高，品种不断增加　我国地域辽阔，经纬度跨度较大，作物品种及病、虫、草害种类繁多。每年使用的化学农药无论是品种还是数量均很可观，但原药基本维持在30万吨左右。据不完全统计，每年我国农药需求量在400亿元（产值）左右，2008年农药总产量达190万吨（制剂，且有重复统计，下同），跃居世界第一；2011年农药总产量则达到了264.8万吨（制剂）；据国家统计局公布的数据，2014年全国农药产量达到374.4万吨（制剂）。在制剂规模扩大的基础上，农药产品质量也稳步提高，部分产品达到国际先进水平，如杀虫剂吡虫啉、溴氰菊酯，杀菌剂多菌灵、甲霜灵等。2017年全国累计生产农药294.1万吨（制剂），同比下降8.7%。这是中国农药行业21世纪以来第一次出现产量同比下降的情况。其中，除草剂作为最大类的农药品类，领跌了产量走势，为114.8万吨（制剂），同比下降19.5%。杀虫剂产量为59.7万吨（制剂），同比增长10.5%，占农药总产量的20.3%。杀菌剂产量为17.0万吨（制剂），同比增长14.6%，占农药总产量的5.8%。3大类农药中，大宗品种产量有升有降。根据下游市场需求以及环保核查和冬季停限产导致的产业链紧张，各大品种产量升降差异很大。

（3）农药品种结构也不断改善　2014年可生产500多个品种，常年生产300多个品种，3000多个制剂产品，农药品种亩用量和毒性等逐渐下降，在总产量中，高效低残留品种占95%。从三大类品种结构来看，杀虫剂在总产量中的比重不断下降，而杀菌剂和除草剂的比重逐渐上升。1986年杀虫剂在总产量中的比重高达72.5%，杀菌剂和除草剂分别为7.8%和7.5%；2014年我国杀虫剂、杀菌剂和除草剂产量占农药总产量的比例分别为21%、9%和70%，农药产品中，高效、安全、环境友好型新品种、新制剂所占比例也得到了明显的提升。2017年，除草剂作为最大类的农药品类占农药总产量的73.9%，杀虫剂产量占农药总产量的20.3%。杀菌剂产量占农药总产量的5.8%。

（4）在生产能力不断扩大的同时，我国农药出口连年大幅度增长　从进出口品种来看，出口的基本上是原药，而进口也主要是为了补充国内缺乏的杀菌剂、杀虫剂和除草剂品种；2016年中国农药进出口情况见表1-3。2017年，我国农药出口总量呈上升态势，但原药和制剂出口占比却呈现不同趋势。其中，2011年以来，原药出口比重逐年下降，制剂出口占比逐年增加，已成为出口主力军。近几年的数据显示，从农药出口数量、金额观察发现，原药在出口中的占比保持阶段性下降的特点，2017年原药出口金额占到出口总金额的56.3%，出口数量占到总出口量的34.5%，为2011年以来最低，而制剂出口数量达到96.13万吨，占比则达到了65.5%[13]。

表1-3　2016年中国农药进出口情况　　单位：亿美元

分类	进口	出口
除草剂	1.43	21.47
杀虫剂	1.51	9.47
杀菌剂	2.55	5.30
合计	5.49	36.24

1.2 农药的研发现状

农药是与人类生存活动紧密相关的一类重要的农用化学品，也是科技发展与社会进步的产物。随着科学技术水平不断发展，对农药安全性各项标准趋于严格化，不断淘汰和限制使用那些对人类和环境不安全的农药品种，因此农药工业一直处于不断更新的动态发展中，在这种环境下，谁能率领新农药开发的新潮流，谁就能主宰农药市场。

1.2.1 国外农药研发的现状及特点

为了人类更好的生存需要，目前开发的新农药必须具有“安全、高效、经济”也即高生物活性、高选择性、高安全性、低残留、无公害、使用方便且费用低等特点，在上述因素中，首先是考虑与环境的相容性，其次才是生物活性。因此，新农药的开发日益困难，周期加长，投资加大，成功率降低，使得各农药公司竞争日益加剧，新产品的开发成为世界农药界竞争的焦点。

当今国际上农药开发的现状主要有以下几个特点[18~21]：

（1）巨额投入创制农药新品种　与其他研发活动一样，农药研发具有周期长、高投入、高风险、高回报的特点，需要有持续的经费投入才能产出高水平的研发成果。近年来，随着世界农药市场竞争的加剧，为了抢占竞争的制高点，发达国家每年用于农药研究的费用约 20 亿美元，其投入约占其销售额的 10%。这种投资实际上也获得了巨大的回报，如最具有划时代意义的是超高效除草剂磺酰脲以及甲氧基丙烯酸酯类杀菌剂的成功开发，就是巨大科技投资开发的成果，从而使农药用量从高剂量降到超低量的使用，更有一药多功效，具有更好的环境相容性。据统计，2014 年农业研发的总投入达到了 63.17 亿美元，其中用于新农药创制的投入 29.59 亿美金（表 1-4）。尽管研发投入增加，但最近几年投入市场的新农药品种数量却持续减少（图 1-2）。自 1980 年至 2016 年，已经有 384 个新品种上市，平均每年有 10.6 个品种上市。按照 2017 年的统计显示，全球现有 42 个新品种处于研发管道中，如果这些产品能在未来五年内上市，则每年上市品种数量为 8.4 个，这明显要低于此前的历史水平。新活性成分或者新农药的开发愈发困难，已成为农化行业中无可争议的共识。先正达的统计数据显示，上市一个新农药平均耗时 9 年，筛选 14 万个化合物，总投资 2.60 亿美元。巴斯夫的统计数据表明，成功上市一个新化合物，平均要筛选 14 万个化合物，耗时 10 年，需资 2.00 亿欧元。而 Phillips McDougall 公司的最新调研数据显示，新农药的研发平均成本为 2.86 亿美元，平均要筛选 16 万个化合物，历时 11.3 年。

（2）专利及其他知识产权保护体系成为农药工业发展的有效支柱　新农药研发的特点是长周期、高投入、高风险，要想实现高回报，那就需要专利保护。事

表 1-4　2014 年世界领先农药公司的销售额及研发支出　　单位：亿美元

序号	公司	农药			种子		
		销售额(A)	研发费用(B)	(B/A)/%	销售额(A)	研发费用(B)	(B/A)/%
1	先正达	118.47	8.75	7.39	31.55	5.30	16.80
2	拜耳	111.42	7.63	6.85	14.66	5.30	36.15
3	巴斯夫	72.32	6.79	9.39	0	2.06	—
4	陶氏益农	56.86	3.50	6.16	16.04	2.75	17.14
5	孟山都	48.97	0.55	1.12	106.85	16.73	15.66
6	杜邦	36.90	3.00	8.13	76.14	7.92	10.40
7	安道麦	30.29	0.34	1.12	0	0	—
8	纽发姆	23.22	0.30	1.29	0.82	0.15	18.29
9	住友化学	20.50	1.60	7.80	0	0	—
10	富美实	21.74	1.12	5.15	0	0	—
11	联合磷化	17.55	0.55	3.13	0	0	—
12	爱利思达	15.99	0.20	1.25	0	0	—
13	科麦农	11.26	0.43	3.82	0	0	—
14	世科姆	5.44	0.10	1.84	0	0	—
15	日本农药	4.86	0.45	9.26	0	0	—
16	石原产业	4.55	0.73	16.04	0	0	—
17	组合化学	4.62	0.22	4.76	0	0	—
18	三井化学	4.46	0.31	6.95	0	0	—
19	日本曹达	4.44	0.44	9.91	0	0	—
20	日产化学	4.32	0.34	7.87	0	0	—
21	龙灯	3.53	0.35	9.92	0	0	—
22	日本北兴	2.69	0.13	4.83	0	0	—
23	意赛格	1.80	0.18	10.00	0	0	—
24	SDS Biotech	1.49	0.09	6.04	0	0	—
25	Agro-Kanesho	1.29	0.28	21.71	0	0	—

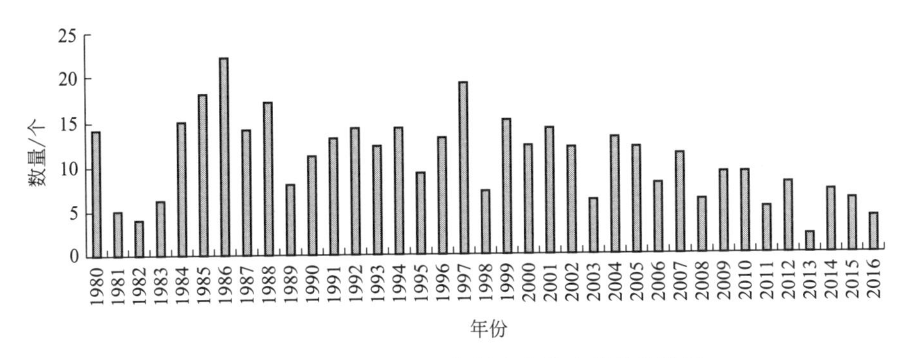

图 1-2　1980 年至 2016 年间上市的农药品种数量

［摘自：Phillips Mcdougall，AgriService，2017］

实上，专利已成为世界上各个农药公司保护自己新产品的重要手段，专利保护期通常为20年，有的专利还可以延长数年如5年。由于专利的保护，保证了新产品商业（应用、市场）开发的时间，新产品发明者的生产权、经营权，同时也保证其销售收入的更大比例投入开发新产品的研究。由于专利体系的存在，世界上的农药公司可分为以研究开发为主的公司（主要生产专利产品）和过专利期农药公司（指主要生产专利期满、不受原始专利约束的农药有效成分的公司），研究开发公司均属经济发达的西欧、美国和日本；过专利期农药公司国家范围分布很广，分布在发达或发展中国家，中国的企业大多属于这一类。比较这两类公司各自的农药销售额总和，差距非常大：研发公司合在一起的销售额占全世界总销售额的80%以上。以研究开发新产品为主的农药公司为世界农药工业的龙头，具有主宰农药市场的绝对优势。

创新的专利农药产品推动全球农药技术和市场的发展，对行业起到引领作用。Bayer（拜耳）、Syngenta（先正达）、Dow AgroSciences（陶氏益农）、BASF（巴斯夫）、DuPont（杜邦）和Monsanto（孟山都）六大公司是全球农药专利的主体（尽管目前世界六大公司已经变为四大公司，为了说明相关专利，仍以合并前的六大公司为例，下同）。从图1-3和图1-4[31]可知，Bayer、Syngenta和BASF在这6家企业中专利申请总量较多，趋势上大体走势平稳，BASF的化合物和制剂的专利数量接近，而Bayer和Syngenta的化合物数量明显多于制剂。而其他领先的农化产品制造和销售公司，如ADAMA、Nufarm和Arysta等，

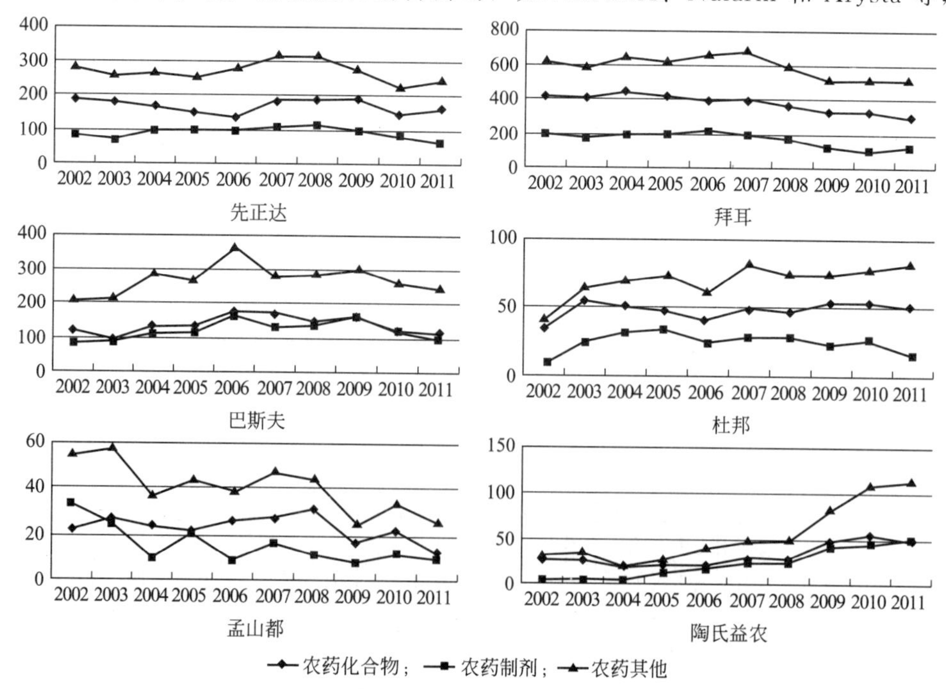

图1-3 世界六大农药企业农药专利申请状况

（图中横坐标为“年”，纵坐标为“专利申请数量”）

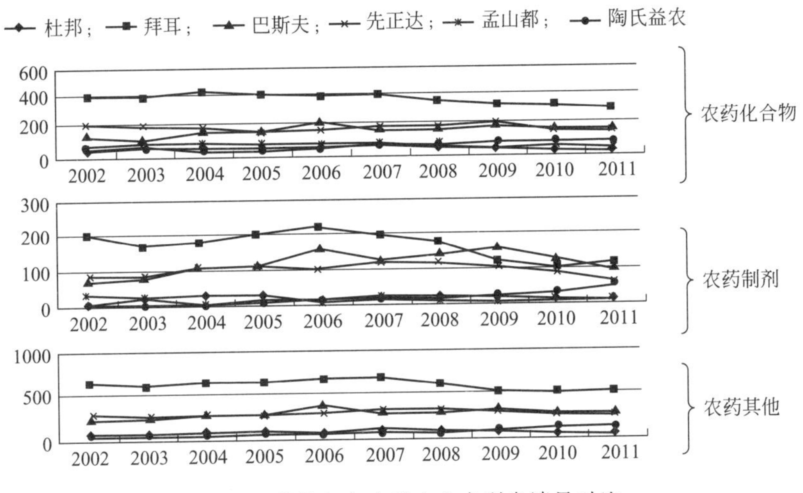

图 1-4 世界六大农药企业专利申请量对比

各类专利申请量每年均以个位数计，仅有住友化学农药专利总量及各类别的比例与六大公司相差无几，从研发的角度说明住友化学和六大企业的距离越来越小。

（3）跨国公司的垄断性继续加强 由于新农药开发的难度和风险不断加大，一个新农药品种从研制到商品化，包括研究和开发两个阶段。研究阶段包括化学特性研究、生物特性研究、毒性、环境化学特性研究，开发阶段包括化学工程放大、田间试验、毒性、环境化学、登记，整个研发阶段通常需要 8～10 年，耗资约 3 亿美元，而且研发费用逐年升高，国外中小公司难以承受，逐渐放弃农药开发，而大公司为了减少风险，增强实力，进行公司间的合作或合并，因而兼并、合并、分化重组成为农药行业的显著特点，使农药工业趋于更加集中、高度垄断，通过行业整合诞生了 6 大超级农化公司：先正达（由汽巴、山德士、默克、捷利康等合并重组）、拜耳（由拜耳、罗纳普朗克、赫斯特、先灵合并重组）、巴斯夫（由巴斯夫、壳牌、氰胺合并重组）、陶氏益农（由道农科、罗门哈斯合并重组）、孟山都、杜邦，六大跨国公司占据了全世界 80% 的市场份额。现 Dow AgroSciences 和 DuPont 已合并为 Dow-DuPont，其中农药部分合并成立了“科迪华”公司。2017 年中国化工集团完成了对先正达的收购。2018 年 6 月 7 日，德国农化巨头拜耳（Bayer）宣布以 630 亿美元正式收购孟山都公司。全球农药行业的格局同样也在发生重大转变，拜耳和孟山都占全球市场份额的 23%、中国化工并购先正达占全球市场份额的 21%、杜邦陶氏占全球市场份额的 21%，巴斯夫则是从巨头并购中的剥离业务得到壮大，其业务占全球市场份额的 11%，全球农化形成 4 强格局，业务集中度提高明显。

在生物农药研发领域，也同样存在着大公司的兼并整合。德国拜耳作物科学公司于 2012 年 8 月高调宣称以 4.25 亿美元成功地收购了美国 AgraQuest 生物技术公司，2013 年 1 月再次成功地收购了德国的 ProphytaGmbH 生物科学公司，此次收购不但是收购公司新产品、新专利，也包括收购有关公司的研发实验室和新制剂规模生产企业，拜耳集团推出了 Serenade 品牌生物农药；拜耳公司通过收购以色列生物农药公司 AgroGreen 的芽孢杆菌技术，开发了生物杀线虫种子处理剂，商品名为 Votivo。瑞士先正达公司以 1.13 亿美元收购 Pasteuria 生物科学公司；巴斯夫公司以 10.2 亿美金收购 BeckerUnderwood 增强巴斯夫的竞争优势，尤其是快速增长的种子处理市场[22]。大公司之间的并购也使得生物农药研发更集中于巨头企业。

此外，为了减少开发风险，许多农药公司之间合作研究，成果共享，风险共担；农药和医药公司交换合成化合物，扩大新化合物筛选来源；资助大学及相关研究机构，利用其他部门和行业的力量进行科研开发。

如表 1-5 所示，1980 年至今，全球已开发成功农药品种 363 个，其中 Bayer、Syngenta、Dow AgroSciences、BASF、DuPont 和 Sumitomo Chemical（Dow AgroSciences 和 DuPont 已合并为 Dow-DuPont）开发的农药品种为 263 个，占 1980 年至今全球农药品种的 72.5%，处于行业领先地位，同时在研的产

表 1-5　各大农药公司开发的新品种数量

序号	公司名称	品种数量		
		1980～2016 年开发的	开发阶段	合作开发或登记中
1	Bayer	70	3	
2	Syngenta	61	1	
3	Dow AgroSciences	38	3	1
4	BASF	37	3	2
5	Sumitomo Chemical	35	2	
6	DuPont	22	3	
7	Nihon Nohyaku	14	2	
8	Kumiai	13	2	
9	Mitsui Chemical	12	2	1
10	Ishihara	11	2	
11	Nissan	8	2	
12	Nippon Soda	7	2	
13	FMC	6	5	1
14	Isagro	5		1
15	SDS Biotech	5		
16	Chemtura	4		
17	OAT Agrio	5		
18	Monsanto	3	1	
19	Nippon Kayaku	4		1
20	Arysta	3		

数据摘自：Phillips Mcdougall，AgriService，2017。

品数量占全球数量的 35.7%。例如，2013 年销售额排名前三的除草剂草甘膦、百草枯和 2,4-D 分别被 Monsanto、Syngenta 和 Dow 垄断，销售额排名前三的杀虫剂氯虫苯甲酰胺、噻虫嗪和吡虫啉市场分别被 DuPont、Syngenta 和 Bayer 控制，销售额排名前三的杀菌剂嘧菌酯、吡唑醚菌酯和丙硫菌唑分别被 Syngenta、BASF 和 Bayer 垄断。2017 年，全球各大公司处于开发阶段的活性成分有 42 个，其中欧美农药公司拥有 16 个开发阶段活性的成分，亚洲农药研发主体的日本公司拥有 18 个开发阶段的活性成分。表 1-5 中前六大公司中最小的 Sumitomo Chemical 在过去的 35 年中研发了 35 个农药品种，目前还有 2 个在研品种，可见其研发实力非常强劲。目前在研的品种中有 41% 是日本公司创制的。Bayer、Syngenta、Dow AgroSciences、BASF、DuPont 等公司依旧处于主导地位，但从处于研发阶段的化合物结构新颖性来看，日本公司的创新性非常强，几乎所有处于研发阶段的品种都是结构新颖的化合物。例如，杀虫剂 acynonapyr、benzpyrimoxan、flometoquin、fluxametamide、flupyrimin 和 fluhexafon，杀菌剂 aminopyrifen、dichlobentiazox 和 quinofumelin，除草剂 cyclopyrimorate、fenquinotrione 等（图 1-5）。

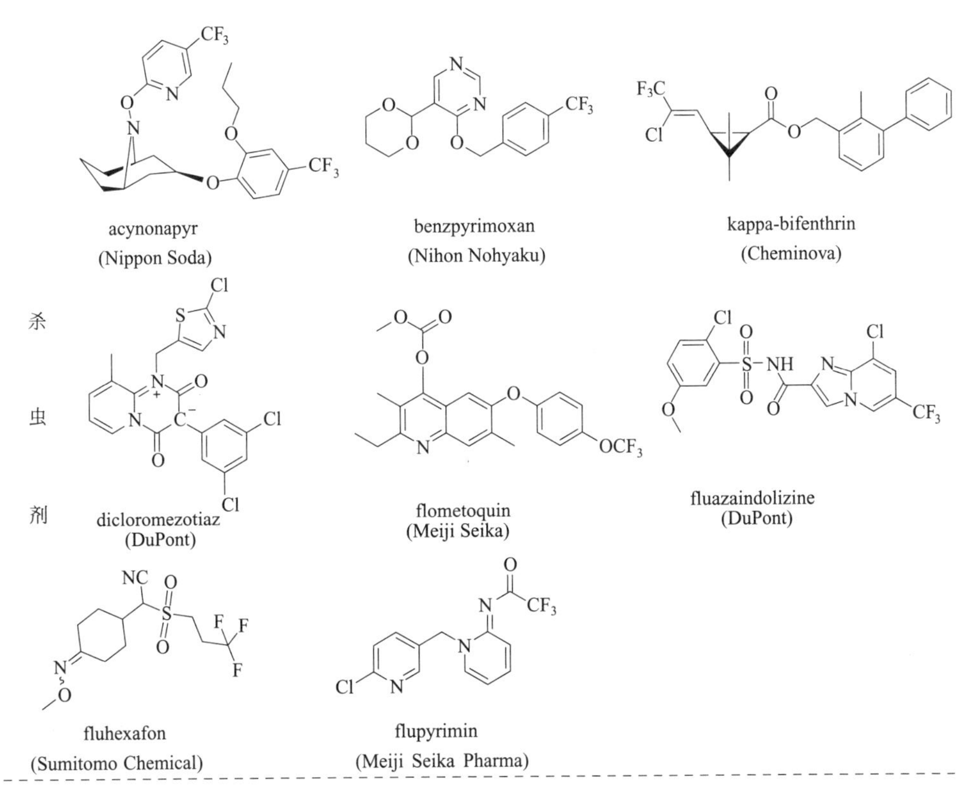

图 1-5

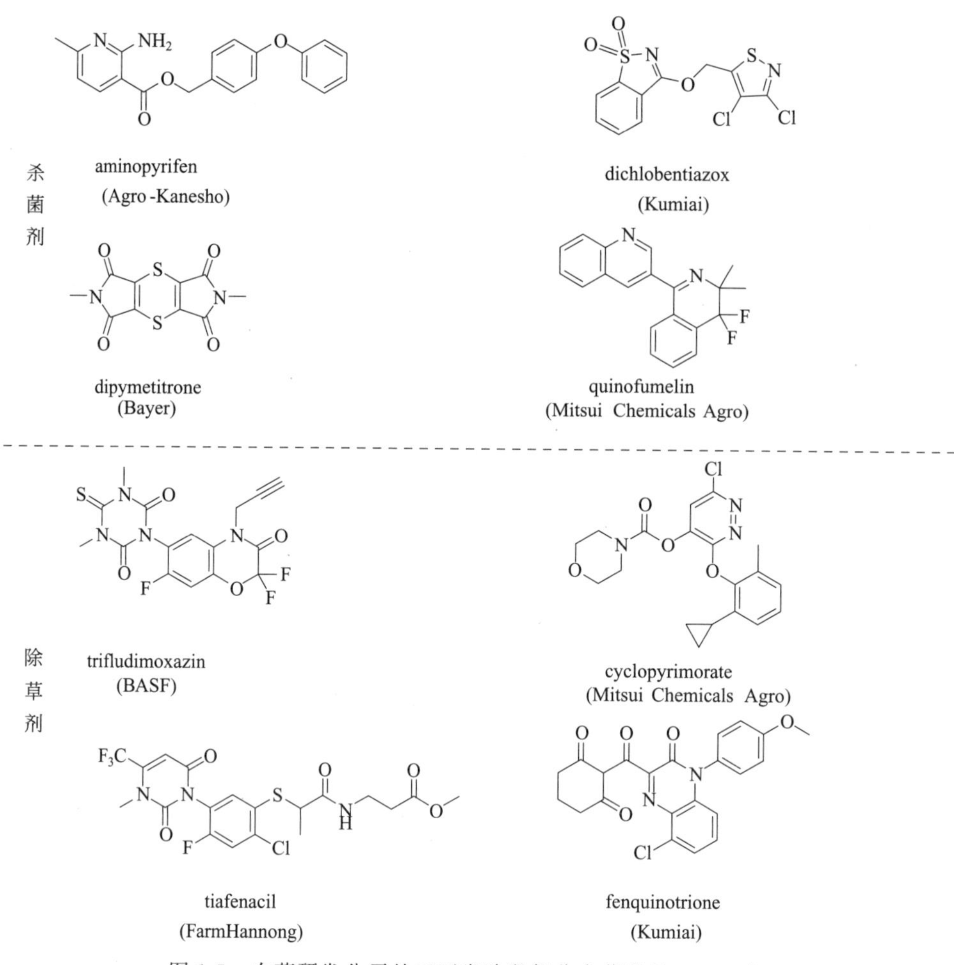

图 1-5　农药研发公司处于开发阶段部分农药品种（2017 年）

新农药的开发成本主要包括筛选新化合物的开发成本、试验检测化合物的活性及药效成本、毒理学以及相关安全评价、工艺研究、制剂研究和市场推广过程成本等。与国际农化巨头相比，日本企业投入的资金少、时间短，其农药研发的经验值得我们学习。日本企业平均从 2 万至 4 万个化合物中开发一个新化合物，创制新农药时间约 10 年，耗资约 50 亿日元（6400 万美元）。其成功之处是非常值得借鉴的[29]：

① 企业与研究单位深度合作。在研制、测试及开发新农药过程的多个环节，日本农药企业通过与相关高校和研究所深度合作，将研发成本控制在较低水平的同时，也将利益最大化。利用高校与研究所对新化合物的理论研究优势，及自身积累的大量活性化合物，在此基础上开发新产品，成功率会高很多。研制的费用由企业与高校和研究所分摊，这为企业节省了一部分的研发费用。高校和研究所的费用支出都是靠政府的科研项目。

② 出售小试成功化合物。待新化合物开发出来后，有些产品只进行实验室小试实验，就将化合物出售给其他农药公司，后期的中试、田间试验以及产品市

场推广过程中所涉及的费用由买家负担。例如吡虫啉，在20世纪80年代，日本特殊农药公司成功开发出全新结构的1-(6-氯-3-吡啶基甲基)-*N*-硝基咪唑烷-2-亚胺，即杀虫剂吡虫啉，具有很好的活性，而后日本特殊农药公司将其出售给拜耳，田间试验以及开发市场的工作都由拜耳完成。一般而言，农化巨头收购各地区发现的、具有活性的新化学结构化合物，通常都不会立即投入生产，而是在测试其活性、安全性等基础上，进行进一步结构优化及工艺研究等工作，最后选出性能更优的化合物产业化。

③ 深入研究作用机理。日本企业、高校和研究所大多进行结构新颖化合物的研究，当然也有以优良的农药品种为先导化合物，鉴定其活性成分的结构，通过活性基团取代替换等方式合成出一系列的类似化合物，再进行定向化合物的选择，避免由于盲目筛选而耗费更多的资源。其中呋虫胺就是通过这种途径研发出来的。通常化学合成的农药，大都是通过寻找活性成分的光学异构体或对活性基团进行取代，找出活性更高的化合物。三井化学开发的第三代烟碱类杀虫剂——呋虫胺，就是在以吡虫啉为代表的第二代烟碱类杀虫剂的基础上，用四氢呋喃基取代了氯代吡啶基、氯代噻唑基。同时，在性能方面也与前两代烟碱有所不同，其杀虫范围更广，被称为“呋喃烟碱”。

一般而言日本农化企业注重对各类农药作用机理及代谢机理的深入研究，找出各种酶和作用底物的性质、结构、反应，细胞的培养、变异及农药代谢、转换、分解反应等多方面数据，利用虚拟结构设计的方法，将高效的活性成分的化学结构异构体进行比对、合成，叶菌唑和很多除草剂的新品种，都是通过对作用机理的研究开发出来的。

④ 有效地利用仿生学。日本农药企业在仿生学创制上有其独特的优势和特点，利用信息素是日本创制新农药的研究重点。信息素主要有性信息素、聚集信息素、告警信息素、示踪信息素、标记信息素等。通过对昆虫雌虫性信息素的提取，分析其有效成分，再人工合成性信息素化合物，通过这种定向的方式进行有效成分的筛选，成功率较高。

迷向丝是利用性信息素来干扰昆虫雌雄交配的产品，由日本信越化学工业株式会社生产，并由日本农林水产省果树试验场苹果支场虫害研究室提供复合搅乱剂混合。我国的中农立华生物科技股份有限公司已经测试了这种产品的实际防效，发现其对果园中的苹果小卷叶蛾、梨小食心虫和桃蛀螟都有很好的干扰作用，而且迷向丝几乎对果实不会造成危害。这种防治方法具有绿色防控、缓释性极好、节省人力和物力的优点。

⑤ 动态研究新思路。在研究路径上，日本企业尝试着新的探索思路。日本的农药研究部门，在常规研究思路中，引入动态研究的新概念，利用遗传工程的原理，用化合物在动植物体内所发生的代谢变化现象，指导化学合成人员，把一些在农业上没有生物活性的化合物进行结构修改，从而得到一些对植物生长有益

的农药产品。

(4) 高效合成筛选体系的应用给新农药创制带来革命性变化　由于新农药的发现日趋困难，加快加大合成化合物数量以及随后的初筛及复筛化合物的数量成为扩大发现新的有效化合物概率的重要途径。目前国外大的农药公司实现了化合物合成自动化，包括制备、分离纯化、分析测试、实验数据记录、整理、化合物注册存入数据库的全过程的自动化。例如，Zymark 机器人系统一次运行可合成 50～100 个化合物。此外，在生物筛选上，配套应用了离体（用酶、受体细胞或细胞器进行测试）和活体（用全生物）高效筛选体系，如采用常规的活性筛选国外大型农药公司一般为 5000～10000 个化合物/年，而通过离体和活体高效筛选，每年筛选可达 10 万个化合物，其筛选效率提高了 10 倍。

(5) 基因工程产品进入实用化，生物农药已初具规模　十年前所了解的生物农药一般是通过从土壤中筛选以放线菌为主的微生物发酵产生的抗生素，如春雷霉素、井冈霉素等等。自 20 世纪 80 年代起以美国硅谷为代表的一批具有高新技术的生物工程公司如雨后春笋迅速出现后，进入 90 年代，基因工程便在农药行业显现了强大的生命力。美国农业部 USDA 统计 1994 年便有 385 种基因转移作物进行田间试验，如抗病毒的南瓜，抗草甘膦的大豆、玉米等，世界主要的农药公司也纷纷涉入种子-农药的联合经营，进行基因工程种子的开发，如孟山都又从 Bt 菌中分离出抗虫害基因，成功植入农作物体内，开发抗虫害的基因土豆、棉花、玉米种子。全球至今已登记了数百种转基因作物开始进入商品化，转基因作物的成功开发使不少涉及此领域的公司获得了很大的发展，最突出的是美国的杜邦和孟山都公司，孟山都公司是开发基因工程种子最早也是最成功的公司(2018 年后孟山都公司因并入拜耳已不存在)。针对化学农药的缺陷，生物农药开发逐渐受到重视，国际上已有商品化的生物农药 30 种，目前最常用的真菌杀虫剂为白僵菌和绿僵菌，能防治 200 种左右害虫，在细菌农药中，使用最广泛的为苏云金杆菌，用于防治 150 多种鳞翅目及其他害虫。

1.2.2 我国农药研发的现状及特点

改革开放以后，我国农药工业有了突飞猛进的发展，现已形成包括科研开发、原药生产和制剂加工、原材料及中间体配套的较为完善的工业体系。目前可生产几乎所有的农药品种，近 3000 个农药制剂产品出口到欧盟、美国、日本、南美等 163 个国家和地区，我国已经成为名副其实的农药生产大国，产量处于世界第一。

我国农药生产企业主要分布在江苏、山东、河南、河北、浙江等省，这五省的农药工业产值占全国的 68%以上，农药销售收入超过 10 亿元的农药企业有 28 家在上述地区，销售收入在 5 亿～10 亿元的农药生产企业也大多集中在这一地区。农药产业集聚取得初步成果，在江苏如东等地建设的农药工业产业园已初具规模，目前进入园区的农药生产企业 257 家，占全国原药生产企业的 46%。但这些企业往往只生产原药或制剂（绝大多数是过专利期的产品），没有独立的新药研发机构。

在国家法规政策和市场机制的双重作用下，农药企业兼并重组、股份制改造的步伐提速，行业外资本的进入加快了企业规模壮大的进程。例如，中国中化集团公司、中化国际（控股）股份有限公司和中国化工集团公司先后进入农药领域，收购或控股一批优势农药企业。2010 年我国销售额超过 10 亿元的农药生产企业有 10 家，2014 年农药销售额超过 10 亿元的农药企业集团已达到 38 家。目前已有超过 30 家涉及农药领域的上市公司，农药企业上市势头正在加大。中国化工集团与瑞士农药巨头先正达达成了近 3000 亿人民币的收购协议，于 2017 年完成了收购。

近年我国加强了科研开发的投入，建立了南北农药创制中心，北方以沈阳化工研究院、南开大学等为中心，南方以上海、浙江、湖南和江苏等地的科研单位为中心，依托现有国内农药科研力量，加大农药研发力度，已创制出一批具有自主知识产权的农药品种，如表 1-6 所示。例如杀菌剂氟吗啉、烯肟菌酯、烯肟菌胺、啶菌噁唑、丁香菌酯、唑菌酯、毒氟磷和氟醚菌酰胺等；杀虫剂氯氟醚菊酯、环氧虫啶、乙唑螨腈等；除草剂单嘧磺隆、环吡氟草酮、双唑草酮等[23,24]。

表 1-6 我国创制的部分新农药品种或候选品种

类别	新(候选)农药品种	研制单位
杀虫、杀螨剂	硝虫硫磷	四川化工设计研究院
	呋喃虫酰肼	江苏省农药研究所
	氯氟醚菊酯(meperfluthrin)	江苏扬农化工股份有限公司
	四氟醚菊酯(tetramethylfluthrin)	江苏扬农化工股份有限公司
	倍速菊酯	江苏扬农化工股份有限公司
	氯噻啉	南通江山农药化工股份有限公司
	哌虫啶	华东理工大学
	环氧虫啶	华东理工大学
	环氧虫啉	武汉工程大学
	硫肟醚	湖南化工研究院
	氯溴虫腈(HNPC-A3061)	湖南化工研究院
	硫氟肟醚	湖南化工研究院
	丁烯氟虫腈(flufiprole)	大连瑞泽农药股份有限公司
	氟菌螨酯(flufenoxystrobin)	沈阳化工研究院
	四氯虫酰胺	沈阳化工研究院
	嘧螨胺(pyriminostrobin)	沈阳化工研究院
	乙唑螨腈	沈阳化工研究院
	螺甲丁酯	青岛科技大学
	戊吡虫胍	中国农业大学

续表

类别	新(候选)农药品种	研制单位
除草剂	单嘧磺隆	南开大学
	单嘧磺酯	南开大学
	双甲胺草磷	南开大学
	丙酯草醚	上海有机化学所、浙江化工研究院
	异丙酯草醚	上海有机化学所、浙江化工研究院
	甲硫嘧磺隆	湖南省化工研究院
	苯哒嗪丙酯	中国农业大学
	苯唑氟草酮	青岛清原抗性杂草防治有限公司
	三唑磺草酮	青岛清原抗性杂草防治有限公司
	双唑草酮	青岛清原抗性杂草防治有限公司
	环吡氟草酮	青岛清原抗性杂草防治有限公司
	喹草酮	华中师范大学
	甲基喹草酮	华中师范大学
	绿草膦(氯酰草膦)	华中师范大学
杀菌剂	氟吗啉(flumorph)	沈阳化工研究院
	烯肟菌酯(enoxastrobin)	沈阳化工研究院
	烯肟菌胺(fenaminstrobin)	沈阳化工研究院
	啶菌噁唑(pyrisoxazole)	沈阳化工研究院
	丁香菌酯(coumoxystrobin)	沈阳化工研究院
	唑菌酯(pyraoxystrobin)	沈阳化工研究院
	唑胺菌酯(pyrametostrobin)	沈阳化工研究院
	氟菌螨酯(flufenoxystrobin)	沈阳化工研究院
	氯啶菌酯(triclopyricarb)	沈阳化工研究院
	宁南霉素	中国科学院成都生物研究所
	长川霉素	上海市农药研究所
	金核霉素(aureonucleomycin)	上海市农药研究所
	氰烯菌酯	江苏省农药研究所
	沙利噻	陕西医科大学
	毒氟磷	贵州大学
	噻菌铜(thiodiazole-copper)	浙江龙湾化工有限公司
	酚菌酮	江苏腾龙生物药业有限公司
	噻唑锌	浙江工业大学、浙江新农化工股份有限公司
	丁吡吗啉(pyrimorph)	中国农业大学
	苯醚菌酯	浙江化工研究院、浙江禾田化工有限公司
	氟醚菌酰胺(fluopimomide)	山东省联合农药工业有限公司
	氟唑活化酯	华东理工大学
	唑醚磺胺酯(Y14079)	华中师范大学
	氯苯醚酰胺	华中师范大学
	氟苯醚酰胺	华中师范大学
	苯噻菌酯	华中师范大学
	甲噻诱胺	南开大学

续表

类别	新(候选)农药品种	研制单位
植物生长调节剂	苯哒嗪丙酯	中国农业大学
	乙二醇缩糠醛	中科院过程所
	菊胺酯	武汉大学
	呋苯硫脲	中国农业大学

在农药品种的不断更新发展中，新产品的创新层次就会影响其市场占有率。刘长令根据多年的新农药创新实践，把新农药产品创新分为六个层次[30]：

第一层，研究已知化合物，发现其用途或者新用途，或利用已知中间体作为农药活性成分，性能与已有化合物相似或具有一定互补性；但相关化合物如果有专利或专利没有过期，若实施则会有巨大的侵犯他人专利权的风险，需要支付一定的专利费。

第二层，在已有专利范围内化合物进行选择性发明，研发出“me-too”或是“me-better”新药，性能与已有化合物相似或好于已有化合物，与现有产品相比有可能具有互补性或替代性，但很难获得独立的自主知识产权，如果相关专利没有过期，若实施也需要付专利费。

第三层，研制已有专利范围外的化合物，研发出“me-too”新药，性能与已有化合物有差异或相似，与现有产品相比有一定互补性。如果专利授权，不仅专利权稳定，而且不用付任何专利费。

第四层，研制已有专利范围外的化合物，研发出“me-better”新药，性能优于或与已有化合物差异显著，与现有产品相比具有互补或替代性，属突破性创新，具有完全独立的自主知识产权。

第五层，自主发现全新结构，研发出“me-first”或是“first in class”新药，性能优于或与已有化合物差异显著，具有替代和互补性，有可能是颠覆性创新，具有完全独立的自主知识产权。

第六层，自主发现全新作用机理，研发出“first in class”新药，性能显著优于已有化合物，属颠覆性创新，具有完全独立的自主知识产权。

总体来说，我国创制的产品性价比一般，多属于“me-too”研究（性能与现有产品相似，互补性差，也不具备替代性，有的化合物性能甚至差于已知化合物），主要是因为我国创新投资有限、基础研究薄弱，还有创新研究时间短、创新水平有限等。而欧、美、日等的农药巨头在新药创新方面实力都很强大，技术水平也很高，尽管每一层次都有互补性或者替代性的化合物，但他们大多研究4～6层次化合物，也即与现有产品相比，属突破性或颠覆性创新，或可以替代，或与之互补，因此创新的化合物性价比高，多成为“重磅炸弹”。可见，在创新这条道路上我国与外国还有不小的差距。从整体现状上分析，我国农药工业仿制能力较强，创制能力弱。主要体现在以下三个方面：

(1) 大企业数量少，核心竞争力有限　农药行业属于技术密集型产业，欧美农药企业掌握全球农药工业的命脉。我国农药企业总体数量多、规模小，核心竞争力相对较低，没有完善的创新体系，几乎没有自己的专利品牌，主要是仿制国外产品，难以培育自己的核心竞争力，在市场竞争中处于被动地位。并且随着我国知识产权制度的逐渐完善，仿制农药之路也越来越窄。

(2) 科研经费严重不足，农药创制能力弱　一般来说，国外大公司每年用于研发的费用占到年销售额的10%左右，创制一个新农药品种需2亿多美元，至少筛选数万个新化合物，更主要的是需要10多年时间。由于我国农药企业规模较小，研发投入的资金不足，绝大多数企业研发投入占销售收入比例还不到1%，农药企业和科研机构的创新能力相对较弱，有限的经费不足以支撑新农药创制，主要针对“非专利产品”和“专利过期（技术）产品”开发，利润有限，因此农药企业创新能力相对较弱，新产品开发后劲不足。同时国际跨国公司已经将研发机构向中国转移，利用其农药研发的经验和资金优势，进一步挤压国内企业的发展空间。

(3) 市场竞争环境较差　世界农药行业发展趋势是向着“大型、集中、垄断”的方向发展，而我国农药企业遍地开花，产品单一，核心竞争力差，经营环境混乱。尽管新《农药管理条例》已经实施，但市场管理仍然缺位，很多农业执法队伍没有经费，机制不健全，监管力量薄弱，无法有效管理农药市场。

从目前我国农药工业研发现状来看，国内农药研发面临着严峻的形势：

(1) 新农药管理条例实施，取消临时登记，使得农药新品种的开发难度进一步增大，同时知识产权制度的完善使仿制农药之路越来越窄。

(2) 外部竞争环境日益严峻。处于全球农药行业主导地位的国际跨国公司已经全部进入我国农药市场，并且市场份额在逐年扩大。同时这些公司的发展战略之一是将研发机构向中国转移，跨国公司农药研发的国际视野与经验、雄厚的资金保障使其产出高水平的研究成果。

尽管如此，只要创新思路得当，方法正确，也是可以研究出新品种的，相信我国农药创新的明天会更好。

1.2.3 农药发展的战略及趋势

农药的研究与使用是20世纪的一项重大的发明与贡献，从20世纪40年代开始化学农药在农作物上大规模使用，极大地提高了农作物的单产，推动了农业的迅速发展，与此同时，化学农药对人类和环境的影响也逐渐被人们认识和关注，人类开始从生态学的角度树立“综合害物治理”（IPM）的新概念，但在多种防治手段中（化学、生物、遗传工程、物理以及耕作防治等），使用化学农药仍是目前耗能最低、防治最迅速、效果最佳的作物保护措施，是现阶段高效农业发展的必由之路，当有害生物爆发成灾时，化学防治几乎是唯一可采取的措施[24]。

目前，从国内外农药发展的战略而言：预计21世纪50年代以前化学合成农药仍是农药的主体，虽然目前生物农药的呼声很高，前景也很好，但目前生物农药仅占世界农药产量很小的一部分（5%），同时对大多数农业有害生物的防治特别是大面积的快速防治仍然显得无能为力，所以生物农药很难在近期内成为农药的主力军，在我国尤其如此。

从化学农药本身的发展趋势而言，化学农药将进入一个（超）高效、安全的新时期。农药工业将会发生大的变革，高效或超高效农药品种的发展将使农药使用量由每亩几百克或几十克降到几克甚至1g以下，使农药绝对成为一种精细化学品。目前国外开发的超高效农药的急性毒性致死中剂量（LD_{50}）大多大于5000mg/kg（食盐的数值为3500，数值越大毒性越低），且无慢性毒性和“三致”作用，同时用量极低，且易于在自然界降解而无害于环境。

在发展（超）高效、安全的农药品种的趋势之下，国外各大农药公司在新农药的开发上显示了下列新动态，值得关注[2,4,6,25～28]。

（1）重视源自具有生物活性天然产物改造农药的创制。天然产物绝大多数仅含碳、氢、氧三种元素，最终代谢产物就是二氧化碳和水。尽管世界各大公司自始至终都重视源自天然产物农药的改造，但大多数改造后的农药品种除含碳、氢、氧三种元素外，还含有其他多种元素，除了保证分子结构多样化外，主要原因是更强调活性，也就是活性第一，安全等次之；但目前的研发应重点考虑安全，安全第一，活性次之。如除虫菊素仅含碳、氢、氧三种元素，化学合成的只有醚菊酯（etofenprox）仅含碳、氢、氧三种元素，其活性相对而言低一些，但对水生生物安全，可以用于水田防治重要害虫，而其他拟除虫菊酯杀虫剂大多都含四种或更多元素，对水生生物不安全。当然其他元素也是自然界存在的，包括卤素、氮、磷、硫等等，相信都可以研制出安全环保的新农药品种。如烟碱仅含有碳、氢、氮三种元素，但毒性高，改造后的新烟碱类杀虫剂，虽然性能优异，但大部分对蜜蜂不安全，最近上市的化合物flupyradifurone将烟碱的吡咯环改为呋喃环，也就是氮改为氧，并经优化得到，对蜜蜂安全，但相对而言活性降低很多。甲氧基丙烯酸酯类杀菌剂中丁香菌酯由香豆素和甲氧基丙烯酸酯两个天然产物片段组成，仅含碳、氢、氧三种元素，具有广谱的生物活性，对真菌、细菌、病毒、虫都有作用，且具有促进作物生长的保健作用。

（2）重视设计生物合理性农药，着手开发生物农药，重视基因工程产品[17]。从20世纪80年代起生物合理性农药得到迅速发展，这些产品适宜于综合害物治理（IPM）或低投入的持续农业（LISA）计划，这一计划的核心是要求这类农药必须保持天然的捕食性生物和寄生生物间的平衡，且不伤害它们。例如：害虫快速进食剂、生物杀菌杀线虫剂、抗蒸发剂以及以性外激素为主的产品，均得到推广应用，同时基因工程的开发和推广也值得重视。

（3）含氮杂环化合物仍为化学农药研究重点，含氟化合物在农药上得到广泛的应用。前面提及最好研制仅含碳、氢、氧三种元素的农药品种，但其他元素也是自然界存在的，包括卤素、氮、磷、硫等，同样可以研制安全高效的农药品种。据统计，超高效的农药中约有70%为含氮杂环，而在含氮杂环化合物中又几乎有70%的为含氟化合物。研究发现，含氟化合物的特异生物活性，使原有的杀虫、杀菌、除草和植物生长调节剂增添了新的活性，同时具有选择性好、活性高、用量少、毒性低的特性，受到各大农药研发公司的重视。

（4）手性农药的使用更加普遍，开发与应用倍加重视。进入20世纪90年代后，出于提高有效活性同时又保护环境的考虑，国外一些农药行政管理部门只登记认可有效的单一光学活性异构体，不允许将无效的异构体施放到环境中去污染环境，因而在农药工业的合成工艺上大力开发单一光学活性异构体的合成技术成为一种趋势，目前已开发了一批以单一光学活性异构体形式出现的除草剂、杀虫剂、杀菌剂、植物生长调节剂。

（5）积极开发符合生态学要求的新农药。从生态学的角度出发，提倡将害物造成的损失控制在经济允许的范围内，不是最大限度地杀灭有害生物，而是调节和控制有害生物种群密度，例如昆虫生长调节剂的开发和推广，代表这种新观念的树立。

（6）倡导绿色农药，大力开发绿色化学技术和绿色农药制剂成为农药工业可持续发展战略的明智选择。绿色化学（环境无害化学或环境友好化学）为目前流行的新概念，为21世纪的中心科学，当今绿色化学已成为化学领域研究的新热点。为了使农药工业成为可持续发展的工业，必须改变农药对环境产生不良影响的形象，农药应走绿色农药之路，在农药化学合成中开发应用绿色化学技术，即在获取新物质的转化中，充分利用资源又不产生污染（例如美国杜邦公司生产光降解塑料可解决白色污染问题）。绿色农药的概念不仅包括产品本身的性能与绿色制造，更应该关注农药制剂和合理使用，倡导使用低毒、低污染的农药剂型及相关填料、溶剂、助剂，其中一个有效的措施就是液剂不使用有机溶剂，向悬浮剂或水乳剂发展，从而减少对环境的影响。

针对我国农药研发、创制现状，加大具有自主知识产权的创制农药品种和仿制品种的专有技术的研发力度成为行业的共识。除了根据自身特点充分考虑新农药产品创新的六个层次[30]外，还应该高度重视以下几点：

（1）在新药研究中，要对最新公开的、具有农药活性的、结构新颖的专利化合物进行结构改造，根据自身的特点与优势，重视便宜易得、安全环保中间体的应用，也就是利用中间体衍生化法的独到之处，并研究其作用特点，开发出具有自主知识产权、性价比优势显著的新产品。中间体衍生化法与其他创新方法的不同之处：在新化合物设计时就要考虑到未来产品的成本与性价比，因为研制的新产品上市时已有同类品种的专利已过期或即将过期，此时先上市的同类品种开始降价销售、国内企业也开始仿制生产，如果性价比优势不显著，新产品就没有竞争力。因此新产品必须具有良好的性能价格比优势和稳定的知识产权。

（2）以市场为导向，立足中国市场，兼顾国际市场。开发出结构新颖、作用机制独特的新产品，尤其是开发针对抗性靶标治理的新产品。因此要高度重视靶标尤其是抗性靶标的构建与应用。青岛清原公司之所以能够开发出小麦田防治禾本科杂草的除草剂，不仅得益于团队的管理与合作，更得益于40多种抗性靶标的构建与应用。

（3）创制农药体系的建立以及符合国际GLP实验室的认证对我国农药行业的发展的意义越来越明显。能够促进农药技术开发的进步，缩小同世界先进水平的差距，改变国外品种垄断我国农药市场的格局，展示我国在保护知识产权方面的决心和行动。

由于我国地域辽阔，农业种植结构的多样性，造成病、虫、草害发生的复杂性和多变性，一些特殊病害难以成为国外公司的防治对象，只能靠自己解决。中国农药行业必须结合中国国情，进行自主的农药研究开发。

创制农药体系的建立需要有国家的支持和社会的共同参与。新农药的开发与传统的仿制农药的开发有很大的不同，投入巨大，不单是企业行为还应是社会行为，要有国家对开展创制农药研究企业的政策扶持和经济支持，整合社会资源，推动技术进步。尽管如此，创制农药的主体还是企业。企业不仅要关注市场，更要对市场具有快速的反应能力，开发出保护农业丰收，使农业持续发展的新农药品种。

参 考 文 献

[1] 陈茹玉，杨华铮，徐本立．农药化学．北京：清华大学出版社，2009.

[2] 谢勇，孙旭峰，关爱莹．当前农药研发的挑战和趋势．世界农药，2013，35（6）：20-24.

[3] Lamberth C. Current challenges and trends in the discovery of agrochemicals. Science，2013，341：742-746.

[4] 谭衡，刘春来，刘照清，等．中国生物农药的开发应用现状及前景．湖南农业科学，2006，3：77-79.

[5] 刘清术，刘前刚，陈海荣，等．生物农药的研究动态、趋势及前景展望．农药研究与应用，2007，11：17-22.

[6] 见礼朝正（沈寅初摘译）．新农药的开发方法．农药译丛，1986，6：2-7.

[7] 李正名．农药化学现状与发展动向．应用化学，1993，10：14-21.

[8] Phillips McDougall-AgriService June 2018.

[9] 陈立新．生物农药与化学农药对比分析．哈尔滨：黑龙江大学，2010.

[10] 郑庆伟．生物农药市场2022年全球展望．农药市场信息，2017，1：49.

[11] 束长龙，曹蓓蓓，袁善奎，等．微生物农药管理现状与展望．中国生物防治学报，2017，33（03）：297-303.

[12] 数据解读我国生物农药现状发展仍需群策群力．http://cn. agropages. com/ News/NewsDetail—16320. htm.

[13] 我国农药供应状况、特点和主要趋势分析 http://cn. agropages. com/News/NewsDetail—16804. htm.

[14] 国外农药开发的现状与特点及其发展战略．http://info.pharmacy.hc360.com/2005/03/18090227623-2.shtml.

[15] 我国农药行业发展现状分析及有关政策建议．http：//finance.sina.com.cn/roll/20050412/00367718.shtml.

[16] 农药行业现状概述与投资分析．http://www.ampcn.com/news/detail/31627.asp.

[17] 农药工业“十三五”发展规划．今日农药，2016（06）：11-16.

[18] BASF Innovation：the secret of our success，Research & development process. http://www.agro.basf.com/agr/AP-Internet/en/content/competences/r_and_d_strategy/index.

[19] Mcdougall P. The cost of new agrochemical product discovery，development and registration in 1995，2000 and 2005-8. R&D expenditure in 2007 and expectations for 2012 final report. http://www.ecpa.eu/article/regulatory-affairs/development-pesticide-products.

[20] Stetter J. Pesticide innovation：trends in research and development. http://dialnet.unirioja.es/descarga/articulo/1039285.pdf.

[21] Phillips McDougall-AgriService. Agri Futura，2015.

[22] 邱德文．生物农药——未来农药发展的新趋势．中国农村科技，2017，11：36-39.

[23] 刘长令，柴宝山．新农药创制与合成．北京：化学工业出版社，2013.

[24] 山本出，深见顺一．农药设计与开发指南．北京：化学工业出版社，1990.

[25] 刘长令，关爱莹，柴宝山．Green Pesticides and Process of Preparation. 第十三届中国科协年会第1分会场——绿色化学科学与工程技术前沿国际论坛论文集，2011.

[26] 刘长令．浅谈农药中间体的共用性（目前国外新农药创制的新特点之一）．化工科技动态，1997，6：20-21.

[27] 袁兵兵，张海青，陈静．微生物农药研究进展．山东轻工业学院学报，2010，1：45-49.

[28] 张一宾．新农药创制方法概述．农药，2006，6：364-367.

[29] 让我们学习日本农药研发的经验．http://www.pesticide.com.cn/zgny/zlzs/content/68fd5aa9-b825-49c9-8151-eb3f7cbd27b0.html.

[30] 刘长令．以市场为导向，破解农药创新难题．http://www.agroinfo.com.cn/other_detail_5370.html.

[31] 罗亚敏，蔡志勇，胡笑形．近10年世界农药专利概况与趋势剖析．农药，2013，7：76-479.

2 新农药创制的途径和方法

2.1 新农药创制的程序

世界农业发展的实践证明，农药是农业稳产增产、提高农产品品质和劳动生产率的关键措施，科学合理使用农药，是促进农业发展、保障人类安全行之有效的途径。毫无疑问，当今农业发展与环境保护的迫切需要，都对新农药研制提出了新的需求和挑战——新农药品种必须符合“安全、高效、经济”的标准。

新农药创制研究的实质就是自主创新，需要化学、农学、生物学、环保学、计算机技术等多学科多专业的密切配合。一个新农药品种从高活性化合物发现直至商品化通常需要十余年时间，耗资数亿美元[1]。目前国外从事新农药创制的大公司都有各自独立的、完整的一套大同小异的研究开发程序。一般而言，按照工作的性质将其分成：化学化工、农学、生物学包括分子生物学、计算机与统计学、毒理学与环境安全评价和其他多个系列。每个系列又按照工作先后次序分成几个阶段，各系列之间相互交错，组成有序的矩阵结构网络，相互促进与牵制。严密的程序是为了取得良好的开发效果。按照开发时间顺序来分，目前国际公司的研发程序大致如下（图 2-1、图 2-2）[2~4]。

第一阶段（以下是研究内容的大致顺序，有的同时进行或有交叉）：合成化合物，温室活性研究，专利申请，市场调查，工艺路线探索（由于以往的研究方法在新化合物研究初期基本不考虑原料来源、不考虑反应，所以需要进行大量工艺路线探索；如果采用本书第 3 章中间体衍生化法进行新农药创制，在研究之初，就考虑相关事宜的话，工艺路线的选择与确定就简单多了，下同）。如果以上研究内容均给出正的结果，则进入下一阶段进行进一步研究。

第二阶段（以下是研究内容的大致顺序，有的同时进行或有交叉）：工艺研究，制剂配方研究，毒理学试验，田间药效，环境毒理学研究。如果以上研究内容均给出正的结果，则进入下一阶段进行进一步研究。

第三阶段（以下是研究内容的大致顺序，有的同时进行或有交叉）：大范围田间试验，登记申请，制剂稳定性确认，中试生产。如果以上研究内容均给出正

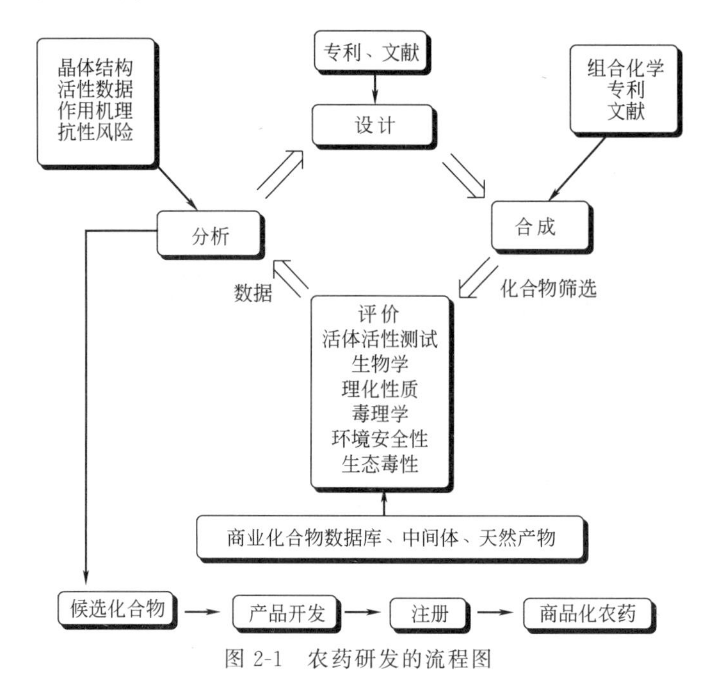

图 2-1 农药研发的流程图

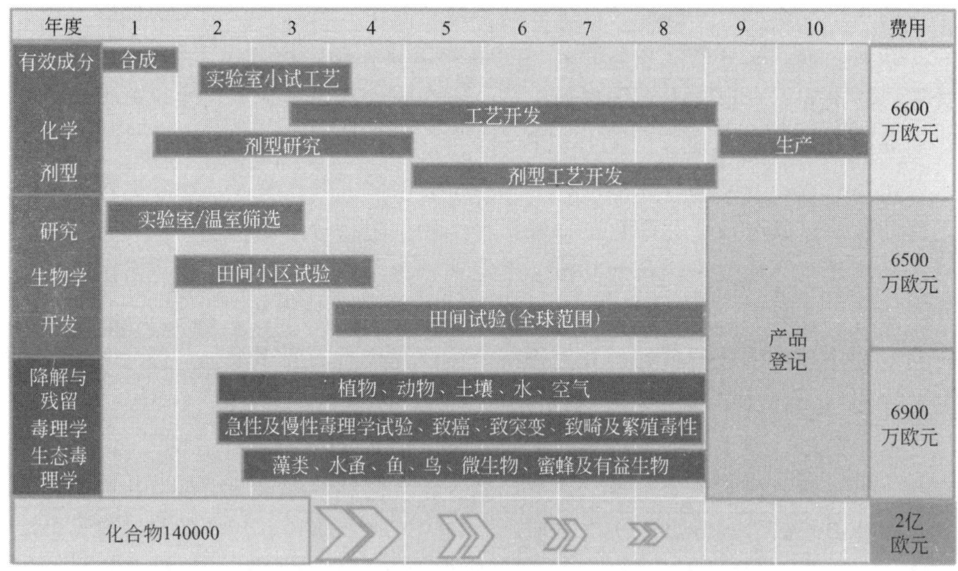

图 2-2 BASF 的新农药研究程序

的结果，则进行登记、生产、销售。

第四阶段（同时进行）：生产，应用技术研究，产品推广与销售。

我国新农药创制基本程序与国外从事新农药创制的大公司基本一致，各个阶段的具体研究内容如下。

(1) 农药先导结构的发现与先导优化研究阶段（第一阶段） 本阶段的研究内容分为两部分：农药先导结构的创新研究和农药先导结构优化研究。前者主要包括化合物的合理设计，合成、分离、提取，结构表征，室内药效筛选，以发现具有农药生物活性的原创性结构的先导化合物；后者是在前者的基础上进行优化研究，主要包括化合物的合成、室内药效筛选、田间小区药效验证试验，以筛选出高效、广谱或特效、结构新颖的高活性化合物。（考虑安全第一，先导化合物就要进行相关毒性研究。）

（2）高活性化合物的深入筛选阶段（第二阶段） 对已完成第一阶段试验并具有一定市场前景的高活性化合物的工艺、生物活性以及毒理学进行深入研究，为进一步的开发提供科学依据。主要包括小试合成工艺研究、深入的室内药效试验和多点田间试验研究；急性经口、经皮试验、眼刺激、皮肤刺激、Ames、小鼠睾丸精母细胞染色体畸变及小鼠骨髓嗜多染红细胞微核等毒理学试验，以确定其进一步开发的价值。

（3）候选创制品种的研究开发阶段（第三阶段） 对在高活性化合物深入研究阶段有理想生物活性和安全性的化合物，开展进一步研究开发和综合技术经济评价，为工业化和商业化开发提供科学依据。主要包括中试工艺开发、分析方法研究、产品标准制订、产品全分析、制剂开发、大田药效试验、亚慢性毒性试验、残留和环境毒理试验，以达到新农药登记的基本要求。

（4）创制品种的产业化开发阶段（第四阶段） 对满足各方面要求的创制农药品种进行工程化研究和应用技术研究，加速创制品种的产业化进程和推广应用，提高创制品种的市场占有率。

本阶段研究内容包括：①产业化开发。主要内容包括创制品种的慢性毒性试验、环境生态和环境行为研究、产业化工艺研究、大面积多点示范推广试验、扩大防治谱等应用技术研究，并开发多种制剂（混剂或剂型）产品。②市场开发。主要内容包括创制品种的生产工艺优化和关键工程化技术开发、扩大应用范围和防治对象研究、扩大登记试验、应用技术研究与市场开拓研究、登记多个或多种新制剂（混剂或剂型）产品。

2.2 新农药创制各阶段特点

目前，世界上仅有科学技术非常发达的美国（陶氏杜邦的科迪华，FMC）、瑞士（先正达，现归属中国化工集团）、德国（拜耳、巴斯夫）、日本（住友等多家公司）等国家有能力研制新农药（医药）品种，新药的研究在某种程度上反映出一个国家的科学技术水平。全球公认新农药创制的特点是：长周期、高投入、高风险（低成功率）、高回报、竞争激烈。

据统计，一个新农药品种的开发从研制到最终商品化通常需要 8～10 年(表2-1)，目前需要合成和筛选至少 160000 个化合物（年份，成功率：1956，1/1800；1964，1/3600；1970，1/8000；1972，1/10000；1977，1/12000；1980，1/20000；

1995，1/52500；1999，1/80000；2000，1/139429；2005～2008，1/140000；2010～2014，1/160000)，耗资1.5亿～3亿美元（1995，1.52亿美元；2000，1.84亿美元；2005～2008，2.59亿美元；2010～2014，2.86亿美元）（图2-3)。经数年的开发，不管被选中的待开发化合物生物活性多么优异，一旦发现其不利于人类或环境，即停止开发（为了更有效地开发新农药品种，最好对先导化合物进行简易的毒理学研究和作用机理研究)，可见新农药开发的风险是很大的。若产品开发成功，通常不仅可收回所有投资，而且可获得丰厚的利润，因此其竞争非常激烈[5～10]。

表 2-1　从最初的合成研究到产品上市各阶段的化合物数量及作物保护品种的开发时间（1995～2008年）

项目	1995年	2000年	2005～2008年
合成/个	52500	139429	140000
开发/个	4	2	1.3
登记/个	1	1	1
从第一次合成到产品销售需要的时间/年	8.3	9.1	9.8

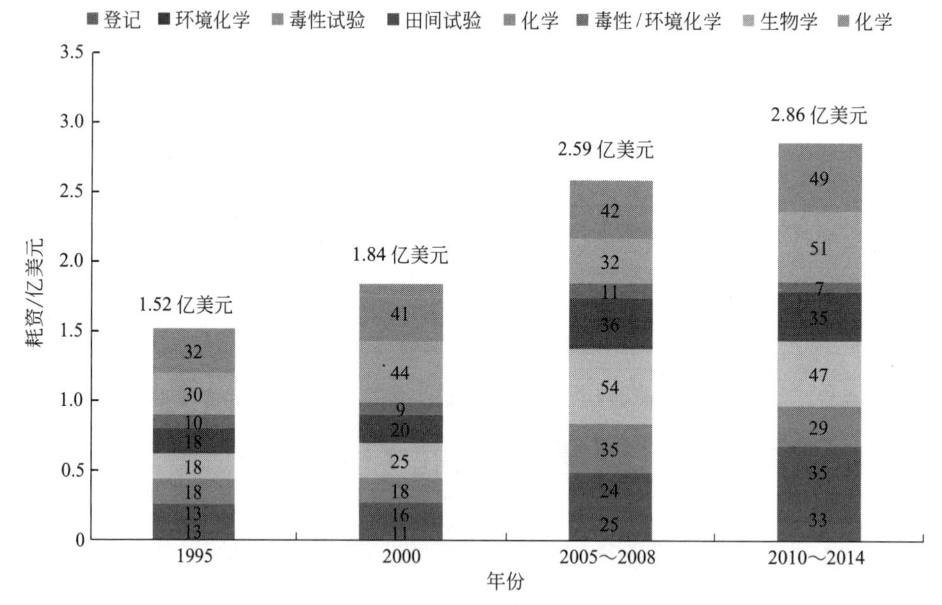

图 2-3　国外公司一个新农药品种的研发费用

筛选化合物数量越来越多，花费也越来越大，说明农药品种登记要求越来越高，同时也预示全新结构先导化合物的研发难度越来越大，是否也说明计算机模拟的作用还没有发挥出来？

目前兴起的学科、各农药公司间的组合与兼并旨在缩短新农药的开发周期、降低投资、提高成功率、增强抗风险和竞争能力；转基因作物的研究则是为了扩大已有农药的应用范围、解决已有农药抗性等问题。

已知化合物的合成，不管结构如何复杂，仅是难易的不同，经过努力，最终都会找到适宜的合成方法。要发现一个未知的化合物，并使之成为农药或者医药，前面也讲了，不仅要具有比现存化合物更优的性能，还必须要在安全和经济方面符合要求（农产品价格低廉，用药成本须尽可能的低），难度可想而知了。

新农药的研究开发，第一需要搞清楚以什么为目标，如以解决抗性杂草或者病害或者虫害为目标，以市场需要为目标，还是以特殊的病、虫、草害为目标；第二要明白用什么方法开发新农药，这里主要是指生测筛选方法，利用高效可靠的筛选方法，就能确保具有活性的新化合物的发现；第三要搞清楚从何种渠道研制新农药，途径很多：通过有机合成方法发现新先导化合物如合成新的母体化合物，通过从已知农药产品中得到启示发现新化合物，从已知有生物活性的化合物中得到启示，利用已有中间体进行更进一步的化学反应即中间体衍生化法，从生物化学方面得到启示，也可以通过其他途径如发酵方法发现新化合物，从天然产物中得到启示等。

以下分四个阶段，简要地介绍一下新农药从研制到产业化需要做的工作。

2.2.1 先导研究阶段

（1）化合物合成

① 先导发现。先导发现的目的，就是发现值得进一步研究的、结构新颖的、具有较好生物活性的化合物。其方法有多种，目前广泛采用的四种方法是：随机筛选、me too 研究、天然产物和生物合理设计。随机筛选就是研究者根据自己的经验，设计、合成新的化合物，经过筛选发现先导化合物，需要注重结构新颖性或预示有不同的作用机理的化合物；me too 研究目的是发现二次先导化合物或者三次先导化合物，不仅要明确已知化合物的优缺点，提出进一步研究的方向，而且要关注专利的三性；天然产物就是以结构新颖的天然产物为模板进行结构改造发现性能更优的先导化合物；生物合理设计就是利用分子生物学、结构化学和计算机模拟等发现先导化合物。

② 先导优化。此阶段的目的是发现值得进一步研究的高活性化合物。每类具有活性的先导化合物类型需要再合成新化合物，如 50～2000 个，进行结构活性关系研究，发现性能更优的化合物。

（2）生测研究　主要包括室内药效筛选和田间小区药效验证试验。室内药效筛选通常包括普筛、初筛和复筛几个阶段。田间小区药效验证试验非常重要，目的是验证化合物在田间环境下的防效、安全性及其他性能，确定田间小区试验剂量和施药技术。靶标越贴近市场，应用前景越广阔。

2.2.2 高活性化合物的深入筛选阶段

目的：发现值得进一步研究的预开发新产品。主要包括小试合成工艺研究、深入的室内药效试验和多点田间小区试验研究；急性经口、经皮试验、眼刺激、皮肤刺激、Ames，以确定其进一步开发的价值。具体涉及的主要工作如下：

（1）小试合成工艺研究　首先要确定工艺路线是否合理（如果采用中间体衍生化法进行新农药创制，在研究之初就考虑相关事宜的话，工艺路线的选择与确定就简单多了）。同时进行公斤级别样品的提取。

（2）深入的室内药效试验和多点田间小区试验　包括除草化合物、杀菌化合物、杀虫化合物的生测深入研究。目的是确定化合物的活性谱、作用特性、作物安全性、应用范围、对非靶标的安全性等。

（3）毒理学研究　研究的目的是要明确化合物是否对环境生态安全、有无致癌潜在风险。如果有问题，就要重新进行研究，尤其是化合物“结构-生物活性-毒性”关系研究，最终选出安全、高效、经济的新农药品种。刘长令团队进行的嘧啶胺类杀菌剂的研究，就是很好的例证。

2.2.3　候选创制品种的研究开发阶段

目的：对在高活性化合物深入筛选阶段有理想生物活性和安全性的化合物，开展进一步研究开发和综合技术经济评价，为工业化和商业化开发提供科学依据。

主要包括中试合成工艺开发、分析方法研究、产品标准制订、产品全分析、制剂开发、大田药效试验、亚慢性毒性试验、残留和环境毒理试验，以达到新农药登记的要求。农药剂型的种类较多，从可持续发展战略目标出发，世界农药沿着高效（超高效）、低毒、安全的方向发展。

2.2.4　创制品种的产业化开发阶段

目的：对已准备进行正式登记的创制农药品种进行工程化研究和应用技术研究，加速创制品种的产业化进程和推广应用，提高创制品种的市场占有率。

事实上，如果希望新农药品种具有很好的市场占有率，就必须要有稳定的专利权和高性价比优势。而专利是否授权与化学结构有关，性价比与性能和成本有关，其中性能如活性和安全性等由化学结构决定，成本则与化学结构和工艺过程有关，也即农药的专利和性价比与中间体及其价格和反应有关。中间体衍生化法的优势就在于此，即在绿色农药分子设计之时，就考虑到开发，选用便宜易得、安全环保的中间体，并采用适宜于工业化的化学反应，确保发明的新农药品种专利权稳定和性价比优势显著。

主要包括产品生产、设备安装、安全环保、应用研究、安全性研究以及登记注册试验。

2.3　先导研究阶段的途径和方法

新农药创制需要多学科多方面科研人员间的相互合作，涉及的学科如有机化学、生物化学、生物学、生物物理学、物理化学、毒理学、生态学等。

新农药品种从研制到最终商品化通常经历前述的几个阶段。在实际的研究开发过程中某些步骤是交叉进行的。其中先导化合物的发现和先导化合物的优化属于前期研发工作，是整个新农药创制的基础，先导化合物经进一步优化，最后得到待开发的候选化合物。这些化合物能否商品化不仅由其生物活性决定，而且与其工艺、环境毒理、市场等有关，商品化的化合物不一定是生物活性最高的，而是与环境最相容的化合物。要想有很好的市场，必须具备很好的性能价格比优势。

2.3.1 先导化合物的发现

在新农药开发过程中，最初发现具有生物活性的新型结构的化合物，即先导化合物。寻找和研究先导化合物是新农药创制过程中的核心环节。农药先导化合物的发现方法与医药相似，不同的是农药可以直接进行活体筛选，也可以进行离体筛选，而医药只能进行离体筛选。农药先导化合物发现的主要方法（图 2-4）大体上可以归纳为如下几种：随机筛选（random screening）法、天然产物法、化学文献（尤其指专利文献，大家常说的 me-too-chemistry）法、组合化学法、生物合理设计或以结构为基础的分子设计等。此外，一些新兴起的先导发现方法，如计算机辅助药物设计、以现代固相有机合成为基础的化学基因学、基于片段的分子设计（fragment-based molecule design）、用于构建药物分子库的目标导向合成（target-oriented synthesis）和定向多样性合成（diversity-oriented synthesis）等，尽管相关研究方法广泛应用于医药领域，但到目前为止，仅仅靠

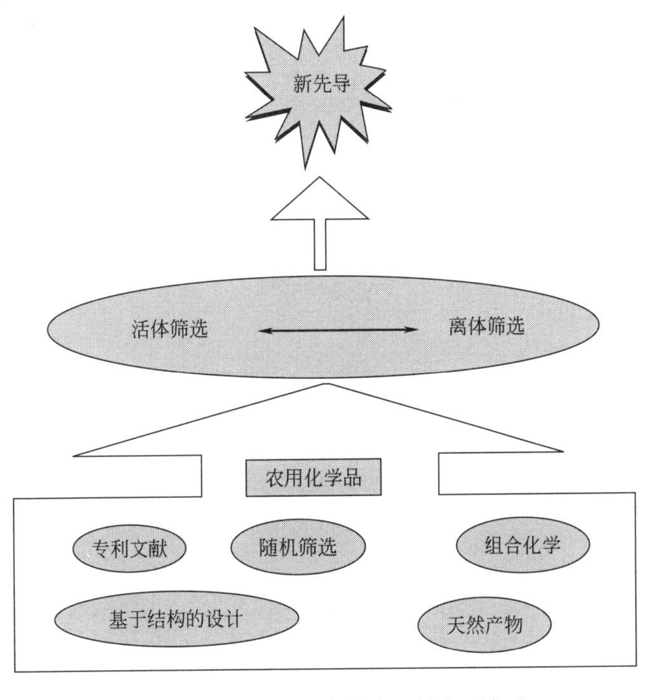

图 2-4 农药先导化合物发现的主要方法

计算机设计成功开发的医药品种很有限，在农药研究中成功实例也未见报道，而计算机辅助设计则有成功实例。2015 年第 17 版的《农药品种手册》(Tomlin，Pesticide Manual) 中记载的农药品种大多都是经随机筛选发现的。这里对2000～2018 年报道的 163 个新农药品种进行了统计，并按照上述研究方法分类：6 个化合物属于天然产物，43 个来自随机筛选，114 个来自专利文献（实际是在已有随机筛选产品基础上进一步研究所得），进一步确认随机筛选和 me-too-chemistry 是发现新产品非常重要的途径。在随机筛选和以已知专利文献化合物为基础的研究中，常采用的方法是活性基团拼接和生物等排[11～13]，但不管什么方法，都没有考虑中间体或者原料以及反应的选择，而中间体衍生化法就全部考虑到了，详见本书的第 3 章。

先导化合物的发现过程类似于给锁头配钥匙。这几种方法之间都具有一定的联系，在实际运用时，也可以相互转换。下面分别对每种方法举实例进行说明[14～21]。

2.3.1.1 随机筛选法

随机筛选是发现先导化合物采用的经典途径。它具有非定向性和广泛性的特征。随机筛选的优点是思路广阔，发现化学结构新颖及作用机制新颖的化合物的机会多，一旦成功则发挥潜力的余地大，有利于开辟新领域。其缺点则是工作量大、投资多、相对成功率较低、易入研究误区。该方法的运用包括三个方面：①从大学或其他科研单位购买尽可能多的化合物进行生物测定，以期发现先导化合物；②合成化学家利用已有中间体合成新化合物，经筛选寻找先导化合物；③合成化学家根据自己的经验，设计合成新化合物，经筛选寻找先导化合物。以上三种方法均有成功实例，尤以③为多，每一大类农药品种中的第一个大多来源于以上方法。目前主要采用组合化学、自动化合成和快速筛选。由随机合成筛选发现的先导化合物进而开发成农药品种的有：除草剂如脲类、二苯醚类、酰胺类、三唑类等；杀虫剂如鱼尼丁受体激活剂类；杀菌剂如三唑类等。具体实例如除草剂敌草隆、除草醚、甲草胺；杀虫剂氟虫腈；杀菌剂三唑酮等。

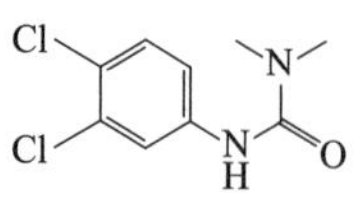

敌草隆 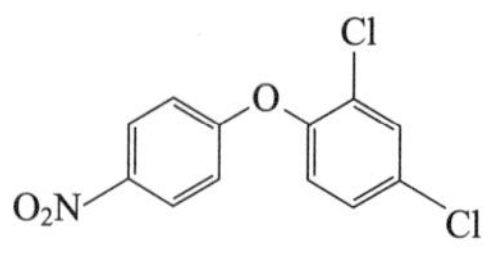　　除草醚 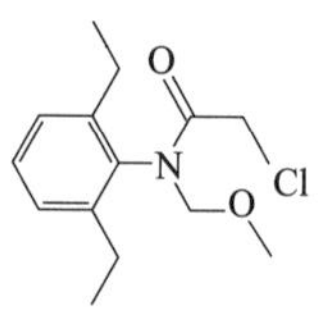　　甲草胺

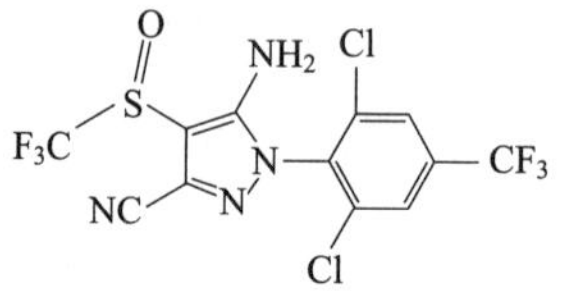

氟虫腈 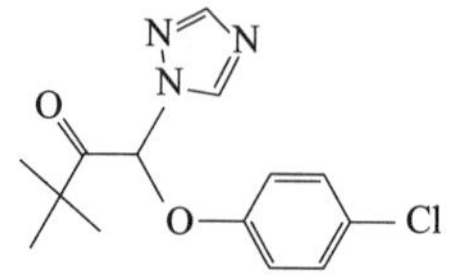　　三唑酮

2.3.1.2　天然产物法

天然产物法也称天然活性物质模型法，是通过模仿天然产物和它们的代谢物，并以此为先导来设计新型的类似物。该方法除先导化合物来源不同外，在方法上与模仿既存农用化学品的 me too 或类同合成法并无本质差别，但是具体研究手段则有所不同。以天然活性物质作为先导化合物包括直接从天然产物中发现农药活性化合物和对天然化合物的化学结构改造或分子修饰，进而研究开发出全新结构的农药品种，是新农药研究的有效途径之一。据报道，世界上至少 2000 种植物具有杀虫杀螨活性或杀菌活性。到目前为止，以天然产物为先导化合物开发的杀菌剂主要有乙蒜素、噁霉灵、肉桂酸衍生物（烯酰吗啉、氟吗啉）等。以天然产物为先导化合物开发的杀虫杀螨剂主要有氨基甲酸酯类如噁虫威、拟除虫菊酯类如氯氰菊酯、沙蚕毒素类似物如杀虫磺、吡咯类如虫螨腈、保幼激素类似物如烯虫乙酯等。以天然产物为先导化合物开发的除草剂如 2,4-滴、乙烯利、萘乙酸等；其他的还有草铵膦、环庚草醚、磺草酮等[22～24]。

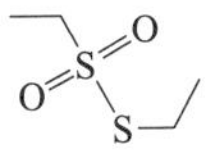

乙蒜素 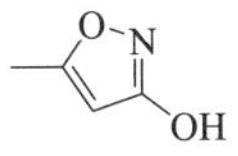　　噁霉灵 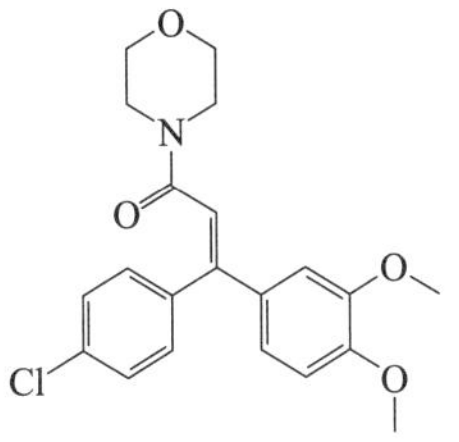　　烯酰吗啉 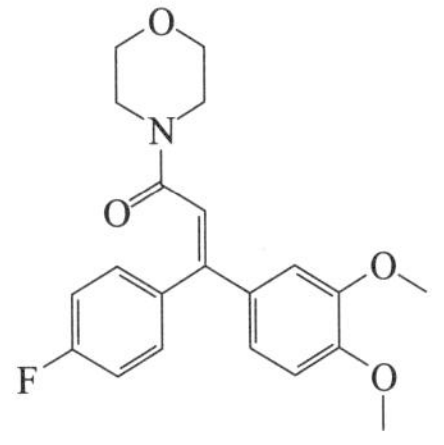　　氟吗啉

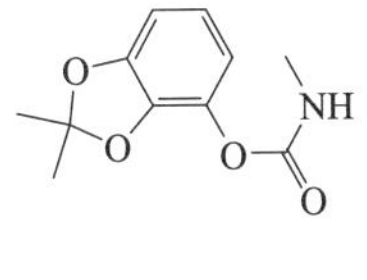

噁虫威 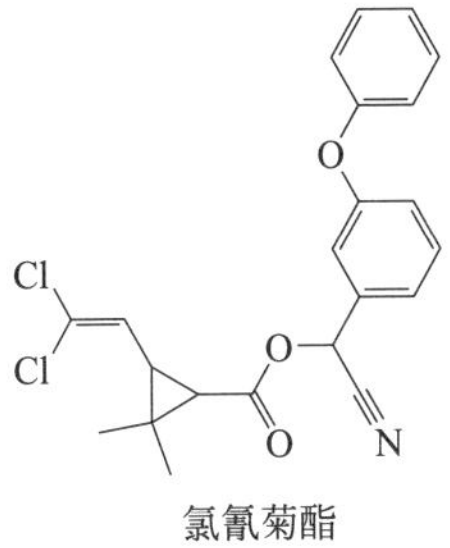　　氯氰菊酯 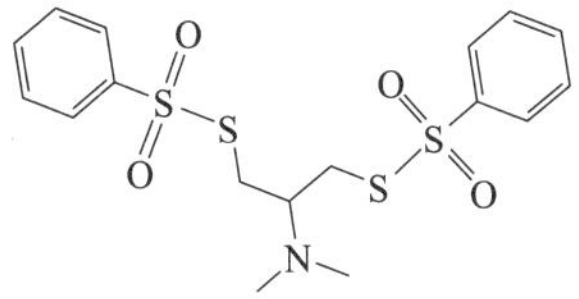　　杀虫磺 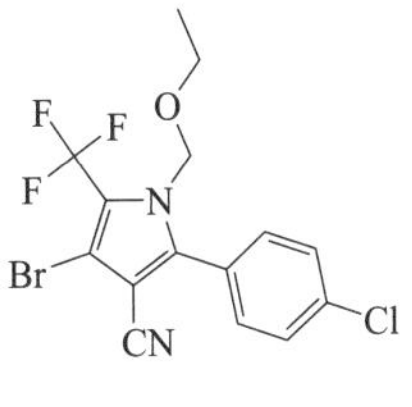　　虫螨腈

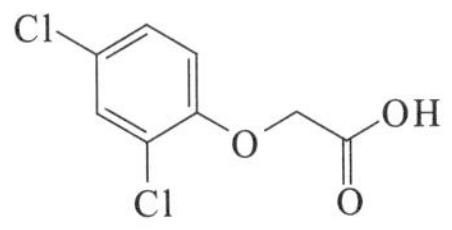

2,4-滴 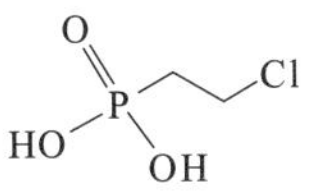　　乙烯利 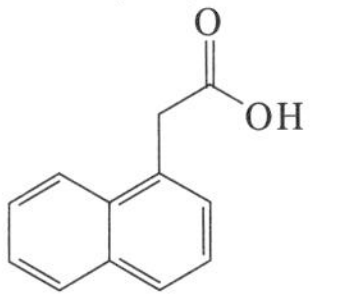　　1-萘乙酸 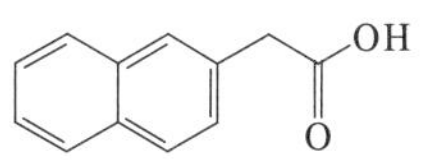　　2-萘乙酸

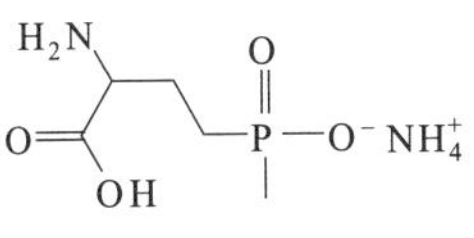

草铵膦 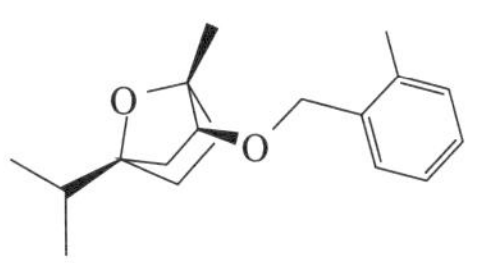　　环庚草醚 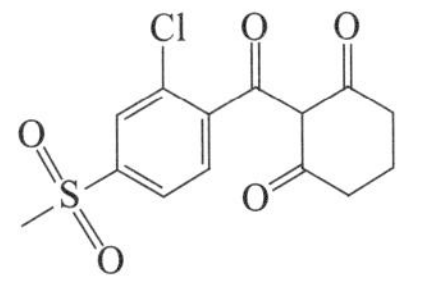　　磺草酮

2.3.1.3　化学文献法

化学文献尤其指专利文献。大家常说的 me too 或 me-too-chemistry 或类同

合成法，即合成与已知专利或其他文献中报道的化合物结构相似的化合物，此方法的关键是如何避开他人专利的保护。此方法的结果通常有两种：①结构变化较大，超出他人专利保护的范围。此方法实例很多，如磺酰脲类除草剂 NC 311、TH 913 等，众所周知，易于理解，亦容易获取专利。②结构虽变化不大，甚至没有超出他人专利保护的范围，却有难以预料的结果。即该化合物在先发明中没有具体公开，且在生物活性或作用机制或毒性等方面显著优于既有专利中报道的所有化合物，这也就是所谓的选择性发明。该方法利用生物等排理论、选择性专利的原则和包括计算机辅助设计在内的多种方法设计其类似结构、合成、生测产生“二次先导化合物”。在新农药创制中运用此方法成功开发的农药品种其投资少，加之其在某方面优于既有化合物，故具有竞争力。选择性发明缺点之一是必须提供尽可能多的对比试验结果，以确认其优于先发明的化合物；缺点之二，即使获得专利授权，但因化合物在已有专利范围之内，存在侵权问题，实施需要交专利费（当然化合物不在已有专利范围内，也就不属于选择性发明，如果专利授权，则专利权稳定，不存在侵权问题）。在此以实例形式对部分运用化学文献方法成功开发的农药予以介绍。

（1）除草剂啶嘧磺隆（SL-160） 啶嘧磺隆是由日本石原产业公司研制开发的草坪用除草剂，属典型的选择性发明。

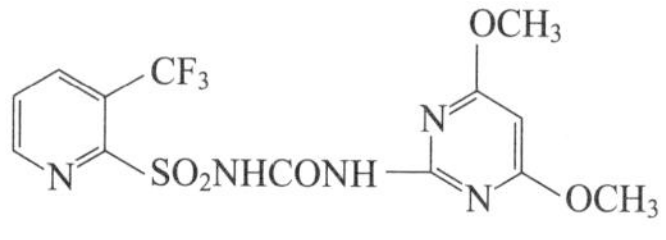
OCH3
CF3
N
N
SO2NHCONH
N
OCH3

SL-160

美国专利 4435206（杜邦公司，1984 年 3 月 6 日）公开了如下通式所示的磺酰脲类除草剂：

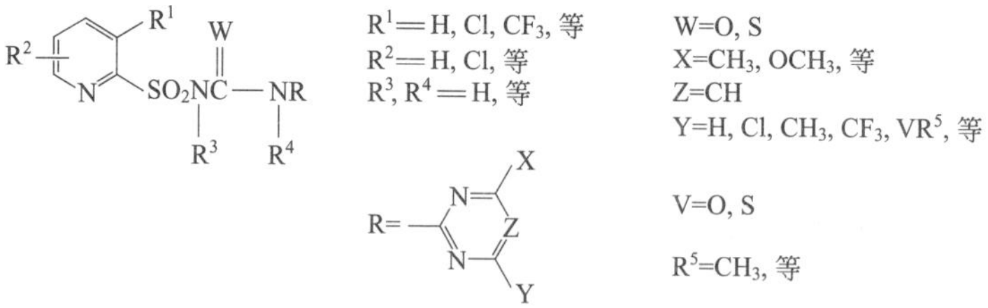
R1
R2
W
N
SO2NC—NR
R3
R4
R1＝H, Cl, CF3, 等
R2＝H, Cl, 等
R3, R4＝H, 等
W=O, S
X=CH3, OCH3, 等
Z=CH
Y=H, Cl, CH3, CF3, VR5, 等
X
N
R=
Z
N
Y
V=O, S
R5=CH3, 等

在此专利中，公开的 R^1 为 CF_3 的化合物有 9 个，其中的两个是：

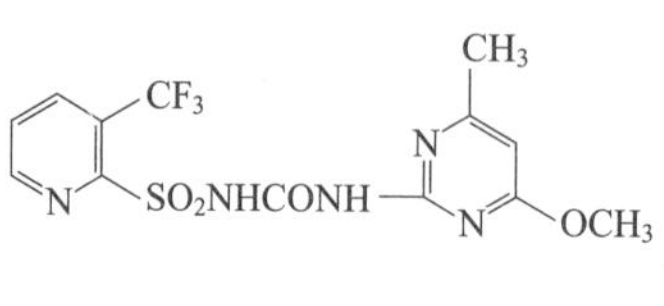
CH3
CF3
N
N
SO2NHCONH
N
OCH3

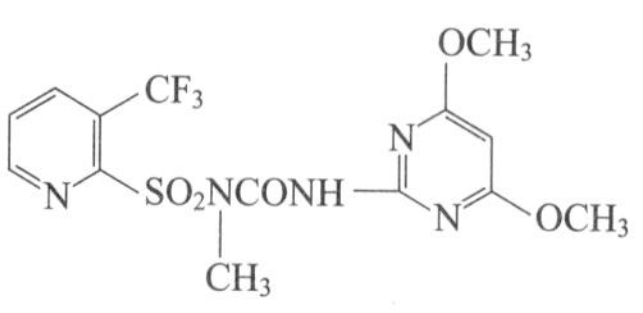
OCH3
CF3
N
N
SO2NCONH
N
OCH3
CH3

石原产业公司对其结构与活性进行了广泛的研究，发现化合物 SL-160 的生物活性比杜邦公司专利中具体公开的任何一个化合物的活性都好，并于 1984 年 12 月

6 日申请了日本专利。在专利申请说明书中明确地指出：虽然本发明化合物 SL-160 已包括在美国专利 4435206 号所广泛表达的取代吡啶磺酰脲类化合物中，但该美国专利并未对其做出具体的揭示。石原产业公司还于 1985 年 11 月 27 日申请了美国专利，于 1988 年 5 月 17 日获得美国专利（US4744814）；于 1985 年 12 月 4 日申请了中国专利，于 1990 年 8 月 15 日获得中国专利（CN1009152B）。

尽管化合物啶嘧磺隆（SL-160）包括在专利 US4435206 的保护范围之内，但其化学结构未具体公开，且其具有优越的生物活性，即有预想不到的结果，因此获得选择性专利。

（2）乙氧嘧磺隆（Hoe 095404）　由拜耳公司开发的除草剂，主要用于防除禾谷类作物、草坪及牧场中的阔叶杂草。

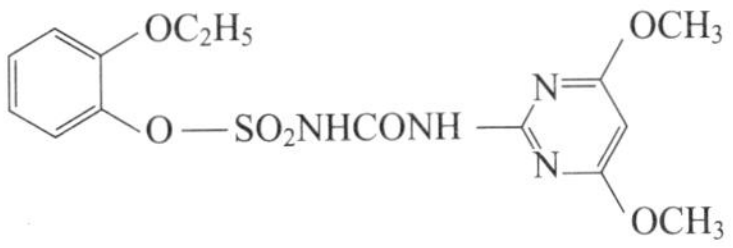

Hoe 095404

日本三井东亚公司（JP5815962，1983 年）报道了如通式 **2-1** 所示的除草剂：

R=H, 卤素(X), 烷基(R), 烷氧基(RO), 等
R^1=H, 卤素(X), CF_3, 等
R^2=卤素(X), CH_3, CH_3O, 等
R^3=CH_3, 烷氧基(RO), 等
Z=O, S, NH
Z^1=N, CH

2-1

赫斯特公司现为拜耳公司（EP342569，1989 年）报道了如下通式 **2-2** 所示的除草剂：

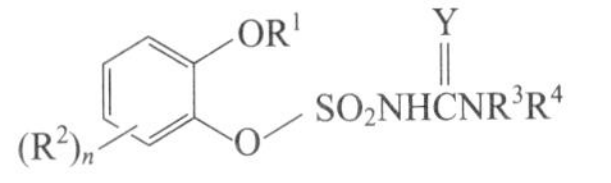

R^1=Et, *n*-Pr, $CHMe_2$
R^2=H, 卤素(X), 等
R^3=H, 烷基(R), 等
Y=O
n=0～3

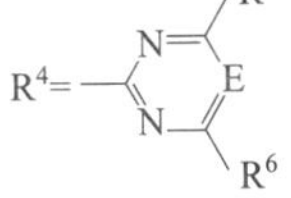

2-2

R^5, R^6 = H, 卤素(X), 烷基(R), 烷氧基(RO), 等
E=CH, N

比较通式 **2-2** 和 **2-1** 可以看出：通式 **2-2** 化合物包含在通式 **2-1** 中，但 JP5815962 并未具体公开化合物 Hoe 095404，且化合物 Hoe 095404 具有优异的除草活性，属选择性发明。

（3）除草剂 CH-900　CH-900 是日本中外制药公司开发的稻田除草剂。

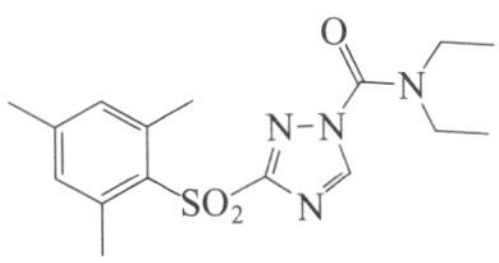

CH-900

取代磺酰基三唑酰胺类除草剂的研究已有近30年的历史，当初开发的化合物为旱田除草剂三唑磺（BTS-30843，1975年），使用剂量为100～300g/hm^2。在1983年左右，日本住友化学公司开始对此类化合物进行研究，至少申请10件专利，但无商品化品种报道。如通式**2-3**所示的化合物（住友，JP01121279A），其中X，Y＝H，烷基，卤素，CN，CF_3等；R^1，R^2＝烷基等；n＝0，1，2。1989年左右，日本中外制药公司亦开始参与此类化合物的开发研究，其公开的化合物如结构通式**2-4**所示（JP02001481A）：X＝卤素、烷基等；m＝0，1，2，3，4；R^1，R^2＝烷基等。专利审查者认为**2-4**和**2-3**是极相似的，但JP01121279A中并未具体公开化合物CH-900等，且化合物CH-900等作为稻田除草剂，其活性优于通式**2-3**所示的化合物，获得选择性专利。

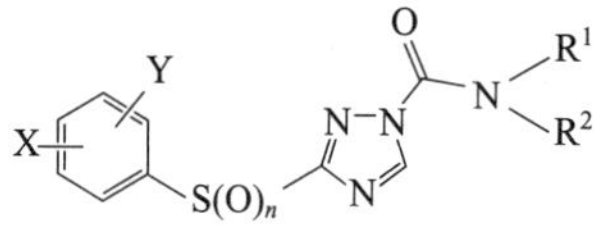

2-3 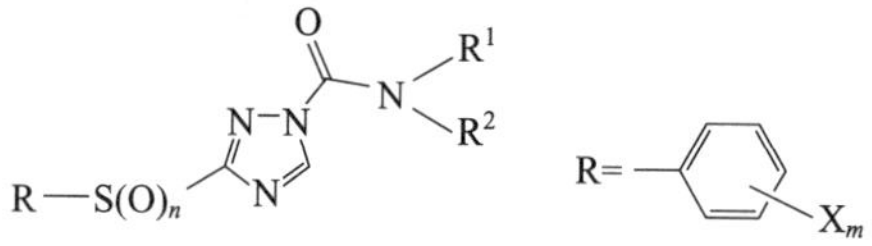　　**2-4**

（4）杀螨剂SZI 121　Fisons公司（现为拜耳公司）报道通式化合物**2-5**作为杀螨剂（CA93：46730）：R^2为取代苯基，苯环上取代基为卤素等，R和R^1为键等，R^3为多卤取代的苯基等，并有化合物四螨嗪（clofentezine）商品化，但该专利中并未具体公开化合物SZI 121的结构。1995年匈牙利一公司申请了通式**2-6**所示的化合物作为杀螨剂（CA122：239726）：X＝F，Cl，Br；Y＝H，F。显而易见，通式**2-6**化合物包含在**2-5**中，但SZI 121活性高于四螨嗪，故获选择性专利。

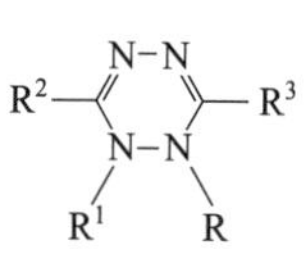

2-5 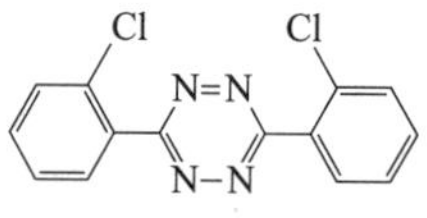　　四螨嗪

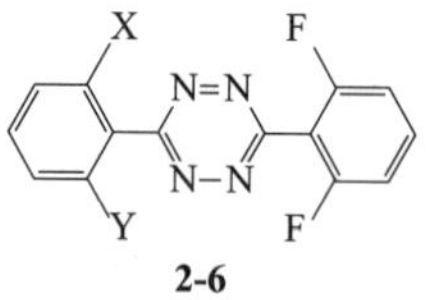

2-6 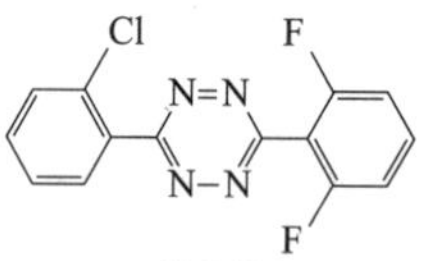　　SZI 121

（5）杀虫剂氟氰戊菊酯　杀虫剂氟氰戊菊酯是由美国氰胺（现巴斯夫）公司研制的，其先导化合物是氰戊菊酯（fenvalerate）。住友化学公司于1974年公开了通式**2-7**所示的杀虫剂（DE2335347），并有氰戊菊酯商品化。在通式**2-7**中，R^1为取代的苯基，取代基为卤素、烷氧基、卤代烷氧基等。1979年美国氰胺公司公开了通式**2-8**所示的杀虫剂，并有氟氰戊菊酯（flucythrinate）商品化。虽然通式**2-8**所示的化合物包括在通式**2-7**中，但DE2335347中并未具体公开化合物氟氰戊菊酯的化学结构，且氟氰戊菊酯的残留活性高于氰戊菊酯，属选择性发明。

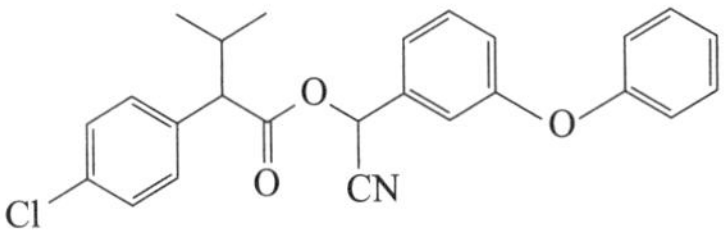

Cl　　O　CN
氰戊菊酯

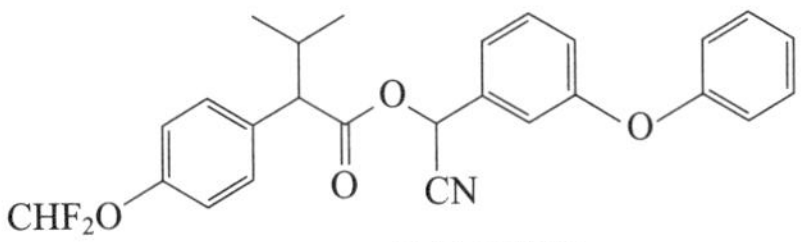

CHF_2O　　O　CN
氟氰戊菊酯

R
CO_2R^2
R^1
2-7

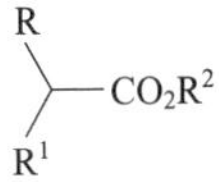

R=Me, Et, $CHMe_2$, 等
R^1=(取代), 苯基, 等
R^2=(取代), 苄基, 等

R^1
RCF_2Z　O　R^2
2-8

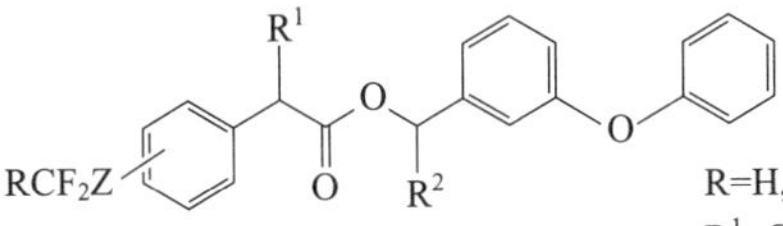

R=H, 等
$R^1=CHMe_2$, 等
R^2=CN, 等

（6）杀虫剂甲氧虫酰肼（RH-2485）　RH-2485和RH-5992均是罗门哈斯公司开发的杀虫剂。1987年公开了通式**2-9**所示的杀虫剂（JP62167747，发明人徐基东博士等），A、B为（取代的）苯基，取代基如氢、卤素、烷基、烷氧基等，并有RH-5992商品化。1994年公开了通式**2-10**所示的杀虫剂（US5530028，发明人Z. Lidert等），并有RH-2485商品化。很明显，化合物RH-2485虽包含在通式**2-9**中，但JP62167747中并未具体公开，且活性高于RH-5992，属选择性发明。

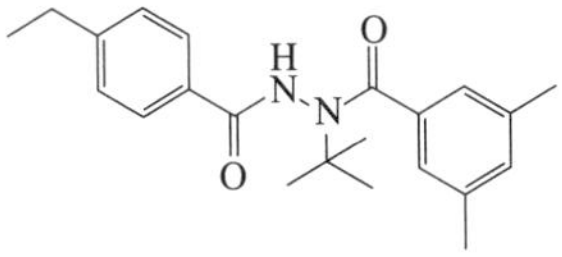

RH-5992 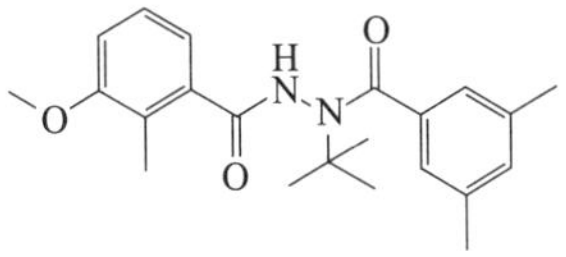　　　RH-2485

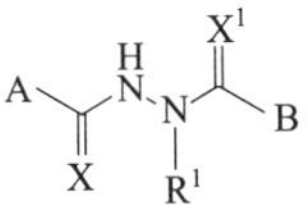

A　H　X^1　B　X　R^1
2-9

A, B=(取代)苯基, 等
R^1=(取代)烷基(C_1～C_4), 等
X, X^1=O, 等

R^8　R^2　R^1　R^7　R^3　R^4　R^5　R^6
2-10

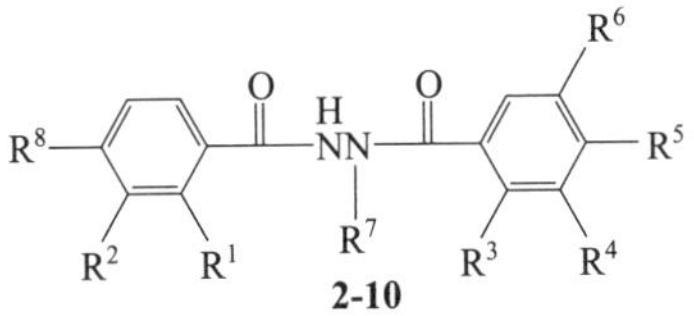

R^1=卤素，烷基，等
R^2=烷氧基，等
R^3=H, 卤素, 烷基, 等
R^4～R^6=H, Br, Cl, F, 烷基, 等
R^7=烷基(C_4～C_6), 等
R^8=H, 烷基，烷氧基，等

（7）杀菌剂RH-7592　唑菌腈（RH-7592）和腈菌唑（RH-3866）均是罗门哈斯公司开发的杀菌剂。均属选择性发明。通式**2-11**是由G. A. Miller（DE 2821971，1977）报道的杀菌剂。通式**2-12**是由T. T. Fujimoto（EP145294，1985）报道的杀菌剂。通式**2-13**是由S. H. Shaber（DE3721786，1988）等报道的杀菌剂。

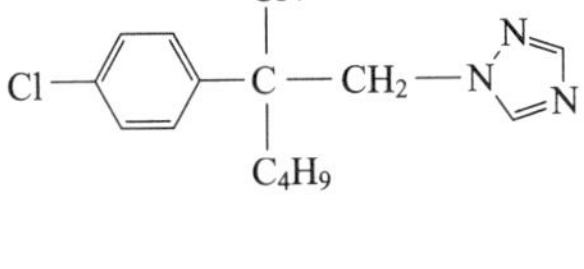

CN　Cl—C—CH_2—N　C_4H_9
RH-3866

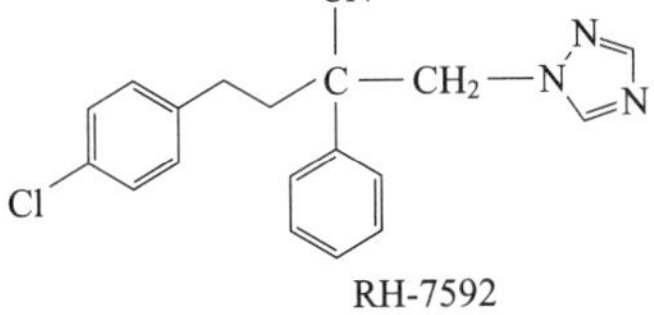

CN　C—CH_2—N　Cl
RH-7592

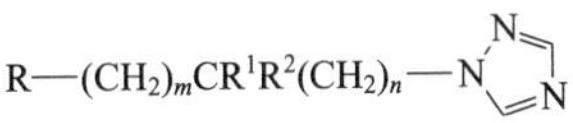

$R—(CH_2)_mCR^1R^2(CH_2)_n—N$　**2-11**

R=(取代)芳基(C_6～C_{10}), 等；$R^1=R^2$=(环)烷基, 芳基, 芳烷基, 等；或
R^1=CN, 等；R^2=H, 等；R^1R^2C=环烷基(C_3～C_8), 等；m=0～2, n=1, 2

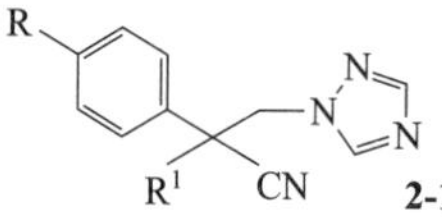

2-12

R=F, Cl, Br, 等

R^1=烷基(C_3～C_8), 等

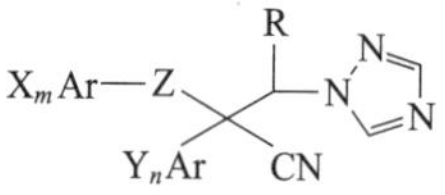

2-13

X_mAr =取代芳基(C_6～C_{10}), 等；
Y_n Ar =杂芳基(C_4～C_5)，芳基(C_6), 等；
Z=CH_2CH_2, 等；R=H, 等；
X,Y=卤素, 烷基, 等

2.3.1.4 组合化学

组合化学是将化学合成、组合理论、计算机辅助设计及机械手结合一体，在短时间内，以有限的反应步骤，同步合成大量具有相同母核结构化合物的技术。组合化学兴起于20世纪90年代，是在固相多肽合成技术的基础上发展而成的，在药物先导化合物的发现和优化、免疫学研究、新材料开发等领域有着广泛的应用。与传统的方法相比，组合化学最大的优点是可以在较短时间内合成出大量的不同结构的化合物；缺点是缺少分子多样性。

虽然组合化学在农药先导化合物的发现上有应用的报道，但到目前为止还没有发现一个商品化的新农药品种；尽管如此，组合化学方法与合理的药物设计相结合，已成为现代药物研究的重要方法之一。

2.3.1.5 生物合理设计或基于靶点结构的药物设计

生物合理设计是根据已知受体的三维结构，用计算机模拟设计化合物。类似钥匙锁头的研究方法，首先搞清楚锁头的结构，然后配钥匙。或者说先找到靶标，然后设计合成化合物。这与通常的方法不一样，通常的方法不知道锁头的结构，也就是在不知道靶标的情况下，合成并筛选很多很多化合物，采用“试错”的方法，发现钥匙或者目标化合物。生物合理设计的特点，第一是逆向思维。先设定生物活性机理作为靶标，然后寻找“合乎其理”的化合物。第二是研究起点高。要求化学、生物学和其他相关学科更高水平上的结合。第三是知识基础新。建立在最新的基础研究成果之上，以有机化学分子结构理论和靶标酶、生物膜等作用部位的生物化学作用机理的阐明等新知识为基础。第四是研究手段先进。生物合理设计需要运用许多先进的研究仪器和实验技术。事实上，由于已知结构的受体有限，即使知道了受体的三维结构也不意味着知道了配基与受体作用的位点，且化合物从施药直达受体到产生作用的过程非常复杂，通常在靶标酶受体上有很好活性的化合物，活体盆栽施药后却没有任何活性。因此该方法发现新农药品种的难度更大。

农药与医药具有很大的相似性，在很多方面医药的研发水平都要优于农药。而农药与医药最大的差别之一是应用对象不同，农药涉及的靶标更复杂、更多样化；之二是农药要考虑生态环境的安全性；之三是成本，相对而言，农产品价格低廉，所以农药吨成本不能高；之四是使用方法；最后一个差别，因为靶标变异等，目前大多农药在研究之前没有办法搞清楚作用机理，往往是产品成功上市后才开始研究作用机理，而医药在研究之时最好或者必须搞清楚作用机理。尽管如此，了解更多医药先导化合物的研发方法还是必要的，医药化合物的先导发现除上述农药中常用先导发现方法外，还有以下先导发现方法也值得借鉴，如以活性内源物质为先导化合物、由药物副作用发现先导化合物、通过药物代谢研究得到先导化合物、基于分子杂合原理的药物设计、计算机辅助药物设计等[25~29]。

（1）活性内源物质　现代生理学认为，人体被化学信使（生理介质或神经递质）所控制。体内存在一个非常复杂的信息交换系统，每一个信使都具有特殊的功能，并在其作用的特定部位被识别。患病时机体失去平衡，而药物治疗就是用外源性的化学物质（信使）来帮助机体恢复平衡。内源性生物活性物质是指人类和哺乳动物体内天然存在的具有生理功能和生物学活性的物质。它们可能是小分子化学物质，也可能是糖类、生物活性肽类、核苷和核酸、生长因子、内源性调节因子、细胞因子和蛋白质等。

① 基于信号转导途径的药物设计。细胞信号转导是细胞通过细胞膜或胞内受体信息分子的刺激，触发细胞内一系列生物化学事件链，从而影响细胞生物学功能的过程。干预细胞转导途径中的任一环节，都会影响生物体的生理、生化、病理过程。因此，针对细胞信号转导过程合理地设计新药，成为药物设计的重要方面。根据化学本质，细胞间信息物质可分为类固醇衍生物、氨基酸衍生物、多肽/蛋白质、脂类衍生物和气体分子。信号转导系统的药物可分为影响信号分子的药物、影响信号接收系统的药物及影响细胞内信号转导系统的药物。

② 基于生物活性肽的药物设计。具有生命活性的肽类化合物中，有很多属于生物体自身的内源性活性物质，也被称为内源性生物活性肽。由于肽类物质存在不能口服、自身稳定性差等原因，在医学研究中对其进行结构修饰和改造，也可能获得更适合于临床应用的结构类似物。迄今为止，许多来源于动植物体内的肽类物质已用于人类疾病的治疗。

③ 基于酶促原理的药物设计。酶是机体内催化各种代谢反应的生物催化剂，是由组织活体细胞合成分泌并对其特异性底物具有高效催化作用的天然蛋白。在医药领域，目前已知的500多种药物作用靶标中，酶是最重要的一类，约占45%。临床应用的许多药物就是通过特异性地抑制酶的活性发挥治疗作用，这些靶酶包括人体内固有的酶和侵入人体的病原体的酶系。抑制酶的活性是产生药效的基础，从而维持或提高底物浓度水平，或者降低酶促反应底物浓度水平，产生有益效果。合理的酶抑制剂设计是将有关靶酶催化机制和结构的相关知识用于指导药物的设计与发现。基于机制/结构的药物设计与计算机辅助药物设计技术、组合化学、快速筛选相结合，加快了新型酶抑制剂的产生速度。酶抑制剂应具有以下特征：对靶酶的抑制活性；对靶酶的特异性；对拟干扰或者阻断代谢途径的选择性；良好的药物代谢与动力学性质。大多数酶抑制剂在结构上与底物或者反应中间体或产物相似，这样可以通过与底物或产物相似的方式与酶结合。这种相

似性不仅反映在分子大小上，而且在电子分布上亦应相似。根据酶抑制剂与靶酶活性位点的作用力，可分为共价结合酶抑制剂（不可逆性酶抑制剂）与非共价结合酶抑制剂（可逆性酶抑制剂）。

④ 基于核酸原理的药物设计。核酸是生物体内遗传信息存储与传递的一个重要载体，在生物功能的调控上发挥着极其重要的作用，随着对核酸结构和功能的认识不断深入，核酸正在发展成为药物设计的一个重要靶点。可分为基于核酸代谢机制的药物设计、基于核酸序列结构的药物设计、基于 DNA 双链结构的药物设计及基于 RNA 三维结构的药物设计。

（2）药物副作用为先导化合物　药物对机体常有多种药理作用，用于治疗的作用称为治疗作用，其他的作用通常称为毒副作用。在药物研究中，常可以从已知药物的毒副作用出发找到新药，或将毒副作用与治疗作用分开而获得新药。

例如，抗组胺药物异丙嗪（promethazine）具有镇静的副作用，经过优化研究发现了与其结构类似的吩嗪类抗精神失常药物氯丙嗪（chlorpromazine）及其类似物。

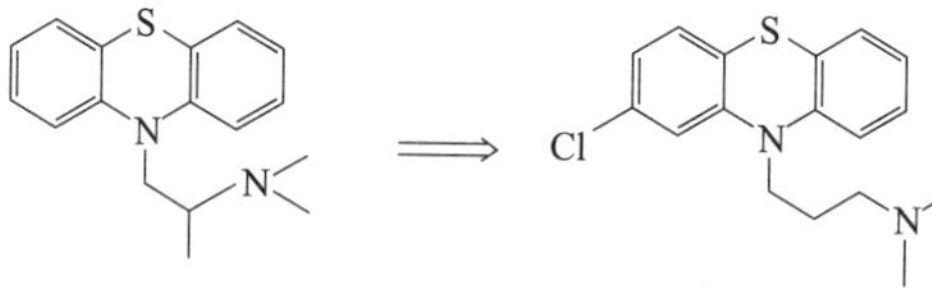

异丙嗪(promethazine)　　氯丙嗪(chlorpromazine)

这与农药的研发具有相似性。如在螺螨酯及螺甲螨酯的开发中，化合物**2-14**是拜耳公司在研究除草剂 PPO 酶抑制剂时合成的化合物，在研究其类似物 **2-15** 及 **2-16** 时发现，**2-15** 仍具有除草活性，但其酰化产物 **2-16** 却具有较弱的杀螨活性。经过此后更加深入的优化研究发现了杀螨剂 ACCase 酶抑制剂螺螨酯和螺甲螨酯。

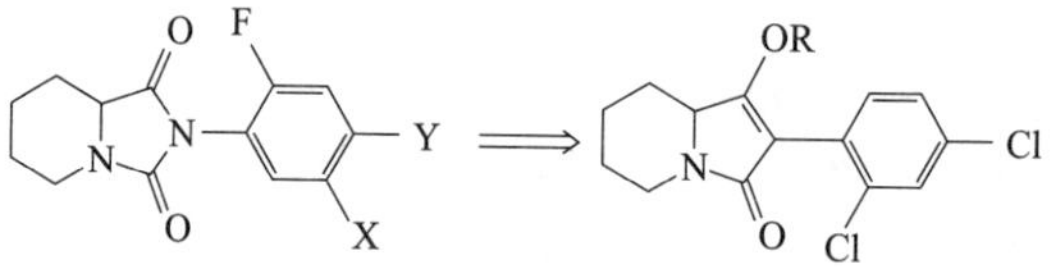

X=OR, SR
Y=Me, CN
2-14

2-15 R=H
2-16 R=$COCMe_3$

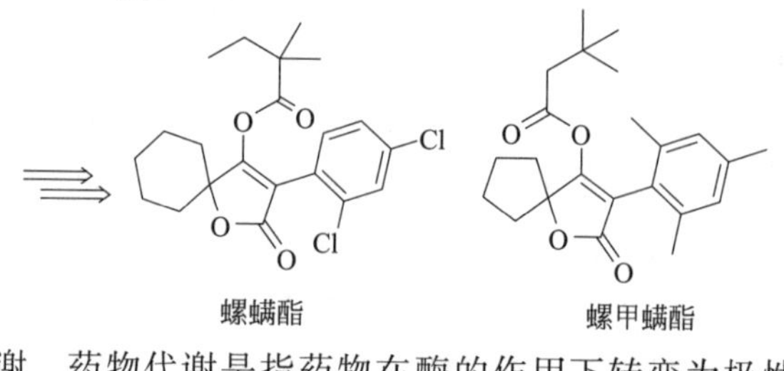

螺螨酯　　螺甲螨酯

（3）药物代谢　药物代谢是指药物在酶的作用下转变为极性分子，再通过人体系统排出体外的生物转化过程。药物代谢研究不但能够发现新的、高质量的先导化合物，在其改造过程中也可以作为优化的规则，提高候选药物的质量，进而降低后期研究失败的概率。一般情况下，药物经过代谢作用失去活性，也有一些药物的代谢物具有较原形药更高的药理活性或者更理想的药动力学性质。因此，从已知拥有确切疗效的药物出发，分析其在体内的代谢过程和代谢产物，从中寻找发现先导化合物乃至于药物一直以来是新药发现的重要来源。

药物代谢研究在新药研究和开发的早期阶段，要尽早研究活性化合物的代谢，探索可能发生的代谢反应和代谢物，分离和鉴别代谢过程中出现的中间体，并研究其药理和毒理性质，为后续的研究做好准备。并针对其代谢过快或转化为毒性代谢物的问题，对其进行结构修饰防止或者延缓其被代谢过程，以获得更为稳定、安全的活性化合物。

基于药物代谢的知识进行先导化合物结构修饰的方法很多，例如药物的潜伏化、软药设计等。药物的潜伏化包括前药和生物前体，是指非活性的化合物在体内经酶活化（如氧化活化、还原活化、消除活化）生成原药，发挥药理作用。前药设计的应用主要有：①增加水溶性，改善药物吸收或给药途径；②促进药物吸收；③提高稳定性，延长作用时间；④提高药物在作用部位的特异性；⑤掩蔽药物的不适气味，提高患者的依从性。软药设计是指药物本身具有活性，经一步代谢而失活。

（4）分子杂合原理　早在19世纪中叶，在明确了某些药物的主要药理作用所依存的基本结构以后，人们就设计将两个药物的基本结构整合在一个分子中，以期获得毒副作用降低、药效增强的新药。但因受科学水平的限制，成功的例子不多。随着生物化学、分子药理学和有机合成学等相关学科的发展，该方法才在药物设计中被广泛应用。

分子杂合原理是指将两种药物的药效结构单元拼合在一个分子中，或将两者的药效基团通过共价键兼容在一个分子中，使形成的药物或兼具两者的性质，强化药理作用、减少各自的毒副作用，或是两者取长补短，发挥各自的药理活性，协同完成治疗作用。因为多数情况下是将两种药物结合在一起，所以有时将其称为孪药。一些孪药在体外无生物活性，进入体内后经酶促和非酶分解，才能发挥相应的药理作用，因此，也是前药的一种特殊形式。

孪药的两个药效分子有以下三种连接模式：直接结合模式（两个分子不经连接基团而连接）、连接链模式（两个药效单位经连接基团连接，可以为单键、聚合物链、芳环等）及重叠模式（分子中的某些片段重叠而键合）。例如，双阿司匹林及培美曲塞。

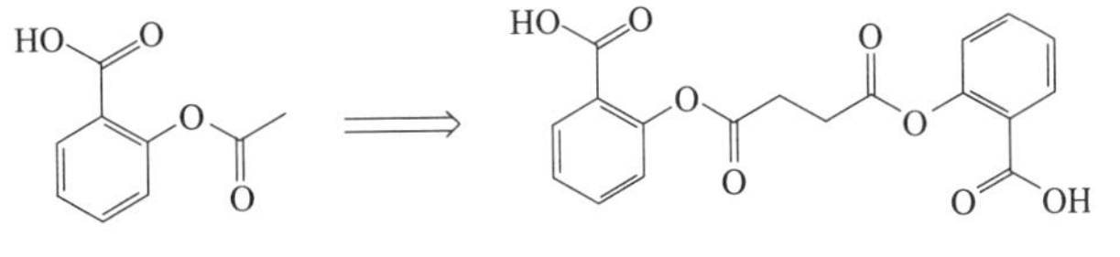

阿司匹林(aspirin)　　双阿司匹林(diaspirin)

培美曲塞是礼来公司与普林斯顿大学共同研究的多靶点抗肿瘤药物，2004

年获得 FDA 批准上市。其先导物为雷替曲塞和甲氨蝶呤，两者分别为临床上使用的胸苷酸合成酶抑制剂和二氢叶酸还原酶抑制剂。培美曲塞同时具备上述两种药剂的活性，还可作用于甘氨酰核糖核酸甲酰基转移酶，表现出多重抗肿瘤活性。

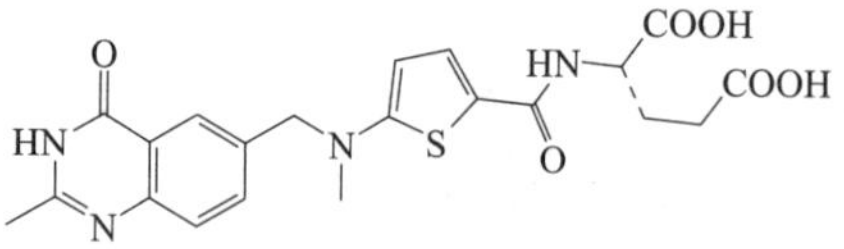

雷替曲塞(raltitrexed)

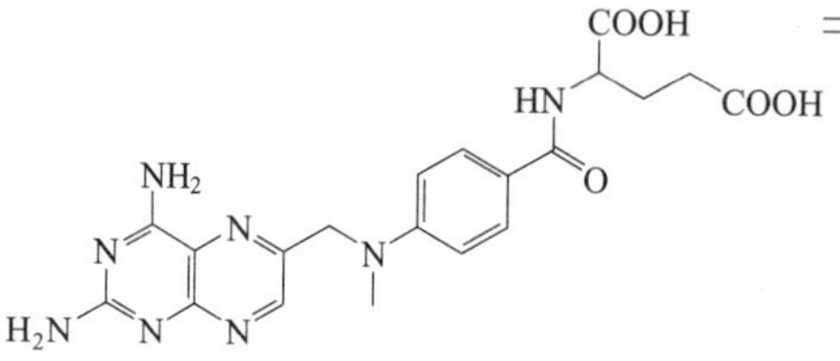

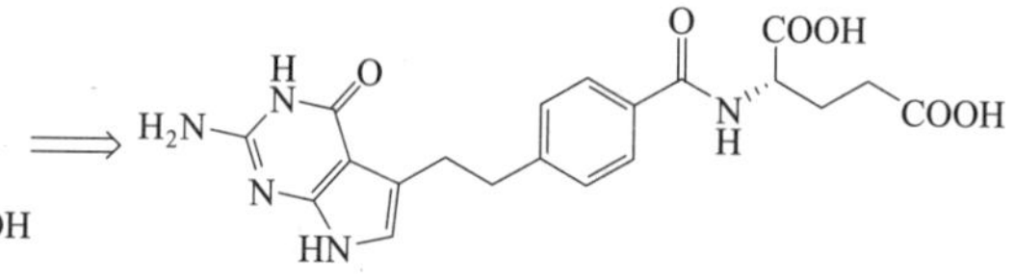

培美曲塞(pemetrexed)

甲氨蝶呤(methotrexate)

（5）基因组学　化学基因组学技术整合了组合化学、高通量筛选、生物信息学、化学信息学和药物化学等领域的相关技术，采用具有生物活性的化学小分子配体作为探针，研究与人类疾病密切相关的基因和蛋白的结构与生物功能，同时为新药开发提供靶蛋白以及具有高亲和性的药物先导化合物。

化学基因组学有正向化学基因组学和反向化学基因组学两种研究策略。正向化学基因组学利用小分子化合物为探针来干扰细胞的功能，由于小分子可以激活/灭活许多蛋白质，诱导细胞出现表型变异，因此能够在整体细胞上观察到基因和蛋白质表达水平的变化，从而识别出活性小分子和生物靶标。其研究过程通常是将细胞和小分子化合物放在多孔板上进行培养，然后观察这些化合物对细胞功能的影响。例如，用显微镜观察细胞在形态上的变化，或者向每一个孔中加入抗体来检测细胞表面特定蛋白质浓度的变化。能够引起细胞表型/蛋白质改变的小分子将进一步被研究，确定它们影响细胞/蛋白质的机制，为药物的深入开发提供至关重要的靶标和先导化合物。美国哈佛大学 Tomas U. Mayer 等人成功利用该策略研发了有丝分裂驱动蛋白 EG5 的抑制剂 monastrol。反向化学基因组学从已经被确证的新颖蛋白质靶标开始，筛选与其相互作用的小分子。首先，确定一个蛋白作为靶标；其次，根据蛋白结构构建一个化合物库；最后，基于活性或亲和性的方法识别蛋白质和小分子的相互作用，从中寻找有苗头的先导化合物。Schreiber 小组采用两次反向基因组学筛选找到了 Hap3p 抑制剂 haptamide B。

（6）计算机辅助药物设计　计算机辅助药物设计一般可归纳为三类：a. 直接药物设计，即基于靶点结构的药物设计（structure-based drug design，SBDD）；b. 间接药物设计，即基于配体结构的药物设计（ligand-based drug design，LBDD）；c. 基于组合化学的计算机辅助药物设计。

① 基于靶点结构的药物设计或生物合理设计（SBDD）。基于靶点结构的药

物设计的出发点是基于对药物和靶点间相互作用的理解和研究。根据已知受体的三维结构设计配体分子，其主要方法有全新药物设计和基于靶点结构的虚拟筛选。

全新药物设计：也称从头设计，根据靶点结构直接构造出形状和性质互补的新配体分子三维结构。主要通过分析受体结合位点的结构和化学特征，研究药物与受体相互作用的规律，设计与结合位点匹配或互补的分子。全新药物设计主要分为基于原子和基于片段的药物设计。基于原子的药物设计方法是在受体活性位点表面逐个增加原子，形成与结合位点形状和性质互补的分子，但该方法存在组合爆炸性问题，难以处理而限制了应用。基于片段的分子设计（fragment-based drug design，FBDD）是在基于结构的药物设计的基础上发展起来的一种新的药物设计方法，得到研究人员的重视，并成功地开发了医药新药。基于片段的分子设计通过药物化学、生物信息学和计算机辅助药物设计等学科和技术的交叉综合，利用现代分析检测技术从小分子片段库中搜寻选出活性小分子片段，并在此基础上对片段进行连接和生长，优化扩充成先导化合物，成为发现新结构先导化合物的一种新方法。基于片段的分子设计的目标是要找到一个或多个碎片集，其中每个集合的碎片主要结合到靶标蛋白的结合位点的一个口袋或区域。然后从每个碎片集选择最佳的碎片，根据它们的空间结构位置连接起来形成一个有足够活性的化合物；或者从一个集合选出最佳的碎片，然后逐步生长成一个有足够活性的化合物。上述的分子碎片通常符合“Astex 三规则”：分子质量≤300，氢键受体、氢键给体和旋转键数目都≤3。一般来说，一个碎片要和靶标蛋白相互作用，就必须要有一定的复杂度，以具有足够的结合活性和方向性，并且可被检测出来。检测手段最常用的是核磁共振（NMR），表面等离子共振（SPR）、质谱（MS）和 X 射线晶体衍射技术也取得了成功。FBDD 库很容易积累，碎片化合物可以从供应商购买，为了进一步合成优化，常带有合适官能团。利用初始数据，通过碎片生长和碎片进化的方法提高活性，进而建立次级库，再经后续优化整合为较大的先导化合物。

基于靶点结构的虚拟筛选：以靶点结构为模板，通过分子对接方法搜索小分子数据库，在已知的小分子中寻找能与靶点相互结合的分子，小分子化合物本身不具有新颖性。靶点结构通常由 X 射线晶体衍射方法或 NMR 方法获得，在实验数据缺乏时，可通过结构预测方法如同源建模等得到。经过预处理的靶点结构与经过预处理的小分子库进行对接，打分评价，筛选出得分较高的化合物，经过筛选选出一定数量的候选化合物进行样品的购买或合成以进行生物测试。

② 基于配体结构的药物设计（LBDD）。基于靶点结构的药物设计的出发点是结构相似、作用类型相同、活性大小不一的一系列配体间可能存在共同的结构基础，它们能与同一靶点的结合位点作用。对于一些靶点分子结构难以通过实验测定，特别是难以形成晶体结构的膜蛋白，可以利用与靶点有相互作用的小分子

配体（包括内源性配体），以这些已知的小分子配体为模板，在数据库中搜索与已知化合物具有相似构象、电荷分布或大小、形状、官能团极性分布的新化合物。基于配体结构的药物设计包括3D-QSAR方法、药效团模型法以及在此基础上的三维结构搜索法等，最值得关注的是基于药效团的骨架跃迁（scaffold hopping）技术。

3D-QSAR方法很多，较为重要的包括距离几何法、分子性状分析法、比较分子立场分析法等。QSAR研究成功的例子很多，如治疗老年痴呆症的药物E-2020的开发是通过对一系列二氢茚酮和苄基哌啶类化合物进行构象分析、分子形状比较和QSAR研究，获得一系列对乙酰胆碱酯酶具有较高活性的二氢茚酮苄基哌啶类化合物，经进一步的药理和临床前研究，选定化合物E-2020进入临床研究获得成功。在农药研发中，也常采用3D-QSAR方法进行优化研究。

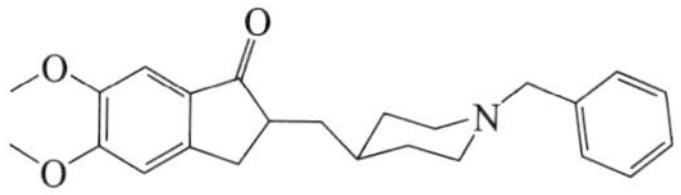

E-2020

药效团模型法是对一系列活性化合物做3D-QSAR分析研究，并结合构象分析总结出一些对活性至关重要的原子和基团以及空间关系，反推出与之结合的受体的立体形状、结构和性质，推测出靶点的信息，得到虚拟受体模型，再依此来设计新的配基分子。药效团通常是指那些可以与受体结合点形成氢键相互作用、静电相互作用、范德华相互作用和疏水相互作用的原子核官能团，药效团连同它们之间的空间关系称为三维药效团。药效团一般包括氢键供体、氢键受体、疏水中心、电荷中心和芳环中心。药效团搜索就是通过定义的药效团模型，在数据库中搜索化合物分子。Merck公司的Lam等根据HIV的蛋白酶抑制剂复合物的晶体结构及其作用方式，得到了HIV抑制剂的药效团模型，以此模型为提问结构搜索了剑桥晶体结构库，获得了活性较高的化合物A-0980，并进入临床试验。

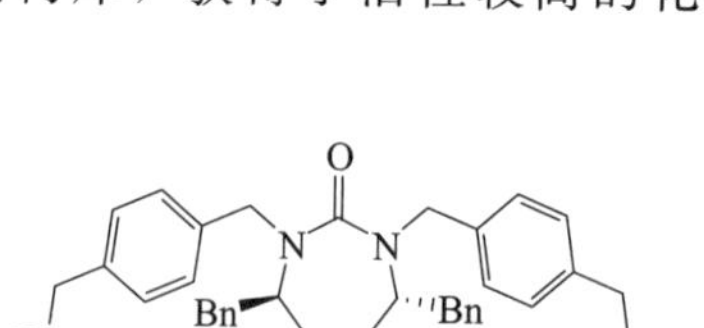

A-0980

骨架跃迁概念是1999年罗氏制药公司Schneider博士提出的，其目的是以药效团模型为依据，采用计算机在已知的数据库中，寻找与苗头化合物完全不同的拓扑结构骨架，但仍然保持原有的生物活性。骨架跃迁的核心是从现有药物或者活性化合物出发，通过改变其骨架结构，得到结构新颖但功能类似的分子。一般分为以下三类设计方法：杂环替换、环的打开与关闭、基于拓扑性状的跃迁。后两者更有可能产生全新骨架，类似中间体衍生化法中的替换法或者衍生法。

③ 基于组合化学的计算机辅助药物设计。组合化学的建立与发展，也推动了计算机辅助药物设计方法的发展，随之也产生了计算机模拟组合化学方法。用分子模拟和计算机技术设计合成组合样品库的构造块，根据分子多样性评价样品库的质量，或者建立虚拟组合样品库。同时，高通量筛选所产生的大量信息也必须用计算机来处理。

2.3.2 先导化合物的优化

先导化合物通常具有较好的生物活性，部分化合物有时可直接开发为商品化品种，但绝大部分的先导化合物的生物活性还需要进一步提高，使之成为活性更佳的化合物。提高活性的过程即优化。

优化过程中可以采用如下规律或方法：①饱和环开裂；②饱和侧链环合；③烃基结构和芳香环缩合；④烃基结构和芳香环替换；⑤衍生为类似物；⑥引入或除去双键；⑦芳香环变为杂环，或杂环变为芳香环；⑧饱和环变为芳香环或杂环，反之芳香环或杂环变为饱和环；⑨引入空间结构大或疏水性强的基团；⑩更换功能相似的基团等。其中⑦、⑧和⑩涉及生物电子等排理论的应用，适时地应用计算机辅助设计等亦是必要的[15,17,19,21]。

需要注意的是，不论在先导产生还是先导优化阶段，生物电子等排替换都是常用的手段之一，因此有必要在此对生物电子等排理论及其在新药创制中的应用作较详细的介绍（生物电子等排的使用，在 2000 年之前专利审查者还认为具有新颖性，之后就认为缺乏新颖性。如果采用生物电子等排发明新化合物，也要提供足够的数据，证明其有很好的创造性，否则很难获得专利授权；即使授权，如果在已有专利范围内，实施也存在侵权问题）。

随着生物电子等排概念的广泛应用，生物电子等排体的范围逐渐扩大，后来归纳为两大类，即经典的和非经典的电子等排体。凡原子、离子或分子的外围电子数目相等者为经典的电子等排体；不符合经典的电子等排定义，但是替换后可使化合物的立体排列、电子构型与原化合物相似的原子或原子团，如 H 和 F、—CO—和—SO_2—以及—SO_2NH_2 和—$PO(OH)NH_2$ 等为非经典的电子等排体。关于经典的电子等排体和非经典的电子等排体分别举例，如表 2-2 和表 2-3 所示。

表 2-2 经典的电子等排体

A	一价电子等排体	—F，—OH，—NH_2，—CH_3，—SH，—PH_2，—Cl，—Br，—I
B	二价电子等排体	—O—，—S—，—Se—，—CH_2—，—NH—，—CO_2R，—COSR，—CONHR，—$COCH_2$R
C	三价电子等排体	—CH═，—N═，—P═，—As═
D	四价电子等排体	$-\overset{\vert}{\underset{\vert}{C}}-$，$-\overset{\vert}{\underset{\vert}{N^+}}-$，$-\overset{\vert}{\underset{\vert}{PH^+}}-$，$-\overset{\vert}{\underset{\vert}{Si}}-$
E	环内电子等排体	—CH═CH—，—S—，—O—，—NH—，—CH═，—N═

表 2-3 非经典的电子等排体

卤素	F,Cl,Br,I,CF_3,CN,SCN,$N(CN)_2$,$N(CN)_3$
羟基	OH,NHCOR,$NHSO_2R$,CH_2OH,$NHCONH_2$,NHCN,$NH(CN)_2$
醚	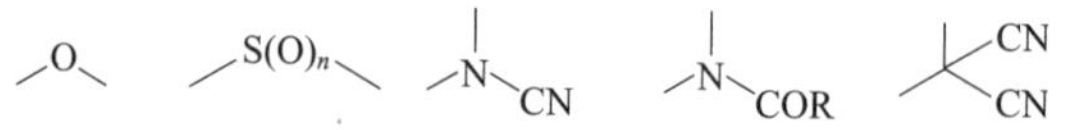 —O—, —S(O)$_n$—, —N(CN)—, —N(COR)—, —C(CN)$_2$—
硫脲	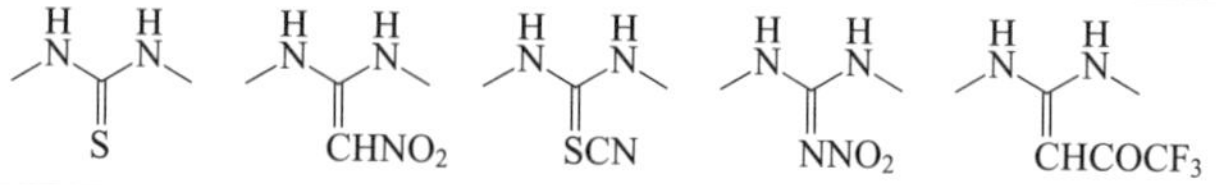 —NH—C(=S)—NH—, —NH—C(=$CHNO_2$)—NH—, —NH—C(=SCN)—NH—, —NH—C(=NNO_2)—NH—, —NH—C(=$CHCOCF_3$)—NH—
亚胺	—N═,—C(CN)═
共轭双键	—(CH═CH)$_n$—,  —C$_6$H$_4$—
羧酸基团	CO_2H, SO_2NHR, SO_3H, PO(OH)OEt, PO(OH)NH_2, CONHCN, 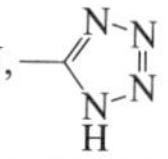 四唑基

生物电子等排在新药创制中的应用成功实例很多，现举例如下[6,30~54]：

2.3.2.1 经典的生物电子等排的应用

（1）一价电子等排体　一价电子等排体在农药创制中的应用实例很多：杀菌剂如由邻酰胺开发的邻碘酰胺（$CH_3 \Longrightarrow I$），由氯苯嘧啶醇研制的氟苯嘧啶醇（$Cl \Longrightarrow F$）；杀虫、杀螨剂如 SZI 121 的开发（$Cl \Longrightarrow F$），由甲氰菊酯开发的氯氰菊酯（$CH_3 \Longrightarrow Cl$）到溴氰菊酯（$CH_3 \Longrightarrow Cl \Longrightarrow Br$）；除草剂绿麦隆（$CH_3$）和敌草隆（Cl），新燕灵（Cl）和麦草伏（F），溴苯腈（Br）和碘苯腈（I），2,4-滴（Cl）和 2 甲 4 氯（CH_3）等。

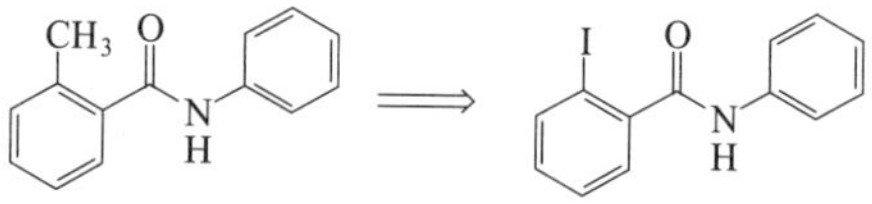

邻酰胺(mebenil) ⟹ 邻碘酰胺(benodani)

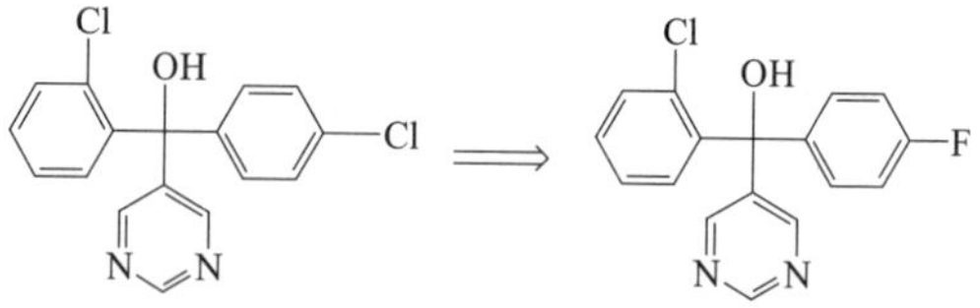

氯苯嘧啶醇 ⟹ 氟苯嘧啶醇

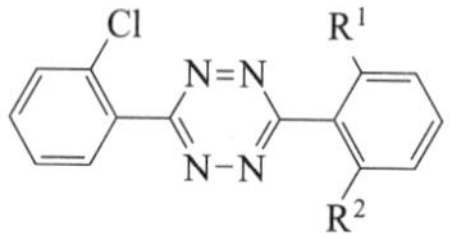

R^1=Cl，R^2=H (四螨嗪)

R^1=R^2=F (SZI 121)

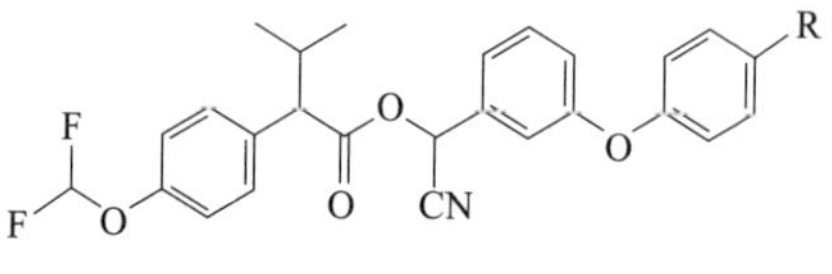

R=Cl，F，CH_3 ⟹ R=Br

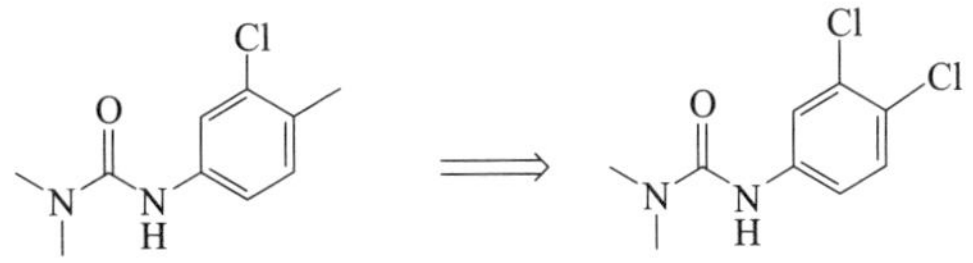

绿麦隆(chlorotoluron) ⟹ 敌草隆(diuron)

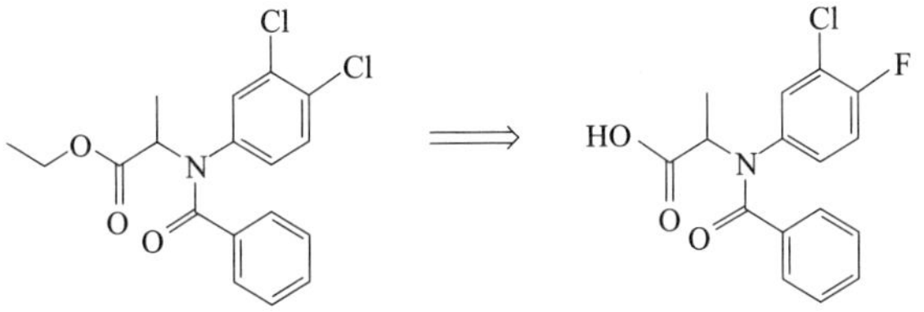

新燕灵(benzoylprop-ethyl) ⟹ 麦草伏(flamprop)

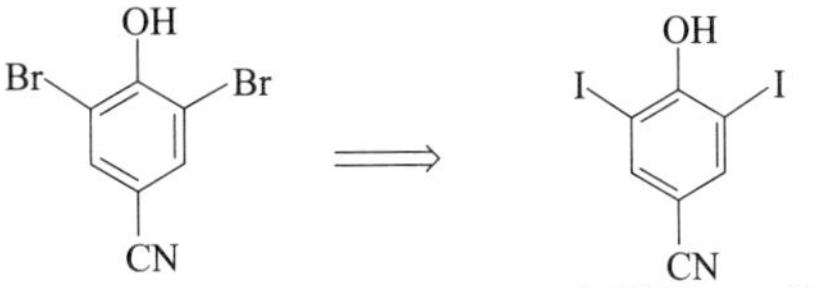

溴苯腈(bromoxynil) ⟹ 碘苯腈(ioxynil)

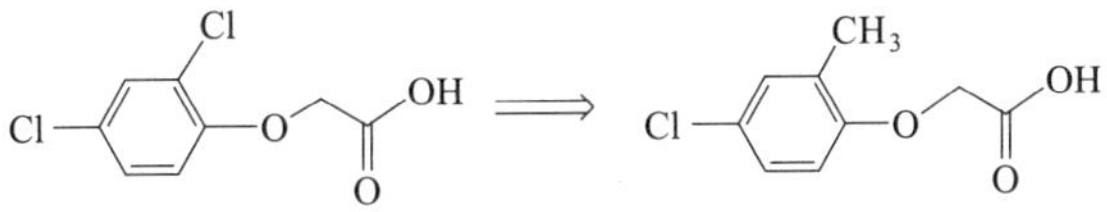

2, 4-滴 ⟹ 2甲4氯

（2）二价电子等排体　二价电子等排体在农药创制中的应用实例有以杀虫剂醚菊酯开发的烃菊酯（X＝O⟹X＝CH_2）、以杀菌剂丁苯吗啉开发的苯锈啶（—O—⟹—CH_2—）、以除草剂苄嘧磺隆开发的化合物 **2-17**（—CH_2—⟹—NH—，AC 322140）及以磺酰脲为先导化合物开发的除草剂三唑并嘧啶磺酰胺（化合物 **2-18**）等。

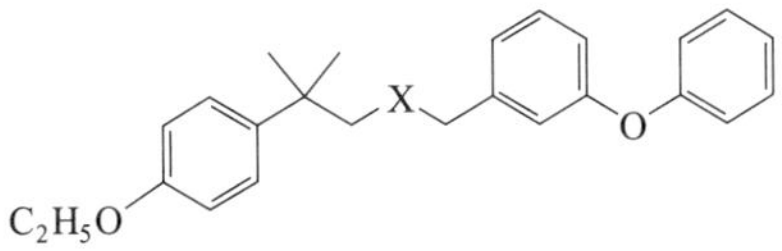

醚菊酯(X=O)　烃菊酯(X=CH_2)

丁苯吗啉 (fenpropimorph) ⟹ 苯锈啶 (fenpropidin)

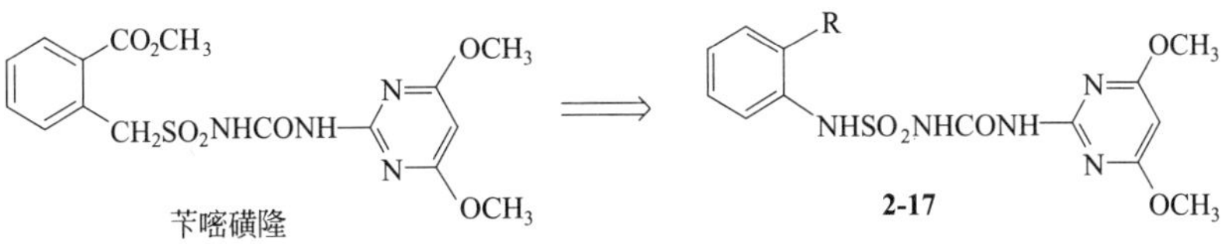

苄嘧磺隆 ⟹ **2-17**

当 R= 环丙甲酰基 时，即 AC 322140

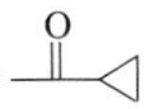

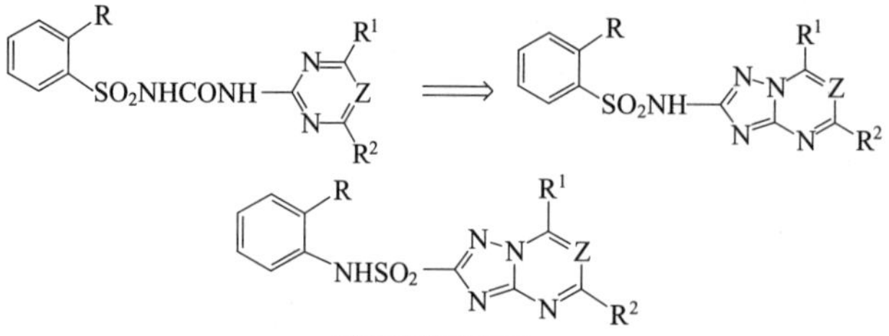

磺酰胺类除草剂

2-18

（3）三价电子等排体　三价电子等排体在农药创制中的应用实例，如以呋酰胺开发的噁霜灵（**2-19**）等。

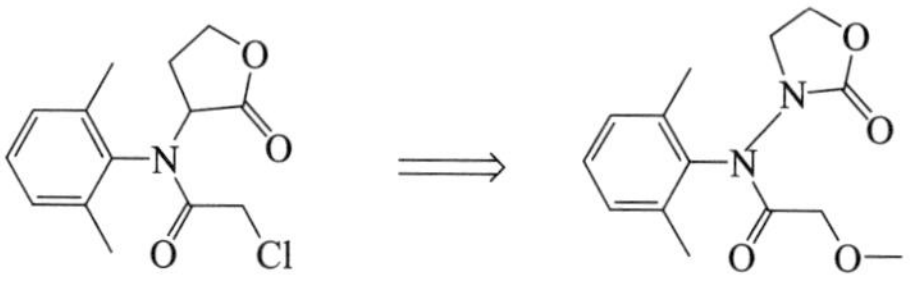

呋酰胺　　**2-19**　噁霜灵

（4）四价电子等排体　四价电子等排体在农药创制中的应用实例有杀菌剂氟硅唑，氟硅唑是由三唑醇类化合物经电子等排而得；杀虫剂氟硅菊酯（silafluofen）及SSI-116的开发（C⟹Si）等。

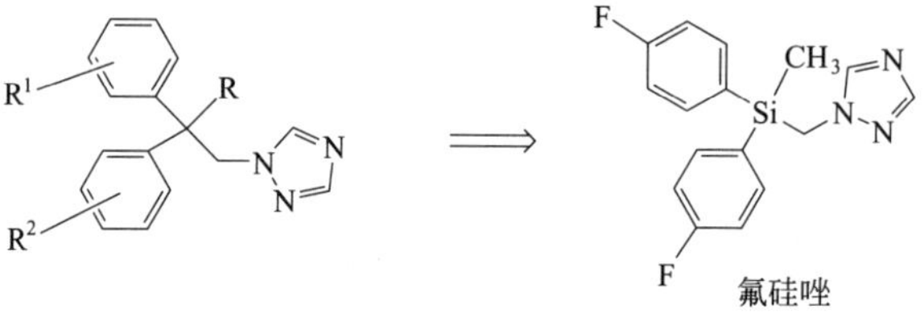

氟硅唑

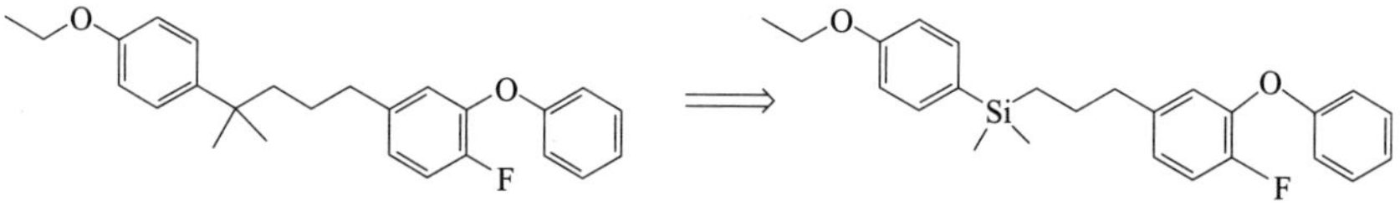

MTI-800　　氟硅菊酯

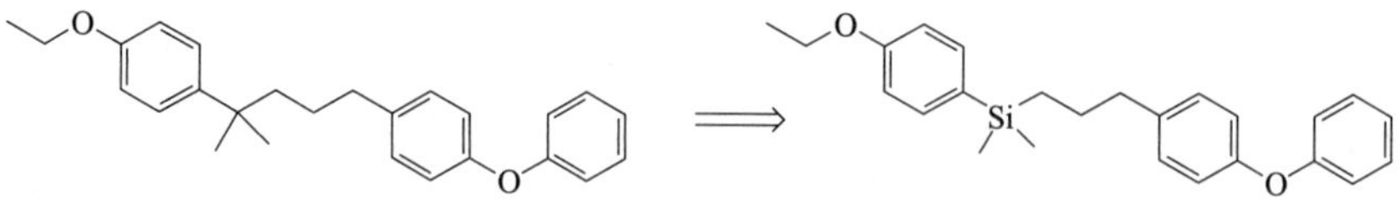

烃菊酯　　SSI-116

（5）环等价电子等排体　环等价电子等排体在农药创制中的应用实例，如除草剂绿草定、吡氟禾草灵（其生物活性与对应的苯环化合物相似，却具有极佳的内吸活性，而苯环化合物无内吸活性）、噻磺隆、SAN582H、MON12800，杀虫剂吡氯氰菊酯、吡虫啉（在防治水稻叶蝉时，吡虫啉的活性是对应苯环化合物的100倍）、NC196，杀菌剂噻菌灵、噻菌胺及MON24000等（苯环⟹吡啶环、噻吩、噻唑环等）。

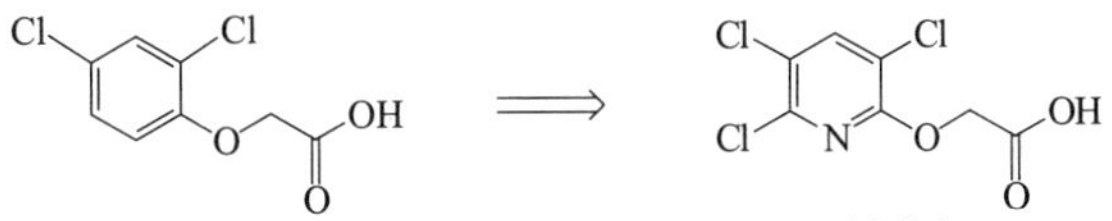

绿草定

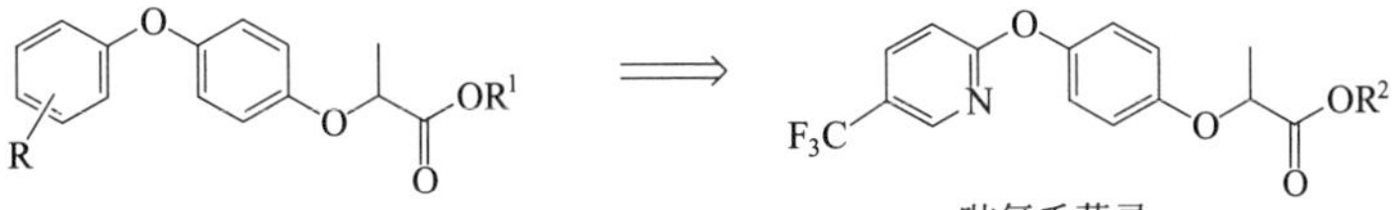

吡氟禾草灵

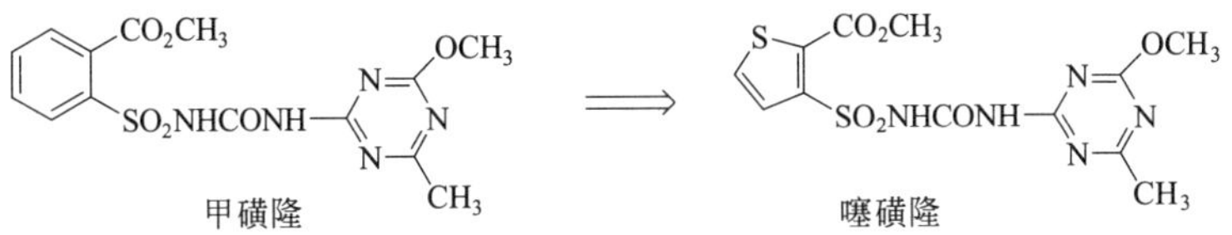

甲磺隆　　噻磺隆

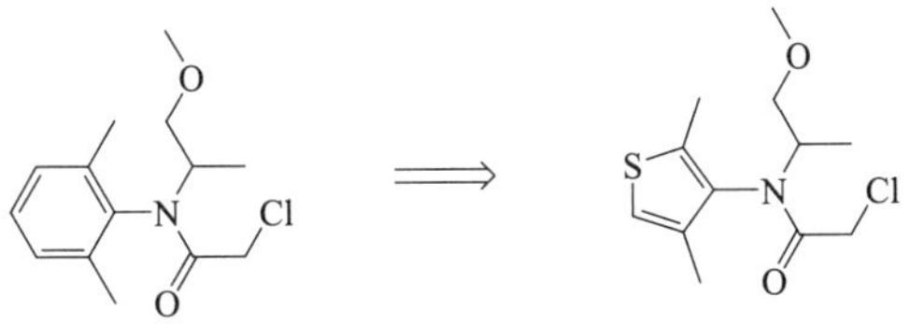

SAN582H

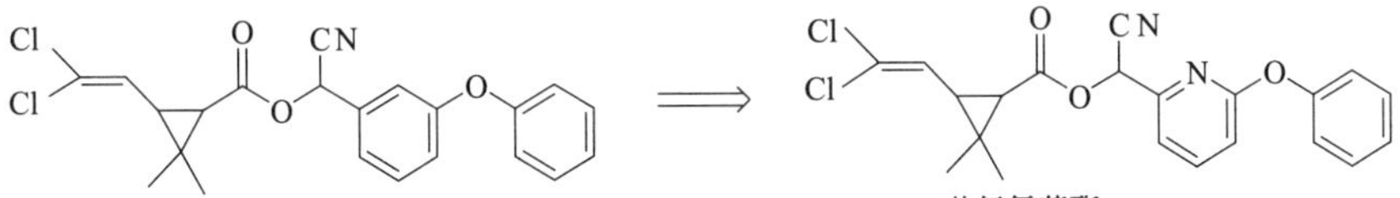

吡氯氰菊酯

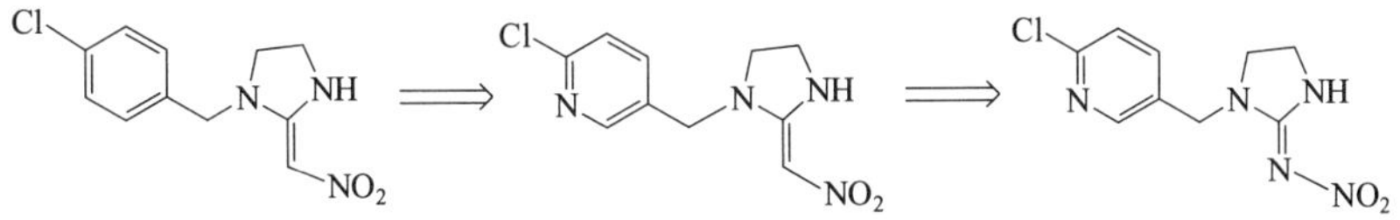

吡虫啉

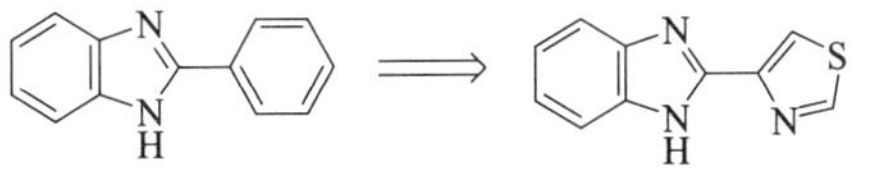

噻菌灵

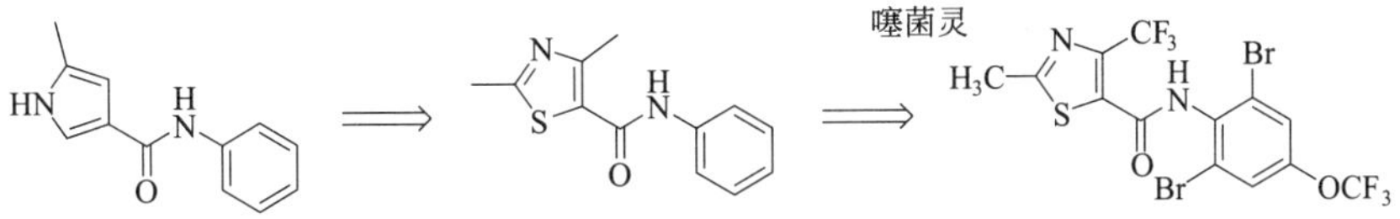

噻菌胺　　MON24000

2.3.2.2 非经典的生物电子等排的应用

（1）在磺酰脲类除草剂中的应用　在磺酰脲类除草剂中的应用（主要是羧酸基团的应用）实例：由除草剂甲磺隆开发的苯磺隆（$NH \Longrightarrow NCH_3$），化合物**2-20**开发的玉米田除草剂**2-21**（$CH_3 \Longrightarrow H$），苄嘧磺隆开发的除草剂NC311、CGA142464、AC322140、TH913、DPX-A8947、Hoe 404、MON37500等（表2-4）；含吡啶的磺酰脲类除草剂SL-160、SL-950、DPX-F9636及DPX-KE459等的开发。

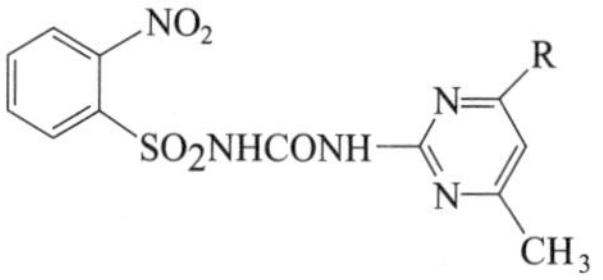

2-20 R=CH_3;
2-21 R=H

表 2-4　非经典的生物等排体在由苄嘧磺隆开发的除草剂中的应用

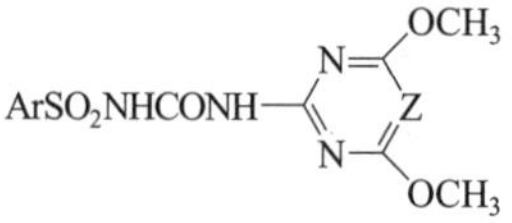

代号	Ar	Z	代号	Ar	Z
NC311	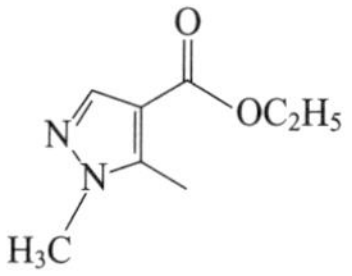	CH	AC322140	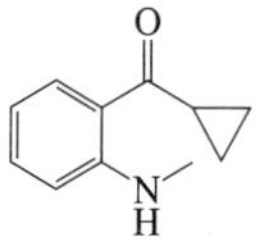	CH
DPX-F5384	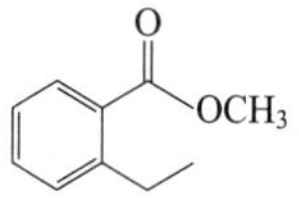	CH	TH913(R=Cl) MON37500 (R=$SO_2C_2H_5$)	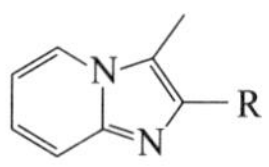	CH
CGA142464	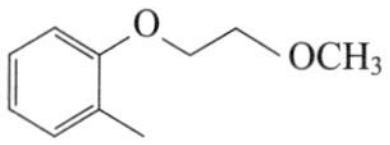	N	DPX-A8947	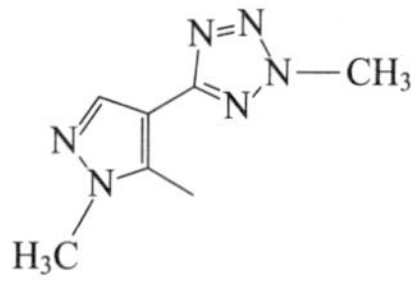	CH

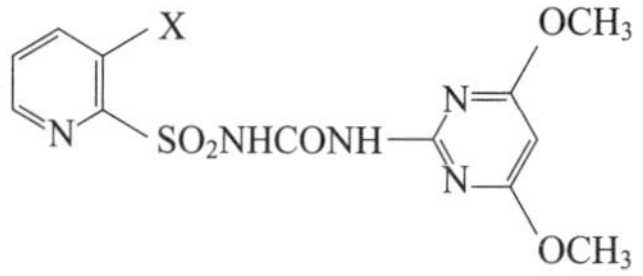

SL-950, X=$CON(CH_3)_2$;
SL-160, X=CF_3;
DPX-F9636, X=$SO_2C_2H_5$

（2）在新烟碱类杀虫剂中的应用　非经典的生物电子等排在新烟碱类杀虫剂中的应用实例如下。

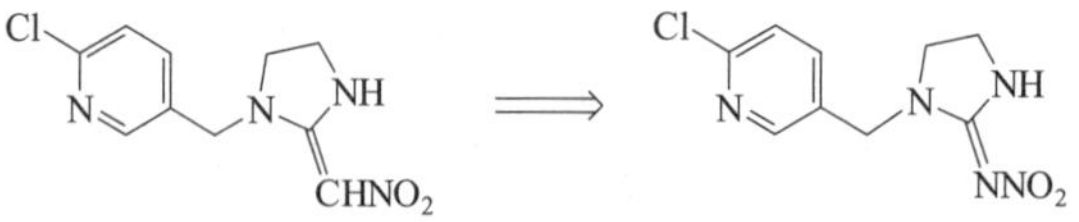

吡虫啉

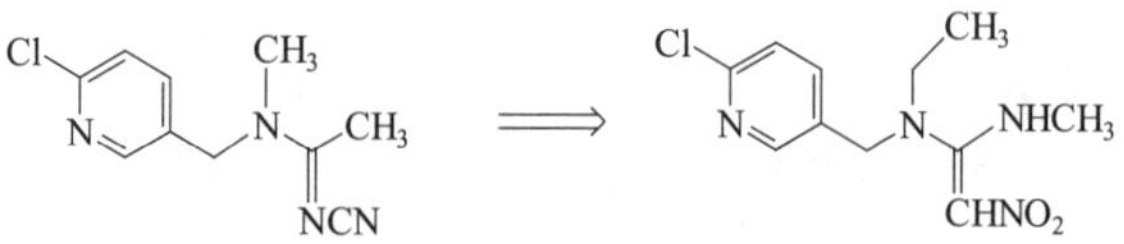

NI-25　　TI-304

（3）在甲氧基丙烯酸酯类杀菌剂中的应用　非经典的生物电子等排在甲氧基丙烯酸酯类杀菌剂中的应用实例有 ICIA5504、BAS-490F、SSF-126 及 SSF-129 的开发（共轭双键⟹O 或芳环）。

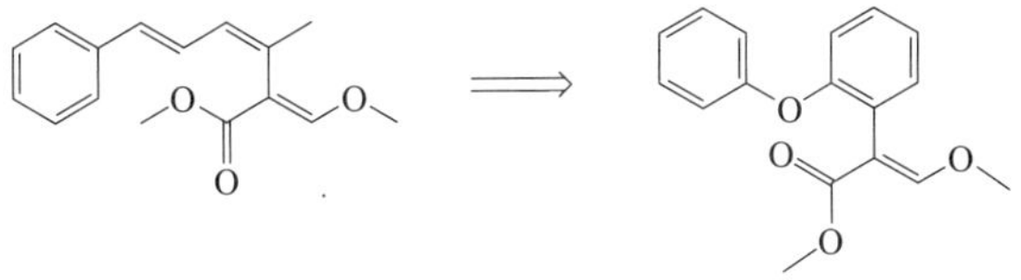

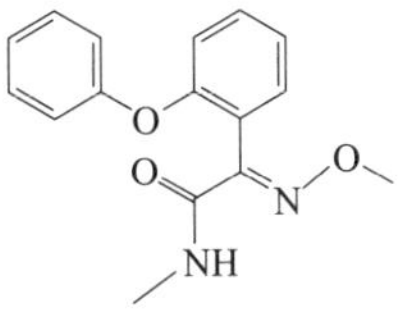

SSF-126 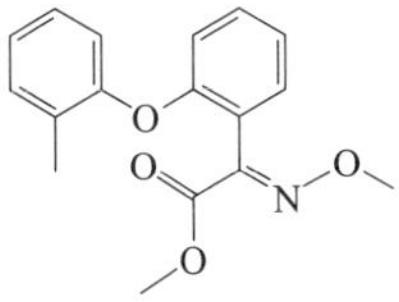　　BAS-490F 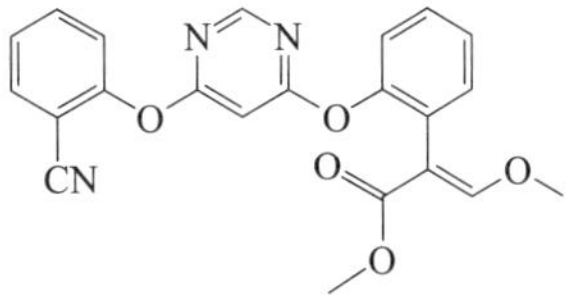　　ICIA 5504

（4）在芳氧羧酸类除草剂中的应用　非经典的生物电子等排在芳氧羧酸类除草剂中的应用（表 2-5）。

表 2-5　非经典的生物电子等排在芳氧羧酸类除草剂中的应用

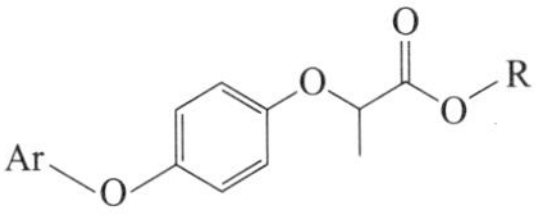

Ar	R	名称	Ar	R	名称
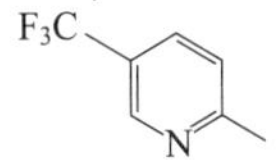	C_4H_9	吡氟禾草灵	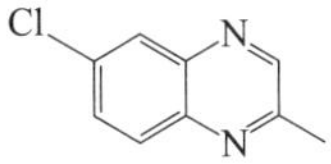	C_2H_5	喹禾灵
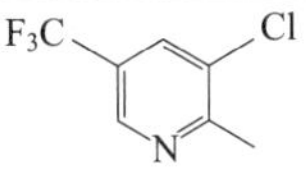	$C_2H_4OCH_3$	吡氟乙禾灵	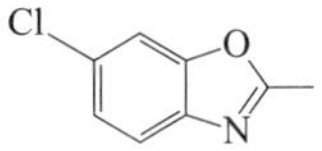	C_2H_5	噁唑禾草灵
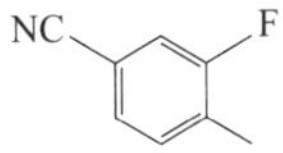	C_4H_9	DEH112	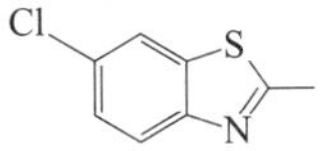	C_2H_5	噻唑禾草灵
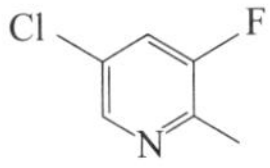	$CH_2—C≡CH$	CGA384927			

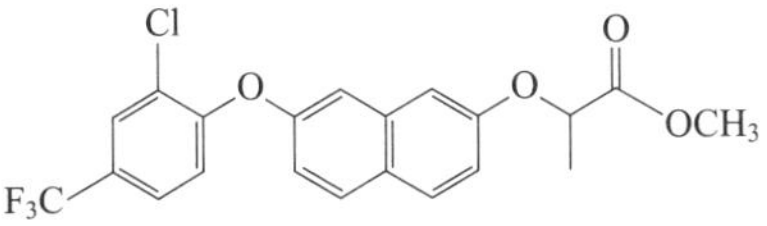

SN106279

（5）在（酰）亚胺类除草剂中的应用　（酰）亚胺类化合物是近几年开发的高效需光性除草剂，生物电子等排在此类化合物开发中得到了广泛的应用，到目前为止已有 10 多个品种报道（包括在开发中的化合物）：F-8426、F-6285、KIH-9201、KPP-314、KPP-300、KPP-421、NCI-876648、NCI-876649、NP242479、S23121、S23124、S23031、S53482、SN124085 和 UCC-C4243 等。其化学结构如通式 **2-22** 所示：R^3 通常为 Cl，R^3 为取代的烃氧（硫）基，R^2 和 R^3 还可组成环；R^1 可为多种取代基（均可看作生物电子等排体），如图 2-5 所示。

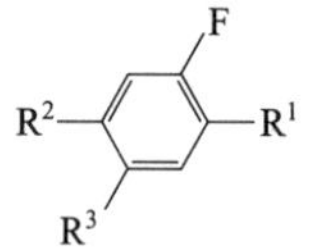

2-22

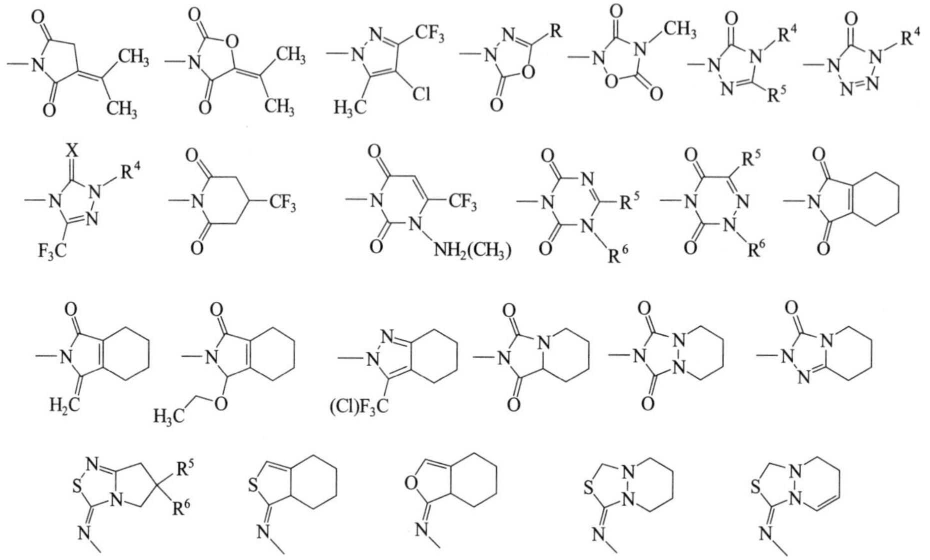

图 2-5　通式 **2-22** 中 R^1 的部分变化

（6）在二苯醚类除草剂中的应用　非经典的生物电子等排在二苯醚类除草剂中的应用实例有乙氧氟草醚、乙羧氟草醚、氟磺胺草醚及其他化合物（**2-23**）。

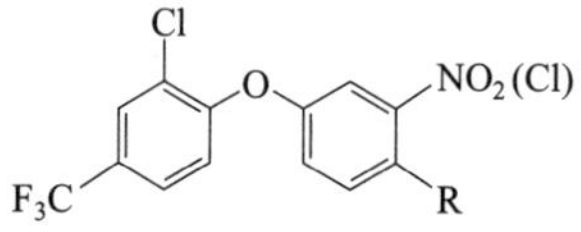

R: CO_2H, $CONHSO_2CH_3$, $COCH_2CH_2CO_2CH_3$, $CO_2C_2H_5$, $CO_2CH(CH_3)CO_2CH_2CH_2OCH_3$, $CO_2CH(CH_3)CO_2C_2H_5$, $OCH(CH_3)CO_2C_2H_5$, $OCH(CH_3)CO_2CH_2CH_2OCH_3$ 等

通式**2-23**

（7）在 SDHI 类酰胺杀菌剂中的应用　在 SDHI 类研发过程中，最早开发的品种是 1966 年报道的萎锈灵，早在 1969 年就已经上市。SDHI 类杀菌剂历经 3 代演替提高了生物活性，随着研究的不断深入，防治谱也在不断扩大。从结构上大体可分为以下几类：简单取代苯胺类、邻位与间位环状取代苯胺类、邻位长烷基链取代芳胺类、联苯胺类、芳乙胺及苄胺类。在这些品种的演替过程中，可以看到羧酸片段、酰胺桥联片段及芳胺部分都有很多的变化。起初研发的 SDHI 类杀菌剂主要用来防治锈病及担子菌引起的病害。由于结构上的变化，近年来开发的 SDHI 类杀菌剂具有活性高和杀菌谱广的特点，并具有提高作物品质和产量的作用。新的品种也可防治锈病、菌核病、灰霉病、白粉病、茎腐病、褐斑病、草坪炭疽病等病害。

① 简单取代苯胺类。

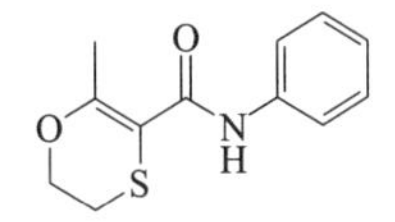
萎锈灵(carboxin), 1969

甲呋酰胺(fenfuram), 1970

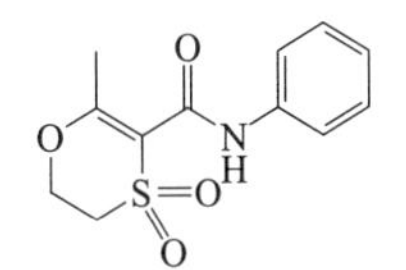
氧化萎锈灵(oxycarboxin), 1975

灭锈胺(mepronil), 1981

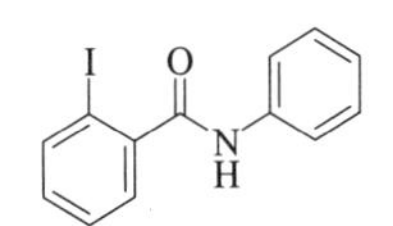
麦锈灵(benodanil), 1986

氟酰胺(flutolanil), 1986

噻呋酰胺(thifluzamide), 1997

注意：所标记时间为上市年份。

② 邻位与间位环状取代苯胺类。

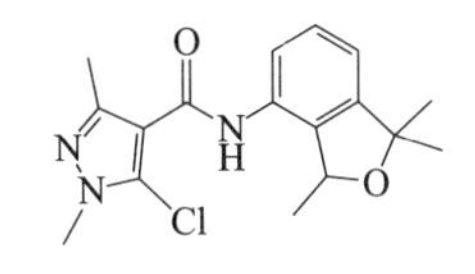
呋吡菌胺(furametpyr), 1997

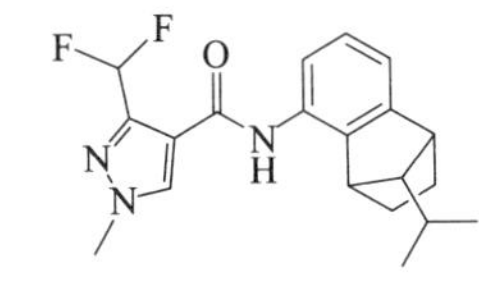
吡唑萘菌胺(isopyrazam), 2010

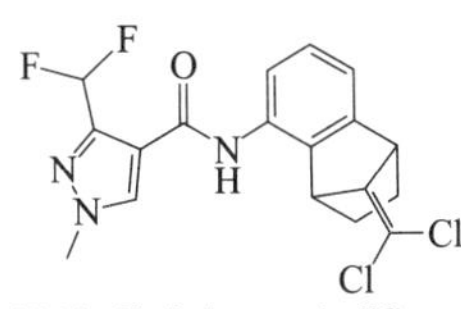
苯并烯氟菌唑(benzovindiflupyr), 2012

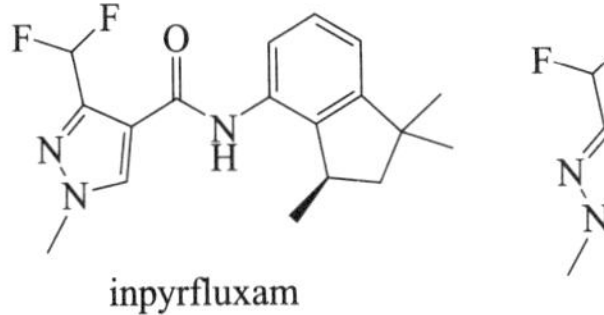
inpyrfluxam

fluindapyr

③ 邻位长烷基链取代芳胺类。

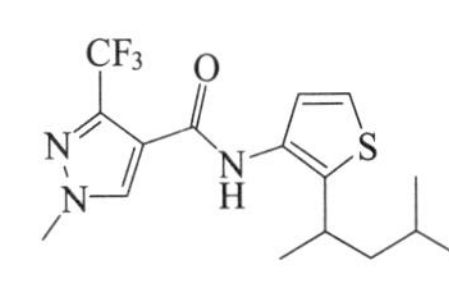
吡噻菌胺(penthiopyrad), 2009

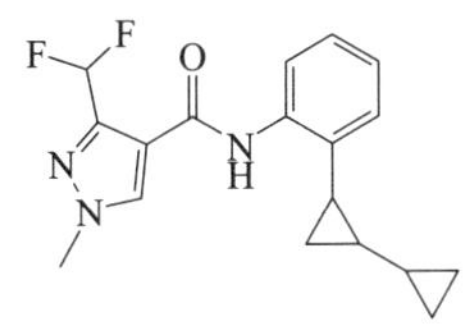
氟唑环菌胺(sedaxane), 2011

氟唑菌苯胺(penflufen), 2012

④ 联苯胺类。

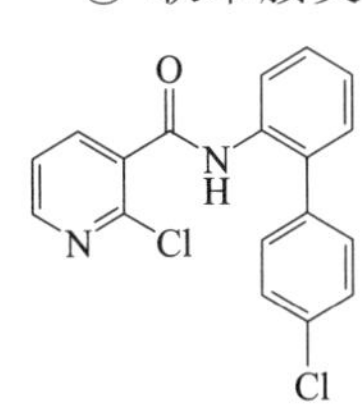
啶酰菌胺(boscalid), 2003

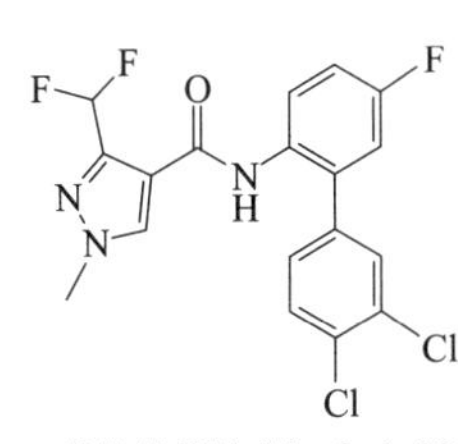
联苯吡菌胺(bixafen), 2011

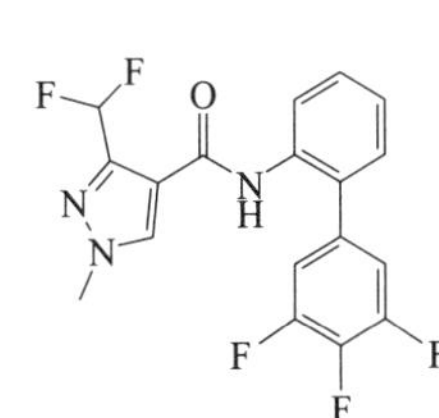
氟唑菌酰胺(fluxapyroxad), 2011

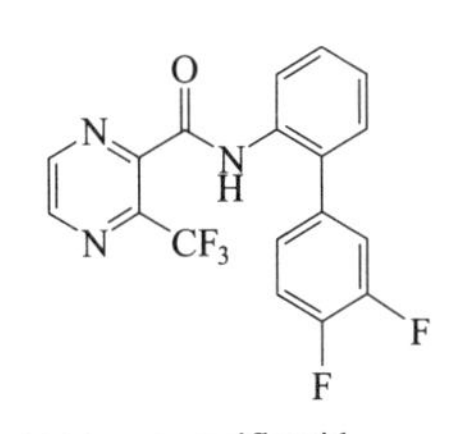
pyraziflumid

⑤ 芳乙胺及苄胺类。

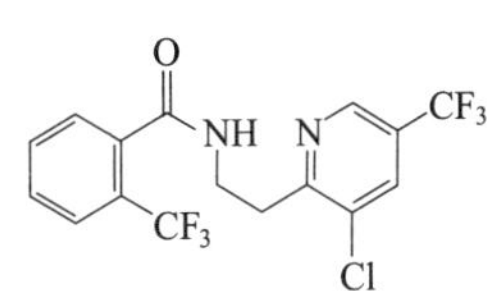
氟吡菌酰胺(fluopyram), 2012

isofetamid, 2014

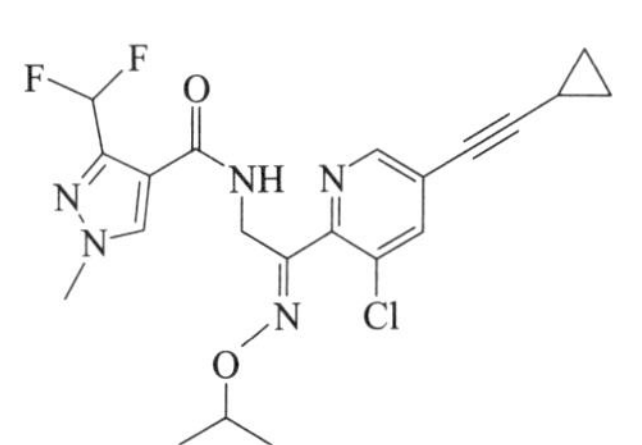
pyrapropoyne

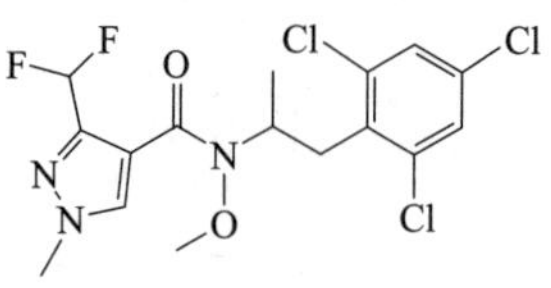

氟唑菌酰羟胺 (pydiflumetofen), 2016 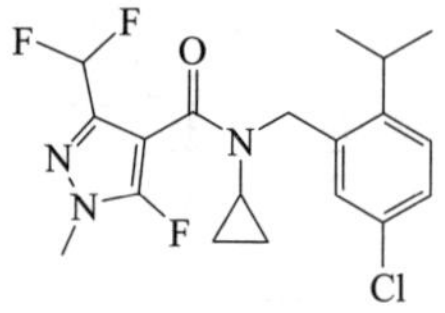　　isoflucypram

（8）其他应用　除了以上几类化合物外，以下化合物的开发也用到了生物电子等排理论。

① 苯甲酰脲类杀虫剂，如氟铃脲、氟啶脲、氟虫脲、CGA157419 及 CGA184699 等。

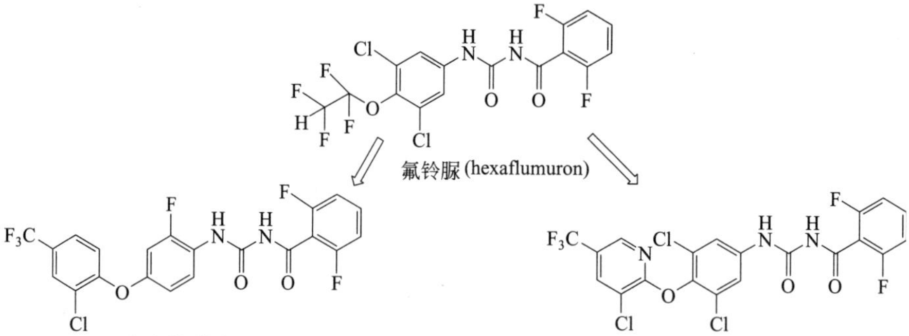

氟铃脲 (hexaflumuron)

氟虫脲 (flufenoxuron)　　氟啶脲 (chlorfluazuron)

② 苯氧威类似物，如吡丙醚（蚊蝇醚）、NC-194、S-21149、Ro-16-1295 及 CGA59205 等。

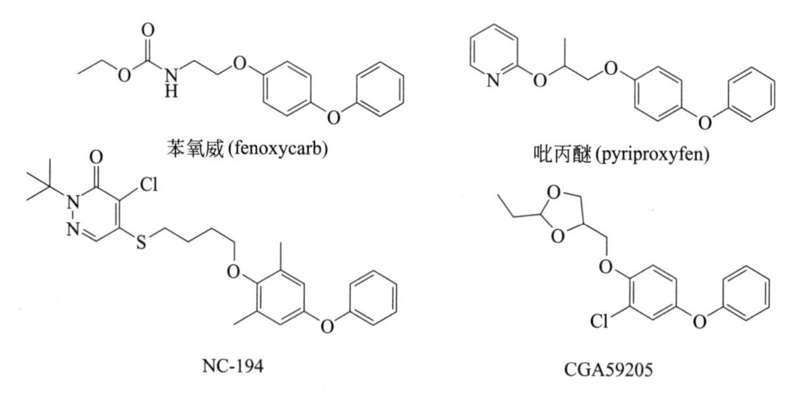

苯氧威 (fenoxycarb)　　吡丙醚 (pyriproxyfen)

NC-194　　CGA59205

③ 苯氨基嘧啶类杀菌剂，如嘧菌环胺、嘧菌胺及嘧霉胺。

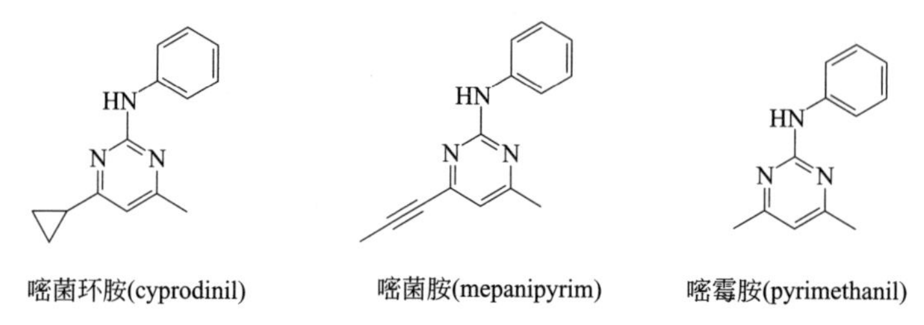

嘧菌环胺(cyprodinil)　　嘧菌胺(mepanipyrim)　　嘧霉胺(pyrimethanil)

④ 有机磷类化合物，如吡唑硫磷和丙溴磷等。

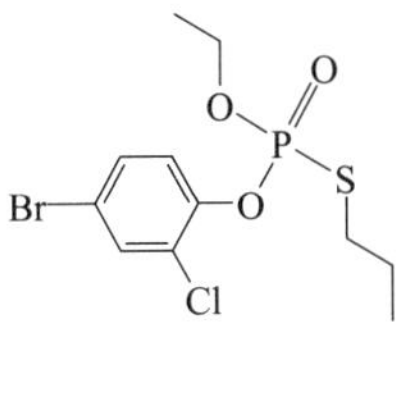

丙溴磷 (profenofos) 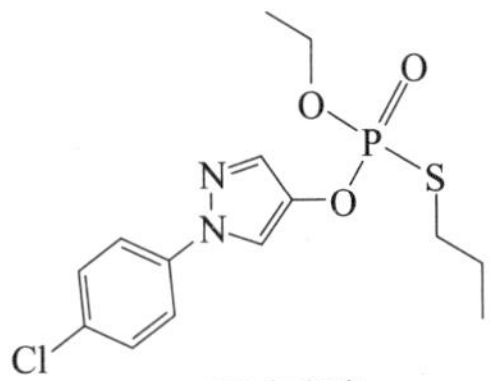　　吡唑硫磷

近期开发的植物生长调节剂 UH-1024 和昆虫生长调节剂 CGA183843 [—N ⟹ —C(CN)=]。

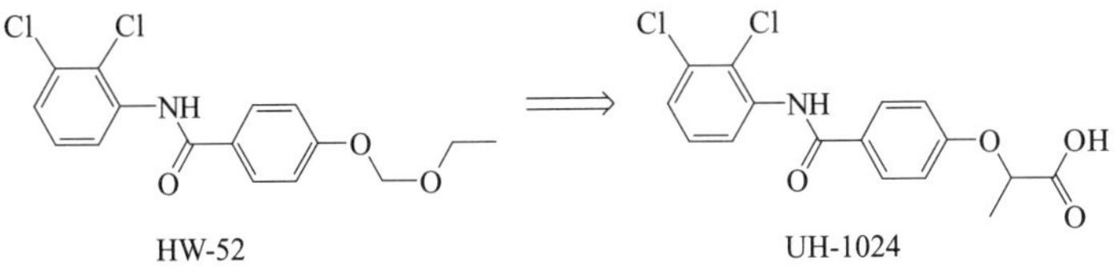

HW-52 ⟹ UH-1024

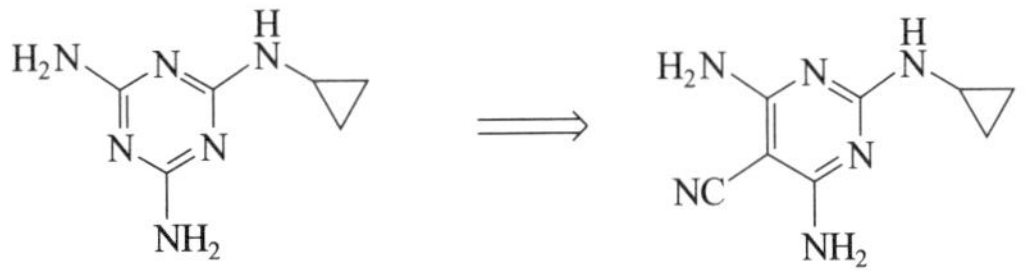

CGA72662 (1990) ⟹ CGA183843 (1994)

2.3.2.3 基于生物电子等排理论的含氟农药的创制

根据生物电子等排理论，以氟及含氟的基团如 CF_3、OCF_3、$OCHF_2$ 等替代已知化合物或先导化合物结构中的 H、Cl、Br、CH_3、OCH_3 等基团而得新的含氟农药，或对替换后的化合物进行进一步的优化而得[3,55～61]。

艾格福公司开发的含三唑基团的喹唑啉类杀菌剂氟喹唑。该杀菌剂从化学结构中可以看出，是用 F 替代喹唑中的 H 而得。

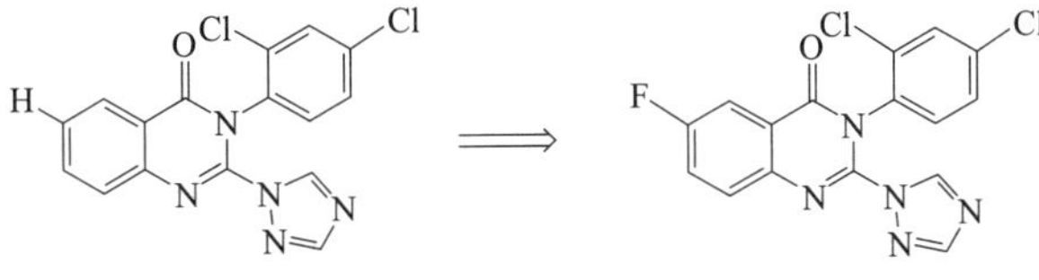

喹唑(quinconazole) ⟹ 氟喹唑(fluquinconazole)

二苯醚类除草剂的开发。大部分二苯醚类除草剂的开发是以 CF_3 替代已知化合物分子中的 Cl，经结构优化而得。

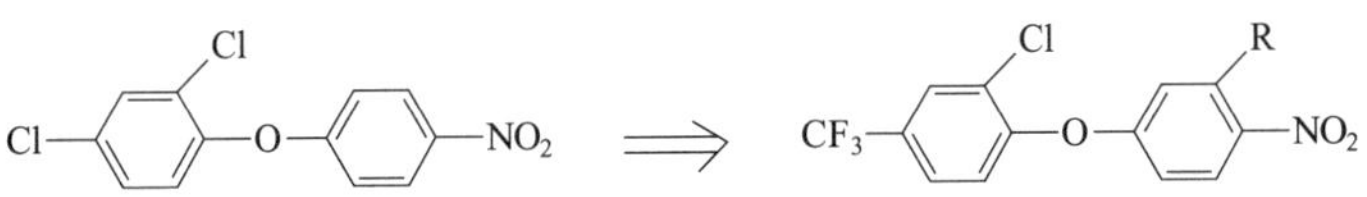

含氟菊酯类杀虫剂的开发。含氟菊酯类杀虫剂如氟氯氰菊酯（拜耳公司）和氯氟氰菊酯（捷利康公司）是用 F 或 CF_3 替代氯氰菊酯（捷利康公司）结构中的 H 或 Cl 而得；氟氰戊菊酯（美国氰胺公司）是用 $OCHF_2$ 替代已知杀虫剂氰戊菊酯（日本住友化学公司）化学结构中的 Cl 而得。

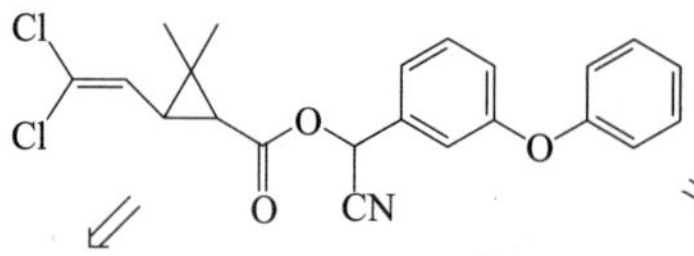

Cl Cl O O CN

氯氰菊酯

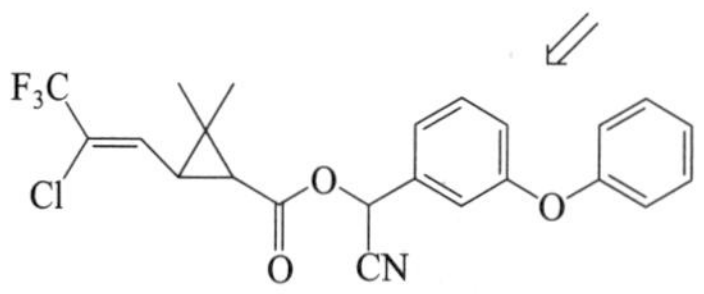

F_3C Cl O O CN

氯氟氰菊酯

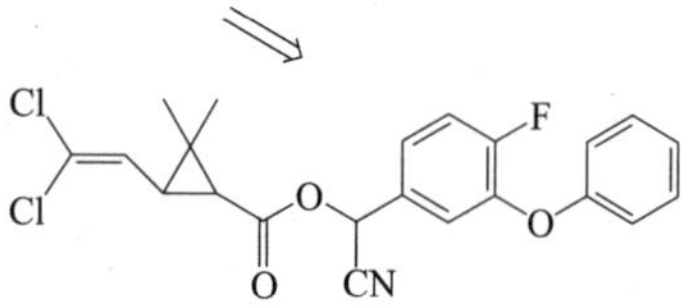

Cl Cl F O O CN

氟氯氰菊酯

Cl O O CN ⟹ F_2HCO O O CN

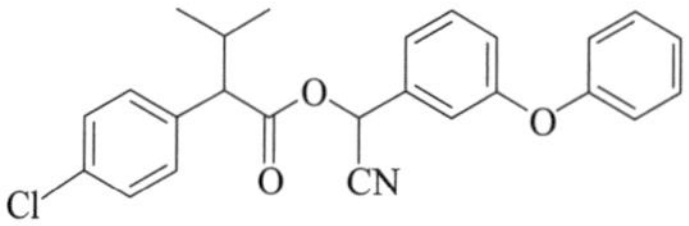

氰戊菊酯

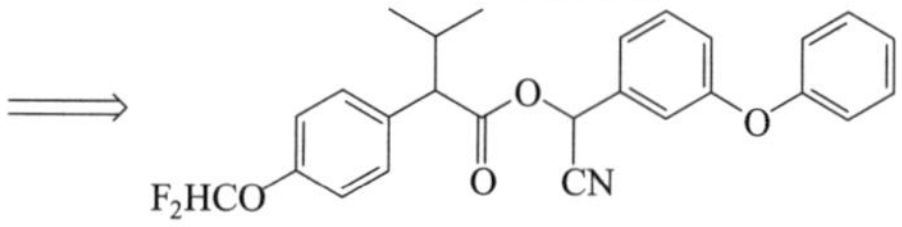

氟氰戊菊酯

苯甲酰脲类杀虫剂的开发。苯甲酰脲类杀虫剂的开发是用 F 替代先导化合物化学结构中的 Cl 而得。

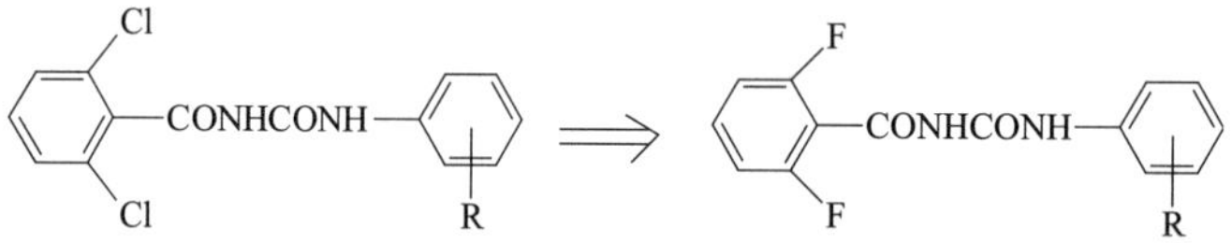

Cl CONHCONH Cl R ⟹ F CONHCONH F R

磺酰脲类除草剂的开发。磺酰脲类除草剂如 CGA136872 和 DPX-66037 的开发等。CGA136872 是用 $OCHF_2$ 替代先导化合物 A 中的 OCH_3 而得，DPX-66037 是用 OCH_2CF_3 替换 DPX-A7881 化学结构中的 OCH_2CH_3 并经进一步优化所得。

CO_2CH_3 $SO_2NHCONH$ N N OCH_3 OCH_3 ⟹ CO_2CH_3 $SO_2NHCONH$ N N $OCHF_2$ $OCHF_2$

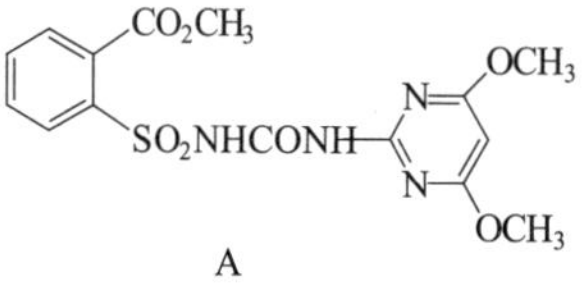

A

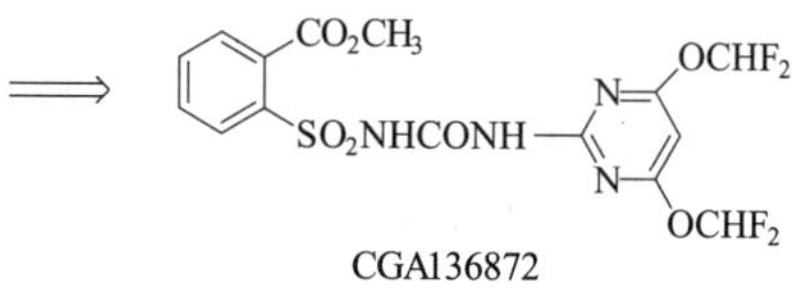

CGA136872

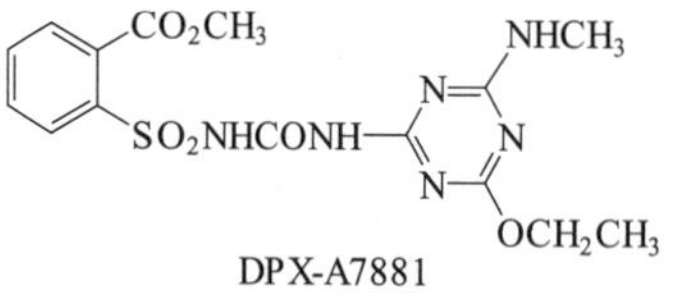

CO_2CH_3 $SO_2NHCONH$ N N N $NHCH_3$ OCH_2CH_3 ⟹ CO_2CH_3 CH_3 $SO_2NHCONH$ N N N H_3C N CH_3 OCH_2CF_3

DPX-A7881

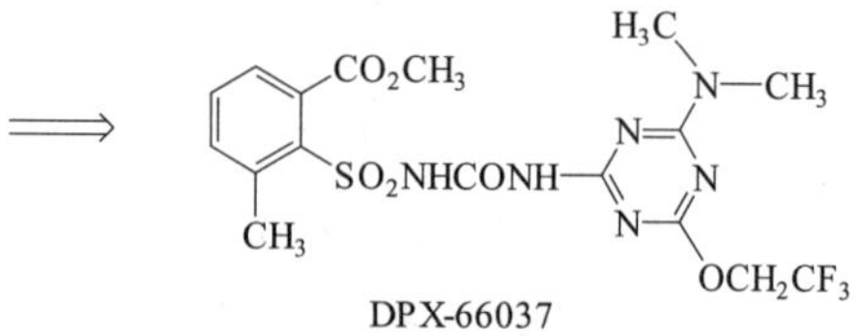

DPX-66037

杀菌剂氟酰胺和 MON24000 的开发。杀菌剂氟酰胺（日本农药公司）是用 CF_3 替换灭锈胺（日本组合化学公司）化学结构中的 CH_3 而得，MON24000（孟山都公司研制，现由罗门哈斯公司开发）同样是用 CF_3 替换噻菌胺（Uniroyal 公司）化学结构中的 CH_3，并经进一步优化所得。

H N O CH_3 O ⟹ H N O CF_3 O

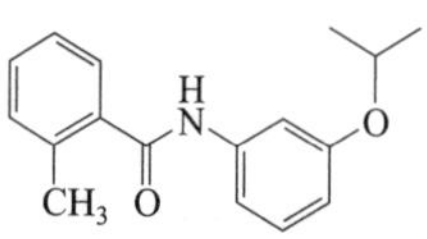

灭锈胺(mepronil)

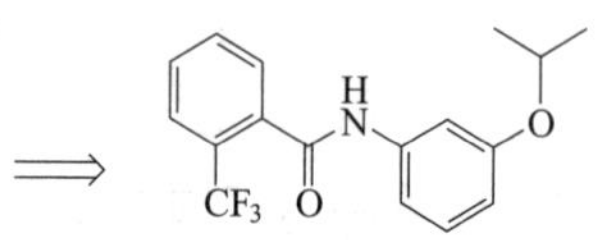

氟酰胺(flutolanil)

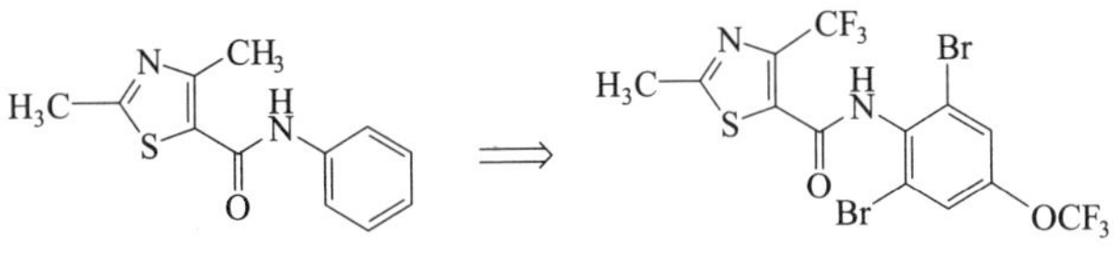

噻菌胺(metsulfovax)　　MON24000

杀菌剂氟吗啉 SYP-L190 的开发。沈阳化工研究院开发的杀菌剂 SYP-L190 是在杀菌剂烯酰吗啉（CME-151）的基础上以 F 替代 Cl 所得，其生物活性特别是治疗活性显著优于烯酰吗啉。

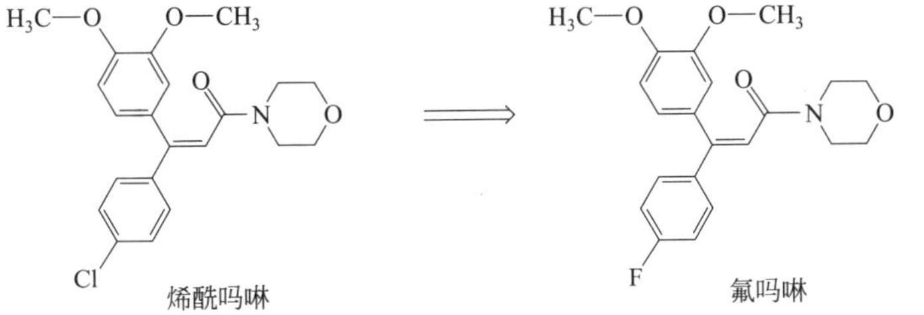

烯酰吗啉　　氟吗啉

2.3.2.4 前药修饰

前药的概念在前面已经有所介绍。前药修饰是在医药研究中常采用的策略，其目的是通过对活性化合物的结构修饰来改善它们的药代动力学性质，将活性化合物转变为临床上可接受的化合物。前体药物可分为载体前体药物和生物前体药物。载体前体药物是活性化合物与通常是亲脂性的起运输作用的结构部分（载体）暂时性结合，在适当的时候，通过简单水解作用裂解掉起运输作用的载体。载体部分活性微弱或没有活性，但应该是无毒的，并且有足够的释放活性化合物的能力。生物前体不是活性化合物和载体的暂时性结合，而是活性成分本身分子结构改变的结果。通过结构修饰可以产生作为代谢酶底物的新化合物，其代谢产物就是所期待的活性化合物。前药可以改善药物在生物体内的动力学特征，如增加药物的溶解性、膜的通透性，延长作用时间，降低毒副作用，提高药物选择性等[27]。

在农药的研究中，一些商品化品种是属于前药农药。如除草剂 HPPD 酶抑制剂双环磺草酮、吡唑特、苄草唑及吡草酮，杀虫剂茚虫威[62]。

双环磺草酮是白化型水稻田用芽后除草剂，经水解后发挥药效。具有化学缓释性，可适度控制水解为除草剂。因其对靶标酶能逐步释放的化学特性，相比于作为旱田用除草剂的苯甲酰环己二酮类化合物，它在水稻与杂草间的选择性显著提高，水溶性大幅下降，并由于它具有很强的土壤吸附性增强了向下移动的能力，从而有望防止药剂向水田外流失。

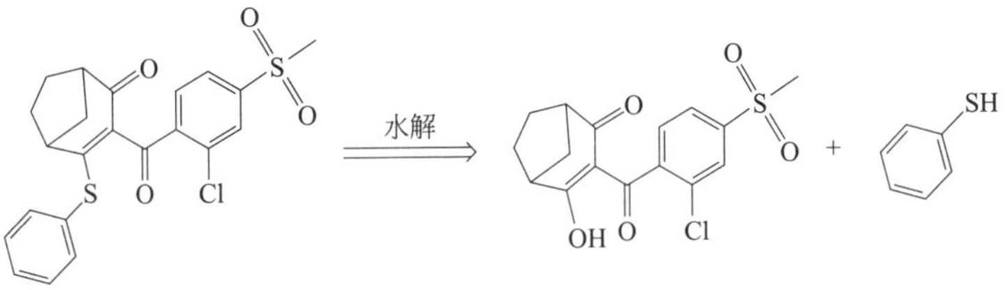

水解

双环磺草酮(benzobicyclon)　　双环磺草酮水解产物

吡唑特是日本 Sankyo 公司于 1980 年推出的世界除草剂市场第一个 HPPD 抑制剂（当时该靶标尚未发现），用于水稻田防除稗草、莎草，也可用于直播水稻田。吡唑特本身是一个前药，并不具备除草活性，经水解后发挥药效。

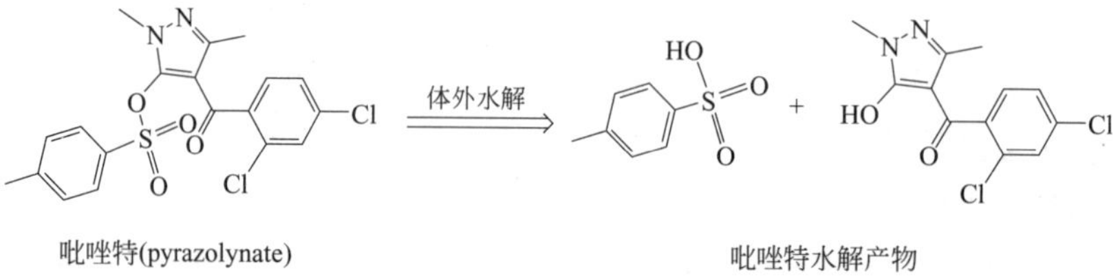

体外水解

吡唑特(pyrazolynate)　　吡唑特水解产物

苄草唑及吡草酮具有相似结构，二者的结构差异在于活性代谢物部分及载体部分的甲基差异。这些变化导致了它们具有不同的环境行为和除草活性。在稻田土壤的半衰期由苄草唑的 4～15d 升至吡草酮的 4～38d，有效期也由苄草唑的 21～35d 升至吡草酮的 50d，且吡草酮对作物具有更多的选择性和不依赖于温度，即使在较高温度下，吡草酮也不会像苄草唑那样发生药害。

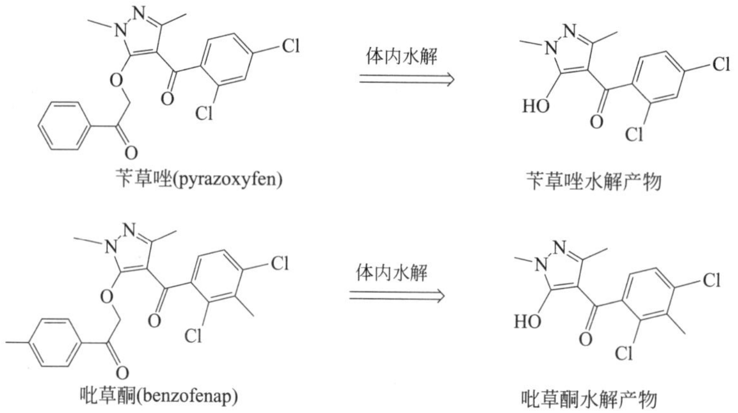

体内水解

苄草唑(pyrazoxyfen)　　苄草唑水解产物

体内水解

吡草酮(benzofenap)　　吡草酮水解产物

对比苄草唑与吡唑特的结构，可以发现二者的活性部分是一样的，差别在于二者的载体部分。所以二者在作用方式上是一致的，但物化性质上存在差异。吡唑特在水中仅微溶，但一旦溶解，即快速水解为活性化合物。苄草唑在水相中极其稳定。

2.3.2.5　软药设计

软药设计是医药研究中采用的一种策略。软药设计的目的在于药物起效后，即可经简单代谢转变为无活性的和无毒性的物质，减少药物的毒副作用，增加安全性和治疗指数。导致软药失活的过程一般是酶促反应，其中水解酶最常用。软药中常含有酯基、酰氨基，它们经羧酸酯酶代谢一步失活，这是软药设计的逆代谢原理[27]。

在农药中，茚虫威的开发就是很好的例子。20 世纪 70 年代，发现吡唑啉类化合物可作为钠离子通道杀虫剂的先导化合物后，各农药公司对很多类似物进行了研究，发现了很多化合物都具有很高的杀虫活性，但最终都没有商品化，究其原因主要是光稳定性不好，同时在生物体内和环境中容易积累[62]。

杜邦公司合成出了高活性哒嗪类化合物 **2-24**，其对鳞翅目昆虫有异常高的活性，其活性在实验室可达 1μg/mL 以下，在田间对鳞翅目害虫也显示出高活性，但在土壤中的分解速率不理想。研究指出，其在土壤中代谢缓慢，部分原因可能是含有哒嗪的三环系比较牢固。为了解决它过于稳定的问题，考虑引入杂原子到哒嗪环中，以提高它的代谢速率。一种改造方式是将分子构造为噁二嗪环，它可能在酸性条件下分解。结果发现化合物 DPX-JW062 仍具有很高的杀虫活性，并在土壤体系中很容易降解，在土壤中半衰期为 1～4 周。

化合物 DPX-JW062 虽然具有很高的杀虫活性、适宜的残留活性和较好的生态性能，但对哺乳动物仍具有相对高的毒性。经再进一步研究发现了理想的杀虫剂茚虫威。其化合物本身活性较弱，但可被害虫快速代谢为活性很高的 DPX-JW062，这其实是进一步采用了前药的策略。茚虫威结构中仅 *S* 异构体有活性，*R* 异构体没有活性。最初上市时为外消旋体，目前为 *S*-富集体，*S* 异构体与 *R* 异构体比例为 3∶1。

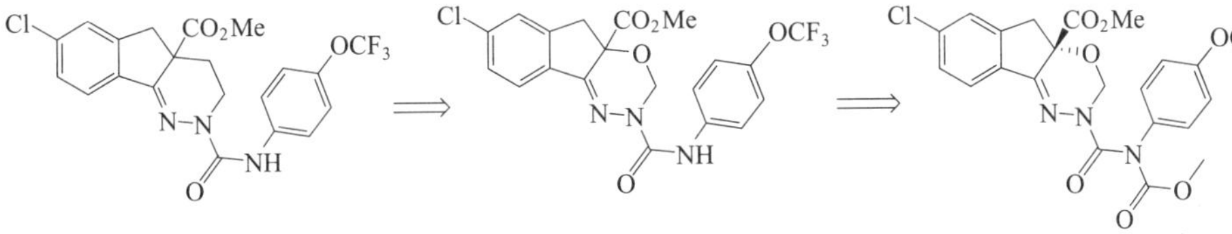

2-24(pyridazines)　　DPX-JW062　　茚虫威(indoxacarb)

2.3.2.6 手性农药

对映体往往具有相似的化学性质，难以采用常规分离手段拆分，但在生物活性方面往往不同。这在农药中也是很常见的。例如，前面提到的茚虫威，*S* 异构体有活性，*R* 异构体没有活性。芳氧苯氧丙酸类除草剂（ACCase 酶抑制剂）在乳酸片段中具有一个手性碳，*R* 异构体及 *S* 异构体都具有活性，但 *R* 异构体具有更高的活性。苯基酰胺类杀菌剂（RNA 聚合酶Ⅰ抑制剂）甲霜灵以消旋体的形式存在，拆分得光学异构体，经体外活性测试表明，*R* 异构体比 *S* 异构体活性提高 100 倍，体内活性提高 2～10 倍。1996 年，先正达公司将甲霜灵的 *R*-光学活性对映体作为杀菌剂推向市场，该杀菌剂称为精甲霜灵（metalaxyl-M），也称为高效甲霜灵。精甲霜灵是世界上第一个商品化的具有立体旋光性的杀菌剂。

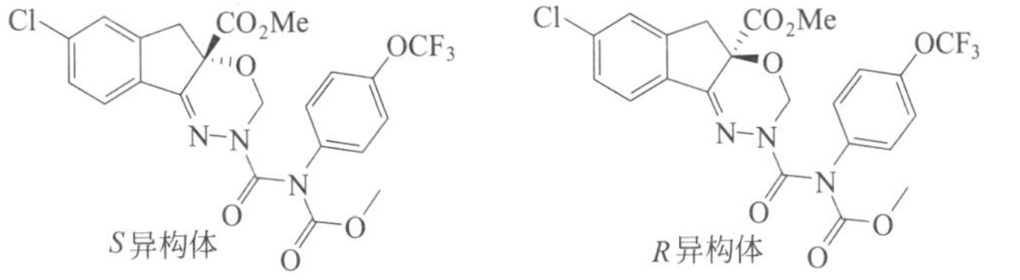

S 异构体　　*R* 异构体

茚虫威(indoxacarb)

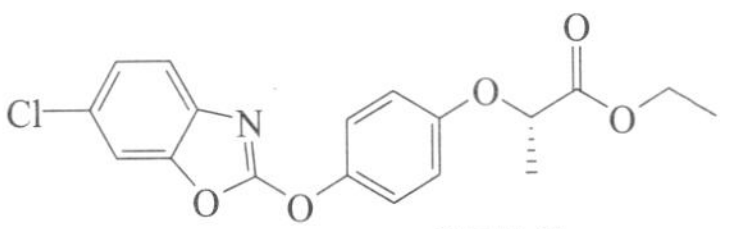

S 异构体　　*R* 异构体

噁唑禾草灵 *S* 异构体　　精噁唑禾草灵(fenoxaprop-P-ethyl)

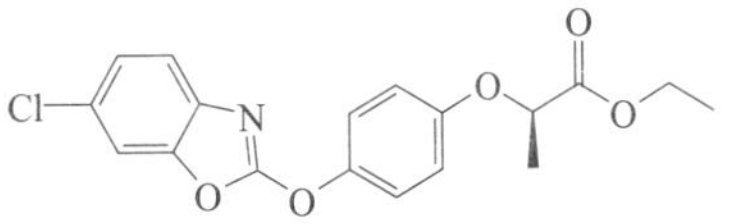

S异构体

喹禾灵S异构体

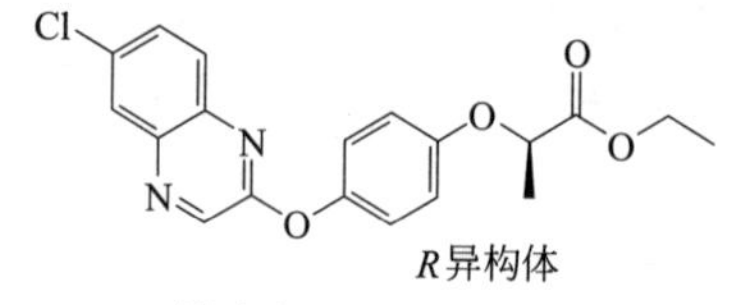

精喹禾灵(fenoxaprop-P-ethyl)

S异构体

甲霜灵R异构体

R异构体

精甲霜灵(metalaxyl-M)

对于开发单一对映异构体药物，通常可以从如下几个方面入手：①外消旋转化，即将外消旋药物再开发成单一对映体药物的方法，具有开发费用低、节约时间、药物剂量减半、毒性减低等优势；②去除手性中心，产生对称性是较为常用的方法之一；③手性药物合成，包括药物的拆分和不对称合成等方法，不对称合成方法与对映体拆分技术在当今已越来越成熟，如不对称合成酶催化技术、拆分试剂、空心膜技术、模拟移动床色谱技术等。

开发手性农药有利于减少药剂使用量、降低生产成本、减低毒性等，对已有品种或未来开发的新品种中存在手性异构体的进行研究改造具有重要意义。

参 考 文 献

[1] Phillips McDougall-AgriService. Agri Futura, 2015.

[2] 见礼朝正．新农药的开发方法．沈寅初摘译．农药译丛，1986，6：2-7.

[3] Guan A Y, Liu C L, Yang X P, et al. Application of the intermediate derivatization approach in agrochemical discovery. Chem Rev, 2014, 114 (14): 7079-7107.

[4] BASF Innovation: The secret of our success, research & development process. http://www.agro.basf.com/agr/AP-Internet/en/content/competences/r_and_d_strategy/index.

[5] 陈万义，薛振祥，王能武．新农药研究与开发．北京：化学工业出版社，2003.

[6] 刘长令，柴宝山．新农药创制与合成．北京：化学工业出版社，2013.

[7] 山本出，深见顺一．农药设计与开发指南．北京：化学工业出版社，1990.

[8] 杨华铮．农药分子设计．北京：科学出版社，2003.

[9] 刘长令．新农药研究开发文集．北京：化学工业出版社，2002.

[10] Mcdougall P. The cost of new agrochemical product discovery, development and registration in 1995, 2000 and 2005-8. R&D expenditure in 2007 and expectations for 2012 final report. http://www.ecpa.eu/article/regulatory-affairs/development-pesticide-products.

[11] Holmwood G, Schindler M. Protein structure based rational design of ecdysone agonists. Bioorg Med Chem, 2009, 17: 4064-4070.

[12] Lindell S D, Pattendenl C, Shannon J. Combinatorial chemistry in the agrosciences. Bioorg Med Chem, 2009, 17: 4035-4046.

[13] Walter M W, Lilly E, Windlesham. Structure-based design of agrochemicals. Nat Prod Rep, 2002, 19: 278-291.

[14] Campbell, Simon F. Science, art, and drug discovery: a personal perspective. Med Chem Rev. 2015, 50: 17-28.

[15] Thomber C W. Isosterism and molecular modification in drug design. Chem Soc Rev, 1979, 8 (4): 563-580.

[16] Bouider N, Fhayli W, Ghandour Z, et al. Design and synthesis of new potassium channel activators derived from the ring opening of diazoxide: study of their vasodilatory effect, stimulation of elastin synthesis and inhibitory effect on insulin release. Bioorg Med Chem, 2015, 23 (8): 1735-1746.

[17] Hajduk P J, Galloway W R, Spring D R. Drug discovery: a question of library design. Nature, 2011, 470 (7332): 42-43.

[18] Van Leeuwen T, Tirry L, Yamamoto A, et al. The economic importance of acaricides in the control of phytophagous mites and an update on recent acaricide mode of action research. Pestic Biochem Physiol, 2015, 121: 12-21.

[19] Stuartt L S. Target-oriented and diversity-oriented organic synthesis in drug discovery. Science, 2000, 287: 1964-1969.

[20] Kubinyi H. Chemogenomics in drug discovery. Ernst Schering Research Foundation Workshop, 2006, 58: 1-19.

[21] Russel K, Michne W F, The value of chemical genetics in drug discovery. Methods and Principles in Medicinal Chemistry, 2004, 22: 69-96.

[22] 刘长令，韩亮，李正名．以天然产物为先导化合物开发的农药品种——除草剂．农药，2004，43：1-4.

[23] 刘长令，李正名．以天然产物为先导化合物开发的农药品种——杀菌剂．农药，2003，42：1-4.

[24] 刘长令，钟滨，李正名．以天然产物为先导化合物开发的农药品种——杀虫杀螨剂．农药，2003，12：1-8.

[25] 叶德泳．药物设计学．第 3 版．北京：高等教育出版社，2015.

[26] 卡米尔•乔治•沃尔穆什．实用药物化学．第 3 版．蒋华良，等译．北京：科学出版社，2012.

[27] 陈小平，马凤余．新药发现与开发．第 2 版．北京：化学工业出版社，2017.

[28] 郭宗儒．药物设计策略．北京：科学出版社，2012.

[29] 方浩．药物设计学．第 3 版．北京：人民卫生出版社，2016.

[30] 刘长令．创新研究方法及候选农药品种．高科技与产业化，2008，9：79-81.

[31] 刘长令．新农药创新方法与应用（1）——中间体衍生化法．农药，2011：20-23.

[32] Liu C L, Guan A Y, Yang J D, et al. Efficient approach to discover novel agrochemical candidates: intermediate derivatization method. J Agric Food Chem, 2016, 64: 45-51.

[33] Liu C L, Li L, Li Z M. Design, synthesis, and biological activity of novel 4-(3,4-dimethoxyphenyl)-2-methylthiazole-5-carboxylic acid derivatives. Bioorg Med Chem, 2004 (12): 2825-2830.

[34] 刘长令，李正名．新型先导化合物 4-[4-(3,4-二甲氧苯基)-2-甲基噻唑-5-甲酰基] 吗啉的设计、合成与生物活性．农药，2004 (4)：157-159.

[35] Schwarz H G, Decor A, Fuesslein M, et al. Preparation of pyridylalkyl carboxamide derivatives as pesticidal compounds: WO2015055535A1. 2015.

[36] Schaefer P, Hamprecht G, Heistracher E, et al. Preparation of substituted 2-phenylpyridine herbicides: DE 4323916. 1995.

[37] Schaefer P, Hamprecht G, Heistracher E, et al. Preparation of substituted 2-phenylpyridine herbicides and defoliants: DE 19500760. 1996.

[38] Preuss R, Salbeck G, Schaper W, et al. 4-Alkoxypyrimidin derivatives, process for their prepara-

tion，agent containing them and their use as parasiticides：EP 534341. 1993.

[39] Pitterna T，Loiseleur O，Luksch T，et al. Preparation of carboxamides as pesticidal compounds：WO 2014173921. 2014.

[40] Numata A，Maeda K，Saito F，et al. Preparation of pyrazole derivatives as pesticides：JP 2014111559. 2014.

[41] 刘幸海，孙召慧，杨明艳，等．一种含吡啶的噻二唑类化合物及其制备与应用：CN 103626751. 2014.

[42] 刘少武，范晓溪，班兰凤，等．一种含嘧螨胺的组合物及其应用：CN 104663693. 2013.

[43] 刘长令，徐英，宋玉泉，等．芳基吡（嘧）啶类化合物及其用途：CN 104418800. 2015.

[44] 刘长令，谢勇，宋玉泉，等．芳基吡（嘧）啶类化合物及其用途：WO 2015032280. 2015.

[45] 刘长令，李淼，张弘，等．取代唑类化合物及其制备与应用：WO 2005080344. 2005.

[46] 刘长令，李淼，王军锋，等．具有含氮五元杂环的醚类化合物及其应用：WO 2010060379. 2009.

[47] 刘长令，李淼，李志念，等．芳基醚类化合物及其制备与应用：WO 2006125370. 2006.

[48] 刘长令，李慧超，张弘，等．含取代苯胺基嘧啶基团的 E-型苯基丙烯酸酯类化合物及应用：WO 2010139271. 2010.

[49] 刘长令，关爱莹，兰杰，等．胡椒乙胺类化合物及其应用：WO 2014063638. 2014.

[50] 刘长令．基于生物等排理论的中间体衍生化法及应用//中国工程院化工、冶金与材料工程学部第七届学术会议论文集（上册）．北京：化学工业出版社，2010：86-94.

[51] 刘长令．世界农药大全（杀虫剂卷）．北京：化学工业出版社，2012.

[52] 刘长令．世界农药大全（杀菌剂卷）．北京：化学工业出版社，2006.

[53] 刘长令．世界农药大全（除草剂卷）．北京：化学工业出版社，2002.

[54] Sukh D，Opender K. Insecticides of Natural Origin，1997.

[55] 刘长令．含氟农药的创制途径．中国化工学会农药专业委员会第九届年会论文集，1998：61-63.

[56] Yang X Y，Shui S X，Chen X. Synthesis of bromodifluoromethyl substituted pyrazoles and isoxazoles. J Fluorine Chem，2010，426-432.

[57] Saeed A，Shaheen U，Hameed A. Synthesis and antimicrobial activity of some novel 2-(substituted fluorobenzoylimino)-3-(substituted fluorophenyl)-4-methyl-1，3-thiazolines. J Fluorine Chem，2010：333-339.

[58] Li L，Li M，Chi H W，et al. Discovery of flufenoxystrobin：Novel fluorine-containing strobilurin fungicide and acaricide. J Fluorine Chem，2016，185：173-180.

[59] Guan A Y，Liu C L，Huang G，et al. Synthesis and fungicidal activity of fluorine-containing chlorothalonil derivatives. J Fluorine Chem，2014，160：82-87.

[60] Iller R，Kobayashi Y. Biomedical aspects of fluorine chemistry. Elsevier Biomedical Press，1986.

[61] Hudlicky M. Chemistry of organic fluorine compounds Ⅱ. American Chemical Society，1995.

[62] 杨华铮．邹小毛．朱有全，等．现代农药化学．北京：化学工业出版社，2013.

3 中间体衍生化法

大道至简，中间体衍生化法是在总结农药产品合成方法和现有创新方法以及笔者多年创新实践的基础上创建的。在目前新农药创制仍属“试错”科学的时代，中间体衍生化法不仅可以突破专利垄断，大幅提高研发成功率，而且确保产品具有性价比优势。中间体衍生化法与现有方法的最大区别或者该方法的关键在于选择合适的中间体或原材料，在新化合物设计之时，就考虑未来产品专利权的稳定性以及工艺与成本；选用便宜、易得、安全环保的原材料或中间体，利用常规的化学反应，通过系统研究发明现有专利范围外、性能好的化合物；确保未来产品专利权稳定，产业化过程安全环保，低成本或高性价比。

为什么新农药创制周期越来越长、成功率越来越低，难度越来越大？主要原因是登记要求高，候选化合物安全性不过关或者性价比低。新农药创制不仅包含方法创新和品种创新，还有工艺过程创新和应用创新，其中品种创新最难，通常说的原始创新也是指品种创新，新品种不仅要求效果好，成本低，而且要比现有品种更安全。公众对安全风险评估等要求越来越高，农药登记标准在不断完善、不断提高，以及农业病虫草害种类繁多、繁衍与变异速度快，分子靶标或受体结构很难确定，致使新农药创制目前仍处于“试错”（trial-and-error testing）的时代，据报道，1956 年 800 个化合物就可以筛选出一个产品，之后 1970 年 8000 个化合物筛选一个产品，再后 1980 年 2 万个化合物筛选一个产品，尽管有计算机辅助设计的帮助，目前仍需要 16 万个化合物才能筛选出一个“好”产品。以上导致新农药研发周期越来越长，成功率越来越低，难度亦越来越大。也只有严格登记标准，才能确保获准登记的新农药高效、安全性高、风险低、环境友好。

农药创新与医药相似，如果能知道受体的三维结构，设计化合物就相对容易了，但由于病虫草害种类繁多，变异速度快，很难研究清楚受体的结构；即使搞清楚受体的结构，由于施药方式的不同，计算机预测在细胞或者分子水平有效的化合物，绝大多数在活体测试时却没有效果，所以，目前新农药创制研究仍处于“试错”的时代，类似不知锁头结构配钥匙（lock and key）。因此只能多试，多总结，但如何做，才能使效率更高？也就是如何做才能提高满足市场需求新农药的创制成功率？如何使复杂问题简单化？

首先，从市场角度分析，如果希望新农药的市场占有率高，就必须具有独占市场的专利权和高性价比（高安全性、高活性、低成本）优势。而专利授权必须具备的“三性”即新颖性（首创性）、创造性（先进性）和实用性由化学结构决定；性价比与性能和成本有关，其中性能如活性和安全性也由化学结构决定，成本则与化学结构及其制备所需要的原料（中间体）的价格、工艺或反应过程有关，即农药的专利、性能与成本都与化学结构有关。

其次，从化学角度分析，农药多属于小分子，分子量大多在150～500之间，基于逆合成分析，农药品种的化学结构则是由一个或几个原料（中间体）经化学反应得到，因此选择适宜的原料或中间体是关键。

再次，基于片段的药物设计认为，药物分子结构中的每一个片段都在与靶标结合过程中发挥着自身的作用，因此通过不同的连接方法，将两个或者两个以上的片段进行组合，可以得到高活性的分子。这也说明组成药物分子的片段很重要，同样与原料及反应有关。

综上，通过20多年的研究实践，创建了“中间体衍生化法”。在研究之初就考虑开发，首先选用便宜易得、安全环保的原料（中间体）（考虑成本与安全性），设计现有专利保护范围之外的新农药分子或新化合物（确保化学结构新颖），同时利用常规、易于工业化的化学反应合成新化合物（确保制造成本低廉）；其次对合成的新化合物按照农药研究程序进行测试（包括生物活性筛选、安全性评价等），发现新的先导化合物；随后经多轮DSTA即“设计-合成-测试-分析”优化研究，筛选出安全性高、活性强的化合物（确保先进性和实用性）。依照此方法筛选获得的化合物，具备专利授权需要的“三性”和性价比优势。利用该创新方法，不仅可以进行“me too”研究，也可以进行全新结构化合物的研究。相对于在研究时仅考虑活性而少考虑原料选用的方法，中间体衍生化法大幅提高了获得“毒性低、安全性好、性价比优势显著”候选化合物的概率。减少失败概率，就等于提高了新农药创制效率、缩短了研发周期、降低了研发成本。发明的绿色农药新品种，因专利权稳定、安全性好、与环境相容，同时性价比优势显著，所以，市场前景自然就会广阔。

3.1 内涵和意义

农药（即农用化学品，包括杀虫剂/杀螨剂、除草剂和杀菌剂）在现代农业生产中起着举足轻重的作用。在水稻、玉米、水果、蔬菜等主要农作物生产中，农药不仅能够稳产增产、提高农产品品质，同时还能提高劳动生产率[1]。随着人口的持续增长，一方面，人们对粮食的需求日益增大；另一方面，环境保护、食品安全等问题也日趋突出，这些都对新农药研制提出了新的需求和挑战——寻找更有效的、具有新颖作用机制、更安全环保的新农药品种[1,2]。通常情况下，新农药的创制主要包括以下几个环节：通过化学合成等发现具有生物活性的先导化合物；结构修饰、生物活性优化；综合考虑成本、效果、选择性、安全性等因素确定具有产业化价值的候选品种[3]。整个农药创制过程需要化学、化工、计算机技术、生物学、毒理学等多学科多专业的密切配合[4]。然而，近年来，由于人们对新农药的要求越来越严格，新农药创制过程周期非常长，同时商品化成功率在降低，这使得新农药创制所需的资金投入显著增加[5]。因此，开发一种发现新农药的创新研究方法对农药行业的可持续发展至关重要[4,5]。

农药研发通常是通过大量生物筛选即“试错”方法来评价化合物对病、虫和草害的防治效果。高活性化合物的研制是在先导化合物的基础上进一步优化研究得到的。因此，作物保护领域的科学家们利用多种多样的方法或措施来寻找新的先导化合物，例如随机筛选（random screening）[6,7]、天然产物[5,8]、化学文献(尤其指专利文献，大家常说的 me too 或 me-too-chemistry)[9]、组合化学[10]、生物合理设计或以结构为基础的分子设计[6,11]等等。近期，医药领域提出了一些新的发现先导化合物的研究方法，如化学基因法[2,12]、基于片段或基于分子设计[13]、目标导向合成（TOS）及定向多样性合成（DOS）[14]。然而，这些方法能否成功地用于医药和农药创制中还尚未可知[11]，但值得尝试（本书第 2 章中有更多方法描述，供参考）。

对农作物有损害的病、虫、草害种类上万种，也就是说影响农作物产量和质量的靶标复杂多样，甚至一些化合物分子可能无法通过作物到达作用靶标，因此限制了其作为农药开发的可能。正因如此，到目前为止，采用相关生物合理设计等方法还没能成功研制出农药品种。从另外一个角度看，相关创新方法包括计算机应用研究还大有发展机会。也就是说随着科学技术水平尤其是生物技术水平、计算机以及人工智能水平的不断发展与应用，如果可以搞清楚农药从施药到最后如何起作用的全过程，搞清楚一年繁殖数十代害物种群的变异，相信相关生物合理设计会起到更大的作用，也期待非“试错”农药创新时代的到来。

新农药创制具有难度大、周期长、投资大、风险高、竞争激烈和利润丰厚等特点。正因为如此，新品种需要专利保护，专利是农药工业发展的原动力，推动全球农药技术和市场的发展，对行业起到引领作用。只有得到专利保护才使之获得一定时间或区域的垄断，也才能赚取丰厚的利润，形成良性循环，研发（投入)-产出-再投入-再研发，新产品才能不断更新换代，也有利于农业可持续发展。

在新农药的创制中，“生物等排”是随机筛选、天然产物、已知专利文献等途径中常采用的方法，例如利用“生物等排”成功发明了我国首个含氟农药品种氟吗啉（flumorph)。氟吗啉是首个获得中、美、欧发明专利的农药品种，也是我国首个获准正式登记的创制农药品种，并先后获得国家技术发明奖二等奖、发明专利奖金奖、省部级技术发明和科技进步一等奖各 1 项，已成为我国防治“毁灭性”气传病害如霜霉病、疫病、晚疫病等的主要品种（注：尽管我国在1985年之前研制多个农药品种如井冈霉素、多菌灵、杀虫双等，但当时没有专利法，因此没有知识产权）。然而因“生物等排”广泛应用，在2000年前后，专利申请者在申请专利时，通常都会考虑“生物等排”化合物的保护，即通过“生物等排”研制高活性化合物的难度逐渐增大。由于生物等排得到的化合物大多具有相似的活性，与已有专利化合物相比，没有显著的差异，很难获得专利授权。因此，有必要结合专利的“三性”（新颖性、创造性、实用性）原则，探索一种有效的新农药创新研究途径或方法：既考虑产品具有稳定的专利权，又考虑产品的性价比，确保产品安全环保且具有市场竞争力。

自1990年至今，我们一直在探索和研究适宜的新农药创新的方法。刚开始采用“生物等排”理论进行“me better”研究，成功发明了氟吗啉，属于选择性发明。通过20多年的研究实践，并在总结他人研究成果的基础上，创建了新农药分子设计和新农药品种创制的新方法，即“中间体衍生化法”（intermediate derivatization method，IDM）[7,15]，并于2014年发表于国际权威期刊*Chemical Reviews*。其雏形《浅谈农药中间体的共用性——目前国外新农药创制的新特点之一》曾发表在《化工科技动态》（1997年第6期20～21页），然后总结并提出了“基于生物等排的中间体衍生化法”，最后形成“中间体衍生化法”。中间体衍生化法不仅可以进行“me better”研究，也可以进行“me first”研究，更重要的是在进行“me too”研究时可以突破已有专利保护，即发明的新品种专利权不侵权。大量创新研究实践表明：中间体衍生化法不仅可以大幅提高新品种研发的成功率，发明的新化合物如除草剂1604、杀菌剂1602、杀虫剂4380等具有稳定的专利权，且性价比高，潜在市场竞争力优势显著。其他企业如青岛清原抗性杂草防治有限公司和山东省联合农药工业有限公司等采用中间体衍生化法也创制出了新的农药品种，并实现产业化。

中间体衍生化法是在现有农药品种合成方法以及现有创新研究方法和20多年研究实践的基础上总结提炼得到的，从化学的角度出发，其实质就是利用有机中间体可进行多种有机化学反应的特性，把新药先导化合物创制的复杂过程简单化。从逆合成的观点看，任何一个农药品种，不管其分子结构简单与复杂，都是由简单的原料或者中间体经过一系列化学反应得到。在新农药创制过程中，如果选对了原料或者中间体，那么就成功了一半。利用关键中间体进行多样化衍生，发现全新先导化合物，或在“me too”或者“me better”研究时可以采用生物等排，更多的是采用“非等排”方式，如重要基团置换和活性化合物衍生等多种方式进行二次先导化合物的研制，不仅可有效避开已有专利的保护，大幅提高新农药创制的效率和成功率[16]，大大降低新农药研究的成本（国外统计平均研究成本为1亿美元，而采用中间体衍生化法的研究成本大约为其10%），还有助于发明全新作用机制或全新结构或多作用靶标的化合物。

新药研究最重要的环节就是发现新的先导化合物，如果合成的新化合物经过筛选，发现具有较好的生物活性，那么这个化合物就是一个具有生物活性的化合物；如果该化合物同时具有可继续反应或衍生的基团，可以与其他原料或中间体进一步反应；或者可以通过化学反应合成更多的类似物；经过初步筛选研究，发现大多类似物都具有活性，那么该化合物即可称为先导化合物。当然先导化合物通常都不会有很好的生物活性，研制过程中需要化合物设计者的经验与灵感，更需要艰辛和持之以恒的努力。

如何得到新化合物？方法就是利用有机化学反应，也就是需要一个关键中间体；如果该中间体在目前所有文献中都没有记载的话，那么合成的化合物肯定就是新的。如果该中间体文献上有记载，那么可以通过有机化学反应，合成出新的或文献没有记载的中间体，最终合成出新化合物。当然也有可能通过两个已知的中间体或原料合成出一个新结构的化合物，或者通过其他途径如发酵或生物催化等获得新化合物。在实际应用中，根据原料或中间体的来源和特征，又分为如下三种（图 3-1）。

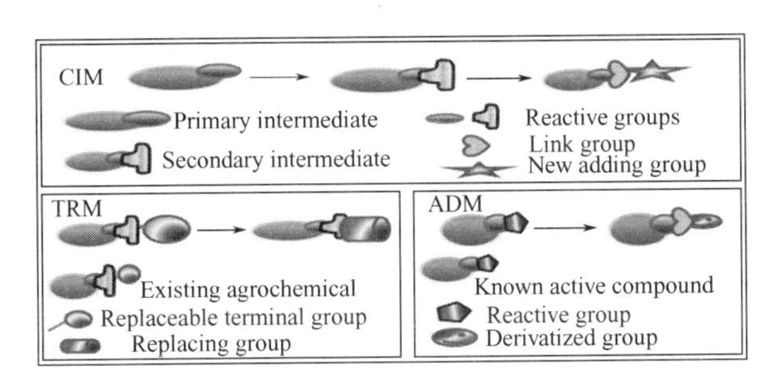

图 3-1　中间体衍生化法

（1）替换法（terminal group replacement method，TRM）　利用简单的原料，通过化学反应合成新的中间体，利用该中间体替换已知农药或医药品种化学结构中的一部分，得到新的化合物，经筛选，研制新的先导化合物，尤其是创制专利保护范围外的新先导化合物，再经优化（通常都要进行结构-活性-毒性-关系研究与分析，包括生物等排理论的应用等），快速发明新农药品种。该理念应用了与“me too”或“me-too-chemistry”和生物等排类似的策略，不同之处是更强调中间体的选择，且在发现新先导的时候大多数情况下分子结构不等排。这种方法不仅可以获得生物活性更优或者性能更优的“me better”化合物，更容易突破专利垄断，获得知识产权，而且还有可能发现结构全新的“me first”化合物。

（2）衍生法（active compound derivatization method，ADM）　利用已知的具有活性的化合物或农药品种作为中间体，进行进一步的化学反应，设计合成新化合物，经筛选发现新的先导化合物，再优化创制新农药品种。利用此方法，不仅可以研制出结构相似的品种，也可以发明性能不同、结构新颖的新品种，均可突破已有专利的保护。

(3) 直接合成法 (common intermediate method, CIM) 利用中间体进行化学反应，设计合成新化合物，然后筛选，选出先导化合物，再经优化研制新农药品种；可以发明结构全新的化合物，需要长期的积累与努力（全新结构意味着很容易获得专利授权）。这种途径成功的关键在于利用新化学反应或新合成路线来制备与已知农药、医药或天然产物全然不同的新结构，然后经过筛选、优化，得到先导化合物，最终发现新农药品种。与上述的传统方法或者其他创新方法不同的是 CIM 主要基于带官能基团的、简单易得的化学中间体，而不是基于随机设计。因此，这一策略通过简化研究阶段和降低开发成本来提高新农药产业化的成功率。

与现有方法相比的优势如下：

中间体衍生化法是在总结农药品种合成方法和现有创新方法以及长期实践的基础上创建的。表面上看，中间体衍生化法中的直接合成法类似“随机筛选”，替换法和衍生法类似“天然产物”和“化学文献”，但有本质的差别。大家可以理解或认为中间体衍生化法就是生物等排，或者亚结构替换，或者活性基团拼接，或与现有创新方法没有差别等等，但是中间体衍生化法与现有方法的最大区别或者该方法的关键在于选择合适的中间体或原材料，优先考虑应用广泛、便宜易得、低毒环保的原材料或中间体，应用简单化学反应，确保工艺安全环保，也就是在化合物设计之初就考虑未来产品的成本或性价比，确保最终产品产业化过程安全环保，专利权稳定，市场前景好；即在化合物研究之初，就考虑到未来产品开发中的工艺过程创新及产业化等。而现有创新研究方法虽多，但在研究之初几乎都没有考虑未来产业化，即没有统筹考虑便宜、易得中间体或原料、反应与工艺过程等。

中间体衍生化法是在传统的新药创制方法（如：随机筛选和“me-too-chemistry”，它们常采用的手段是“活性基团拼接”和“生物等排”）的基础上发展和改进而来的[7,17]。实践证明，中间体衍生化法与目前现有的新药研究方法相比，在发现新颖结构的化合物并获得国内外专利可行性方面具有诸多优势。该法涵盖先导化合物的发现以及先导化合物的优化并考虑未来产业化的全过程，具有发现可获得专利、性能优势显著产品的巨大潜力。

“活性基团拼接”法很大程度上依赖于新颖活性亚结构的发现。二十年前，“活性基团拼接”法是一个很有效的新药研究方法。如今，该方法并不好用，大家都在做这件事，所以利用该方法发现并可以获得专利的高活性化合物的难度非常大。虽然“me-too-chemistry”方法中“生物等排”在以前的研究中取得了很大的成功[7,17]，但由于专利申请者在申请专利时，已经尽可能地考虑到各种生物等排类似物的保护，后来的科研人员利用简单的生物等排替换对前者进行优化的空间非常有限。因此，利用简单的生物等排理论研制出结构超出已知专利保护范围的新化合物的难度越来越大。除非先导化合物是自己发现的，生物等排才会有大用途。

组合化学方法在20世纪90年代蓬勃发展。它利用高分子化学中的固相合成技术来提高发现先导化合物的效率和创新性，后期改为平行合成也包括液相体系或者均相体系来完成。然而，实践和时间均证明，这种发现的先导化合物的方法不太理想；通过组合化学库发现的先导化合物都没有达到预期的效果，主要原因是缺乏官能团的多样性，从而限制了目标化合物的多样性[18]。

天然产物法也成功地研制出很多优秀的农药品种。但是，由于大量的研究，目前发现可利用的结构简单的天然产物数量和种类有限，大大增加了该方法研究的难度。众所周知，从天然的复杂混合物中分离出某种活性成分是一项艰巨的任务。当尝试纯化天然产物时，经过多次的循环萃取和色谱分离后，原来的生物活性通常会发生变化或丢失，这是该方法经常遇到的挑战之一。从植物或其他天然产物中得到的纯的化合物，往往没有生物活性或活性比原来的混合物差。此外，表征一个复杂的天然产物的结构，这本身就是一个艰苦的、具有挑战性的工作。

合理设计或以结构为基础的分子设计（包括基于碎片或基于分子设计）发现先导化合物，很大程度上依赖于生物化学和计算机科学领域的发展。尽管有文献报道，自1980年以来，此方法尚未成功研制出新农药品种[11]，但计算机辅助设计的作用不容忽视，并要高度重视人工智能的研究与应用。

从表面来看，直接合成法（CIM）、替换法（TRM）和衍生法（ADM）似乎分别与随机合成筛选法、活性基团拼接，以及“me-too-chemistry”中的生物等排法类似。然而，仔细体会可发现，这几种方法两两之间有着显著的差异。从整个研制过程来说，CIM类似于随机筛选法，但CIM选择的关键中间体要有合适的官能团，以便于进一步合成多样性的结构；而随机筛选法可以使用任何可能的起始物。TRM或RM（replancement method）似乎与生物等排法相似，但是在TRM中，所说的替换不仅局限于简单生物等排替换，没有体积大小限制，且强调非等排替换，也没有替换位置的限制，最好用现有便宜易得的中间体或者通过这些中间体进一步合成出的新颖的中间体替换已知分子的任意结构片段（某些程度上与骨架跃迁类似）。因此，它完全突破了传统的生物等排定义，因为“me-too-chemistry”中常用的生物等排替换等只是简单地试图模仿活性分子。ADM利用已知农药品种中的活性基团进行化学反应，能够发现创新农药结构。

近年来，药物研究方法（本书第2章中有很多描述），如化学基因组学、目标导向合成（TOS）及定向多样性合成（DOS）等在医药领域方兴未艾。化学基因组学基于现代固相合成技术，已被科学界广泛用于药物设计中，但尚未成功应用于新农药创制中。DOS是一个构建化学遗传学库的新方法，在发现有价值的先导化合物方面，DOS有着巨大的潜力，因此，在药物研制中，DOS炙手可热；然而，到目前为止，这种方法远远没有达到预期的目标。TOS能够清楚地显示预选的目标蛋白的结构和设计的目标物的化学结构，从理论上讲，这种方法能够提高发现先导化合物的成功率，因为它采用了合理的设计。综上所述，通过非IDM方法发现有生物活性的化合物的成功率已大大降低。只有发现了新的先导化合物后，相关方法（包括生物等排）才能在新农药创制中发挥作用。换句话说，使用目前常规的方法发现新的、可获得专利的先导化合物，尤其是在现有专利范围外的先导结构的难度越来越大。

在实际研究中，中间体衍生化法的应用也是分层次的（正如本书第2章中指出的新农药创新分六个层次），相当于3～6层。刚开始进行第3层次研究，即发明专利范围外化合物，性价比与现有农药品种差不多，最终就可以研究出性价比优势显著的新品种。国外化合物性价比高，从十万个化合物中选一个。而利用中间体衍生化法研究性价比相似化合物也许需要筛选500～5000个化合物；如果发明性价比优势显著的新品种，也许需要筛选1000～10000个化合物；如果要发现全新结构且性价比优势显著的新品种，也许需要筛选5000～50000个化合物，筛选化合物数量远低于国外统计的平均值，这样成本自然大幅度降低。

3.2 替换法

迄今为止，人们已经通过替换法（TRM）成功地研制了许多新农药品种。例如，通过对氯磺隆的替换创制了新的磺酰脲类除草剂；通过对禾草灵的替换创制了新的芳氧苯氧丙酸类除草剂；通过对嘧菌酯或苯氧菌酯的替换创制了新的甲氧基丙烯酸酯类杀菌剂、杀螨剂[43]。这里将详细列举一些以已知活性的先导化合物为原料，利用TRM发现农药新品种的例子。最近，TRM已经广泛地用于沈阳中化农药化工研发有限公司（前身为沈阳化工研究院农药所）的新农药创制中，将在后续几章对此进行介绍。

3.2.1 取代酰胺类杀菌剂的创制

图3-2给出了通过替换萎锈灵中的端基苯和氧硫杂环已二烯，发明一系列酰胺类杀菌剂的示意图。化学文摘服务登记号（CAS号）可以反映出酰胺类杀菌剂发现的先后顺序。萎锈灵是一种具选择性、内吸性杀菌剂。它是尤尼罗伊尔公司（Uniroyal Chemical Co.，Inc.，现在的科聚亚公司）在1966年开发的。用于种子处理，可防治大麦、小麦和燕麦的黑粉菌和腥黑粉菌；以及大麦、小麦、燕麦、大米、棉花、花生、大豆、蔬菜、玉米、高粱和其他作物的苗期病害[75]。当第一个酰胺类杀菌剂萎锈灵产业化以后，人们利用端基替换法相继开发了几种具有相同核心结构的杀菌剂。其中，4例是替换氧硫杂环已二烯环或苯环，13例是两者同时被替换。为了便于比较，这里把替换的基团列于表3-1中，并作简要讨论。

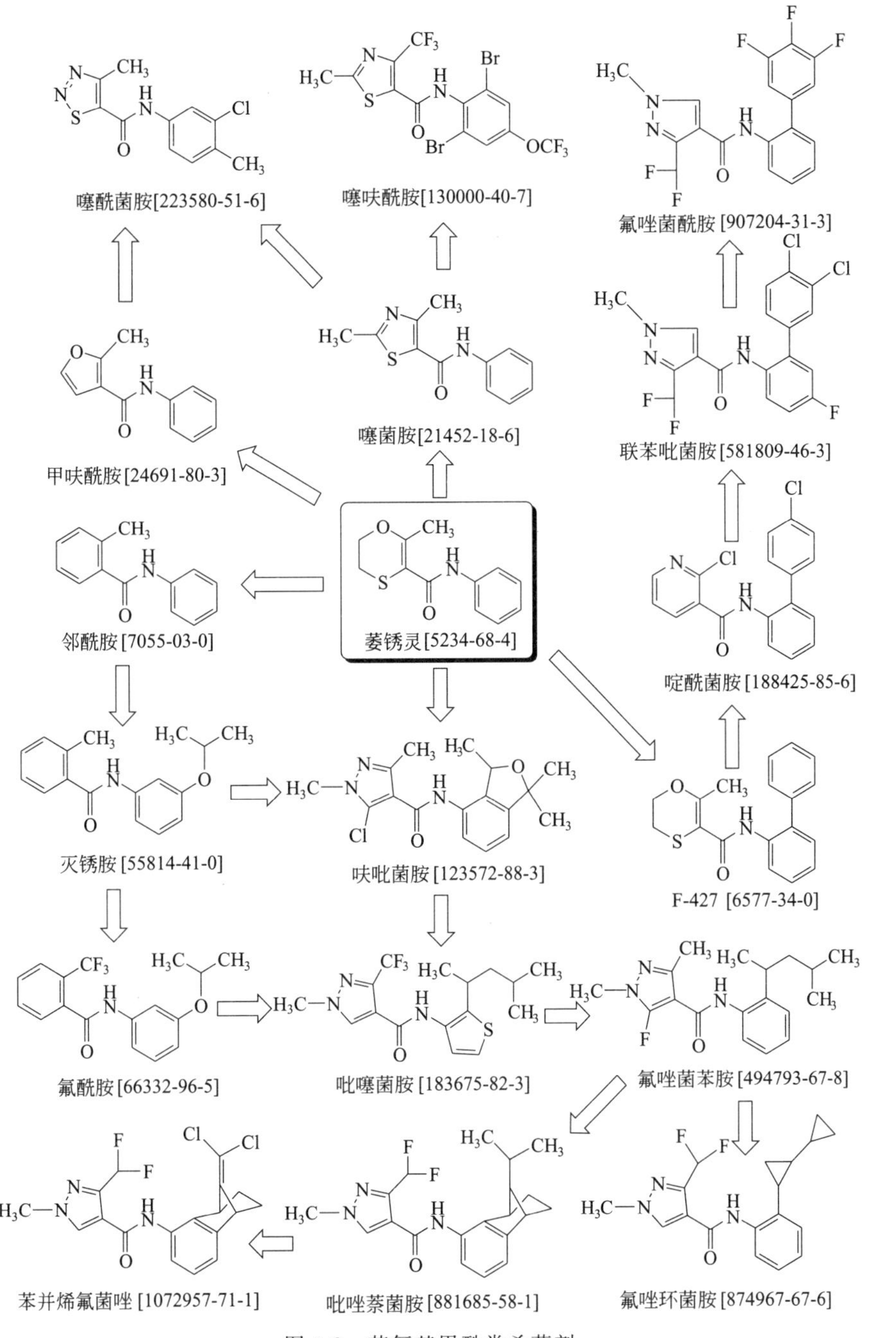

图 3-2　苯氨基甲酰类杀菌剂

替换端位氧硫杂环己二烯环或苯环：用二苯基替换萎锈灵中的苯环，可得到F-427。它是尤尼罗伊尔公司开发的一个杀菌剂先导化合物[75,76]。邻酰胺（mebenil）：用苯环替换萎锈灵中的氧硫杂环己二烯环，可得到邻酰胺，其由巴斯夫公司（BASF）研发。它能有效地防治担子菌和谷类作物病害，用量1.7～2.5kg/hm^2；用于处理马铃薯种子，可以有效地防治立枯丝核菌，用量

表 3-1 苯氨基甲酰类杀菌剂中替换的端基

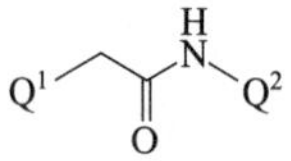

Q^1–C(=O)–NH–Q^2

中文名称	英文名称	CAS登录号	Q^1	Q^2
萎锈灵	carboxin	5234-68-4	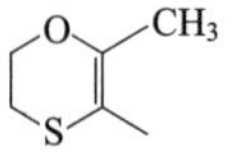 O, S, CH_3	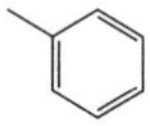
	F-427	6577-34-0	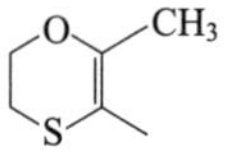 O, S, CH_3	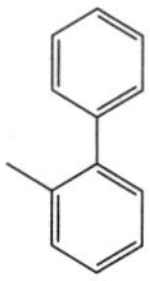
邻酰胺	mebenil	7055-03-0	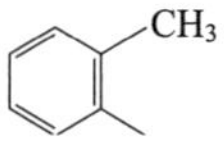 CH_3	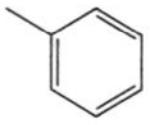
甲呋酰胺	fenfuram	24691-80-3	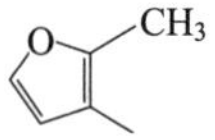 O, CH_3	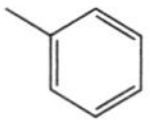
噻菌胺	metsulfovax	21452-18-6	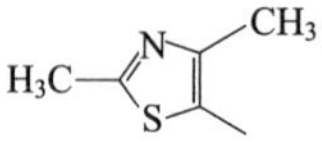 H_3C, N, S, CH_3	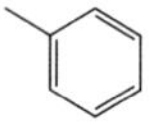
噻呋酰胺	thifluzamide	130000-40-7	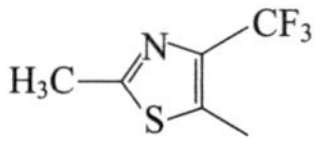 H_3C, N, S, CF_3	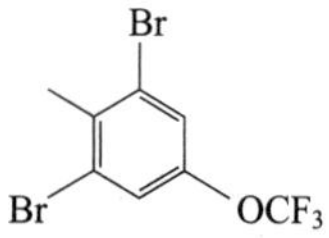 Br, Br, OCF_3
噻酰菌胺	tiadinil	223580-51-6	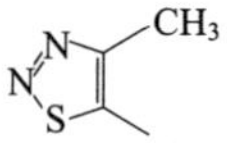 N, N, S, CH_3	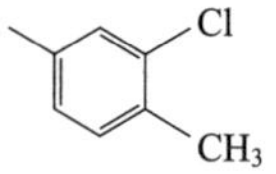 Cl, CH_3
灭锈胺	mepronil	55814-41-0	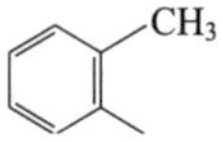 CH_3	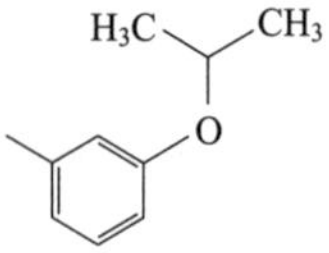 H_3C, CH_3, O
氟酰胺	flutolanil	66332-96-5	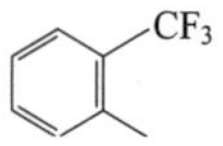 CF_3	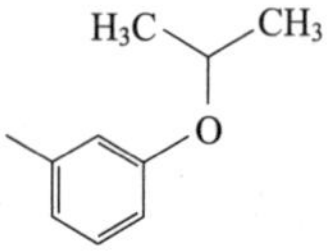 H_3C, CH_3, O

续表

中文名称	英文名称	CAS 登录号	Q[1]	Q[2]
啶酰菌胺	boscalid	188425-85-6	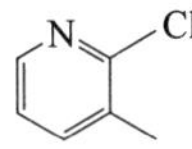	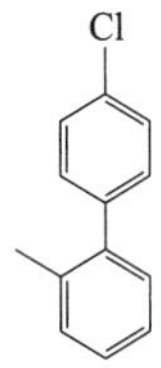
联苯吡菌胺	bixafen	581809-46-3	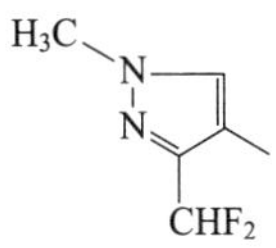	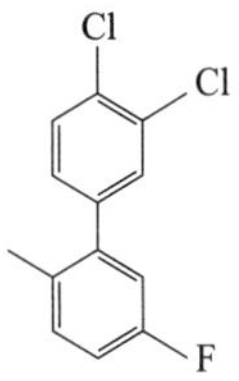
氟唑菌酰胺	fluxapyroxad	907204-31-3	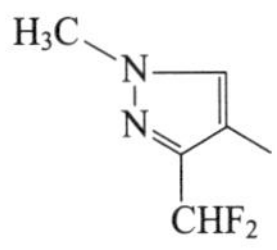	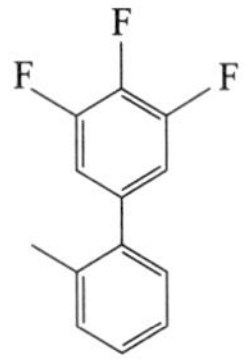
呋吡菌胺	furametpyr	123572-88-3	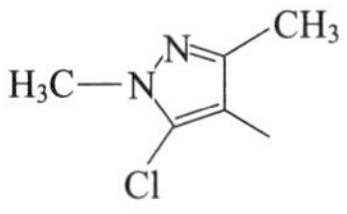	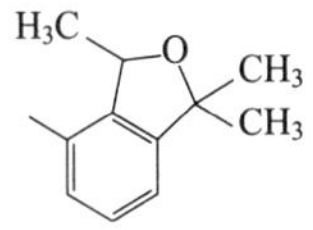
吡噻菌胺	penthiopyrad	183675-82-3	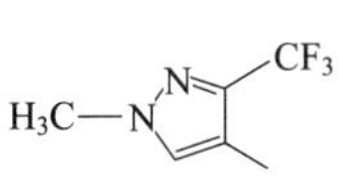	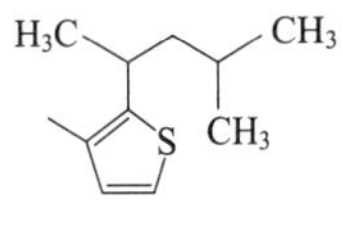
氟唑菌苯胺	penflufen	494793-67-8	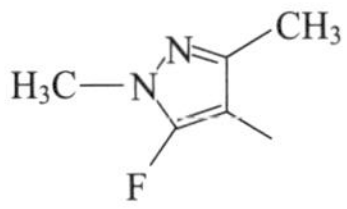	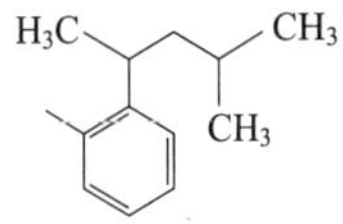
氟唑环菌胺	sedaxane	874967-67-6	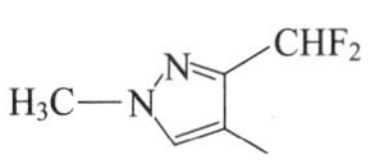	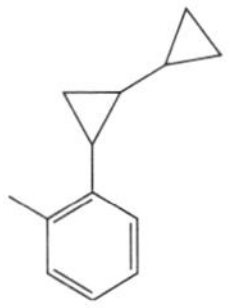

续表

中文名称	英文名称	CAS 登录号	Q^1	Q^2
吡唑萘菌胺	isopyrazam	881685-58-1	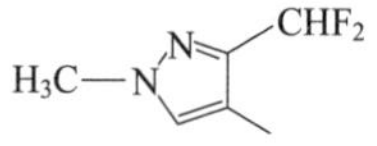 CHF_2 N H_3C—N	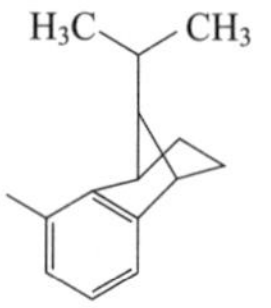 H_3C CH_3
苯并烯氟菌唑	benzovindiflupyr	1072957-71-1	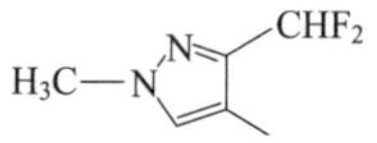 CHF_2 N H_3C—N	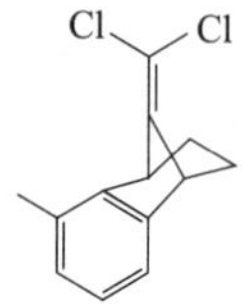 Cl Cl

0.30～0.37g/kg[77]。甲呋酰胺（fenfuram）：用呋喃环替换萎锈灵中的氧硫杂环己二烯环，可得到甲呋酰胺。甲呋酰胺由壳牌研究有限公司创制、Kenogard VT AB 开发（现拜耳 AG），主要用于防治谷类作物的黑穗病[78]。噻菌胺（metsulfovax）：用噻唑环替换氧硫杂环己二烯环，可得到噻菌胺。噻菌胺由尤尼罗伊尔公司开发，用于防治柄锈菌、玉米黑粉菌、立枯丝核菌、腥黑粉菌属以及谷物、棉花、土豆和观赏植物中的其他担子菌属有关的病害，具有广谱杀菌活性[76,79]。

同时替换端位氧硫杂环己二烯环和苯环：噻呋酰胺（thifluzamide），用噻唑环替换氧硫杂环己二烯环，再用 2,6-二溴-4-三氟甲氧基苯基替换苯环，可得到噻呋酰胺。另外一种 TRM 法为：用三氟甲氧基替换噻菌胺中的甲基，再用 2,6-二溴-4-三氟甲氧基苯基替换苯环。噻呋酰胺最初由孟山都公司开发，在 1994 年出售给罗门哈斯有限公司（现在陶氏益农公司）。其在 1997 年首次在韩国上市。尼桑化工有限公司在 2010 年 1 月从陶氏益农公司收购了与它相关的全球业务。噻呋酰胺对担子菌具有广谱的杀菌活性，特别是水稻、土豆、玉米和草类植物中的纹枯病[80]。

噻酰菌胺（tiadinil）：用噻二唑环替换氧硫杂环己二烯环，再用 3-氯-4-甲基苯基替换苯环，可得到噻酰菌胺。与噻呋酰胺类似，通过 TRM 创制噻酰菌胺的过程也可以表述如下：用 3-氯-4-甲基苯基替换噻菌胺中的苯环，再用 4-甲基-1,2,3-噻二唑替换 2,4-二甲基噻唑，可以得到噻酰菌胺。噻酰菌胺由日本农药株式会社（Nihon Nohyaku Co.，Ltd）在 2003 年开发并在日本登记，能有效地防治水稻稻瘟病、白叶枯病和细菌性谷物腐烂病[81]。

灭锈胺（mepronil）：用 2-甲基苯基替换氧硫杂环己二烯环，再用 3-(1-甲基乙氧基）苯基替换苯环，可得到灭锈胺。该 TRM 过程也可表述如下：用 3-(1-甲基乙氧基）苯基替换邻酰胺中的苯环。灭锈胺由日本组合化学在 1981 年开发，能有效地防治谷物、蔬菜、甜菜、水果、烟草、草坪、花卉等作物中担子菌引起的病害[82]。

氟酰胺（flutolanil）：用 2-(三氟甲基）苯基替换氧硫杂环己二烯环，再用 3-(1-甲基乙氧基）苯基替换苯环，可得到氟酰胺。该 TRM 过程也可表述如下：用 2-(三氟甲基）苯基替换灭锈胺中的 2-甲基苯基。氟酰胺由日本农药株式会社（Nihon Nohyaku Co.，Ltd）在 1986 年开发和推广，具有广谱的杀菌活性，能够有效地防治如下病菌：水稻中的纹枯病菌、谷物中的核瑚菌和禾谷丝核菌、甜菜中的白绢病菌和纹枯病菌、蔬菜中的纹枯病菌、花生中的齐整小核菌，仁果类水果中的胶锈菌属病菌、观赏植物中的纹枯病菌和齐整小核菌，草坪中的纹枯病菌、齐整小核菌、禾谷丝核菌和花脸菇菌，尤其是水稻纹枯病。它还对谷物、蔬菜和水果无药害，可直接施用[83]。

啶酰菌胺（boscalid）：用吡啶环替换氧硫杂环己二烯环，再用 4-氯-1,1′-二苯基替换苯环，可得到啶酰菌胺。该 TRM 过程也可表述如下：用吡啶环替换 F-427中的氧硫杂环己二烯环。啶酰菌胺由巴斯夫（BASF）开发，用于防治菌核病、锈病、马铃薯早疫病、灰霉病等[84]。

联苯吡菌胺（bixafen）：用吡唑环替换氧硫杂环己二烯环，再用 3′,4′-二氯-5-氟-1,1′-二苯基替换苯环，可得到联苯吡菌胺。该 TRM 过程也可表述如下：用吡唑环替换啶酰菌胺中的吡啶环。联苯吡菌胺由拜耳作物科学公司（Bayer CropScience）开发。2011 年，首先在英国、德国、爱尔兰和法国上市，对小麦斑枯病菌、小麦叶锈菌、小麦条锈菌、眼斑病菌和小麦黄斑叶枯病菌以及大麦中的圆核腔菌、柱隔孢叶斑病菌、禾草云斑病菌和大麦叶锈菌有优良的活性[85]。

氟唑菌酰胺（fluxapyroxad）：用吡唑环替换氧硫杂环己二烯环，再用 3′,4′,5′-三氟-1,1′-二苯基替换苯环，可得到氟唑菌酰胺。该 TRM 过程也可表述如下：用 3′,4′,5′-三氟二苯基替换联苯吡菌胺中的 3′,4′-二氯-5-氟-1,1′-二苯基。氟唑菌酰胺对以下几类发育阶段的真菌具有广谱的活性：子囊菌、担子菌、半知菌纲和接合菌。其他的 SDH（琥珀酸脱氢酶）抑制剂并不控制卵菌纲细菌[85,86]。

呋吡菌胺（furametpyr）：用吡唑环替换氧硫杂环己二烯环，再用异苯并呋喃环替换苯环，可得到呋吡菌胺。该 TRM 过程也可表述如下：用 5-氯-1,3-二甲基吡唑替换灭锈胺中的 2-甲苯基，再用异苯并呋喃环替换 3-(1-甲基乙氧基）苯基。呋吡菌胺由日本住友化学股份有限公司（Sumitomo Chemical Co.，Ltd）在 1989 年创制，并于 1996 年首先在日本登记。它对水稻纹枯病具有良好的杀菌活性[84,87]。

吡噻菌胺（penthiopyrad）：用吡唑环替换氧硫杂环己二烯环，噻吩环替换苯环，可得到吡噻菌胺。该 TRM 过程也可表述如下：用噻吩环替换呋吡菌胺中的异苯并呋喃环。吡噻菌胺由三井化学公司（Mitsui Chemicals Inc.）创制，主要用于控制灰霉病和白粉病[88]。

氟唑菌苯胺（penflufen）：用吡唑环替换氧硫杂环己二烯环，再用2-(1,3-二甲基丁基）苯基环替换苯环，可得到氟唑菌苯胺。该TRM过程也可表述如下：用苯环替换吡噻菌胺中的噻吩环。氟唑菌苯胺由拜耳公司在2012年推广上市，2011年在英国登记，2012年在加拿大和美国登记。该产品在低剂量下就有高效的活性，对担子菌和子囊菌纲真菌具有广谱的杀菌活性，可作为种子处理剂、土豆块茎或种子处理剂。氟唑菌苯胺一般用作土壤杀菌剂，能够有效地除治玉米、大豆、油菜籽、土豆、棉花、花生、洋葱和豆类等作物中的担子菌类纹枯病菌引起的种传、土传病害。它对由腥黑粉菌、黑粉菌、丝核菌、旋孢腔菌引起的谷物疾病以及水稻纹枯病和稻曲病（稻曲病菌）也有很好的活性[89]。

氟唑环菌胺（sedaxane）：用吡唑环替换氧硫杂环己二烯环，再用2-(2-环丙基环丙基）苯基替换苯环，可以得到氟唑环菌胺。该TRM过程也可表述如下：用2-（2-环丙基环丙基）苯基替换氟唑菌苯胺中的2-(1,3-二甲基丁基）苯基。氟唑环菌胺是先正达公司开发的第一个酰胺类杀菌剂。为了能够在全球登记，它目前正在接受全球联合审查（Global Joint Review）的评估。这类杀菌剂能够长久地抵抗难以控制的种子带菌、土壤带菌和空气传染的病原体，并能提高根部的抵抗力[85～87,90]。

吡唑萘菌胺（isopyrazam）：用吡唑环替换氧硫杂环己二烯环，再用1,2,3,4-四氢-9-(1-甲乙基)-1,4-亚甲基-5-萘基替换苯环，可得到吡唑萘菌胺。该TRM过程也可表述如下：用1,2,3,4-四氢-9-(1-甲乙基)-1,4-亚甲基-5-萘基替换氟唑菌苯胺中的2-(1,3-二甲基丁基)苯基。吡唑萘菌胺是一种广谱杀菌剂，由先正达公司研制，用于防治小麦病害：叶斑病（小麦斑枯）、褐锈病（锈菌）和黄锈病（条形柄锈菌）；大麦：网斑病（核腔大圆）、禾草云斑病和柱隔孢叶斑病。吡唑萘菌胺还能用于其他作物，包括仁果类水果（苹果黑星病菌、白粉病）、蔬菜（白粉病、叶斑病、锈病）、油菜（油菜菌核病和茎点菌）、香蕉（黑条叶斑病菌）[86,91]。

苯并烯氟菌唑（benzovindiflupyr）：用吡唑环替换氧硫杂环己二烯环，再用9-(二氯乙烯)-1,2,3,4-四氢-1,4-亚甲基-5-萘基替换苯基，可得到苯并烯氟菌唑。该TRM过程也可表述如下：用9-(二氯乙烯)-1,2,3,4-四氢-1,4-亚甲基-5-萘基替换吡唑萘菌胺中的1,2,3,4-四氢-9-(1-甲乙基)-1,4-亚甲基-5-萘基。苯并烯氟菌唑（SYN545192）由先正达公司创制[92]。

3.2.2 双酰肼类杀虫剂的创制

图3-3给出了通过替换先导化合物RH 5849中的端基苯，发明一系列双酰肼类杀虫剂的示意图。这类化合物由原罗门哈斯徐基东博士研制并首次报道[69]，先导化合物RH 5849对鳞翅目害虫具有很好的杀虫活性。当第一个双酰肼类杀虫剂RH 5849由罗门哈斯（Rohm and Haas，现在陶氏益农公司）创制出来后，

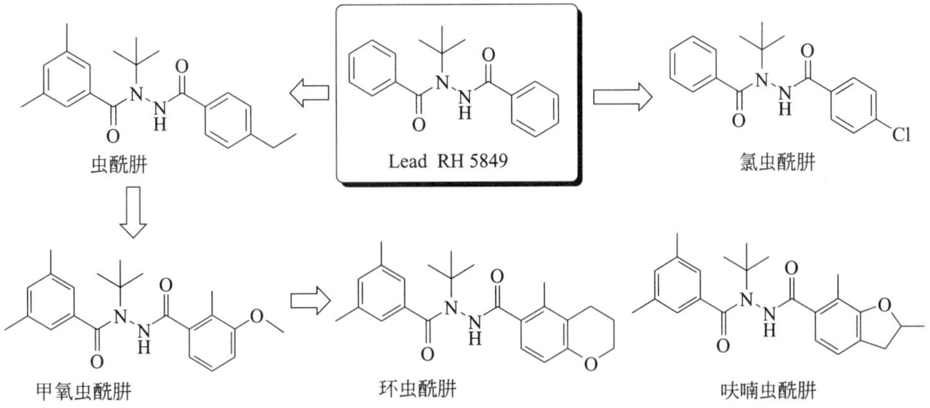

图 3-3 双酰肼类杀虫剂的创制经纬

人们通过端基替换法又开发了几种具有相同核心结构的杀虫剂。有 1 例仅替换了 RH 5849 中的一个苯基，有 4 例同时替换了 RH 5849 中的两个苯基。为了便于比较分析，我们将替换的结构列于表 3-2 中。

表 3-2 双酰肼类杀虫剂中替换的端基

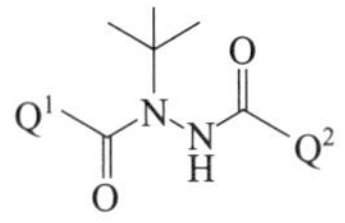

中文名称	英文名称	CAS 登录号	Q^1	Q^2
	Lead RH 5849	112225-87-3	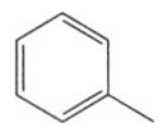	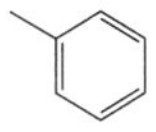
氯虫酰肼	halofenozide	112226-61-6	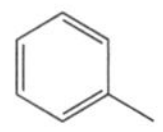	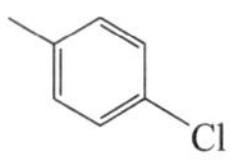 Cl
虫酰肼	tebufenozide	112410-23-8	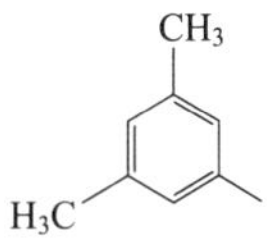 CH_3, H_3C	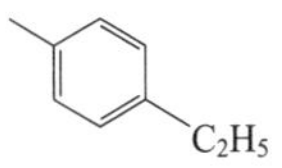 C_2H_5
甲氧虫酰肼	methoxyfenozide	161050-58-4	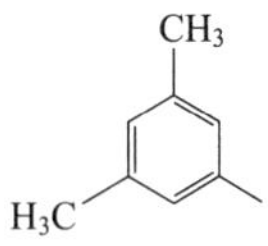 CH_3, H_3C	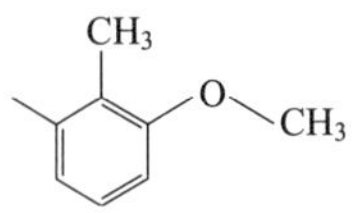 CH_3, O, CH_3
环虫酰肼	chromafenozide	143807-66-3	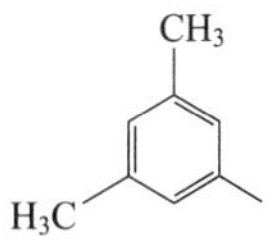 CH_3, H_3C	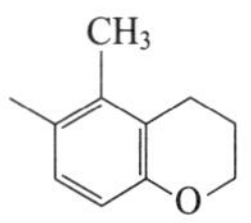 CH_3, O
呋喃虫酰肼	fufenozide	467427-81-1	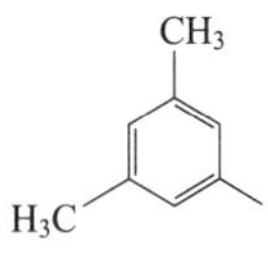 CH_3, H_3C	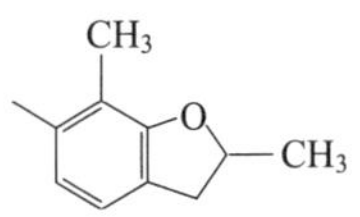 CH_3, O, CH_3

（1）替换一端苯基　氯虫酰肼（halofenozide）：用 4-氯苯基替换 RH 5849 中的一个苯基，可得到氯虫酰肼，其对鳞翅目和鞘翅目害虫都具有活性[69,70]。

（2）同时替换两个苯基

① 虫酰肼（tebufenozide）：用 3,5-二甲基苯基和 4-乙基苯基分别替换 RH 5849 中的两个苯基，可得到虫酰肼[70,71]。

② 甲氧虫酰肼（methoxyfenozide）：用 3,5-二甲基苯基和一个 3-甲氧基-2-甲基苯基分别替换 RH 5849 中的两个苯基，可得到甲氧虫酰肼[72]。

③ 环虫酰肼（chromafenozide）：用 3,5-二甲基苯基和 5-甲基-6-苯并呋喃基分别替换 RH 5849 中的两个苯基，可得到环虫酰肼。环虫酰肼由日本化药公司（Nippon Kayaku Co.，Ltd）和三共有限公司（Sankyo Co.，Ltd，现在的三井化学股份有限公司）共同开发。1999 年，首次在日本注册[73]。

④ 呋喃虫酰肼（fufenozide）：用 3,5-二甲基苯基和 2,7-二甲基-6-苯并呋喃基分别替换 RH 5849 中的两个苯基，可得到呋喃虫酰肼。呋喃虫酰肼是由中国

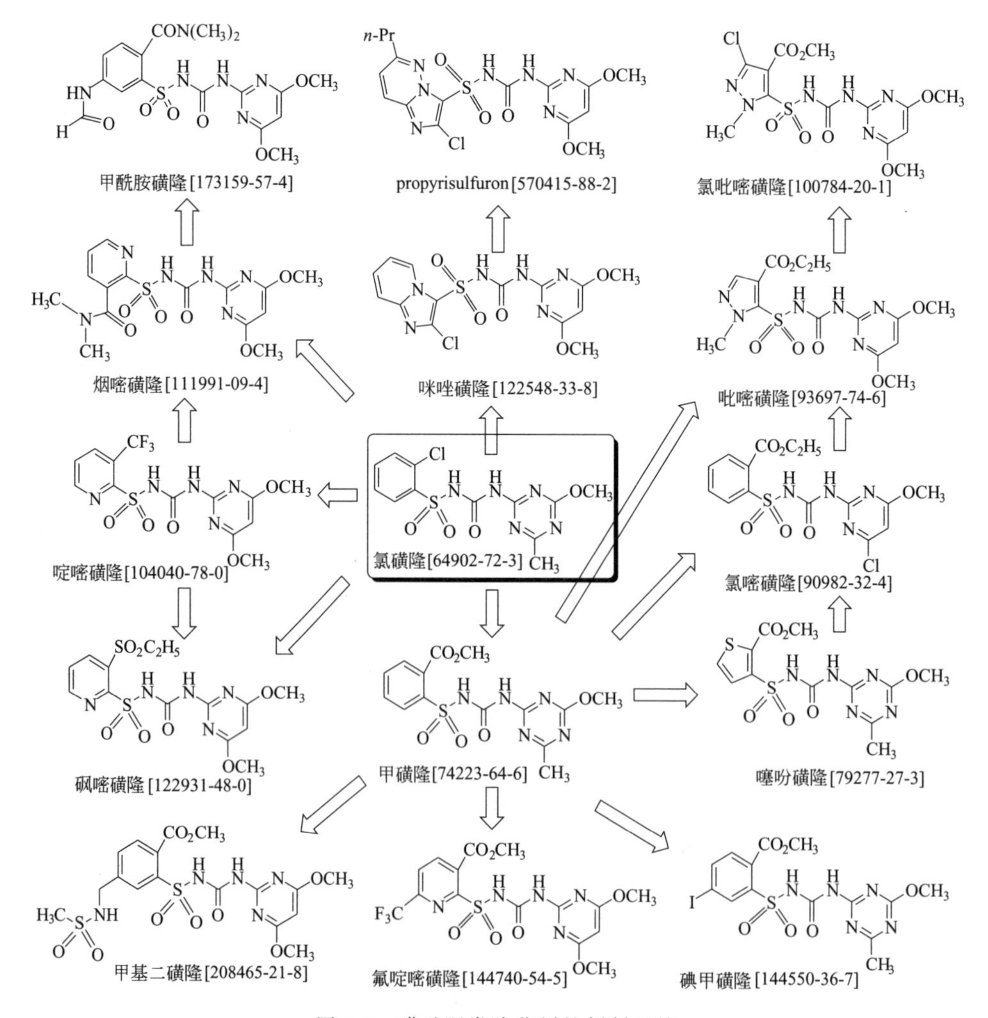

图 3-4　磺酰脲类除草剂的创制经纬

江苏农药研究所研制，具有良好的杀虫活性[74]。

3.2.3 磺酰脲类除草剂的创制

图 3-4 中，归纳了以氯磺隆（chlorsulfuron）为原料，通过端基（对 2-氯苯基和/或三嗪环）替换创制磺酰脲类除草剂的示意图。化学文摘服务注册号（CAS 号）的大小是衡量一个化合物发现得早晚的指标：CAS 号越大，说明该化合物发现得越晚。氯磺隆是美国第一个商品化的磺酰脲类除草剂，由杜邦公司在 1982 年开发[44]。在此结构的基础上，通过对端位苯环和三嗪环的替换，研发了很多磺酰脲类除草剂[45]。其中，3 个是只取代苯环，11 个是同时取代苯环和三嗪环。为了便于比较分析，将取代的基团列于表 3-3 中。

表 3-3 磺酰脲类除草剂中替换的端基

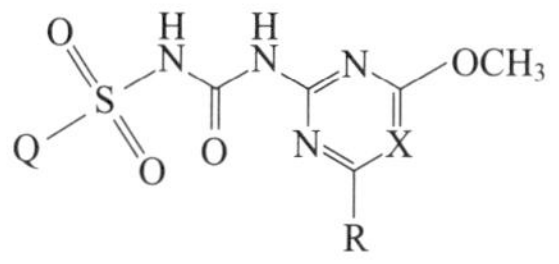

中文名称	英文名称	CAS 登录号	Q—	X	—R
氯磺隆	chlorsulfuron	64902-72-3	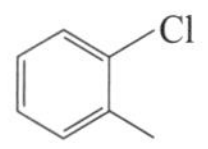	N	CH_3
甲磺隆	metsulfuron-methyl	74223-64-6	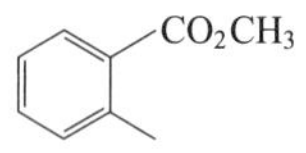	N	CH_3
碘甲磺隆	iodosulfuron-methyl	144550-36-7	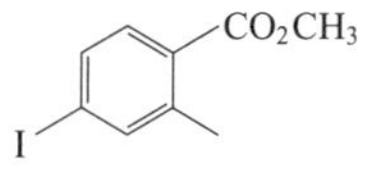	N	CH_3
噻吩磺隆	thifensulfuron-methyl	79277-27-3	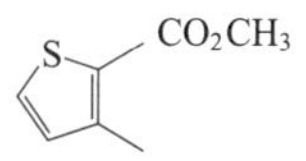	N	CH_3
氯嘧磺隆	chlorimuron-ethyl	90982-32-4	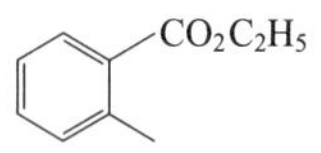	CH	Cl
甲基二磺隆	mesosulfuron-methyl	208465-21-8	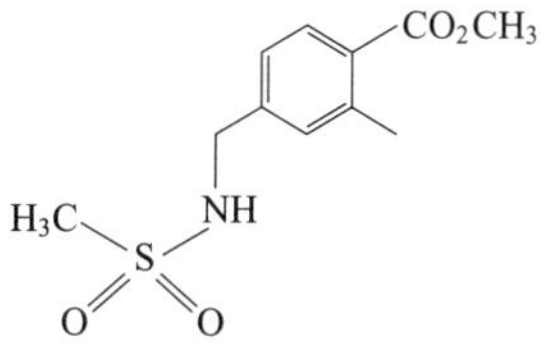	CH	OCH_3
氟啶嘧磺隆	flupyrsulfuron-methyl	144740-54-5	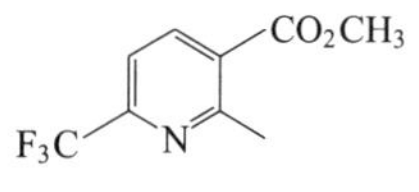	CH	OCH_3

续表

中文名称	英文名称	CAS登录号	Q—	X	—R
咪唑磺隆	imazosulfuron	122548-33-8	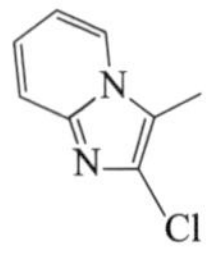 N N Cl	CH	OCH_3
吡嘧磺隆	pyrazosulfuron-ethyl	93697-74-6	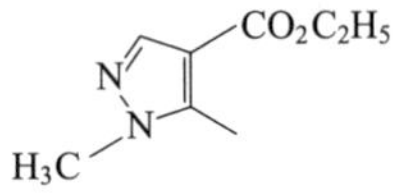 $CO_2C_2H_5$ N N H_3C	CH	OCH_3
	propyrisulfuron	570415-88-2	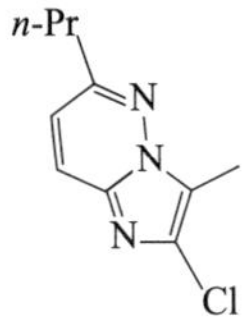 n-Pr N N N Cl	CH	OCH_3
啶嘧磺隆	flazasulfuron	104040-78-0	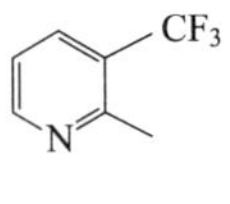 CF_3 N	CH	OCH_3
烟嘧磺隆	nicosulfuron	111991-09-4	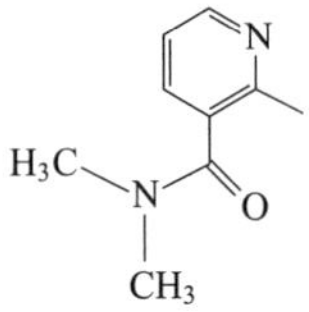 N H_3C N O CH_3	CH	OCH_3
甲酰胺磺隆	foramsulfuron	173159-57-4	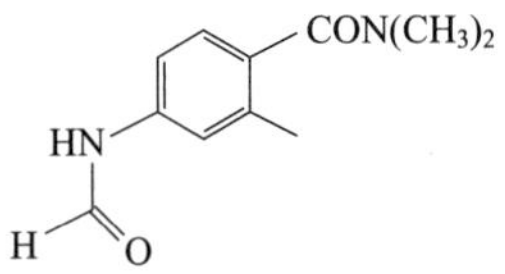 $CON(CH_3)_2$ HN H O	CH	OCH_3
砜嘧磺隆	rimsulfuron	122931-48-0	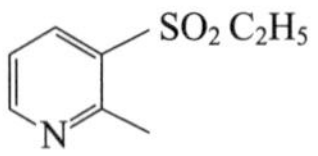 $SO_2C_2H_5$ N	CH	OCH_3
氯吡嘧磺隆	halosulfuron-methyl	100784-20-1	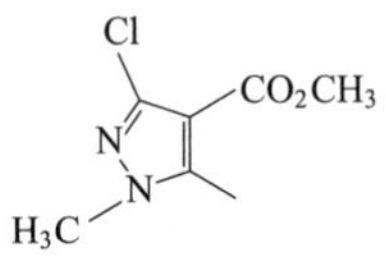 Cl CO_2CH_3 N N H_3C	CH	OCH_3

（1）甲磺隆（metsulfuron-methyl） 用—CO_2CH_3替换氯磺隆苯环上的—Cl，可得到甲磺隆。它能有效地防除小麦、大麦、大米、燕麦和黑麦中的各类宽叶阔叶杂草，一般在出苗后施用[46]。因为它在土壤中长期残留，这种结构上的改进并没有提高其对后茬作物的安全性。

(2) 碘甲磺隆(iodosulfuron-methyl) 在甲磺隆结构上引入碘,可得到碘甲磺隆。这一改进使碘甲磺隆对后茬谷类作物(如小麦、硬粒小麦和黑麦)有很好的安全性[47]。

(3) 噻吩磺隆(thifensulfuron-methyl) 用噻吩替换甲磺隆上的苯环,可得到噻吩磺隆。它对玉米和大豆(小麦除外)有很好的安全性[48]。

(4) 氯嘧磺隆(chlorimuron-ethyl) 用嘧啶环替换甲磺隆上的三嗪环或用—$CO_2C_2H_5$替换氯磺隆中苯环上的—Cl、嘧啶环替换三嗪环,可得到氯嘧磺隆。它是一种苗后施用的除草剂,用于防除大豆和花生田中的一些重要的阔叶杂草,如苍耳、藜、向日葵和一年生的牵牛花[45,49]。

(5) 甲基二磺隆(mesosulfuron-methyl)、氟啶嘧磺隆(flupyrsulfuron-methyl) 用嘧啶环替换甲磺隆上的三嗪环,再在苯环上引入一个甲基磺酰胺甲基,可得到甲基二磺隆;用嘧啶环替换甲磺隆上的三嗪环,再用吡啶环替换苯环,可得到氟啶嘧磺隆。甲基二磺隆和氟啶嘧磺隆是一种高效除草剂[45],例如,甲基二磺隆钠是一种苗前喷施的选择性除草剂,能有效地除治谷物中的杂草(主要是黑草)和阔叶杂草。降解速度快,对后茬作物安全性高[50]。

(6) 咪唑磺隆(imazosulfuron)、吡嘧磺隆(pyrazosulfuron-ethyl)和 propyrisulfuron 用咪唑并吡啶环替换氯磺隆上的苯环,再用嘧啶环替换三嗪环,可得到咪唑磺隆;用嘧啶环替换氯磺隆上的三嗪环,再用吡唑环替换苯环,可得到吡嘧磺隆;用嘧啶环替换氯磺隆上的三嗪环,再用咪唑并哒嗪环替换苯环可得到 propyrisulfuron(TRM 的另一种描述为:用咪唑并哒嗪环替换咪唑磺隆上的咪唑并吡啶环,可得到 propyrisulfuron)。咪唑磺隆、吡嘧磺隆和 propyrisulfuron 都是优秀的稻田除草剂[45]。咪唑磺隆是武田化学工业发展有限公司(现住友化学公司)在 1994 年开发的;吡嘧磺隆是尼桑化学工业有限公司在 1990 年开发的。这两种除草剂都可以在苗前或苗后有效地控制湿播种和移栽水稻中一年生和多年生的阔叶杂草和莎草,对水稻安全[51,52]。另外一种结构新颖、用于水稻的除草剂是 2011 年在日本上市的 propyrisulfuron,它的结构与咪唑磺隆非常相似,与咪唑磺隆相比,它的优越之处在于:能有效地除治对商业化磺酰脲类除草剂有抗性的杂草[53]。

(7) 啶嘧磺隆(flazasulfuron) 用吡啶环取代氯磺隆上的苯环,再用嘧啶环替代三嗪环,可得到啶嘧磺隆。啶嘧磺隆主要用于苗前和苗后控制阔叶杂草和暖季型草坪莎草[19,54]。另一种除草剂氯吡嘧磺隆(halosulfuron-methyl)也可以用于草坪中除草[55]。

(8) 烟嘧磺隆(nicosulfuron)、砜嘧磺隆(rimsulfuron)、甲酰胺磺隆(foramsulfuron)和氯吡嘧磺隆(halosulfuron-methyl)

① 用吡啶环替换氯磺隆上的苯环,再用嘧啶环替换三嗪环,可得到烟嘧磺隆。TRM 的另一种描述为:用—$CON(CH_3)_2$ 替换啶嘧磺隆上的—CF_3,也可

得到烟嘧磺隆。

② 用吡啶环替换氯磺隆上的苯环，再用嘧啶环替换三嗪环，可得到砜嘧磺隆。TRM 的另一种方法为：用—$SO_2C_2H_5$替换啶嘧磺隆上的—CF_3，也可得到烟嘧磺隆（又名砜嘧磺隆）。

③ 用 5-甲酰胺-2-二甲基甲酰氨基替换氯磺隆中苯环上的 2-Cl，再用嘧啶环替换三嗪环，可得到甲酰胺磺隆。TRM 的另一种描述为：用 5-二甲氨基甲酰基-2-甲酰胺苯基替换烟嘧磺隆上的 3-二甲氨基甲酰基-吡啶，可得到甲酰胺磺隆。

④ 用嘧啶环替换氯磺隆上的三嗪环，再用吡唑环替换苯环，可得到氯吡嘧磺隆。TRM 的另一种描述为：在吡嘧磺隆的吡唑环上引入一个氯原子，再用—CO_2CH_3替换—$CO_2C_2H_5$，可得到氯吡嘧磺隆。

烟嘧磺隆、甲酰胺磺隆、砜嘧磺隆和氯吡嘧磺隆均广泛用于玉米田中。烟嘧磺隆是日本石原产业株式会社开发的一种选择性苗后除草剂，用于除治一年生禾本科杂草和阔叶杂草[56]。砜嘧磺隆是由杜邦公司在 1991 年开发的，首先在欧洲上市。它对玉米，尤其是春玉米，有很好地安全性，对后茬作物无影响。砜嘧磺隆苗后施用，可有效地除治玉米田中的大多数一年生和多年生阔叶杂草[57]，也常用于番茄和土豆田中。另一种用于玉米田中的除草剂甲酰胺磺隆在 1995 年首次合成出来，由安万特（现在拜耳）开发。主要用于苗后除治各类杂草和阔叶杂草。与碘甲磺隆钠盐混合使用，对阔叶杂草具有更加广谱的除草活性[58]。甲酰胺磺隆中的活性成分通常与安全剂双苯噁唑酸混合使用。从结构上相比，氯吡嘧磺隆的吡唑环上仅比吡嘧磺隆多了一个—Cl、甲酯基替换了乙酯基，但吡嘧磺隆具有更广谱的除草活性，用于苗后除治玉米、甘蔗、水稻、高粱、坚果和草坪田中一年生阔叶杂草和莎草类杂草[45,55]。这也充分说明了细微的结构变化会带来意想不到的结果。

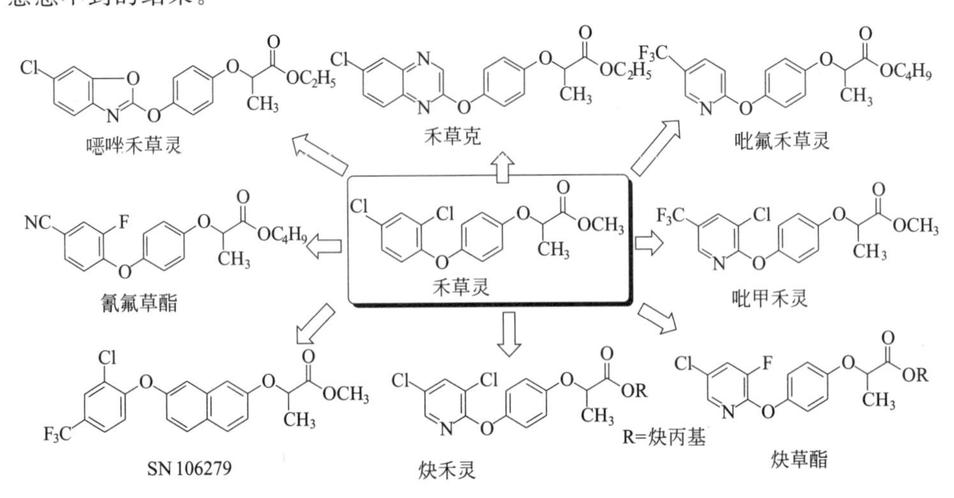

图 3-5　芳氧苯氧丙酸类除草剂的创制经纬

3.2.4　芳氧苯氧丙酸类除草剂的创制

图 3-5 给出了通过替换除草剂禾草灵的端基（2,4-二氯苯氧基和酯基中的碳链）发明一系列芳氧苯氧丙酸类除草剂的示意图。当第一个芳氧苯氧丙酸类除草剂禾草灵创制出来后[59]，人们利用端基替换发开发出了很多与之具有相同核心骨架的除草剂[60]。其中，有 2 例仅替换了禾草灵中的 2,4-二氯苯氧基；有 6 例同时替换了 2,4-二氯苯氧基和酯基中的碳链。为了便于比较，这里将这些替换的基团列于表 3-4 中，并做简要讨论。

表 3-4　芳氧苯氧丙酸类除草剂中替换的端基

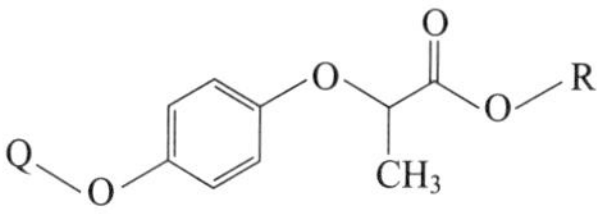

O　O　R　Q　O　CH_3

中文名称	英文名称	CAS 登录号	Q—	—R
禾草灵	diclofop-methyl	51388-27-3	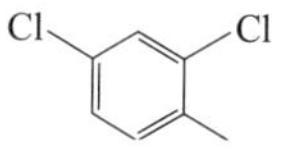 Cl　Cl	CH_3
吡甲禾灵	haloxyfop-methyl	69806-40-2	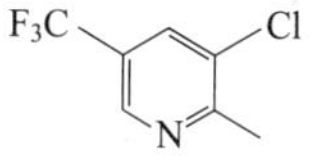 F_3C　Cl　N	CH_3
	SN 106279	103055-25-0	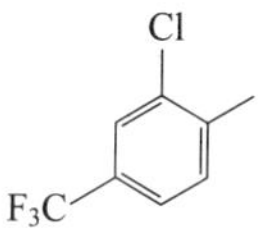 Cl　F_3C	CH_3
炔禾灵	chlorazifop-propargyl	74267-69-9	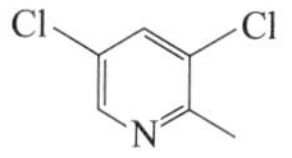 Cl　Cl　N	$CH_2C\equiv CH$
噁唑禾草灵	fenoxaprop-ethyl	66441-23-4	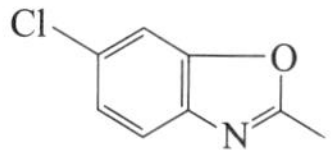 Cl　O　N	C_2H_5
禾草克	quizalofop-ethyl	76578-14-8	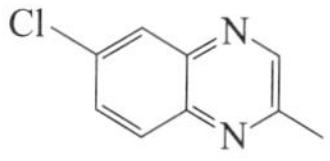 Cl　N　N	C_2H_5
氰氟草酯	cyhalofop-butyl	122008-85-9	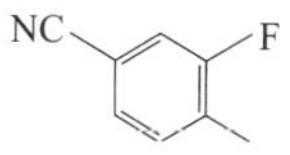 NC　F	C_4H_9-*n*
吡氟禾草灵	fluazifop-butyl	69806-50-4	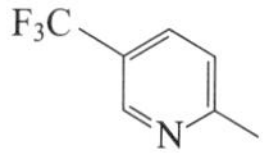 F_3C　N	C_4H_9-*n*
炔草酯	clodinafop-propargyl	105512-06-9	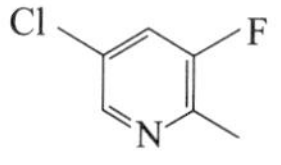 Cl　F　N	$CH_2C\equiv CH$

用 3-氯-5-三氟甲基-2-吡啶氧基替换禾草灵中的 2,4-二氯苯氧基，可得到吡

甲禾灵[61]；用2-氯-4-三氟甲基苯氧基替换禾草灵中的2,4-二氯苯氧基，同时，用萘环替代苯环可得到SN 106279[62]。

用3,5-二氯-2-吡啶氧基替换禾草灵中的2,4-二氯苯氧基，再在酯基中的碳链中增加一个碳碳三键，可得到炔禾灵[63]；用6-氯-2-苯并噁唑替换禾草灵中的2,4-二氯苯氧基，再在酯基中的碳链中增加一个碳原子，可得到噁唑禾草灵[64]；用6-氯-2-喹唑啉替换禾草灵中的2,4-二氯苯氧基，再在酯基中的碳链中增加一个碳原子，可得到禾草克[65]；用2-氟-4-氰基苯氧基替换禾草灵中的2,4-二氯苯氧基，再在酯基中的碳链中增加三个碳原子，可得到氰氟草酯，见效快（施用后，禾本科杂草立刻停止生长，2～3周内整株死亡)，对草类作物（如水稻）安全性高，能够快速降解为非活性的二酸类化合物[66]；用5-三氟甲基-2-吡啶氧基替换禾草灵中的2,4-二氯苯氧基，再在酯基中的碳链中增加三个碳原子，可得到吡氟禾草灵[61,67]；用5-氯-3-氟-2-吡啶氧基替换禾草灵中的2,4-二氯苯氧基，再在酯基中的碳链中增加一个碳碳三键，可得到炔草酯[68]。在对禾本科作物方面，炔草酯并没有表现出比先导化合物禾草灵更高的除草活性或更好的安全性，但是，它对阔叶作物无药害。在防除一年生和多年生阔叶作物中的杂草方面，它与禾草灵具有大致相同的效果。此外，炔草酯对春小麦和冬小麦毒性低且用量小（30～60g/hm^2）。

上述的芳氧苯氧丙酸类除草剂，除SN 106279和炔禾灵外，其他均已上市销售。

3.2.5 杀虫剂啶虫隆和啶蜱脲的创制

除虫脲是已知的苯甲酰脲类杀虫剂，日本石原科研人员在芳氧苯氧丙酸除草剂的基础上，利用芳氧苯基替换除虫脲中的苯基，后经优化得到活性更优的化合物啶虫隆。同时先正达（原汽巴-嘉基）也在进行类似研究，最终发明了杀螨剂啶蜱脲。啶虫隆和啶蜱脲的创制经纬见图3-6。

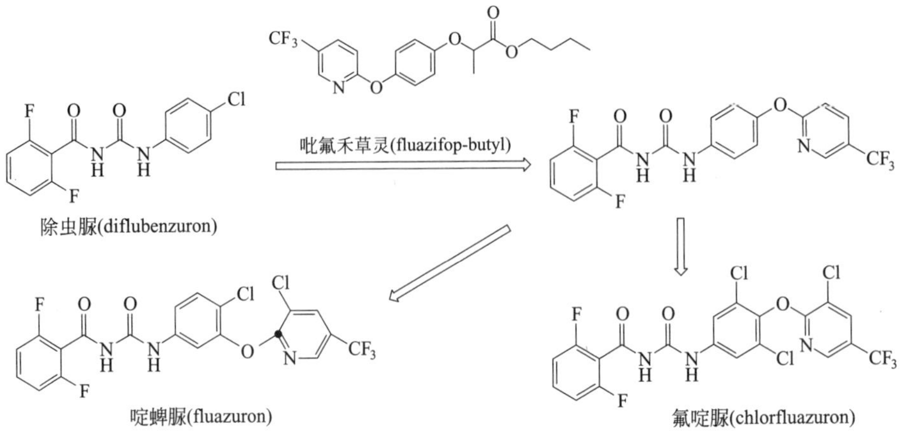

除虫脲(diflubenzuron)

吡氟禾草灵(fluazifop-butyl)

啶蜱脲(fluazuron)

氟啶脲(chlorfluazuron)

图3-6 啶虫隆和啶蜱脲的创制经纬

3.2.6 杀菌剂氟吡菌胺的创制

XRD-563是陶氏益农研制的防治禾谷类白粉病的杀菌剂，氟吡菌胺（fluopicolide）是拜耳公司开发的防治卵菌纲病害的内吸性杀菌剂。也许拜耳科研人员并不一定是利用替换法研制的该杀菌剂，但从化学结构上看，就是用吡啶替换了苯环，然后优化得到，如图3-7所示。

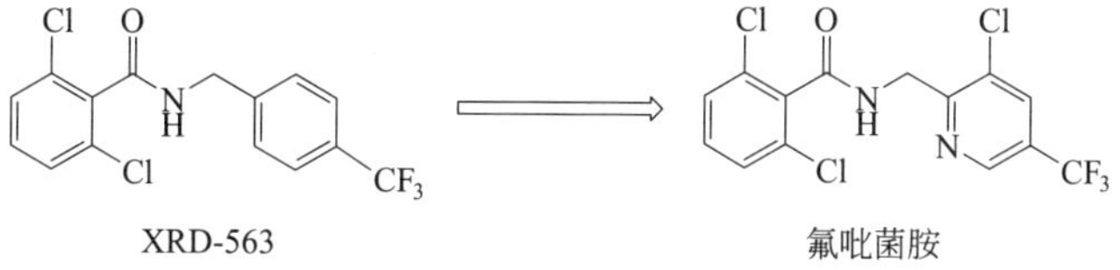

XRD-563 ⟹ 氟吡菌胺

图3-7 氟吡菌胺的创制经纬

氟吡菌胺的杀菌机理与目前所有已知的卵菌纲杀菌剂完全不同，主要作用于细胞膜和细胞间的特异性蛋白而表现杀菌活性。独特的薄层穿透性可加强药剂的横向传导性及纵向输送力，对病原菌的各主要形态均有很好的抑制活性，治疗效果突出。

3.3 衍生法

中间体衍生化法之衍生法（ADM）是一种利用已知的具有活性的化合物中的活性官能团进行化学反应，从而发现新农药的策略。在大多数情况下，从反应原料到产物只需要优化一个活性官能团。用已知的或现有市售化合物为原料，经一步或多步化学反应制备新化合物。

ADM已被广泛地应用于发现新的生物活性化合物中，这里将主要集中在农药品种的衍生化而不是整个生物活性发现领域。采用ADM成功地创造了许多农药品种，一般来说，某个结构新颖的活性化合物一旦被确定，基于活性官能团的衍生化也将随之开展起来。常见的活性官能团包括：羟基、伯胺或仲胺、硝基、氰基、羧基或酯等。这些官能团都可以经过一系列反应来制备新的化合物。该方法成功的关键在于：寻找到一个性能（包括选择性、药效和/或对作物的安全性）更优的新化合物。

3.3.1 稻瘟酰胺的创制

图3-8给出了由除草剂2,4-滴丙酸（dichlorprop）创制稻瘟酰胺的示意图。稻瘟酰胺是通过2,4-滴丙酸的羧酸官能团衍生化发现具有新的生物活性化合物的一个成功实例。2,4-滴丙酸是出苗后除草剂，用于控制谷物和草原中一年生和多年生阔叶杂草。将除草剂2,4-滴丙酸上的羧基衍生化为酰胺，可得到稻瘟酰胺，主要用于防治稻瘟病[104]。

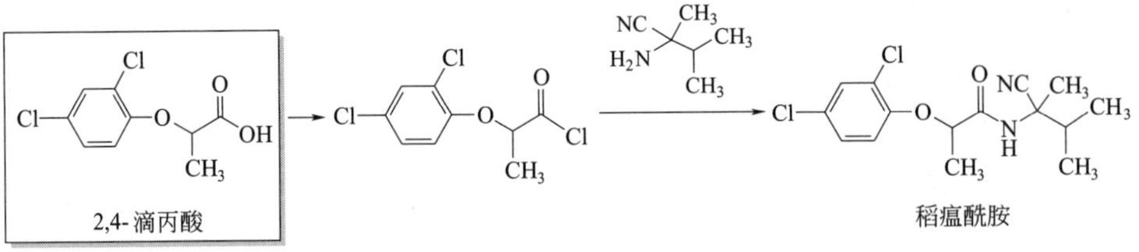

图 3-8　由 2,4-滴丙酸创制稻瘟酰胺

3.3.2　吗啉类杀菌剂的创制

图 3-9 给出了通过 TRM 和 ADM 相结合，由杀菌剂肉桂酸创制一系列吗啉类杀菌剂的示意图。巧妙地将 TRM 与 ADM 相结合，以肉桂酸为原料，创制了吗啉类杀菌剂，包括烯酰吗啉（dimethomorph）、氟吗啉（flumorph）和丁吡吗啉（pyrimorph）。以天然产物杀菌剂肉桂酸作为起始材料[123]，通过 ADM 将羧基衍生化为酰氨基，得到先导化合物 **1**；进一步用苯基替换先导化合物 **1** 中双键上的一个氢原子，得到结构新颖的先导化合物 **2**；通过 TRM，进一步优化先导化合物 **2** 中的酰氨基上的 R^1 和 R^2 以及苯环上的 R。通过这些优化，创制出了烯酰吗啉和氟吗啉两个杀菌剂[124,125]。此外，用 2-氯吡啶替换氟吗啉或烯酰吗啉中的 3,4-二甲氧基苯基、用叔丁基替换卤素，可得到丁吡吗啉[126]。丁吡吗啉也可以看作是通过 ADM，直接对肉桂酸衍生化，再进一步优化得到。

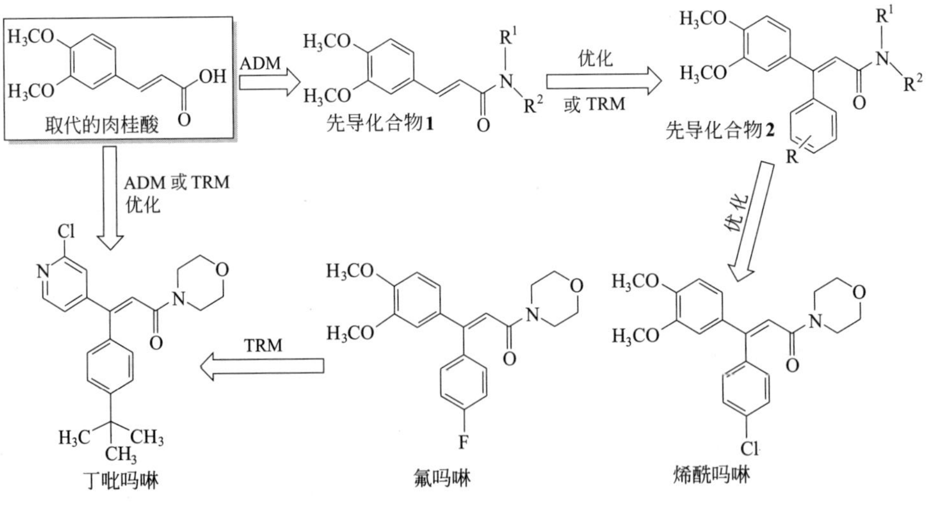

图 3-9　由天然产物肉桂酸创制杀菌剂烯酰吗啉、氟吗啉和丁吡吗啉

3.3.3　嘧啶类杀菌剂的创制

图 3-10 给出了由杀菌剂乙嘧酚（ethirimol）创制嘧啶类杀菌剂的示意图。乙嘧酚磺酸酯（bupirimate）是通过乙嘧酚的羟基官能团衍生化发现具有新生物活性化合物的一个成功实例。将乙嘧酚的羟基衍生为二甲基硫酰胺，可得到乙嘧

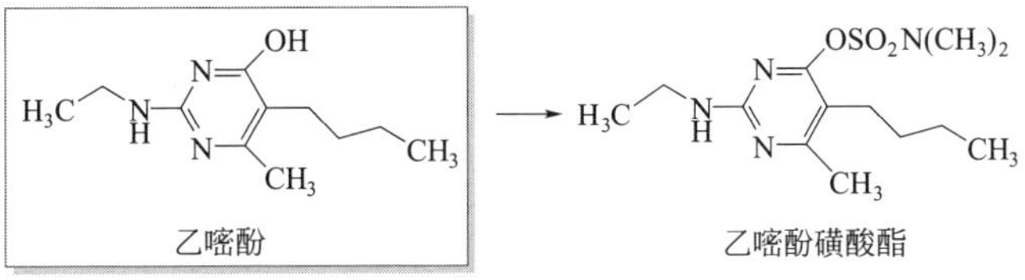

图 3-10　由乙嘧酚创制乙嘧酚磺酸酯

酚磺酸酯[107]。乙嘧酚磺酸酯的杀菌效果优于乙嘧酚，它具有用量低、疗效高、毒性低等特点，其通过改进作物的免疫系统（包括保护和治疗作用）来有效地防治白粉病[108]。

3.3.4　丁硫克百威的创制

图 3-11 给出了由杀虫剂克百威创制氨基甲酸酯类杀虫剂的路线[26]。克百威（carbofuran）是一个成熟的、商品化的杀虫剂，结构中具有化学反应活性的氨基甲酸基团提供了一个很好的衍生化位点。

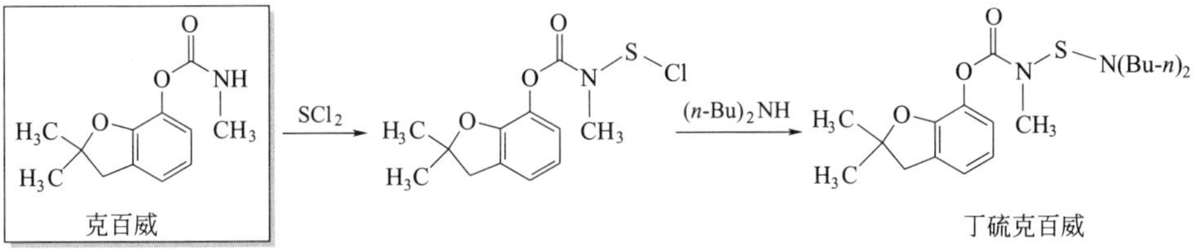

图 3-11　由克百威创制丁硫克百威

克百威依次与 SCl_2、二丁胺反应，得到丁硫克百威（carbosulfan）。与已知农药品种克百威相比，丁硫克百威对哺乳动物具有更低的毒性[102]。杀虫剂克百威和丁硫克百威均由 FMC 公司开发，对土栖食叶昆虫有广谱的活性，如蔬菜、观赏植物、甜菜、玉米、高粱、向日葵、油菜、马铃薯、紫花苜蓿、花生、大豆、水稻、甘蔗、咖啡、棉花、烟草、薰衣草、柑橘、葡萄、草莓、香蕉、蘑菇和其他作物中的金针虫、蛴螬、千足虫、果蝇、豆籽飞蝇、根蝇、跳蚤甲虫、象鼻虫、眼蕈蚊、蚜虫、蓟马和线虫[103]。

3.3.5　苯基吡唑类杀虫剂 pyriprole 的创制

图 3-12 给出了苯基吡唑类杀虫剂 pyriprole 的创制示意图。原料苯基吡唑是拜耳公司研制杀虫剂氟虫腈（fipronil）的中间体，经衍生化、优化，最后得到 pyriprole[109,110]。该化合物具有很好的杀虫活性，不仅可作为杀虫剂使用，也可以用作兽药[111]。

3.3.6　二苯醚系列除草剂的创制

图 3-13 给出了由除草剂三氟羧草醚创制二苯醚系列除草剂的示意图[26,29]。

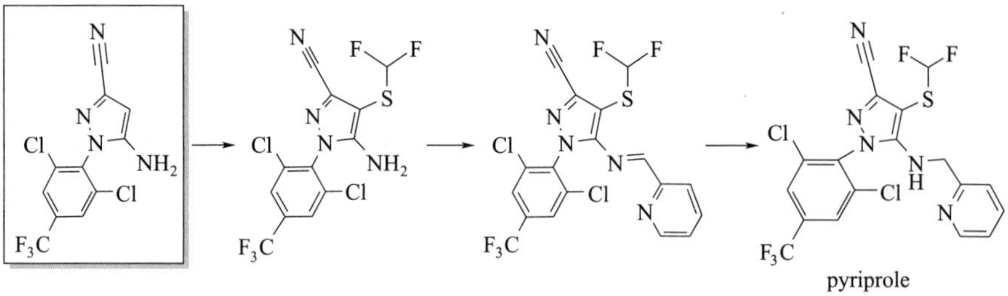

图 3-12　苯基吡唑类杀虫剂的 pyriprole 创制

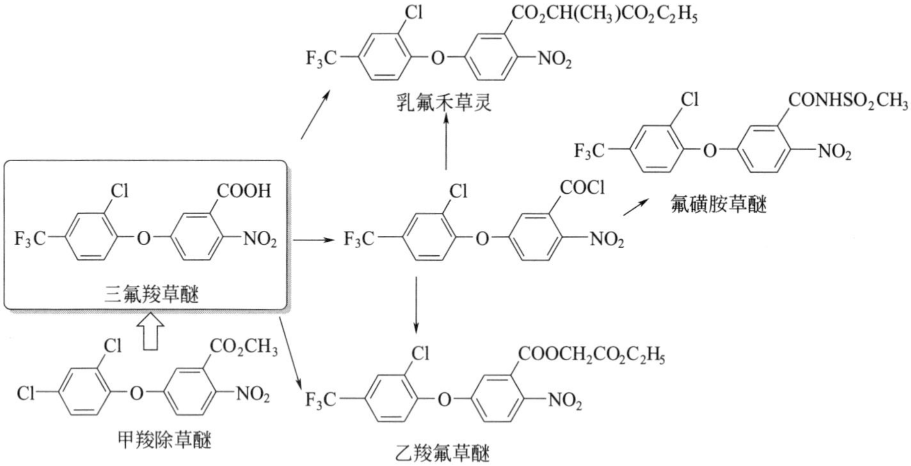

图 3-13　由三氟羧草醚创制乙羧氟草醚、氟磺胺草醚和乳氟禾草灵

这里将介绍 3 个三氟羧草醚中羧基衍生化的例子。

在二甲基亚砜溶液中，碳酸钾存在的条件下，三氟羧草醚与 2-氯乙酸乙酯反应，可得到除草剂乙羧氟草醚（fluoroglycofen-ethyl）[93]。另一条合成路线为：三氟羧草醚先转化成酰氯，再与羟基乙酸乙酯反应，可得到乙羧氟草醚。乙羧氟草醚由罗门哈斯公司（Rohm & Haas Co.，现陶氏益农公司）开发，比原来的三氟羧草醚具有更好的生物活性和选择性[93~95]。三氟羧草醚酰基化中间体与甲基磺酰反应，可得到氟磺胺草醚（fomesafen）。氟磺胺草醚由英国卜内门化学公司（现先正达公司）开发，能够有效地除治大豆中苗后早期的阔叶杂草，比原来的三氟羧草醚具有更好的生物活性和选择性[94~97]。三氟羧草醚酰基化中间体与 HO—$CH(CH_3)CO_2C_2H_5$ 发生酯化反应，可以得到乳氟禾草灵（lactofen）。当然，乳氟禾草灵也可以由三氟羧草醚与 2-氯丙酸乙酯直接反应得到。乳氟禾草灵由 PPG 公司在 1987 年开发。它对棉花、大豆和菜豆中的阔叶杂草有很好的苗后除草活性。虽然三氟羧草醚可以看作是由除草剂甲羧除草醚（bifenox）通过 TRM 衍生得到，但是这里不把从甲羧除草醚衍生化得到三氟羧草醚归属为 ADM。因为以甲羧除草醚为原料，并不能直接得到三氟羧草醚[94~96,98]。

3.3.7 嘧啶肟草醚的创制

图 3-14 给出了由除草剂双草醚创制除草剂嘧啶肟草醚的示意图。双草醚（bispyribac）由日本组合化学开发，它是一种选择性苗后除草剂，用于控制直播种稻中的各类杂草，用量 15～45g/hm^2；还可用于防除非作物中的杂草[99]。嘧啶肟草醚（pyribenzoxim）是通过双草醚的羧酸官能团衍生化发现具有新的生物活性化合物的一个成功实例。通过两步反应便可以直接得到嘧啶肟草醚。虽然双草醚和嘧啶肟草醚在除草性能上差别不大，但在结构上，嘧啶肟草醚是由双草醚衍生化得到的全新化合物[100]。嘧啶肟草醚由 LG 生命科学公司开发，是一个苗后除草剂，用于控制水稻、小麦和结缕草中的稗草（稗属）、鼠尾看麦娘（大穗看麦娘）和蓼属植物，用量 30g/hm^2[101]。

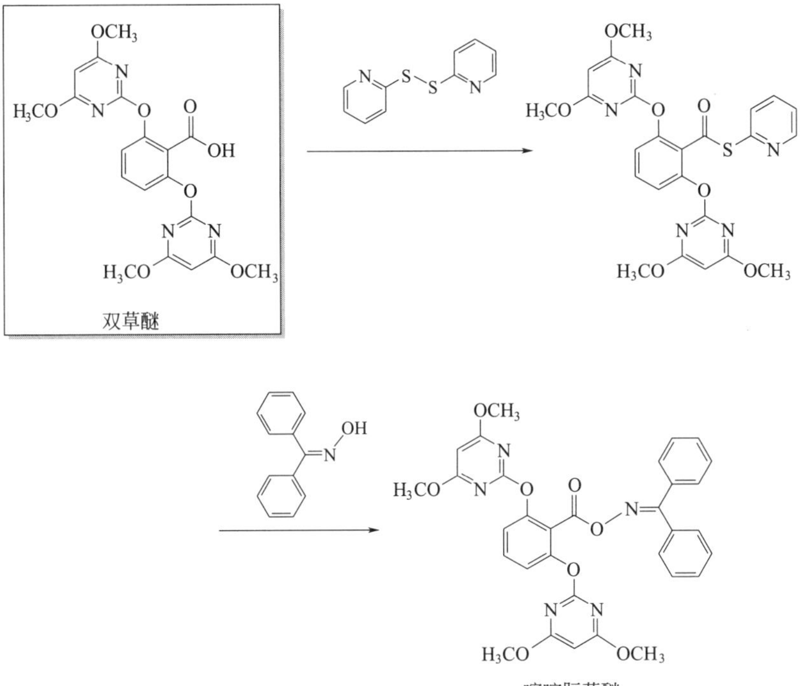

双草醚

嘧啶肟草醚

图 3-14 由双草醚创制嘧啶肟草醚

3.3.8 芳氧苯氧基丙酰胺类除草剂的创制

图 3-15 给出了由除草剂精噁唑禾草灵（fenoxaprop-P-ethyl）创制芳氧苯氧基丙酰胺类除草剂的路线。噁唑酰草胺（metamifop）是通过精噁唑禾草灵的羧酸官能团衍生化发现具有新的生物活性化合物的一个成功实例。精噁唑禾草灵苗前施用，用于控制大豆、棉花、花生、甜菜、马铃薯、向日葵、蔬菜等阔叶作物中的一年生和多年生禾本科杂草[26]。

将精噁唑禾草灵中的羧酸基团衍生化为酰胺，可得到噁唑酰草胺（metamifop)[105]。该衍生化过程大大提高了噁唑酰草胺对禾本科作物如水稻的安全性，

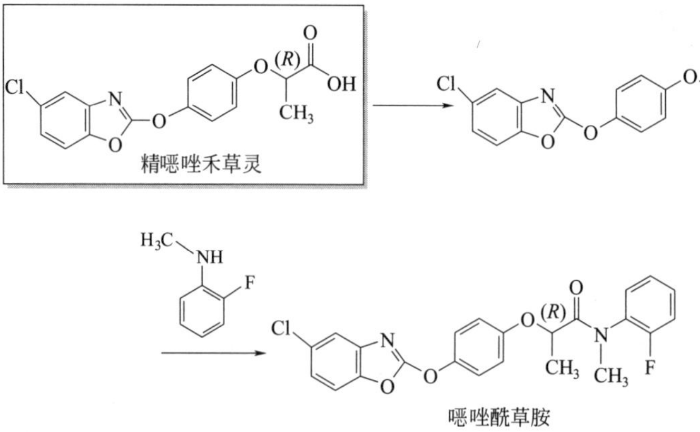

精噁唑禾草灵

噁唑酰草胺

图 3-15 由精噁唑禾草灵创制噁唑酰草胺

这种改善可以使噁唑酰草胺应用于各种作物，包括水稻。一般苗后施用，用于控制一年生和多年生禾本科杂草[106]。

3.3.9 双唑草酮的创制

除草剂 pyrasulfotole 由拜耳公司开发，主要用于防除小麦田阔叶杂草。青岛清原抗性杂草防治有限公司在 pyrasulfotole 结构的基础上，采用中间体衍生化法中的衍生法，进行新药研究，成功地发明了除草剂双唑草酮，已经获准正式登记并大规模应用。由 pyrasulfotole 创制双唑草酮的路线如图 3-16 所示。

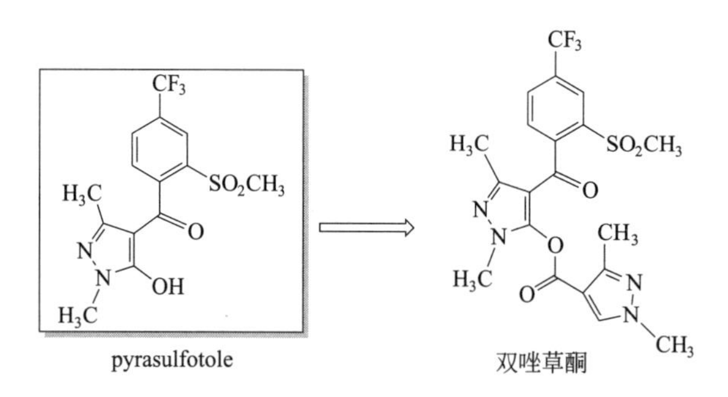

图 3-16 由 pyrasulfotole 创制双唑草酮

双唑草酮主要用于小麦田苗后茎叶处理防除众多抗性阔叶杂草，对小麦安全，且与众多不同作用机理除草剂混用具有增效作用。

3.4 直接合成法

直接合成法强调对带有官能团的关键中间体进行修饰，进而制备系列结构多样性的化合物。通过分析总结商品化农药的创制过程可知，有许多产品都是以取代 β-酮酸酯为初始原料。这表明取代 β-酮酸酯是制备各种各样农药过程中通用的中间体。其他常见的中间体还有：取代的吡啶，如 2,3-二氯-5-三氟甲基吡啶[19]、2-氯烟酸[19,20]、取代苯甲酸[21]、取代苯胺[22]等。取代β-酮酸酯可与许多其他类型的中间体反应，包括脒、羟胺、2-氰基乙酰胺、苯甲酰氯、1-（苯基）乙酮、肼和醛，生成多种多样的、不易得的中间体；再进一步反应，得到新的目标化合物。因此，通过CIM，以带有反应官能团的取代β-酮酸酯为原料可以合成不同种类的化合物，进而发现具有优异生物活性的新农药品种。图3-17给出了利用这种策略，以β-酮酸酯为原料开发的农药品种。

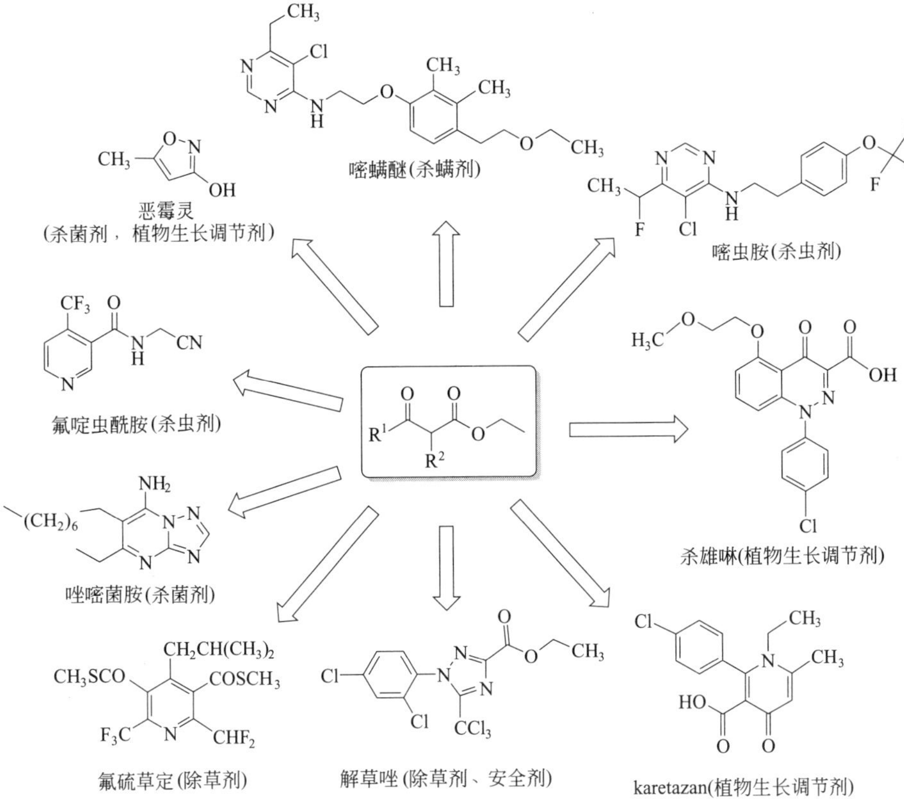

图3-17　通过直接合成法由β-酮酸酯创制的农药品种

3.4.1　嘧螨醚、氟嘧菌胺和嘧虫胺的创制

图3-18给出了由β-酮酸酯制备三种农药品种（嘧螨醚、氟嘧菌胺和嘧虫胺）的合成路线。首先，由取代β-酮酸酯制备关键中间体**1**，然后用三氯氧磷对关键中间体**1**进行氯化，得到关键中间体**2**。此处，β-酮酸酯是一级关键中间体，中间体**1**和中间体**2**是二级关键中间体[23]。中间体**2**进一步与其他含有活性基团（如羟基、伯胺或仲胺、肼基、巯基等）的常见中间体反应，合成新的类似物；经过生物活性筛选，得到具有优异生物活性的嘧啶胺类先导化合物。因此，通过亲核取代反应，利用中间体**2**和各种取代胺合成了一系列嘧啶胺类似物；再经过几轮的生物筛选和/或结构优化，便可以得到嘧螨醚、氟嘧菌胺和嘧虫胺[24~26]。这三个化合物分别具有优秀的杀虫/杀螨、杀菌和杀虫活性。

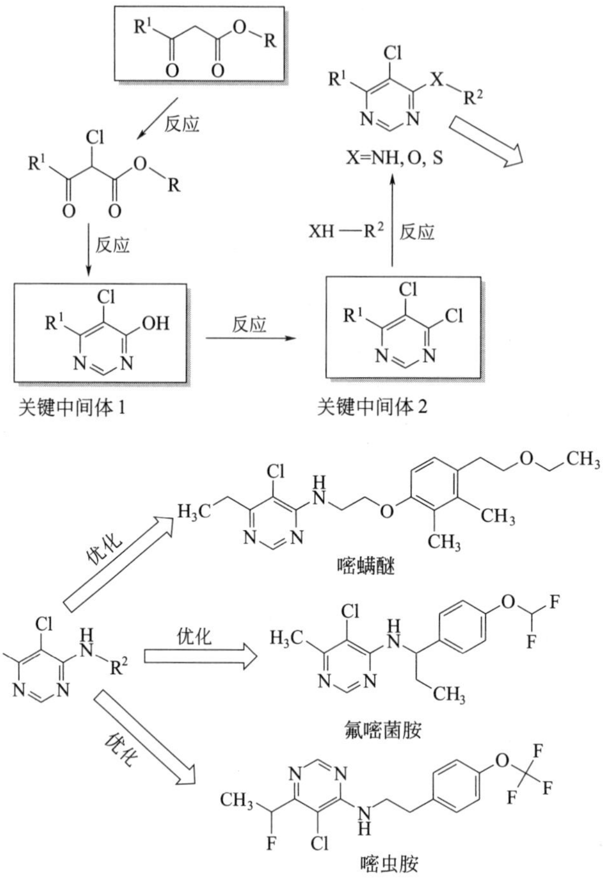

图 3-18　嘧螨醚、氟嘧菌胺和嘧虫胺的创制经纬

嘧螨醚（pyrimidifen）是第一个商业化的嘧啶胺类杀螨剂/杀虫剂。它是日本三共有限公司和宇部兴产在 1995 年开发的。它对各种发育阶段的螨均有很高的活性，能够防治苹果、梨、蔬菜和茶叶等作物上的蜘蛛螨；柑橘上的蜘蛛螨和锈螨以及蔬菜小菜蛾[27]。氟嘧菌胺（diflumetorim）由日本宇部兴产和日产化学工业株式会社合作开发[28]，是该系列中第二个商品化的农药品种，可以有效地防治观赏植物上的白粉病和锈病。嘧虫胺（flufenerim）是第三个嘧啶胺类化合物，结构上类似于嘧螨醚。该化合物是日本宇部兴产通过化学修饰结合生物筛选的方法发现的。有趣的是，该化合物对蚜虫和叶蝉具有惊人的杀虫活性，且具有尚不知晓的作用机制[29]。

3.4.2　恶霉灵的创制

图 3-19 给出了由 β-酮酸酯创制杀菌剂恶霉灵的路线。3-丁酮酸乙酯（乙酰乙酸乙酯）与羟胺反应生成酰胺衍生物，然后经环合反应得到目标产物恶霉灵[30]。

恶霉灵（hymexazol）是三共有限公司在 1970 年开发的内吸型杀菌剂。同

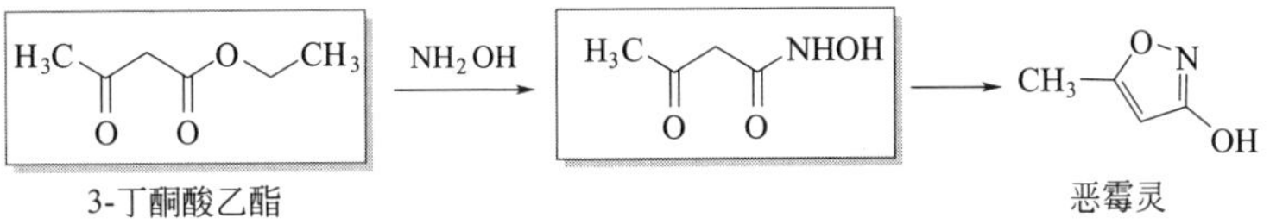

图 3-19 恶霉灵的创制经纬

时，它也表现出一定的刺激植物生长的活性且对土壤中的微生物无毒害作用[31]。

3.4.3 氟啶虫酰胺的创制

图 3-20 给出了由 β-酮酸酯创制杀虫剂氟啶虫酰胺的路线。关键中间体 4-三氟甲基烟腈由三氟乙酰乙酸乙酯和 2-氰基乙酰胺经环化、氯化和加氢脱氯反应得到；进一步水解成羧酸，然后转化成酰氯，最后与氨基乙腈缩合得到目标化合物氟啶虫酰胺（flonicamid）[32]。显然，需要经过多种多样的化学反应才能得到最终目标产物。在这种情况下，4-三氟甲基烟腈可以认为是二级关键中间体。石原产业株式会社开发的氟啶虫酰胺是一种选择性杀蚜剂，具有内吸性和移动活性，药效持久，还能有效地防治其他一些刺吸式口器昆虫。值得注意的是，氟啶虫酰胺具有全新的作用机制，完全不同于其他常用的杀虫剂[33]。另有试验结果表明，氟啶虫酰胺的作用靶标是昆虫的 A 型钾离子通道[33]。

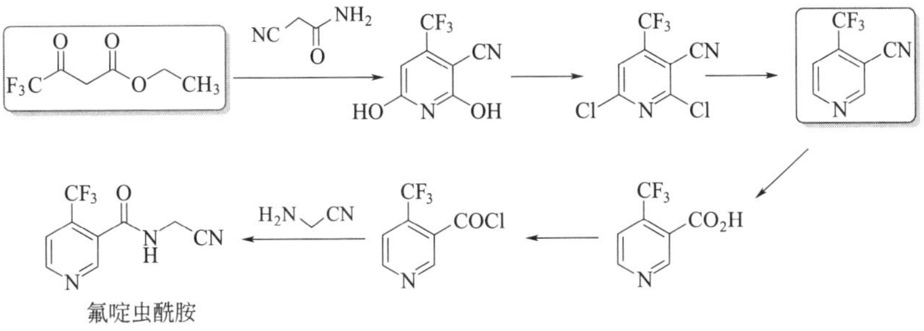

图 3-20 氟啶虫酰胺的创制经纬

3.4.4 唑嘧菌胺的创制

图 3-21 给出了由 β-酮酸酯创制杀菌剂唑嘧菌胺的路线。丙酰乙酸甲酯先经烷基化得到辛基衍生物，然后与 1,2,4-三唑-3-胺缩合，再经氯化和胺化得到目标物唑嘧菌胺（ametoctradin）[34]。唑嘧菌胺是线粒体呼吸抑制剂，作用于复合体Ⅲ位点，对所有的卵菌病害具有很好的活性，主要用于防治葡萄霜霉病和马铃薯、番茄晚疫病以及蔬菜（如瓜类、芸苔、洋葱和莴苣）晚疫病[35]。

3.4.5 氟硫草定的创制

图 3-22 给出了由 β-酮酸酯发明除草剂氟硫草定的路线。三氟乙酰乙酸乙酯与 3-甲基丁醛反应，得到吡喃衍生物，然后经胺化得到哌啶衍生物，再经过脱水和脱氟化氢得到吡啶-3,5-二羧酸酯，最后转化为目标产物氟硫草定

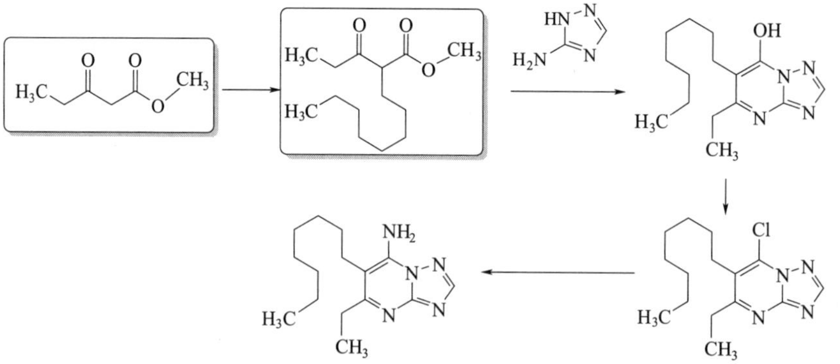

唑嘧菌胺

图 3-21 唑嘧菌胺的创制经纬

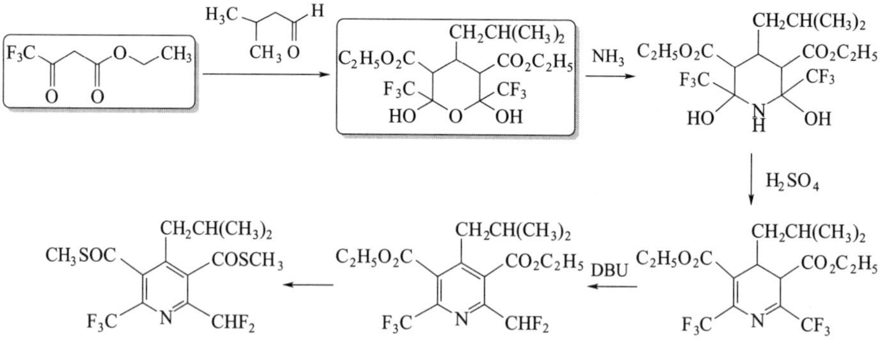

氟硫草定

图 3-22 氟硫草定的创制经纬

(dithiopyr)[36]。氟硫草定是由孟山都公司研制、罗门哈斯（现陶氏益农公司）开发的一种除草剂。它通过破坏纺锤体微管的形成来抑制细胞分裂，主要用于防除苗前和苗后早期的一年生杂草和阔叶杂草[37]。

3.4.6 解草唑的创制

图 3-23 给出了由 β-酮酸酯创制除草剂安全剂解草唑的路线。乙酰乙酸乙酯

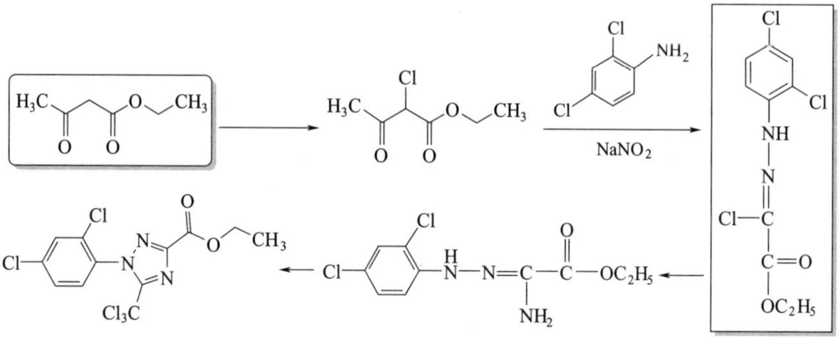

解草唑

图 3-23 解草唑的创制经纬

首先进行氯化，然后与氯取代的芳基重氮盐反应生成二级关键中间体，进一步胺化，最后再与三氯乙酰氯反应得到目标产物解草唑（fenchlorazole-ethyl）[38]。解草唑是作为除草剂噁唑禾草灵或精噁唑禾草灵（fenoxaprop-P-ethyl）的安全剂使用的。它与噁唑禾草灵或精噁唑禾草灵混用，用于苗后防除小麦、硬粒小麦、黑麦和小黑麦中的杂草[39]。

3.4.7 杀雄啉的创制

图 3-24 给出了由β-酮酸酯创制植物生长调节剂杀雄啉的路线。3-(2,6-二氯苯基)-3-羰基-丙酸乙酯与氯代芳基重氮盐反应得到二级关键中间体，然后经闭环、乙二醇单甲醚亲核取代，最后水解得到目标产物杀雄啉（cintofen）[40]。杀雄啉用于春小麦和冬小麦，作为杀雄剂[41]。

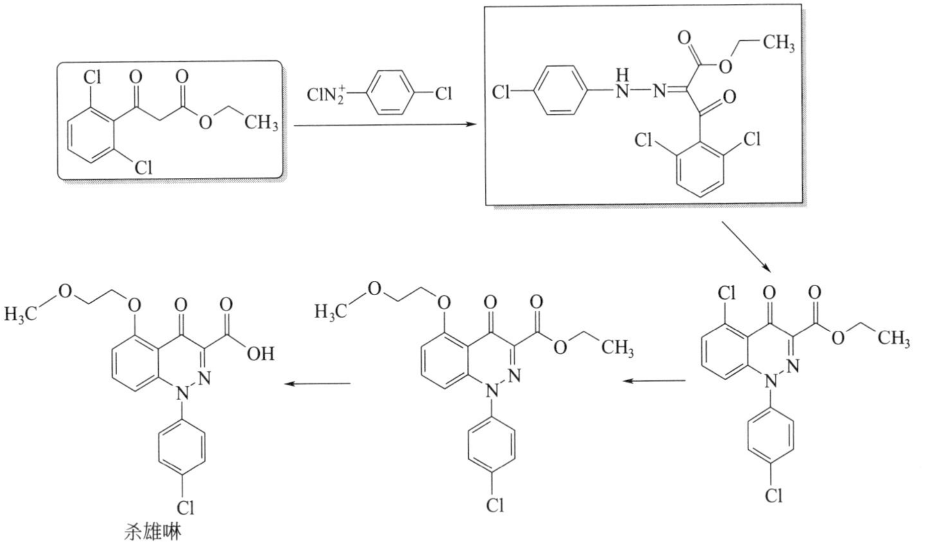

杀雄啉

图 3-24 杀雄啉的创制经纬

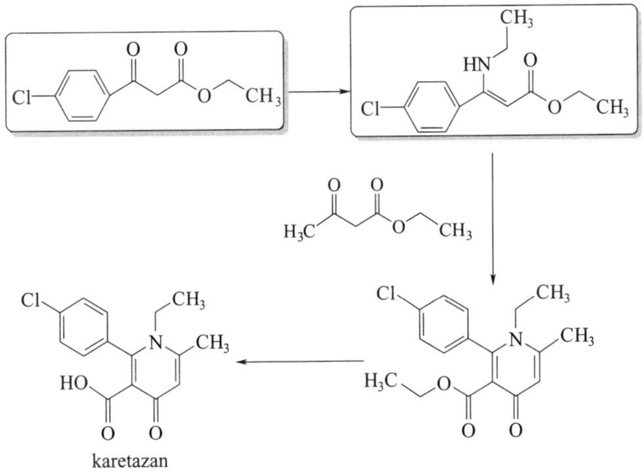

karetazan

图 3-25 karetazan 的创制经纬

3.4.8 karetazan的创制

图3-25给出了由β-酮酸酯创制植物生长调节剂karetazan的路线。3-(4-氯苯基)-3-羰基-丙酸乙酯与乙基胺缩合生成二级关键中间体，然后再与乙酰乙酸乙酯反应得到环化产物，最后水解生成目标产物karetazan[42]。与前述产品不同的是该化合物的合成过程中两次用到了β-酮酸酯。karetazan是一种植物生长调节剂，作为化学杀雄剂用于玉米中。

3.5 替换法和衍生法结合

中间体衍生化法中的直接合成法、替换法、衍生法在新农药创制中可以单独使用，也可以两个一起使用，尤其是替换和衍生一起应用的例子比较多，具体实例如下：

3.5.1 三唑并嘧啶类除草剂的创制

图3-26给出了通过替换法（TRM）和衍生法（ADM）相结合，由磺脲类除草剂创制一系列三唑并嘧啶类除草剂的示意图。巧妙地将TRM与ADM相结合，以著名的磺酰脲（sulfonylurea）结构为原料，创制出了三唑并嘧啶磺胺类除草剂，包括阔草清（flumetsulam）、五氟磺草胺（penoxsulam）、双氯磺草胺（diclosulam）、双氟磺草胺（florasulam）、氯酯磺草胺（cloransulam-methly）、磺草唑胺（metosulam）和啶磺草胺（pyroxsulam）。通过ADM，将磺酰脲类结构环化，得到三唑并嘧啶类产物；然后分别用NH替换O、$NHSO_2$替换SO_2NH可得到结构新颖的先导化合物**1**和先导化合物**2**。这两种先导合物是三唑并嘧啶磺酰胺类除草剂的核心骨架。进一步优化左边的苯环和右边的稠杂环，成功地得到了几种三唑并嘧啶磺酰胺类除草剂[7,115]。用吡啶环替换五氟磺草胺中的苯基环，可得到啶磺草胺。

具有优良除草活性的三唑并嘧啶类化合物列举如下：氯酯磺草胺可用于土壤表面或苗前或苗后的大豆中，能防除阔叶杂草[116]。双氯磺草胺用于苗前、播种前和移栽前的花生和大豆中，防除阔叶杂草[116,117]。阔草清可单独使用，也可与氟乐灵或异丙甲草胺混用，用于控制大豆、豌豆和玉米田中的阔叶杂草和野草[118]。双氟磺草胺用于苗后防除谷物和玉米田中的阔叶杂草[116,119]。磺草唑胺对特定的作物无毒害作用，用于苗后控制小麦、大麦、黑麦和玉米田中的许多重要的阔叶杂草；也可用于羽扇豆[120]。五氟磺草胺对水稻田中的许多阔叶莎草和水草的药效取决于土壤类型和使用频率[121]。啶磺草胺对谷物田中苗后一年生野草和阔叶杂草具有广谱的活性。与安全剂一起使用，可用于春小麦和冬小麦、冬黑麦和冬黑小麦，它在土壤中期残留短，能够有效地控制新出的一年生杂草[121,122]。

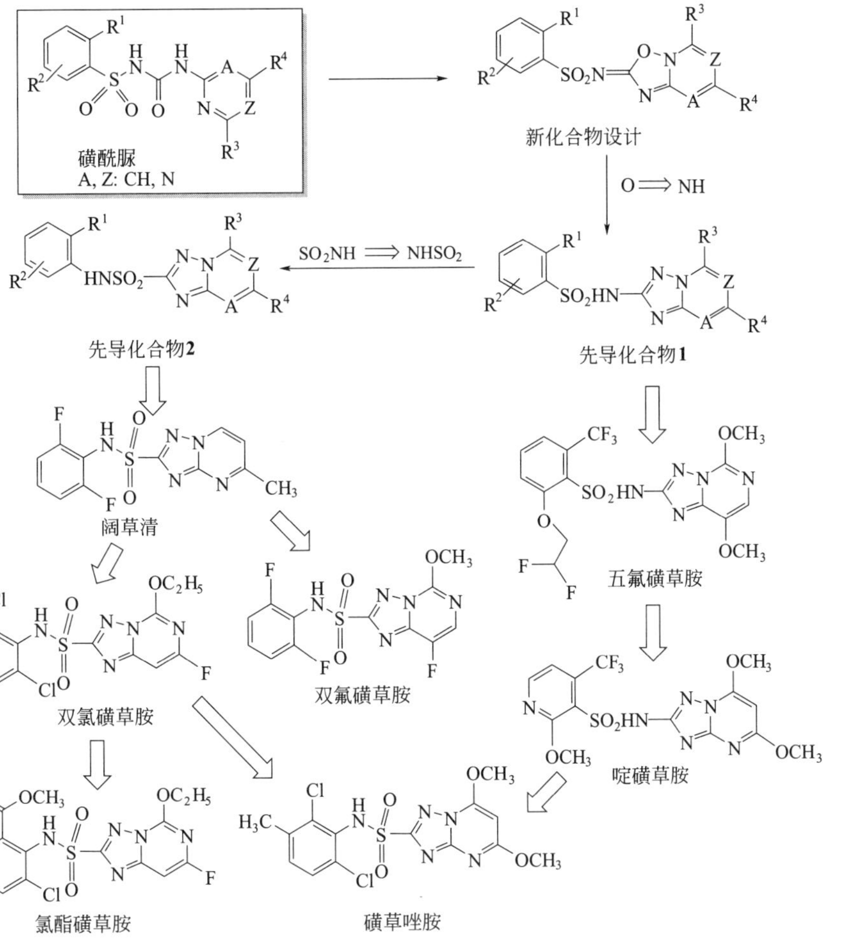

图 3-26　由磺脲类除草剂创制三唑并嘧啶磺酰胺类除草剂

3.5.2　吡啶类和嘧啶类除草剂的创制

图 3-27 给出了通过 TRM 和 ADM 相结合，由除草剂氯氨吡啶[127]创制一系

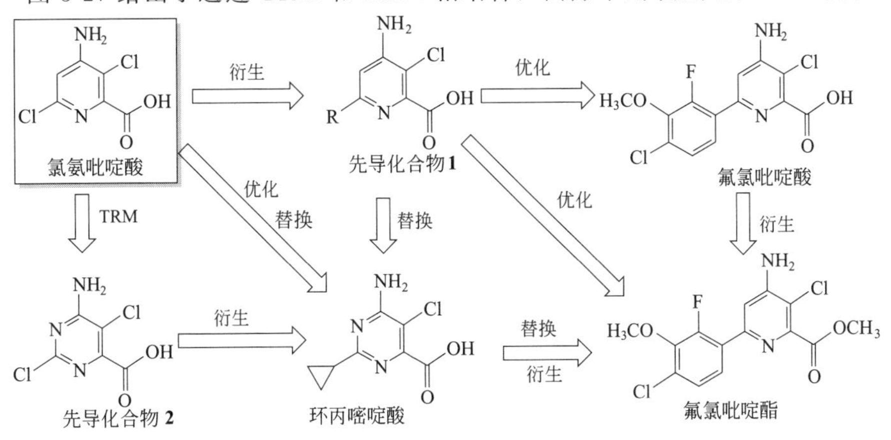

图 3-27　由氯氨吡啶酸创制氟氯吡啶酸、环丙嘧啶酸和氟氯吡啶酯

列吡啶类和嘧啶类除草剂的示意图。通过ADM可以将氯氨吡啶酸中吡啶上的2位H衍生化为各种取代基。例如：通过这种策略，将4-氯-2-氟-3-甲氧基苯基引入到氯氨吡啶酸中，可得到氟氯吡啶酸（halauxifen）[128]；通过ADM进一步将羧基衍生化为酯基，得到氟氯吡啶酯（halauxifen-methyl）。由先导化合物1创制氟氯吡啶酯的另一种途径为：首先通过TRM优化，得到环丙嘧啶酸（aminocyclopyrachlor）；再进一步通过TRM和ADM优化，得到氟氯吡啶酯。用嘧啶环替换氯氨吡啶酸（aminopyralid）中的吡啶环，再进一步对嘧啶环上的2位进行衍生化，可得到环丙嘧啶酸。第一步是典型的TRM，得到先导化合物2；第二步通过ADM，进行Suzuki反应，得到环丙嘧啶酸。但是，从环丙嘧啶酸衍生化得到氟氯吡啶酯仍然看作是TRM和ADM相结合法，因为将羧基衍生化为酯基用的是ADM；而用吡啶环替换嘧啶环、三取代苯基替换环丙基用的是TRM[129]。

氯氨吡啶酸是陶氏益农公司（Dow AgroSciences LLC）开发的一种内吸型植物生长素类除草剂。它由叶片和根系吸收，通过韧皮部和木质部流向整株植物。与氟草烟（fluroxypyr）混合使用能够选择性控制草地中的一年生和多年生阔叶杂草，包括许多外来的有害植物[130]。

最新研制的内吸型植物生长素类吡啶类除草剂环丙嘧啶酸由杜邦公司（DuPont）开发，用于控制多年生阔叶杂草[131]。

氟氯吡啶酯是一种新型的内吸型植物生长素类吡啶类除草剂，由陶氏益农公司开发，用于苗后控制阔叶杂草。氟氯吡啶酯在植物组织中容易降解，对多作物包括谷物、油菜、牧草和草坪草等表现出良好的选择性[129,132]。

3.5.3 磺酰脲类除草剂的创制

在新农药创制的过程中，端基替换法和活性化合物衍生化法可以单独使用，也可同时使用。图3-28给出了通过TRM和ADM相结合，由甲磺隆（metsulfuron-methyl）创制一系列磺酰脲类除草剂的示意图。

通过TRM，用N—CH_3替换甲磺隆中的N—H，可得到苯磺隆（tribenuron-methyl）。苯磺隆由杜邦公司开发，主要用于苗后防除禾谷类作物，包括小麦、大麦、燕麦、黑麦和小黑麦等田中的阔叶杂草，用量7.5～30g/hm^2[45,46,112]。

通过TRM，用吡唑环替换甲磺隆中的苯环，再用嘧啶环替换三嗪环，可得到吡嘧磺隆（pyrazosulfuron-ethyl）和氯吡嘧磺隆（halosulfuron-methyl）[52,55]。

通过TRM，用Cl替换吡嘧磺隆中吡唑环上的H，也可以得到氯吡嘧磺隆。氯吡嘧磺隆由日产尼桑化学工业公司研制，孟山都公司和日产尼桑化学工业公司共同开发，1994年在美国登记。氯吡嘧磺隆能够有效地防除玉米、甘蔗、水稻、高粱、坚果和草坪中的一年生阔叶杂草和莎草[45,55]。

通过ADM，将吡嘧磺隆和氯吡嘧磺隆中的吡唑环上的酯基分别衍生化为四

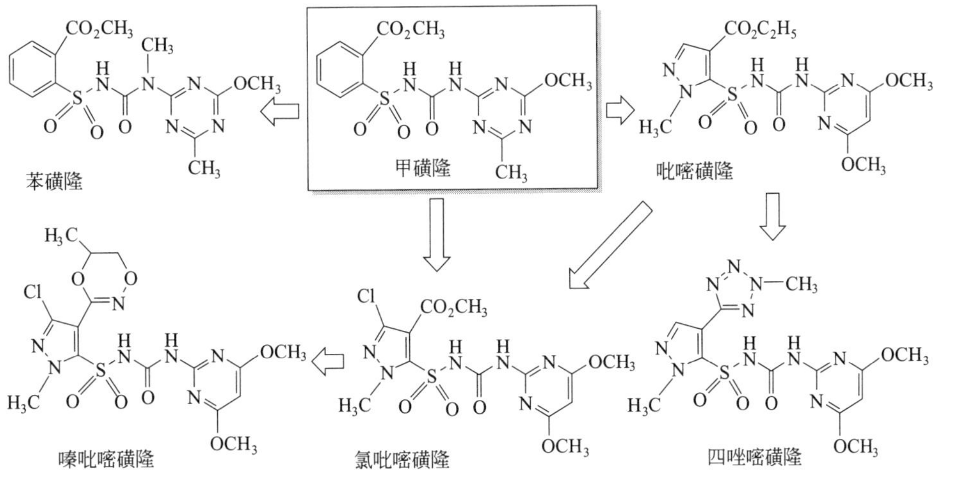

图 3-28 由甲磺隆创制吡嘧磺隆、苯磺隆、嗪吡嘧磺隆、氯吡嘧磺隆和四唑嘧磺隆

唑环和二噁嗪环，可得到四唑嘧磺隆（azimsulfuron）和嗪吡嘧磺隆（metazosulfuron）[113,114]。四唑嘧磺隆是由杜邦公司开发的苗后除草剂，主要用于欧洲南部的水稻，对一年生和多年生阔叶和莎草科杂草具有良好的选择性和很高的活性，用量为 20～25g/hm^2[45,113]。嗪吡嘧磺隆由日产尼桑化学工业公司在 2004 年开发，2011 年首次在韩国登记，用于苗前和苗后控制移栽水稻田中的一年生和多年生杂草，用量 60～100g/hm^2[114]。

3.5.4 苯唑氟草酮和三唑磺草酮的创制

环磺酮（tembotrione）（拜耳公司）和苄草唑（pyrazolynate）（日本三共）是已知含吡唑酮类的 HPPD 抑制剂，主要用于水稻田和玉米田除草。青岛清原抗性杂草防治有限公司在环磺酮结构基础上，采用中间体衍生化法中的替换法和衍生法，进行新药研究，并通过优化研究，成功地发明了两个除草剂：苯唑氟草酮和三唑磺草酮。创制经纬如图 3-29 所示。

苯唑氟草酮，主要用于玉米田防除稗草、马唐、绿色狗尾草、虎尾草、金色狗尾草、止血马唐、野黍、野糜子、狗牙根等杂草，对玉米安全，对后茬作物无影响。

三唑磺草酮，主要用于水稻田苗后防除对多种杂草产生抗性的稗草，对千金子及部分阔叶草也有很好的防效，对水稻安全。

3.5.5 环吡氟草酮的创制

除草剂磺酰草吡唑（pyrasulfotole）是由拜耳公司开发的，主要用于防除小麦田阔叶杂草。青岛清原抗性杂草防治有限公司在磺酰草吡唑结构基础上，利用自有独特中间体，采用中间体衍生化法中的替换法，设计并合成了新的化合物，后经衍生化及优化研究，成功地发明了除草剂环吡氟草酮，已经获准正式登记并

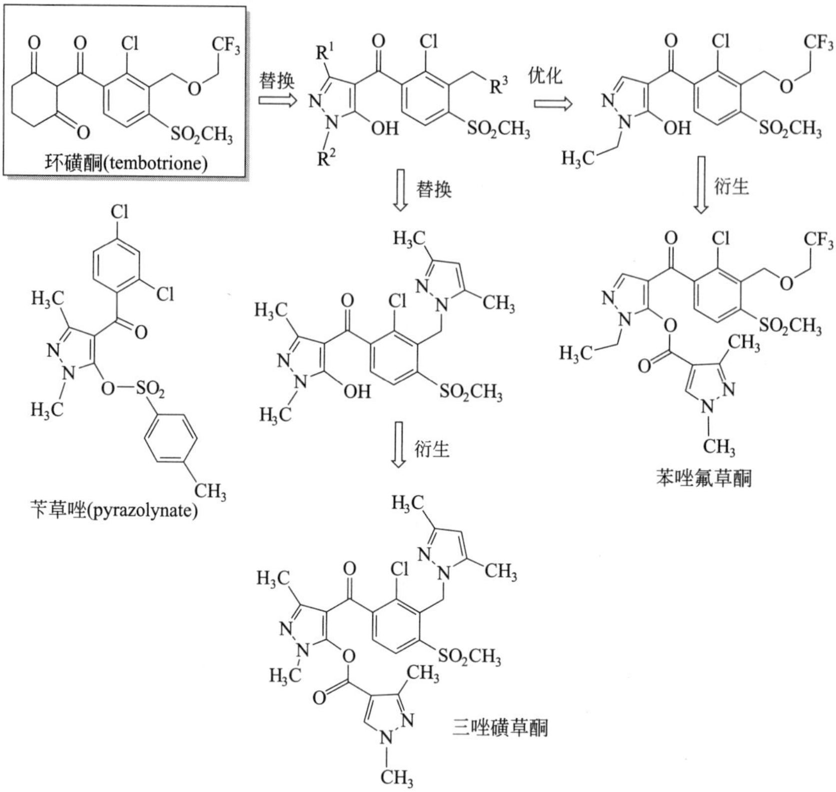

图 3-29　由环磺酮创制苯唑氟草酮和三唑磺草酮

大规模应用。创制经纬如图 3-30 所示。

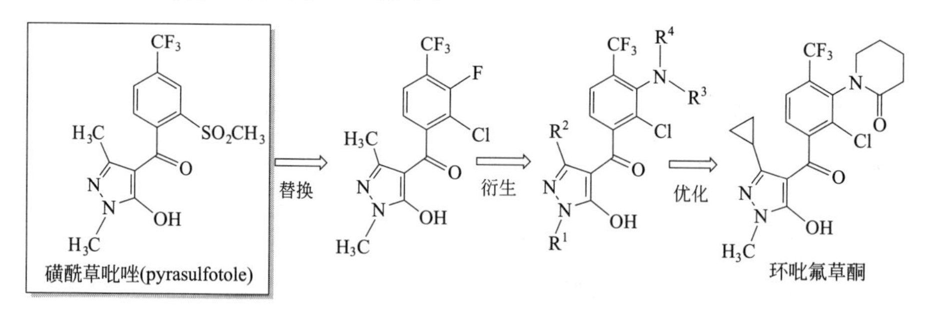

图 3-30　由磺酰草吡唑创制环吡氟草酮

环吡氟草酮结构非常新颖，主要用于小麦田防除多抗性的禾本科杂草，尤其是抗性日本看麦娘等，同时对部分阔叶杂草也有很好的防治效果，可以很好地解决 ALS 和 ACCase 抑制剂的抗性和多抗性难题，在欧洲等地试验结果与国内一致，应用前景广阔。

3.5.6　氟醚菌酰胺的创制

杀菌剂氟吡菌胺（fluopicolide）由拜耳公司开发，主要用于防除卵菌纲病害。山东省联合农药工业有限公司在 pyrasulfotole 结构基础上，利用医药中间体，采用中间体衍生化法中的替换法，设计并合成了新的化合物，后经衍生化及优化研究，成功地发明了杀菌剂氟醚菌酰胺（图 3-31），已获准正式登记并大规模应用。

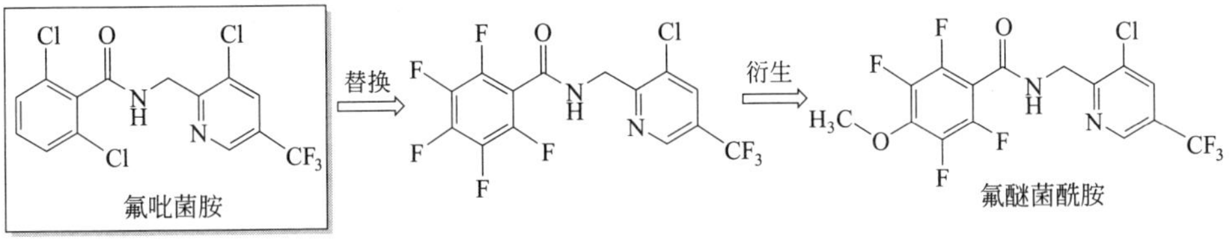

图 3-31　由氟吡菌胺创制氟醚菌酰胺

氟醚菌酰胺主要用于防治黄瓜霜霉病、水稻纹枯病等。

3.6　中间体衍生化法的形成与研究成果概述

对于创新产品，都期待有很好的市场，产品需有什么样的特点才能有好的市场呢？相关产品必须要有稳定的专利权和高性价比优势。而专利是否授权与化学结构有关，性价比与性能和成本有关，其中性能如活性和安全性等由化学结构决定，成本则与化学结构和工艺过程有关，也即农药的专利和性价比与中间体及其价格和反应有关。基于此，创建了中间体衍生化法：在绿色农药分子设计之时，就考虑到开发，选用便宜易得、安全环保的中间体，并采用适宜于工业化的化学反应，确保发明的新农药品种专利权稳定和性价比优势显著。这就是中间体衍生化法进行新农药创制研究的优势所在。然而中间体衍生化法是如何形成的呢？

中间体衍生化法首先源自氟吗啉的发明，主要是中间体对氟苯甲酸的应用；随后在整理农药品种合成方法的基础上，发现很多农药品种，化学结构虽然不同，但所用中间体是相同的，并于 1996 年在《农药》杂志发表了《国外农药开发现状与中间体需求》论文，1997 年在《化工科技动态》发表了《浅谈农药中间体的共用性——目前国外新农药创制的新特点之一》（第 6 期 20 页至 21 页，相关论文均收录在 2002 年出版的《新农药研究与开发文集》），这是中间体衍生化法的雏形；之后随着丁香菌酯、唑菌酯等的发明，总结出《先导化合物的发现方法——利用已知中间体发现先导化合物》收录在 2003 年在上海召开的《绿色农药论坛报告集》内，总结并提出了“基于生物等排的中间体衍生化法”发表在《高科技与产业化》杂志（2008 年第 9 期 79～81 页）及 2009 年出版的《现代化工、冶金与材料技术前沿》（2009 年 86～94 页）中；然后随着更多新化合物的研究与实践，逐渐形成“中间体衍生化法”，并发表在《农药》杂志（2011 年第 1 期，第 20～22 页）；最后对众多农药品种包括作者研究团队发明的农药品种的创制经纬进行归纳总结并于 2014 年发表于国际权威期刊 *Chemical Reviews*（Application of the intermediate derivatization approach in agrochemical discovery.

2014年114卷第14期第7079～7107页）。中间体衍生化法的形成用了20多年时间。

国外报道一个农药的发明通常都需要筛选10多万个化合物，为什么？主要原因是安全性不过关或者性价比低。“试错”与“大浪淘沙”淘汰了大量活性好，但毒性高或者风险高或者成本高的化合物。相对于在研究时仅考虑活性而少考虑原料选用的方法，中间体衍生化法大幅提高了获得“毒性低、安全性好、性价比优势显著”候选化合物的概率。减少失败概率，就等于提高了新农药创制效率、缩短了研发周期、降低了研发成本。研究人员从合成大约3万个新化合物中，筛选出了60多个高活性化合物，经进一步研究选出10多个候选品种，其中3个获农业部登记，先后获得沈阳化工研究院以及中化集团项目、多个国家科技攻关（支撑）计划项目支持，丁香菌酯、唑菌酯均获准正式登记。部分化合物见本书第4～6章，另一部分化合物将在以后版本更新中补充。

（1）项目资助情况

a. 国家“十五”科技攻关计划：“高活性化合物SYP-2859/3200/3375的筛选研究”（2004BA308A23-20）。

b. 国家“十一五”科技支撑计划：“新型杀菌剂SYP-3375的研究开发”（2006BAE01A03-2）。

c. 国家“十一五”科技支撑计划：“新型杀菌剂唑菌酯（SYP-3343）的研究开发”（2006BAE01A03-3）。

d. 国家“十二五”科技支撑计划：“利用‘中间体衍生化’方法进行先导发现与优化研究”（2011BAE06B05-07）。

e. 国家“十二五”科技支撑计划：“杀菌剂唑菌酯产业化及应用技术研究”（2011BAE06B02-19）。

f. 国家“十二五”科技支撑计划：“杀菌剂唑胺菌酯产业化及应用技术研究”（2011BAE06B02-20）。

（2）国内农药登记证、生产批准证及产品检验报告　完成评价3个原药、3个单剂、4个混剂的药效、毒理、残留、环境影响、风险评估、样品检测等试验，申请中国农药登记10个，已获登记8个，包括获得丁香菌酯（获农药正式登记证）、唑菌酯（获农药正式登记证）、唑胺菌酯原药及制剂6个，丁香菌酯、唑菌酯混剂2个。

由国家农药质量监督检验中心（沈阳）出具了检验报告6个，包括丁香菌酯、唑菌酯原药及制剂4个，丁香菌酯、唑菌酯混剂2个。制定唑胺菌酯企业标准2个。

（3）专利情况　对化合物本身，首先申请中国专利，再申请PCT专利，最后在使用农药的重要国家或地区如美国、欧洲、日本、巴西、阿根廷申请专利；后续研究申请了组合物专利、工艺专利和新用途专利，使化合物得到了全面的保护。到目前为止，共获得国内外发明专利200余件（含国外专利80余件）。

（4）成果鉴定　2013年4月14日，辽宁省科技厅组织召开了“创制高效杀菌剂唑菌酯及其产业化”科技成果鉴定会，由胡永康院士等7位专家组成的鉴定委员会一致认为该成果达到国际领先水平；2018年10月24日，中国农学会组织对“新型杀菌剂丁香菌酯的创制及应用”项目进行评价，由宋宝安、陈建平、吴孔明、康振生院士等13位专家组成成果评价委员会，一致认为该成果达到国际领先水平。

（5）国际标准　制定并获唑菌酯原药及制剂国际标准，实现了中国创制农药国际标准零的突破，开创了我国制定创制农药FAO标准的先河，该标准相关的项目获2018年中国石化联合会科技进步一等奖。

（6）获奖情况　唑菌酯获2011年大北农科技奖一等奖、2013年第十五届中国发明专利奖优秀奖、2014年石化联合会技术发明一等奖、2015年辽宁省技术发明一等奖。丁香菌酯获2014年第十六届中国发明专利奖优秀奖、2012年植保产品贡献奖、农业部农技推广中心2012～2014年度重点推广产品、2015年中国植保市场杀菌剂畅销品牌产品及中国农药工业协会创新贡献奖一等奖、2017年第六届绿色博览会金奖、2017年中国植保市场最具爆发力品牌产品、2018年中国农业农村十大新产品、2018年中国石化联合会技术发明奖一等奖。

参考文献

[1] Jeschke P. The unique role of halogen substituents in the design of modern agrochemicals. Pest Manag Sci, 2010, 66 (14): 10-27.

[2] Krebs J R, Wilson J D, Bradbury R B. The second Silent Spring. Nature, 1999, 400: 611-612.

[3] Masubuchi M, Kawasaki K, Ebiike H, et al. Design and synthesis of novel benzofurans as a new class of antifungal agents targeting fungal *N*-myristoyltransferase. Med Chem Lett, 2001, 11: 1833-1837.

[4] 李正名．农药化学现状和发展动向．应用化学，1993，10（5）：14-21.

[5] 刘长令．新农药研究开发文集．北京：化学工业出版社，2002：10.

[6] Walter M W. Walter, Structure-based design of agrochemicals. Nat Prod Rep, 2002, 19 (3): 278-291.

[7] 刘长令．新农药创新方法与应用（1）——中间体衍生化法．农药，2011，50：20.

[8] 刘长令．浅谈农药中间体的共用性（目前国外新农药创制的新特点之一）．化工科技动态，1997，6：20-21.

[9] DiMasi J A, Faden L B. Competitiveness in follow-on drug R&D: a race or imitation. Nat Rev Drug Discov, 2011, 10 (1): 23-27.

[10] Turner J A, Dick M R, Bargar T M, et al. A combinatorial synthesis approach for agrochemical lead discovery. ACS Symp Ser, 2005, 892: 119-129.

[11] Holmwood G, Schindler M. Protein structure based rational design of ecdysone agonists. Bioorgan Med Chem, 2009, 17 (12): 4064-4070.

[12] Kubinyi H. Chemogenomics in drug discovery. Chemical genomics small molecule probes to study cel-

lular function. Jaroch S, Weinmann H, Eds. Berlin: Springer, 2006, 58: 1-19.

[13] Orita M, Ohno K, Warizaya M, et al. Dysidioiide derivatives as Cdc25 phosphatase inhibitors. Methods in enzymology: Fragment-based drug design-tools, practical approaches, and examples. Kuo L C, Ed. Spring House: Pennsylvania, 2011, 493: 383-385.

[14] Hajduk P J, Galloway W R, Spring D R. Drug discovery: a question of library design. Nature, 2011, 470 (7332): 42-43.

[15] 刘长令．创新研究方法及候选农药品种．高科技与产业化，2008，9：79-81.

[16] MacCoss M, Baillie T A. Organic chemistry in drug discovery. Science, 2004, 303 (5665): 1810-1813.

[17] 刘长令．含氟农药的创制途径．农药，1998，37（8）：1-5.

[18] Thorpe D S. Combinatorial chemistry: starting the second decade. The Pharmacogenomics, 2001, 1 (4): 229.

[19] 刘长令．浅谈农药中间体的共用性（目前国外新农药创制的新特点之一）．化工科技动态，1997，6：20-21.

[20] 刘长令．新农药研究开发文集．北京：化学工业出版社，2002：238.

[21] 刘长令．新农药研究开发文集．北京：化学工业出版社，2002：167.

[22] 刘长令．新农药研究开发文集．北京：化学工业出版社，2002：209.

[23] Dekimpe N, Decock W, Schamp N. A convenient synthesis of 1-chloro-2-allkanones. Synthesis, 1987, 2: 188-190.

[24] Matsumoto K, Yokoi S, Fujii K, et al. Phenoxyalkylaminopyrimidine derivatives, their preparation and insecticidal and acaricidal compositions containing them: EP 196524. 1986-10-08.

[25] Fujii K, Tanaka T, Fukuda Y. Aralkylamine derivatives, preparation thereof and bactericides containing the same: EP 370704. 1990-05-30.

[26] Obata T, Fujii K, Ooka A, et al. 4-Phenethylamino pyrimidine derivative, process for preparing the same and agricultural and horticultural chemical for controlling noxious organisms containing the same: EP 665225. 1995-08-02.

[27] Bai Y L. Studies on the action of DA-6 reducing the phytotoxicity of ethametsulfuron on rice. Mod Agrochemicals, 2005, 4: 27-29.

[28] Yamanaka Y, Moritomo M, Fujii K, et al. Quantitative structure-fungicidal activity relationships of *N*-(4-difluoromethoxybenzyl)-pyrimidin-4-amines against wheat and barley fungi. Pestic Sci, 1999, 55 (9): 896-902.

[29] Ghanim M, Lebedev G, Kontsedalov S, et al. Flufenerim, anovel insecticide acting on diverse insect pests: biological mode of action and biochemical aspects. J Agric Food Chem, 2011, 59 (7): 2839-2844.

[30] Ohata K, Adachi K, Hashimoto M, et al. Verfahren zur herstellung von 3-hydroxy-isoxazol derivaten: DE 2032809. 1971-01-21.

[31] 宋宝安，黄剑．恶霉灵合成进展．农药，2001，40（4）：13-14.

[32] Yoneda T, Haga T. Synthesis and insecticidal activity of 4-CF_3-nicotinamide derivatives: discovery of novel insecticide "flonicamid". Fain Kemikaru, 2009, 38: 21.

[33] 刘秀春，范业宏，王宝申，等．氟啶虫酰胺防治苹果黄蚜药效试验．农药，2008，47（5）：370-371.

[34] Tormoi, Blasco J, Blettner C, et al. 5,6-Dialkyl-7-amino-triazolopyrimidines, method for their pro-

duction, their use for controlling pathogenic fungi and agents containing said compounds: WO 2005087773. 2005-12-22.

[35] Merk M, Gold R E, Schiffer H, et al. Initium ®: a new innovative fungicide of a new chemical class for the control of late blight and downy mildew diseases. Acta Horticulturae, 2011, 917: 143-148.

[36] Lee L F. Substituted 2,6-substituted pyridine compounds: EP 133612. 1985-02-27.

[37] Dernoeden P H, Carroll M J, Krouse J M. Weed management and tall fescue quality as influenced by mowing, nitrogen, and herbicides. Crop Sci, 1993, 33 (5): 1055-1060.

[38] Heubach G, Bauer K, Bieringer H. Plant protecting agents based on 1,2,4-triazole derivatives as well as 1,2,4-triazole derivatives: DE 3525205. 1986-03-20.

[39] Mcmullan P M. Two-row barley response to diclofop and HOE-6001. Crop Prot, 1993, 12 (2): 155-159.

[40] Labovitz J, Guilford W J, Liang Y, et al. Pollen suppressant comprising a 5-oxy-or amino-substituted cinnoline: EP 363236. 1990-04-11.

[41] Wong M, Blouet A, Guckert A. Effectiveness of SC2053 as a chemical hybridizing agent for winter wheat. Plant Growth Regul. 1995, 16 (3): 243-248.

[42] Carlson G R. Novel substituted oxonicotinates, their use as plant growth regulators and plant growth regulating compositions containing them: EP 40082. 1981-12-18.

[43] Levitt G. Discovery of the sulfonylurea herbicides. ACS Symp Ser, 1991, 443 (1): 16-31.

[44] Levitt G. Structure-activity relationship of herbicidal pyrazole derivatives. In Pestic. Chem.: Hum. Welfare Environ, Proc Int Congr Pestic Chem, 5th ed. Miyamoto J, Kearney P C, Eds. Pergamon: Oxford, UK, 1983, 5: 243-245.

[45] 杨吉春，吴峤，任兰会，等．除草剂开发的新进展．农药，2012，51 (8)：29-31.

[46] Levitt G, Petersen W C. Herbicidal ureas and isoureas: US 4370480. 1983-01-28.

[47] U. S. Environmental Protection Agency. Idosulfuron-methyl sodium; pesticide tolerance. Fed Regist, 2002, 67: 57521-57532.

[48] Sionis S D, Drobny H G., Lefebvre P, et al. DPX-M6316-a new sulfonylurea cereal herbicide. Proceedings of the British Crop Protection Conference-Weeds, Brighton, UK, Nov 18-21, 1985; British Crop Protection Council: Alton, 1985, 49-54.

[49] Ray T B. The site of action of the sulfonylurea herbicides. Proceedings of the British Crop Protection Conference-Weeds, Brighton, UK, Nov 18-21, 1985; British Crop Protection Council: Alton, 1985, 1: 131-138.

[50] Hacker E, Bieringer H, Willms, L, et al. Proceedings of the Brighton Conference-Weeds. Brighton, UK, Nov 15-18, 1999; British Crop Protection Council: Alton, 1999, 15.

[51] Ishida Y, Ohta K, Itoh S, et al. Studies on sulfonylureas with fused heterocycles. 1. Synthesis of novel herbicidal sulfonylurea compounds with imidazo [1,2-a] pyridine moiety. Nippon Noyaku Gakkaishi. 1993, 18: 175.

[52] Yamamoto S, Nawamaki T, Wakabayashi T, et al. Development of a new rice herbicide, pyrazosulfuron-ethyl. Nippon Noyaku Gakkaishi, 1996, 21: 259-263.

[53] Tanaka Y, Ikeda H, Kajiwara Y, et al. Development of paddy herbicide propyrisulfuron. Zasso Kenkyu, 2012, 57: 56.

[54] Kimura F, Haga T, Sakashita N, et al. *N*-[(4,6-dimethoxypyrimidin-2-yl)aminocarbonyl]-3-triflu-

oromethylpyridine-2-sulfonamide or its salts and herbicidal composition containing them: EP 184385. 1986-06-11.

[55] Yamamoto S, Sato T, Morimoto K, et al. New pyrazole sulfonylureas: Synthesis and herbicidal activity. ACS Symp Ser, 1992, 504: 34-42.

[56] Hanagan M A. Herbicidal pyridine sulfonamides: EP 237292. 1987-09-16.

[57] Hsaio-Tseng L P. Herbicidal pyridinesulfonylureas: WO 8804297. 1988-06-16.

[58] Jelicic Z, Ivanovic M, Jarak M, et al. The effect of new herbicides on the grain yield of inbred lines of maize. Fresenius Environmental Bulletin, 2002, 11 (7): 402-404.

[59] Becker W, Langelueddeke P, Leditschke H D, et al. Herbizide mittel: DE 2223894. 1973-12-13.

[60] Suzuki K, Hirata H, Ikai T, et al. Development of a selective herbicide, quizalofop-ethyl. Journal of Pesticide Science, 1991, 16 (2): 315-323.

[61] Cartwright D. Herbicidal pyridine compounds and herbicidal compositions containing them: EP 3890. 1979-09-05.

[62] Arai K, Hamada T, Yoshida A, et al. Preparation of naphthoxypropionic acid derivatives as herbicides: JP 62010041. 1987-01-19.

[63] Brunner H G, Moser H, Boehner B, et al. Herbicidal, optically active R(+)-dichloropyridyloxy-alpha-phenoxy-propionic acid-propargylesters, process for their preparation and their use in herbicidal compositions: EP 6608. 1980-01-09.

[64] Schwerdtle F, Kocher H, Makowski E. Hoe 00736-chemistry, selectivity and mode of action Herbicide Activity in Plants and Soils : Proceedings of the, Workshop of Chemistry and Biochemistry of Herbicides / Edited by Paul N. P. Chow & Cynthia A Grant, 1984, 11: 15.

[65] Ura Y, Sakata G, Makino K, et al. Heterocyclic oxyphenols: DE 3004770. 1980-08-28.

[66] Tetsuya S, Naohiko K, Yasushi I. Phenoxypropionate herbicides for paddy: JP 05065201. 1993-03-19.

[67] Plowman R E, Stonebridge W C, Hawtree J N. Fluazifop butyl-a new selective herbicide for the control of annual and perennial grass weeds. British Crop Protection Conference-Weeds, 1980: 29-37.

[68] Seifert G, Sting A R, Urwyler B. Process for the production of phenoxypropionic acid propargyl esters: EP 952150. 1999-10-27.

[69] Hsu Adam Chi-Tung, Aller H E. Insecticidal *N*′-substituted-*N*, *N*′-diacylhydrazines: EP236618. 1987-9-12.

[70] William N J, Jr Harold E A. Turfgrass insecticides: US 5358966. 1994-10-25.

[71] Phat Le D, Carlson G R. Dibenzoylalkylcyanohydrazines: EP 461809. 1991-12-18.

[72] Lidert Z, Le D P, Hormann R E, et al. Insecticidal *N*′-substituted-*N*, *N*′-diacylhydrazines: US 5530028. 1996-06-25.

[73] Kato Y, Sugizaki H, Iwasaki T, et al. Preparation of substituted dibenzoyl hydrazine derivatives by condensation of appropriate hydrazines with halides: JP 08311057. 1996-11-26.

[74] 张湘宁，李玉峰，倪珏萍，朱丽梅，胡嘉斌，蒋木庚．创新双酰肼类昆虫生长调节剂 JS118 的合成和生物活性．农药，2003 (12): 18-20.

[75] Schmeling B V, Kulka M, Thiara D S, et al. Control of plant diseases: US 3249499. 1966-05-03.

[76] Mathre D E. Mode of action of oxathiin systemic fungicides. Structure-activity relations. J Agric Food Chem, 1971, 19 (5): 1465-1470.

[77] Osieka H, Pommer E H, Kiefer H S. Fungicides containing substituted benzoic acid derivatives: GB

1217868. 1970-12-31.

[78] Ten H P. Acrylamide-based fungicides: DE 1914954. 1969-10-23.

[79] Stec M, Abdellateef M F A, Eckstein Z. Comparison of the systemic fungicidal activity of 2-amaino4-methyl-5-carboxyanilidothiazole (ALF) and 2,4-dimethyl-5-carboxyanilidothiazole (ALG) in greenhouse and field tests. Acta Phytopathologica, 1973, 8: 283-286.

[80] Bryman L M, Nguyen L T, Michelotti E L. A method to convert 5-carboxanilido-haloalkylthiazoles to a single crystalline form: EP 0861833. 1998-10-02.

[81] 赵卫光，刘桂龙，王素华，李正名. 新型稻田杀菌剂噻酰菌胺. 农药，2003 (10): 47-48.

[82] Saito Y, Ikeda M, Yagi A Mepronil. Handbook of Residue Analytical Methods for Agrochemicals. Lee P W, Ed. Weinheim: John Wiley & Sons Ltd, 2003, 2: 1228.

[83] Araki F, Yabutani K. Development of a systemic fungicide, flutolanil. Journal of Pesticide Science, 1993, 18 (2): S69-S77.

[84] Eicken K, Goetz N, Harreus A, et al. Anilide derivatives and their use to combat Botrytis: EP 545099. 1993-06-09.

[85] Dockner M, Rieck H. Process for preparing substituted biphenylanilides: WO 2009106234. 2009-09-03.

[86] De-Paepe I, Fritz-Piou S, Sanyas A, Moronval M H, Giroud-Duval L. Fluxapyroxad: cereal fungicide. Phytoma, 2011, 649: 45-47.

[87] Yoshikawa Y, Katsuta H, Kishi J, et al. Structure-activity relationship of carboxin-related carboxamides as fungicide. J Pestic Sci, 2011, 36: 347-356.

[88] Ura D, Katsuta H, Kitashima T, et al. Preparation of 2-alkyl-3-aminothiophene derivatives: WO 2004009581. 2004-01-29.

[89] Dunkel R, Elbe H L, Dahmen P, et al. Pyrazolylcarboxanilide zur bekämpfung von unerwünschten mikroorganismen: WO 2004067515. 2004-08-12.

[90] Zeun R, Scalliet G, Oostendorp M. Biological activity of sedaxane-a novel broad spectrum fungicide for seed treatment. Pest Manag Sci, 2013, 69 (4): 527-534.

[91] Bonnett P E, George N, Jones I K, et al. Novel solid forms of a microbiocide: WO 2008113447. 2008-09-25.

[92] Gribkov D, Mueller A, Lagger M, et al. Process for the preparation of pyrazole carboxylic acid amides: WO 2011015416. 2011-02-10.

[93] Johnson W O. Novel substituted nitrodiphenyl ethers, herbicidal compositions containing them, processes for the preparation thereof and the use thereof for combating weeds: EP 20052. 1980-12-10.

[94] Beale M W, Ilnicki R D, Little D L. Fomesafen combinations for weed control in soybeans. Northeastern Weed Science Society, 1984, 54.

[95] Frans R E, Talbert R E, McClelland M R, et al. Field screening of new chemicals for herbicidal activity. Mimeograph Series Arkansas, Agricultural Experiment Station, 1980, 284: 21.

[96] James D R, Felix R A, Michaely W J, et al. Synthesis and structure-activity relationships of benzoheterocyclic and pyridoheterocyclic protoporphyrinogen oxidase herbicides. 2001, 800: 61.

[97] Grove W S. Process for preparing substituted diphenyl ethers: US 4400530. 1983-08-23.

[98] Cartwright D, Collins D J. Diphenyl ether compounds useful as herbicides; methods of using them, processes for preparing them, and herbicidal compositions containing them: EP 3416. 1979-08-08.

[99] Tomlin C D S. The pesticide manual: A World compendium. The British Crop Protection Council, 2009.

[100] Koo S J, Ahn S C, Lim J S, et al. Biological activity of the new herbicide LGC-40863 {benzophenone *O*-[2,6-bis[(4,6-dimethoxy-2-pyrimidinyl)oxy]benzoyl]oxime}. Pestic Sci, 1997, 51(2): 109-114.

[101] Tomlin C D S. The pesticide manual: A World compendium. The British Crop Protection Council, 2009, 984.

[102] Black L, Fukuto T R. 2,3-Dihydro-2,2-dimethyl-7-benzofuranylmethylcarbamat-*N*-amino-sulfenyl-derivate, verfahren zu deren herstellung und diese verbindungen enthaltende insektizide zusammensetzungen: DE 2433680. 1975-01-30.

[103] Hatch C E. Synthesis of *N*,*N*-dialkylaminosulfenylcarbamate insecticides via carbamoyl fluorides. J Org Chem, 1978, 43 (20): 3953-3957.

[104] Sieverding E, Hirooka T, Nishiguchi T, et al. AC 382042-a new rice blast fungicide. British Crop Protection Council, 1998, 359.

[105] Kim D W, Chang H S, Ko Y K, et al. Herbicidal phenoxypropionic acid *N*-alkyl-*N*-2-fluorophenyl amide compounds: US 6486098. 2002-11-26.

[106] Kim T J, Chang H S, Ryu J W, et al. Metamifop: a new post-emergence grass killing herbicide for use in rice. The BCPC International Congress: Crop Science and Technology, 2003: 81-86.

[107] Cole A M, Turner J A W, Snell B K. Pyrimidine sulphamates: US 3880852. 1975-04-29.

[108] O'Brien R G, Vawdrey L L, Glass R J. Fungicide resistance in cucurbit powdery mildew (Sphaerotheca fuliginea) and its effect on field control. Animal Production Science, 1988, 28 (3): 417.

[109] Okano K, He L Y. Process for preparation of polyfluoroalkylsulfenyl compounds: WO 2002066423. 2002.

[110] Okui S, Kyomura N, Fukuchi T. et al. Preparation process of pyrazole derivatives in pest controllers containing the same as the active ingredient: WO 2002010153. 2002.

[111] Schuele G, Barnett S, Bapst B, et al. The effect of water and shampooing on the efficacy of a pyriprole 12.5% topical solution against brown dog tick (Rhipicephalus sanguineus) and cat flea (Ctenocephalides felis) infestations on dogs. Vet Parasitol, 2008, 151 (2-4): 300.

[112] Lepone G E. Herbicidal *O*-carbomethoxysufonylureas: EP 202830. 1986-11-26.

[113] Levitt G. Herbicidal sulfonamides: US 4746353. 1988-05-24.

[114] Kita H, Tamada Y, Nakaya Y, et al. Pyrazole sulfonylurea compound and herbicide: WO 2005103044. 2005-11-03.

[115] Jabusch T W, Tjeerdema R S. Chemistry and fate of triazolopyrimidine sulfonamide herbicides. Reviews of Environmental Contamination & Toxicology, 2008, 193 (193): 31.

[116] Van Heertum J C, Gerwick B C III, Kleschick W A, et al. Herbicidal alkoxy-1,2,4-triazolo[1,5-c]pyrimidine-2-sulfonamides: US 5163995. 1992-11-17.

[117] Grichar W J, Dotray P A, Sestak D C. Diclosulam for weed control in Texas peanut. Peanut Science, 1999 (1): 23-28.

[118] Kleschick W A, Gerwick B C, Carson C M, et al. DE-498, a new acetolactate synthase inhibiting herbicide with multicrop selectivity. J Agric Food Chem, 1992, 40 (6): 1083-1085.

[119] Daniau P, Prove P. Florasulamm, broad-leaved weed herbicide for cereals. Phytoma La Defense Des Vegetaux, 2001, 534: 49.

[120] Shankar R B, Pews R G. Synthesis of 1,2,4-triazolo[1,5-a]pyrimidine-2-sulfonamides. J Heteroc Chem, 1993, 30 (1): 169-172.

[121] Johnson T C, Martin T P, Mann R K, et al. Penoxsulam-structure-activity relationships of triazolopyrimidine sulfonamides. Bioorg Med Chem, 2009, 17 (12): 4230-4240.

[122] Bell B M, Fanwick P E, Graupner P R, et al. Application of the tisler triazolo-pyrimidine cyclization to the synthesis of a crop protection agent and an intermediate. Org Process Res Dev, 2006, 10 (6), 1167-1171.

[123] Gross G G, Zenk M H. Isolation and properties of hydroxycinnamate: CoA ligase from lignifying tissue of Forsythia. Eur J Biochem, 1974, 42 (2), 453-459.

[124] Curtze J, Schroeder L. Novel E/Z isomeric, fungicidally active acrylic acid compounds, process for their preparation and intermediates for carrying out the process: DE 3615448. 1987-11-12.

[125] 李宗成，刘长令，刘武成．含氟二苯基丙烯酰胺类杀菌剂：CN 1167568. 1997-12-17.

[126] 覃兆海，慕长炜，毛淑芬，等．4-[3-(吡啶-4-基)-3-取代苯基丙烯酰]吗啉一类新型杀菌剂：CN 1566095，2005-01-19.

[127] Krumel K L, Bott C J, Gullo M F, et al. Selective electrochemical reduction of halogenated 4-aminopicolinic acids: WO 2001051684. 2001-07-19.

[128] Clark D A, Finkelstein B L, Armel G R, Wittenbach V A. Herbicidal pyrimidines: WO 2005063721. 2005-07-14.

[129] Renga J M, Whiteker G T, Arndt K E, et al. Process for the preparation of 6-(aryl)-4-aminopicolinates: US 8252938. 2012-08-28.

[130] 胡宗岩，柴宝山，刘长令．新型除草剂氨草啶．农药，2006，45 (12)：847-848.

[131] 赵平．新型除草剂 Aminocyclopyrachlor. 农药，2011，50 (11)：834-836.

[132] Balko T W, Buysse A M, Epp J B, et al. 6-Aryl-4-aminopicolinates and their use as herbicides: WO 2003011853. 2003-02-13.

4

替换法及应用

4.1 甲氧基丙烯酸酯类杀菌杀螨剂的创制

4.1.1 创制背景

strobilurin 类杀菌剂是一类作用机理独特、极具发展潜力和市场活力的新型农用杀菌剂。strobilurin 类杀菌剂首例上市时间为 1996 年，到目前为止已有十几个品种商品化。其创制经纬如下：

4.1.1.1 嘧菌酯

strobilurin 类杀菌剂是在天然产物 β-甲氧基丙烯酸酯的基础上发现的。最简单的天然 β-甲氧基丙烯酸酯类化合物是 strobilurin A 和 oudemansin A。因它们光稳定性差，且挥发性高，虽然在离体或温室条件下具有较好的活性，但不适宜作为农用杀菌剂。

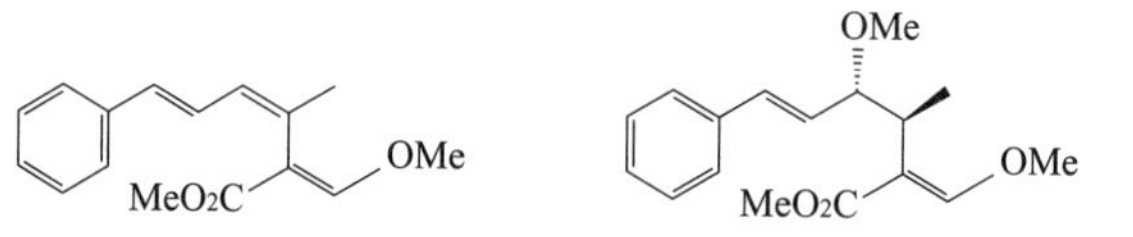

strobilurin A　　oudemansin A

两个相互独立研究的公司 ICI 公司（以后为捷利康公司，现在是先正达公司）和巴斯夫（BASF）公司于 20 世纪 80 年代初在已有结构和生物学特性基础上进行了大量的研究，均以 strobilurin A 为先导化合物合成了许多含 β-甲氧基丙烯酸酯的化合物，如化合物 **4-1**～化合物 **4-9**，生测结果表明：含（*E*）-β-甲氧基丙烯酸甲酯的化合物均具有一定的生物活性，但化合物 **4-2** 没有活性。在此基础上又经过研究，两个公司分别发现化合物 **4-10** 具有较好的活性，但在田间活性还是不好，原因仍是对光不稳定。

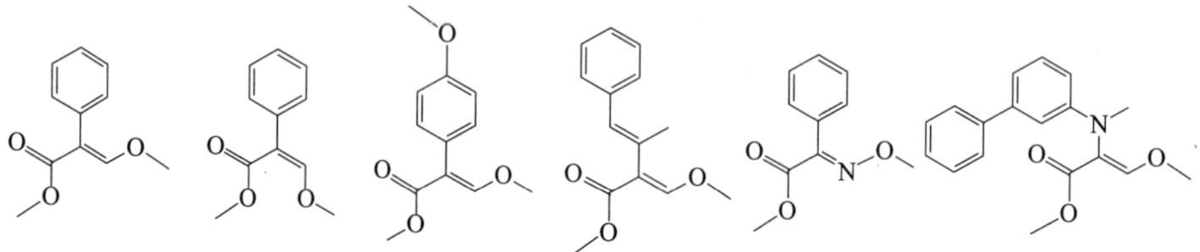

4-1　**4-2**　**4-3**　**4-4**　**4-5**　**4-6**

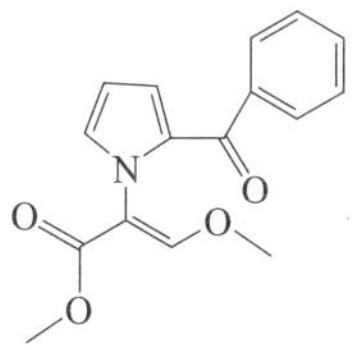

4-7 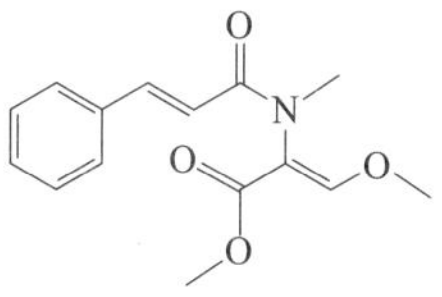　　**4-8** 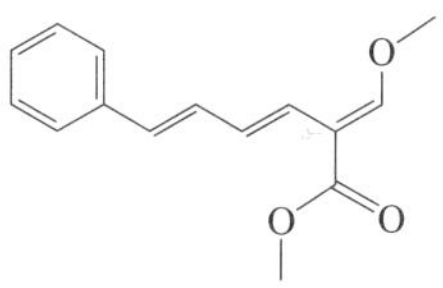　　**4-9** 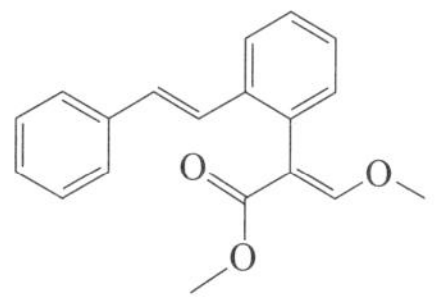　　**4-10**

（1）从化合物 **4-10** 到化合物 **4-12**　ICI 公司在化合物 **4-10** 的基础上进行结构变化，合成了一些化合物，发现了具有较好杀菌活性的化合物 **4-11**，但不具有内吸活性；而内吸活性对杀菌剂来讲是非常重要的，ICI 的科研人员对研究结果进行总结，发现化合物具有内吸活性的条件是化合物的亲脂性不能太强，也不能太弱，具体地讲 lg*P* 值应低于 3.5，大于 2.3。接下来，ICI 的科研人员主要解决的问题就是提高活性的同时，提高内吸活性。为了提高化合物 **4-11** 的活性尤其是内吸活性，需要在苯环中引入杂原子。由于在三个环中引入杂原子，组合千变万化，理论上需要合成大量的化合物。在哪个位置引入杂原子，将是 ICI 的科研人员面临的主要问题。他们根据 lg *P* 的范围合成了许多不同组合的化合物，其中包括 1 个 N 原子取代、2 个 N 原子取代和 3 个 N 原子取代的化合物，生测结果表明，中间环含 2 个 N 原子的活性较好，以 3 和 4 位取代活性最好；与活性基团相连的苯环和另外一个苯环不含 N 原子的活性最佳，即化合物 **4-12**（图 4-1）。

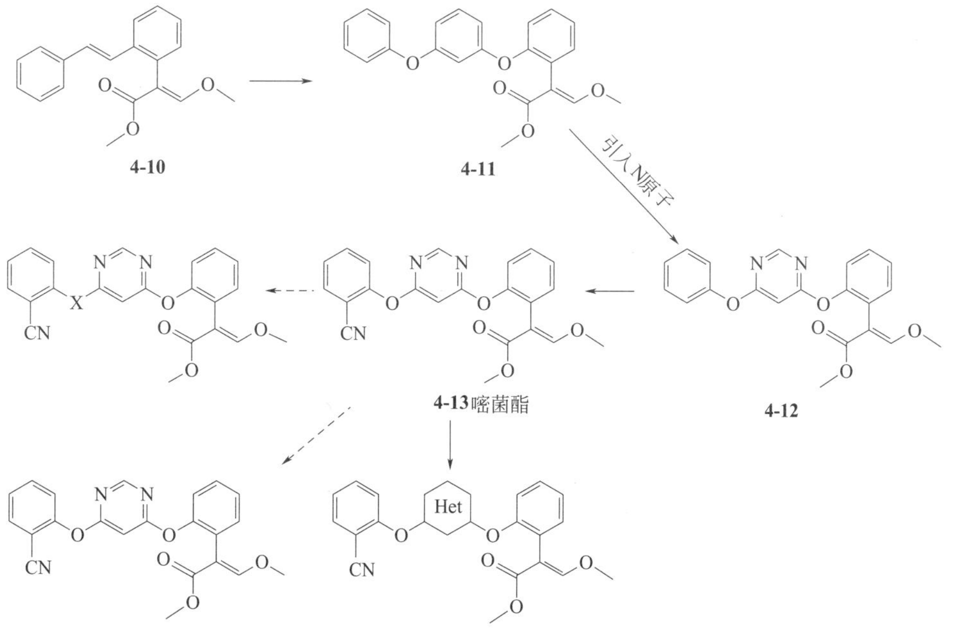

4-10　　**4-11**　　引入N原子

4-13嘧菌酯　　**4-12**

图 4-1　从化合物 **4-10** 到化合物 **4-13**

（2）从化合物 **4-12** 到化合物 **4-13**（嘧菌酯）　对化合物 **4-12** 进行进一步优化，发现化合物 **4-13** 具有很好的活性。对化合物 **4-13** 进行修饰，合成化合物 **4-14**（X＝NH、NCH_3、CH_2、CH_2O、SO_3）、化合物 **4-15**～化合物 **4-17**，结果

表明活性均低于化合物 **4-13**（即嘧菌酯）；化合物 **4-13** 最终于 1996 年商品化，是第一个登记注册的 strobin 类杀菌剂（图 4-2）。

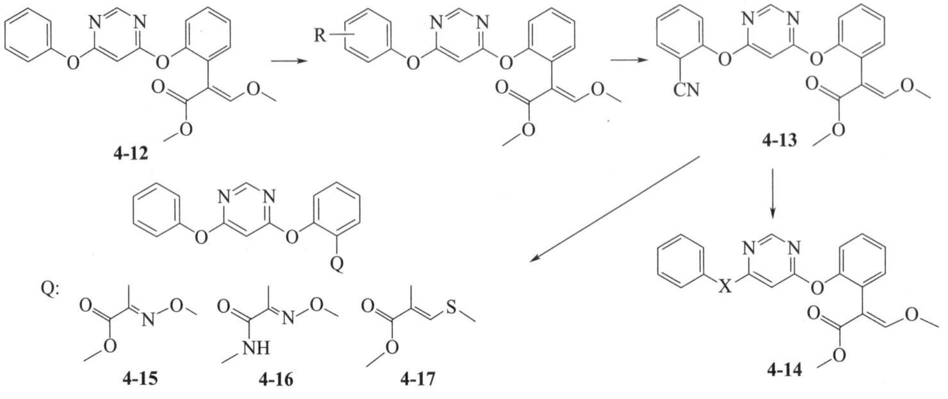

图 4-2 从化合物 **4-12** 到化合物 **4-17**

据文献报道，ICI 公司 1982 年开始此类化合物的研究，1984 年 10 月 19 日申请第一件欧洲专利（公开日为 1986 年 4 月 23 日）。通过 5～7 年研究，合成大约 1400 个化合物，选出化合物 **4-13**。

4.1.1.2 醚菌酯

巴斯夫公司也在化合物 **4-10** 的基础上进行结构变化，合成了化合物 **4-18**～化合物 **4-22**，并于 1985 年 5 月 30 日申请了第一件欧洲专利，之后又申请多件专利。截至 1985 年底共合成约 100 个化合物。其中 15 个化合物（7 个属化合物 **4-18**，6 个属化合物 **4-19**，2 个属化合物 **4-20**：R＝H，X＝O 或 S）进行大田药效试验，发现化合物 **4-19**D（R＝3-CF_3）等活性较好，此时时间为 1986 年 5 月。由于化合物 **4-20**～化合物 **4-22** 仅做 1～2 个化合物，故活性难以比较（图 4-3）。

生物测定结果使巴斯夫公司信心十足，他们发现了一类前所未有的新杀菌剂，正当巴斯夫公司决定进一步研究此类化合物时，他们看到了 ICI 公司的第一件欧洲专利（公开日为 1986 年 4 月 23 日），通式中包含的化合物很多很多，巴斯夫公司所做的化合物均在该专利范围内，这意味着他们前功尽弃。塞翁失马焉知非福。是好事，巴斯夫公司知道其他公司也在做该类杀菌剂研究；也是坏事，ICI 公司的专利对巴斯夫公司而言是极不利的，是致命的。如何做？放弃还是继续？最终巴斯夫公司选择了继续，因为放弃就意味着彻底失败，坚持还有希望。巴斯夫公司必须选择其他的活性基团，以前他们曾做过化合物 **4-5**，虽然就亲脂性而言氮（N）比氧（O）弱一些，但也许活性不错；他们也想到也许 ICI 公司也在做类似 **4-5** 的化合物，此时已没有选择，于是他们决定合成化合物 **4-5** 的类似物，并很快合成了化合物 **4-23**～化合物 **4-25**，合成生测配合，两个月左右于 1986 年 7 月 16 日申请了通式 **4-26** 所示的欧洲专利（EP253213）。事实上，ICI 公司也确实在做化合物 **4-5** 的类似物，并于 1986 年 7 月 18 日申请了通式 **4-27** 所

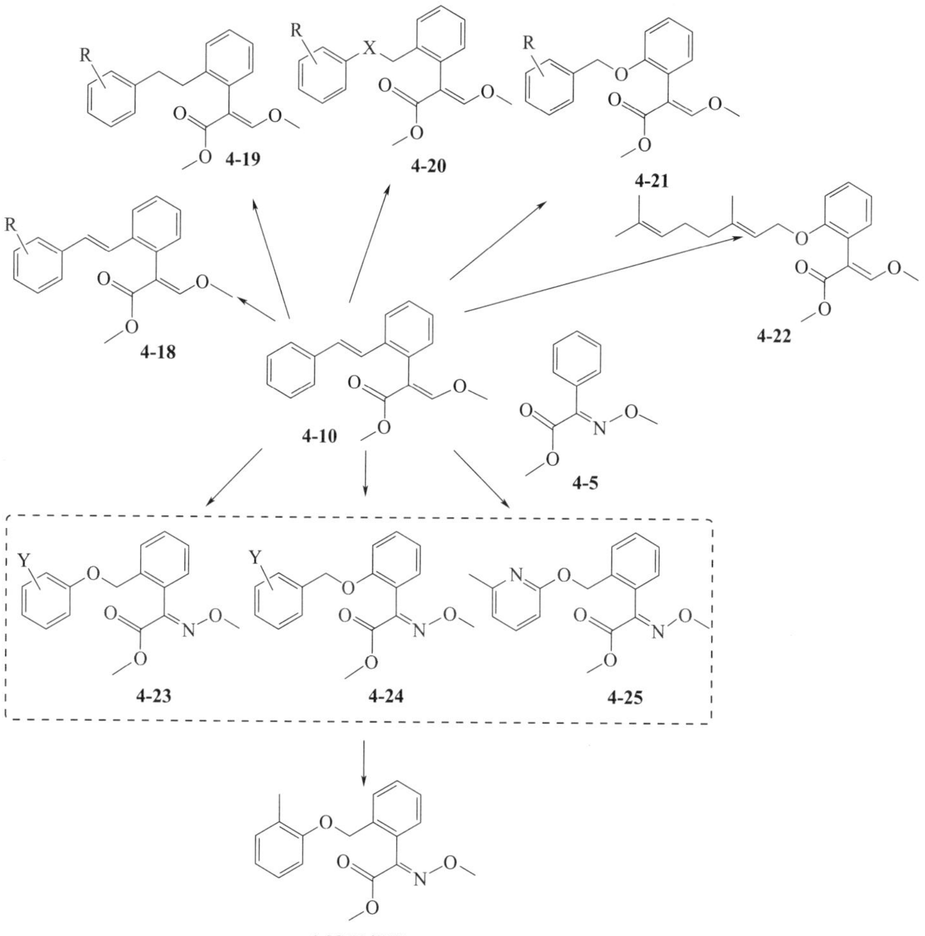

4-19 4-20 4-21 4-18 4-22 4-10 4-5 4-23 4-24 4-25

4-28 醚菌酯

图 4-3 巴斯夫公司以化合物 **4-10** 为基础的结构变化

示的欧洲专利（EP254426）。1988 年公开后发现后者虽仅比前者晚两天，但专利属于巴斯夫公司。这样，巴斯夫公司拥有含肟结构的第一件专利（图 4-4）。

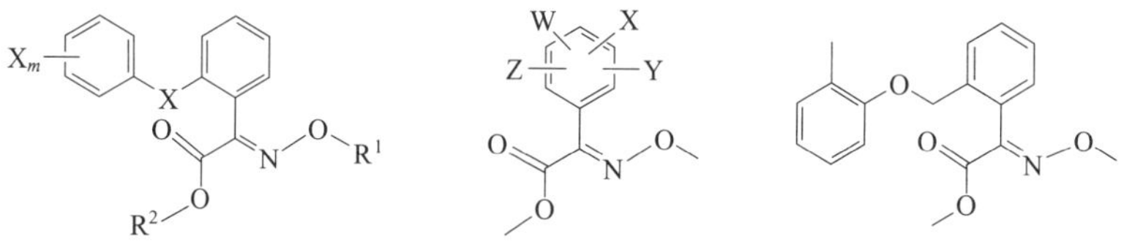

4-26 4-27 4-28

图 4-4 化合物 **4-26** 到化合物 **4-28** 的结构

巴斯夫公司在申请专利后，即开始对化合物 **4-23** 和化合物 **4-24** 进行优化研究，并于 1989 年确定开发化合物 **4-28** 即醚菌酯（kresoxim-methyl），尽管还有活性比化合物 **4-28** 好的，但从工业化生产、成本等考虑，醚菌酯是最佳的。

4.1.1.3 苯氧菌胺

苯氧菌胺是由日本盐野义制药公司开发的，虽属 strobin 类杀菌剂，但先导化合物却不是 strobilurin A 或 oudemansin A，而是化合物 **4-29**。通过如下变化，对化合物 **4-32** 做进一步优化，最终得到化合物 **4-33**，即苯氧菌胺（metominostrobin）（图 4-5）。

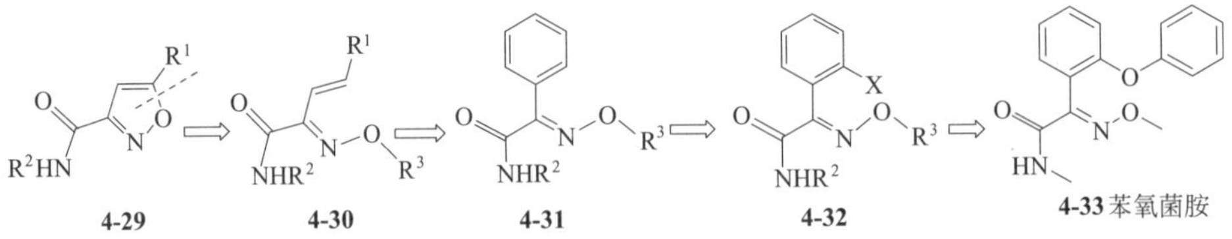

4-29 4-30 4-31 4-32 4-33苯氧菌胺

图 4-5 苯氧菌胺的结构

4.1.1.4 氟嘧菌酯

氟嘧菌酯的研制属于“me-too-chemistry”。日本北兴化学工业株式会社曾公开了二氢噁嗪类（dihydro-dioxazines）化合物用作杀菌剂的专利（JP1221371、JP2001484），如化合物 **4-34**，但没有商品化品种报道。

为了研制具有更优活性的新化合物，拜耳公司科研人员将 strobilurin 类杀菌剂 **4-35** 结构中的羧酸衍生物部分变为二氢噁嗪，研制了化合物 **4-36** 代表的新型二氢噁嗪类化合物。在杀菌剂嘧菌酯的结构基础上，研制了化合物 **4-37**，经进一步优化得到新型化合物 **4-38** 即氟嘧菌酯（图 4-6）。田间药效试验结果表明，氟嘧菌酯对小麦叶斑病、颖枯病和锈病，大麦云纹病、条纹病、锈病和白粉病等的防效均达到或超过目前市售最好的品种嘧菌酯。

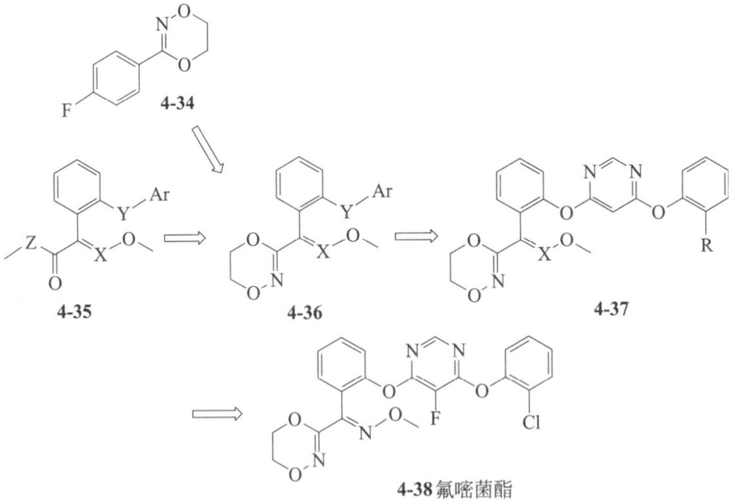

4-34 4-35 4-36 4-37 4-38氟嘧菌酯

图 4-6 氟嘧菌酯的结构

其他商品化的肟菌酯（trifloxystrobin）、吡唑嘧菌酯（pyraclostrobine）、啶氧菌酯（picoxystrobin）、醚菌胺［dimoxystrobin（SSF 129）］、氟嘧菌酯（fluoxastrobin）和肟醚菌胺（orysastrobin）等均是在化合物 **4-13**、化合物 **4-28** 和化合物 **4-33** 等的基础上通过“me-too-chemistry”，组合优化所得。如化合物

SSF 129、氟嘧菌酯分别是在化合物 **4-13** 和化合物 **4-28** 的基础上，经进一步优化得到的，但氟嘧菌酯的成本肯定高于对应的嘧菌酯（图 4-7）。

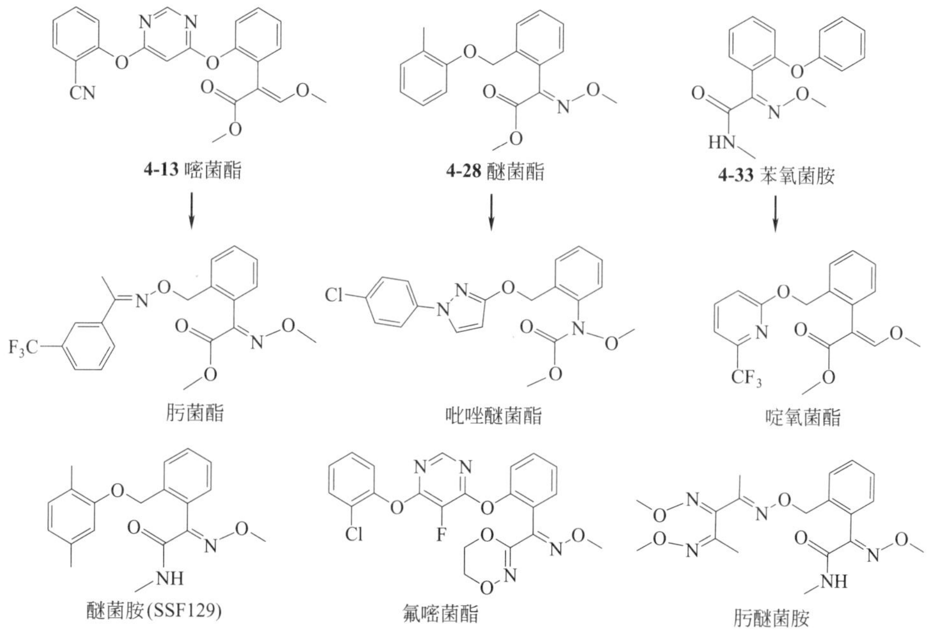

4-13 嘧菌酯　**4-28** 醚菌酯　**4-33** 苯氧菌胺

肟菌酯　吡唑醚菌酯　啶氧菌酯

醚菌胺(SSF129)　氟嘧菌酯　肟醚菌胺

图 4-7　其他商品化

从醚菌酯的研发历程可以深切体会到，新农药创制研究竞争非常激烈，专利保护意识非常重要。

本研究团队前期工作中，以安全、易得的 *β*-酮酸酯为起始原料合成了很多含羟基的五元或六元杂环如香豆素、吡唑、异噁唑、嘧啶等中间体。利用这些中间体，通过“中间体衍生化法”发明了多种类型的新化合物，不仅成功开发了杀菌剂丁香菌酯（coumoxystrobin、SYP-3375）、唑菌酯（pyraoxystrobin、SYP-3343）和唑胺菌酯（pyrametostrobin），还发明了杀螨剂嘧螨胺（pyriminostrobin、SYP-11277）等[1~11]。

如图 4-8 所示，以 *β*-酮酸酯为原料合成了数十种不同取代的且含羟基的香豆素中间体（关键中间体 1），利用中间体衍生化法，以香豆素为模板和中间体进行衍生，并引入天然产物甲氧基丙烯酸酯类杀菌剂片段，设计合成含两个天然产物片段的新型化合物，经优化发现先导化合物 **1**（以香豆素为主，属于衍生）；或者用取代香豆素环替换甲氧基丙烯酸酯类杀菌剂如醚菌酯（kresoxim-methyl）结构中的取代苯基，也就是将两个天然产物片段香豆素与甲氧基丙烯酸酯类结合在一起，后经进一步替换也即═CH—替换═N—等优化研制了先导化合物 1（以甲氧基丙烯酸酯为主，属于替换），其具有很好的杀菌活性。随后对先导化合物 **1** 开展进一步的优化研究，最终得到了具有广谱杀菌活性的丁香菌酯。田间试验结果表明：丁香菌酯对蔬菜、水果、小麦、水稻和玉米等的霜霉病、灰霉病、白

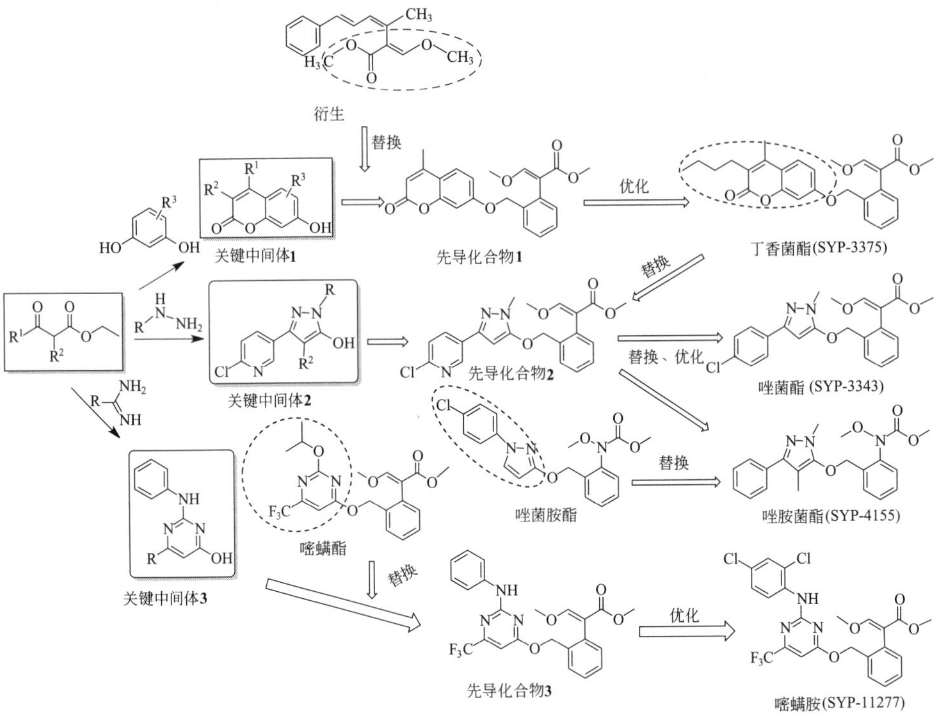

图 4-8　丁香菌酯、唑菌酯、唑胺菌酯和嘧螨胺的创制

粉病、腐烂病和纹枯病均具有很好的防效。同时，丁香菌酯仅含碳、氢和氧三种元素，属于绿色安全的新农药分子，对“毁灭性”病害如苹果树腐烂病（类似癌症）、水稻稻瘟病和纹枯病等有特效，已获中、美、欧、日等多国发明专利授权，于 2012 年获得创制农药类临时登记证，已取得很好的经济和社会效益，获得了中国专利优秀奖（2014 年）、中国农药工业协会创新贡献一等奖（2015 年）和中国石化联合会技术发明奖一等奖（2018 年）。后经进一步研究，丁香菌酯还具有杀虫、杀细菌、抗病毒和促进作物生长的保健作用，更有医用抗肿瘤活性。

利用 β-酮酸酯为原料，设计合成了吡唑中间体（关键中间体 **2**），结合甲氧基丙烯酸酯类化合物如丁香菌酯的结构，采用中间体衍生化法中的替换法，设计合成了先导化合物 **2**（活性略低于商品化品种嘧菌酯），经过进一步的优化得到了唑菌酯。研究结果表明，唑菌酯与丁香菌酯相似，具有“一药多功效，增产显著”的特点。具有广谱的杀菌活性，防治众多病害，同时兼具杀虫、抗病毒和促进植物生长调节的性能，仅作为植物生长调节剂可使马铃薯、苹果、水稻分别增产 13%、10%、9%。田间试验结果表明：唑菌酯对黄瓜霜霉病具有优异的防治效果，防效优于嘧菌酯等对照药剂；对稻瘟病防效优于嘧菌酯、氟环唑和三环唑等对照药剂；对黄瓜白粉病防效优于嘧菌酯和三唑酮等对照药剂；对西瓜炭疽病的生物活性明显高于百菌清、氟环唑。唑菌酯防治黄瓜灰霉病、炭疽病、褐斑病及番茄早疫病、晚疫病效果较好，与对照药剂嘧菌酯相当。于 2009 年获创制农药类临时登记，已获中、美、欧、日等多国发明专利授权，获省部级技术发明一等奖2项（2014年、2015年）。

随后，在先导化合物**2**的基础上，结合吡唑醚菌酯的结构特点，通过替换法，改变先导化合物**2**的（*E*）-3-甲氧基-2-苯基丙烯酸甲酯发明了唑胺菌酯。田间试验结果表明，该化合物对瓜类和小麦等的白粉病有特效，且治疗效果非常突出（表4-1）。唑胺菌酯于2011年获准创制农药类临时登记，并已获中、美、欧、日等多国发明专利授权。

表4-1 唑胺菌酯防治小麦白粉病治疗试验结果（4天）

药剂名称	防效/%					
	12.5mg/L	6.25mg/L	3.13mg/L	1.56mg/L	0.78mg/L	0.39mg/L
唑胺菌酯	100	100	100	100	80	50
戊唑醇	85	70	45	15	0	0
吡唑醚菌酯	100	100	85	60	25	0
醚菌酯	100	20	15	10	0	0

前期研究中发现strobilurin类杀菌剂如丁香菌酯和唑菌酯对害螨也具有一定的活性，结合商品化杀螨剂嘧螨酯的结构特点，根据中间体衍生化法的衍生法，利用β-酮酸酯设计并合成了关键中间体取代羟基嘧啶（关键中间体**3**），通过优化研制了具有很好杀螨活性的先导化合物**3**，之后进一步优化研究得到了杀螨剂嘧螨胺。嘧螨胺具有优异的杀螨活性，为速效杀螨剂，对成螨、若螨、卵的防治效果均优于对照药剂嘧螨酯，而且持效期长于嘧螨酯，同时嘧螨胺具有明显的杀菌活性。防治苹果红蜘蛛田间试验结果表明，与对照药剂阿维菌素、螺螨酯相比，嘧螨胺的速效性和持效性与阿维菌素相当，速效性优于螺螨酯。防治柑橘红蜘蛛田间试验结果表明，嘧螨胺对柑橘红蜘蛛有很好的杀螨活性，对柑橘红蜘蛛成螨、若螨、幼螨均有很好的防治效果。持效期长，供试浓度在田间对柑橘红蜘蛛的有效控制期可达30天以上，在试验剂量下对柑橘和天敌安全。

4.1.2 丁香菌酯的创制

在发展生态农业、提倡安全环保的大环境下，天然源绿色农药契合国家政策及产业发展需求。天然产物来源于大自然，具有很好的环境相容性，用天然产物为模板合成新农药，是实现产品绿色化的重要手段之一。香豆素是广泛分布于植物界中的次生代谢物质，具有良好的生物学性能和环境相容性；源自天然产物strobilurin A的甲氧基丙烯酸酯类杀菌剂如嘧菌酯等具有高效、广谱的生物活性，此类杀菌剂2016年销售额为33.96亿美元，在各类杀菌剂中排名第一，占杀菌剂总销售额的22.2%。

以市场为导向、发展符合我国国情的绿色新农药创制方法、加速我国新农药创制，一直是我国重大科技攻关课题，也是确保解决粮食生产安全的重大科学问题的重要途径。习总书记在十九大明确指出“要加快建设创新型国家，建立以企业为主体、市场为导向、产学研深度融合的技术创新体系”。而创新通常分产品或材料创新、工艺过程创新、应用或市场创新，其中产品或材料创新属原始创新，是“核心竞争力”，具有难度大、周期长、成功率低、风险高等特点，因为产品或材料创新同时含工艺过程和应用创新：产品或材料发明了，还要制造和应用。新农药创制属原始创新，是多学科交叉的复杂系统工程，同样具有难度大、周期长、投入大、风险高、成功率低（十六万分之一）等特点，农药对作物而言，犹如医药对人类一样，必不可少。据世界粮农组织统计，若不使用农药，农作物因病虫草害引起的损失可高达70%，甚至绝收。而我国创制的农药品种数量极少，目前世界常用的农药产品数量约600多种，我国发明的仅10多种，我国亟需创制出安全环保的绿色农药新产品。

在农业生产中，苹果树腐烂病，水稻稻瘟病、纹枯病，瓜类枯萎病等属“毁灭性”或重要且难防治病害。苹果树腐烂病又称果树癌症，是严重影响苹果产业的毁灭性病害，常规防治药剂通常为高毒的砷制剂，效果有限，终因高残毒遭到禁用，致使防治苹果树腐烂病到了无药可选的地步，果农急需药效好又安全环保的药剂。水稻作为我国第一大粮食作物，约占粮食总产量的40%，水稻稻瘟病和纹枯病是水稻最重要的两类病害，普遍发生且抗性严重，造成严重减产甚至绝收。瓜类枯萎病是瓜类作物上非常重要的世界流行性土传病害，防治难度极大。一药多功效也一直是农民长期以来所期盼的，尽管也有药剂存在，但同时防治上述多种重要且难防治病害，同时具有杀虫、抗病毒、促进作物生长且增产增收的药剂几乎不存在。因此，在知识产权竞争日益激烈，环保意识日益增强的严峻形势下，更需要不断寻找具有自主知识产权、结构新颖、性能优异的环境友好型新杀菌剂，以解决上述农业生产中重大病害的防治难题，提供作物病虫害综合防治方案，更好地为三农服务。

通过10多年研究，发明了天然源杀菌剂丁香菌酯，其对苹果树腐烂病、水稻稻瘟病和纹枯病、瓜类枯萎病等有很好的防治效果，解决了相关难题。

丁香菌酯采用笔者首次总结并创建的获国内外同行认可的“中间体衍生化法”创制，并获多国发明专利。丁香菌酯是“中间体衍生化法”的成功运用首例。以β-酮酸酯为原料，合成天然产物香豆素，并结合天然产物甲氧基丙烯酸酯，先后设计并合成了600多个新化合物，经生物活性筛选、结构与活性关系研究、合成方法和工艺研究、各种性能测试与安全评价等，历经11年时间成功开发了低毒、低残留、无“三致”、低风险的天然源杀菌剂丁香菌酯。其结构新颖，由两个天然产物片段组成，仅含碳、氢、氧三种元素，为世界首创，独特的结构在全世界2000多种农药品种中也是屈指可数的，获国际通用名称coumoxystrobin。一药多功效、性能好、抗性风险低、混配增效作用明显、增产显著等特点，使该成果达国际领先水平。

4.1.2.1 创制过程

丁香菌酯的具体创制过程如下[12~19]：

(1) 先导化合物的发现　天然产物香豆素及其类似物具有良好的杀菌活性、杀虫杀螨活性、除草活性和化感作用[11,20,21]，加之含香豆素结构的农药品种很少，如 1951 年拜耳公司开发的杀虫剂蝇毒磷（coumaphos），因此我们希望研制含香豆素结构的农药新品种，期望其既具有良好的活性，又与环境相容。

1997 年，嘧啶水杨酸类化合物刚刚上市，并具有很好的除草活性[22]，为了发现新型的具有除草活性的化合物，我们将天然产物香豆素片段引入嘧啶水杨酸结构中，设计合成了如下通式的新型嘧啶水杨酸类化合物，但生测结果表明该类化合物并没有很好的除草活性。

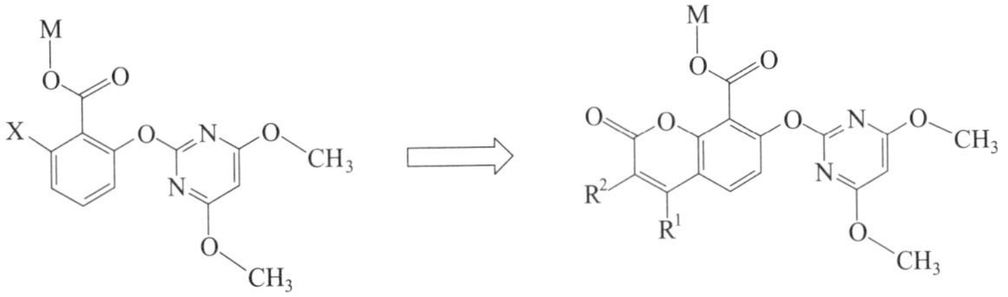

嘧啶水杨酸类除草剂　　　　新化合物

此后，鉴于合成香豆素的原料 β-酮酸酯具有广泛的用途，不仅可以合成如香豆素等多种类型化合物，而且操作简单、收率高、成本低。因此，我们以 β-酮酸酯为原料合成了数十个不同取代的且含羟基的香豆素中间体。利用中间体衍生化法，用 8-甲基香豆素环替换醚菌酯结构中的邻甲苯基，即将香豆素结构与甲氧基丙烯酸酯类杀菌剂结构结合在一起，期望获得结构新颖且具有良好生物活性的化合物。设计并合成了化合物 **4-39**，生测结果显示该化合物具有一定的杀菌活性，继而又合成了化合物 **4-40**，活性有明显提高；随后又将化合物 **4-40** 中的活性基团（*E*)-2-(甲氧亚氨基)-2-苯基丙烯酸甲酯（OE）替换为（*E*)-3-甲氧基-2-苯基丙烯酸甲酯（MA），得到化合物 **4-41**，生测结果表明，MA 的引入大大提高了化合物的杀菌活性，至此发现了先导化合物 **4-41**，进一步优化研究，发现了第一个高活性化合物 **4-42**（SYP-2859），在 25mg/L 浓度下对黄瓜霜霉病防效达 97%（图 4-9）。

(2) 第一个高活性化合物 SYP-2859 的结构优化　对第一个高活性化合物 SYP-2859 的优化分三部分进行：

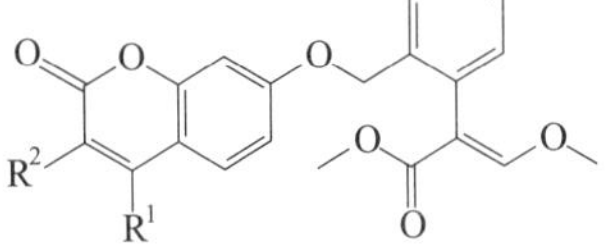

4-44

首先对香豆素环上的 R^1 展开了优化，合成了一系列结构如 **4-44**（$R^2=H$）所示的化合物，发现当将 R^1 位置的甲基替换为乙基、正丙基、异丙基时，活性

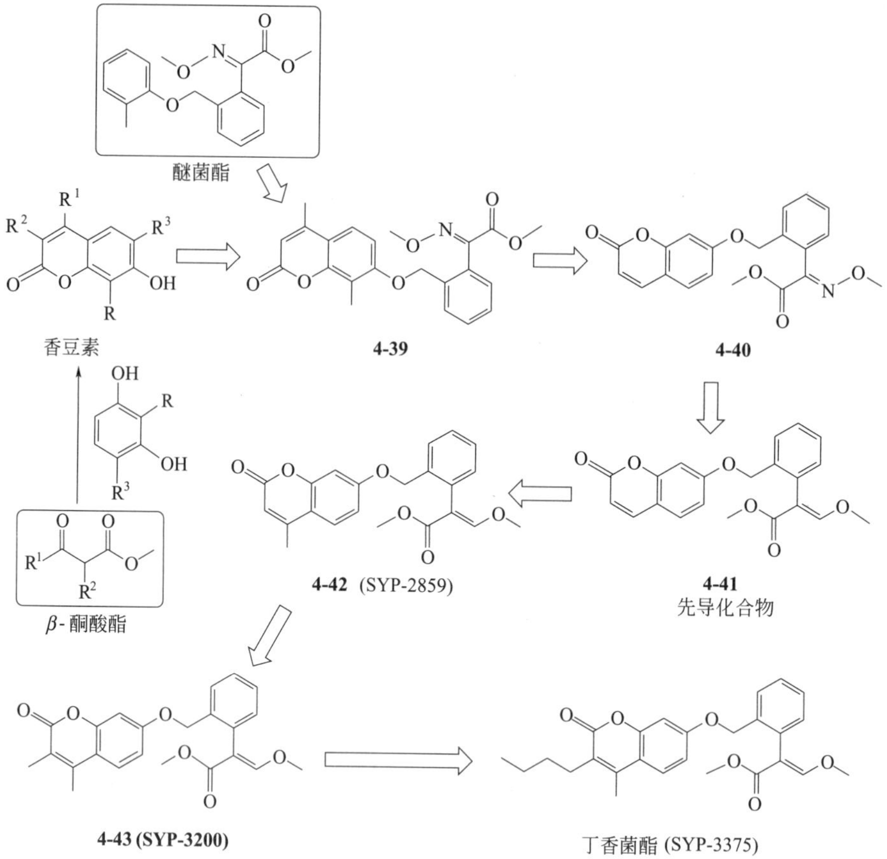

图 4-9 先导化合物的发现

保持；当 R^1 位置的甲基替换为三氟甲基、苯基时，活性有所降低；当 R^1 位置的甲基替换为 4-氯苯基、4-三氟甲基苯基和 6-氯吡啶-3-基时活性显著降低。考虑成本等因素，我们将 R^1 固定为甲基。

然后对 R^2 进行优化，合成了一系列结构如 **4-44**（$R^1=CH_3$）所示的化合物，发现当将 SYP-2859 中 R^2 位置的氢替换为氟或氯时，活性保持；当 R^2 位置的氢替换为乙基和正丙基时，活性明显降低；当 R^2 位置的氢被甲基替换时，活性有较大的提高，从而发现了第二个高活性化合物 **4-43**（SYP-3200）；继续优化，发现当 R^2 位置引入正丁基时，杀菌活性最好，在 6.25mg/L 浓度对黄瓜霜霉病防效达 95%。至此我们发现了 SYP-3375，也就是最终开发的丁香菌酯。

最后，将 R^1、R^2 合并成五元或者六元环，结果均导致活性大大降低甚至消失。

虽然我们已发现了具有良好活性的化合物 SYP-3375，但是为了进一步寻找最优结构，我们仍然进行了后续优化工作。

（3）寻找最优结构的深入优化　前述优化均发生在香豆素环中的吡喃酮环上，为了更全面深入地优化，我们进而对香豆素环中的苯环引入了取代基，以及变换香豆素环中与甲氧基丙烯酸酯基团连接的氧的取代位置和药效团甲氧基丙烯酸酯的种类，分别合成了如下结构所示的化合物 **4-45**～化合物 **4-47**。

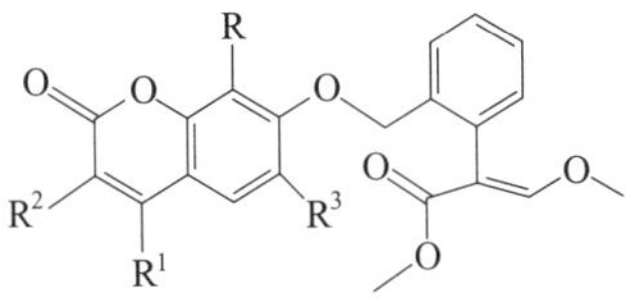

4-45 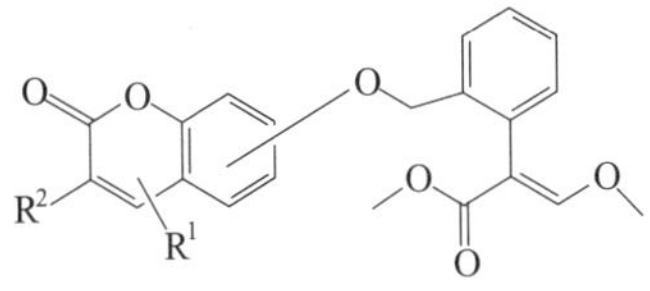 **4-46** 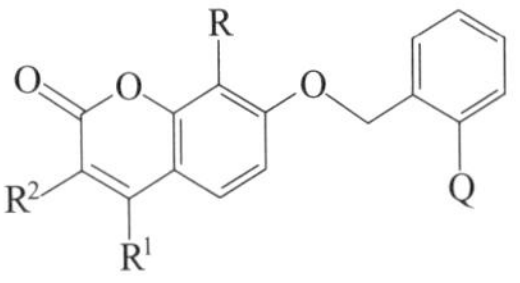 **4-47**

生测结果表明：化合物 **4-45** 结构中 R 和 R^3 位置为氢时，活性最优；化合物 **4-46** 结构中香豆素环中与甲氧基丙烯酸酯基团连接的氧的位置由 7-位取代变换为 4-位、6-位、8-位取代时，化合物杀菌活性急剧降低甚至消失；化合物 **4-47** 结构中药效团甲氧基丙烯酸酯为（*E*)-3-甲氧基-2-苯基丙烯酸甲酯（MA）时，活性远远优于（*E*)-2-(甲氧亚氨基)-2-苯基乙酸甲酯（OE）、(*E*)-2-甲氧亚氨基-*N*-甲基-2-苯基乙酰胺（OA）和甲氧基（苯基）甲酸甲酯（MC）。

至此确定 SYP-3375 为活性最优的化合物。然后，经过大量的室内和田间生物活性测定、合成方法和工艺研究、各种性能测试与安全评价等，最终将 SYP-3375 确定为候选品种进行开发，并获得中文通用名称丁香菌酯。

合成的通式所示的部分羟基苯并吡喃酮类中间体如下表 4-2 所示。

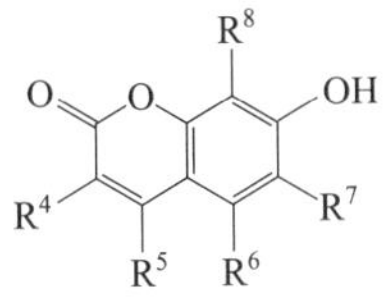

4-Ⅰ

表 4-2 部分羟基苯并吡喃酮类中间体表

化合物	R^4	R^5	R^6	R^7	R^8	熔点/℃
4-Ⅰ-1	H	CH_3	H	H	$COCH_3$	158～160
4-Ⅰ-2	H	CH_3	H	H	$C(=NOMe)CH_3$	129～140
4-Ⅰ-3	H	CH_3	H	H	CO_2CH_3	219～222
4-Ⅰ-4	H	CH_3	H	H	CH_3	256～258
4-Ⅰ-5	Cl	CH_3	H	H	H	230～234
4-Ⅰ-6	H	CF_3	H	H	H	180～183
4-Ⅰ-7	$C_6H_5CH_2$	CH_3	H	H	H	208～212
4-Ⅰ-8	H	$4\text{-F-}C_6H_4$	H	H	H	256～262
4-Ⅰ-9	H	$3,4\text{-}(OMe)_2C_6H_4$	H	H	H	184～188
4-Ⅰ-10	F	CH_3	H	H	H	203～206
4-Ⅰ-11	H	C_6H_5	H	H	H	240～242
4-Ⅰ-12	H	C_6H_5	H	H	CH_3	260～262
4-Ⅰ-13	Cl	C_6H_5	H	H	H	188～190
4-Ⅰ-14	CH_3	CH_3	H	H	H	118～120

续表

化合物	R^4	R^5	R^6	R^7	R^8	熔点/℃
4-Ⅰ-15	CH_3	CH_3	H	H	CH_3	218～222
4-Ⅰ-16	Cl	n-C_3H_7	H	H	CH_3	176～178
4-Ⅰ-17	Cl	n-C_3H_7	H	H	H	148～150
4-Ⅰ-18	H	i-C_3H_7	H	H	CH_3	160～162
4-Ⅰ-19	n-C_6H_{13}	CH_3	H	H	H	170～172
4-Ⅰ-20	i-$C_3H_7CH_2CH_2$	CH_3	H	H	H	101～102
4-Ⅰ-21	n-C_4H_9	CH_3	H	H	H	134～136
4-Ⅰ-22	n-C_3H_7	CH_3	H	H	H	142～144
4-Ⅰ-23	H	CH_2OCH_3	H	H	H	186～190
4-Ⅰ-24	$CH_2CH_2CH_2$		H	H	H	
4-Ⅰ-25	$CH_2CH_2CH_2$		H	H	CH_3	
4-Ⅰ-26	$CH_2CH_2CH_2CH_2$		H	H	H	
4-Ⅰ-27	$CH_2CH_2CH_2CH_2$		H	H	CH_3	
4-Ⅰ-28	$CH_2CH_2CH_2$		H	H	H	
4-Ⅰ-29	$CH_2CH_2CH_2$		H	H	CH_3	
4-Ⅰ-30	$CH_2CH_2CH_2CH_2$		H	H	H	
4-Ⅰ-31	$CH_2CH_2CH_2CH_2$		H	H	CH_3	
4-Ⅰ-32	$CH_2CH_2CH_2$		H	H	H	
4-Ⅰ-33	$CH_2CH_2CH_2$		H	H	CH_3	
4-Ⅰ-34	$CH_2CH_2CH_2CH_2$		H	H	H	
4-Ⅰ-35	$CH_2CH_2CH_2CH_2$		H	H	CH_3	
4-Ⅰ-36	$CH_2CH_2CH_2$		H	H	H	
4-Ⅰ-37	$CH_2CH_2CH_2$		H	H	CH_3	
4-Ⅰ-38	$CH_2CH_2CH_2CH_2$		H	H	H	
4-Ⅰ-39	$CH_2CH_2CH_2CH_2$		H	H	CH_3	

部分目标化合物见表 4-3 和表 4-4。

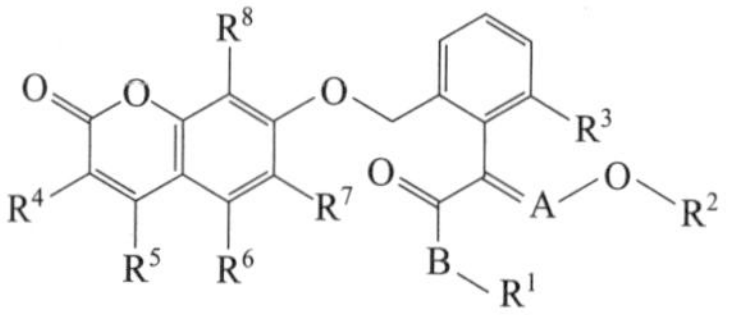

4-Ⅱ

其中 R^1、$R^2=CH_3$；E 为 $C(CH_3)=NOCH_3$；M 为 C_6H_3-3,4-$(OCH_3)_2$

表 4-3　部分目标化合物表（一）

编号	A	B	R^3	R^4	R^5	R^6	R^7	R^8	熔点/℃
4-Ⅱ-1	CH	O	H	H	H	H	H	H	油状
4-Ⅱ-2	CH	O	H	H	CH_3	H	H	H	140～143

续表

编号	A	B	R^3	R^4	R^5	R^6	R^7	R^8	熔点/℃
4-Ⅱ-3	CH	O	H	H	CH_3	H	H	CH_3	188～190
4-Ⅱ-4	CH	O	H	H	C_6H_5	H	H	CH_3	146～148
4-Ⅱ-5	CH	O	H	CH_3	CH_3	H	H	H	120～122
4-Ⅱ-6	CH	O	H	CH_3	CH_3	H	H	CH_3	174～176
4-Ⅱ-7	CH	O	H	H	CF_3	H	H	H	164～166
4-Ⅱ-8	CH	O	H	H	CH_3	H	H	E	油状
4-Ⅱ-9	CH	O	H	H	CH_3	H	E	H	183～185
4-Ⅱ-10	CH	O	H	H	CH_3	H	$COCH_3$	H	169～172
4-Ⅱ-11	CH	O	H	H	CH_3	H	H	$COCH_3$	165～167
4-Ⅱ-12	CH	O	H	Cl	CH_3	H	H	H	162～164
4-Ⅱ-13	CH	O	H	H	CH_2Cl	H	H	H	
4-Ⅱ-14	CH	O	H	Cl	CH_2Cl	H	H	H	
4-Ⅱ-15	CH	O	H	Cl	CH_2OCH_3	H	H	H	
4-Ⅱ-16	CH	O	H	Cl	CH_2CH_3	H	H	H	
4-Ⅱ-17	CH	O	H	H	CH_2CH_3	H	H	CH_3	154～156
4-Ⅱ-18	CH	O	H	C_2H_5	CH_3	H	H	H	132～135
4-Ⅱ-19	CH	O	H	H	CH_2OCH_3	H	H	H	140～142
4-Ⅱ-20	CH	O	H	H	$CH_2OC_2H_5$	H	H	H	
4-Ⅱ-21	CH	O	H	Cl	$CH_2OC_2H_5$	H	H	H	
4-Ⅱ-22	CH	O	H	OCH_3	CH_2OCH_3	H	H	H	
4-Ⅱ-23	CH	O	H	$N(CH_3)_2$	CH_3	H	H	H	
4-Ⅱ-24	CH	O	H	CN	H	H	H	H	166～168
4-Ⅱ-25	CH	O	H	Cl	CH_3	H	H	CH_3	202～204
4-Ⅱ-26	CH	O	H	H	$CH(CH_3)_2$	H	H	H	128～130
4-Ⅱ-27	CH	O	H	C_3H_7	CH_3	H	H	H	142～144
4-Ⅱ-28	CH	O	H	H	t-C_4H_9	H	H	H	
4-Ⅱ-29	CH	O	H	H	4-Cl-C_6H_4	H	H	H	149～152
4-Ⅱ-30	CH	O	H	Cl	4-Cl-C_6H_4	H	H	H	
4-Ⅱ-31	CH	O	H	H	4-Cl-C_6H_4	H	H	CH_3	
4-Ⅱ-32	CH	O	H	Cl	C_6H_5	H	H	H	142～144
4-Ⅱ-33	CH	O	H	H	CH_2CH_3	H	H	H	134～136
4-Ⅱ-34	CH	O	H	H	$CH_2C_2H_5$	H	H	H	118～120
4-Ⅱ-35	CH	O	H	H	$CH_2C_2H_5$	H	H	CH_3	146～148
4-Ⅱ-36	CH	O	H	Cl	$CH_2C_2H_5$	H	H	H	118～120
4-Ⅱ-37	CH	O	H	CH_3	$CH_2C_2H_5$	H	H	H	112～115
4-Ⅱ-38	CH	O	H	H	4-F-C_6H_4	H	H	H	132～134
4-Ⅱ-39	CH	O	H	Cl	4-F-C_6H_4	H	H	H	

续表

编号	A	B	R^3	R^4	R^5	R^6	R^7	R^8	熔点/℃
4-Ⅱ-40	CH	O	H	H	4-F-C_6H_4	H	H	CH_3	
4-Ⅱ-41	CH	O	H	H	4-F-C_6H_4	H	H	H	161～162
4-Ⅱ-42	CH	O	H	Cl	4-F-C_6H_4	H	H	H	
4-Ⅱ-43	CH	O	H	Cl	$CH_2N(CH_3)_2$	H	H	H	
4-Ⅱ-44	CH	O	H	OCH_3	C_2H_5	H	H	H	
4-Ⅱ-45	CH	O	H	OCH_3	CH_3	H	H	H	
4-Ⅱ-46	CH	O	H	OC_2H_5	CH_3	H	H	H	
4-Ⅱ-47	CH	O	H	H	$CH_2OCH_2CF_3$	H	H	H	
4-Ⅱ-48	CH	O	H	Cl	$CH_2OCH_2CF_3$	H	H	H	
4-Ⅱ-49	CH	O	H	F	CF_3	H	H	H	
4-Ⅱ-50	CH	O	H	F	CH_3	H	H	H	163～164
4-Ⅱ-51	CH	O	H	H	$CH_2N(CH_3)_2$	H	H	H	
4-Ⅱ-52	CH	O	H	H	C_6H_5	H	H	H	130～133
4-Ⅱ-53	CH	O	H	Cl	Cl	H	H	H	
4-Ⅱ-54	CH	O	H	F	Cl	H	H	H	
4-Ⅱ-55	CH	O	H	H	$CH_2OCH_2C_6H_5$	H	H	H	
4-Ⅱ-56	CH	O	H	OCH_3	4-Cl-C_6H_4	H	H	H	
4-Ⅱ-57	CH	O	H	F	4-Cl-C_6H_4	H	H	H	
4-Ⅱ-58	CH	O	H	H	M	H	H	H	81～83
4-Ⅱ-59	CH	O	H	Cl	M	H	H	H	
4-Ⅱ-60	CH	O	H	Cl	M	H	H	CH_3	
4-Ⅱ-61	CH	O	H	CH_3S	CH_3	H	H	H	
4-Ⅱ-62	CH	O	H	CH_3SO_2	CH_3	H	H	H	
4-Ⅱ-63	CH	O	H	F	F	H	H	H	
4-Ⅱ-64	CH	O	H	CH_3SO_2	Cl	H	H	H	
4-Ⅱ-65	CH	O	H	H	4-NO_2-C_6H_4	H	H	H	
4-Ⅱ-66	CH	O	H	Cl	4-NO_2-C_6H_4	H	H	H	
4-Ⅱ-67	CH	O	H	H	4-NO_2-C_6H_4	H	H	CH_3	
4-Ⅱ-68	CH	O	H	$PhCH_2$	CH_3	H	H	H	159～162
4-Ⅱ-69	CH	O	H	$PhCH_2$	CH_3	H	H	CH_3	
4-Ⅱ-70	CH	O	H	CF_3CH_2O	C_3H_7	H	H	H	
4-Ⅱ-71	CH	NH	H	CH_3	CH_3	H	H	H	
4-Ⅱ-72	CH	NH	H	CH_3	CH_3	H	H	CH_3	
4-Ⅱ-73	CH	NH	H	OCH_3	CF_3	M	H	H	
4-Ⅱ-74	CH	NH	H	OCH_3	CH_3	F	H	E	
4-Ⅱ-75	CH	NH	H	H	CF_3	H	H	CH_3	
4-Ⅱ-76	CH	NH	H	CH_3	CH_2Cl	H	H	H	

续表

编号	A	B	R^3	R^4	R^5	R^6	R^7	R^8	熔点/℃
4-Ⅱ-77	CH	NH	H	CH_3	CH_2Cl	H	H	CH_3	
4-Ⅱ-78	CH	NH	H	Cl	CH_2Cl	H	H	H	
4-Ⅱ-79	CH	NH	H	H	M	Cl	H	E	
4-Ⅱ-80	CH	NH	H	H	M	H	E	H	
4-Ⅱ-81	CH	NH	H	H	M	H	$COCH_3$	H	
4-Ⅱ-82	CH	NH	H	H	M	H	H	$COCH_3$	
4-Ⅱ-83	CH	NH	H	Cl	CH_2OCH_3	H	H	H	
4-Ⅱ-84	CH	NH	H	H	4-C_6H_5Cl	H	H	H	
4-Ⅱ-85	CH	NH	H	H	4-C_6H_5Cl	H	H	CH_3	
4-Ⅱ-86	CH	NH	H	H	CH_2OCH_3	H	H	CH_3	
4-Ⅱ-87	CH	NH	H	CH_3	CH_2OCH_3	H	H	H	
4-Ⅱ-88	CH	NH	H	CH_3	CH_2OCH_3	H	H	CH_3	
4-Ⅱ-89	CH	NH	H	H	CH_2OCH_3	H	H	H	
4-Ⅱ-90	CH	NH	H	H	CH_2OCH_3	H	H	E	
4-Ⅱ-91	CH	NH	H	H	$CH_2OCH_2CF_3$	H	E	H	
4-Ⅱ-92	CH	NH	H	H	$CH_2N(CH_3)_2$	H	H	H	
4-Ⅱ-93	CH	NH	H	H	$CH_2OCH_2CF_3$	H	H	$COCH_3$	
4-Ⅱ-94	CH	NH	H	Cl	$CH_2OC_2H_5$	H	H	H	
4-Ⅱ-95	CH	NH	H	H	$CH_2OC_2H_5$	H	H	H	
4-Ⅱ-96	CH	NH	H	H	$CH_2OC_2H_5$	H	H	CH_3	
4-Ⅱ-97	CH	NH	H	H	CF_3	H	H	CH_3	
4-Ⅱ-98	CH	NH	H	CH_3	CF_3	H	H	H	
4-Ⅱ-99	CH	NH	H	CH_3	Cl	H	H	CH_3	
4-Ⅱ-100	N	O	H	Cl	CH_3	H	H	H	172～174
4-Ⅱ-101	N	O	H	H	CH_3	H	H	H	150～152
4-Ⅱ-102	N	O	H	H	CH_3	H	H	CH_3	178～180
4-Ⅱ-103	N	O	H	CH_3	CH_3	H	H	H	112～118
4-Ⅱ-104	N	O	H	F	CH_3	H	H	H	
4-Ⅱ-105	N	O	H	H	CF_3	H	H	Cl	
4-Ⅱ-106	N	O	H	CH_3	CH_3	H	H	CH_3	184～186
4-Ⅱ-107	N	O	H	H	CH_3	H	E	CH_3	
4-Ⅱ-108	N	O	H	H	CH_3	H	$COCH_3$	CH_3	
4-Ⅱ-109	N	O	H	Cl	CH_3	H	H	CH_3	198～200
4-Ⅱ-110	N	O	H	H	CH_2Cl	H	H	CO_2CH_3	
4-Ⅱ-111	N	O	H	H	H	H	H	H	106～110
4-Ⅱ-112	N	O	H	H	CH_2Cl	H	H	CF_3	
4-Ⅱ-113	N	O	H	H	3-CF_3-C_6H_4	H	H	CF_3	

续表

编号	A	B	R^3	R^4	R^5	R^6	R^7	R^8	熔点/℃
4-Ⅱ-114	N	O	H	CH_3	3-CH_3-C_6H_4	H	H	CF_3	
4-Ⅱ-115	N	O	H	CH_3	4-CH_3-C_6H_4	H	H	CF_3	
4-Ⅱ-116	N	O	H	H	CH_2Cl	H	H	H	
4-Ⅱ-117	N	O	H	Cl	CH_2Cl	H	H	H	
4-Ⅱ-118	N	O	H	Cl	CH_2F	H	H	H	
4-Ⅱ-119	N	O	H	H	CH_2F	H	H	H	
4-Ⅱ-120	N	O	H	H	CH_2Br	H	H	H	
4-Ⅱ-121	N	O	H	H	CH_2OCH_3	H	H	$CH_2N(CH_3)_2$	
4-Ⅱ-122	N	O	H	Cl	CH_2OCH_3	H	H	$CH_2N(CH_3)_2$	
4-Ⅱ-123	N	O	H	CH_3	CH_2OCH_3	H	H	$CH_2N(CH_3)_2$	
4-Ⅱ-124	N	O	H	H	CH_2OCH_3	H	H	F	
4-Ⅱ-125	N	O	H	CH_3	CH_2OCH_3	H	H	F	
4-Ⅱ-126	N	O	H	CH_3	CH_2OCH_3	H	CO_2CH_3	$CH_2N(CH_3)_2$	
4-Ⅱ-127	N	O	H	H	CH_2OCH_3	H	H	H	
4-Ⅱ-128	N	O	H	H	CH_2OCH_3	H	H	E	
4-Ⅱ-129	N	O	H	H	3-CF_3-C_6H_4	H	E	H	
4-Ⅱ-130	N	O	H	H	3-CH_3-C_6H_4	H	$COCH_3$	H	
4-Ⅱ-131	N	O	H	H	4-CH_3-C_6H_4	H	H	$COCH_3$	
4-Ⅱ-132	N	O	H	Cl	$CH_2OC_2H_5$	H	H	H	
4-Ⅱ-133	N	O	H	H	$CH_2OC_2H_5$	H	H	H	
4-Ⅱ-134	N	O	H	H	$CH_2OC_2H_5$	H	H	CH_3	
4-Ⅱ-135	N	O	H	H	3-OCH_3-C_6H_4	H	H	CH_3	
4-Ⅱ-136	N	O	H	CH_3	4-OCH_3-C_6H_4	H	H	H	
4-Ⅱ-137	N	O	H	CH_3	2-OCH_3-C_6H_4	H	H	CH_3	
4-Ⅱ-138	N	O	H	H	$CH_2OC_2H_5$	H	H	Cl	
4-Ⅱ-139	N	O	H	H	$CH_2OC_2H_5$	H	H	E	
4-Ⅱ-140	N	O	H	H	M	H	E	H	
4-Ⅱ-141	N	O	H	H	3-CF_3-C_6H_4	H	$COCH_3$	H	
4-Ⅱ-142	N	O	H	H	3-CH_3-C_6H_4	H	H	$COCH_3$	
4-Ⅱ-143	N	O	H	H	4-CH_3-C_6H_4	H	H	H	
4-Ⅱ-144	N	O	H	H	2-Cl-C_6H_4	H	H	H	
4-Ⅱ-145	N	O	H	H	3-Cl-C_6H_4	H	H	CH_3	
4-Ⅱ-146	N	O	H	H	$CH_2OCH_2CF_3$	H	H	CH_3	
4-Ⅱ-147	N	O	H	CH_3	$CH_2OCH_2CF_3$	H	H	H	
4-Ⅱ-148	N	O	H	CH_3	$CH_2OC_6H_5$	H	H	CH_3	
4-Ⅱ-149	N	O	H	H	$CH_2OC_6H_5$	H	H	H	
4-Ⅱ-150	N	O	H	H	$CH_2OCH_2C_6H_5$	H	H	E	

续表

编号	A	B	R^3	R^4	R^5	R^6	R^7	R^8	熔点/℃
4-Ⅱ-151	N	O	H	H	$CH_2OCH_2C_6H_5$	H	E	H	
4-Ⅱ-152	N	O	H	H	4-Cl-C_6H_4	H	$COCH_3$	H	
4-Ⅱ-153	N	NH	H	H	CH_3	H	H	H	210～214
4-Ⅱ-154	N	NH	H	CH_3	CH_3	H	H	CH_3	178～180
4-Ⅱ-155	N	NH	H	H	2-Cl-C_6H_4	H	H	CH_3	
4-Ⅱ-156	N	NH	H	CH_3	3-Cl-C_6H_4	H	H	H	
4-Ⅱ-157	N	NH	H	CH_3	4-Cl-C_6H_4	H	H	CH_3	
4-Ⅱ-158	N	NH	H	Cl	CH_2Cl	H	H	H	
4-Ⅱ-159	N	NH	H	Cl	CH_3	H	H	H	
4-Ⅱ-160	N	NH	H	H	3-CF_3-C_6H_4	H	E	H	
4-Ⅱ-161	N	NH	H	H	3-CH_3-C_6H_4	H	$COCH_3$	H	
4-Ⅱ-162	N	NH	H	H	4-CH_3-C_6H_4	H	H	$COCH_3$	
4-Ⅱ-163	N	NH	H	H	CH_2OCH_3	H	H	H	
4-Ⅱ-164	N	NH	H	H	4-F-C_6H_4	H	H	H	
4-Ⅱ-165	N	NH	H	H	2-F-C_6H_4	H	H	CH_3	
4-Ⅱ-166	N	NH	H	H	C_6H_3-3,5-2Cl	H	H	CH_3	
4-Ⅱ-167	N	NH	H	CH_3	2-OCH_3-C_6H_4	H	H	H	
4-Ⅱ-168	N	NH	H	CH_3	2-OCH_3-C_6H_4	H	H	CH_3	
4-Ⅱ-169	N	NH	H	Cl	CH_2OCH_3	H	H	H	
4-Ⅱ-170	N	NH	H	H	CH_2OCH_3	H	H	E	
4-Ⅱ-171	N	NH	H	H	3,5-2Cl-C_6H_3	H	E	H	
4-Ⅱ-172	N	NH	H	H	2,4-2Cl-C_6H_3	H	H	H	
4-Ⅱ-173	N	NH	H	H	3,4-2Cl-C_6H_3	H	H	H	
4-Ⅱ-174	N	NH	H	Cl	$CH_2OC_2H_5$	H	H	H	
4-Ⅱ-175	N	NH	H	H	$CH_2OC_2H_5$	H	H	H	
4-Ⅱ-176	N	NH	H	H	$CH_2OC_2H_5$	H	H	CH_3	
4-Ⅱ-177	N	NH	H	H	CF_3	H	H	CH_3	
4-Ⅱ-178	N	NH	H	CH_3	CF_3	H	H	H	
4-Ⅱ-179	N	NH	H	CH_3	Cl	H	H	CH_3	
4-Ⅱ-180	N	NH	H	H	Cl	H	H	H	
4-Ⅱ-181	N	NH	H	H	CH_3	H	H	Cl	
4-Ⅱ-182	N	NH	H	H	C_6H_5	H	H	Cl	
4-Ⅱ-183	N	NH	H	CH_3	CH_3	H	H	F	
4-Ⅱ-184	N	NH	H	CH_3	CH_3	H	H	H	
4-Ⅱ-185	N	NH	H	H	CF_3	H	H	Cl	
4-Ⅱ-186	N	NH	H	CH_3	4-F-C_6H_4	H	H	CH_3	
4-Ⅱ-187	N	NH	H	H	2-F-C_6H_4	H	E	CO_2CH_3	

续表

编号	A	B	R^3	R^4	R^5	R^6	R^7	R^8	熔点/℃
4-Ⅱ-188	N	NH	H	H	2-Cl-C_6H_4	H	$COCH_3$	CO_2CH_3	
4-Ⅱ-189	N	NH	H	H	3-Cl-C_6H_4	H	H	CO_2CH_3	
4-Ⅱ-190	N	NH	H	H	4-Cl-C_6H_4	H	H	CO_2CH_3	
4-Ⅱ-191	N	NH	H	H	CH_2Cl	H	CH_3	H	
4-Ⅱ-192	N	NH	H	H	CH_2Cl	H	$CO_2C_2H_5$	CF_3	
4-Ⅱ-193	N	NH	H	H	CH_2Cl	H	H	CF_3	
4-Ⅱ-194	N	NH	H	CH_3	M	H	$CO_2C_2H_5$	CF_3	
4-Ⅱ-195	N	NH	H	CH_3	CH_2Cl	H	H	CF_3	
4-Ⅱ-196	N	NH	H	H	CH_2Cl	H	H	H	
4-Ⅱ-197	N	NH	H	H	CH_2Cl	H	H	E	
4-Ⅱ-198	N	NH	H	H	CH_2Cl	H	E	H	
4-Ⅱ-199	N	NH	H	H	CH_2Cl	H	$COCH_3$	H	
4-Ⅱ-200	N	NH	H	CH_3	3,5-2Cl-C_6H_3	H	CO_2CH_3	H	
4-Ⅱ-201	CH	O	CH_3	H	H	H	H	H	
4-Ⅱ-202	CH	O	CH_3	H	CH_3	H	H	H	
4-Ⅱ-203	CH	O	CH_3	H	CH_3	H	H	CH_3	
4-Ⅱ-204	CH	O	CH_3	H	C_6H_5	H	H	CH_3	
4-Ⅱ-205	CH	O	CH_3	CH_3	CH_3	H	H	H	
4-Ⅱ-206	CH	O	CH_3	CH_3	CH_3	H	H	CH_3	
4-Ⅱ-207	CH	O	CH_3	H	CF_3	H	H	H	
4-Ⅱ-208	CH	O	CH_3	H	CH_3	H	H	E	
4-Ⅱ-209	CH	O	CH_3	H	CH_3	H	E	H	
4-Ⅱ-210	CH	O	CH_3	H	CH_3	H	$COCH_3$	H	
4-Ⅱ-211	CH	O	CH_3	H	CH_3	H	H	$COCH_3$	
4-Ⅱ-212	CH	O	CH_3	H	CH_2Cl	H	H	H	
4-Ⅱ-213	CH	O	CH_3	Cl	CH_2Cl	H	H	H	
4-Ⅱ-214	CH	O	CH_3	H	CH_2Cl	H	H	CF_3	
4-Ⅱ-215	CH	O	CH_3	H	CH_2Cl	H	H	CH_3	
4-Ⅱ-216	CH	O	CH_3	CH_3	CH_2OCH_3	H	H	H	
4-Ⅱ-217	CH	O	CH_3	CH_3	CH_2OCH_3	H	H	CH_3	
4-Ⅱ-218	CH	O	CH_3	OCH_3	CH_2Cl	H	H	H	
4-Ⅱ-219	CH	O	CH_3	H	CH_2Cl	H	H	E	
4-Ⅱ-220	CH	O	CH_3	H	CH_2Cl	H	E	H	
4-Ⅱ-221	CH	O	CH_3	H	CH_2Cl	H	$COCH_3$	H	
4-Ⅱ-222	CH	O	CH_3	H	CH_2Cl	H	H	$COCH_3$	
4-Ⅱ-223	CH	O	CH_3	H	$CH_2OCH_2CF_3$	H	H	H	
4-Ⅱ-224	CH	O	CH_3	Cl	$CH_2OC_2H_5$	H	H	H	

续表

编号	A	B	R^3	R^4	R^5	R^6	R^7	R^8	熔点/℃
4-Ⅱ-225	CH	O	CH_3	Cl	CH_2OCH_3	H	H	CH_3	
4-Ⅱ-226	CH	O	CH_3	H	CH_2OCH_3	H	H	CH_3	
4-Ⅱ-227	CH	O	CH_3	CH_3	3-CF_3-C_6H_4	H	H	H	
4-Ⅱ-228	CH	O	CH_3	CH_3	3-CH_3-C_6H_4	H	H	CH_3	
4-Ⅱ-229	CH	O	CH_3	H	4-CH_3-C_6H_4	H	H	H	
4-Ⅱ-230	CH	O	CH_3	H	2-Cl-C_6H_4	H	H	E	
4-Ⅱ-231	CH	O	CH_3	H	3-Cl-C_6H_4	H	E	H	
4-Ⅱ-232	CH	O	CH_3	H	CF_3	H	$COCH_3$	H	
4-Ⅱ-233	CH	O	CH_3	Cl	CH_2OCH_3	H	H	$COCH_3$	
4-Ⅱ-234	CH	O	CH_3	OCH_3	$CH_2OC_2H_5$	H	H	H	
4-Ⅱ-235	CH	O	CH_3	C_2H_5	$CH_2OC_2H_5$	H	CH_3	H	
4-Ⅱ-236	CH	O	CH_3	H	$CH_2OC_2H_5$	H	H	CH_3	
4-Ⅱ-237	CH	O	CH_3	Cl	$CH_2OC_2H_5$	H	$CO_2C_2H_5$	CH_3	
4-Ⅱ-238	CH	O	CH_3	CH_3	2-F-C_6H_4	H	H	H	
4-Ⅱ-239	CH	O	CH_3	CH_3	3-F-C_6H_4	H	H	CH_3	
4-Ⅱ-240	CH	O	CH_3	H	4-F-C_6H_4	H	H	H	
4-Ⅱ-241	CH	O	CH_3	H	$CH_2OC_2H_5$	H	H	E	
4-Ⅱ-242	CH	O	CH_3	H	$CH_2OC_2H_5$	H	E	H	
4-Ⅱ-243	CH	O	CH_3	H	$CH_2OC_2H_5$	H	$COCH_3$	H	
4-Ⅱ-244	CH	O	CH_3	H	$CH_2OC_2H_5$	H	H	$COCH_3$	
4-Ⅱ-245	CH	O	CH_3	H	$CH_2OCH_2CF_3$	H	H	H	
4-Ⅱ-246	CH	O	CH_3	Cl	$CH_2OCH_2CF_3$	H	H	H	
4-Ⅱ-247	CH	O	CH_3	H	CF_3	H	H	CH_3	
4-Ⅱ-248	CH	O	CH_3	H	$CH_2OCH_2CF_3$	H	H	CH_3	
4-Ⅱ-249	CH	O	CH_3	CH_3	$CH_2OCH_2CF_3$	H	H	H	
4-Ⅱ-250	CH	O	CH_3	CH_3	CH_2OPh	H	H	CH_3	
4-Ⅱ-251	CH	O	CH_3	H	CH_2OPh	H	H	H	
4-Ⅱ-252	CH	O	CH_3	H	CH_2OCH_2Ph	H	H	E	
4-Ⅱ-253	CH	O	CH_3	H	CH_2OCH_2Ph	H	E	H	
4-Ⅱ-254	CH	O	CH_3	H	4-Cl-C_6H_5	H	$COCH_3$	H	
4-Ⅱ-255	CH	O	CH_3	H	4-Cl-C_6H_5	H	H	$COCH_3$	
4-Ⅱ-256	CH	O	CH_3	H	M	H	$CO_2C_2H_5$	H	
4-Ⅱ-257	CH	O	CH_3	H	M	H	H	H	
4-Ⅱ-258	CH	O	CH_3	Cl	M	H	H	CH_3	
4-Ⅱ-259	CH	O	CH_3	H	M	H	H	CH_3	
4-Ⅱ-260	CH	O	CH_3	CH_3	M	H	H	H	
4-Ⅱ-261	CH	NH	CH_3	Cl	H	H	H	H	

续表

编号	A	B	R^3	R^4	R^5	R^6	R^7	R^8	熔点/℃
4-Ⅱ-262	CH	NH	CH_3	Cl	CH_3	H	H	H	
4-Ⅱ-263	CH	NH	CH_3	H	CH_3	H	H	CH_3	
4-Ⅱ-264	CH	NH	CH_3	H	C_6H_5	H	H	CH_3	
4-Ⅱ-265	CH	NH	CH_3	CH_3	CH_3	H	H	H	
4-Ⅱ-266	CH	NH	CH_3	CH_3	CH_3	H	H	CH_3	
4-Ⅱ-267	CH	NH	CH_3	OCH_3	CF_3	H	H	H	
4-Ⅱ-268	CH	NH	CH_3	OCH_3	CH_3	H	H	E	
4-Ⅱ-269	CH	NH	CH_3	H	CH_3	H	E	H	
4-Ⅱ-270	CH	NH	CH_3	H	CH_3	H	$COCH_3$	H	
4-Ⅱ-271	CH	NH	CH_3	H	CH_3	H	H	$COCH_3$	
4-Ⅱ-272	CH	NH	CH_3	H	CH_2Cl	H	H	H	
4-Ⅱ-273	CH	NH	CH_3	H	M	H	H	H	
4-Ⅱ-274	CH	NH	CH_3	H	CH_2Cl	H	H	CH_3	
4-Ⅱ-275	CH	NH	CH_3	H	CF_3	H	H	CH_3	
4-Ⅱ-276	CH	NH	CH_3	CH_3	CH_2Cl	H	H	H	
4-Ⅱ-277	CH	NH	CH_3	CH_3	CH_2Cl	H	H	CH_3	
4-Ⅱ-278	CH	NH	CH_3	Cl	CH_2Cl	H	H	H	
4-Ⅱ-279	CH	NH	CH_3	H	M	H	H	E	
4-Ⅱ-280	CH	NH	CH_3	H	M	H	E	H	
4-Ⅱ-281	CH	NH	CH_3	H	M	H	$COCH_3$	H	
4-Ⅱ-282	CH	NH	CH_3	H	M	H	H	$COCH_3$	
4-Ⅱ-283	CH	NH	CH_3	Cl	CH_2OCH_3	H	H	H	
4-Ⅱ-284	CH	NH	CH_3	H	4-C_6H_5Cl	H	H	H	
4-Ⅱ-285	CH	NH	CH_3	H	4-C_6H_5Cl	H	H	CH_3	
4-Ⅱ-286	CH	NH	CH_3	H	CH_2OCH_3	H	H	CH_3	
4-Ⅱ-287	CH	NH	CH_3	CH_3	CH_2OCH_3	H	H	H	
4-Ⅱ-288	CH	NH	CH_3	CH_3	CH_2OCH_3	H	H	CH_3	
4-Ⅱ-289	CH	NH	CH_3	H	CH_2OCH_3	H	H	H	
4-Ⅱ-290	CH	NH	CH_3	H	CH_2OCH_3	H	H	E	
4-Ⅱ-291	CH	NH	CH_3	H	$CH_2OCH_2CF_3$	H	E	H	
4-Ⅱ-292	CH	NH	CH_3	H	$CH_2OCH_2CF_3$	H	$COCH_3$	H	
4-Ⅱ-293	CH	NH	CH_3	H	$CH_2OCH_2CF_3$	H	H	$COCH_3$	
4-Ⅱ-294	CH	NH	CH_3	Cl	$CH_2OC_2H_5$	H	H	H	
4-Ⅱ-295	CH	NH	CH_3	H	$CH_2OC_2H_5$	H	H	H	
4-Ⅱ-296	CH	NH	CH_3	H	$CH_2OC_2H_5$	H	H	CH_3	
4-Ⅱ-297	CH	NH	CH_3	H	CF_3	H	H	CH_3	
4-Ⅱ-298	CH	NH	CH_3	CH_3	CF_3	H	H	H	

续表

编号	A	B	R^3	R^4	R^5	R^6	R^7	R^8	熔点/℃
4-Ⅱ-299	CH	NH	CH_3	CH_3	Cl	H	H	CH_3	
4-Ⅱ-300	CH	NH	CH_3	H	Cl	H	H	H	
4-Ⅱ-301	N	O	CH_3	H	CH_3	H	H	H	
4-Ⅱ-302	N	O	CH_3	H	C_6H_5	H	H	Cl	
4-Ⅱ-303	N	O	CH_3	CH_3	CH_3	H	H	H	
4-Ⅱ-304	N	O	CH_3	CH_3	CH_3	H	H	H	
4-Ⅱ-305	N	O	CH_3	H	CF_3	H	H	Cl	
4-Ⅱ-306	N	O	CH_3	CH_3	CH_3	H	H	CH_3	
4-Ⅱ-307	N	O	CH_3	H	CH_3	H	E	CO_2CH_3	
4-Ⅱ-308	N	O	CH_3	H	CH_3	H	$COCH_3$	CO_2CH_3	
4-Ⅱ-309	N	O	CH_3	H	CH_3	H	H	CO_2CH_3	
4-Ⅱ-310	N	O	CH_3	H	CH_2Cl	H	H	CO_2CH_3	
4-Ⅱ-311	N	O	CH_3	H	H	H	H	H	
4-Ⅱ-312	N	O	CH_3	H	CH_2Cl	H	H	CF_3	
4-Ⅱ-313	N	O	CH_3	H	3-CF_3-C_6H_4	H	H	CF_3	
4-Ⅱ-314	N	O	CH_3	CH_3	3-CH_3-C_6H_4	H	H	CF_3	
4-Ⅱ-315	N	O	CH_3	CH_3	4-CH_3-C_6H_4	H	H	CF_3	
4-Ⅱ-316	N	O	CH_3	H	CH_2Cl	H	H	H	
4-Ⅱ-317	N	O	CH_3	H	CH_2Cl	H	H	E	
4-Ⅱ-318	N	O	CH_3	H	CH_2Cl	H	E	H	
4-Ⅱ-319	N	O	CH_3	H	CH_2Cl	H	$COCH_3$	H	
4-Ⅱ-320	N	O	CH_3	H	CH_2Cl	H	H	$COCH_3$	
4-Ⅱ-321	N	O	CH_3	H	CH_2OCH_3	H	H	$CH_2N(CH_3)_2$	
4-Ⅱ-322	N	O	CH_3	Cl	CH_2OCH_3	H	H	$CH_2N(CH_3)_2$	
4-Ⅱ-323	N	O	CH_3	CH_3	CH_2OCH_3	H	H	$CH_2N(CH_3)_2$	
4-Ⅱ-324	N	O	CH_3	H	CH_2OCH_3	H	H	F	
4-Ⅱ-325	N	O	CH_3	CH_3	CH_2OCH_3	H	H	F	
4-Ⅱ-326	N	O	CH_3	CH_3	CH_2OCH_3	H	CO_2CH_3	$CH_2N(CH_3)_2$	
4-Ⅱ-327	N	O	CH_3	H	CH_2OCH_3	H	H	H	
4-Ⅱ-328	N	O	CH_3	H	CH_2OCH_3	H	H	E	
4-Ⅱ-329	N	O	CH_3	H	3-CF_3-C_6H_4	H	E	H	
4-Ⅱ-330	N	O	CH_3	H	3-CH_3-C_6H_4	H	$COCH_3$	H	
4-Ⅱ-331	N	O	CH_3	H	4-CH_3-C_6H_4	H	H	$COCH_3$	
4-Ⅱ-332	N	O	CH_3	Cl	$CH_2OC_2H_5$	H	H	H	
4-Ⅱ-333	N	O	CH_3	H	$CH_2OC_2H_5$	H	H	H	
4-Ⅱ-334	N	O	CH_3	H	$CH_2OC_2H_5$	H	H	CH_3	
4-Ⅱ-335	N	O	CH_3	H	3-OCH_3-C_6H_4	H	H	CH_3	

续表

编号	A	B	R³	R⁴	R⁵	R⁶	R⁷	R⁸	熔点/℃
4-Ⅱ-336	N	O	CH_3	CH_3	4-OCH_3-C_6H_4	H	H	H	
4-Ⅱ-337	N	O	CH_3	CH_3	2-OCH_3-C_6H_4	H	H	CH_3	
4-Ⅱ-338	N	O	CH_3	H	$CH_2OC_2H_5$	H	H	Cl	
4-Ⅱ-339	N	O	CH_3	H	$CH_2OC_2H_5$	H	H	E	
4-Ⅱ-340	N	O	CH_3	H	M	H	E	H	
4-Ⅱ-341	N	O	CH_3	H	3-CF_3-C_6H_4	H	$COCH_3$	H	
4-Ⅱ-342	N	O	CH_3	H	3-CH_3-C_6H_4	H	H	$COCH_3$	
4-Ⅱ-343	N	O	CH_3	H	4-CH_3-C_6H_4	H	H	H	
4-Ⅱ-344	N	O	CH_3	H	2-Cl-C_6H_4	H	H	H	
4-Ⅱ-345	N	O	CH_3	H	3-Cl-C_6H_4	H	H	CH_3	
4-Ⅱ-346	N	O	CH_3	H	$CH_2OCH_2CF_3$	H	H	CH_3	
4-Ⅱ-347	N	O	CH_3	CH_3	$CH_2OCH_2CF_3$	H	H	H	
4-Ⅱ-348	N	O	CH_3	CH_3	CH_2OPh	H	H	CH_3	
4-Ⅱ-349	N	O	CH_3	H	CH_2OPh	H	H	H	
4-Ⅱ-350	N	O	CH_3	H	CH_2OCH_2Ph	H	H	E	
4-Ⅱ-351	N	O	CH_3	H	CH_2OCH_2Ph	H	E	H	
4-Ⅱ-352	N	O	CH_3	H	4-Cl-C_6H_4	H	$COCH_3$	H	
4-Ⅱ-353	N	NH	CH_3	H	CH_3	H	H	H	
4-Ⅱ-354	N	NH	CH_3	CH_3	CH_3	H	H	CH_3	
4-Ⅱ-355	N	NH	CH_3	H	2-Cl-C_6H_4	H	H	CH_3	
4-Ⅱ-356	N	NH	CH_3	CH_3	3-Cl-C_6H_4	H	H	H	
4-Ⅱ-357	N	NH	CH_3	CH_3	4-Cl-C_6H_4	H	H	CH_3	
4-Ⅱ-358	N	NH	CH_3	H	CH_2Cl	H	H	H	
4-Ⅱ-359	N	NH	CH_3	H	M	H	H	E	
4-Ⅱ-360	N	NH	CH_3	H	3-CF_3-C_6H_4	H	E	H	
4-Ⅱ-361	N	NH	CH_3	H	4-CH_3-C_6H_4	H	H	$COCH_3$	
4-Ⅱ-362	N	NH	CH_3	H	3-CH_3-C_6H_4	H	$COCH_3$	H	
4-Ⅱ-363	N	NH	CH_3	H	CH_2OCH_3	H	H	H	
4-Ⅱ-364	N	NH	CH_3	H	4-F-C_6H_4	H	H	H	
4-Ⅱ-365	N	NH	CH_3	H	2-F-C_6H_4	H	H	CH_3	
4-Ⅱ-366	N	NH	CH_3	H	C_6H_3-3,5-2Cl	H	H	CH_3	
4-Ⅱ-367	N	NH	CH_3	CH_3	2-OCH_3-C_6H_4	H	H	H	
4-Ⅱ-368	N	NH	CH_3	CH_3	2-OCH_3-C_6H_4	H	H	CH_3	
4-Ⅱ-369	N	NH	CH_3	Cl	CH_2OCH_3	H	H	H	
4-Ⅱ-370	N	NH	CH_3	H	CH_2OCH_3	H	H	E	
4-Ⅱ-371	N	NH	CH_3	H	C_6H_3-3,5-2Cl	H	E	H	
4-Ⅱ-372	N	NH	CH_3	H	$CH_2OCH_2CF_3$	H	$COCH_3$	H	

续表

编号	A	B	R^3	R^4	R^5	R^6	R^7	R^8	熔点/℃
4-Ⅱ-373	N	NH	CH_3	H	$CH_2OCH_2CF_3$	H	H	$COCH_3$	
4-Ⅱ-374	N	NH	CH_3	Cl	$CH_2OC_2H_5$	H	H	H	
4-Ⅱ-375	N	NH	CH_3	H	$CH_2OC_2H_5$	H	H	H	
4-Ⅱ-376	N	NH	CH_3	H	$CH_2OC_2H_5$	H	H	CH_3	
4-Ⅱ-377	N	NH	CH_3	H	CF_3	H	H	CH_3	
4-Ⅱ-378	N	NH	CH_3	CH_3	CF_3	H	H	H	
4-Ⅱ-379	N	NH	CH_3	CH_3	Cl	H	H	CH_3	
4-Ⅱ-380	N	NH	CH_3	H	Cl	H	H	H	
4-Ⅱ-381	N	NH	CH_3	H	CH_3	H	H	Cl	
4-Ⅱ-382	N	NH	CH_3	H	C_6H_5	H	H	Cl	
4-Ⅱ-383	N	NH	CH_3	CH_3	CH_3	H	H	F	
4-Ⅱ-384	N	NH	CH_3	CH_3	CH_3	H	H	H	
4-Ⅱ-385	N	NH	CH_3	H	CF_3	H	H	Cl	
4-Ⅱ-386	N	NH	CH_3	CH_3	4-F-C_6H_4	H	H	CH_3	
4-Ⅱ-387	N	NH	CH_3	H	2-F-C_6H_4	H	E	CO_2CH_3	
4-Ⅱ-388	N	NH	CH_3	H	2-Cl-C_6H_4	H	$COCH_3$	CO_2CH_3	
4-Ⅱ-389	N	NH	CH_3	H	3-Cl-C_6H_4	H	H	CO_2CH_3	
4-Ⅱ-390	N	NH	CH_3	H	4-Cl-C_6H_4	H	H	CO_2CH_3	
4-Ⅱ-391	N	NH	CH_3	H	CH_2Cl	H	CH_3	H	
4-Ⅱ-392	N	NH	CH_3	H	CH_2Cl	H	$CO_2C_2H_5$	CF_3	
4-Ⅱ-393	N	NH	CH_3	H	CH_2Cl	H	H	CF_3	
4-Ⅱ-394	N	NH	CH_3	CH_3	M	H	$CO_2C_2H_5$	CF_3	
4-Ⅱ-395	N	NH	CH_3	CH_3	CH_2Cl	H	H	CF_3	
4-Ⅱ-396	N	NH	CH_3	H	CH_2Cl	H	H	H	
4-Ⅱ-397	N	NH	CH_3	H	CH_2Cl	H	H	E	
4-Ⅱ-398	N	NH	CH_3	H	CH_2Cl	H	E	H	
4-Ⅱ-399	N	NH	CH_3	H	CH_2Cl	H	$COCH_3$	H	
4-Ⅱ-400	N	NH	CH_3	CH_3	3,5-2Cl-C_6H_3	H	CO_2CH_3	H	
4-Ⅱ-401	CH	O	H	C_3H_7-i	CH_3	H	H	H	油
4-Ⅱ-402	CH	O	H	n-C_4H_9	CH_3	H	H	H	117～118
4-Ⅱ-403	CH	O	H	n-C_5H_{11}	CH_3	H	H	H	
4-Ⅱ-404	CH	O	H	C_2H_4Pr-i	CH_3	H	H	H	油
4-Ⅱ-405	CH	O	H	n-C_6H_{13}	CH_3	H	H	H	113～115
4-Ⅱ-406	CH	O	H	H	n-C_4H_9	H	H	H	
4-Ⅱ-407	CH	O	H	H	n-C_5H_{11}	H	H	H	
4-Ⅱ-408	CH	O	H	H	$CH(CH_3)_2$	H	H	CH_3	110～112
4-Ⅱ-409	CH	O	H	n-C_3H_7	n-C_3H_7	H	H	H	112～114

续表

编号	A	B	R^3	R^4	R^5	R^6	R^7	R^8	熔点/℃
4-Ⅱ-410	N	O	H	Cl	n-C_3H_7	H	H	H	136～138
4-Ⅱ-411	N	O	H	Cl	C_6H_5	H	H	H	166～168
4-Ⅱ-412	N	O	H	n-C_3H_7	CH_3	H	H	H	121～122
4-Ⅱ-413	N	O	H	n-C_4H_9	CH_3	H	H	H	100～102
4-Ⅱ-414	N	O	H	n-C_6H_{13}	CH_3	H	H	H	75～78
4-Ⅱ-415	CH	O	H	CH_3	n-C_4H_9	H	H	H	
4-Ⅱ-416	CH	O	H	C_2H_5	n-C_4H_9	H	H	H	
4-Ⅱ-417	CH	O	H	C_3H_7	n-C_4H_9	H	H	H	
4-Ⅱ-418	CH	O	H	i-C_3H_7	n-C_4H_9	H	H	H	
4-Ⅱ-419	CH	O	H	n-C_4H_9	n-C_4H_9	H	H	H	
4-Ⅱ-420	CH	O	H	CH_3	n-C_5H_{11}	H	H	H	
4-Ⅱ-421	CH	O	H	C_2H_5	n-C_5H_{11}	H	H	H	
4-Ⅱ-422	CH	O	H	C_3H_7	n-C_5H_{11}	H	H	H	
4-Ⅱ-423	CH	O	H	i-C_3H_7	n-C_5H_{11}	H	H	H	
4-Ⅱ-424	CH	O	H	n-C_4H_9	n-C_5H_{11}	H	H	H	
4-Ⅱ-425	CH	O	H	H	n-C_6H_{13}	H	H	H	
4-Ⅱ-426	CH	O	H	CH_3	n-C_6H_{13}	H	H	H	
4-Ⅱ-427	CH	O	H	C_2H_5	n-C_6H_{13}	H	H	H	
4-Ⅱ-428	CH	O	H	C_3H_7	n-C_6H_{13}	H	H	H	
4-Ⅱ-429	CH	O	H	i-C_3H_7	n-C_6H_{13}	H	H	H	
4-Ⅱ-430	CH	O	H	n-C_4H_9	n-C_6H_{13}	H	H	H	
4-Ⅱ-431	N	O	H	CH_3	n-C_4H_9	H	H	H	
4-Ⅱ-432	N	O	H	C_2H_5	n-C_4H_9	H	H	H	
4-Ⅱ-433	N	O	H	C_3H_7	n-C_4H_9	H	H	H	
4-Ⅱ-434	N	O	H	i-C_3H_7	n-C_4H_9	H	H	H	
4-Ⅱ-435	N	O	H	n-C_4H_9	n-C_4H_9	H	H	H	
4-Ⅱ-436	N	O	H	CH_3	n-C_5H_{11}	H	H	H	
4-Ⅱ-437	N	O	H	C_2H_5	n-C_5H_{11}	H	H	H	
4-Ⅱ-438	N	O	H	C_3H_7	n-C_5H_{11}	H	H	H	
4-Ⅱ-439	N	O	H	i-C_3H_7	n-C_5H_{11}	H	H	H	
4-Ⅱ-440	N	O	H	n-C_4H_9	n-C_5H_{11}	H	H	H	
4-Ⅱ-441	N	O	H	H	n-C_6H_{13}	H	H	H	
4-Ⅱ-442	N	O	H	CH_3	n-C_6H_{13}	H	H	H	
4-Ⅱ-443	N	O	H	C_2H_5	n-C_6H_{13}	H	H	H	
4-Ⅱ-444	N	O	H	C_3H_7	n-C_6H_{13}	H	H	H	
4-Ⅱ-445	N	O	H	i-C_3H_7	n-C_6H_{13}	H	H	H	
4-Ⅱ-446	N	O	H	n-C_4H_9	n-C_6H_{13}	H	H	H	

续表

编号	A	B	R^3	R^4	R^5	R^6	R^7	R^8	熔点/℃
4-Ⅱ-447	N	NH	H	CH_3	n-C_4H_9	H	H	H	
4-Ⅱ-448	N	NH	H	C_2H_5	n-C_4H_9	H	H	H	
4-Ⅱ-449	N	NH	H	C_3H_7	n-C_4H_9	H	H	H	
4-Ⅱ-450	N	NH	H	i-C_3H_7	n-C_4H_9	H	H	H	
4-Ⅱ-451	N	NH	H	n-C_4H_9	n-C_4H_9	H	H	H	
4-Ⅱ-452	N	NH	H	CH_3	n-C_5H_{11}	H	H	H	
4-Ⅱ-453	N	NH	H	C_2H_5	n-C_5H_{11}	H	H	H	
4-Ⅱ-454	N	NH	H	C_3H_7	n-C_5H_{11}	H	H	H	
4-Ⅱ-455	N	NH	H	i-C_3H_7	n-C_5H_{11}	H	H	H	
4-Ⅱ-456	N	NH	H	n-C_4H_9	n-C_5H_{11}	H	H	H	
4-Ⅱ-457	N	NH	H	H	n-C_6H_{13}	H	H	H	
4-Ⅱ-458	N	NH	H	CH_3	n-C_6H_{13}	H	H	H	
4-Ⅱ-459	N	NH	H	C_2H_5	n-C_6H_{13}	H	H	H	
4-Ⅱ-460	N	NH	H	C_3H_7	n-C_6H_{13}	H	H	H	
4-Ⅱ-461	N	NH	H	i-C_3H_7	n-C_6H_{13}	H	H	H	
4-Ⅱ-462	N	NH	H	n-C_4H_9	n-C_6H_{13}	H	H	H	
4-Ⅱ-463	CH	O	H	H	CH_2-Ph-4-Cl	H	H	H	
4-Ⅱ-464	CH	O	H	CH_3	CH_2-Ph-4-Cl	H	H	H	
4-Ⅱ-465	CH	O	H	C_2H_5	CH_2-Ph-4-Cl	H	H	H	
4-Ⅱ-466	CH	O	H	CH_2-Ph-4-Cl	CH_3	H	H	H	
4-Ⅱ-467	CH	O	H	CH_2-Ph-4-Cl	C_2H_5	H	H	H	
4-Ⅱ-468	CH	O	H	CH_2-Ph-4-Cl	C_3H_7	H	H	H	
4-Ⅱ-469	CH	O	H	CH_3	CF_3	H	H	H	
4-Ⅱ-470	CH	O	H	Cl	CF_3	H	H	H	
4-Ⅱ-471	CH	O	H	C_2H_5	CF_3	H	H	H	
4-Ⅱ-472	CH	O	H	n-C_3H_7	CF_3	H	H	H	
4-Ⅱ-473	CH	O	H	n-C_4H_9	CF_3	H	H	H	
4-Ⅱ-474	CH	O	H	H	CH_2CH_2—	H	H	H	
4-Ⅱ-475	CH	O	H	CH_3	Ph-4-Cl	H	H	H	
4-Ⅱ-476	CH	O	H	H	CH_2Bu-t	H	H	H	
4-Ⅱ-477	CH	O	H	CH_3	CH_2Bu-t	H	H	H	
4-Ⅱ-478	CH	O	H	n-C_3H_7	CH_2Bu-t	H	H	H	
4-Ⅱ-479	CH	O	H	CH_2Bu-t	CH_3	H	H	H	
4-Ⅱ-480	CH	O	H		CH_3	H	H	H	
4-Ⅱ-481	CH	O	H	CH_2CH_2	C_2H_5	H	H	H	
4-Ⅱ-482	CH	O	H	Ph-4-Cl	C_3H_7	H	H	H	

续表

编号	A	B	R^3	R^4	R^5	R^6	R^7	R^8	熔点/℃
4-Ⅱ-483	CH	O	H	CO_2CH_3	CH_3	H	H	H	
4-Ⅱ-484	CH	O	H	CO_2CH_3	CF_3	H	H	H	
4-Ⅱ-485	CH	O	H	$CO_2C_2H_5$	C_2H_5	H	H	H	
4-Ⅱ-486	CH	O	H	$CO_2C_2H_5$	n-C_3H_7	H	H	H	
4-Ⅱ-487	CH	O	H	$CONHCH_3$	CH_3	H	H	H	
4-Ⅱ-488	CH	O	H	$CONHC_2H_5$	CH_3	H	H	H	
4-Ⅱ-489	CH	O	H	$CON(CH_3)_2$	CH_3	H	H	H	
4-Ⅱ-490	CH	O	H	CH_3	CO_2CH_3	H	H	H	

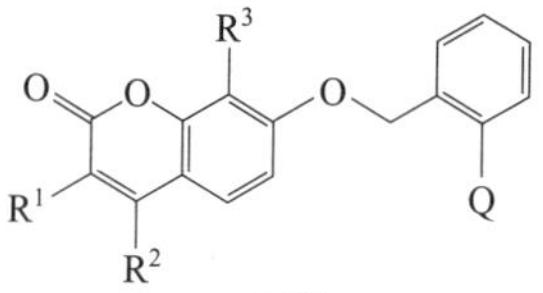

4-Ⅲ

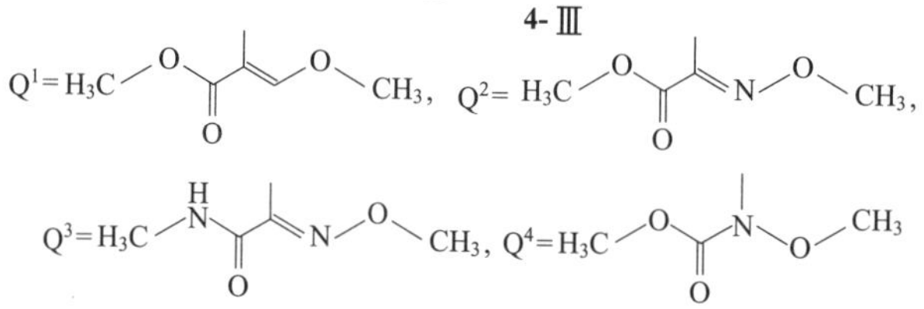

Q^1=, Q^2=, Q^3=, Q^4=

表 4-4　部分目标化合物表（二）

编号	R^1	R^2	R^3	Q
4-Ⅲ-1	H	H	H	Q^4
4-Ⅲ-2	H	CH_3	H	Q^4
4-Ⅲ-3	H	CH_3	CH_3	Q^4
4-Ⅲ-4	H	C_6H_5	CH_3	Q^4
4-Ⅲ-5	CH_3	CH_3	H	Q^4
4-Ⅲ-6	CH_3	CH_3	CH_3	Q^4
4-Ⅲ-7	H	CF_3	H	Q^4
4-Ⅲ-8	H	CH_3	H	Q^4
4-Ⅲ-9	H	CH_3	H	Q^4
4-Ⅲ-10	Cl	CH_3	H	Q^4
4-Ⅲ-11	H	CH_2Cl	H	Q^4
4-Ⅲ-12	Cl	CH_2Cl	H	Q^4
4-Ⅲ-13	Cl	CH_2OCH_3	H	Q^4
4-Ⅲ-14	Cl	CH_2CH_3	H	Q^4
4-Ⅲ-15	H	CH_2CH_3	CH_3	Q^4
4-Ⅲ-16	C_2H_5	CH_3	H	Q^4
4-Ⅲ-17	H	CH_2OCH_3	H	Q^4

续表

编号	R^1	R^2	R^3	Q
4-Ⅲ-18	H	$CH_2OC_2H_5$	H	Q^4
4-Ⅲ-19	Cl	$CH_2OC_2H_5$	H	Q^4
4-Ⅲ-20	OCH_3	CH_2OCH_3	H	Q^4
4-Ⅲ-21	$N(CH_3)_2$	CH_3	H	Q^4
4-Ⅲ-22	CN	H	H	Q^4
4-Ⅲ-23	Cl	CH_3	CH_3	Q^4
4-Ⅲ-24	H	$CH(CH_3)_2$	H	Q^4
4-Ⅲ-25	C_3H_7	CH_3	H	Q^4
4-Ⅲ-26	n-C_4H_9	CH_3	H	Q^4
4-Ⅲ-27	H	t-C_4H_9	H	Q^4
4-Ⅲ-28	H	4-Cl-C_6H_4	H	Q^4
4-Ⅲ-29	Cl	4-Cl-C_6H_4	H	Q^4
4-Ⅲ-30	H	4-Cl-C_6H_4	CH_3	Q^4
4-Ⅲ-31	Cl	C_6H_5	H	Q^4
4-Ⅲ-32	H	CH_2CH_3	H	Q^4
4-Ⅲ-33	H	$CH_2C_2H_5$	H	Q^4
4-Ⅲ-34	H	$CH_2C_2H_5$	CH_3	Q^4
4-Ⅲ-35	Cl	$CH_2C_2H_5$	H	Q^4
4-Ⅲ-36	CH_3	$CH_2C_2H_5$	H	Q^4
4-Ⅲ-37	H	4-F-C_6H_4	H	Q^4
4-Ⅲ-38	Cl	4-F-C_6H_4	H	Q^4
4-Ⅲ-39	H	4-F-C_6H_4	CH_3	Q^4
4-Ⅲ-40	H	4-CF_3-C_6H_4	H	Q^4
4-Ⅲ-41	Cl	4-CF_3-C_6H_4	H	Q^4
4-Ⅲ-42	Cl	$CH_2N(CH_3)_2$	H	Q^4
4-Ⅲ-43	OCH_3	C_2H_5	H	Q^4
4-Ⅲ-44	OCH_3	CH_3	H	Q^4
4-Ⅲ-45	OC_2H_5	CH_3	H	Q^4
4-Ⅲ-46	H	$CH_2OCH_2CF_3$	H	Q^4
4-Ⅲ-47	Cl	$CH_2OCH_2CF_3$	H	Q^4
4-Ⅲ-48	F	CF_3	H	Q^4
4-Ⅲ-49	F	CH_3	H	Q^4
4-Ⅲ-50	H	$CH_2N(CH_3)_2$	H	Q^4
4-Ⅲ-51	H	C_6H_5	H	Q^4
4-Ⅲ-52	Cl	n-C_4H_9	H	Q^4
4-Ⅲ-53	F	n-C_4H_9	H	Q^4

续表

编号	R^1	R^2	R^3	Q
4-Ⅲ-54	H	$CH_2OCH_2C_6H_5$	H	Q^4
4-Ⅲ-55	OCH_3	4-Cl-C_6H_5	H	Q^4
4-Ⅲ-56	F	4-Cl-C_6H_5	H	Q^4
4-Ⅲ-57	CH_3S	CH_3	H	Q^4
4-Ⅲ-58	CH_3SO_2	CH_3	H	Q^4
4-Ⅲ-59	C_2H_5	$CH_2C_2H_5$	H	Q^4
4-Ⅲ-60	CH_3SO_2	$CH_2C_2H_5$	H	Q^4
4-Ⅲ-61	H	4-NO_2-C_6H_5	H	Q^4
4-Ⅲ-62	Cl	4-NO_2-C_6H_5	H	Q^4
4-Ⅲ-63	H	4-NO_2-C_6H_5	CH_3	Q^4
4-Ⅲ-64	$PhCH_2$	CH_3	H	Q^4
4-Ⅲ-65	$PhCH_2$	CH_3	CH_3	Q^4
4-Ⅲ-66	CF_3CH_2O	C_3H_7	H	Q^4
4-Ⅲ-67	H	CH_2-Ph-4-Cl	H	Q^4
4-Ⅲ-68	CH_3	CH_2-Ph-4-Cl	H	Q^4
4-Ⅲ-69	C_2H_5	CH_2-Ph-4-Cl	H	Q^4
4-Ⅲ-70	CH_2-Ph-4-Cl	CH_3	H	Q^4
4-Ⅲ-71	CH_2-Ph-4-Cl	C_2H_5	H	Q^4
4-Ⅲ-72	CH_2-Ph-4-Cl	C_3H_7	H	Q^4
4-Ⅲ-73	CH_3	CF_3	H	Q^4
4-Ⅲ-74	Cl	CF_3	H	Q^4
4-Ⅲ-75	C_2H_5	CF_3	H	Q^4
4-Ⅲ-76	n-C_3H_7	CF_3	H	Q^4
4-Ⅲ-77	n-C_4H_9	CF_3	H	Q^4
4-Ⅲ-78	H	CH_2CH_2-Ph-4-Cl	H	Q^4
4-Ⅲ-79	$CH_2C_2H_5$	$CH_2C_2H_5$	H	Q^4
4-Ⅲ-80	H	CH_2Bu	H	Q^4
4-Ⅲ-81	CH_3	CH_2Bu	H	Q^4
4-Ⅲ-82	n-C_3H_7	CH_2Bu	H	Q^4
4-Ⅲ-83	CH_2Bu-t	CH_3	H	Q^4
4-Ⅲ-84	CH_2CH_2-Ph-4-Cl	CH_3	H	Q^4
4-Ⅲ-85	CH_2CH_2-Ph-4-Cl	C_2H_5	H	Q^4
4-Ⅲ-86	CH_2CH_2-Ph-4-Cl	C_3H_7	H	Q^4
4-Ⅲ-87	H	6-Cl-pyridin-3-yl	H	Q^1
4-Ⅲ-88	H	6-OCH_2CF_3-pyridin-3-yl	H	Q^1
4-Ⅲ-89	H	6-Cl-pyridin-3-yl	H	Q^2

续表

编号	R^1	R^2	R^3	Q
4-Ⅲ-90	H	6-OCH_2CF_3-pyridin-3-yl	H	Q^2
4-Ⅲ-91	H	6-Cl-pyridin-3-yl	H	Q^3
4-Ⅲ-92	H	6-OCH_2CF_3-pyridin-3-yl	H	Q^3
4-Ⅲ-93	H	6-Cl-pyridin-3-yl	H	Q^4
4-Ⅲ-94	H	6-OCH_2CF_3-pyridin-3-yl	H	Q^4
4-Ⅲ-95	$CH_2CH_2CH_2$		H	Q^4
4-Ⅲ-96	$CH_2CH_2CH_2$		CH_3	Q^4
4-Ⅲ-97	$CH_2CH_2CH_2CH_2$		H	Q^4
4-Ⅲ-98	$CH_2CH_2CH_2CH_2$		CH_3	Q^4
4-Ⅲ-99	$CH_2CH_2CH_2$		H	Q^1
4-Ⅲ-100	$CH_2CH_2CH_2$		CH_3	Q^1
4-Ⅲ-101	$CH_2CH_2CH_2CH_2$		H	Q^1
4-Ⅲ-102	$CH_2CH_2CH_2CH_2$		CH_3	Q^1
4-Ⅲ-103	$CH_2CH_2CH_2$		H	Q^2
4-Ⅲ-104	$CH_2CH_2CH_2$		CH_3	Q^2
4-Ⅲ-105	$CH_2CH_2CH_2CH_2$		H	Q^2
4-Ⅲ-106	$CH_2CH_2CH_2CH_2$		CH_3	Q^2
4-Ⅲ-107	$CH_2CH_2CH_2$		H	Q^3
4-Ⅲ-108	$CH_2CH_2CH_2$		CH_3	Q^3
4-Ⅲ-109	$CH_2CH_2CH_2CH_2$		H	Q^3
4-Ⅲ-110	$CH_2CH_2CH_2CH_2$		CH_3	Q^3

4.1.2.2 工艺路线

以乙酰乙酸乙酯为起始原料，经过三步合成反应得到丁香菌酯。工艺路线如图 4-10 所示。

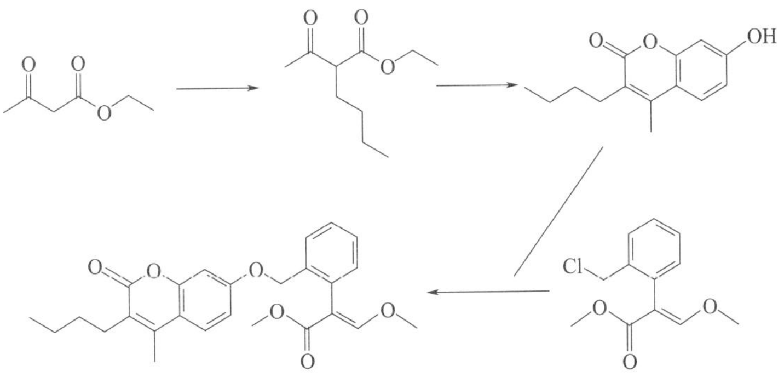

图 4-10 丁香菌酯的工艺路线

4.1.2.3 毒性研究

对哺乳动物进行了急性经口、经皮、皮刺、眼刺、Ames、染色体、微核试验，亚慢性及慢性毒性与致癌合并试验，两代两窝繁殖试验，环境和非靶标生物毒性试验及残留试验。试验结果表明，丁香菌酯属低毒化合物，无“三致”，对哺乳动物、环境及非靶标生物安全、低残留[23]。如表 4-5 所示。

表 4-5 丁香菌酯对哺乳动物的毒性研究结果

测试科目	结论
大鼠急性经皮毒性试验	低毒。雄性大鼠：LD_{50}＞2150mg/kg，雌性大鼠：LD_{50}＞2150mg/kg
兔眼单次刺激试验	中度刺激性
兔皮肤单次刺激试验	中度刺激性
豚鼠皮肤致敏试验	弱致敏性
细菌回复突变试验(Ames)	阴性
小鼠嗜多染红细胞微核试验	阴性
小鼠睾丸精母细胞染色体畸变试验	阴性
13 周大鼠喂饲亚慢性毒性试验	对 SD 大鼠的 13 周喂饲给药最大无作用剂量组雌雄鼠均为 500mg/kg。饲料，计算平均化学品摄入为雄性：(45.1±3.6)mg/(kg・d)，雄性：(62.8±8.0)mg/(kg・d)
大鼠慢性毒性与致癌合并试验	给药 1～42 周结果，未见异常
大鼠两代两窝繁殖试验	对大鼠系统毒性的最大无作用剂量为：F0、F1 代雌雄鼠均为 200mg/kg。相当于化学品摄入量：F0 代雄鼠为(19.2±1.8)mg/(kg・d)；F0 代雌鼠为(21.7±2.0)mg/(kg・d)；F1 代雄鼠为(19.0±2.1)mg/(kg・d)；F1 代雌鼠为(22.7±2.3)mg/(kg・d)
大鼠致畸试验	对 SD 大鼠无致畸作用
天敌赤眼蜂急性毒性试验	对玉米螟赤眼蜂成蜂的风险性等级为“低风险性”
蚯蚓急性毒性试验	蚯蚓急性毒性试验为“低毒”
土壤微生物毒性试验	对微生物的毒性为“低毒”

4.1.2.4 应用研究

室内和田间大量试验结果表明：丁香菌酯不仅具有高效广谱的杀菌活性，同时具有保护和治疗作用。尤其对苹果树腐烂病、水稻纹枯病、稻瘟病等有特效。除此之外，丁香菌酯还具有其他产品不具备的杀虫活性、抗病毒活性和促进植物生长调节活性。使作物叶色浓绿，长势健壮，抗逆能力增强，增产增收效果显著。

（1）室内生物活性（杀菌、杀虫） 丁香菌酯具有广谱的杀菌活性，同时具有保护和治疗作用。对水稻稻瘟病、水稻纹枯病、黄瓜霜霉病、黄瓜灰霉病、小麦白粉病等多种病害具有很好的防治效果。后续对丁香菌酯进行深入研究，发现其对苹果树病害（腐烂病、斑点落叶病、轮纹病等）、水稻病害（纹枯病、稻瘟病、恶苗病等）、小麦病害（赤霉病、白粉病、纹枯病等）、玉米小斑病、黄瓜病害（霜霉病、白粉病、灰霉病、枯萎病、黑星病等）、番茄病害（晚疫病、叶霉病、炭疽病）、马铃薯晚疫病、油菜菌核病、棉花黄枯萎病等均有很好的防治效果；同时对蚜虫也具有一定的活性。

（2）室内抗肿瘤活性　结果如表 4-6～表 4-8 所示。

表 4-6　丁香菌酯抑制膀胱癌活性筛选结果

化合物	测试靶标 T24/%						测试靶标 J82/%				
	10.0 μmol/L	1.0 μmol/L	0.5 μmol/L	0.25 μmol/L	0.125 μmol/L	0.0625 μmol/L	10.0 μmol/L	1.0 μmol/L	0.5 μmol/L	0.25 μmol/L	0.125 μmol/L
丁香菌酯	100	100	100	100	100	80	100	95	90	70	0
嘧菌酯	0	0	0	0	0	0	0	0	0	0	0

表 4-7　丁香菌酯抑制肺癌活性筛选结果

化合物	测试靶标 A549/%				测试靶标 H460/%				测试靶标 H520/%			
	2 μmol/L	1 μmol/L	0.5 μmol/L	0.25 μmol/L	2 μmol/L	1 μmol/L	0.5 μmol/L	0.25 μmol/L	2 μmol/L	1 μmol/L	0.5 μmol/L	0.25 μmol/L
丁香菌酯	100	95	90	50	100	95	90	85	100	100	100	80
司美替尼	0	0	0	0	0	0	0	0	—	—	—	—
易瑞沙	10	0	0	0	0	0	0	0	0	0	0	0

注：“—”代表未测。

表 4-8　丁香菌酯抑制直肠癌活性筛选结果

化合物	测试靶标 HCT8/%				测试靶标 HCT116/%				测试靶标 RkO/%			
	2 μmol/L	1 μmol/L	0.5 μmol/L	0.25 μmol/L	2 μmol/L	1 μmol/L	0.5 μmol/L	0.25 μmol/L	2 μmol/L	1 μmol/L	0.5 μmol/L	0.25 μmol/L
丁香菌酯	100	100	95	85	100	99	95	80	100	100	100	99
司美替尼	40	20	0	0	85	80	75	50	90	85	80	30
易瑞沙	10	5	0	0	5	0	0	0	80	75	70	50

注：试验结果来自美国科罗拉多大学。易瑞沙（Gefitinib）：EGFR 酪氨酸激酶抑制剂；司美替尼（Selumetinib）：癌症新药，MEK 抑制剂。

（3）田间试验结果[24～28]　田间试验结果表明：丁香菌酯对众多病害均具有显著优于同类品种和同靶标主流产品的防效，如对苹果树腐烂病的防效及病疤的平均愈合效果均显著优于嘧菌酯、代森铵和福美砷；对水稻纹枯病，45g/hm^2 剂量下的防效略低于嘧菌酯在 225g/hm^2 的防效，优于多种三唑类杀菌剂如苯醚甲环唑等，显著优于噻呋酰胺、井冈霉素、咪鲜胺等；同等剂量下对稻瘟病的防效显著优于嘧菌酯和三环唑；在同等剂量下，对黄瓜霜霉病、油菜菌核病的防效与嘧菌酯相当；部分试验结果如下：

① 防治苹果树腐烂病田间试验结果，如表 4-9 所示。

表 4-9　20%丁香菌酯悬浮剂防治苹果树腐烂病田间试验（大连）

供试药剂	剂量/(μg/mL)	防效/%
20%丁香菌酯悬浮剂	2000	96.15
	1000	92.30
	500	87.36
25%嘧菌酯悬浮剂	1000	76.45
40%福美砷可湿粉	4000	56.87

② 防治稻瘟病田间试验结果，如表 4-10 所示。

表 4-10　20%丁香菌酯悬浮剂防治稻瘟病田间试验（辽宁）

药剂	剂量/[g(a.i.)/hm²]	防效/%
20%丁香菌酯悬浮剂	50	72.15
	100	92.66
	200	93.71
25%嘧菌酯悬浮剂	100	78.53
20%三环唑可湿粉	100	82.05
空白对照	病指	8.60

③ 防治水稻纹枯病田间试验结果，如表 4-11 所示。

表 4-11　10 种杀菌剂防治水稻纹枯病的田间药效比较

药剂名称	处理剂量/(g/hm²)	病株率/%	病株率防效/%	病情指数	病指防效/%
250g/L 嘧菌酯悬浮剂	225	7.42	82.70	1.64	87.53
20%丁香菌酯悬浮剂	45	12.48	71.12	2.70	79.59
25%丙环唑乳油	112	12.62	70.73	2.89	78.26
10%苯醚甲环唑水分散粒剂	84	14.79	65.74	3.20	75.81
80%戊唑醇可湿性粉剂	80	14.89	65.5	3.54	7.38
15%三唑醇可湿性粉剂	135	16.88	60.89	3.71	71.97
70%甲基硫菌灵可湿性粉剂	1050	22.99	46.71	4.38	66.78
240g/L 噻呋酰胺悬浮剂	63	21.53	50.27	4.63	64.97
10%井冈霉素水剂	75	23.62	45.43	4.78	63.92
15%咪鲜胺微乳剂	300	22.76	47.25	7.02	46.73
清水(CK)		43.36		13.27	

④ 防治瓜类枯萎病和蔓枯病田间试验结果，如表 4-12 所示。

表 4-12 20%丁香菌酯悬浮剂防治瓜类枯萎病、蔓枯病田间试验

试验处理	黄瓜枯萎病(辽宁)2006		甜瓜蔓枯病(河北)2016		
	剂量(药剂/床土)	防效/%	亩剂量/mL(g)	处理后 9d	
				发病率/%	防效/%
20%SYP-3375 悬浮剂	4000	76.16	300	10	95
	2000	67.68			
	1000	40.09			
25%嘧菌酯悬浮剂	—	—	600	70	25
80%代森锰锌可湿粉	4000	43.41	—	—	—
25%咪鲜胺乳油	2000	49.19	—	—	—

⑤ 防治黄瓜霜霉病田间试验结果，如表 4-13 所示。

表 4-13 20%丁香菌酯悬浮剂防治黄瓜霜霉病田间小区试验

药剂	剂量/[g(a.T.)/hm^2]	防效/%		
		沈阳	彰武	郑州
20%SYP-3375 悬浮剂	200	87.77	93.87	92.82
	100	86.42	89.51	89.75
	50	83.25	86.39	85.09
25%烯肟菌酯乳油	100	88.92	90.92	90.80
25%嘧菌酯悬浮剂	100	—	90.21	91.03

⑥ 防治小麦穗蚜田间试验结果。田间试验结果表明：武灵士（25%丁香菌酯悬浮剂）1500 倍液对蚜虫防效达到 80%以上，初步分析对蚜虫有麻痹作用，阻止蚜虫继续繁殖，接触药剂的蚜虫停止觅食，直至死亡。

⑦ 丁香菌酯酯作为植物生长调节剂的田间保健增产试验研究（水稻纹枯病）。测产结果表明，试验药剂处理区与空白对照区比较，均有增产作用，且增产显著达 12%～15%。同时丁香菌酯处理区比空白对照区总体剑叶齐整，叶片挺拔，叶色浓绿，长势健壮，稻秆清秀，茎秆有一定的韧性，籽粒黄熟，带有一定的光泽度。

（4）组合物增效研究[27～29] 根据组合增效原理研究了丁香菌酯与众多杀菌剂的组合物，发现丁香菌酯具有很好的可混性，与戊唑醇、苯噻菌胺、苯菌酮、异噻唑啉酮、克菌丹、壬菌铜、乙嘧酚、嘧菌环胺、咯菌腈、百菌清、多菌灵、环丙唑醇、三环唑、咪鲜胺、烯酰吗啉、代森联、氟吡菌胺、三乙膦酸铝、氰霜唑、霜霉威、霜脲氰、甲霜灵、稻瘟灵、噻呋酰胺、春雷霉素、己唑醇、四氟醚唑、种菌唑、氟硅唑、三唑酮、腈菌唑、丙环唑、氟环唑、苯醚甲环唑、醚菌酯、啶酰菌胺等多种药剂混配具有显著增效作用，主要用于防治作物苹果腐烂病，水稻稻瘟病、纹枯病、恶苗病、菌核秆腐病，小麦白粉病、赤霉病，蔬菜霜霉病、晚疫病、白粉病等。

4.1.2.5 专利情况

丁香菌酯及其相关专利见表4-14，包含沈阳化工研究院、吉林八达和西安农心三个单位申请。

表4-14 丁香菌酯专利情况

序号	专利名称	申请日	专利号	授权日
1	具有杀虫、杀菌活性的苯并吡喃酮类化合物及制备与应用	2003-11-11	ZL200310105079.6	2007-04-18
2	苯并吡喃酮类化合物及其制备与应用	2004-11-04	ZL200480020125.5	2008-01-23
3	Benzopyrone compounds, preparation method and use thereof	2004-11-04	US7642364B	2010-01-05
4	Benzopyrone compounds, preparation method and use thereof	2004-11-04	JP4674672 (B2)	2011-04-20
5	Benzopyrone compounds, preparation method and use thereof	2004-11-04	EP1683792(B1)	2016-07-20
6	一种含有丁香菌酯与三唑类杀菌剂的农用杀真菌组合物	2009-02-09	ZL2009100665057	2013-02-13
7	一种含苯噻菌胺的杀菌组合物	2013-02-04	ZL2013100413616	2015-06-17
8	一种含草酸二丙酮胺铜的杀菌组合物	2014-09-05	ZL201410452724X	2016-05-11
9	一种含苯菌酮的杀菌组合物	2012-09-27	ZL2012103647870	2014-04-30
10	一种含异噻唑啉酮的杀菌组合物	2012-07-31	ZL20121012678528	2014-07-23
11	一种含克菌丹的杀菌组合物	2012-06-29	ZL201210218145X	2014-03-19
12	一种含壬菌铜和甲氧基丙烯酸酯类杀菌剂的杀菌组合物	2012-03-28	ZL2012100844133	2013-10-23
13	一种含丁香菌酯和乙嘧酚的杀菌组合物	2011-10-10	ZL2011103026673	2014-03-19
14	一种含丁香菌酯和嘧菌环胺的杀菌组合物	2011-10-09	ZL2011103026669	2013-08-28
15	一种含丁香菌酯和咯菌腈的杀菌组合物	2012-03-28	ZL2011103047985	2014-03-19
16	一种含丁香菌酯和百菌清的杀菌组合物	2011-10-11	ZL2011103047970	2014-12-03
17	一种含丁香菌酯和苯并咪唑类杀菌剂的杀菌组合物	2011-09-13	ZL2011102695656	2014-03-19
18	一种含有丁香菌酯和三唑类杀菌剂的杀菌组合物	2011-07-19	ZL2011102054784	2014-03-19
19	一种杀菌组合物	2011-10-11	ZL2011103048314	2014-06-04
20	一种含丁香菌酯和咪鲜胺的杀菌组合物	2011-10-10	ZL201110304774X	2013-05-15
21	一种含有丁香菌酯的杀菌组合物	2011-08-31	ZL2011102530259	2013-08-07
22	一种含丁香菌酯和保护性杀菌剂的杀菌组合物	2011-09-13	ZL2011102695641	2013-07-24
23	一种含有丁香菌酯的杀菌组合物	2011-08-31	ZL201310000090X	2015-02-25
24	一种含有丁香菌酯的杀菌组合物	2011-08-31	ZL2013100000914	2015-06-17
25	一种含有丁香菌酯的杀菌组合物	2011-08-31	ZL2013100001315	2015-05-13
26	一种含有丁香菌酯的杀菌组合物	2011-08-31	ZL2013100002356	2015-05-13

续表

序号	专利名称	申请日	专利号	授权日
27	一种含有丁香菌酯的杀菌组合物	2011-08-31	ZL2013100002801	2015-04-08
28	一种含有丁香菌酯的杀菌组合物	2011-08-31	ZL2013100003414	2015-09-09
29	一种杀菌组合物	2011-10-11	ZL2013100125341	2014-06-11
30	一种杀菌组合物	2011-10-11	ZL2013100125337	2014-04-09
31	一种杀菌组合物	2011-10-11	ZL2013100125356	2014-05-14
32	一种含有丁香菌酯和三唑类杀菌剂的杀菌组合物	2011-07-19	ZL2014100743080	2016-09-07
33	一种含有丁香菌酯和三唑类杀菌剂的杀菌组合物	2011-07-19	ZL2014100743095	2016-08-17
34	一种含有丁香菌酯和三唑类杀菌剂的杀菌组合物	2011-07-19	ZL2014100743108	2016-08-17
35	一种含有丁香菌酯和三唑类杀菌剂的杀菌组合物	2011-07-19	ZL2014100743112	2016-08-17
36	苯并吡喃酮类化合物作为制备抗肿瘤药物的应用	2013-08-27	ZL201310377457X	2017-05-03
37	含取代苄氧基的醚类化合物作为制备抗肿瘤药物的应用	2014-08-22	ZL201480042638X	2017-09-29
38	Applications of substituent benzyloxy group containing ether compounds for preparing anti-tumor drugs	2014-08-22	AU2014314799	2017-05-25
39	Applications of substituent benzyloxy group containing ether compounds for preparing anti-tumor drugs	2014-08-22	JP6178010	2017-08-09
40	Applications of substituent benzyloxy group containing ether compounds for preparing anti-tumor drugs	2014-08-22	US9895346	2018-02-20

4.1.3 唑菌酯的创制

4.1.3.1 创制过程

（1）先导化合物的发现　吡唑类化合物具有广泛的生物活性，很多公司在对strobilurin类化合物的改造过程中，将吡唑环引入此类化合物中，发现了许多杀菌活性较高的化合物[30]，其中含吡唑环的strobilurin类化合物具有优异的杀菌活性，其商品化品种吡唑醚菌酯（pyraclostrobine），是巴斯夫公司2000年发现、2002年上市的非常广谱的杰出杀菌剂。

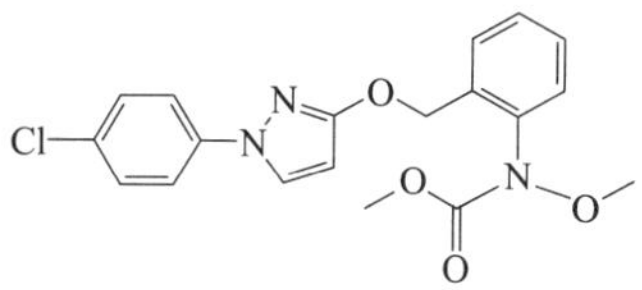

Cl N N O N O O O

吡唑醚菌酯

结合甲氧基丙烯酸酯类化合物结构，利用吡唑中间体，通过“中间体衍生化法”设计合成了化合物**4-49**（1997年），具有很好的杀菌活性，性能接近但略低于商品化品种。后经优化，发现用苯环替代吡啶得到的化合物活性更优，再经结构活性研究，选定多个高活性化合物，其生物活性均优于同类商品化品种。经田间试验、毒性试验以及成本核算，最后确定唑菌酯（SYP-3343）为候选品种进行商业化开发（图4-11）[31,32]。

β-酮酸酯

4-48

4-49
先导化合物

4-50

唑菌酯(SYP-3343)

图4-11 唑菌酯的发现

（2）吡唑环上取代基的结构优化 对吡唑环上取代基的优化分三部分进行，如表4-15所示。

表4-15 化合物4-Ⅳ的杀菌活性结果（抑制率或防效）

4-Ⅳ

编号	取代基			杀菌活性/%								
	R^1	R^2	R	RB	CGM	CDM				WPM		
				400 mg/L	400 mg/L	400 mg/L	25 mg/L	6.25 mg/L	3.12 mg/L	400 mg/L	12.5 mg/L	1.56 mg/L
4-Ⅳ-1	6-Cl-pyridin-3-yl	H	Me	100	85	98	100	100	0	100	20	—
4-Ⅳ-2	6-CF_3CH_2O-pyridin-3-yl	H	Me	40	0	60	—	—	—	100	40	—
4-Ⅳ-3	thiophen-2-yl	H	Me	0	0	100	100	0	0	70	0	—
4-Ⅳ-4	furan-2-yl	H	Me	0	0	0	—	—	—	0	—	—
4-Ⅳ-5	Ph	H	Me	0	0	100	0	0	0	100	0	0
4-Ⅳ-6	4-Cl-Ph	H	Me	100	100	100	100	100	100	100	75	0
4-Ⅳ-7	4-Br-Ph	H	Me	70	0	100	100	85	60	100	100	10
4-Ⅳ-8	4-F-Ph	H	Me	50	100	100	100	100	75	30	—	—
4-Ⅳ-9	4-Me-Ph	H	Me	0	0	100	0	0	0	100	35	0

续表

编号	取代基			杀菌活性/%								
	R^1	R^2	R	RB	CGM	CDM				WPM		
				400 mg/L	400 mg/L	400 mg/L	25 mg/L	6.25 mg/L	3.12 mg/L	400 mg/L	12.5 mg/L	1.56 mg/L
4-Ⅳ-10	4-*t*-Bu-Ph	H	Me	100	50	100	15	—	—	70	—	—
4-Ⅳ-11	3,4-2Me-Ph	H	Me	100	50	100	100	40	35	100	100	80
4-Ⅳ-12	2,4-2Me-Ph	H	Me	100	50	100	100	70	20	100	100	80
4-Ⅳ-13	2,4-2Cl-Ph	H	Me	0	0	100	100	45	20	100	100	0
4-Ⅳ-14	4-MeS-Ph	H	Me	90	0	100	100	35	0	0	—	—
4-Ⅳ-15	4-MeO-Ph	H	Me	100	50	95	90	15	0	100	65	0
4-Ⅳ-16	2-MeO-Ph	H	Me	100	50	100	50	0	0	100	100	35
4-Ⅳ-17	2-Cl-Ph	H	Me	0	0	100	100	0	0	100	100	40
4-Ⅳ-18	4-CF_3CH_2O-Ph	H	Me	0	0	100	90	0	0	60	—	—
4-Ⅳ-19	4-NO_2-Ph-Ph	H	Me	99	0	100	100	70	50	100	100	95
4-Ⅳ-20	4-(4-Cl-Ph)-Ph	H	Me	0	0	100	100	0	0	100	95	0
4-Ⅳ-21	4-PhO-Ph	H	Me	0	0	100	100	0	0	0	—	—
4-Ⅳ-22	Ph	Me	Me	0	0	100	100	60	40	100	100	55
4-Ⅳ-23	4-Cl-Ph	Me	Me	0	0	95	0	0	0	100	100	100
4-Ⅳ-24	4-Me-Ph	Me	Me	0	0	100	100	75	40	100	100	45
4-Ⅳ-25	3,4-2Me-Ph	Me	Me	100	50	100	100	85	30	100	100	70
4-Ⅳ-26	2,4-2Me-Ph	Me	Me	100	50	100	100	98	80	100	100	90
4-Ⅳ-27	2,5-2Me-Ph	Me	Me	100	50	100	80	0	0	100	50	0
4-Ⅳ-28	4-Et-Ph	Me	Me	0	0	100	100	60	20	100	100	0
4-Ⅳ-29	4-*t*-Bu-Ph	Me	Me	50	50	95	20	0	0	90	10	0
4-Ⅳ-30	4-MeO-Ph	Me	Me	100	100	100	100	96	55	100	100	95
4-Ⅳ-31	4-EtO-Ph	Me	Me	100	100	100	50	0	0	100	100	65
4-Ⅳ-32	4-CF_3CH_2O-Ph	Me	Me	100	100	100	40	0	0	100	100	65
4-Ⅳ-33	4-Cl-Ph	H	$CH(CH_3)_2$	0	0	0	—	—	—	100	30	—
4-Ⅳ-34	4-MeO-Ph	Me	$CH(CH_3)_2$	0	0	90	0	—	—	0	—	—
嘧菌酯				100	100	100	100	95	100	100	100	60
醚菌酯				100	100	—	35	0	0	100	100	100

首先对吡唑环上的 R^1 展开了优化，合成了一系列结构如 **4-Ⅳ**（$R=CH_3$，$R^2=H$ 或 CH_3）所示的化合物，发现当将 R^1 位置的吡啶环替换为噻吩环、呋喃环、噻唑环时，活性有所降低；当 R^1 位置的吡啶环替换为取代苯基时，根据苯环上取代基的不同活性有变化，当 $R^2=H$ 时，苯环对位为氯、溴、氟和硝基等吸电子基团时活性较好，当 $R^2=CH_3$ 时，苯环对位为氯时活性较好。对活性好的化合物进行活性、成本等方面的比较，最终将 R^1 选定为对氯苯基。

然后对 R^2 进行优化，合成了一系列结构如 **4-Ⅳ**（$R=CH_3$，R^1=取代苯基）所示的化合物，发现该结构中 R^2 位置为氢和甲基时，对活性的影响不大，综合以上对 R^1 的讨论，发现当 R^2=H、R^1=对氯苯基（SYP-3343）时，杀菌活性最好，在 3.12mg/L 浓度对黄瓜霜霉病防效达到 100%，至此我们发现了 SYP-3343，也就是最终开发的唑菌酯。

最后，在保持结构中 R^2=H、R^1=对氯苯基及 $R^2=CH_3$、R^1=对甲基苯基的条件下，又考察了 R 对活性的影响，将 R 的甲基替换为异丙基，结果导致活性大大降低。

（3）寻找最优结构的深入优化　前述优化均发生在吡唑环上，为了更全面深入地优化，变换结构中药效团甲氧基丙烯酸酯的种类，合成了如下结构所示的化合物 **4-Ⅴ**（表 4-16）。

表 4-16　化合物 4-Ⅴ的杀菌活性结果（抑制率或防效）

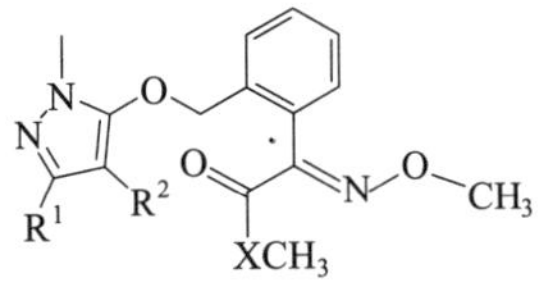

4-Ⅴ

单位：%

编号	取代基			RB		CGM		CDM			WPM		
	R^1	R^2	X	25	0.92	25	0.92	400	25	6.25	400	6.25	1.56
4-Ⅴ-1	Ph	H	O	0	—	0	—	95	70	—	70	—	—
4-Ⅴ-2	4-Cl-Ph	H	O	80	—	80	50	100	90	80	100	40	—
4-Ⅴ-3	4-$C(CH_3)_3$-Ph	H	O	100	80	100	60	95	0	—	0	—	—
4-Ⅴ-4	3,4-$(CH_3)_2$-Ph	H	O	100	50	100	80	98	40	—	100	30	—
4-Ⅴ-5	2,4-$(CH_3)_2$-Ph	H	O	100	0	100	100	95	90	65	100	65	—
4-Ⅴ-6	4-CH_3O-Ph	H	O	0	—	100	0	98	50	—	100	10	—
4-Ⅴ-7	2-CH_3O-Ph	H	O	100	50	0	—	50	—	—	100	90	40
4-Ⅴ-8	2-Cl-Ph	H	O	100	0	100	0	80	30	—	100	75	45
4-Ⅴ-9	4-Cl-Ph	CH_3	O	50	—	100	100	100	100	100	100	100	98
4-Ⅴ-10	4-CH_3-Ph	CH_3	O	50	—	100	100	95	60	—	100	100	100
4-Ⅴ-11	3,4-$(CH_3)_2$-Ph	CH_3	O	100	80	100	100	100	75	70	100	100	60
4-Ⅴ-12	2,4-$(CH_3)_2$-Ph	CH_3	O	100	80	100	100	100	100	98	100	100	75
4-Ⅴ-13	2,5-$(CH_3)_2$-Ph	CH_3	O	100	100	100	60	100	80	40	100	40	20
4-Ⅴ-14	4-C_2H_5-Ph	CH_3	O	50	—	100	80	98	70	50	100	100	100
4-Ⅴ-15	4-$C(CH_3)_3$-Ph	CH_3	O	50	—	0	—	40	—	—	70	—	—
4-Ⅴ-16	4-CH_3O-Ph	CH_3	O	100	80	100	50	100	55	15	100	85	30
4-Ⅴ-17	4-C_2H_5O-Ph	CH_3	O	100	50	100	50	100	40	—	100	100	50
4-Ⅴ-18	4-CF_3CH_2O-Ph	CH_3	O	100	80	50	—	80	0	—	100	70	15
4-Ⅴ-19	Ph	H	NH	0	—	—	—	100	100	70	50	—	—

续表

编号	取代基			RB		CGM		CDM			WPM		
	R^1	R^2	X	25	0.92	25	0.92	400	25	6.25	400	6.25	1.56
4-Ⅴ-20	4-Cl-Ph	H	NH	0	—	—	—	100	100	60	100	40	0
4-Ⅴ-21	4-C(CH_3)$_3$-Ph	H	NH	100	50	100	50	80	0	—	0	—	—
4-Ⅴ-22	3,4-(CH_3)$_2$-Ph	H	NH	100	50	100	80	100	100	85	100	100	40
4-Ⅴ-23	2,4-(CH_3)$_2$-Ph	H	NH	100	50	100	100	100	100	70	100	100	30
4-Ⅴ-24	4-CH_3O-Ph	H	NH	100	80	100	0	98	30	—	100	0	—
4-Ⅴ-25	2-CH_3O-Ph	H	NH	100	0	0	—	75	10	—	100	100	45
4-Ⅴ-26	2-Cl-Ph	H	NH	0	—	100	0	90	40	—	100	90	55
4-Ⅴ-27	4-Cl-Ph	CH_3	NH	0	—	100	—	80	40	—	100	100	85
4-Ⅴ-28	4-CH_3-Ph	CH_3	NH	0	—	100	100	65	—	—	100	95	40
4-Ⅴ-29	3,4-(CH_3)$_2$-Ph	CH_3	NH	100	80	100	100	100	100	40	100	100	55
4-Ⅴ-30	2,4-(CH_3)$_2$-Ph	CH_3	NH	100	50	100	100	100	100	100	100	100	65
4-Ⅴ-31	2,5-(CH_3)$_2$-Ph	CH_3	NH	100	100	100	100	100	100	50	100	40	0
4-Ⅴ-32	4-C_2H_5-Ph	CH_3	NH	100	0	100	80	50	—	—	100	100	90
4-Ⅴ-33	4-C(CH_3)$_3$-Ph	CH_3	NH	100	100	100	40	95	20	—	100	0	0
4-Ⅴ-34	4-CH_3O-Ph	CH_3	NH	100	50	80	50	98	85	55	100	100	75
4-Ⅴ-35	4-C_2H_5O-Ph	CH_3	NH	100	100	100	50	98	20	—	100	100	70
4-Ⅴ-36	4-CF_3CH_2O-Ph	CH_3	NH	80	50	100	50	100	80	30	100	100	40
嘧菌酯				100	—	—	—	100	100	95	100	100	60
醚菌酯				100	—	100	—	—	35	0	100	100	100

在结构4-Ⅴ中药效团X＝O时，变换R^1、R^2，得到当R^1＝对氯苯基、R^2＝甲基时，杀菌活性最好，在6.25mg/L浓度下对黄瓜霜霉病防效为100%；在结构4-Ⅴ中药效团X＝NH时，变换R^1、R^2，得到当R^1＝2,4-二甲基苯基、R^2＝甲基时，杀菌活性最好，在6.25mg/L浓度下对黄瓜霜霉病防效亦为100%。将这两个化合物与SYP-3343进行降低浓度的活性比较，最终发现SYP-3343的活性最好，说明当甲氧基丙烯酸酯为（*E*）-3-甲氧基-2-苯基丙烯酸甲酯（MA）时，活性优于（*E*）-2-(甲氧亚氨基)-2-苯基乙酸甲酯（OE）、（*E*）-2-甲氧亚氨基-*N*-甲基-2-苯基乙酰胺（OA）。

最终确定SYP-3343为防治黄瓜霜霉病活性最优的化合物。

4.1.3.2 工艺研究

以对氯苯乙酮为起始原料，经过三步单元反应合成唑菌酯，产品含量≥95%，总收率77.5%（以对氯苯乙酮计）（图4-12）。

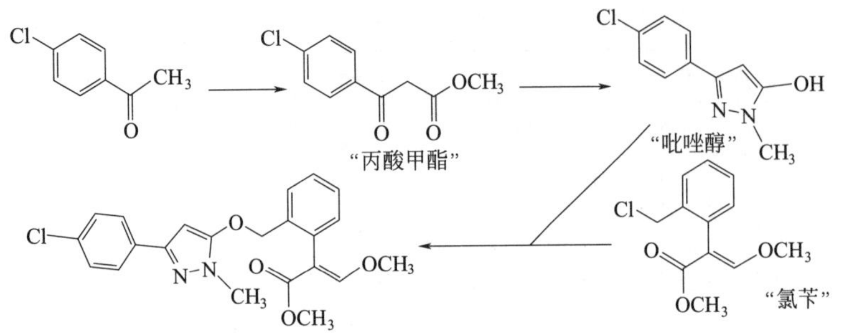

“丙酸甲酯”

“吡唑醇”

“氯苄”

图 4-12 唑菌酯工艺路线

(1) 3-(4-氯苯基)-3-氧丙酸甲酯的合成 化学反应方程式：

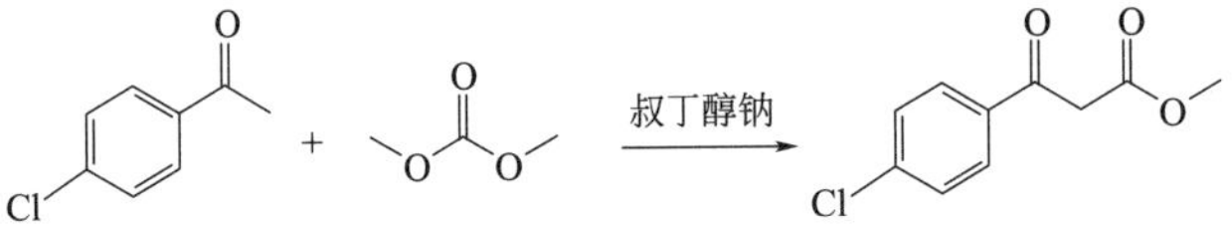

叔丁醇钠

往装有搅拌、温度计、冷凝器的反应釜中，依次加入 35.0kg (0.385kmol) 碳酸二甲酯、200kg 甲苯、48.0kg (0.5kmol) 叔丁醇钠，加完后加热回流。滴加溶有 54.6kg (0.35kmol) 对氯苯乙酮的甲苯溶液，2h 内加完，加完后继续反应 24h，冷却，加入 100kg 水，搅拌至固体全溶，浓盐酸中和至弱酸性，静置分层。50kg×2 水洗涤有机层，负压蒸去溶剂（真空 0.098mPa，内温 100℃），得到中间体 3-(4-氯苯基)-3-氧丙酸甲酯。

(2) 3-(4-氯苯基)-1-甲基-1*H*-5-吡唑醇的合成 化学反应方程式：

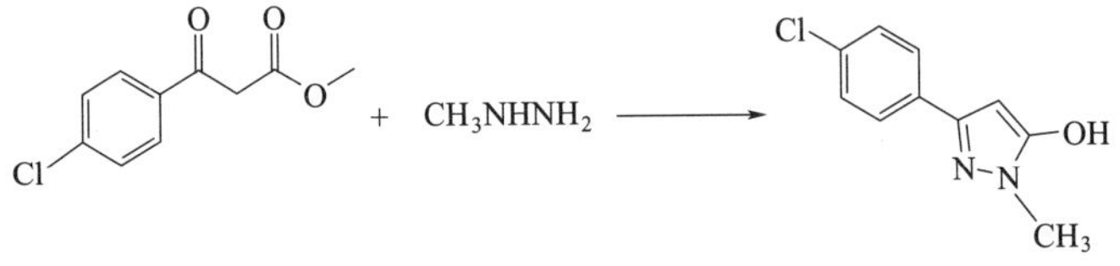

$+ CH_3NHNH_2 \longrightarrow$

往装有搅拌、温度计、冷凝器的反应釜中，依次加入 75.0kg (0.35kmol) 3-(4-氯苯基)-3-氧丙酸甲酯、80kg 甲醇、2.0kg 冰醋酸，搅拌下加热至 50～60℃，滴加 44.0kg (0.385kmol) 40%甲基肼，30min 加完，加完后继续反应 6h，冷却至 0～5℃，搅拌至固体全析出，过滤，20kg 甲醇洗滤饼，滤饼烘干得到 62.0kg 中间体 3-(4-氯苯基)-1-甲基-1*H*-5-吡唑醇，滤液蒸馏回收。

(3) 唑菌酯的合成 化学反应方程式：

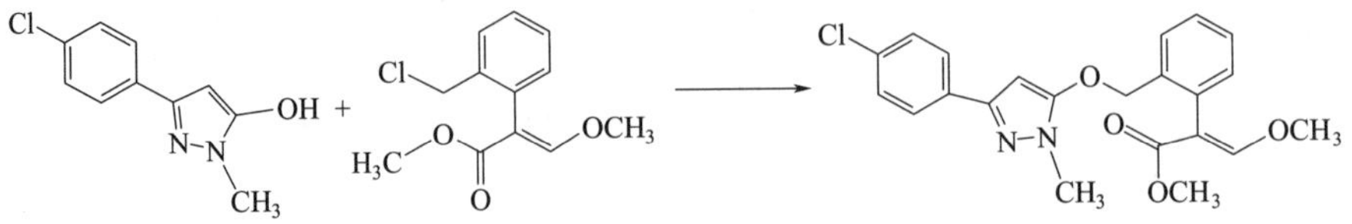

往装有搅拌、温度计、分水器、冷凝器的反应釜中，依次加入 76.0kg (0.30kmol) 95.0% 2-(2-氯甲基)苯基-3-甲氧基丙烯酸甲酯、65.0kg (0.30kmol) 3-(4-氯苯基)-1-甲基-1*H*-5-吡唑醇、200kg 二甲基甲酰胺及 42.0kg 无水碳酸钾，搅拌下加热至 90℃左右，保温反应 6h，液相色谱跟踪至“苄氯”

≤1.0%，减压回收二甲基甲酰胺，加入450kg甲苯、200kg水，分层，100kg甲苯萃取水层，合并甲苯层，50kg×2水洗，减压蒸尽甲苯，加入200kg甲醇，常温搅拌析出固体，过滤，加30kg甲醇洗，干燥，得产品重115.0kg左右，含量95%左右。

4.1.3.3 生物活性研究

（1）室内生物活性研究[33~40] 室内生物活性测定试验表明：唑菌酯不仅具有广谱、高效的杀菌活性，而且具有治疗和保护作用。对霜霉病、白粉病、稻瘟病、炭疽病等多种病害有很好的防治效果；除此之外，唑菌酯还具有较好的杀虫和抗病毒活性，在作为杀菌剂应用的同时，可以兼治有关虫害和病毒病等，达到病虫综合防治的效果。

对霜霉病具有预防、治疗和铲除作用，优于对照药剂嘧菌酯，持效期适中，达到7～10d，优于对照药剂嘧菌酯（5d）。

唑菌酯在美国陶氏益农做的试验结果表明：在相同剂量下唑菌酯对小麦叶枯病的活性略低于与嘧菌酯，而对其他5种病害的活性则与嘧菌酯一致。

部分试验结果如下：

① 美国陶氏益农的试验结果。唑菌酯在美国陶氏益农的试验结果表明：在相同剂量下唑菌酯对小麦叶枯病的活性略低于嘧菌酯，而对其他5种病害的活性则与嘧菌酯一致（表4-17）。

表4-17 唑菌酯1d保护效果（2次重复平均）

供试药剂	剂量/(mg/L)	防治靶标与防效/%					
		小麦叶枯病	小麦颖枯病	小麦锈病	黄瓜霜霉病	黄瓜炭疽病	水稻稻瘟病
唑菌酯	200	93	99	100	100	100	98
	50	95	98	100	100	100	94
	12.5	93	84	100	100	99	94
嘧菌酯	50	99	96	100	100	100	93
	12.5	98	87	100	100	99	94

② 唑菌酯对水稻稻瘟病活性与嘧菌酯的比较。结果见表4-18、表4-19。

表4-18 唑菌酯与嘧菌酯的活性比较

药剂	供试菌（培养基）	序次	IC_{50}/(mg/L)	回归方程	相关系数(r)
唑菌酯	稻瘟病菌（PDA）	1	0.04	$Y=0.3113X+5.4307$	0.9631
嘧菌酯			0.09	$Y=0.6470X+5.6633$	0.9619
唑菌酯	稻瘟病菌（PDA）	2	0.06	$Y=0.5038X+5.6108$	0.9832
嘧菌酯			0.11	$Y=0.8477X+5.8120$	0.9123
唑菌酯	稻瘟病菌（AEA）	3	0.01	$Y=0.4923X+5.9550$	0.9935
嘧菌酯			0.02	$Y=0.6243X+6.1050$	0.9858

表 4-19　唑菌酯与嘧菌酯对水稻稻瘟病菌孢子萌发的抑制活性

供试菌	IC_{50}/(mg/L)	回归方程	相关系数(r)
唑菌酯	0.06	$Y=0.9698X+7.1519$	0.9940
嘧菌酯	0.31	$Y=0.8631X+5.5044$	0.9902

结果表明：3 次唑菌酯与嘧菌酯对稻瘟病菌菌丝生长的抑制试验中，唑菌酯都表现了优于嘧菌酯的活性。

结果表明：唑菌酯比嘧菌酯具有更好的稻瘟孢子萌发抑制活性。

③ 唑菌酯杀菌剂的作用方式。20%唑菌酯 SC 对黄瓜霜霉病菌具有很好的预防效果，明显高于对照药剂 25%嘧菌酯 SC 的防效（表 4-20）。

表 4-20　唑菌酯对黄瓜霜霉病的预防效果（EC_{50}值）

处理药剂	毒力回归方程	相关系数(R^2)	EC_{50}/(mg/L)
20%唑菌酯 SC	$Y=0.8238X+3.8123$	0.9935	27.65
25%嘧菌酯 SC	$Y=0.8571X+3.3519$	0.9677	83.73

a. 唑菌酯对黄瓜霜霉病的治疗作用，结果见表 4-21。

表 4-21　唑菌酯对黄瓜霜霉病的治疗作用（EC_{50}值）

处理药剂	毒力回归方程	相关系数	EC_{50}/(mg/L)
20%唑菌酯 SC	$Y=0.8305X+3.637$	0.9964	43.77
25%嘧菌酯 SC	$Y=0.8836X+3.1807$	0.9807	114.54

由表 4-21 可知，20%唑菌酯 SC 对黄瓜霜霉病菌具有一定的治疗作用，明显高于对照药剂 25%嘧菌酯 SC。

b. 20%唑菌酯 SC 对黄瓜霜霉病的铲除效果。

(a) 抑制病斑扩展、孢子囊产生、孢子囊再侵染及产孢。20%唑菌酯 SC 能够抑制黄瓜霜霉病菌病斑扩展及孢子囊产生，其对产孢的抑制率大于对病斑扩展的抑制率。在 200μg/mL 浓度下，20%唑菌酯 SC 与 25%嘧菌酯 SC 对病斑扩展的抑制作用差异不显著，在 100μg/mL 和 50μg/mL 浓度下，20%唑菌酯 SC 对病斑扩展的抑制作用显著低于 25%嘧菌酯 SC。在 200μg/mL、100μg/mL 浓度下，20%唑菌酯 SC 对产孢的抑制率显著高于 25%嘧菌酯；在 50μg/mL 浓度下，两种药剂对产孢的抑制作用差异不显著（表 4-22）。

表 4-22　20%唑菌酯悬浮剂对黄瓜霜霉病菌病斑扩展和孢子囊产生的抑制作用

药剂	浓度/(μg/mL)	病斑扩展面积	病斑扩展抑制率/%	产孢量	产孢抑制率/%
20%唑菌酯悬浮剂	200	3.95	74.37±0.26a	7.67	84.56±0.15a
	100	5.94	61.45±0.51c	12.33	75.17±0.24b
	50	11.19	27.38±0.36e	20.67	58.38±0.40d

续表

药剂	浓度/(μg/mL)	病斑扩展面积	病斑扩展抑制率/%	产孢量	产孢抑制率/%
25%嘧菌酯悬浮剂	200	4.44	71.19±0.30ab	11.67	76.50±0.22b
	100	4.69	69.57±0.09b	15.33	69.13±0.29c
	50	6.58	57.30±0.08d	22.00	55.70±0.42d
空白对照	—	15.41	—	49.67	—

注：产孢量是指15×10倍显微镜下，每视野面积0.5mm^{2}内的孢子囊数。

接种霜霉病菌孢子囊并培养4d后，经20%唑菌酯SC处理后继续培养产生的孢子囊的再侵染及产孢能力明显降低。相同浓度下，20%唑菌酯SC与25%嘧菌酯SC对黄瓜霜霉病菌孢子囊再侵染率及产孢率的抑制作用差异不显著（表4-23）。

表4-23 20%唑菌酯悬浮剂对黄瓜霜霉病菌孢子囊再侵染及产孢的抑制作用

药剂	浓度/(μg/mL)	再侵染率/%	再侵染抑制率/%	产孢率/%	产孢抑制率/%
20%唑菌酯悬浮剂	200	26.67	72.22±5.67ab	10.00	87.37±1.30ab
	100	36.67	61.85±6.04b	23.33	70.57±6.27c
	50	70.00	27.41±8.95c	46.67	41.01±9.08d
25%嘧菌酯悬浮剂	200	20.00	79.26±1.05a	6.67	91.53±6.12a
	100	33.33	65.56±4.16ab	20.00	75.33±9.63bc
	50	60.00	37.38±8.75c	50.00	36.84±6.51d
空白对照	—	96.67	—	80.00	—

（b）20%唑菌酯SC与孢子囊悬浮液混合后对孢子囊致病性的影响。20%唑菌酯SC和25%嘧菌酯SC与黄瓜霜霉病菌孢子囊悬浮液等体积混合，此时药液浓度减半，接种于黄瓜叶碟，可明显降低孢子囊对叶碟的致病力。在100μg/mL、50μg/mL浓度下，20%唑菌酯SC处理的孢子囊的致病力显著低于25%嘧菌酯SC，在25μg/mL浓度下，两药剂处理后孢子囊的致病力相当（表4-24）。

表4-24 20%唑菌酯悬浮剂与黄瓜霜霉病菌孢子囊混合后对孢子囊致病性的影响

药剂	浓度/(μg/mL)	病情指数	相对防效/%
20%唑菌酯悬浮剂	100	31.11a	66.04±1.98a
	50	43.70b	52.29±1.14b
	25	54.32d	40.70±1.75d
25%嘧菌酯悬浮剂	100	41.73b	54.44±1.32b
	50	50.62bc	44.74±2.38c
	25	56.05d	38.81±0.66d
空白对照	—	91.60	—

c. 唑菌酯防治黄瓜霜霉病持效期试验。唑菌酯对黄瓜霜霉病菌的持效期测定结果见表 4-25。

表 4-25 唑菌酯对黄瓜霜霉病菌的持效期测定

药剂名称	浓度/(mg/L)	相对防效/%			
		喷药后第 3d 接种	喷药后第 7d 接种	喷药后第 10d 接种	喷药后第 14d 接种
20%唑菌酯 SC	200	72.50b	71.01b	70.66a	39.87a
	100	54.13cd	39.85cde	39.14b	24.83bc
	50	33.79efg	28.62fgh	28.22cd	13.55defg
25%嘧菌酯 SC	200	41.26ef	32.31efg	21.84def	19.51cdef
	100	40.99ef	17.26jk	14.24fgh	12.06defgh
	50	33.03efg	13.64k	9.02hi	2.26h

注：上表数据为三次试验的平均值，$p=0.05$。

持效期试验表明，20%唑菌酯 SC 防治黄瓜霜霉病菌具有适宜的持效期，持效期达到 7～10d，优于对照药剂 25%嘧菌酯 SC（3～5d）。

d. 唑菌酯对黄瓜白粉病的治疗和保护作用。盆栽试验结果显示，唑菌酯对黄瓜白粉病的防治效果明显。保护作用试验结果表明：唑菌酯质量浓度为 250mg/L、125mg/L、62.5mg/L、31.6mg/L、15.6mg/L 时对黄瓜白粉病均有较好的防治效果，防效分别为 79.65%、78.31%、74.94%、70.16%、60.25%，除 15.6mg/L 外，各质量浓度间防效差异不显著。质量浓度均为 125mg/L 时，唑菌酯的防效（78.31%）高于对照药剂嘧菌酯的防效（71.05%）；质量浓度均为 62.5mg/L 时，唑菌酯的防效（74.94%）与对照药剂腈菌唑的防效（74.83%）差异不显著。治疗作用试验结果表明：唑菌酯质量浓度为 250mg/L 时防效为 77.54%，接近同质量浓度下保护作用试验的防效。质量浓度为 125mg/L、62.5mg/L、31.6mg/L、15.6mg/L 时防效分别为 68.94%、62.19%、51.98%、42.77%，低于同质量浓度下保护作用试验的防效。质量浓度为 125mg/L、62.5mg/L 时与同质量浓度对照药剂嘧菌酯和腈菌唑的防效差异不显著，但较低质量浓度的防效与对照药剂间差异显著，低于对照药剂，这说明唑菌酯的施用质量浓度不能太低，田间应用时要选用较高的质量浓度。

将保护作用和治疗作用试验中的各质量浓度防效转换成概率值，以药剂质量浓度对数和抑制概率值求出毒力回归方程，保护作用毒力回归方程 $Y=4.2364+0.6814X$，相关系数为 0.9905，EC_{50} 为 13.20mg/L。治疗作用毒力回归方程 $Y=3.9014+0.7710X$，相关系数为 0.9988，EC_{50} 值为 26.60mg/L。

（2）田间生物活性研究　田间试验结果表明：唑菌酯对霜霉病、白粉病、稻瘟病、炭疽病具有优异的防治效果，在同等剂量下防效优于嘧菌酯、氟环唑、甲霜灵等现有商品化药剂。田间试验结果还发现，唑菌酯使用后具有很好的促进植物生长调节作用，可使作物叶色浓绿，长势健壮，抗逆能力增强，且增产增收效果显著。

① 防治黄瓜霜霉病田间试验结果如表 4-26 所示。

表 4-26 20%唑菌酯悬浮剂防治黄瓜霜霉病田间试验结果（2007 年）

供试药剂	剂量/[g(a.i.)/hm²]	防效/%			
		陕西	北京	内蒙古	沈阳
20%唑菌酯 SC	100	90.50	82.78	96.06	76.96
	50	84.99	79.75	92.70	73.30
	25	81.83	68.55	85.90	68.84
25%嘧菌酯 SC	100	81.81	74.67	92.74	74.32
25%甲霜灵 WP	500	73.46	67.44	51.23	67.69

唑菌酯对黄瓜霜霉病具有优异的防治效果，效果优于对照药剂嘧菌酯，显著优于对照药剂甲霜灵。

② 防治瓜类炭疽病田间试验结果。唑菌酯对西瓜炭疽病的田间防效略优于氟环唑，明显高于百菌清（表 4-27）。

表 4-27 20%唑菌酯悬浮剂防治西瓜炭疽病田间试验（2006 年，赤峰）

供试处理	剂量/[g(a.i.)/hm²]	防治效果/%				
		Ⅰ	Ⅱ	Ⅲ	Ⅳ	X
20%唑菌酯 SC	100	55.32	72.82	61.30	65.65	63.29
	50	43.98	79.93	55.88	64.44	60.21
12.5%氟环唑 SC	100	57.57	63.43	60.43	59.89	60.15
75%百菌清 WP	1000	70.35	55.48	64.19	61.84	63.03

③ 防治白粉病田间试验结果。唑菌酯防治黄瓜白粉病的防效显著优于对照药剂三唑酮，略优于相同剂量嘧菌酯的防治效果（表 4-28）。

表 4-28 唑菌酯防治黄瓜白粉病田间小区试验结果（2004 年，甘肃）

药剂	剂量/[g(a.i.)/hm²]	防治效果/%				
		Ⅰ	Ⅱ	Ⅲ	Ⅳ	X
95%唑菌酯 TC	100	94.30	95.28	96.46	96.98	95.72
	50	93.90	90.74	91.74	90.94	91.92
	25	76.43	73.15	70.79	65.54	71.45
15%三唑酮 WP	150	50.57	45.31	60.22	47.13	50.83
25%嘧菌酯 SC	100	93.70	90.84	92.75	93.75	92.75
空白对照	病指	32.14	31.91	32.31	28.04	31.03

④ 防治稻瘟病田间试验结果。试验结果表明（表 4-29）：20%唑菌酯悬浮剂

对稻瘟病有优异的防效，优于对照药剂嘧菌酯。

表 4-29 20%唑菌酯悬浮剂防治稻瘟病试验结果（2005 年，东港）

药剂	剂量/[g(a.i.)/hm²]	防治效果/%				
		Ⅰ	Ⅱ	Ⅲ	Ⅳ	X
20%唑菌酯 SC	200	94.74	98.04	93.15	97.56	96.38
	100	96.41	95.17	93.41	94.70	95.92
	50	83.95	73.64	82.24	85.28	81.28
25%嘧菌酯 SC	100	79.84	76.93	80.13	77.22	78.53
20%三环唑 WP	100	85.61	83.51	80.73	78.34	82.05
空白对照	病指	9.34	7.78	10.12	7.15	8.60

⑤ 抗病毒活性。唑菌酯作为杀菌剂应用的同时，还具有很好的抗病毒活性，并可兼防害虫尤其是病毒传染源如蚜虫等，还可使作物叶色浓绿，长势健壮，抗逆能力增强，因此唑菌酯可有效地防治烟草花叶病毒等多种病毒病（表 4-30～表 4-32）。

表 4-30 抑制烟草花叶病毒离体直接抗病毒活性结果

药物	浓度/(mg/L)	抑制率/%
唑菌酯	500	85.92
	200	89.06
病毒唑	200	59.09
宁南霉素	200	66.70

表 4-31 活体保护活性结果

药物	浓度/(mg/L)	防效/%
唑菌酯	500	56.91
	100	27.64
嘧菌酯	500	41.46
	100	13.82

表 4-32 活体钝化活性结果（钝化是指使病毒丧失侵染力）

药物	浓度/(mg/L)	防效/%
唑菌酯	500	72.84
	100	67.90
嘧菌酯	500	67.90
	100	55.56

4.1.3.4 抗性风险研究

唑菌酯的抗性试验研究结果表明：黄瓜霜霉病菌对唑菌酯存在抗性风险，但风险明显低于嘧菌酯。东北农业大学王丽进行的初步作用机理研究结果表明，唑菌酯对线粒体复合体Ⅰ和复合体Ⅲ均有抑制作用，对复合体Ⅲ的抑制作用强，从理论上解释了唑菌酯抗性风险低于嘧菌酯的原因。

对田间采集的黄瓜霜霉病菌进行交互抗药性初步测定结果表明，嘧菌酯、霜脲氰、烯酰吗啉和甲霜灵之间，嘧菌酯与唑菌酯之间并无交互抗性关系存在。如表 4-33 所示。

表 4-33 田间采集的黄瓜霜霉菌株对嘧菌酯和唑菌酯的交互抗药性

药剂组合	菌株对药剂敏感性(EC_{50})的 lg 值之间线性回归方程	相关系数
嘧菌酯 唑菌酯	$Y=-0.4557X+2.2936$	0.0532

4.1.3.5 组合物增效作用研究

(1) 混剂筛选[41~54] 唑菌酯混剂初筛结果表明：唑菌酯与众多作用机理不同的杀菌剂混用都具有很好的增效作用，如唑菌酯与百菌清、苯酰菌胺、霜脲氰、烯酰吗啉、氟吗啉、甲霜灵等，主要用于防治作物霜霉病等。部分结果如下：

唑菌酯与百菌清混配，试验结果表明：混配比例为 1∶3，对黄瓜霜霉病、黄瓜炭疽病的防治表现出增效作用（表 4-34）。

表 4-34 唑菌酯与百菌清混配试验结果

防治对象	配比	共毒系数
黄瓜霜霉病	1∶3	148.79
	1∶6	200.42
黄瓜炭疽病	1∶3	128.44

唑菌酯与烯酰吗啉混配，二者比例为 1∶3，对黄瓜霜霉病和小麦白粉病的防治表现出增效作用，对黄瓜炭疽病的防治表现有相加作用（表 4-35）。

表 4-35 唑菌酯与烯酰吗啉混配试验结果

防治对象	配比	共毒系数
黄瓜霜霉病	1∶3	125.55
黄瓜炭疽病	1∶3	106.40
小麦白粉病	1∶3	173.05

唑菌酯与霜脲氰混配试验结果表明：二者混配比例为 1∶3，对黄瓜霜霉病和黄瓜炭疽病具有增效作用，对黄瓜灰霉病的防治表现有相加作用（表 4-36）。

表 4-36　唑菌酯与霜脲氰混配试验结果

防治对象	配比	共毒系数
黄瓜霜霉病	1∶3	212.34
黄瓜炭疽病	1∶3	147.99
黄瓜灰霉病	1∶3	96.04

（2）25%氟吗啉·唑菌酯悬浮剂防治黄瓜霜霉病试验　试验结果表明：25%氟吗啉·唑菌酯悬浮剂按 200g(a.i.)/hm^2、150g(a.i.)/hm^2、100g(a.i.)/hm^2 剂量施药后，防治霜霉病效果较好，对作物安全，是防治黄瓜霜霉病的较好杀菌剂。沈阳科创化学品有限公司已获准 25%氟吗啉·唑菌酯悬浮剂防治黄瓜霜霉病的登记。试验结果如表 4-37 所示。

表 4-37　25%氟吗啉·唑菌酯悬浮剂防治黄瓜霜霉病田间试验结果（2009 年）

供试药剂	剂量/[g(a.i.)/hm^2]	防效/%			
		辽宁	北京	山东	湖北
25%氟吗啉·唑菌酯 SC	200	95.1	86.6	74.4	84.2
	150	93.8	81.2	67.2	79.0
	100	91.4	70.5	64.6	70.5
20%唑菌酯 SC	100	93.6	85.2	71.7	74.8
20%氟吗啉 WP	200	92.6	76.1	66.6	79.4
空白对照	—	—	—	—	—

（3）25%氟吗啉·唑菌酯悬浮剂防治马铃薯晚疫病增产试验　相关试验结果见表 4-38，25%唑菌酯·氟吗啉 SC 375g(a.i.)/hm^2 增产最大，增产率为 28.9%；其次为 20%氟吗啉 WP 300g(a.i.)/hm^2，增产率为 22.3%，产量最低的是 25%唑菌酯·氟吗啉 SC187.5g(a.i.)/hm^2，增产率为 16.8%。

表 4-38　不同处理对马铃薯产量的影响

药剂处理/[g(a.i.)/hm^2]		小区产量/(kg/10 株)				亩产量/kg	增产/%
		小薯(<50g)	中薯(50～100g)	大薯(>100g)	总和		
25%唑菌酯·氟吗啉 SC	187.5	0.27	0.64	0.92	1.83	2013.2	16.8
	225	0.38	0.57	0.94	1.89	2079.2	20.7
	375	0.40	0.66	0.96	2.02	2222.2	28.9
20%氟吗啉 WP	300	0.36	0.57	0.97	1.90	2112.2	22.3
72%霜脲氰·锰锌 WP	1080	0.27	0.67	0.93	1.87	2077.3	20.5
清水对照		0.17	0.66	0.75	1.58	1723.1	—

从多地的试验结果可以看出：25%唑菌酯·氟吗啉 SC 可以较好地防治马铃薯晚疫病，施药期间马铃薯植株总体长势良好，高度、叶形等均无异常，药剂处

理未出现不良反应，证明25%唑菌酯·氟吗啉SC对马铃薯安全，无药害表现，无不良影响。但考虑到用药成本，选择25%唑菌酯·氟吗啉有效成分量225g(a.i.)/hm^{2}为田间最适合用量。

(4) 防治黄瓜炭疽病　瓜类炭疽病是由真菌中的半知菌亚门刺盘孢菌侵染引起的，是瓜类的重要病害之一，在我国分布比较广泛，危害也比较严重。尤以西瓜和甜瓜受害最重，夏季多雨年份常大范围发生。北方塑料大棚和温室黄瓜，春、秋茬受害较重。此病不但在生长期为害，影响产量和品质，而且在贮运期间仍可继续为害，造成瓜果大量腐烂，加剧损失。近年来，随着保护地面积的不断扩大，北方的温室或塑料大棚内，瓜类炭疽病的发生呈上升趋势。将不同作用机制的药剂组成混剂，是延缓抗性问题产生的有效措施[33]。

将甲氧基丙烯酸酯类杀菌剂与三唑类杀菌剂组成增效混剂，通过联合毒力试验、室内生物活性试验、耐雨水冲刷试验和田间小区试验确定适宜的制剂配方，用于瓜类炭疽病的防治[34]。

通过唑菌酯与苯醚甲环唑对瓜类炭疽病的联合毒力试验，找出其中的增效组合，为唑菌酯与苯醚甲环唑混配制剂的研究提供理论依据。唑菌酯与苯醚甲环唑混配对瓜类炭疽病联合毒力测定结果见表4-39。唑菌酯与苯醚甲环唑混配的共毒系数在159.07～211.97之间，唑菌酯与苯醚甲环唑配比为1∶4、1∶2、1∶1、2∶1、4∶1时其共毒系数均大于120，复配后，对瓜类炭疽病的生物活性具有不同程度的增效作用。其中唑菌酯与苯醚甲环唑配比为2∶1时的共毒系数为211.97，是最佳配比。考虑综合经济效益和增效作用，唑菌酯与苯醚甲环唑配比2∶1为佳。

表4-39　唑菌酯与苯醚甲环唑混配对瓜类炭疽病联合毒力

药剂		EC_{50}值/(mg/L)	回归方程	相关系数	共毒系数
唑菌酯		9.50	$Y=4.60+0.41X$	0.957	
苯醚甲环唑		2.65	$Y=4.65+0.82X$	0.989	
唑菌酯∶苯醚甲环唑	1∶4	2.02	$Y=4.69+1.01X$	0.999	160.27
	1∶2	2.09	$Y=4.70+0.95X$	0.995	167.06
	1∶1	2.60	$Y=4.64+0.86X$	0.996	159.07
	2∶1	2.41	$Y=4.74+0.69X$	0.996	211.97
	4∶1	3.00	$Y=4.70+0.64X$	0.992	192.32

田间小区试验结果（表4-40）表明：30%唑菌酯·苯醚甲环唑悬浮剂对黄瓜炭疽病具有优异的防治效果，在150g(a.i.)/hm^2、100g(a.i.)/hm^2、50g(a.i.)/hm^{2}处理剂量下对黄瓜炭疽病的防效分别为92.63%、89.76%、79.73%；对照药剂20%唑菌酯悬浮剂、10%苯醚甲环唑水分散粒剂和25%嘧菌酯悬浮剂在100g(a.i.)/hm^{2}剂量下防效分别为85.50%、81.57%和86.52%；

另一对照药剂 25%咪鲜胺乳油在 150g(a.i.)/hm^{2}剂量下防效为 84.97%。30%唑菌酯·苯醚甲环唑悬浮剂对黄瓜炭疽病 100g(a.i.)/hm^{2}处理剂量下的防治效果显著优于 4 个对照药剂在供试剂量下的防效，而且与所有对照药剂的防效存在极显著性差异。

表 4-40　30%唑菌酯·苯醚甲环唑悬浮剂田间试验结果

供试药剂	剂量/[g(a.i.)/hm^2]	防治效果/%				
		Ⅰ	Ⅱ	Ⅲ	Ⅳ	平均值
30%唑菌酯·苯醚甲环唑 SC	150	92.24	93.4	93.4	91.46	92.63aA
	100	89.14	89.52	91.08	89.31	89.76bAB
	50	81.38	81.38	78.66	77.5	79.73dE
20%唑菌酯 SC	100	88.36	80.79	85.65	87.2	85.50cCD
10%苯醚甲环唑 WG	100	83.32	82.15	80.99	79.83	81.57dDE
25%嘧菌酯 SC	100	85.65	87.58	84.87	89.14	86.52cBC
25%咪鲜胺 EC	150	84.48	87.2	84.87	82.15	84.97cCD
空白对照	病指	30.78	27.78	27.11	28.89	28.64

4.1.3.6　专利情况

唑菌酯化合物专利情况见表 4-41。

表 4-41　唑菌酯化合物专利列表

序号	申请号	申请日	公开号	公开日	专利号	授权日
1	200580001873.3	2005-02-17	CN1906171	2007-01-31	CN100503576C	2009-06-24
2	200410021172-3	2004-02-20	CN1657524	2005-08-24	CN1305858C	2007-03-21
3	US20050598033	2005-02-17	US2008108668(A1)	2008-05-08	US7795179B2	2010-09-14
4	JP2006553419	2005-02-17	JP2007523097(A)	2007-08-16	JP4682315(B2)	2011-02-18
5	EP1717231(A1)	2006-11-02	EP1717231(T3)	2015-12-07	EP1717231B1	2015-09-02
6	PCT/CN2005/000195	2005-02-17	WO2005080344A1	2005-09-01		
7	BRPI0507743(A)	2005-02-17	BRPI0507743(A)	2007-07-10		

4.1.4　唑胺菌酯的创制

4.1.4.1　创制过程

唑胺菌酯（SYP-4155）属甲氧基氨基甲酸酯类杀菌剂，此类化合物的代表品种吡唑醚菌酯是巴斯夫公司 2000 年发现、2002 年上市的非常广谱的杀菌剂。至 2005 年，吡唑醚菌酯已在 50 多个国家的 100 多种作物上登记。2005 年吡唑醚菌酯的销售额超过 5 亿美元，入市 3 年便迅速成长为公司的主打产品。其中，拉美地区亚洲大豆锈病（*Phakopsora pachyrhizi*）的暴发有力地推动了吡唑醚菌酯的发展。

吡唑醚菌酯具有较强的抑制病菌孢子萌发能力，对叶片内菌丝生长有很好的抑制作用，其持效期较长，并且具有潜在的治疗活性。该化合物在叶片内向叶尖或叶基传导及熏蒸作用较弱，但在植物体内的传导活性较强。总之，吡唑醚菌酯具有保护作用、治疗作用、内吸传导性和耐雨水冲刷性能，且应用范围较广。

吡唑醚菌酯开发用于防治谷物上的叶枯病、锈病和条纹病，花生上的褐斑病，大豆上的褐纹病、紫斑病和锈病，葡萄上的霜霉病和白粉病，马铃薯和番茄上的晚疫病和早疫病，香蕉上的黑条叶斑病、柑橘疮痂病和黑斑病以及草坪上的菌核病和猝倒病。食品作物上的用量为 50～250g(a. i.)/hm^2，草坪上的用量为 280～560g(a. i.)/hm^2[55,56]。

吡唑醚菌酯的合成方法主要有以下两种，均以邻硝基甲苯和对氯苯胺为起始原料。具体反应如下[57～61]：

方法一：

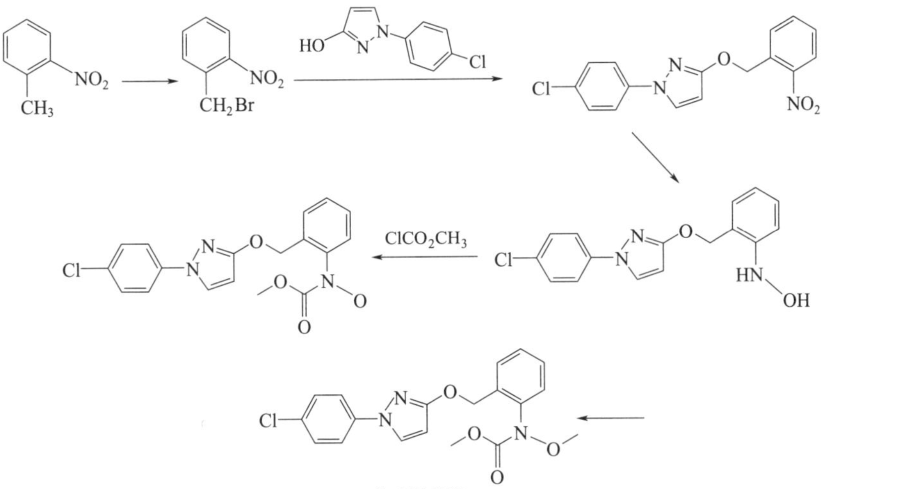

NO_2 CH_3 → NO_2 CH_2Br —HO(pyrazolyl)-4-Cl→ Cl…N…O…NO_2 → Cl…HN OH —$ClCO_2CH_3$→ Cl…N O O →

吡唑醚菌酯

方法二：

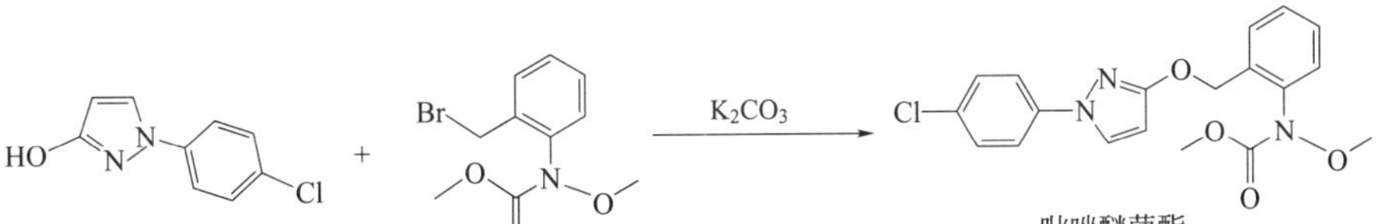

HO…N…Cl + Br…N O O —K_2CO_3→ Cl…N O O

吡唑醚菌酯

中间体 1-(4-氯苯基)-3-羟基吡唑的制备：

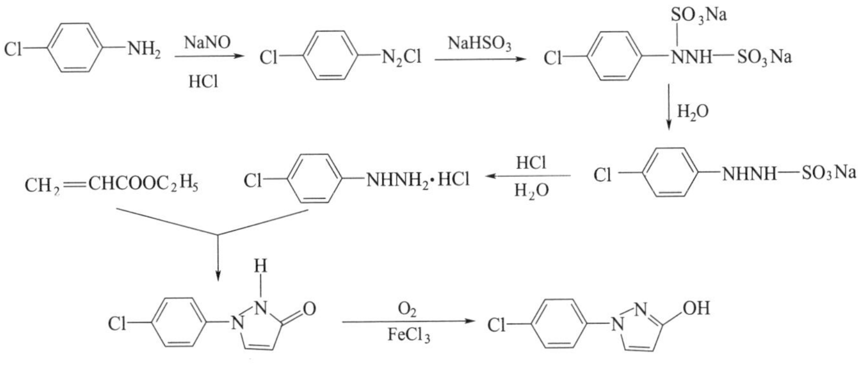

Cl-C₆H₄-NH_2 —NaNO / HCl→ Cl-C₆H₄-N_2Cl —$NaHSO_3$→ Cl-C₆H₄-N(SO_3Na)NH—SO_3Na —H_2O→ Cl-C₆H₄-NHNH—SO_3Na —HCl / H_2O→ Cl-C₆H₄-$NHNH_2$·HCl + CH_2=$CHCOOC_2H_5$ → Cl-C₆H₄-N(pyrazolidinone, N-H)=O —O_2 / $FeCl_3$→ Cl-C₆H₄-N(pyrazole)-OH

甲氧基氨基甲酸酯类化合物的侧链变化相对以上两类化合物报道比较少，主要侧链是取代苯氧亚甲基，还有芳环取代氧亚甲基及肟醚等侧链，介绍如下：

巴斯夫公司从 1996 年开始对氨基甲酸酯类化合物进行研究，合成化合物 **4-51**通过种子处理对小麦叶锈病具有 85%以上的防效；1999 年在苯环上引入吡唑环化合物 **4-52**，该化合物在 16mg/L 剂量下将白粉病菌的侵染率降至 15%以下；以吡唑并嘧啶为侧链得到化合物 **4-53**[6]，具有杀菌（叶锈病、稻瘟病）和杀虫（黑豆蚜、黑尾叶蝉、斜纹夜蛾、绿棉铃虫、红蜘蛛）活性；以 1,2,4-三唑为侧链的化合物 **4-54** 具有杀菌活性；以嘧啶为侧链的化合物 **4-55** 具有杀菌和杀虫活性，在 250mg/L 剂量下将葡萄霜霉病菌的侵染率降至 15%以下；1998 年巴斯夫公司将肟醚作为侧链进行研究，合成化合物 **4-56**、化合物 **4-57**，化合物 **4-56** 对白粉病、霜霉病和稻瘟病有效，化合物 **4-57** 在 250mg/L 剂量下将小麦叶锈病的发病率降至 0～5%[62～69]。

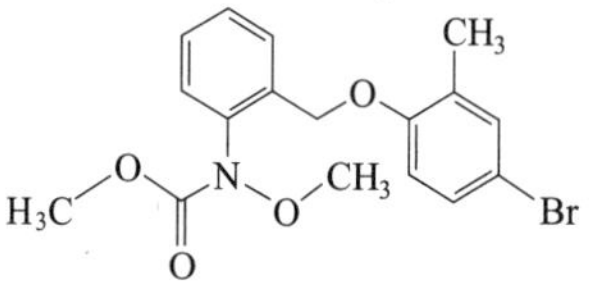

4-51 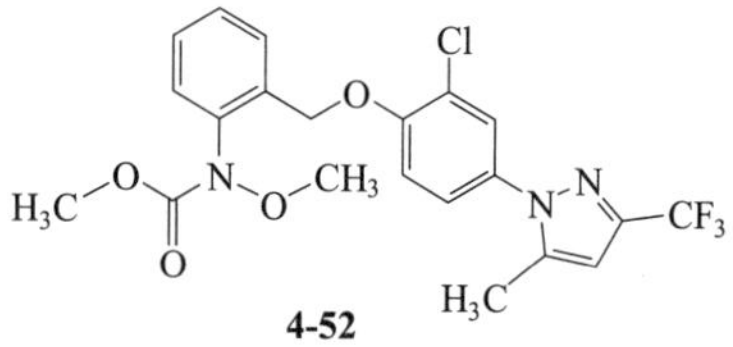　**4-52**

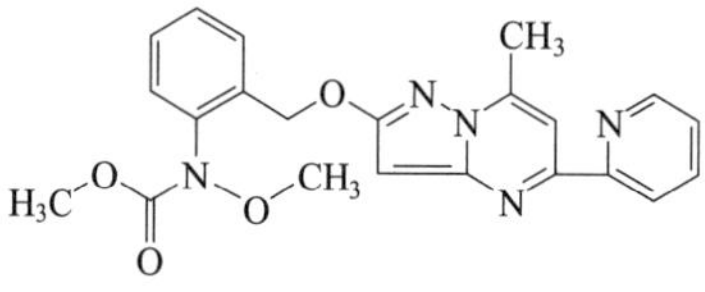

4-53 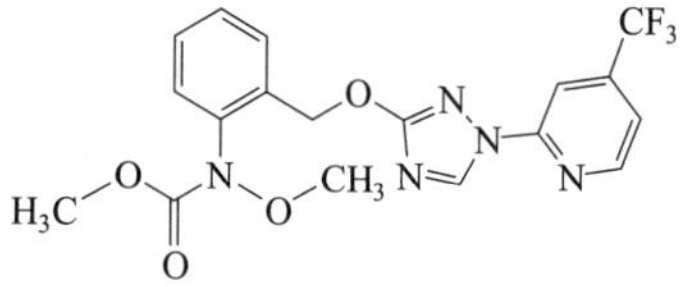　**4-54**

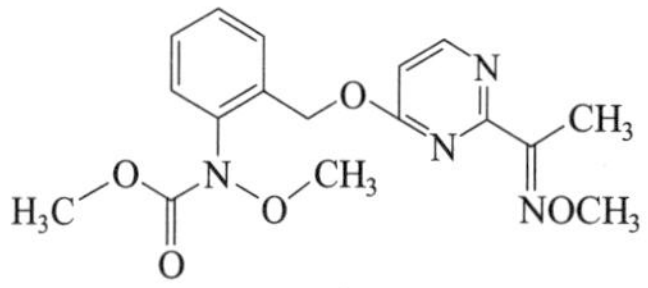

4-55 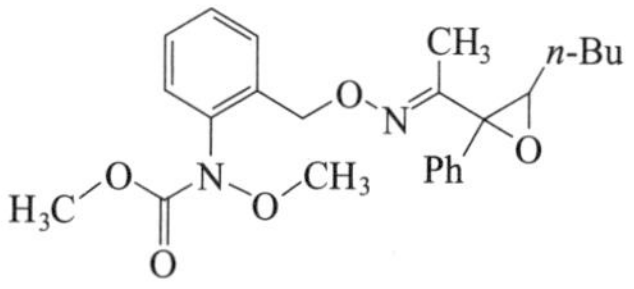　**4-56**

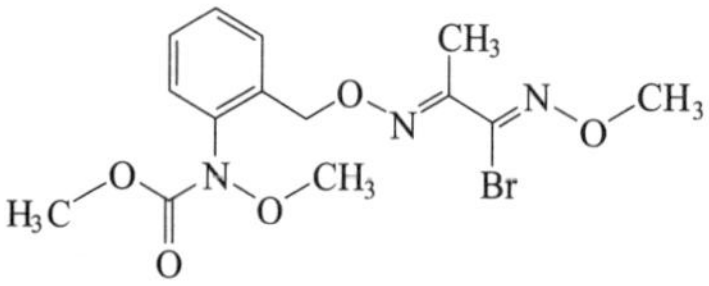

4-57 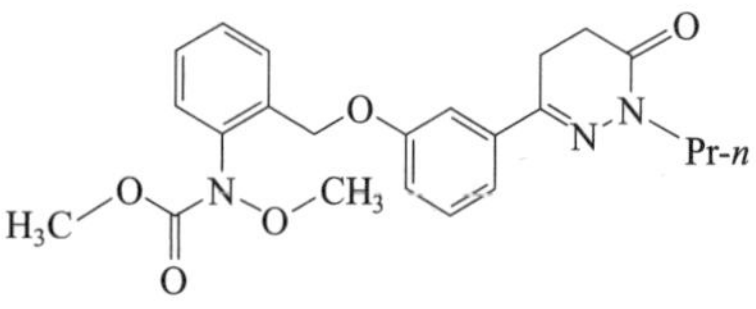　**4-58**

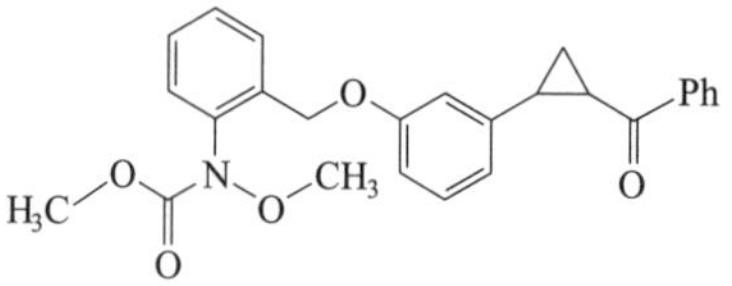

4-59

1998 年陶氏益农在侧链苯环上引入哒嗪环（化合物 **4-58**）、环丙基（化合物 **4-59**）、取代烯基（化合物 **4-60**），化合物 **4-58** 在 300g(a.i.)/hm^2 剂量下对葡萄霜霉病具有95%以上的防效，化合物**4-59**在300g(a.i.)/hm^{2}剂量下对小麦叶锈病具有99%的防效，化合物**4-60**可防治小麦叶锈病、黄瓜白粉病、葡萄霜霉病等植物病害。

日本Agro-Kanesho公司以甲氧基亚氨基取代的双环为侧链得到化合物**4-61**，该化合物具有优异的杀菌和杀虫活性；联杂环作为侧链的化合物也显示了非常好的杀菌活性，2001年日本曹达合成的化合物**4-62**在200mg/L剂量下对扁豆灰霉病具有100%防效，联吡啶化合物**4-63**对白粉病具有很好的防效[68,69]。2004年湖南化工研究院为了发现高效低毒的新杀菌剂，将哒嗪作为侧链合成化合物**4-64**、化合物**4-65**，对稻瘟病、灰霉病和白粉病有效[70]。

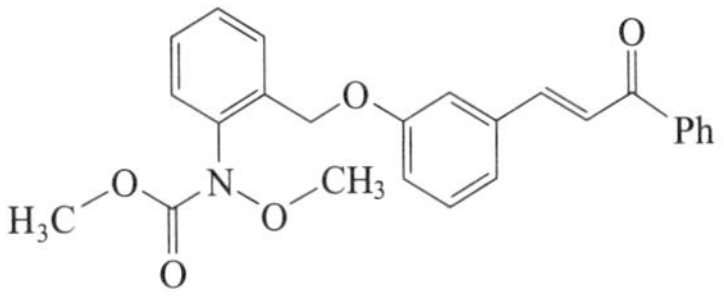

4-60 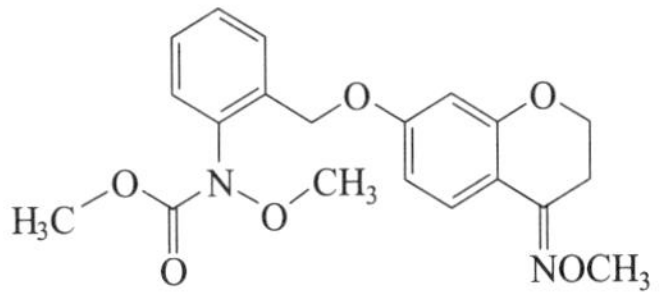　**4-61**

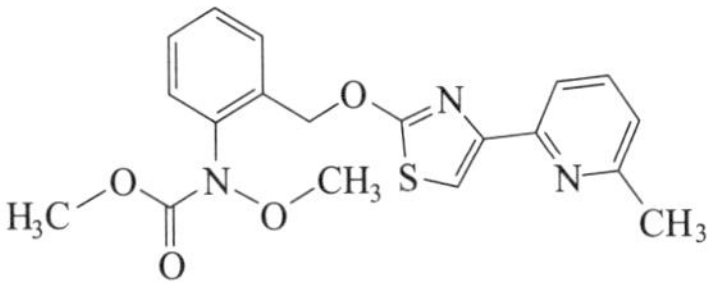

4-62 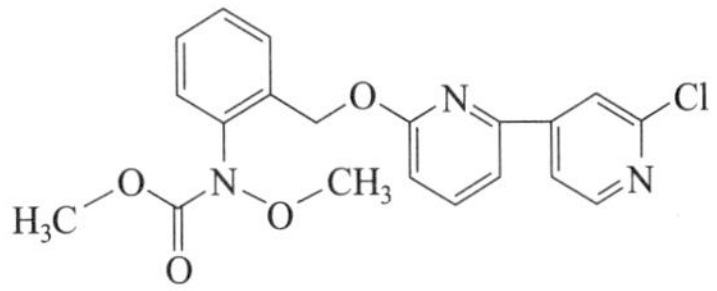　**4-63**

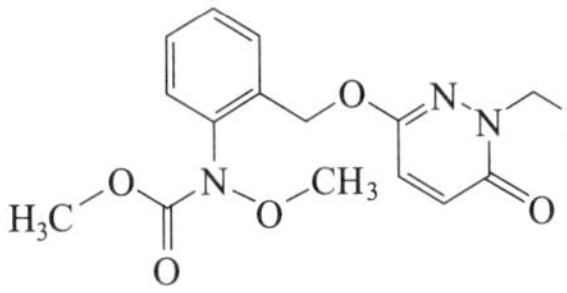

4-64 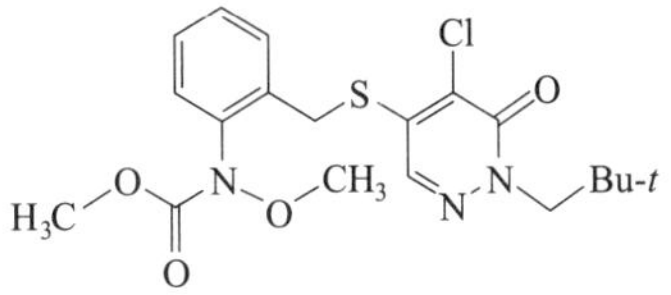　**4-65**

1994年日本农药公司合成*N*-烷氧基氨基甲酸酯类化合物**4-66**，以200mg/L喷雾对稻瘟病等5种病害具有95%～100%的防效；1998年日本宇部合成化合物**4-67**，在200mg/L剂量下对稻瘟病具有100%防效；1999年法国化学家合成化合物**4-68**，具有杀菌活性[71～73]。

1995年日本农药公司报道的*N*-苯基取代的氨基甲酸酯类化合物**4-69**，在200mg/L剂量下对大麦白粉病的防治效果达95%～100%。1997年日本宇部以硫代替氧得到化合物**4-70**，在200mg/L剂量下对霜霉病具有100%杀菌效果。2000年瑞士先正达公司合成化合物**4-71**，具有杀螨和杀菌活性，在50mg/L剂量下朱砂叶螨的死亡率达70%以上[72,74～76]。

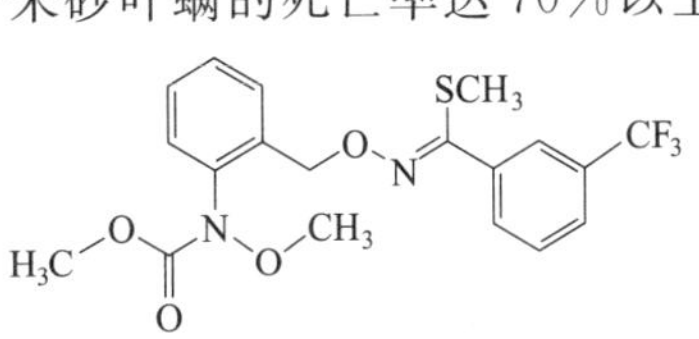

4-66 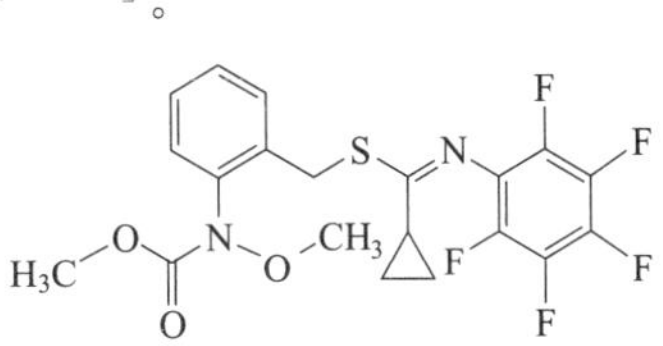　**4-67**

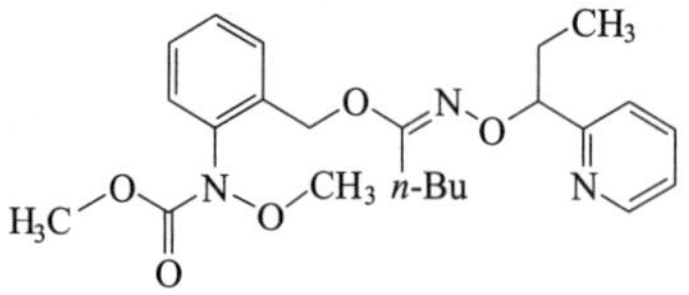

4-68

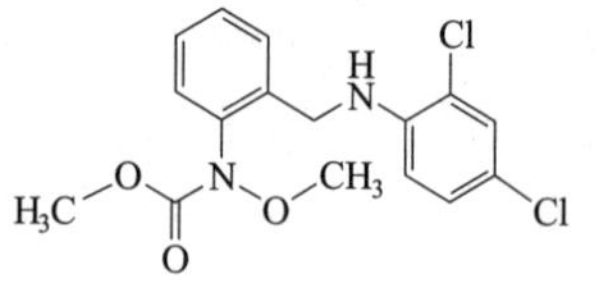

4-69

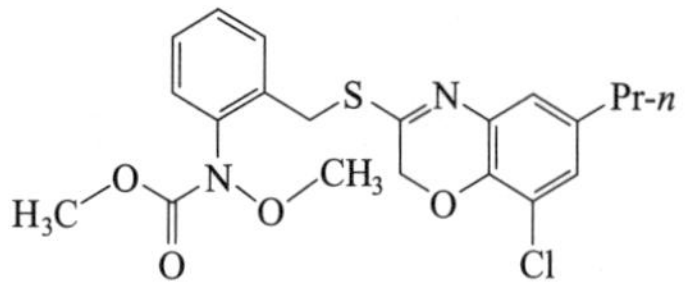

4-70

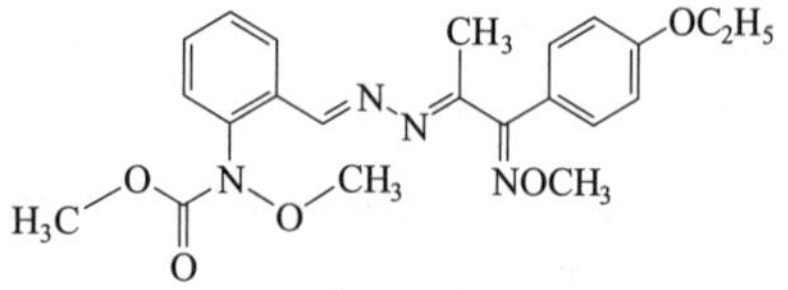

4-71

在唑菌酯的基础上，结合吡唑醚菌酯的结构特点，通过“中间体衍生化法”的替换法，改变吡唑醚菌酯中吡唑环取代基的位置，设计并合成了一系列新型 N-甲氧基氨基甲酸甲酯类化合物。该类化合物杀菌谱广、杀菌活性高，对霜霉病、白粉病、稻瘟病等有优异的防治效果[77]。化合物 **4-Ⅵ** 的杀菌活性普筛结果见表 4-42。

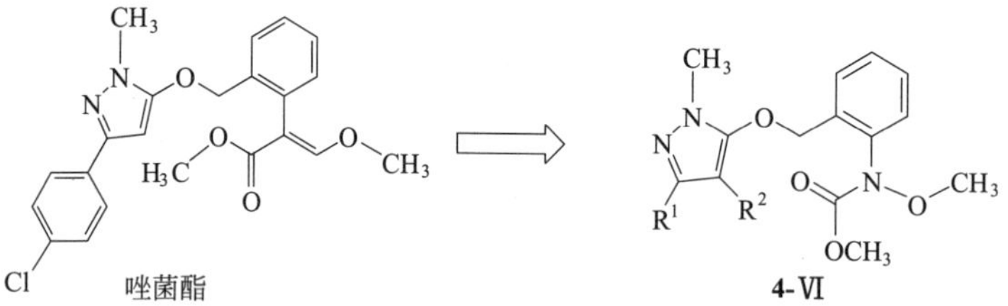

唑菌酯

4-Ⅵ

表 4-42 化合物 4-Ⅵ的杀菌活性普筛结果

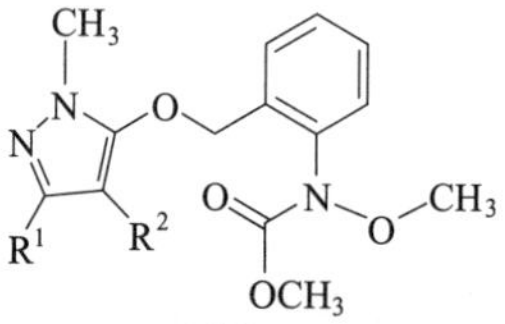

4-Ⅵ

化合物	R^1	R^2	防治效果(400mg/L)/%			
			水稻稻瘟病	黄瓜灰霉病	黄瓜霜霉病	小麦白粉病
4-Ⅵ-1	6-Cl-pyridin-3-yl	H	30	100	0	100
4-Ⅵ-2	6-CF_3CH_2O-pyridin-3-yl	H	70	0	30	90
4-Ⅵ-3	Ph	H	0	0	100	100
4-Ⅵ-4	4-Cl-Ph	H	0	0	30	70
4-Ⅵ-5	4-Br-Ph	H	50	0	100	100
4-Ⅵ-6	4-CH_3-Ph	H	0	0	*	98
4-Ⅵ-7	4-t-C_4H_9-Ph	H	100	0	100	0
4-Ⅵ-8	3,4-2(CH_3)-Ph	H	100	50	100	100
4-Ⅵ-9	2,4-2(CH_3)-Ph	H	100	50	100	100
4-Ⅵ-10	2,4-2Cl-Ph	H	0	0	100	100

续表

化合物	R^1	R^2	防治效果(400mg/L)/%			
			水稻稻瘟病	黄瓜灰霉病	黄瓜霜霉病	小麦白粉病
4-Ⅵ-11	4-CH_3O-Ph	H	100	80	98	100
4-Ⅵ-12	Ph	CH_3	0	0	100	100
4-Ⅵ-13	4-Cl-Ph	CH_3	50	0	0	40
4-Ⅵ-14	4-CH_3-Ph	CH_3	0	0	100	100
4-Ⅵ-15	3,4-2(CH_3)-Ph	CH_3	100	50	100	100
4-Ⅵ-16	2,4-2(CH_3)-Ph	CH_3	100	50	100	100
4-Ⅵ-17	4-t-C_4H_9-Ph	CH_3	0	0	0	0
4-Ⅵ-18	4-CH_3O-Ph	CH_3	100	0	100	100
嘧菌酯			100	—	100	100
醚菌酯			100	100	—	100
吡唑醚菌酯			—	—	100	—

注：* 代表苗死亡。

由表 4-42 中数据可知，对照药剂嘧菌酯、醚菌酯和吡唑醚菌酯在 400mg/L 浓度下均具有很好的杀菌活性，在此浓度下化合物 **4-Ⅵ-1**～化合物 **4-Ⅵ-18** 对四种病害的活性与对照药剂相当或低于对照药剂。对水稻稻瘟病来说，R^1 为苯基取代的化合物活性优于吡啶基取代的化合物，苯环上取代基为 2 个甲基（**4-Ⅵ-8**、**4-Ⅵ-9**、**4-Ⅵ-15**、**4-Ⅵ-16**）或 4 位为甲氧基（**4-Ⅵ-11**、**4-Ⅵ-18**）取代的化合物活性最好，在 400mg/L 浓度下具有 100%的活性；该类化合物对黄瓜灰霉病来说防治效果均不理想，仅化合物 **4-Ⅵ-1**（R^1＝6-Cl-pyridin-3-yl，R^2＝H）在 400mg/L 浓度下具有 100%的防治效果；对黄瓜霜霉病，R^1 为吡啶基取代的化合物活性仍没有苯基取代的化合物活性好，从普筛结果来看，苯环 4 位为氯取代的化合物（**4-Ⅵ-4**、**4-Ⅵ-13**）对黄瓜霜霉病防效较差；对小麦白粉病，R^1 为苯基和吡啶基取代的化合物均具有较好的效果，苯环 4 位为氯（**4-Ⅵ-4**、**4-Ⅵ-13**）和叔丁基（**4-Ⅵ-7**、**4-Ⅵ-17**）取代不利于对小麦白粉病的防治。部分化合物的杀菌活性复筛结果如表 4-43 所示。

表 4-43 部分化合物的杀菌活性复筛结果

病害	黄瓜霜霉病/%		小麦白粉病/%		
浓度/(mg/L)	25	12.5	25	6.25	1.56
4-Ⅵ-1	0	0	100	100	60
4-Ⅵ-2	0	0	50	0	0
4-Ⅵ-3	40	0	80	30	0

续表

病害	黄瓜霜霉病/%		小麦白粉病/%		
浓度/(mg/L)	25	12.5	25	6.25	1.56
4-Ⅵ-5	100	20	100	85	50
4-Ⅵ-6	0	0	50	0	0
4-Ⅵ-7	0	0	—	—	—
4-Ⅵ-8	100	40	100	85	50
4-Ⅵ-9	70	30	100	85	20
4-Ⅵ-10	100	20	100	100	80
4-Ⅵ-11	30	0	40	10	0
4-Ⅵ-12	100	60	100	100	100
4-Ⅵ-14	100	95	100	100	95
4-Ⅵ-15	80	50	100	100	100
4-Ⅵ-16	100	100	100	100	65
4-Ⅵ-18	55	15	100	85	30
嘧菌酯	100	98	100	90	60
醚菌酯	35	10	100	100	100
吡唑醚菌酯	—	—	100	98	75

从表 4-43 可以看出，R^2 为甲基的化合物(**4-Ⅵ-12**～**4-Ⅵ-18**)对黄瓜霜霉病和小麦白粉病的杀菌活性优于 R^2 为氢的化合物(**4-Ⅵ-3**～**4-Ⅵ-11**)。化合物 **4-Ⅵ-14**(R^1=4-CH_3-Ph，R^2=CH_3)和 **4-Ⅵ-16**[R^1=2,4-2(CH_3)-Ph，R^2=CH_3]在12.5mg/L 剂量下对黄瓜霜霉病的防治效果达到 95%以上，与嘧菌酯相当，明显高于醚菌酯；化合物 **4-Ⅵ-12**(R^1=Ph，R^2=CH_3)、**4-Ⅵ-14**(R^1=4-CH_3-Ph，R^2=CH_3)和 **4-Ⅵ-15**[R^1=3,4-2(CH_3)-Ph，R^2=CH_3]在 1.56mg/L 剂量下对小麦白粉病的防治效果达到 95%以上，与醚菌酯相当，明显高于嘧菌酯和吡唑醚菌酯。由此可看出，R^1 为苯基的化合物活性优于 R^1 为吡啶基的化合物，当 R^2 为甲基时，苯环上无取代基或为甲基取代有助于杀菌活性的提高；化合物 **4-Ⅵ-14**(唑胺菌酯、SYP-4155)对黄瓜霜霉病和小麦白粉病均具有很好的防治效果，可进行进一步研究开发。

4.1.4.2 工艺研究

唑胺菌酯的工艺路线如图 4-13 所示。

以邻硝基甲苯为原料，经还原、酰化、甲基化、溴化得到溴化物，苯丙酮与碳酸二甲酯经甲氧羰基化反应得到 4155A，然后与甲基肼合环制得 4155B，即吡唑醇，然后与溴化物反应得到粗品，后经结晶得到合格产品，共计 7 步反应和一

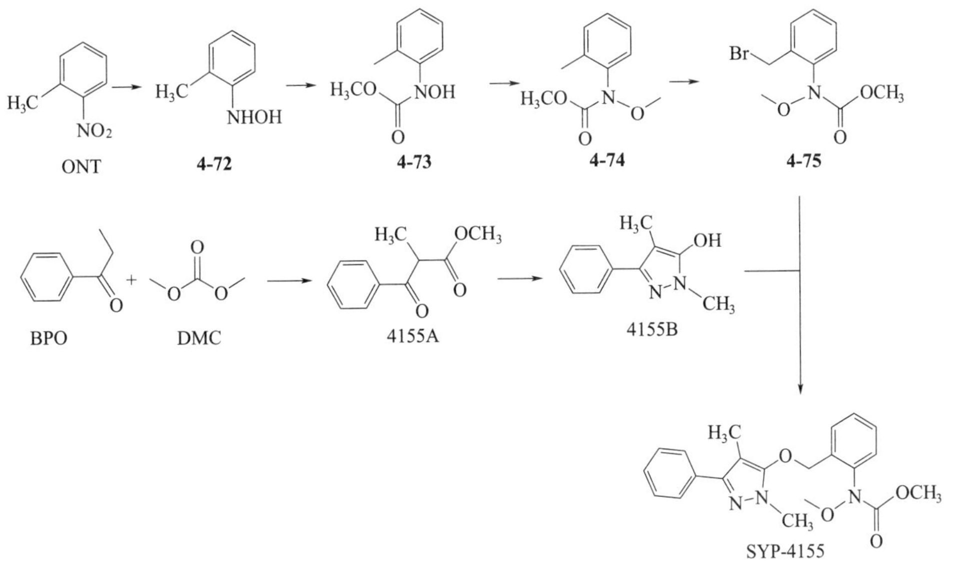

H_3C NO_2 ONT → H_3C NHOH **4-72** → H_3CO NOH O **4-73** → H_3CO N O O **4-74** → Br N O OCH_3 O **4-75**

BPO + DMC → H_3C OCH_3 O O 4155A → H_3C OH N-N CH_3 4155B

→ H_3C O N-N CH_3 N O OCH_3 O SYP-4155

图 4-13 唑胺菌酯的合成路线

步产品精制。

（1）*N*-羟基-*N*-(2-甲基苯基）氨基甲酸甲酯的合成 反应方程式如下：

H_3C NO_2 ONT $\xrightarrow{Zn/NH_4Cl}$ H_3C NHOH **4-72** + $ClCOOCH_3$ $\xrightarrow{碱}$ H_3CO NOH O **4-73**

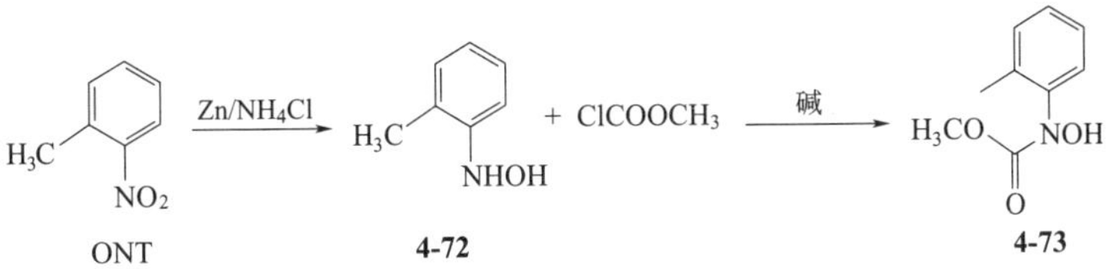

向装有搅拌、温度计的反应瓶中加入锌粉、水，然后在15℃快速滴加浓盐酸和水的混合液，滴加完毕，快速搅拌，过滤，3次洗涤至中性，过滤，备用。

向装有搅拌、回流冷凝管、温度计的反应瓶中加入邻硝基甲苯、乙醇、水和上述活化好的锌粉。升温至76℃，滴加氯化铵水溶液，同时停止加热，待温度升至81℃，快速回流，适当给予冷水和控制滴加速度，保持回流状态，滴加完毕，回流反应30min，并取样跟踪至原料少于3%，停止加热，降温至20℃，过滤，用乙醇洗涤滤饼，得到化合物**4-72**橙黄色或红色滤液还原物溶液，直接用于下步反应。

将上步反应液加入反应瓶中，然后加入碳酸氢钠，控制温度在0～10℃之间滴加氯甲酸甲酯，滴毕，保温反应2h，HPLC跟踪至原料完全反应。反应毕，过滤，乙醇洗滤饼至白色，减压脱出乙醇和水，降温至50℃，加入甲苯和水，分液，甲苯层用水洗涤一次，得到甲苯层，搅拌结晶，待大量固体析出后，降温至5℃左右，过滤，并用少许甲苯淋洗滤饼一次，得白色或淡灰色固体。

（2）*N*-(2-溴甲基苯基)-*N*-甲氧基氨基甲酸甲酯的合成 反应方程式如下：

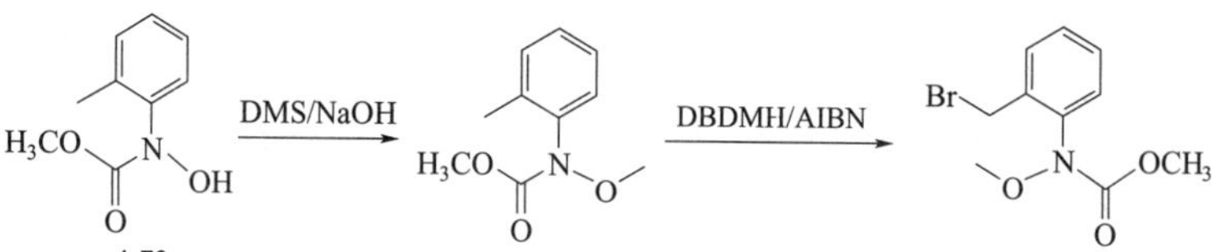

4-73 4-74 4-75

DMS/NaOH DBDMH/AIBN

向装有搅拌、温度计、冷凝管的反应瓶中加入酰化物、环已烷和硫酸二甲酯，然后升温至30℃左右，开始滴加液碱，控制滴加速度，保持温度在30～40℃之间，滴加完毕，搅拌30min，HPLC跟踪连续两针发现原料完全转化，停止反应。在此温度下分层，水洗至中性，回流分水约1h，去反应液测水分含量，合格后降温至30℃左右加入二溴海因和AIBN，缓慢升温至回流，待回流时，控制加热，防止剧烈回流导致冲料，待回流液无色时，取样，合格后，停止反应，降温至15～20℃，过滤，用环已烷洗涤滤饼，滤液脱溶得溴化物（温度不超过70℃，减压蒸馏），降温至20℃左右，加入一定量的DMSO，放料，备用。

（3）2-甲基-3-氧-3-苯基丙酸甲酯的合成　反应方程式如下：

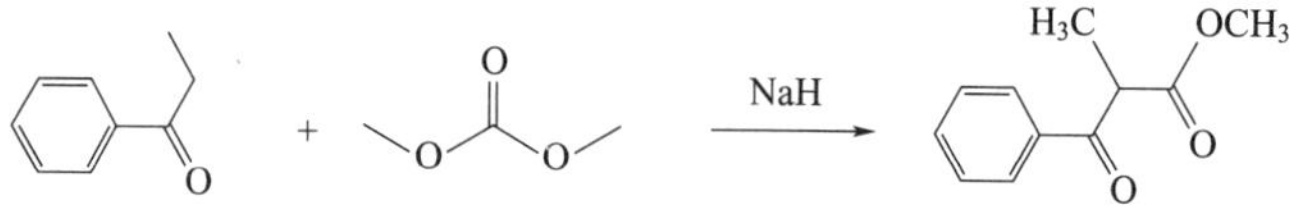

BPO + DMC —NaH→ 4155A

向装有搅拌、温度计和冷凝管的反应瓶中加入甲苯和氢化钠，通入氮气保护，室温快速滴加碳酸二甲酯，然后升温到反应温度99℃，开始滴加苯丙酮，控制滴加速度，使得回流温度控制在94～100℃。滴加完毕，慢慢加热至105～110℃反应2～3h，GC跟踪至苯丙酮含量低于1.5%，停止反应，降温至60℃左右滴加甲醇，继续降温至40℃左右，将反应液慢慢细流地加到另一反应瓶中（先加入浓盐酸和水），同时水冷却，酸解温度保持在30～40℃之间。加毕，搅拌10min，分层，水洗两次至中性，减压脱溶得产品。降温至70℃，停止搅拌，分层约2h，放出下层，得到暗红色油状物。

（4）1,4-二甲基-3-苯基-1*H*-吡唑-5-醇的合成　反应方程式如下：

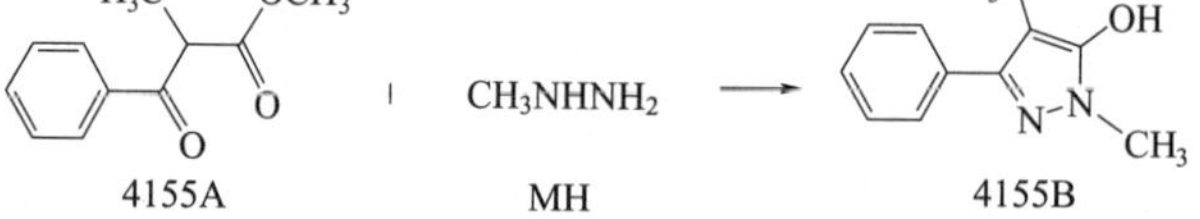

4155A + CH_3NHNH_2 (MH) → 4155B

向装有搅拌、温度计和冷凝管的反应瓶中加入甲基肼和三乙胺，降温至0～5℃，滴加4155A，并保持在此温度下滴加，30～40min滴加完毕，保温反应10h。然后升温常压蒸馏除去甲醇、水和三乙胺，釜内温度达到90℃，改为减压蒸馏至釜底温度为80℃。停止加热，撤去真空并滴加甲醇，升温，回流20min，降温结晶2h，继续降温至2℃时，过滤，用甲醇洗饼，干燥得产品，为白色固体。

（5）唑胺菌酯的合成　反应方程式如下：

$$\text{4155B} + \text{4-75} \xrightarrow{\text{碱}} \text{SYP-4155}$$

缩合反应：向装有搅拌、温度计和冷凝管的反应瓶中加入二甲基亚砜（DMSO）、4155B和碳酸钾，升温至30～40℃，在此温度下滴加溴化物的DMSO溶液，滴加完毕，保温反应，HPLC跟踪至溴化物完全反应，停止反应。往反应液中加入甲苯和水，搅拌分层，甲苯层用2%氢氧化钠溶液洗涤一次，然后水洗至中性，得到甲苯液；甲苯液经降温搅拌析出异构体，过滤，滤液减压脱溶，得到4155粗品。

结晶：加入甲醇和唑胺菌酯粗品，升温至45～50℃，滴加水，然后自然降温，至20℃左右加入少许晶种，保温约12h，待大量固体析出后，滴加水，继续降温结晶4h，降温至0～5℃，过滤，用80%甲醇洗涤滤饼，滤饼干燥得产品。

4.1.4.3 生物活性研究

（1）室内生物活性研究　唑胺菌酯具有广谱的杀菌活性和内吸性。对白粉病的防效显著优于三唑酮、醚菌酯和烯肟菌胺。对黄瓜霜霉病的防治效果显著优于常规药剂霜脲氰，同氟吗啉相当；对水稻纹枯病的防治效果优于常规药剂甲基托布津；对黄瓜炭疽病的防治效果优于醚菌酯、烯肟菌酯、烯肟菌胺。唑胺菌酯在小麦叶片上具有极好的渗透和移动能力，防治效果优于醚菌酯，同戊唑醇相当。唑胺菌酯与腈菌唑、戊唑醇和苯醚甲环唑之间无交互抗性。黄瓜白粉病菌菌株对唑胺菌酯的抗药性程度小于嘧菌酯。唑胺菌酯对黄瓜霜霉病和白粉病具有很好的预防、治疗及铲除作用，明显优于嘧菌酯。唑胺菌酯对黄瓜霜霉病、白粉病持效期达7～14d，长于嘧菌酯。

① 室内生测试验。化合物SYP-4155对水稻纹枯病、黄瓜霜霉病、小麦白粉病和黄瓜炭疽病的EC_{90}值分别为16.260mg/L、13.706mg/L、0.527mg/L和7.335mg/L。对水稻纹枯病的防治效果明显优于常规药剂甲基硫菌灵，但低于吡唑嘧菌酯；对黄瓜霜霉病的防治效果明显优于常规药剂霜脲氰，同氟吗啉相当，但低于嘧菌酯；对小麦白粉病的防治效果优于三唑酮、醚菌酯；对黄瓜炭疽病的防治效果略低于高活性杀菌剂嘧菌酯和吡唑嘧菌酯。化合物SYP-4155对四种病害的毒力测定如表4-44所示。

表4-44　化合物SYP-4155对四种病害的毒力测定

药剂	病害名称	回归方程	EC_{90}/(mg/L)	R^2
SYP-4155	水稻纹枯病	$Y=3.815+2.036X$	16.260	0.987
	黄瓜霜霉病	$Y=1.777+3.962X$	13.706	0.970
	小麦白粉病	$Y=7.115+2.990X$	0.527	0.986
	黄瓜炭疽病	$Y=3.883+2.771X$	7.335	0.968

续表

药剂	病害名称	回归方程	EC_{90}/(mg/L)	R^2
吡唑嘧菌酯	水稻纹枯病	$Y=5.384+0.926X$	4.225	0.979
嘧菌酯	黄瓜霜霉病	$Y=2.917+4.369X$	5.891	0.984
醚菌酯	小麦白粉病	$Y=4.112+3.252X$	4.647	0.971
甲基硫菌灵	水稻纹枯病	100mg/L 的防治效果达 75%		
嘧菌酯	黄瓜炭疽病	3.125mg/L 的防治效果达 95%		

② SYP-4155 的移动能力。试验结果表明，化合物 SYP-4155 在所设试验浓度下，在小麦叶片上具有极好的渗透和移动能力，防治效果显著优于醚菌酯，同戊唑醇相当。试验结果如表 4-45 所示。

表 4-45 化合物 SYP-4155 移动能力试验结果（小麦白粉病）

药剂	化合物防病效果/%			备注
	0.4μg/叶	0.2μg/叶	0.1μg/叶	
SYP-4155	100	100	90	向上强，向下弱
戊唑醇	100	100	98	药害
醚菌酯	35	32	25	

③ 对黄瓜白粉病的预防作用。盆栽植株法测定结果表明：20%SYP-4155EC 和 25%嘧菌酯 SC（阿米西达）对黄瓜白粉病具有一定的预防作用。20%SYP-4155EC 活性显著高于 25%嘧菌酯 SC。结果如表 4-46 所示。

表 4-46 20%SYP-4155EC 对黄瓜白粉病的预防作用

处理	浓度/(μg/mL)	真叶		子叶	
		病情指数	防治效果/%	病情指数	防治效果/%
20%SYP-4155EC	200	11.48	84.27ab	8.52	83.97a
	100	21.27	70.90de	13.33	76.02b
	50	23.17	68.32efg	15.56	72.55bc
	25	28.62	60.88gh	19.63	63.36def
	12.5	38.38	47.42kl	32.59	42.07h
25%嘧菌酯 SC	200	32.10	55.96hi	24.44	62.17def
	100	37.32	48.81ijkl	28.15	57.65ef
	50	42.21	42.31lm	33.33	49.09g
	25	48.62	33.39mn	37.04	42.02h
	12.5	56.30	23.22o	40.74	38.57hi
CK		73.00	—	65.93	—

注：根据 LSD 分析，防治效果列中数据后不同小写字母表示数据间差异显著（$P=0.05$）。

④ 对黄瓜霜霉病的治疗作用。表 4-47 结果表明，20%SYP-4155EC 对黄瓜

霜霉病的治疗效果明显高于25%嘧菌酯SC，治疗作用（EC_{50}）20%SYP-4155 EC大于25%嘧菌酯SC。

表 4-47 20%SYP-4155EC 对黄瓜霜霉病的治疗作用

药剂	浓度/(μg/mL)	病情指数	防效/%	差异显著性	
20%SYP-4155EC	200	27.78	71.51	abc	ABC
	100	35.19	64.23	cde	BCDE
	50	40.74	58.20	cdefg	CDEF
	25	51.48	47.35	ghijk	EFGH
25%嘧菌酯SC	200	44.07	54.66	efgh	CDEFG
	100	50.74	47.99	fghi	EFGH
	50	59.63	38.94	jklm	GHI
	25	70.37	27.94	lmn	IJ

注：治疗作用采用叶盘法进行测定。

⑤ 对黄瓜白粉病的治疗作用　盆栽植株法测定结果表明：20%SYP-4155EC和25%嘧菌酯SC对黄瓜白粉病具有一定的治疗作用。20%SYP-4155EC的治疗效果显著高于25%嘧菌酯SC。结果见表4-48。

表 4-48 20%SYP-4155EC 对黄瓜白粉病的治疗作用

药剂	浓度/(μg/mL)	真叶		子叶	
		病情指数	防治效果/%	病情指数	防治效果/%
20%SYP-4155EC	200	17.56	76.67b	15.56	74.07b
	100	23.23	69.30cd	20	66.67cd
	50	25.74	65.99de	24.44	59.26e
	25	30.95	59.25fg	33.33	44.44g
	12.5	42.57	43.92	40	33.33jk
	CK	75.93	—	60	—
25%嘧菌酯SC	200	44.38	41.47h	24.44	62.17def
	100	50.03	33.86i	28.15	57.65ef
	50	54.88	27.58ij	33.33	49.09g
	25	62.29	17.86lk	37.04	42.02h
	12.5	67.16	11.46mn	40.74	38.57hi
	CK	75.93	—	65.93	—

⑥ 对黄瓜白粉病菌的铲除作用。试验结果表明，20% SYP-4155EC（400μg/mL）对黄瓜白粉病的铲除效果强于25%嘧菌酯SC，100～200 μg/mL铲除效果与25%嘧菌酯SC 400μg/mL铲除效果相当。20% SYP-

4155EC与黄瓜白粉病菌分生孢子悬浮液混合接种黄瓜盆栽植株，100mg/L铲除作用为94.59%，侵染率较低，铲除作用强于25%嘧菌酯SC。20%SYP-4155EC与黄瓜白粉病菌分生孢子悬浮液混合液100mg/L对黄瓜白粉病菌的铲除作用为94.59%，侵染率也较低，好于25%嘧菌酯SC对黄瓜白粉病菌的铲除作用。结果见表4-49。

表4-49　20%SYP-4155EC对黄瓜白粉病菌的铲除效果

药剂	浓度/(μg/mL)	侵染率/%	病情指数	防治效果/%
20%SYP-4155EC	400	100	9.26	79.17a
	200	100	13.58	69.44b
	100	100	17.28	61.11b
	CK	100	44.44	—
25%嘧菌酯SC	400	100	14.81	66.67b
	200	100	24.44	45.00c
	100	100	34.81	21.67d
	CK	100	44.44	—

注：接种后培养4d待黄瓜子叶上初生白粉霉层开始喷施药液。根据LSD分析，防治效果列中数据后不同小写字母表示数据间差异显著（$P=0.05$）。

⑦ 防治黄瓜霜霉病持效期试验。持效期试验表明，20%SYP-4155EC防治黄瓜霜霉病的持效期长于25%嘧菌酯SC，其持效期达到7～10d。结果见表4-50。

表4-50　20%SYP-4155EC对黄瓜霜霉病菌的持效期测定

药剂名称	浓度/(μg/mL)	病情指数			
		喷药后第3d接种	喷药后第7d接种	喷药后第10d接种	喷药后第14d接种
20%SYP-4155EC	200	3.70	50.74	53.70	62.96
	100	23.33	58.52	59.26	76.30
	50	38.15	71.85	78.52	89.63
25%嘧菌酯SC	200	57.78	66.67	77.04	79.26
	100	58.15	81.48	84.44	86.67
	50	65.93	84.44	89.63	97.04
空白对照	—	97.78	97.78	97.78	97.78
	—	97.78	97.78	97.78	97.78
	—	100.00	100.00	100.00	100.00

注：上表数据为三次试验的平均值。

⑧ 防治黄瓜白粉病持效期试验。盆栽试验结果表明：20%SYP-4155EC拥有较长的持效期，200μg/mL药液叶面喷施14d后对黄瓜白粉病的防效仍超过75%，持效期明显长于25%嘧菌酯SC。如表4-51所示。

表 4-51 20%SYP-4155EC 的新化合物防治黄瓜白粉病的持效期试验结果

药剂	浓度/(μg/mL)	病情指数				防治效果/%			
		3d	7d	10d	14d	3d	7d	10d	14d
20%SYP-4155EC	600	5.56	5.56	9.52	11.11	93.75	93.64	88.75	83.64
	400	5.56	6.94	9.72	14.81	93.75	92.05	88.33	78.18
	200	11.11	11.11	14.81	16.05	87.5	87.27	82.22	76.36
	CK	88.89	87.3	83.33	67.9	—	—	—	—
25%嘧菌酯 SC	600	33.33	33.33	33.33	60.49	62.5	61.82	60	10.91
	400	38.89	44.44	44.44	62.96	56.25	49.09	46.67	7.27
	200	66.67	66.67	74.07	65.43	25	23.64	11.11	3.64
	对照	88.89	87.3	83.33	67.9	—	—	—	—

唑胺菌酯在美国陶氏益农做的试验结果表明：在相同剂量下唑胺菌酯对黄瓜炭疽病的活性低于嘧菌酯，而对其他 5 种病害的活性则与嘧菌酯一致。如表 4-52 所示。

表 4-52 唑胺菌酯 1d 保护效果（2 次重复平均）

供试药剂	剂量/(μg/mL)	防治靶标与防效/%					
		小麦叶枯病	小麦颖枯病	小麦锈病	黄瓜霜霉病	黄瓜炭疽病	水稻稻瘟病
唑胺菌酯	200	95	99	100	100	100	100
	50	95	95	100	100	99	99
	12.5	93	87	97	100	79	98
嘧菌酯	50	99	96	100	100	100	93
	12.5	98	87	100	100	99	94

（2）田间生物活性研究 唑胺菌酯对黄瓜白粉病具有较好的防治效果，在 100g/hm^2 相同的处理剂量下，防效优于对照药剂嘧菌酯。唑胺菌酯对黄瓜霜霉病具有非常优异的田间防治效果，使用剂量 50～100g/hm^2，与嘧菌酯 100g/hm^2 的防治效果相当。对小麦白粉病的防治效果见表 4-53。

表 4-53 20%4155 乳油对小麦白粉病的防治效果（河北）

处理	剂量/[g(a.i.)/hm^2]	5 月 14 日			5 月 29 日		
		病叶率/%	病指	防效/%	病叶率/%	病指	防效/%
20%4155 乳油	15	24.29	3.57	55.65	26.22	4.24	63.38
	30	14.05	2.10	73.81	13.57	2.30	80.17
	45	10.48	1.50	81.32	9.10	1.27	89.08
25%吡唑醚菌酯 SC(凯润)	30	16.82	2.32	71.13	19.17	2.76	76.20
25%戊唑醇水乳剂	42.2	13.41	2.08	74.00	13.40	2.08	82.08
12.5%氟环唑 SC(欧博)	125	13.71	1.87	76.73	14.08	2.14	81.50
25%丙环唑乳油(敌力脱)	137.5	14.09	2.24	72.06	13.20	2.16	81.33
25%腈菌唑乳油	37.5	17.61	2.65	66.85	15.80	2.58	77.80
空白对照		50.04	8.03	—	58.74	11.59	—

4.1.4.4 混剂筛选研究

唑胺菌酯与丙环唑、三唑酮、烯唑醇、苯醚甲环唑、戊菌唑、腈菌唑、多菌灵、百菌清、福美双混配表现有增效作用，主要用于防治白粉病；唑胺菌酯与噁唑菌酮、嘧霉胺、嘧菌环胺、腐霉利、啶菌噁唑混配表现有增效作用，主要用于防治灰霉病；唑胺菌酯与氟啶酰菌胺、氰霜唑混配表现有增效作用，主要用于防治霜霉病。

4.1.4.5 专利情况

唑胺菌酯化合物专利见表 4-54。

表 4-54 唑胺菌酯部分化合物专利

序号	申请号	申请日	公开号	公开日	专利号	授权日
1	200510046515.6	2005-05-26	CN1869034	2006-11-29	CN100427481(C)	2008-10-22
2	200680005095.X	2006-05-15	CN101119972	2008-02-06	CN101119972B	2011-04-13
3	US20060817996	2006-05-15	US2008275070(A1)	2008-11-06	US7786045(B2)	2010-08-31
4	EP20060741861	2006-05-15	EP1884511(A1)	2008-02-06	EP1884511(B1)	2012-01-18
5	KR20077023787	2006-05-15	KR20070112291(A)	2007-11-22	KR100956277(B1)	2010-05-10
6	JP20080512671	2006-05-15	JP2008545664(A)	2008-12-18	JP4859919(B2)	2012-01-25

4.1.5 嘧螨胺的创制

4.1.5.1 创制过程

嘧啶是一类非常重要的杂环化合物，被广泛应用于医药、农药领域。大量研究表明，该类化合物具有较好的生物活性，包括杀虫、杀菌、除草、抗病毒以及抗癌活性等。目前，已报道的农药品种中有 60 余个都含有嘧啶结构，其中杀菌剂 13 个，杀虫剂 8 个，除草剂和除草剂解毒剂则超过 40 个。而这 60 余个品种中，一半以上在嘧啶环上都含有氨基或取代氨基基团，其中磺酰脲类除草剂自不必说，杀菌剂中也有多个品种，包括二甲嘧酚、乙嘧酚、乙嘧酚磺酸酯、嘧菌胺、嘧菌环胺和嘧霉胺等。

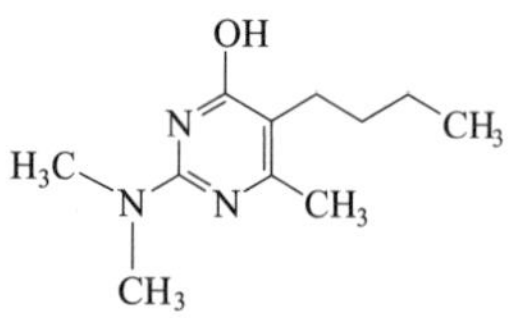

二甲嘧酚 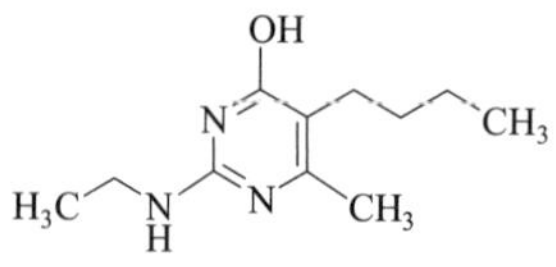　　乙嘧酚 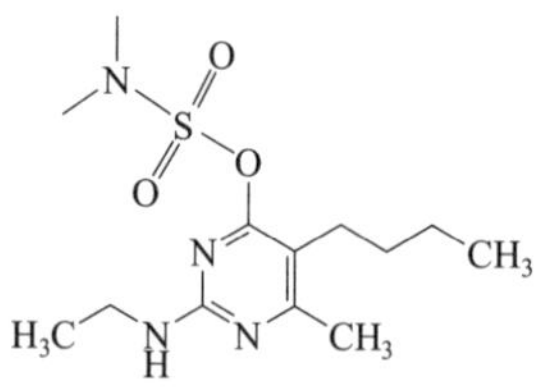　　乙嘧酚磺酸酯

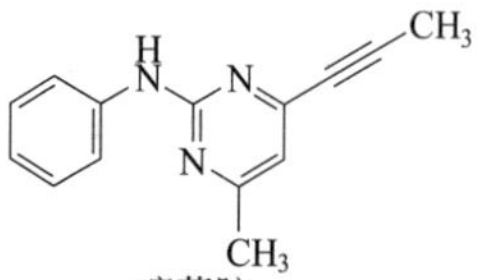

嘧菌胺 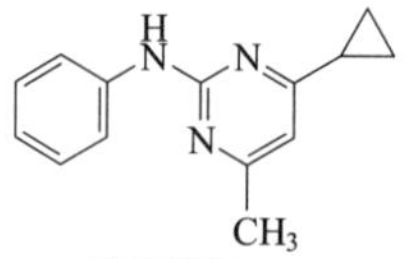　　嘧菌环胺 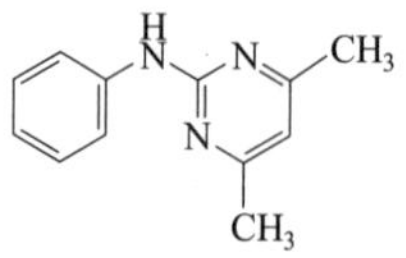　　嘧霉胺

在本研究室前期工作中，以 β-酮酸酯为起始原料合成了很多含羟基的五元

或六元杂环如吡唑、异噁唑、香豆素、嘧啶等中间体[31,78,79]，并利用这些中间体，通过中间体衍生化法合成了多种类型的新化合物，包括成功开发的杀菌剂唑菌酯、丁香菌酯等。β-酮酸酯还可以和胍反应合成嘧啶环（见图 4-14），如乙酰乙酸乙酯和苯胍缩合生成 2-苯氨基嘧啶-4-酚（**4-77a**），化合物 **4-77a** 在结构上与嘧霉胺等杀菌剂较为相似，不同的是它带有一个酚羟基，容易进一步进行反应，于是用该嘧啶酚（**4-77a**）替换甲氧基丙烯酸酯类杀菌剂的 Q 部分，合成了化合物 **4-79a**，化合物 **4-79a** 与预料的一样，具有一定的杀菌活性，但意料之外的是它还表现出较好的杀螨活性，由于当时 strobilurin 类杀菌剂已有很多个品种上市，而该类杀螨剂只有嘧螨酯一个，因此化合物 **4-79a** 引起了我们的关注，并被选为杀螨先导化合物进行结构优化，优化的策略及发现嘧螨胺的总体过程如图 4-14 所示。

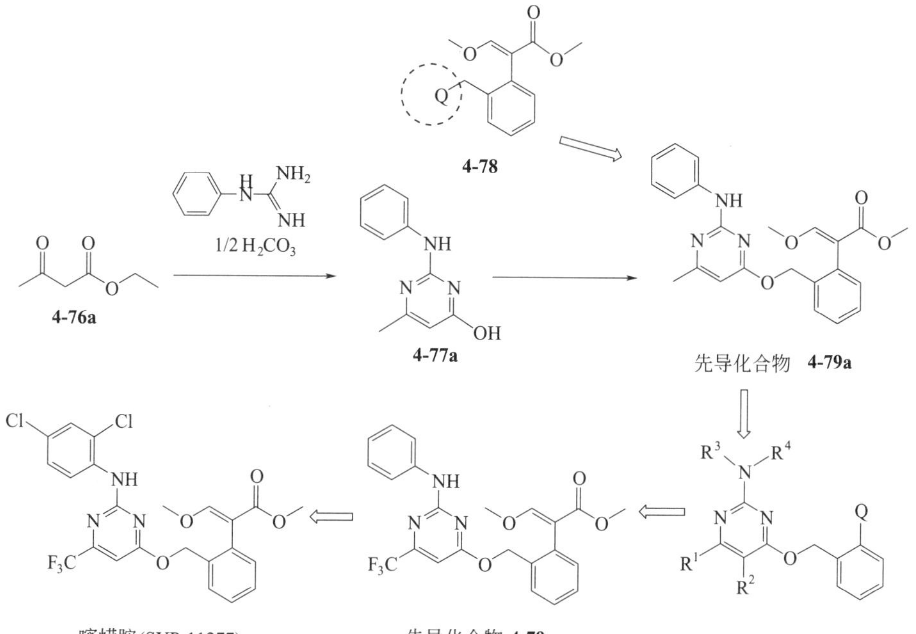

4-78

$1/2\ H_2CO_3$

4-76a　　4-77a　　先导化合物 4-79a

嘧螨胺(SYP-11277)　　先导化合物 4-79g

图 4-14　嘧螨胺的发现

（1）先导化合物 **4-79a** 的结构优化　为了发现活性更好的化合物，并根据先导化合物 **4-79a** 的结构特点，选择对母体结构的 A、B、C 三部分进行结构修饰（见图 4-15）。

首先对嘧啶环上的 R^1、R^2（A 部分）展开了优化，合成了一系列结构如图 4-16 中 **4-79b～4-79g** 所示的化合物，并对这些化合物进行了杀螨活性测试，试验结果见表 4-55，由表中数据得出，当保持 R^1 为 CH_3，将 R^2 位置的 H 替换为 CH_3、正丁基时，活性消失；当 R^1 位置的 CH_3 替换为 CF_3，或 R^1、R^2 形成五元环、六元环时，杀螨活性有明显提高。A 部分 R^1、R^2 取代基的活性顺序为，5-H-6-CF_3＞5，6-$CH_2CH_2CH_2$＞5，6-$CH_2CH_2CH_2CH_2$＞5-H-6-CH_3，5-H-6-

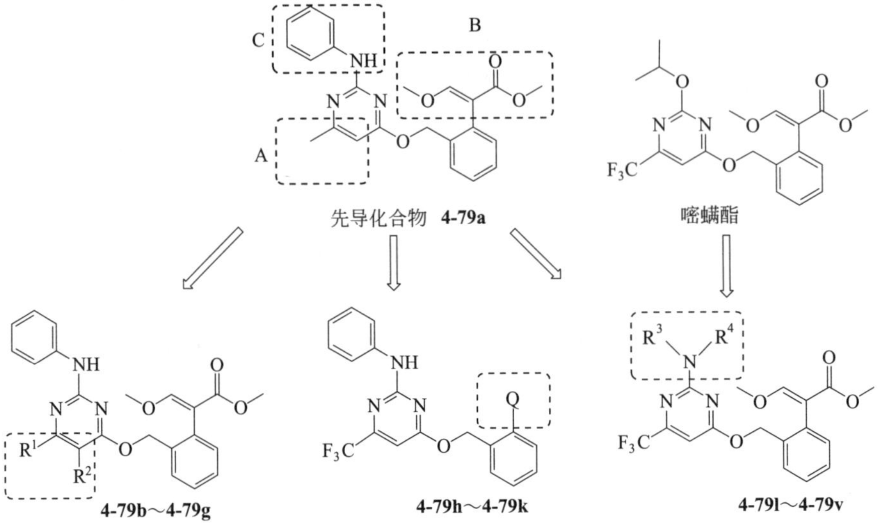

图 4-15　先导化合物 **4-79a** 的结构优化

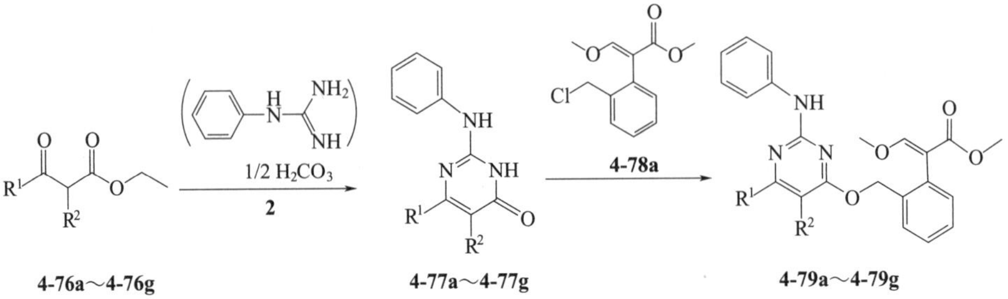

a: $R^1=CH_3$, $R^2=H$; b: $R^1=CH_3$, $R^2=CH_3$; c: $R^1=CH_3$, $R^2=CH_2CH_2CH_2CH_3$; d: R^1=cyclopropyl, $R^2=H$;
e: $R^1R^2=CH_2CH_2CH_2$; f: $R^1R^2=CH_2CH_2CH_2CH_2$; g: $R^1=CF_3$, $R^2=H$

图 4-16　A 部分的优化

cyclopropyl≫5,6-$(CH_3)_2$，5-$CH_2CH_2CH_2CH_3$-6-CH_3。对活性好的化合物进行活性、成本等方面的比较，最终 R^1 选为 CF_3，R^2 选为 H。

表 4-55　化合物 4-79a～4-79g 的理化性质及杀螨活性

化合物	熔点/℃	产率/%	朱砂叶螨/%		
			600mg/L	40mg/L	10mg/L
4-79a	油状	83.0	90	0	0
4-79b	136～138	82.7	0	0	0
4-79c	85～88	84.8	0	0	0
4-79d	54～56	83.6	90	0	0
4-79e	161～163	67.4	100	100	80
4-79f	136～138	73.2	100	85	50
4-79g	106～107	76.4	100	100	85
嘧螨酯	—	—	100	100	95

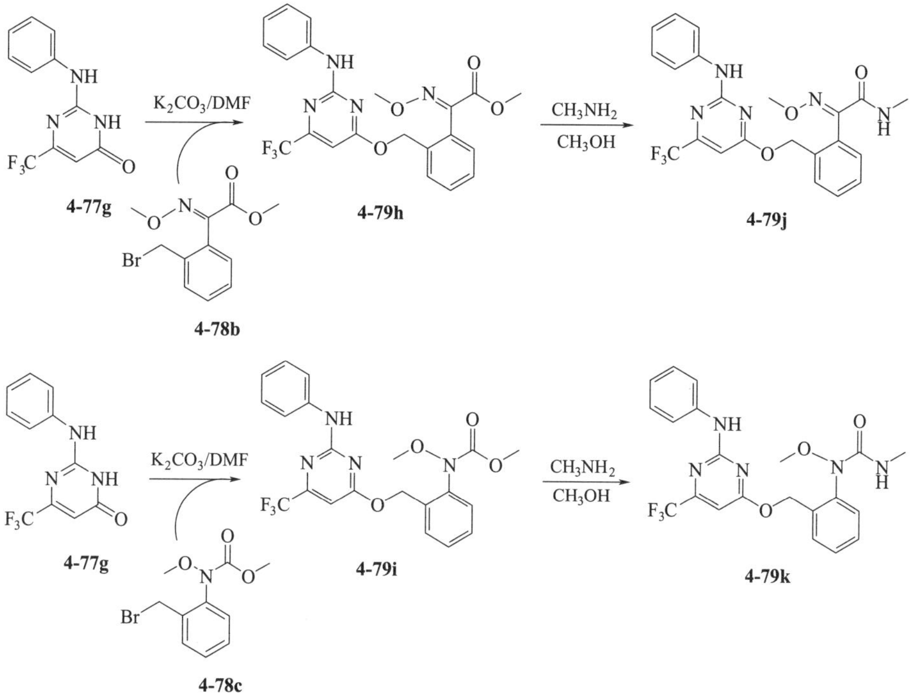

图 4-17 B 部分的优化

然后对 B 部分 Q 进行了结构修饰，引入一系列 strobilurin 亚结构替换 Q，合成了如图 4-17 中 **4-79h～4-79k** 所示的化合物。将它们的杀螨活性（见表 4-56）与 **4-79g** 对比后发现 B 部分的活性趋势为：

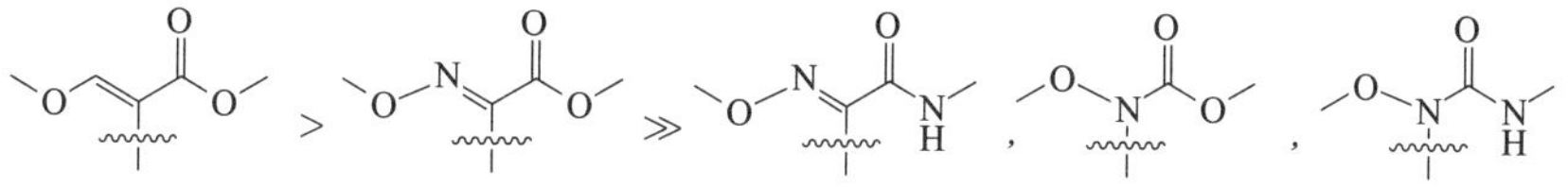

由此确定甲氧基丙烯酸甲酯结构为最优。

表 4-56 化合物 4-79h～4-79k 的理化性质及杀螨活性

化合物	熔点/℃	产率/%	朱砂叶螨/%		
			600mg/L	40mg/L	10mg/L
4-79g	106～107	76.4	100	100	85
4-79h	124～126	65.2	100	0	0
4-79i	118～120	67.4	0	0	0
4-79j	油状	69.8	0	0	0
4-79k	117～119	70.2	0	0	0
嘧螨酯	—	—	100	100	95

最后对 C 部分进行结构优化，参照嘧螨酯的结构特点，并根据生物等排原理，将一系列烷基胺引入替换苯胺，合成了一系列如图 4-18 中 **4-79l～4-79v** 所示的化合物，从这些化合物的活性（见表 4-57）我们可以看出，当 NR^3R^4 为环

l: R^3=$CH(CH_3)_2$, R^4=H; m: R^3=CH_3, R^4=H; n: R^3=C_2H_5, R^4=H; o: R^3=cyclopropyl, R^4=H; p: R^3=CH_3, R^4=CH_3;
q: R^3=C_2H_5, R^4=C_2H_5; r: R^3=cyclohexyl, R^4=H; s: R^3=benzyl, R^4=H; t: R^3=2-chlorobenzyl, R^4=H;
u: R^3R^4=$CH_2CH_2CH_2CH_2CH_2$; v: R^3R^4=$CH_2CH_2OCH_2CH_2$

图 4-18 C 部分的优化

己胺时，化合物 **4-79r** 杀螨活性较好（10mg/L 浓度防效达 70%），但仍低于苯胺结构的化合物 **4-79g**。C 部分的活性顺序为：HN— > HN— > NHCH$(CH_3)_2$ > HN—Cl > HN— > N$(C_2H_5)_2$，N O ≫ $NHCH_3$，NHC_2H_5，N$(CH_3)_2$，HN—，N。因此，初步推测当 NR^3R^4 为芳香胺时，对提高杀螨活性有效，所以选定化合物 **4-79g** 作为新的先导化合物进行结构优化。

表 4-57 化合物 4-79l～4-79v 的理化性质及杀螨活性

化合物	熔点/℃	产率/%	朱砂叶螨/%	
			40mg/L	10mg/L
4-79l	油状	68.3	95	64
4-79m	油状	72.7	0	0
4-79n	油状	73.9	0	0
4-79o	94～96	70.7	0	0
4-79p	86～88	72.5	0	0
4-79q	84～85	73.1	65	21
4-79r	136～137	68.3	100	70
4-79s	122～124	69.1	65	28
4-79t	133～135	74.4	81	32
4-79u	93～95	65.7	0	0
4-79v	142～144	71.9	70	0
嘧螨酯	—	—	100	95

（2）先导化合物 **4-79g** 的结构优化　根据前面得到的构效关系研究，A 和 B 部分的最优结构都已确定，因此对新的先导化合物 **4-79k** 的结构优化主要是对苯环结构进行修饰，不仅引入各种（吸电子、供电子）单取代基团，还合成了一些二取代、三取代基团化合物（如图 4-19 所示）。生物活性结果（表 4-58）表明：

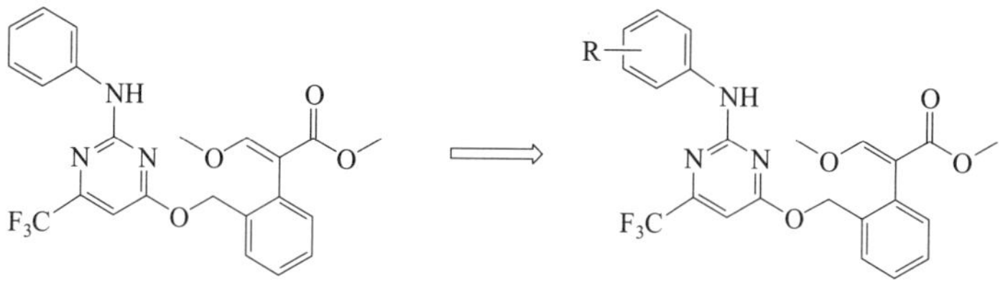

新先导化合物 **4-79g**　　**4-80a～4-80t**

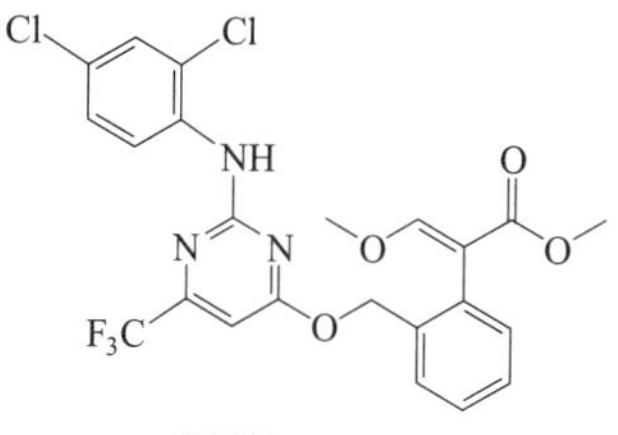

嘧螨胺 (**4-80k**) 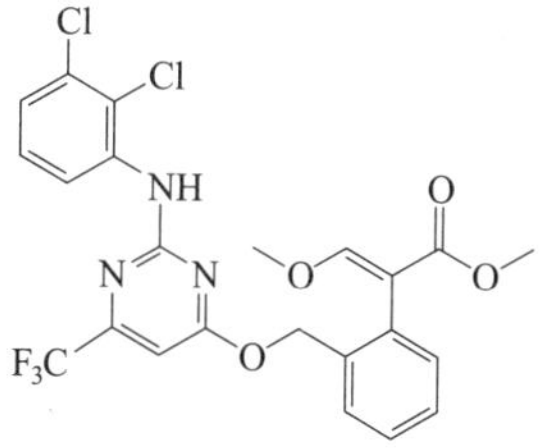　　**4-80j**

a: R=4-Cl; b: R=4-CF_3; c: R=4-OCH_3; d: R=4-CH_3; e: R=3-CH_3; f: R=2-CH_3; g: R=2,4-$(CH_3)_2$;
h: R=2,5-$(CH_3)_2$; i: R=3,4-$(CH_3)_2$; j: R=2,3-2Cl; k: R=2,4-2Cl; l: R=2,5-2Cl; m: R=2,6-2Cl; n: R=3,4-2Cl;
o: R=3,5-2Cl; p: R=2,3,4-3Cl; q: R=2,4,5-3Cl; r: R=2,4-2Cl-3-CH_3; s: R=2-CH_3-3-Cl; t: R=2-CH_3-4-Cl

图 4-19　先导化合物 **4-79g** 的优化

单取代基团化合物，在 10mg/L 剂量下表现了较差的杀螨活性，而部分二取代化合物在 10mg/L 剂量下的杀螨活性为 100%。苯环上取代基的活性顺序为：2,4-2Cl>2,3-2Cl, 2,4-2Cl-3-CH_3, 2,3,4-3Cl>2,4-$(CH_3)_2$>2,5-2Cl, 3,4-$(CH_3)_2$, 3-CH_3>2-CH_3, 3,4-2Cl, ≫4-Cl, 4-CF_3, 4-OCH_3, 4-CH_3, 2,5-$(CH_3)_2$, 2,6-2Cl, 3,5-2Cl, 2,4,5-3Cl, 2-CH_3-3-Cl, 2-CH_3-4-Cl。活性最好的化合物嘧螨胺在 1.25mg/L 剂量下杀螨活性仍达 90%以上，而且表现了很好的杀卵活性。

表 4-58　化合物 4-80a～4-80t 的理化性质及杀螨活性

化合物	熔点/℃	产率/%	朱砂叶螨/%				
			40mg/L	10mg/L	5mg/L	2.5mg/L	1.25mg/L
4-80a	油状	59.1	0	0	—	—	—
4-80b	149～151	74.3	0	0	—	—	—
4-80c	137～139	65.6	0	0	—	—	—
4-80d	140～142	68.2	0	0	—	—	—
4-80e	98～100	61.5	90	20	—	—	—
4-80f	118～120	69.2	100	0	—	—	—
4-80g	126～127	70.9	100	76	—	—	—
4-80h	油状	72.5	0	0	—	—	—
4-80i	142～144	73.9	97	20	—	—	—
4-80j	134～136	67.4	100	100	99	95	75
4-80k	120～121	69.7	100	100	100	98	90
4-80l	115～117	67.2	100	20	—	—	—
4-80m	184～186	68.9	0	0	—	—	—
4-80n	188～190	68.9	73	0	—	—	—
4-80o	145～147	70.4	0	0	—	—	—

续表

化合物	熔点/℃	产率/%	朱砂叶螨/%				
			40mg/L	10mg/L	5mg/L	2.5mg/L	1.25mg/L
4-80p	140～142	70.2	100	100	100	98	75
4-80q	油状	67.3	0	0	—	—	—
4-80r	115～117	70.5	100	100	100	92	79
4-80s	136～139	73.8	0	0	—	—	—
4-80t	138～140	70.2	0	0	—	—	—
嘧螨酯	—	—	100	95	94	65	30

（3）寻找最优结构的深入优化　虽然我们已发现了具有良好活性的化合物嘧螨胺，但是为了进一步寻找最优结构，我们仍然进行了后续优化工作。由于氟原子特有的理化性质，在农药、医药领域发挥了巨大的作用，往往由于氟原子的引入可以大大提高生物活性[78～80]。鉴于此，我们进一步引入氟原子，合成化合物**4-80u～4-80w**，并发现**4-80v**、**4-80w**均具有优异的杀螨活性（见表4-59），其中**4-80w**在0.625mg/L剂量下杀螨活性达到90%以上，明显优于嘧螨胺（**4-80k**）。但综合考虑活性和成本等因素，我们最终确定嘧螨胺（**4-80k**）为最优化合物进行产业化开发。

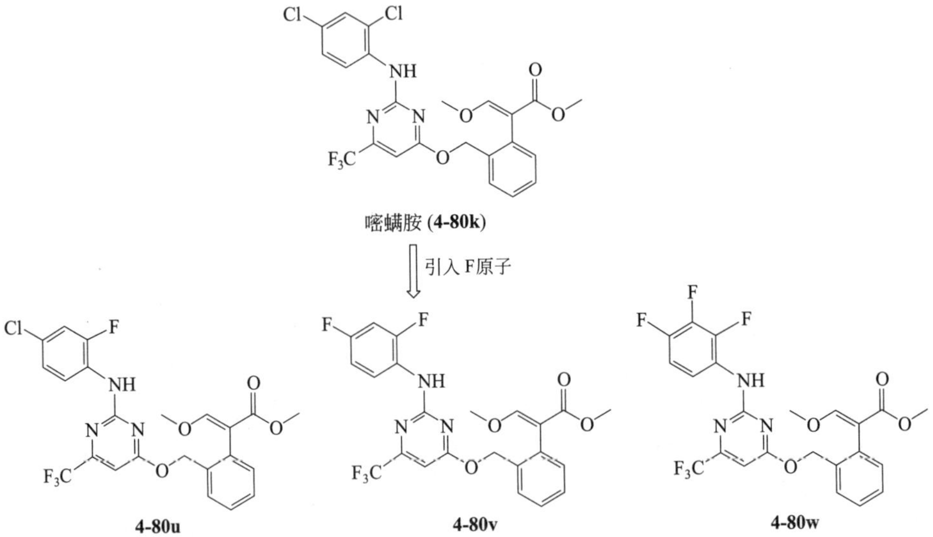

嘧螨胺 (**4-80k**)

引入F原子

4-80u　　**4-80v**　　**4-80w**

表4-59　化合物4-80k～4-80w的杀螨活性

化合物	朱砂叶螨/%					
	40mg/L	10mg/L	5mg/L	2.5mg/L	1.25mg/L	0.625mg/L
4-80k	100	100	100	98	90	88
4-80u	100	100	98	92	86	—
4-80v	100	100	100	100	98	77
4-80w	100	100	100	100	100	91

4.1.5.2 合成工艺

专利CN102395569、CN103387546和CN103387547等报道了嘧螨胺的制备方法，所采用的工艺路线如图4-20所示。本合成工艺以2,4-二氯苯胺、单氰胺等为起始原料，经过成胍、环化、缩合三步反应得到产品嘧螨胺。首先，2,4-二氯苯胺和单氰胺反应生成1-(2,4-二氯苯基)胍（简称取代苯基胍），然后取代苯基胍的碳酸盐与三氟乙酰乙酸乙酯在甲苯中回流得到2-(2,4-二氯苯氨基)-6-三氟甲基嘧啶-4-酚（简称取代嘧啶酚），最后取代嘧啶酚与氯苄在强碱性条件下进行缩合反应，得到嘧螨胺产品。反应总收率≥60%，产品含量≥98%。

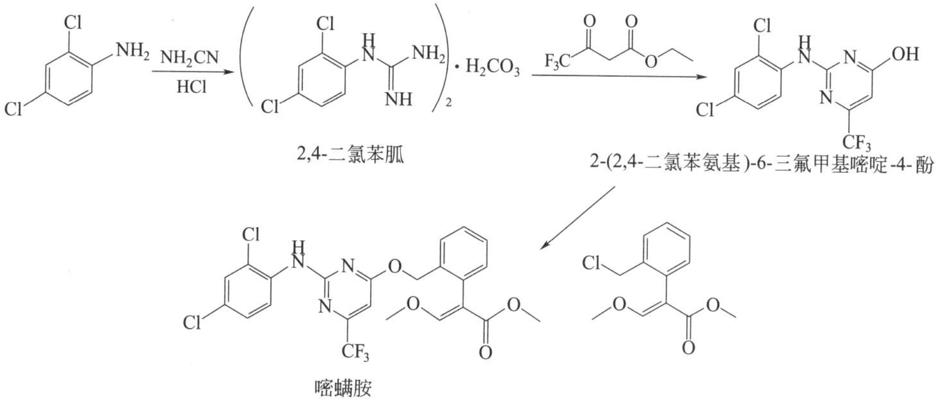

2,4-二氯苯胍

2-(2,4-二氯苯氨基)-6-三氟甲基嘧啶-4-酚

嘧螨胺

图4-20 嘧螨胺合成工艺路线

操作方法：将16.2g 2,4-二氯苯胺加入500mL反应瓶中（带有搅拌和冷凝管），加入26g 15%的盐酸水溶液，升温搅拌，当温度升至75℃时，开始滴加28g 30%的单氰胺水溶液，1h加完，滴加完毕，HPLC跟踪。反应完毕，加入32g 20%碳酸钠水溶液，搅拌后析出固体，抽滤。干燥得2,4-二氯苯胍的碳酸盐22.5g，收率95.7%，含量99%。

22.5g取代胍盐加入500mL反应瓶中（带有搅拌、冷凝管和分水装置），依次加入22g三氟乙酰乙酸乙酯、200mL甲苯，升温回流反应6h。HPLC跟踪，反应完毕。加入50g水，降温至30℃，抽滤、干燥得2-(2,4-二氯苯氨基)-4-羟基-6-三氟甲基嘧啶30.6g，含量97%，收率95.8%。

将34g嘧啶酚（0.1mol，95%）加入500mL反应瓶中（带有搅拌和冷凝管），加入3.2g甲醇钠，200mL甲醇，升温回流反应2h，脱除甲醇。降温至50℃，加入24g苄氯（0.1mol，99%）、150mL *N*,*N*-二甲基甲酰胺，升温至100℃保温反应6～10h，HPLC分析，氯苄含量<2%，反应完毕。减压脱除*N*,*N*-二甲基甲酰胺。然后加入270mL的甲苯、120mL水，45℃下搅拌30min，静置分层。甲苯层用60mL×2水洗涤。蒸馏脱除甲苯，加入200mL甲醇重结晶得产品。得49.5g嘧螨胺，收率92%，含量98.1%。

4.1.5.3 生物活性研究

(1) 嘧螨胺及其类似物的室内生物活性[81~84] 化合物 **4-79g** 和 **4-80j** 室内对朱砂叶螨成螨毒力测定数据见表 4-60。结果显示，化合物 **4-80j** 对朱砂叶螨成螨的防效（LC_{50}为 0.961mg/L）优于化合物 **4-79g**（LC_{50}为 3.713mg/L）及对照药剂嘧螨酯（LC_{50}为 1.144mg/L）、哒螨酮（LC_{50}为 2.840mg/L）和克螨特（LC_{50}为 28.47mg/L）；化合物 **4-79g** 对朱砂叶螨成螨的防效优于克螨特，不及化合物 **4-80j**、嘧螨酯和哒螨酮。

表 4-60 化合物 4-79g 和 4-80j 对朱砂叶螨成螨的毒力测定（72h）

样品	回归式($Y=a+bX$)	相关系数	LC_{50}(mg/L)及 95%置信区间	毒力指数
4-79g	$Y=3.841+2.423X$	0.974	3.713(2.887～5.297)	0.76
4-80j	$Y=5.051+3.049X$	0.996	0.961(0.872～1.060)	2.95
嘧螨酯	$Y=4.883+1.984X$	0.998	1.144(1.059～1.238)	2.48
克螨特	$Y=2.076+5.033X$	0.963	28.47(22.881～32.89)	0.10
哒螨酮	$Y=4.371+1.842X$	0.975	2.840(2.227～3.983)	1.0

化合物 **4-79g** 和 **4-80j** 室内对朱砂叶螨杀卵活性数据见表 4-61。结果显示，化合物 **4-80j** 对朱砂叶螨的杀卵效果突出，优于化合物 **4-79g** 及对照药剂嘧螨酯和螺螨酯；化合物 **4-79g** 对朱砂叶螨的杀卵效果较弱，不及化合物 **4-80j**、嘧螨酯和螺螨酯。

表 4-61 化合物 4-79g 和 4-80j 的杀卵活性

药剂	处理后 5d 对朱砂叶螨卵平均抑制率/%			
	10mg/L	5mg/L	2.5mg/L	1.25mg/L
4-79g	70	10	0	0
4-80j	100	90	10	0
嘧螨酯	95	20	10	0
螺螨酯	99	85	70	0

嘧螨胺对活动态螨具有较高的活性，对成螨的 LC_{50}值为 1.85mg/L，对若螨的 LC_{50}值为 0.37mg/L。同时，嘧螨胺也有较好的杀卵活性，对螨卵的 EC_{50}值为 3.63mg/L。其对成螨、若螨和螨卵的防治效果均优于对照药剂嘧螨酯。

向上传导活性测定结果显示，化合物嘧螨胺在植物体内向上传导活性很弱，基本不能向上移动，100mg/L 浓度下，处理后成螨死亡率为 2.02%。

横向传导活性测定结果表明，化合物嘧螨胺在植物体内横向传导活性也很弱，基本不能在叶片间移动，100mg/L 浓度下，处理后成螨死亡率为 4.51%。渗透作用测定结果初步表明，化合物嘧螨胺不具有渗透活性，100mg/L 浓度下，处理后成螨死亡率为 0。

温度对化合物嘧螨胺的影响结果表明，随着温度的升高，其杀螨活性也随之显著提高，因此判断新化合物嘧螨胺属正温度系数类型杀螨剂。持效性测定结果表明（表 4-62），处理后 15d，新化合物嘧螨胺仍具有一定的杀螨活性。

表 4-62 嘧螨胺持效性测定结果

处理	100mg/L 浓度下，施药后不同天数后螨死亡率/%			
	1d	5d	10d	15d
90%嘧螨胺 TC	100	99.06	79.63	74.07
90%嘧螨酯 TC	100	98.06	96.43	57.14
CK	0	0	0	0

（2）嘧螨胺及其类似物的田间药效　2007 年防治柑橘红蜘蛛田间验证试验结果（表 4-63）表明，化合物嘧螨胺对柑橘红蜘蛛有良好的防除作用，药后 2d 和 15d 防效均在 90%以上，与对照药剂哒螨酮和克螨特基本相当。

表 4-63 防治柑橘红蜘蛛田间药效试验（湖南江永，2007）

样品	浓度/(mg/L)	防效/%			
		2d	5d	10d	15d
嘧螨胺	200	99.04	100	100	100
	50	94.72	92.20	95.27	97.65
哒螨酮	50	97.18	95.42	99.29	99.76
克螨特	300	95.27	96.97	99.45	99.83

表 4-64 试验结果表明，在 100mg/L、50mg/L、25mg/L 浓度下，药后 3d，15%嘧螨胺 SL 对柑橘全爪螨的防效分别为 95.16%、91.17%、93.92%，速效性与对照药剂阿维菌素、哒螨酮相当；在 100mg/L、50mg/L、25mg/L 浓度下，药后 20d，15%嘧螨胺 SL 对柑橘全爪螨的防效分别为 96.85%、92.49%、95.00%，持效性与对照药剂阿维菌素、哒螨酮、螺螨酯相当。

表 4-64 15%嘧螨胺 SL 防治柑橘全爪螨田间药效试验结果（重庆北碚）

药剂处理	浓度/(mg/L)	药前基数	药后 3d		药后 20d		药后 30d	
		活螨数/区	活螨数/区	防效/%	活螨数/区	防效/%	活螨数/区	防效/%
15%嘧螨胺 SL	25	124.00	10.25	93.92	11.75	95.00	14.00	85.67
15%嘧螨胺 SL	50	145.75	17.50	91.17	20.75	92.49	10.75	90.64
15%嘧螨胺 SL	100	121.50	8.00	95.16	7.25	96.85	6.25	93.47
24%螺螨酯 SC	48	136.75	5.00	97.31	2.25	99.13	1.00	99.07
1.8%阿维菌素 EC	9	158.00	11.50	94.64	19.25	93.57	19.75	84.13
15%哒螨酮 EC	100	109.50	13.25	91.10	14.00	93.26	16.00	81.45
CK		122.50	166.50	—	232.25	—	96.50	—

4.1.5.4 专利情况

嘧螨胺的专利情况见表4-65。

表4-65 嘧螨胺的专利

序号	专利名称	申请日	专利号	授权日
1	取代嘧啶醚类化合物及其应用	2007-05-25	ZL200710011434.1	2010-09-15
2	Substituted pyrimidine ether compounds and their use	2008-05-22	AU2008255459B2	2011-07-07
3	取代嘧啶醚类化合物及其应用	2008-05-22	ZL200880013516.2	2011-08-10
4	Substituted pyrimidine ether compounds and their use	2008-05-22	KR10-1138364B1	2012-04-26
5	Substituted pyrimidine ether compounds and their use	2008-05-22	EP2149564B1	2013-12-25
6	Substituted pyrimidine ether compounds and their use	2008-05-22	US8383640B2	2013-02-26
7	Substituted pyrimidine ether compounds and their use	2008-05-22	特许第5183735号	2013-01-25
8	含取代苯胺基嘧啶基团的*E*-型苯基丙烯酸酯类化合物及其应用	2009-06-05	ZL200910084967.1	2012-11-07
9	*E*-Type phenyl acrylic ester compounds containing substituted anilino pyrimidine group and uses thereof	2010-06-03	PI1010756-8	
10	*E*-Type phenyl acrylic ester compounds containing substituted anilino pyrimidine group and uses thereof	2010-06-03	EP2439199B1	2013-09-25
11	*E*-Type phenyl acrylic ester compounds containing substituted anilino pyrimidine group and uses thereof	2010-06-03	US8609667B2	2013-12-17
12	*E*-Type phenyl acrylic ester compounds containing substituted anilino pyrimidine group and uses thereof	2010-06-03	特许第5416838号	2013-11-22
13	含取代苯胺基嘧啶基团的*E*-型苯基丙烯酸酯类化合物及其应用	2010-06-03	201080016379.5	2014-09-10
14	一种杀虫、杀螨组合物及其应用	2012-07-02	ZL201210228043.6	2015-01-14
15	一种含嘧螨胺的组合物及其应用	2013-12-09	201310659921.4	
16	一种杀螨组合物及其应用	2012-07-02	ZL201210228375.4	2015-02-25
17	一种杀虫、杀螨组合物及其应用	2012-12-20	201210558750.1	2016-01-20
18	一种杀虫、杀螨组合物及其应用	2015-11-25		
19	一种含拟除虫菊酯类杀虫剂的组合物及其应用	2012-12-20	ZL201210559125.9	2015-04-29
20	一种杀虫、杀螨组合物及其应用	2012-07-02	ZL201210227729.3	2014-12-10
21	一种制备嘧螨胺的方法	2012-05-10	201210144825.1	2016-03-23
22	一种制备2-(2,4-二氯苯胺基)-6-三氟甲基嘧啶酚的方法	2012-05-10	201210144758.3	2015-08-19

4.1.6 SYP-3759的创制

间三氟甲基苯酚是合成氟吡酰草胺（picolinafen）和吡氟酰草胺（diflufenican）的一个重要中间体，利用中间体衍生化法中的替换法，将甲氧基丙烯酸酯类化合物中的吡啶环或嘧啶环替换成间三氟甲基苯酚得到化合物**4-81**，发现该化合物具有很好的杀菌活性，进一步优化得到通式化合物**4-Ⅶ**（图4-21）[85~87]。

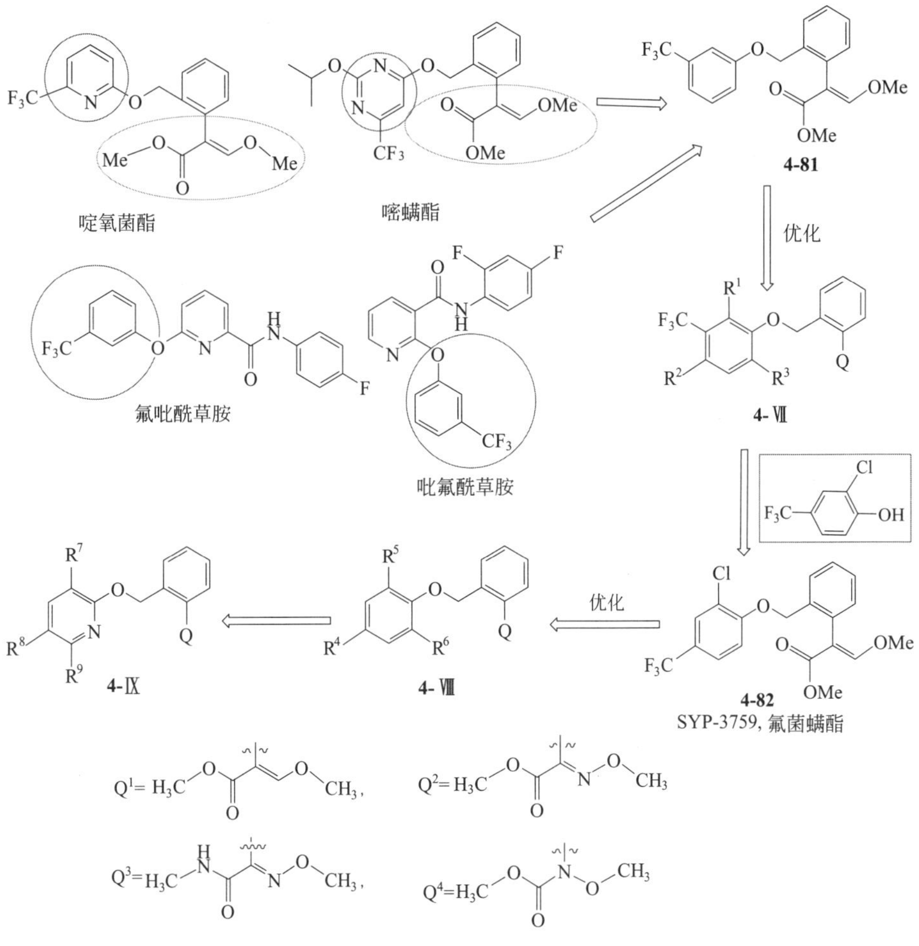

啶氧菌酯　嘧螨酯　**4-81**　优化　氟吡酰草胺　吡氟酰草胺　**4-Ⅶ**

4-Ⅸ　**4-Ⅷ**　优化　**4-82** SYP-3759, 氟菌螨酯

图4-21　SYP-3759的创制

在合成二苯醚类除草剂乙氧氟草醚（oxyfluorfen）的过程中产生了一个副产物2-氯-4-三氟甲基苯酚，本课题组利用中间体衍生化法中的替换法，将上述的间三氟甲基苯酚替换为2-氯-4-三氟甲基苯酚得到化合物**4-82**氟菌螨酯SYP-3759，进一步优化得到通式化合物**4-Ⅷ**和化合物**4-Ⅸ**（图4-21）。合成二苯醚类除草剂乙氧氟草醚的过程如图4-22所示。

4.1.6.1 创制过程

（1）先导化合物**4-81**和化合物**4-82**的发现　由于氟原子的独特性质，许多含氟化合物表现出显著的生物活性，将间三氟甲基和2-氯-4-三氟甲基苯酚引入

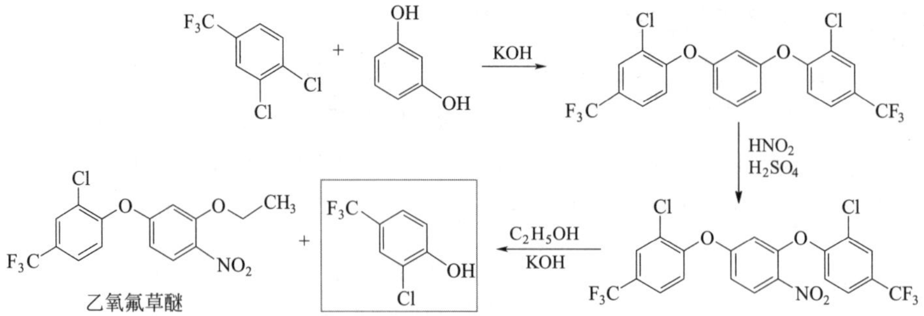

图 4-22 合成二苯醚类除草剂乙氧氟草醚的过程

甲氧基丙烯酸酯类化合物中得到化合物 **4-81** 和化合物 **4-82**，两种化合物在防治小麦白粉病上表现出良好的生物活性，特别是化合物 **4-82** 在 1.56mg/L 剂量下仍具有 100%的防治效果，优于对照药剂嘧菌酯（表 4-66）。

表 4-66 化合物 4-Ⅶ防治白粉病的杀菌活性结果

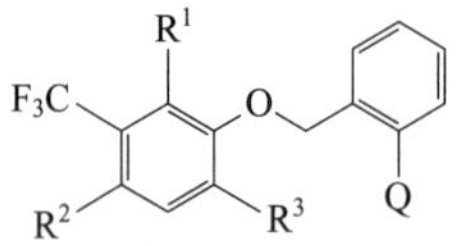

编号	R^1	R^2	R^3	Q	杀菌活性/%			
					25mg/L	6.25mg/L	1.56mg/L	0.39mg/L
4-Ⅶ-1	H	H	H	Q^1	100	60	50	40
4-Ⅶ-2	Cl	H	H	Q^1	60	0	0	0
4-Ⅶ-3	Cl	H	H	Q^2	65	20	0	0
4-Ⅶ-4	H	Cl	H	Q^1	100	78	70	20
4-Ⅶ-5	H	Cl	H	Q^2	100	90	60	15
4-Ⅶ-6	H	Cl	H	Q^3	100	100	80	30
4-Ⅶ-7	H	H	Cl	Q^1	100	82	50	10
4-Ⅶ-8	H	H	Cl	Q^2	90	45	0	0
4-Ⅶ-9	H	H	Cl	Q^3	100	100	70	30
嘧菌酯					100	100	60	30
醚菌酯					100	98	40	0
吡唑嘧菌酯					100	100	100	70

（2）先导化合物 **4-81** 的优化　利用化合物 **4-81** 作为先导化合物进行进一步优化，主要考虑在苯环的 2 位、4 位和 6 位引入氯原子。首先在苯环 2 位引入氯原子，保持 4 位和 6 位不变仍为氢原子，得到化合物 **4-Ⅶ-2**、**4-Ⅶ-3**，生物活性结果表明，化合物 **4-Ⅶ-2** 和 **4-Ⅶ-3** 的活性均低于先导化合物 **4-81**，表明在苯环 2 位引入氯原子降低了生物活性。接下来在苯环 4 位引入氯原子，保持 2 位和 6 位

不变，得到化合物 **4-Ⅶ-4**、**4-Ⅶ-5** 和 **4-Ⅶ-6**，令人高兴的是这些化合物在 1.56mg/L 剂量下对白粉病显示出 60%～80%的防效，略优于化合物 **4-81** 及醚菌酯。最后在苯环 6 位引入氯原子，保持 2 位和 4 位不变，得到化合物 **4-Ⅶ-7**、**4-Ⅶ-8** 和 **4-Ⅶ-9**，杀菌活性结果显示化合物 **4-Ⅶ-9** 的活性最好，但是低于化合物 **4-Ⅶ-6**。根据以上结果得出以下规律：4-Cl(R^2＝Cl)＞6-Cl(R^3＝Cl)＞2-Cl(R^1＝Cl)，Q^3＞Q^2 和 Q^1。

（3）先导化合物 **4-82** 的优化　保持化合物 **4-82** 中 2-氯-4-三氟甲基苯酚不变，改变 Q^1 位 Q^2、Q^3、Q^4 得到化合物 **4-Ⅷ-2**、**4-Ⅷ-3** 和 **4-Ⅷ-4**，发现化合物 **4-Ⅷ-2** 和 **4-Ⅷ-3** 的活性优于化合物 **4-Ⅷ-4**，与化合物 **4-82** 相差不大，重要的是化合物 **4-Ⅷ-2**、**4-Ⅷ-3** 和 **4-Ⅷ-4** 的活性优于嘧菌酯和醚菌酯。接下来将化合物 **4-82**中的三氟甲基变为甲基得到化合物 **4-Ⅷ-5**、**4-Ⅷ-6**、**4-Ⅷ-7**，但是活性降低了，说明三氟甲基的活性高于甲基。最后将三氟甲基变为 **CN**（**4-Ⅷ-8**、**4-Ⅷ-9**、**4-Ⅷ-10**）和 NO_2（**4-Ⅷ-11**），但这些化合物的活性均低于 **4-Ⅷ-1** 到 **4-Ⅷ-3** 的活性（表 4-67）。

表 4-67　化合物 4-Ⅷ防治白粉病的杀菌活性结果

编号	R^4	R^5	R^6	Q	杀菌活性/%			
					25mg/L	6.25mg/L	1.56mg/L	0.39mg/L
4-Ⅷ-1	CF_3	Cl	H	Q^1	100	100	100	85
4-Ⅷ-2	CF_3	Cl	H	Q^2	100	100	100	80
4-Ⅷ-3	CF_3	Cl	H	Q^3	100	100	100	85
4-Ⅷ-4	CF_3	Cl	H	Q^4	100	95	65	10
4-Ⅷ-5	CH_3	Cl	H	Q^1	100	85	50	40
4-Ⅷ-6	CH_3	Cl	H	Q^2	100	95	60	20
4-Ⅷ-7	CH_3	Cl	H	Q^3	100	40	20	0
4-Ⅷ-8	CN	Cl	H	Q^1	100	100	15	0
4-Ⅷ-9	CN	Cl	Cl	Q^1	50	0	0	0
4-Ⅷ-10	CN	Br	Br	Q^1	60	20	0	0
4-Ⅷ-11	NO_2	H	H	Q^1	90	50	0	0
嘧菌酯					100	100	60	30
醚菌酯					100	98	40	0
吡唑嘧菌酯					100	100	100	70

另外，3-氯-5-三氟甲基吡啶-2-醇和3,5,6-三氯吡啶-2-醇是农药领域常用的杂环中间体，将其引入甲氧基丙烯酸酯类化合物中设计合成了化合物**4-Ⅸ-1**～**4-Ⅸ-6**，这些化合物的活性很好（表4-68），但均低于化合物**4-Ⅷ-1**～**4-Ⅷ-3**。

表4-68 化合物4-Ⅸ防治白粉病的杀菌活性结果

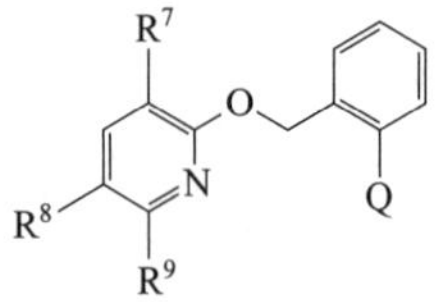

编号	R^7	R^8	R^9	Q	杀菌活性/%			
					25mg/L	6.25mg/L	1.56mg/L	0.39mg/L
4-Ⅸ-1	Cl	CF_3	H	Q^1	100	100	90	40
4-Ⅸ-2	Cl	CF_3	H	Q^2	100	100	90	30
4-Ⅸ-3	Cl	CF_3	H	Q^3	100	100	80	20
4-Ⅸ-4	Cl	Cl	Cl	Q^1	100	100	100	40
4-Ⅸ-5	Cl	Cl	Cl	Q^2	100	100	100	45
4-Ⅸ-6	Cl	Cl	Cl	Q^3	100	100	98	20
嘧菌酯					100	100	60	30
醚菌酯					100	98	40	0
吡唑嘧菌酯					100	100	100	70

综上，化合物**4-Ⅷ-1**～**4-Ⅷ-3**均具有优异的杀菌活性，选出化合物**4-Ⅷ-1**、**4-Ⅷ-3**进行深入研究，结果如表4-69所示。

表4-69 化合物4-Ⅷ-1和4-Ⅷ-3防治小麦白粉病的田间试验结果

化合物	剂量/(mg/L)	病指	防效/%
4-Ⅷ-1 200g/L SC	135	2.7	93.1
	45	5.9	84.9
	30	7.1	81.8
4-Ⅷ-3 200g/L SC	135	3.2	91.7
	45	7.5	81.0
	30	8.4	78.3
吡唑嘧菌酯 250g/L SE	135	3.5	91.0
	45	5.1	86.8
	30	4.9	87.5
三唑酮 150g/L WP	135	5.2	86.6

最终选择化合物**4-Ⅷ-1**（氟菌螨酯，试验代号SYP-3759）、化合物**4-Ⅷ-3**（SYP-3998）进行开发。

4.1.6.2 工艺研究

经过路线探索，确定 SYP-3759 的合成路线如下：

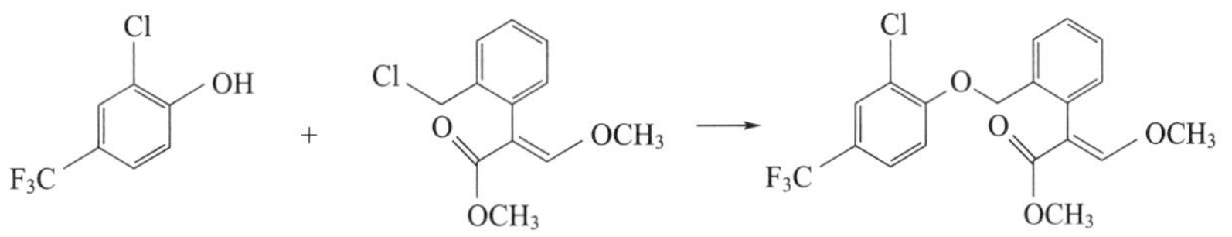

其中，中间体 2-氯-4-三氟甲基苯酚是由 3,4-二氯三氟甲苯碱解得到的，其化学反应式如下：

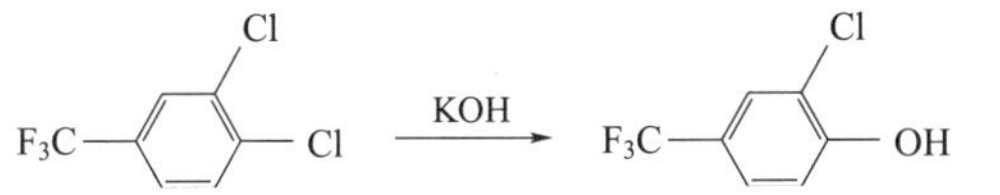

KOH

此合成工艺路线简单，步骤短，收率高，后处理容易，成本低，现已提供 SYP-3759 样品 19kg，该路线可以实现工业化生产，建立起了中试生产装置。

SYP-3998 的合成方法如下：

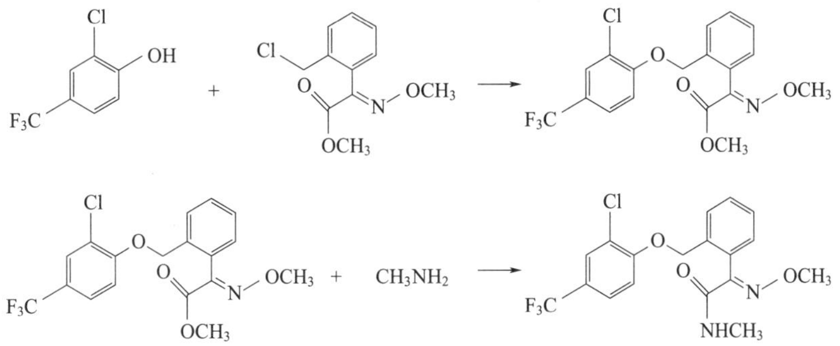

该合成工艺路线简单，步骤短，后处理容易，成本低。

4.1.6.3 生物活性研究

（1）室内生物活性研究　活体普筛研究结果表明，化合物 SYP-3759、SYP-3998 对小麦白粉病、麦类根腐病、黄瓜炭疽病、麦类颖枯病、黄瓜霜霉病、小麦叶锈病和稻瘟病有很好的活性，对蔬菜灰霉病也表现出活性，结果见表 4-70、表 4-71。

表 4-70　SYP-3759、SYP-3998 的杀菌活性普筛结果（活体：400mg/L，沈阳）

药剂	稻瘟病	蔬菜灰霉病	黄瓜霜霉病	小麦白粉病	备注
SYP-3759	85	30	*	100	药害
SYP-3998	60	0	*	100	药害
多菌灵	—	100	—	—	(25mg/L)
嘧菌酯	95	—	100	—	(25mg/L)
醚菌酯	—	—	—	100	(25mg/L)

注："*"表示有药害。

表 4-71　SYP-3759、SYP-3998 的杀菌活性普筛结果（活体：200mg/L，DOW）

药剂	麦类根腐病	黄瓜炭疽病	麦类颖枯病	黄瓜霜霉病	小麦叶锈病	稻瘟病
SYP-3759	93	97	94	100	100	100
SYP-3998	93	99	96	100	100	100
烟酰胺	99	0	88	0	100	0

孢子萌发试验结果表明，SYP-3759 和 SYP-3998 对黄瓜炭疽病菌、麦类颖枯病菌、番茄晚疫病菌、稻瘟病菌、麦类叶枯病菌和玉米普通黑粉病菌均有很好的抑制孢子萌发作用（表 4-72）。

表 4-72　SYP-3759、SYP-3998 的抑制孢子萌发试验结果（离体：25mg/L，DOW）

药剂	黄瓜炭疽病菌	麦类颖枯病菌	番茄晚疫病菌	稻瘟病菌	啤酒酵母菌	麦类叶枯病菌	玉米普通黑粉病菌
SYP-3759	100	100	100	100	0	100	90
SYP-3998	100	100	100	90	0	100	90
嘧菌酯	100	100	100	100	80	100	95

初筛、复筛结果表明，在 0.78～25mg/L 的处理浓度下，化合物 SYP-3759 对小麦白粉病有极好的保护活性，SYP-3998 对该病害也有很好的防治效果，明显高于同类杀菌剂醚菌酯和常规药剂三唑酮（表 4-73）。

表 4-73　SYP-3759、SYP-3998 防治小麦白粉病初筛、复筛试验结果

药剂	防治效果/%							
	25 mg/L	12.5 mg/L	6.25 mg/L	3.125 mg/L	1.56 mg/L	0.78 mg/L	0.39 mg/L	0.2 mg/L
SYP-3759	100	100	100	100	100	90	55	30
SYP-3998	100	100	100	95	60	35	—	—
三唑酮	80	60	50	30	0	—	—	—
醚菌酯	100	100	98	70	40	15	—	—

化合物 SYP-3759 对小麦白粉病的 EC_{90} 值为 0.659mg/L，明显高于杀菌剂醚菌酯和常规药剂三唑酮（表 4-74）。

表 4-74　化合物 SYP-3759 对小麦白粉病的毒力测定

药剂	回归方程	EC_{90}/(mg/L)	R^2
SYP-3759	$Y=7.043+4.199X$	0.659	0.983
醚菌酯	$Y=4.112+3.252X$	4.647	0.991
三唑酮	25mg/L 的防治效果达 80%		

抑制孢子萌发的初筛、复筛试验结果表明，SYP-3759 和 SYP-3998 对黄瓜炭疽病菌、麦类颖枯病菌、番茄晚疫病菌、稻瘟病菌、小麦叶枯病菌和玉米普通黑粉

病菌的孢子（囊）萌发均有很好的抑制作用，尤其值得注意的是 SYP-3998 对小麦叶枯病菌和玉米普通黑粉病菌的活性略高于 SYP-3759 和嘧菌酯（表 4-75）。

表 4-75　SYP-3759、SYP-3998 抑制孢子萌发初筛、复筛试验结果（离体，DOW）

病菌	药剂	抑菌效果/%					
		2.8mg/L	0.9mg/L	0.3mg/L	0.1mg/L	0.03mg/L	0.01mg/L
黄瓜炭疽病菌	SYP-3759	90	90	90	90	60	40
	SYP-3998	90	90	90	60	50	30
	嘧菌酯	100	100	100	90	70	50
麦类颖枯病菌	SYP-3759	100	100	100	80	50	20
	SYP-3998	100	100	90	40	30	20
	嘧菌酯	100	100	100	60	20	0
番茄晚疫病菌	SYP-3759	100	100	100	90	30	0
	SYP-3998	100	100	100	80	40	20
	嘧菌酯	100	100	100	100	80	60
稻瘟菌	SYP-3759	90	90	80	70	50	30
	SYP-3998	80	80	70	60	40	20
	嘧菌酯	100	100	100	100	70	50
小麦叶枯病菌	SYP-3759	100	100	100	100	80	40
	SYP-3998	100	100	100	100	100	40
	嘧菌酯	100	100	100	90	60	20
玉米普通黑粉病菌	SYP-3759	100	90	60	—	—	—
	SYP-3998	100	100	80	—	—	—
	嘧菌酯	90	100	70	—	—	—

内吸性试验结果表明，SYP-3759 在小麦叶上具有一定的内吸性，但在相同剂量下，叶片内吸后的防治效果不及醚菌酯（图 4-23）。

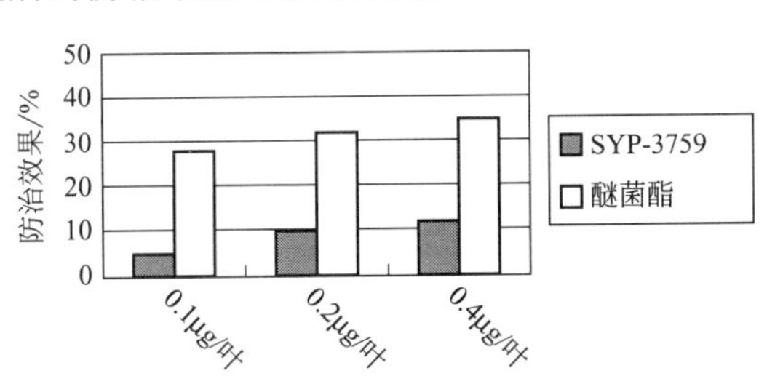

图 4-23　SYP-3759 在小麦叶片上的内吸性

温室防治黄瓜白粉病结果显示，化合物 SYP-3759 对该病害有很好的防治作用，3.125mg/L 和 12.5mg/L 剂量下其防治效果均明显高于同浓度的对照药戊唑醇和醚菌酯。结果见表 4-76。

表 4-76　SYP-3759 防治黄瓜白粉病温室试验结果（2005，沈阳）

药剂	浓度/(mg/L)	防治效果/%			
		Ⅰ	Ⅱ	Ⅲ	平均
SYP-3759	3.125	74.2	66.9	70.4	70.5
	12.5	88.7	82.5	85.3	85.5
戊唑醇	3.125	62.1	53.2	60.8	58.7
	12.5	65.4	56.9	65.5	62.6
醚菌酯	3.125	69.3	62.5	68.0	66.6
	12.5	81.5	75.6	77.5	78.2

在温室中，化合物 SYP-3998 对黄瓜白粉病有很好的防治作用，同浓度的效果略高于 SYP-3759 和对照药剂吡唑嘧菌酯，结果见表 4-77。

表 4-77　SYP-3998 防治黄瓜白粉病温室试验结果（2006，沈阳）

药剂	防治效果/%		
	3.125mg/L	6.25mg/L	12.5mg/L
SYP-3998	73.4	82.3	87.3
SYP-3759	68.5	79.7	86.4
吡唑嘧菌酯	70.1	78.9	87.5

注：表中数据为 3 次重复平均值。

（2）白粉病的田间药效试验　防治小麦白粉病田间小区药效验证试验，化合物 SYP-3759 对该病害有极好的防治作用，25mg/L 的防治效果优于三唑酮 100mg/L 的防效及醚菌酯 100mg/L 的防效，该化合物 6.25mg/L 的处理浓度对此病害也有较好的防治效果，结果见表 4-78。

表 4-78　SYP-3759 防治小麦白粉病田间药效验证试验结果（2005，河南）

药剂	浓度/(mg/L)	防治效果/%			
		Ⅰ	Ⅱ	Ⅲ	平均
SYP-3759	6.25	81.2	76.9	79.8	79.3
	25	98.4	95.3	96.1	96.6
三唑酮	100	91.7	92.6	84.8	89.7
醚菌酯	100	84.8	81.6	82.0	82.8

（3）红蜘蛛田间验证试验　结果表明（表 4-79），SYP-3759 各剂量下的防效均明显高于哒螨酮在 50mg/L 时的防效。

表 4-79 SYP-3759 防治柑橘红蜘蛛田间药效试验结果（湖南江永）

药剂	浓度/(mg/L)	校正防效/%			
		药后 3d	药后 7d	药后 14d	药后 21d
SYP-3759	200	99.03	98.05	100	100
	100	88.67	85.84	85.61	97.64
	50	92.68	76.69	65.48	75.11
哒螨酮	50	89.13	63.37	0	0

在室内，化合物 SYP-3759、SYP-3998 对小麦白粉病、麦类根腐病、黄瓜炭疽病、麦类颖枯病、黄瓜霜霉病、小麦叶锈病和稻瘟病有很好的保护活性，对番茄晚疫病菌、稻瘟病菌、麦类叶枯病菌和玉米普通黑粉病菌均有极好的抑制孢子（囊）萌发作用，同对照药剂嘧菌酯相当。

在 0.78～25mg/L 的处理浓度下，化合物 SYP-3759 对小白粉病的保护活性，明显高于杀菌剂醚菌酯和常规药剂三唑酮，SYP-3998 对该病害也有很好的防治效果。

化合物 SYP-3759 对小麦白粉病 4d 的治疗效果明显，相同浓度的活性优于醚菌酯。SYP-3759 在小麦叶上具有一定的内吸性。化合物 SYP-3759 和 SYP-3998 的杀菌谱较广，除对小麦白粉病菌、稻瘟病菌、黄瓜霜霉病菌、麦类根腐病菌、黄瓜炭疽病菌、麦类颖枯病菌、小麦叶锈病菌、小麦叶枯病菌和玉米普通黑粉病菌有效外，对水稻纹枯病菌、黄瓜黑星病菌、玉米小斑病菌也具有较好的抑菌活性。

化合物 SYP-3998 对小麦叶枯病菌和玉米普通黑粉病菌的活性高于 SYP-3759 和嘧菌酯，表明该化合物在防治上述两种病害上有一定潜力。

在温室内，化合物 SYP-3759 对黄瓜白粉病有较好的防治作用，3.125mg/L 和 12.5mg/L 的防治效果均明显高于同浓度的对照药剂戊唑醇和醚菌酯。化合物 SYP-3998 对黄瓜白粉病也有很好的防治作用，同浓度的效果同 SYP-3759 和对照药剂吡唑嘧菌酯相当。

田间小区药效验证试验结果显示，化合物 SYP-3759 对小麦白粉病有极好的防治作用，25mg/L 的防治效果明显优于三唑酮 100mg/L 的防效及醚菌酯 100mg/L 的防效，6.25mg/L 的处理浓度对此病害防治效果达 79.3%。化合物 SYP-3998 对小麦白粉病有很好的防治作用，同浓度的防治效果同 SYP-3759 和对照药剂吡唑嘧菌酯相当。

化合物 SYP-3759 对苹果白粉病有很好的防治作用，25mg/L 的防治效果略低于醚菌酯 100mg/L 的防效，但明显优于三唑酮 100mg/L 的防效，6.25mg/L 的处理浓度对此病害也显示出明显的防治作用。化合物 SYP-3998 对苹果白粉病也有很好的防治作用，同浓度的防治效果与 SYP-3759 相当，略高于对照药剂吡唑嘧菌酯。

SYP-3759 和 SYP-3998 作为新型甲氧基丙烯酸酯类化合物，其杀菌谱较广，目前只完成防治两种作物（果树）白粉病的两年两地的田间药效验证试验研究，化合物的其他特性还有待进一步研究，其田间应用表现也需进行探索，目前的试验结果表明，化合物 SYP-3759 和 SYP-3998 具有很好的开发潜力。

4.1.6.4 专利情况

专利名称：取代的对三氟甲基苯醚类化合物及其制备与应用，具体如表 4-80所示。

表 4-80 化合物专利情况

序号	申请号	申请日	公开号	公开日	专利号	授权日
1	200680005094.5	2006-06-15	CN101119961	2008-02-06	CN101119961B	2010-05-19
2	2005100467654.X	2005-06-28	CN1887847(A)	2007-01-03	CN100443463(C)	2008-12-17
3	EP20060752961	2006-06-15	EP1897866(A1)	2008-03-12	EP1897866(B1)	2014-09-10
4	US20060912411	2006-06-15	US2008188468(A1)	2008-08-07	US7947734(B2)	2011-05-24
5	KR20077024100	2006-06-15	KR20070112880(A)	2007-11-27	KR100963911(B1)	2010-06-17
6	JP20080518597	2006-06-15	JP2008546815(A)	2008-12-25	JP4723642(B2)	2011-07-13
7	BR2006PI12552	2006-06-15	BRPI0612552(A2)	2010-11-23	BRPI0612552(B1)	2016-04-19

4.2 二苯胺类杀菌杀螨剂的创制

二苯胺（diphenylamine）很早就被人们熟知，作为杀菌剂，二苯胺主要用于防治水果和蔬菜的仓储病害。早期对二苯胺的优化较少，主要包括对单侧或双侧苯环上的简单取代（烷基、烷氧基、卤素等），以及氮原子上的氢被烷基、酰基等取代。20 世纪 50 年代末，拜耳公司申请专利报道的一系列 2-硝基-4-三氟甲基取代的二苯胺类化合物具有杀螨活性，但似乎并未引起太大的注意。直至 70 年代初帝国化学工业有限公司（ICI，现先正达）合成了具有广谱杀虫活性和杀菌活性的 2-三氟甲基-4-硝基取代的二苯胺类化合物，才打开这类化合物研究的大门。从此至接下来的二十余年是二苯胺类化合物研究的高峰时期，参与研究的公司有包括 Eli Lilly&Co.（礼来公司，现属道农科公司所有）、ICI、拜耳、石原产业在内的多家公司，相关化合物的结构通式如图 4-24 所示，申请了很多专利，如专利 BR7900462、CH626323、CN1188757、DE2509416、DE2642147、DE2642148、EP26743、EP60951、GB1544078、GB1525884、JP58113151、JP64001774、JP01186849、WO2002060878、WO2005035498、WO2009037707、US3948957、US3948990、US4041172、US4152460、US4187318、US4215145、US4304791、US4316988、US4407820、US4459304、US4670596 等；也有文章发表，如 ACS Symposium Series，1992，504（Synth. Chem. Agrochem. Ⅲ）：336-48；Journal of the Chemical Society，1951：110-15 等。商品化的杀鼠剂溴

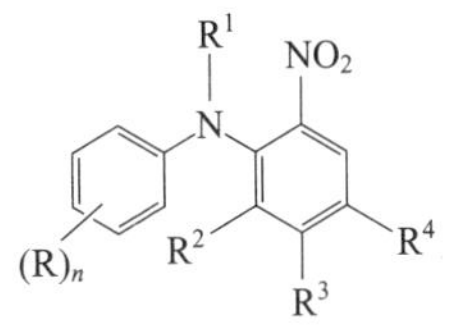

图 4-24 二苯胺类化合物的结构通式

鼠胺也是在这一时期被礼来公司发现的[88~97]。

4.2.1 创制过程

作者研究团队对二苯胺类化合物的研究始于对化合物 2,6-二氯甲苯的关注，之所以关注它主要有以下三方面的原因：①该化合物在农药领域中多有应用，如商品的杀虫剂双三氟虫脲（bistrifluron）、甲氧虫酰肼和除草剂环磺酮（tembotrione），以及本实验发现的具有杀螨活性的化合物 **4-83** 都是以其为原料合成的[31,98]（图 4-25）。②其结构简单、分子量小，具有较大的可优化空间。③它可以发生多种化学反应，较容易引入其他的官能团从而衍生出新的中间体。

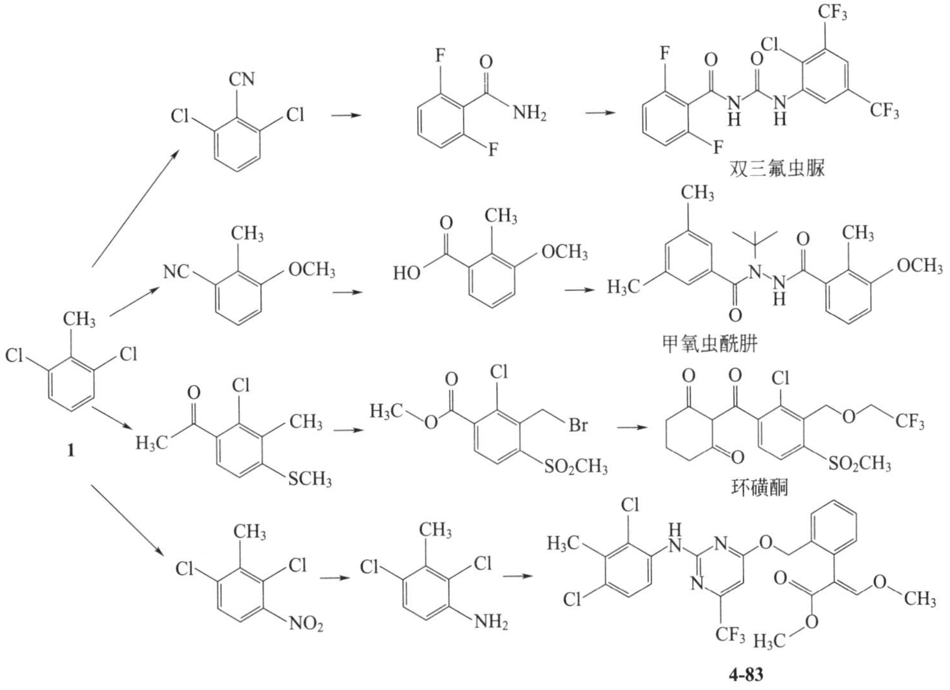

图 4-25 2,6-二氯甲苯的应用

在应用中间体衍生化法将 2,6-二氯甲苯衍生为新的中间体的过程中，发现将 2,6-二氯甲苯硝化得到的二硝化产物 2,6-二氯-3,5-二硝基甲苯与合成氟啶胺的中间体 2,4-二氯-3,5-二硝基三氟甲苯结构相似。根据中间体衍生化法的替换法，用中间体 **4-84** 替换氟啶胺的 2,6-二氯-3,5-二硝基甲苯，合成了化合物 **4-85**，生测结果表明化合物 **4-85** 有一定的杀菌活性，优化中合成了通式 **4-86** 所示的化合物被合成出来，部分化合物表现出较好的杀菌活性。为了发现更好生物活性的化合物，我们又用苯胺替换化合物 **4-86** 中的吡啶胺部分，合成了一系列如通式 **4-Ⅹ**所示的二苯胺类化合物（图 4-26），从中发现具有较好杀菌活性的先导化合物 SYP-12226，对其进行进一步的优化发现了具有广谱杀菌活性的化合物 SYP-14288。

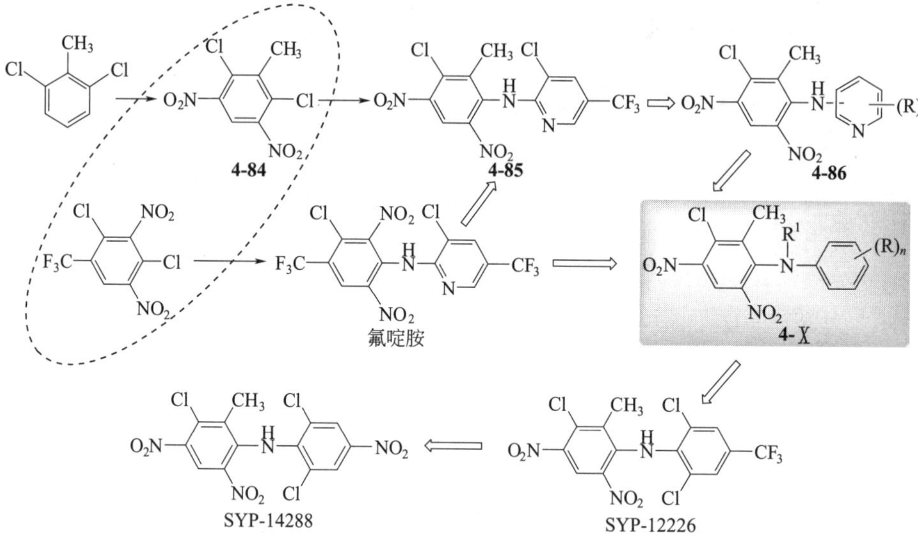

图 4-26　二苯胺类化合物的发现过程

这类化合物的具体合成策略如图 4-27 所示，A 环上的取代基保持不变，根据苯环 B 上取代基的个数将化合物分成无取代和单取代、双取代、三取代和四取代几个类别，桥氮原子上有取代和其对应的无取代的化合物单独分作一类，对每类化合物以及不同类化合物之间的活性进行比较，从而找出活性最优的化合物作为先导化合物。

（1）对取代基类型和取代位置的探索　通过对所合成的 10 个无取代或单取代化合物的活性（表 4-81）进行比较发现：单取代化合物对稻瘟病的活性总体优于无取代的化合物，吸电子基团取代的化合物活性优于供电子基团取代的化合物。

表 4-81　无取代和单取代化合物杀菌活性数据

化合物	$(R)_n$	R^1	防效/%					
			黄瓜霜霉病		稻瘟病			黄瓜灰霉病
			100mg/L	50mg/L	25mg/L	2.8mg/L	0.3mg/L	25mg/L
4-Ⅹ-1	H	H	—	0	0	—	—	0
4-Ⅹ-2	2-Cl	H	0	—	100	0	0	0
4-Ⅹ-3	3-Cl	H	0	—	100	50	0	0
4-Ⅹ-4	4-Cl	H	0	—	100	50	0	0

续表

化合物	$(R)_n$	R^1	防效/%					
			黄瓜霜霉病		稻瘟病			黄瓜灰霉病
			100mg/L	50mg/L	25mg/L	2.8mg/L	0.3mg/L	25mg/L
4-Ⅹ-5	4-CF_3	H	0	—	100	100	50	50
4-Ⅹ-6	4-$COCH_3$	H	0	—	100	80	0	0
4-Ⅹ-7	4-CN	H	—	0	100	50	0	0
4-Ⅹ-8	4-NO_2	H	20	0	100	80	0	0
4-Ⅹ-9	4-OCH_3	H	10	0	80	0	0	50
4-Ⅹ-10	4-$C(CH_3)_3$	H	0	—	0	0	0	0
氟啶胺			100	100	100	100	100	100

注："—"表示无数据。

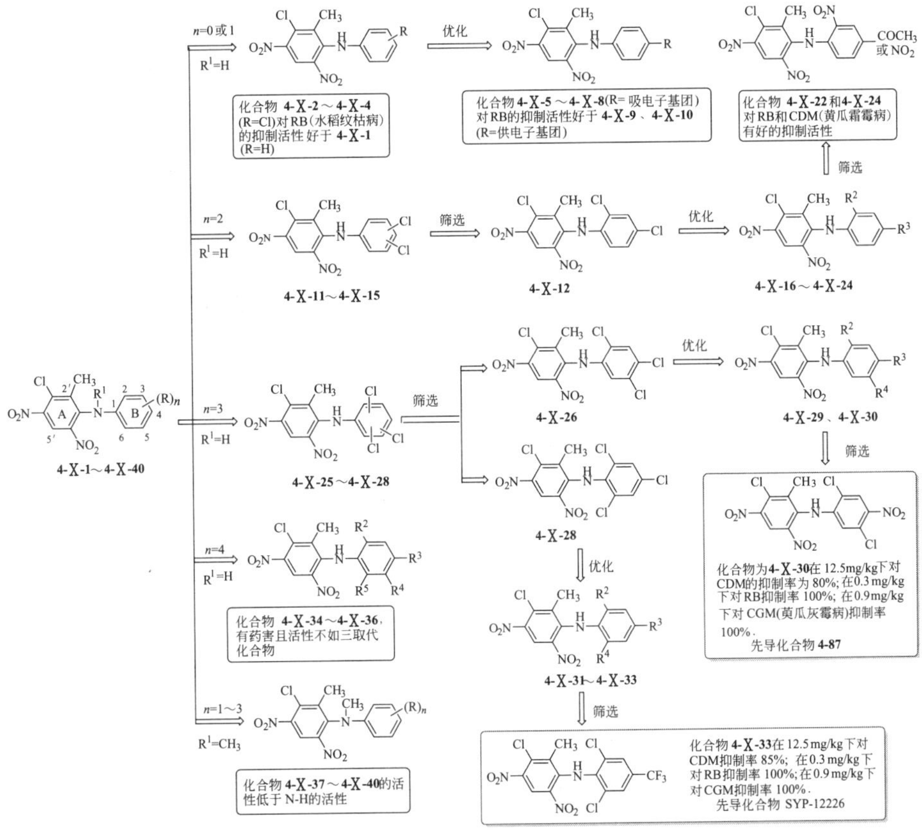

图 4-27 二苯胺类化合物的优化策略

通过比较5个二氯取代的化合物（表 4-82），发现 2,4-二取代的化合物对稻瘟病和霜霉病活性优于其他取代的化合物。将 2,4-二氯取代的化合物中的一个氯变为供电子基时活性降低，将其中一个氯变为吸电子基时对稻瘟病的活性保持原水平或有所提高。将两个氯都换成吸电子基时，对稻瘟病和霜霉病的活性均有明显提高。

表 4-82 二取代化合物杀菌活性数据

化合物	$(R)_n$	R^1	防效/%						
			黄瓜霜霉病			稻瘟病			黄瓜灰霉病
			100mg/L	50mg/L	12.5mg/L	25mg/L	2.8mg/L	0.3mg/L	25mg/L
4-X-11	2,3-2Cl	H	0	—	—	100	60	0	0
4-X-12	2,4-2Cl	H	50	—	—	100	80	0	0
4-X-13	2,6-2Cl	H	0	—	—	0	0	0	0
4-X-14	3,4-2Cl	H	0	—	—	80	—	—	0
4-X-15	3,5-2Cl	H	0	—	—	50	—	—	80
4-X-16	4-Cl-2-CH_3	H	0	—	—	80	—	—	0
4-X-17	4-Cl-2-NO_2	H	20	—	—	100	80	—	0
4-X-18	4-$COCH_3$-2-Cl	H	0	—	—	100	100	50	50
4-X-19	2-Cl-4-NO_2	H	—	70	—	100	100	50	0
4-X-20	2-Cl-4-CF_3	H	40	—	—	100	100	0	0
4-X-21	2,4-2F	H	0	—	—	0	—	—	0
4-X-22	4-$COCH_3$-2-NO_2	H	100	98	0	100	100	50	0
4-X-23	4-CN-2-NO_2	H	—	20	—	100	100	0	0
4-X-24	2,4-2NO_2	H	100	100	50	100	100	50	50
氟啶胺			100	100	95	100	100	100	100

注："—"表示无数据。

(2) 先导化合物的发现　通过对4个三氯取代的化合物（表4-83）进行比较，发现2,4,5-三取代和2,4,6-三取代的化合物对稻瘟病和霜霉病活性优于其他取代的化合物。将2,4,5-三氯取代的化合物中2位的氯替换为硝基时化合物对稻瘟病和霜霉病活性的提高作用不大，但将其4位的氯变为硝基时对稻瘟病、霜霉病和灰霉病的活性均有明显提高。由于2,4-二硝基取代的化合物是所有二取代化合物中活性最好的一个，因此合成了2,4,6-三硝基取代的化合物，该化合物并没表现出值得注意的活性，但将其4位的硝基换为三氟甲基时，所得化合物对稻瘟病、霜霉病和灰霉病都有较好的活性，进一步将2,6两个位置的硝基替换为氯时，得到的2,6-二氯-4-三氟甲基取代的化合物（SYP-12226）的活性有了进一步提高。

表 4-83 三取代和四取代化合物杀菌活性数据

化合物	$(R)_n$	R^1	防效/%								
			黄瓜霜霉病			稻瘟病			黄瓜灰霉病		
			100 mg/L	50 mg/L	12.5 mg/L	25 mg/L	2.8 mg/L	0.3 mg/L	25 mg/L	2.8 mg/L	0.9 mg/L
4-X-25	2,3,4-3Cl	H	0	—	—	100	50	0	0	—	—
4-X-26	2,4,5-3Cl	H	40	—	—	100	80	0	0	—	—

续表

化合物	(R)$_n$	R^1	防效/%								
			黄瓜霜霉病			稻瘟病			黄瓜灰霉病		
			100 mg/L	50 mg/L	12.5 mg/L	25 mg/L	2.8 mg/L	0.3 mg/L	25 mg/L	2.8 mg/L	0.9 mg/L
4-X-27	3,4,5-3Cl	H	*	—	—	80	—	—	0	—	—
4-X-28	2,4,6-3Cl	H	100	40	—	100	100	0	0	—	—
4-X-29	4,5-2Cl-2-NO_2	H	60	—	—	100	100	—	100	0	—
4-X-30	2,5-2Cl-4-NO_2	H	98	95	80	100	100	100	100	100	100
4-X-31	2,4,6-3NO_2	H	100	30	—	100	0	—	0	—	—
4-X-32	2,6-2NO_2-4-CF_3	H	100	100	70	100	100	—	100	100	80
4-X-33	2,6-2Cl-4-CF_3	H	100	100	85	100	100	100	100	100	100
4-X-34	2,4,5-3Cl-6-NO_2	H	—	*	—	100	100	100	100	100	100
4-X-35	2,5-2Cl-4,6-2NO_2	H	98	30	—	100	100	0	100	80	0
4-X-36	2,6-2NO_2-3-Cl-4-CF_3	H	100	45	—	100	100	50	100	100	50
氟啶胺			100	100	95	100	100	100	100	100	100

注："—"表示无数据，"*"代表有药害。

比较具有三个及以下取代基的化合物，发现总体来说增加取代基的个数对活性提高是有利的，因此，尝试合成了4个四取代的化合物，但它们均没有特别优异的表现。

为了明确桥原子氮上的烷基取代基对化合物活性的影响，合成了4个*N*-甲基取代的化合物（表4-84），并将其杀菌活性与对应的氮原子上无取代的化合物进行了比较，结果表明其活性总体来说是降低的。

表4-84　*N*-取代化合物及其对应的N-H化合物杀菌活性对比数据

化合物	(R)$_n$	R^1	防效/%					
			黄瓜霜霉病		稻瘟病			黄瓜灰霉病
			100mg/L	50mg/L	25mg/L	2.8mg/L	0.3mg/L	25mg/L
4-X-8	4-NO_2	H	20	0	100	80	0	0
4-X-37	4-NO_2	CH_3	0	—	80	—	—	0
4-X-12	2,4-2Cl	H	50	—	100	80	0	0
4-X-38	2,4-2Cl	CH_3	30	—	50	—	—	0
4-X-20	2-Cl-4-CF_3	H	40	—	100	100	0	0
4-X-39	2-Cl-4-CF_3	CH_3	60	—	80	—	—	0
4-X-31	2,4,6-3NO_2	H	100	30	100	0	—	0
4-X-40	2,4,6-3NO_2	CH_3	0	—	100	50	—	0

注："—"表示无数据。

基于以上活性数据和分析结果，我们对所合成的二苯胺类化合物的构效关系进行了初步探讨，总结了苯环 B 上取代基的数目、位置及类型对活性影响的趋势。单独考虑取代基数目时，活性顺序为三取代化合物＞二取代化合物＞单取代化合物＞无取代化合物。单独考虑取代基位置时，活性顺序为：①单取代化合物，3-位取代，4-位取代＞2-位取代；②二取代化合物，2,4-位取代＞2,3-位取代＞3,4-位取代＞3,5-位取代＞2,6-位取代；③三取代化合物，2,4,6-位取代＞2,4,5-位取代＞2,3,4-位取代＞3,4,5-位取代。当取代基数目结合位置综合考虑时，活性顺序为 2,4,6-三取代＞2,4,5-三取代＞2,3,4,6-四取代＞2,4-二取代＞其他取代＞无取代。总的来说吸电子基团优于供电子基团。综合以上各因素，得出化合物 *N*-(4-硝基-2,5-二氯苯基)-2-甲基-3-氯-4,6-二硝基苯胺和 *N*-(4-三氟甲基-2,6-二氯苯基)-2-甲基-3-氯-4,6-二硝基苯胺（SYP-12226）可作为先导化合物进行进一步的优化。

（3）SYP-14288 的发现　对两个先导化合物的结构进行比较不难发现，SYP-12226 在合成方面更有优势，因此，我们首先对 SYP-12226 进行了结构优化，主要是对苯环 B 上的取代基进行替换，并从中发现了化合物 SYP-14288。与其先导化合物相比，SYP-14288 活性更优，且具有成本优势（图 4-28）。我们也尝试了对 SYP-14288 进行进一步的优化，综合考虑各种因素，最终选择 SYP-14288 进行开发。

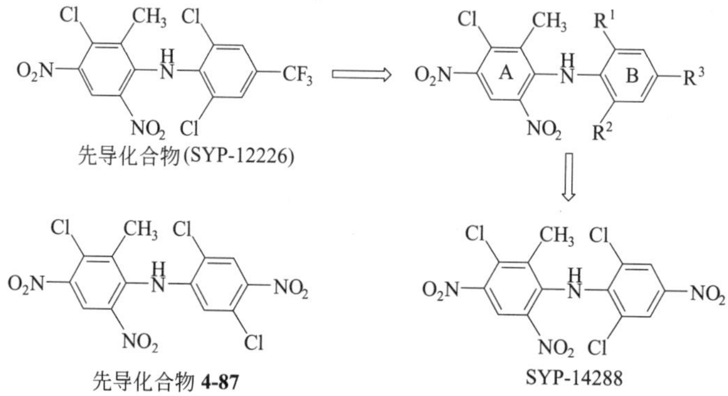

图 4-28　SYP-14288 的发现历程

（4）SYP-22549 的发现　2,4-二氯-3,5-二硝基三氟甲苯（化合物 **4-88**）是合成氟啶胺的中间体，2-氯-3,5-二硝基甲苯（化合物 **4-89**）、2-氯-3,5-二硝基叔丁基苯（化合物 **4-90**）、4-氯-3,5-二硝基三氟甲苯（化合物 **4-91**）和 2-氯-3,5-二硝基三氟甲苯（化合物 **4-92**）等也都是二苯胺类化合物研究中常用的中间体。如前所述，本实验室用中间体 2,6-二氯-3,5-二硝基甲苯（化合物 **4-84**）替换中间体 **4-88** 与 3-氯-5-三氟甲基吡啶-2-胺反应合成了具有一定杀菌活性的化合物 **4-85**，同时还合成了中间体 **4-89**～**4-91** 和 **4-92** 分别与 3-氯-5-三氟甲基吡啶-2-胺反应生产的相应化合物，以便平行比较这些化合物的生物活性（图 4-29）。其中化合物 **4-93** 是专利 EP 31257 中公开的具有杀菌活性的化合物，在对其进行研究的过程中发现，该化合物具有很好的杀螨活性（表 4-85），并且关于其杀螨活性在现有技术中未见报道。

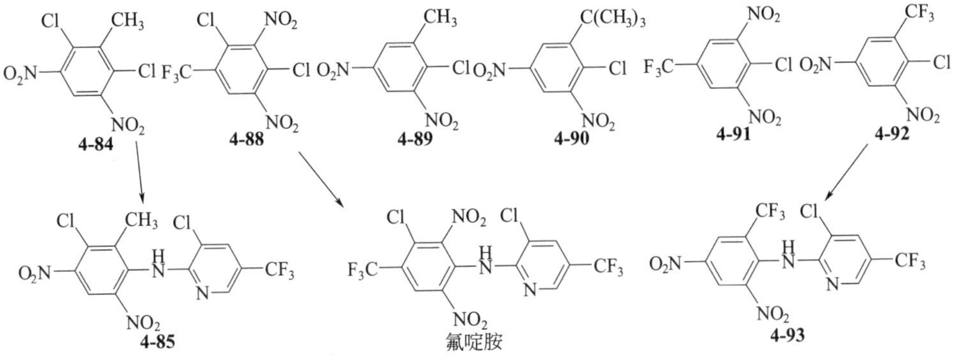

图 4-29 SYP-22549 杀螨活性的发现

表 4-85 化合物 SYP-22549 的杀螨活性

化合物	杀螨活性			
	10mg/L	2mg/L	1mg/L	0.2mg/L
SYP-22549	100	89.5	50.7	29.4
阿维菌素	—	100.0	—	—

4.2.2 合成方法

4.2.2.1 SYP-14288 的合成

（1）SYP-14288 的合成路线　SYP-14288 主要有两条合成路线（图 4-30）。路线 1 是以 2,6-二氯甲苯为起始原料，经过硝化和缩合两步反应制备；路线 2 也是以 2,6-二氯甲苯为起始原料，经过硝化、氨化，最后经过缩合反应制备。路线 1 虽然简单（只有 2 步反应），但是由于 2,6-二氯-3,5-二硝基甲苯含有众多的吸电子基团，导致苯环甲基上的氢很活泼，反应中极容易发生副反应，产生杂质，从而使总收率较低，并且产品提纯比较困难。路线 2 虽然多出一步反应，但是每一步收率较高，从而使反应总收率远远高于路线 1 的反应总收率，产品也容易提纯。

（2）操作方法　将原料 2,6-二氯甲苯加入四口瓶中，在一定的温度下，加入所需要量溶剂和浓硫酸，在搅拌的条件下滴加发烟硝酸与浓硫酸的混合溶液，滴加过程中反应放热，维持在一定的反应温度，2～3h 内滴加完毕。滴完后继续保温反应，取样分析，反应完毕，将反应体系温度升高，将下层混酸分出。有机层加入一定量的水洗涤至中性。有机层常压脱溶，然后减压脱溶。出料，得到中间体 2,6-二氯-3,5-二硝基甲苯产品。

将中间体 2,6-二氯-3,5-二硝基甲苯加入反应瓶中，加入溶剂，通入氨气，控制通入速度，同时用水浴降温，维持反应温度在－5℃，取样分析。反应完毕，

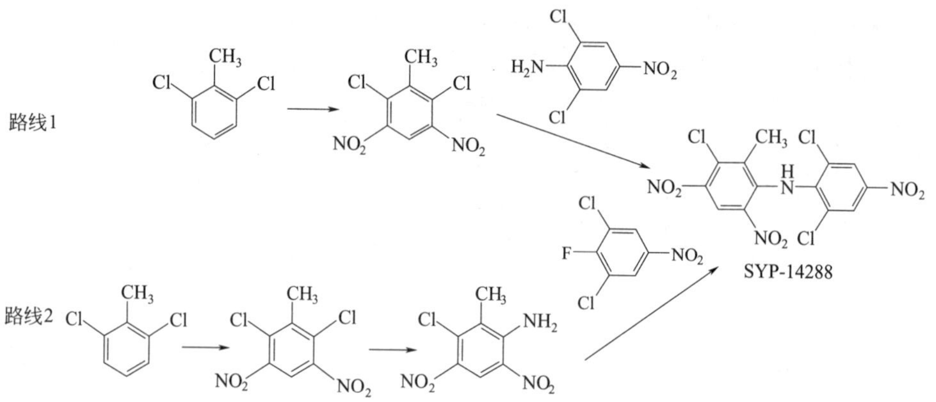

图 4-30　SYP-14288 的合成路线

减压脱溶，脱至反应体系呈稠状。向反应瓶中加入一定量水，搅拌降温至室温，放料、抽滤、水洗、干燥得到中间体 2-甲基-3-氯-4,6 二硝基苯胺。

在一定体积的四口烧瓶中加入上述得到的中间体、3,5-二氯-4-氟硝基苯、碳酸钾和溶剂，开动搅拌，逐渐升温至 110～120℃反应。反应 10～12h，取样分析，原料含量≤3%时，视为反应完全，减压蒸馏，至无明显馏分分出为止。加入一定量的水，降温至 50℃左右，静置分层。将下层黏稠有机层放入四口烧瓶中，加入水，用浓盐酸调节 pH 为中性。升温至 50℃左右，搅拌 1h，降温，抽滤，水洗，干燥，得到目标物 SYP-14288。纯品为金黄色固体，含量大于 97%，反应总收率大于 60%。

4.2.2.2　SYP-22549 的合成

（1）SYP-22549 的合成路线

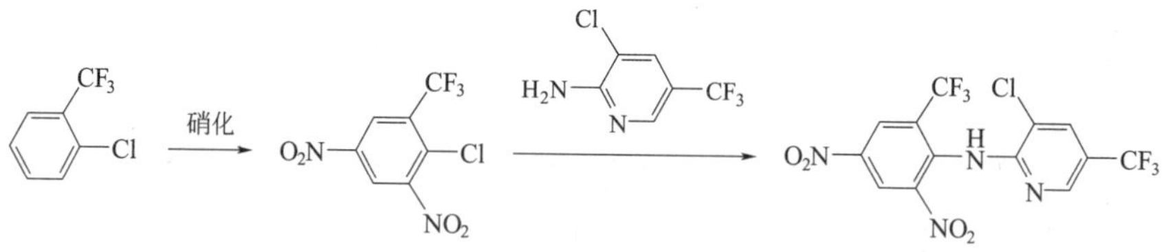

SYP-22549 是以邻氯三氟甲苯为起始原料，经硝化和缩合两步反应合成的。

（2）操作方法　将邻氯三氟甲苯溶于浓硫酸和发烟硫酸的混合物中，将该溶液冷却至 20℃，搅拌下滴加浓硫酸和发烟硝酸的混合物，控制滴加速度，使反应温度不超过 30℃。滴加完将反应混合物缓慢加热至 75～80℃，补加浓硫酸和发烟硝酸的混合物，然后将温度升至 95℃，并在此温度下保温反应 10h。然后，温度逐渐升高到 130℃，继续反应 2h。将反应混合物倒入碎冰中，过滤固体，粗提物用冷水洗涤至中性后用甲醇重结晶。

将 2-氨基-3,5-二氯吡啶溶解于适量二甲基甲酰胺中，在搅拌条件下加入氢氧化钾，再搅拌 10min，加入 2-氯-3,5-二硝基三氟甲苯。反应约 2h，将反应混合物倒入水中，用浓盐酸酸化，过滤析出的固体，滤饼水洗后用乙醇洗涤，干燥得产品。

4.2.3 生物活性

SYP-14288的杀菌谱试验结果（表4-86）表明，其杀菌谱较广，与对照药剂氟啶胺相似，对22种供试靶标均有抑菌作用，对桃褐腐病菌、梨黑星病菌、棉花炭疽病菌、棉花黄萎病菌、油菜菌核病菌活性较为突出，对菌丝生长有较强的抑制作用。通过离体抑制菌丝生长试验，SYP-14288对刺盘孢、灰葡萄孢、立枯丝核菌、核盘菌、链格孢、轮纹大茎点菌的菌丝生长有非常明显的抑制作用，对核盘菌有尤为突出的抑制作用。SYP-14288有较好的保护活性，30%SYP-14288悬浮剂对黄瓜幼苗、番茄幼苗、番茄花安全，对供试桃树生长点、叶片及枝条无不良影响。

表4-86 化合物SYP-14288杀菌谱试验结果

靶标	药剂	抑菌效果/%		
		10mg/L	1mg/L	0.1mg/L
桃褐腐病菌	SYP-14288	100.00	98.44	87.50
	氟啶胺	100.00	100.00	73.44
辣椒根腐病菌	SYP-14288	76.67	70.00	70.00
	氟啶胺	95.00	81.67	33.33
甜瓜疫霉病菌	SYP-14288	78.33	68.33	65.00
	氟啶胺	100.00	76.67	25.00
水稻纹枯病菌	SYP-14288	100.00	95.48	74.19
	氟啶胺	97.42	83.23	69.03
梨黑斑病菌	SYP-14288	88.33	73.33	48.33
	氟啶胺	100.00	78.33	45.00
小麦根腐病菌	SYP-14288	86.84	56.58	46.05
	氟啶胺	100.00	77.63	47.37
玉米小斑病菌	SYP-14288	100.00	100.00	53.97
	氟啶胺	100.00	92.06	41.27
小麦赤霉病菌	SYP-14288	71.97	73.48	46.97
	氟啶胺	90.91	77.27	37.12
黄瓜枯萎病菌	SYP-14288	99.04	91.35	78.85
	氟啶胺	92.31	85.58	55.77
梨黑星病菌	SYP-14288	100.00	98.80	86.75
	氟啶胺	93.98	89.16	46.99
棉花炭疽病菌	SYP-14288	100.00	100.00	94.29
	氟啶胺	100.00	97.14	71.43
棉花黄萎病菌	SYP-14288	100.00	100.00	81.93
	氟啶胺	100.00	96.39	45.78
油菜菌核病菌	SYP-14288	100.00	100.00	87.84
	氟啶胺	100.00	97.30	56.76

续表

靶标	药剂	抑菌效果/%		
		10mg/L	1mg/L	0.1mg/L
苹果轮纹病菌	SYP-14288	95.24	90.48	38.10
	氟啶胺	100.00	100.00	71.43
人参锈腐病菌	SYP-14288	64.94	71.43	48.05
	氟啶胺	66.23	40.26	31.17

供试药剂及对照药剂对桃褐腐核盘菌均有较好的抑菌效果。SYP-14288 原药（EC_{50}值=0.0090mg/L）抑菌活性略高于 SYP-14288 悬浮剂（EC_{50}值=0.0122mg/L）抑菌活性，二者对桃褐腐核盘菌抑菌活性均高于对照药剂腈苯唑（EC_{50}值=0.0817mg/L）对桃褐腐核盘菌抑菌活性。结果见表 4-87。

表 4-87　SYP-14288 对桃褐腐核盘菌离体抑菌活性试验结果

供试药剂	回归方程	EC_{50}/(mg/L)	相关系数(r)
98%SYP-14288 TC	$Y=7.8182+1.3770X$	0.0090	0.9965
30%SYP-14288 SC	$Y=7.1147+1.1059X$	0.0122	0.9970
24%腈苯唑 SC	$Y=6.5837+1.4557X$	0.0817	0.9903

对黄瓜霜霉病保护活性试验结果（表 4-88）表明，SYP-14288 对黄瓜霜霉病的保护活性 EC_{90}值为 8.147mg/L，略低于烯酰吗啉（EC_{90}值为 11.901mg/L），略高于氟啶胺（EC_{90}值为 7.067mg/L）。说明化合物 SYP-14288 对黄瓜霜霉病的活性与氟啶胺及烯酰吗啉属于同一水平。

表 4-88　化合物 SYP-14288 对黄瓜霜霉病保护活性试验结果

药剂	浓度/(mg/L)	防效/%	毒力回归方程	EC_{90}值/(mg/L)
SYP-14288	16	96.30	$Y=1.133+5.730X$	8.147
	8	92.59		
	4	29.63		
	2	14.81		
	1	0.00		
氟啶胺	16	100.00	$Y=3.979+2.711X$	7.067
	8	92.59		
	4	66.67		
	2	51.85		
	1	7.41		
烯酰吗啉	16	96.30	$Y=2.437+3.575X$	11.901
	8	81.48		
	4	22.22		
	2	22.22		
	1	7.41		

4.2.4 专利情况

SYP-14288 专利情况见表 4-89。

表 4-89 SYP-14288 化合物专利情况

序号	申请日	公开号	专利号	授权日
1	2010-03-22	CN102199095	ZL201010129005.6	2014-04-09
2	2011-03-21	WO2011116671		
3	2011-03-21	CN102762530	ZL201180009273.7	2014-07-02
4	2011-03-21	US2012309844A1	US9061967B2	2015-06-23
5	2011-03-21	EP2551258A1	EP2551258B1	2018-10-31
6	2011-03-21	IN2012MN01666	IN 277113	2016-11-11

4.3 2-氨基嘧啶类化合物的创制

嘧啶是一类非常重要的杂环化合物，广泛应用于医药、农药领域。大量研究表明，该类化合物具有较好的生物活性，如杀虫、杀菌、除草、抗病毒、抗癌等。在农药的发展中嘧啶类化合物一直显示出很高的生物活性，就此类化合物而言，它广泛存在于人体及生物体内，如生命体所必需的核酸中最常见的 5 种含氮碱性组分就有 3 种（尿嘧啶、胞嘧啶和胸腺嘧啶）含嘧啶结构。此类化合物的开发一直受到医药和农药界的重视，无论是天然的还是合成的嘧啶类化合物均具有广泛的生物活性，其中嘧啶胺类化合物是杀菌剂中重要的一员[76,99～103]。

自 1990 年日本组合化学工业公司和石原化学工业公司共同开发出嘧菌胺（mepanipyrim）以来，许多此类化合物相继被开发出来。如甲基嘧菌胺（pyrimethanil）、嘧菌环胺（cyprodinil）、二甲嘧酚（dimethirimol）、乙嘧酚（ethirimol）以及乙嘧酚磺酸酯（bupirimate）等（图 4-31）。其中，嘧菌胺对灰霉病、白粉病、苹果黑星病、斑点落叶病、桃灰星病、桃黑星病等病害具有卓越效果；甲基嘧菌胺（嘧霉胺）用量对作物灰霉病以及苹果黑星病有优异的防效；嘧菌环胺由瑞士诺华公司（现先正达）开发，对灰霉病、白粉病、黑星病、网斑病、颖枯病以及小麦眼斑病等有效；二甲嘧酚（甲菌定）主要用于防治各种作物白粉病，对黄瓜和甜瓜霜霉病也有效，可被植物的根、茎、叶迅速吸收，并在植物体内运转到各个部位，具有保护和治疗作用；乙嘧酚是一种内吸性杀菌剂，由英国 ICI 公司（现先正达）于 1968 年开发成功，主要用于防治作物白粉病。可被植物的根、茎、叶迅速吸收，并在植物体内运转到各个部位，具有保护和治疗作用；乙嘧酚磺酸酯也是英国 ICI 公司（现先正达）发明的嘧啶类杀菌剂，具有高效、低毒、环境相容性好的特点，在英国、法国、荷兰、意大利、奥地利、西班牙、波兰、马耳他、希腊、塞浦路斯、匈牙利、津巴布韦、葡萄牙、澳大利亚等国家被广泛使用。它属于腺嘌呤核苷脱氨酶抑制剂，为内吸性杀菌剂，可被植物的根、茎、叶迅速吸收，并在植物体内运转到各个部位，具有保护和治疗作用，主要用于防治苹果、梨、草莓和温室玫瑰等经济作物和观赏植物的白粉病[104～109]。

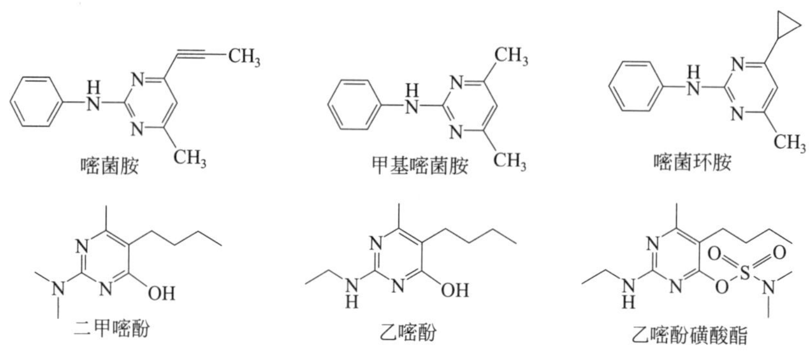

图 4-31 嘧啶胺类杀菌剂

4.3.1 创制过程

本研究团队前期工作中，在对 strobilurin 类杀菌剂进行研究的过程中，优化由巴斯夫公司研制、日本曹达公司开发的甲氧丙烯酸酯类杀螨剂嘧螨酯（fluacrypyrim，NA83）时，利用中间体衍生化法之替换法（TRM）将苯氨基嘧啶替换嘧啶得到嘧螨胺（pyriminostrobin，SYP-11277）[78]。替换法是指利用简单的原料，通过化学反应合成新的中间体，利用该中间体替换已知农药、医药品种或者天然产物化学结构中的一部分，从而得到新化合物，然后经过筛选，发现先导化合物，再经优化，最终发现性能好的化合物。

而嘧螨胺的关键中间体即是氨基嘧啶酮中间体，在对该类化合物的优化过程中合成了很多氨基嘧啶酮中间体，而经过生物活性筛选发现该类中间体 **4-94** 对黄瓜霜霉病或者小麦白粉病有一定的防效，尤其是化合物 **4-95** 在 25mg/L 时对黄瓜霜霉病防效达 60％，这是与其类似商品化品种明显不同的地方（商品化品种多对白粉病防效较好）[78]。为了提高其活性，利用中间体衍生化的替换方法，同时结合二甲嘧酚、乙嘧酚和乙嘧酚磺酸酯结构，替换其氨基部分得到了化合物 **4-96**（图 4-32），通式 **4-96**（图 4-33）的很多化合物在 100mg/L 时对小麦白粉病或黄瓜霜霉病的防效都高于 90％，部分化合物具有潜在商品化开发价值。

从化合物结构上看，该类化合物的创制不仅仅属于替换法的应用，也可以归为衍生法，或者两者联合：①对乙嘧酚磺酸酯中乙胺和酯部分进行替换而得；②用取代苯胺替换乙嘧酚结构中的乙胺（替换法），然后对 OH 进行衍生得到目的物；③对嘧螨胺研究过程中的中间体苯氨基嘧啶酮进行筛选，然后经衍生得到目的物。虽然实际研究过程是后者，但从表面看，属于①，所以放到替换法部分。

嘧螨胺　　4-94

4-95　　4-96

图 4-32　氨基嘧啶酮类化合物的创制

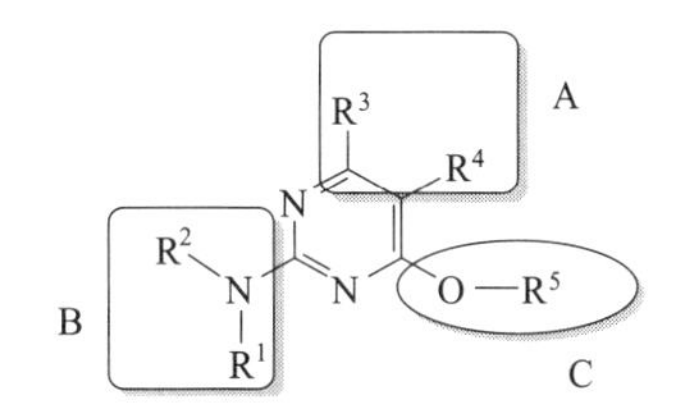

图 4-33　氨基嘧啶酮类化合物通式

具体优化过程如下：

最初发现化合物 **4-95** 在 25mg/L 时对黄瓜霜霉病防效为 60%。首先保持 B 部分（R^1 = Ph，R^2 = H）和 C(R^5 = H）不变，变化 A 部分（表 4-90），但是除化合物 **4-96a-3** 外，其他化合物并未对黄瓜霜霉病表现出好的活性，都是明显低于化合物 **4-95**，部分化合物还对小麦白粉病表现出了一定的活性。如表 4-90 中所示，仅化合物 **4-96a-3** 和 **4-95**，即 R^3 为 CH_3、R^4 为 CH_2CH_2OH 或 $CH_2(CH_2)_2CH_3$时对黄瓜霜霉病有较好的防效。

4-96a

表 4-90　化合物 4-96a 的杀菌活性

化合物	R^3	R^4	霜霉病/%			小麦白粉病/%		
			400 mg/L	100 mg/L	50 mg/L	400 mg/L	100 mg/L	50 mg/L
4-96a-1	CH_3	H	0	NT	NT	80	NT	NT
4-96a-2	CH_3	CH_3	0	NT	NT	40	NT	NT
4-96a-3	CH_3	CH_2CH_2OH	100	0	NT	NT	NT	NT
4-96a-4	CH_3	CH_2-Ph	0	NT	NT	0	NT	NT
4-96a-5	CH_3	Ph	0	NT	NT	0	NT	NT

续表

化合物	R^3	R^4	霜霉病/%			小麦白粉病/%		
			400 mg/L	100 mg/L	50 mg/L	400 mg/L	100 mg/L	50 mg/L
4-96a-6	CH_3	CH_2CH_2Br	0	NT	NT	30	NT	NT
4-96a-7	CH_3	$CH_2(CH_2)_6CH_3$	0	NT	NT	0	NT	NT
4-96a-8	$CH_2CH_2CH_2$		0	NT	NT	20	NT	NT
4-96a-9	$CH_2CH_2CH_2CH_2$		0	NT	NT	20	NT	NT
4-95	CH_3	$CH_2(CH_2)_2CH_3$	100	90	80	0	NT	NT

注：NT 表示未测，下同。

随后 A 部分[$R^3=CH_3$，$R^4=CH_2(CH_2)_2CH_3$]以及 C 部分($R^5=H$)保持不变，变化 B 部分(表 4-91)，同时 R^1 为取代的苯基和 R^2 保持为 H，吸电子基和供电子基的官能团都引入苯环上，但是其活性的构效关系依然未能找到，仅化合物 **4-96b-2**(R^1 = 4-CF_3O-Ph)在 50mg/L 浓度下对黄瓜霜霉病的防效达到了 90%，优于化合物 **4-95**。正如表 4-91 所示，化合物 **4-96b-2** 和 **4-95**，即 R^1 为 4-CF_3O-Ph 或 Ph 在 50mg/L 时对霜霉病具有较好的防效。

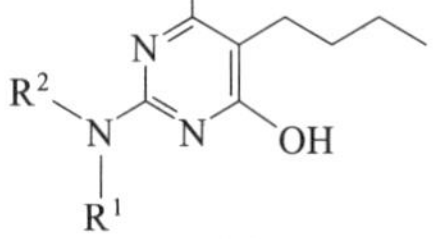

4-96b

表 4-91　化合物 4-96b 的杀菌活性

化合物	R^1	R^2	霜霉病/%			小麦白粉病/%		
			400 mg/L	100 mg/L	50 mg/L	400 mg/L	100 mg/L	50 mg/L
4-96b-1	3,5-2Cl-Ph	H	100	0	0	100	0	0
4-96b-2	4-CF_3O-Ph	H	100	100	90*	0	NT	NT
4-96b-3	4-F-Ph	H	0	NT	NT	0	NT	NT
4-96b-4	4-CF_3-Ph	H	0	NT	NT	0	NT	NT
4-96b-5	4-CH_3O-Ph	H	0	NT	NT	30	NT	NT
4-96b-6	4-CN-Ph	H	0	NT	NT	30	NT	NT
4-95	Ph	H	100	90	80	0	NT	NT

注：“*”表示在 50mg/L 剂量下防效 90%，但有药害。

为了研究其构效关系，继续对 C 部分进行变化，保持 A 部分［$R^3=CH_3$，$R^4=CH_2(CH_2)_2CH_3$］和 B 部分（R^1=Ph，R^2=H）不变。从原料易得以及合成容易等角度考虑，R^1 选择为苯基，尽管 R^1 选自 4-CF_3O-Ph 即化合物 **4-96b-2** 对霜霉病的活性优于化合物 **4-95**。乙嘧酚磺酸酯主要用于防治苹果、温室玫瑰和草莓等作物的白粉病，其结构式在嘧啶的 4 位接上了 $SO_2N(CH_3)_2$。所以我们通过在化合物 **4-95** 的 4-OH 处引入 $SO_2N(CH_3)_2$ 合成了化合物 **4-96c-1**，但是却意外地发现该化合物对霜霉病和白粉病防效均非常差。当用 $CON(CH_3)_2$ 替换 $SO_2N(CH_3)_2$ 得到化合物 **4-96c-2** 时活性有所提高，尤其是当替换为 $CO_2CH(CH_3)_2$ 得到化合物 **4-96c-3** 时，对黄瓜霜霉病和小麦白粉病防效均优于化合物**4-96c-1**，令人惊喜的是化合物 **4-96c-3** 对小麦白粉病的防效明显优于化合物 **4-95**，但是其霜霉病活性却低于化合物 **4-95**。因此进一步合成了一系列的化合物 **4-96c-3** 类似物，主要是将 R^5 从 $CO_2CH(CH_3)_2$ 变为氯甲酸酯衍生物、烷基、炔丙基、乙酸乙酯等。绝大部分的化合物对小麦白粉病的防效优于黄瓜霜霉病，除了化合物 **4-96c-8** 在 50mg/L 时对黄瓜霜霉病的防效为 80%，优于化合物 **4-95**。尤其是化合物 **4-96c-4**（$R^5=CO_2CH_3$）对小麦白粉病表现出比化合物 **4-96c-3**更为优异的活性，6.25mg/L 防效达到 100%（表 4-92）。

4-96c

表 4-92 化合物 4-96c 的杀菌活性

化合物	R^5	霜霉病/%			小麦白粉病/%		
		400 mg/L	100 mg/L	50 mg/L	400 mg/L	100 mg/L	50 mg/L
4-96c-1	$SO_2N(CH_3)_2$	30	NT	NT	60	NT	NT
4-96c-2	$CON(CH_3)_2$	98	0	0	100	0	0
4-96c-3	$CO_2CH(CH_3)_2$	95	10	0	100	100	98
4-96c-4	CO_2CH_3	95	20	0	100	100	100*
4-96c-5	$CO_2C_2H_5$	95	20	0	95	98	50
4-96c-6	$CO_2CH_2CH(CH_3)_2$	95	0	0	100	90	25
4-96c-7	$CO_2CH_2CH_2CH_3$	70	NT	NT	100	95	70
4-96c-8	$CO_2CH_2CH_2OCH_3$	100	100	80	100	100	70
4-96c-9	CO_2CH_2-(tetrahydrofuran-2-yl)	98	95	0	100	100	20
4-96c-10	CO_2CH_2-Ph	30	NT	NT	100	80	0
4-96c-11	$CO_2CH(CH_3)$-Ph	50	NT	NT	100	80	30
4-96c-12	SO_2(4-CH_3-Ph)	0	NT	NT	100	0	NT
4-96c-13	CO_2(4-NO_2-Ph)	0	NT	NT	0	NT	NT
4-96c-14	CO_2(2-CH_3O-Ph)	50	NT	NT	0	NT	NT
4-96c-15	CO_2-Ph	100	98	85	100	0	0
4-96c-16	$CO_2SCH_2CH=CH_2$	0	NT	NT	100	0	0
4-96c-17	COC_2H_5	30	NT	NT	100	50	30
4-96c-18	$COC(CH_3)_3$	50	NT	NT	100	98	40
4-96c-19	CO-Ph	100	15	0	70	NT	NT
4-96c-20	$CSNH(CH_2)_2CH_3$	0	NT	NT	0	NT	NT

续表

化合物	R^5	霜霉病/%			小麦白粉病/%		
		400 mg/L	100 mg/L	50 mg/L	400 mg/L	100 mg/L	50 mg/L
4-96c-21	$CH_2C\equiv CH$	100	0	0	100	100	80
4-96c-22	CH_2COCH_3	98	30	10	40	NT	NT
4-96c-23	$CH_2CO_2C_2H_5$	0	NT	NT	0	NT	NT
4-96c-24	CH_3	0	NT	NT	95	0	NT
4-95	H	100	90	80	0	NT	NT

注：“*”表示6.25mg/L，下同。

为发现对小麦白粉病活性更优异的化合物，合成了化合物**4-96d-1**和化合物**4-96d-2**，但是非常失望地发现，活性并未有所提高，化合物**4-96c-4**依然是最优的化合物（表4-93）。

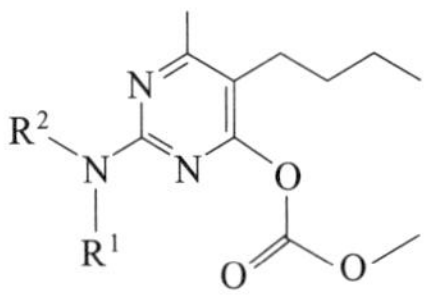

4-96d

表4-93　化合物4-96d的杀菌活性

化合物	R^1	R^2	小麦白粉病/%		
			400mg/L	100mg/L	50mg/L
4-96d-1	3,5-2Cl-Ph	H	100	0	0
4-96d-2	$4\text{-}CF_3O\text{-}Ph$	H	95	10	0
4-96c-4	Ph	H	100	100	100*

注：“*”表示有药害。

化合物**4-96c-4**的杀菌活性如图4-34所示，在10mg/L时对水稻纹枯病菌、芒果炭疽病菌、苹果腐烂病菌、番茄叶霉病菌、番茄早疫病菌、大豆腐霉根腐病菌、小麦根腐病、番茄萎蔫、棉花枯萎病、瓜果腐霉的抑制率均高于50%。

通过以上化合物的优化发现了活性最优的化合物**4-96c-4**（SYP-13503）。后续对其开展了深入研究，如作用特性研究以及田间试验研究。

4.3.2 合成方法

当R^3为CH_3时，氨基嘧啶酮类化合物**4-99**可通过各种取代的胍盐**4-98**与*β*-酮酸酯在甲苯中回流8～12h得到，收率一般为88%～95%。各种取代的胍盐**4-98**可通过市售或者通过相应的胺的盐酸盐与单氰胺在碳酸钠存在的情况下反应得到。*β*-酮酸酯**4-97**可通过乙酰乙酸乙酯在甲醇/甲醇钠条件下与卤代物R^4X（卤代烷基物、卤代苯或者卤代苄基物）缩合得到，收率一般为85%～90%。为了进一步优化，将氨基嘧啶酮化合物**4-99**与R^5X（卤代烷基、炔丙基烷基、氯

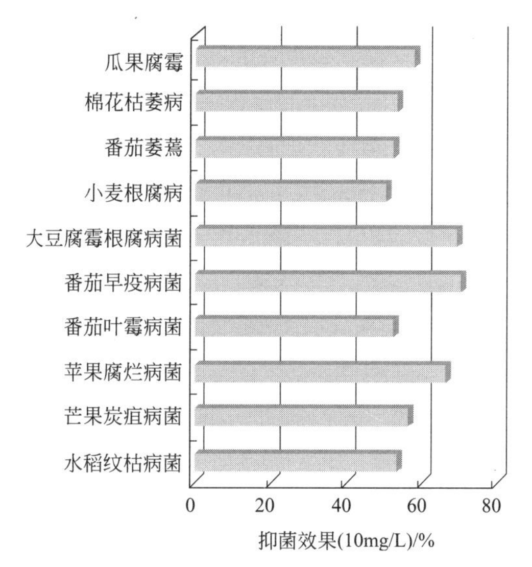

图 4-34　化合物 **4-96c-4** 的杀菌谱

乙酸乙酯、氯甲酸乙酯、氯甲酸异丙酯、*N*,*N*-二甲氨基磺酰氯以及 *N*,*N*-二甲氨基酰氯）在碱性条件下反应得到化合物 **4-100**（图 4-35）。

图 4-35　2-氨基嘧啶化合物 **4-99**、**4-100** 的合成

通过苯胍碳酸盐 **4-101** 与 2-乙酰基-*γ*-丁内酯 **4-102** 在甲苯中缩合反应得到，收率 85%。化合物 **4-104** 的合成与化合物 **4-100** 合成相似，均是与 R^5X 在碱性条件下缩合得到（图 4-36）。

图 4-36　2-氨基嘧啶化合物 **4-103**、**4-104** 的合成

带五元环、六元环的化合物 **4-106** 通过苯胍碳酸盐 **4-101** 与 2-氧环戊基甲酸乙酯或者 2-氧环己基甲酸乙酯在甲苯中回流得到，收率分别为 80%和 85%。化

合物 **4-107** 的合成与化合物 **4-100** 合成相似，均是与 R^5X 在碱性条件下缩合得到(图 4-37)。

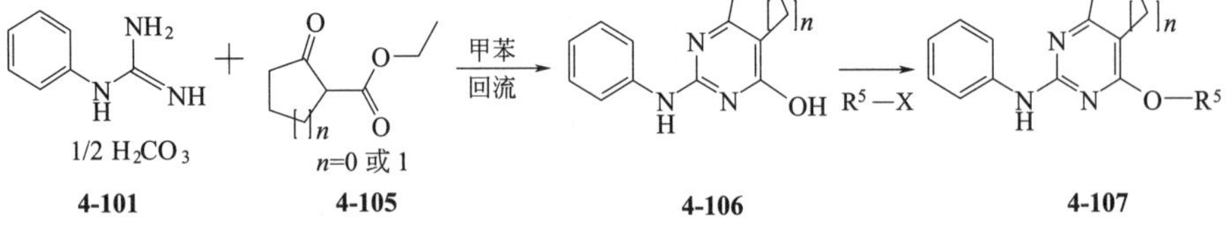

图 4-37　2-氨基嘧啶化合物 **4-106**、**4-107** 的合成

4.3.3　SYP-13503 的合成

SYP-13503 是以苯胍碳酸盐、2-乙酰基己酸乙酯和氯甲酸甲酯等为主要原料经过两步反应合成得到的。首先，苯胍碳酸盐与 2-乙酰基己酸乙酯反应得到中间体“嘧啶酚”；中间体“嘧啶酚”与氯甲酸甲酯在碱的作用下反应生成 SYP-13503。具体反应方程式如图 4-38 所示。

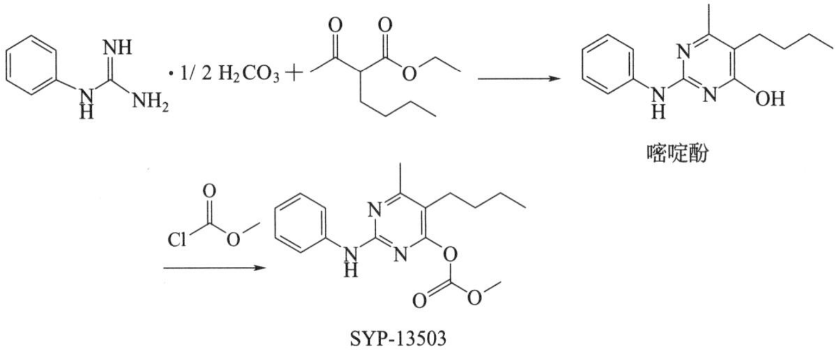

图 4-38　SYP-13503 的合成

(1) 嘧啶酚的合成　苯胍碳酸盐与 2-乙酰基己酸乙酯反应得到中间体“嘧啶酚”。向装有机械搅拌、温度计、冷凝器的反应瓶内加入苯胍碳酸盐、2-乙酰基己酸乙酯、乙酸和甲苯，加热至回流，回流保温 6h，降温。减压蒸馏甲苯至 100℃、−0.095MPa 真空度不出馏分时停止并降至室温，得到红棕色黏稠油状液体，加入甲醇搅拌，固体析出，过滤，干燥，得到中间体“嘧啶酚”。

当苯胍碳酸盐、2-乙酰基己酸乙酯分别为 13.4g、17.4g 时嘧啶酚收率最高为 70.2%，HPLC 归一含量 98%。适当减少 2-乙酰基己酸乙酯的用量可以增加收率，这可能是由于过量的 2-乙酰基己酸乙酯有助溶的作用，不利于中间体“嘧啶酚”的析出。但当 2-乙酰基己酸乙酯的用量降低过多时，收率也降低。通过尝试更改反应溶剂、加入催化剂等的试验，结果发现，当加入少量乙酸时，收率提高。当使用甲醇、乙醇及二氯乙烷时，收率降低，可能是由于反应体系温度偏低，造成反应不够完全。

(2) SYP-13503 的合成　中间体“嘧啶酚”与氯甲酸甲酯在碱的作用下反应

生成 SYP-13503，反应过程如下：向装有机械搅拌、温度计、冷凝器和恒压滴液漏斗的四口反应瓶内加入“嘧啶酚”、二氯甲烷和三乙胺，开启搅拌；水浴冷却条件下滴加氯甲酸甲酯，控制温度不超过 25℃，控制滴加时间在 0.5～1h。滴加完毕后室温搅拌 1h，取样分析，中间体“嘧啶酚”面积归一含量＜2%为合格（如不合格，根据结果适量补加三乙胺及氯甲酸甲酯至合格）。反应合格后，加入 400mL 水，搅拌 0.5h，分层；有机层再经两次（每次 200mL）水洗后脱溶。先常压蒸馏，当温度升至 60℃时，开始减压蒸馏，当真空度达到－0.095MPa、温度达到 50℃不出馏分时停止并降至室温，加入少量晶种及 5mL 石油醚，待静置析出。过夜后，固体析出，加入 100mL 石油醚浸洗，过滤，干燥得到 SYP-13503 产品。投料比为嘧啶酚 96g、氯甲酸甲酯 52g、三乙胺 52g 时，收率能达到 92.5%，HPLC 归一含量 99.3%。

（3）合成小结　SYP-13503 是以苯胍碳酸盐、2-乙酰基己酸乙酯和氯甲酸甲酯等为主要原料经过两步反应合成得到的。首先，苯胍碳酸盐与 2-乙酰基己酸乙酯反应得到中间体“嘧啶酚”，该步收率目前可达 70%（以苯胍碳酸盐计）；中间体“嘧啶酚”与氯甲酸甲酯在碱的作用下反应生成 SYP-13503，目前该步收率可达 92.5%（以嘧啶酚计），产品 HPLC 归一含量高于 95%，总收率 61.6%。

4.3.4 生物活性

（1）防治草莓白粉病　田间试验结果表明，化合物 SYP-13503 对草莓白粉病的防治效果很好，在 300～600mg/L 剂量下的防效在 80%～90%，与对照药剂醚菌酯在 150mg/L 剂量下的防效相当，高于对照药剂乙嘧酚在 300mg/L 剂量的防效，高于对照药剂苯醚甲环唑在 150mg/L 剂量下的防效。

（2）防治番茄白粉病　田间试验结果表明，化合物 SYP-13503 对番茄白粉病的防治效果很好，在 150mg/L、300mg/L、450mg/L 剂量下的平均防效分别为 70.46%、78.15%、83.29%；在 150mg/L 剂量下的平均防效低于对照药剂苯醚甲环唑 76.53%和对照药剂嘧菌酯 82.29%；在 450mg/L 剂量下的平均防效高于其他剂量下的防效。

（3）防治番茄早疫病　田间试验结果表明，化合物 SYP-13503 对番茄早疫病有良好的防治效果，在 450mg/L 剂量下的防效相当于对照药剂嘧菌酯在 200mg/L 剂量下的防效，高于对照药剂苯醚甲环唑在 150mg/L 和异菌脲在 450mg/L 剂量下的防效。

（4）防治瓜类白粉病　田间试验结果表明，SYP-13503 对瓜类白粉病的防治效果很好。多点田间试验结果表明，其在 300～600mg/L 剂量下的防效优于对照药剂乙嘧酚在 300mg/L、吡唑醚菌酯在 150mg/L 和戊唑醇在 150mg/L 剂量下的防效。

4.3.5 专利情况

SYP-13503 于 2010 年 11 月 19 日申请专利，专利名称为取代嘧啶氨类化合物及其应用，专利申请人为中化集团和沈阳化工研究院有限公司。具体如表4-94所示。

表 4-94 2-氨基嘧啶类化合物专利情况

序号	专利公开号	公开日	专利号	授权日
1	WO2012065574	2011-11-18		
2	CN102464622A	2012-05-23	ZL20101055447.2	2014-04-09
3	AU2011331642A1	2013-02-07	AU2011331642B	2013-12-19
4	CN103003248	2013-03-27	ZL20118003525.1	2015-01-07
5	EP2641902	2013-09-25	实质审查中	—
6	IN2013MN00118	2014-03-14	实质审查中	2013-01-14
7	US20130225608	2013-05-07	US9018218	2015-04-28

4.4 胡椒醛衍生物的创制

4.4.1 创制过程

黄瓜霜霉病一年四季在大棚、温室、大田黄瓜上为害，高湿条件下发病更加严重；棉蚜是棉花苗期的重要害虫，广泛分布于全国各地，已成为棉花产区的主要害虫之一，也是影响棉花产量和品质的主要因素之一；蚜虫是十字花科作物的主要害虫之一，是昆虫中一个较大的类群，是农林生产的重大害虫，给农作物、蔬菜和果树等植物造成严重的危害，并且能够传播多种植物病毒，常年发生，危害逐渐加重；柑橘全爪螨，为我国柑橘生产的头号害虫，主要分布于全国各柑橘产区；苹果叶螨又名苹果红蜘蛛，分布全国，尤以北方发生普遍。

嘧啶胺类杀菌剂的创制正在掀起新一轮研究热潮，特别是唯一一个 4-氨基嘧啶类杀菌剂氟嘧菌胺类似物，由于作用机理独特，属于线粒体复合物Ⅰ抑制剂[110]，不同于现有任何其他类杀菌剂，对延缓和解决现有杀菌剂抗性问题有重要意义。

胡椒醛衍生物是一种重要的有机中间体，在香水、香料、农药、医药等精细化工领域有着广泛的用途，如 6-氨基胡椒醛就是一种重要的医药中间体，在抗疟疾药物、抗高血压及抗精神病药物中都有应用，它们为开发新的具有生物活性的化合物提供了重要组成部分[111~114]。例如，专利 EP 424125A2 公开了胡椒苄

胺类化合物 **4-108**，在 50～500mg/L 剂量下具有一定的杀菌、杀螨活性；专利 WO2009081112A2 公开了胡椒苄胺类化合物 **4-109** 作为除草剂的用途；杂志 *Acta Poloniae Pharmaceutica*［1966，23 (1)：1-6］公开了胡椒乙胺类化合物 **4-110** 用作医药胡椒碱具有镇静、抗癫痫和抗抑郁作用。

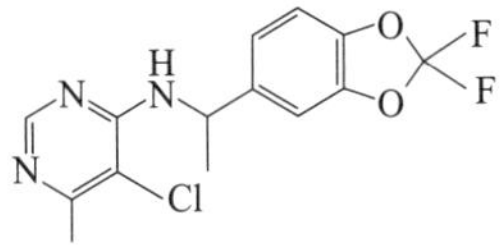

4-108 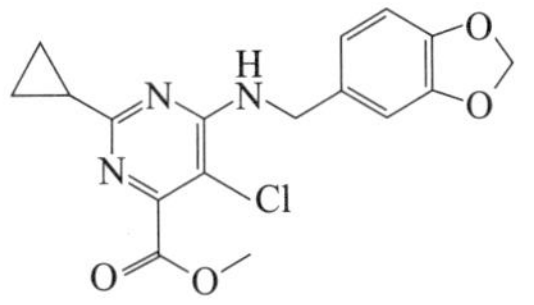 **4-109** 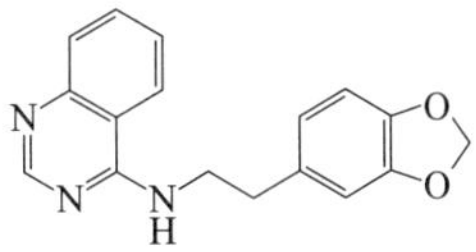 **4-110**

以上化合物经过合成、活性测试，效果都不很理想。尽管如此，为了发现新型高效的嘧啶胺类杀菌剂，以胡椒醛为起始原料，将其衍生为甲胺和乙胺等关键中间体，再用其替换氟嘧菌胺的取代苯乙胺部分，设计并合成了系列含有胡椒环的嘧啶胺类化合物，经活性测试，发现部分化合物具有很好的杀菌和杀虫活性。

4.4.2 合成方法

以乙酰（丙酰）乙酸乙酯为原料，经过氯化、氨化、合环、再氯化，最后和胡椒乙胺缩合 5 步反应制得，如图 4-39 所示。

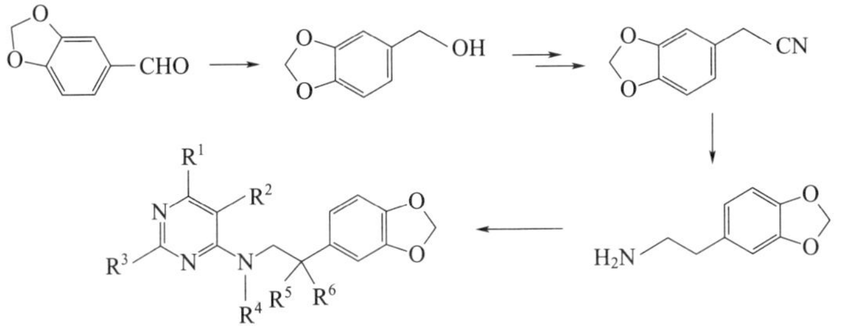

CHO OH CN H_2N

R^1 R^2 R^3 R^4 R^5 R^6

SYP-19070/20351

图 4-39 SYP-19070/20351 的合成

4.4.3 生物活性

SYP-19070 杀菌谱较广，主要用于防治瓜类、葡萄、马铃薯、番茄等的卵菌病害，特别是霜霉病。SYP-20351 主要用于防治蚜虫、螨类等。

4.4.3.1 室内试验

(1) 杀菌谱测试 SYP-19070 杀菌谱广，对供试 24 种病原菌均有不同活性，尤其是对番茄炭疽病、稻瘟病菌、油菜菌核病菌、芒果蒂腐病、辣椒丝核病菌、甜瓜疫病菌、番茄叶霉病菌和棉黄萎病效果较好。代表化合物 SYP-19070、SYP-20351 室内对桃蚜致死率、小麦白粉病、玉米锈病防效均显著优于氟嘧菌胺和嘧虫胺（嘧啶乙胺类两个已知化合物）。SYP-19070 离体杀菌谱试验结果如表 4-95 所示。

表 4-95　SYP-19070 离体杀菌谱试验结果

供试靶标	抑菌效果/%		
	10mg/L	1mg/L	0.1mg/L
番茄炭疽病菌	83.33	50.00	16.67
稻瘟病菌	94.59	89.19	29.73
油菜菌核病菌	62.50	50.00	30.00
芒果蒂腐病菌	61.17	53.40	49.51
辣椒丝核病菌	71.43	0.00	0.00
甜瓜疫病菌	79.17	33.33	29.17
番茄叶霉病菌	82.61	65.22	58.70
棉黄萎病菌	69.57	60.87	41.30

(2) 黄瓜霜霉病活性测试　SYP-19070 对黄瓜霜霉病的盆栽活性高于氟吗啉、烯酰吗啉、啶氧菌酯、霜霉威盐酸盐、霜脲氰等常规杀菌剂。SYP-19070 保护活性比较试验结果如表 4-96 所示。

表 4-96　SYP-19070 保护活性比较试验结果（黄瓜霜霉病）

药剂	防治效果/%				
	200mg/L	50mg/L	12.5mg/L	3.13mg/L	0.78mg/L
98%SY-1609 TC	—	100	92	15	0
CK-1	—	30	0	0	0
70%百菌清 TC	100	88	0	0	—
95%烯酰吗啉 TC	100	75	10	0	—
96%氟吗啉 TC	100	70	5	0	—
98%啶氧菌酯 TC	75	35	5	0	—
97%乙膦铝 TC	0	—	—	—	—
98%甲霜灵 TC	0	—	—	—	—
95.8%霜霉威 TC	0	—	—	—	—
97%霜脲氰 TC	0	—	—	—	—

(3) 玉米锈病活性测试　对玉米锈病的保护活性测试结果见表 4-97。

表 4-97　对玉米锈病的保护活性

化合物编号	保护活性/%			
	400mg/L	100mg/L	25mg/L	6.25mg/L
SYP-19070	100	100	100	100
SYP-20351	100	100	100	90
4-108	70	20	0	0
4-110	0	0	0	0

(4) 杀桃蚜活性测试　部分化合物与对照药剂的杀桃蚜活性对比试验结果见表 4-98。

表 4-98　部分化合物与对照药剂的杀桃蚜活性对比试验

化合物编号	对桃蚜的致死率/%		
	600mg/L	100mg/L	10mg/L
SYP-19070	100	52	0
SYP-20351	100	100	100
4-108	52	0	0
4-110	0	0	0

4.4.3.2　田间试验

田间试验结果表明：SYP-19070 对黄瓜霜霉病的防效优于烯酰吗啉、氟啶胺、吡唑醚菌酯和百菌清。SYP-20351 对十字花科蔬菜蚜虫表现出良好的防治效果，明显优于吡蚜酮，与吡虫啉相当；对棉蚜的防治效果与对照药剂吡虫啉和吡蚜酮基本相当；对柑橘全爪螨的防效与对照药剂螺螨酯相当；50mg/L 剂量下防效与阿维菌素在 6mg/L 剂量下防效基本相当；对苹果叶螨的速效性、持效性均很好：药后 1d，在 25mg/L 浓度下，对苹果叶螨的防效高达 95%，且浓度越低反而防效越高。药后 14d，防效仍然在 90%以上，显著优于对照药剂螺螨酯和炔螨特。

4.4.4　专利情况

该化合物已申请中国、PCT、美国、巴西专利 5 件，其中中国、美国专利已授权 3 件（表 4-99）。

表 4-99　化合物专利情况

序号	申请号	申请日	公开号	公开日	专利号	授权日
1	201210414006.4	2012-10-25	CN103772369	2014-05-07	ZL201210414006.4	2016-12-21
2	201380051596.1	2013-10-24	CN104797575	2015-07-22	ZL201380051596.1	2017-06-06
3	PCT2013CN85853	2013-10-24	WO2014063638	2014-05-01	—	—
4	US201314427795	2013-10-24	US2015225378	2015-08-13	US9447081	2016-09-20
5	BR20151108423	2013-10-24	BR112015008423	2017-07-04	实质审查中	
6	IN 2015-MN948	2013-10-24	IN2015MN00948	2016-05-27	实质审查中	

4.5　SYP-5502 的创制

杀菌剂在应用一段时间后，不可避免地会产生抗性。根据杀菌剂抗性行动委员会报道，已知作用机理的现有大部分杀菌剂已经产生了广泛且日趋严重的抗性，面对这种形势，急需开发新作用机理的杀菌剂。

4-氨基嘧啶类化合物用途广泛，不仅具有广谱的医药活性，如可用于治疗汉丁顿症（Huntington's disease，HD）、结肠直肠癌等疾病[115～117]，而且在农业领域中应用更加广泛，目前已有开发中或者商品化的除草剂 2 个、杀虫杀螨剂 2 个和杀菌剂 1 个，但是尚有很大的优化空间。4-氨基嘧啶类化合物作为农用杀菌剂的研究可以追溯到 20 世纪 50 年代，近 20 家国内外农药公司和科研院所先后参与其中，主要集中于拜耳、宇部兴产、巴斯夫、先正达、陶氏益农等跨国公司。

氟嘧菌胺属于线粒体复合物Ⅰ抑制剂类杀菌剂[118]，也是商品化的唯一一个 4-氨基嘧啶类杀菌剂，作用机理独特，不同于现有任何其他类杀菌剂。不言而喻，以氟嘧菌胺为参考模板，开发该类杀菌剂对延缓和解决现有杀菌剂抗性问题有重要意义。

4.5.1 创制过程

二芳基醚类结构在农药领域有着广泛的应用，如三唑类杀菌剂苯醚甲环唑、菊酯类杀虫剂高效氯氟氰菊酯、芳氧苯氧丙酸类除草剂氰氟草酯等[120～122]，同时在农药分子中引入吡啶环往往能得到具有更高生物活性或更低毒性或更高内吸性或更高选择性的化合物[1,119,123]。

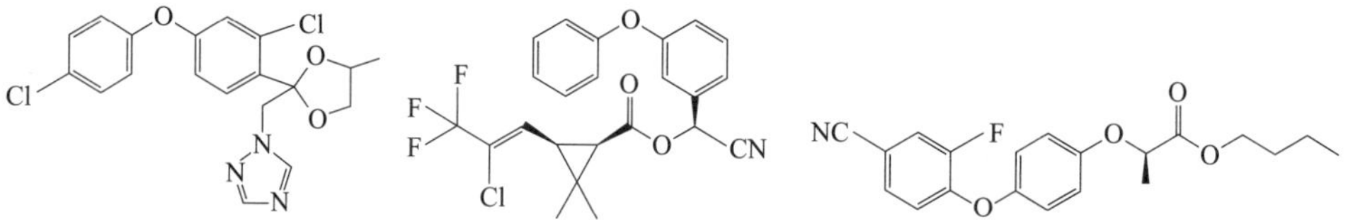

苯醚甲环唑　　高效氯氟氰菊酯　　氰氟草酯

因此，以广泛应用的 2-氯-5-氯甲基吡啶为起始原料，采用“中间体衍生化法”[1,124,125]，利用有机化学反应设计并合成芳氧基吡啶乙胺关键中间体，然后将其引入线粒体复合物Ⅰ抑制剂氟嘧菌胺、嘧虫胺中非等排替换相应苯环部分，以发现新的先导化合物，进一步对先导化合物进行优化，设计一系列含有芳氧基吡啶的嘧啶胺类化合物（图 4-40），以期寻找具有更好生物活性的结构新颖的候选农用高活性杀菌化合物。

（1）先导化合物 A1 的发现　为了验证“中间体衍生法”设计理念的可行性，模拟氟嘧菌胺的骨架结构，选取便宜易得的起始原料苯酚和 6-氯烟酸构建了关键中间体苯氧基吡啶羧酸酯，用其替换氟嘧菌胺和嘧虫胺的苯环部分，获得化合物 **4-111a** 和 **4-111c**。生测结果表明，它们对黄瓜霜霉病、小麦白粉病、玉米锈病均表现一定的防治效果，特别是对霜霉病防效更优。化合物 **4-111b** 对霜霉病防效较弱（EC_{50} ＞400mg/L），化合物 **4-111a** 表现出更高的防治效果（7.33mg/L），明显优于氟嘧菌胺（EC_{50} ＝23.06mg/L）。可见，化合物 **4-111a**

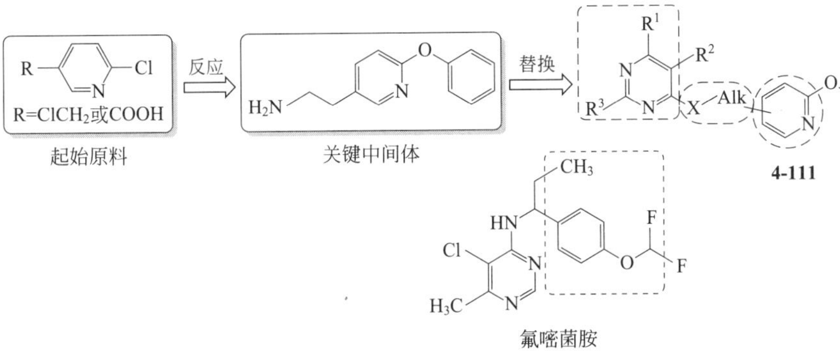

图 4-40 含二芳基醚的嘧啶胺类化合物整体设计思路

可以作为防治黄瓜霜霉病的先导化合物进一步优化研究。

（2）先导化合物 **4-111a** 的优化 首先，对先导化合物 **4-111a** 的苯环部分进行优化，包括取代基位置、数量、电子效应以及空间效应对整个分子活性的影响。为了评价取代基的位置效应，以氯原子作探针，合成 4 个化合物 **4-111a-2**～**4-111a-5**。结果表明，当单个氯原子出现在苯环的邻位时（化合物 **4-111a-2**，EC_{50} = 13.10mg/L），杀菌活性没有改善；当氯原子在苯环间位时（化合物 **4-111a-3**，EC_{50}＞400mg/L），杀菌活性急剧下降；当氯原子在苯环对位时［化合物 **4-111a-4**（SYP-5502）和 **4-111a-5**］，杀菌活性显著提高，这两个化合物相对于先导化合物 **4-111a** 具有更低的 EC_{50} 值，分别为 0.19mg/L 和 2.65mg/L，特别是化合物 SYP-5502 对霜霉病的活性显著优于商品化同靶标对照药剂氟吗啉和氰霜唑，这一结果同时表明，苯环对位单取代可能对整个分子活性的提高具有积极的作用。

接下来，在苯环对位引入代表性的给电子基团如 CH_3、OCH_3，和吸电子基团如 CF_3 进行进一步修饰，以考察电子效应对分子活性的影响，合成了化合物 **4-111a-6**（CH_3）、**4-111a-7**（OCH_3）、**4-111a-8**（CF_3）。生测结果表明，这三个化合物活性均不如化合物 SYP-5502 和 **4-111a-5**（3.13～11.65mg/L 相比于 0.19mg/L、2.65mg/L），同时也说明供电性或吸电性更强可能对活性提高不利。最后利用实验室现有的中间体合成了苯环上双取代化合物 **4-111a-9** 和 **4-111a-10**，考察取代基数量对活性的影响。结果表明，这两个化合物 EC_{50} 值在 9～11mg/L 之间，也不如化合物 SYP-5502 和 **4-111a-5**。至此，对先导化合物**4-111a**的优化，发现了化合物 SYP-5502（苯环上对氯取代）被认为是最优化合物。

（3）化合物 **SYP-5502** 基础上嘧啶环的优化 在前述发现的较优化合物 SYP-5502 基础上，展开了对嘧啶环的结构优化。对 R^1 的优化（当嘧啶环 R^2 和 R^3 位置分别固定为氯原子和氢原子时），将甲基进一步延长为乙基（即化合物 **4-111a-5**）和正丙基（化合物 **4-111b-1**），尽管这两个化合物显示了相对高的活性（EC_{50}分别为 2.65mg/L 和 1.99mg/L），但是活性仍远低于 SYP-5502；考虑到氟原子的独特性能[126~128]，合成了化合物**4-111b-3**($R^1=CF_3$)，但是活性却低得多（EC_{50}=10.75mg/L)；对R^2的优化（R^1和R^3分别固定为氯原子和氢原子）考察了电子效应和空间效应的影响，当R^2为氢时，化合物**4-111b-6**的EC_{50}值为7.52mg/L；当氢原子被电负性低的卤素取代时，活性没有明显改善(化合物**4-111b-4**和**4-111b-7**，EC_{50}值分别为9.92mg/L和10.57mg/L)；进一步替换为更高吸电子效应的醛基（**4-111b-8**)，导致活性急剧降低；当替换为典型的供电子基团［化合物**4-111b-9**(CH_3)、**4-111b-10**(OCH_3)、**4-111b-11**(NH_2)］，生测结果表明，活性都很低（EC_{50}分别为14.15mg/L、9.09mg/L和20.50mg/L)。这一现象似乎也表明对R^2进行电子效应的改变对提高活性没有贡献。同样，空间位阻的变化（化合物**4-111b-12、4-111b-13**）也没有对活性提高做出贡献。然而，当将R^1和R^2合并为苯环（**4-111b-17**）时，活性得到了显著的提高（EC_{50}=0.31mg/L)。对R^3的优化（固定R^1和R^2均为氯原子)，对比化合物**4-111b-4**(R^3=H，EC_{50}=9.92mg/L）和化合物**4-111b-14**（R^3=CH_3，EC_{50}=5.10mg/L)，不难看出R^3对整个分子的活性贡献也不大。

(4）化合物**SYP-5502**基础上嘧啶环与吡啶环之间的链接基团对活性的影响　为了探索是否变换嘧啶环与吡啶环之间的链接基团（X-Alk）会获得活性更优的化合物，分别对烷基链、亚氨基及其上的氢进行变换，分别合成了系列化合物**4-111c-2**(X-Alk=$NHCH_2$)、**4-111c-3**(X-Alk=OCH_2)、**4-111c-4**和**4-111c-5**［X-Alk = NHCH(CH_3)］、**4-111c-6**［X-Alk = NH(CO)NH—CH_2CH_2］、**4-111c-7**［X-Alk=N(C=O)N$(CH_3)_2$—CH_2CH_2］、**4-111c-8**［X-Alk=N(C=O)NHC_6H_5—CH_2CH_2］、**4-111c-9**［X-Alk=N(C=O)OC_2H_5—CH_2CH_2］。测试结果显示，当固定X为NH，用亚甲基替换CH_2CH_2(化合物**4-111c-2**，EC_{50}=7.91mg/L)，当引入O—CH_2代替NH—CH_2CH_2(化合物**4-111c-3**，EC_{50}>400mg/L)，用氟嘧菌胺中带侧链的亚甲基替换CH_2CH_2(化合物**4-111c-4、4-111c-5**)；或者对亚氨基上的氢进行修饰，如化合物**4-111c-6、4-111c-7、4-111c-8**形成脲桥，均未获得活性优于SYP-5502的化合物。然而，当形成类似于氨基甲酸酯的结构(**4-111c-9**)时，活性相对突出(EC_{50}=0.71mg/L)，尽管优于相关对照药剂，但是与化合物SYP-5502相比，仍远不及SYP-5502。

(5）嘧啶环通过链接基团与吡啶环的连接位置对活性的影响　本部分合成了化合物**4-111d-1、4-111d-2**(3位)和化合物**4-111d-3、4-111d-4**(4位)。总体来看，当嘧啶环连接在吡啶环的3位时，杀菌活性最低，其次是4位，尽管**4-111d-3**活性较高(EC_{50}=6.49mg/L)，但是仍远差于化合物SYP-5502，从化合物**4-111d-1**到**4-111d-4**非常一般的杀菌活性数据不难看出，嘧啶环连接在吡啶环的5位为最优选择。

(6）苯环与吡啶环的替换对活性的影响　为了再次验证“中间体衍生法”最初的设计理念(引入含有吡啶的二芳醚类结构代替二苯醚)是否切实可行，设计了化合物**4-111e-1～4-111e-6**，结果与预测基本相符，相应中间环为苯环的化合物均低于相应吡啶环的化合物，如化合物 SYP-5502 和化合物 **4-111e-1**、**4-111a-5** 和 **4-111e-2**、**4-111a-8** 和 **4-111e-3**。

部分目标化合物对黄瓜霜霉病的活体保护活性如表 4-100 所示。

表 4-100 部分目标化合物对黄瓜霜霉病的活体保护测试结果

化合物	对黄瓜霜霉病 EC_{50}/(mg/L)	95%置信区间	化合物	对黄瓜霜霉病 EC_{50}/(mg/L)	95%置信区间
4-111a-1	7.33	3.33～16.12	**4-111b-17**	0.31	0.07～0.32
4-111a-2	13.10	3.27～52.39	**4-111b-18**	＜3.13	—
4-111a-3	＞400	—	**4-111b-19**	＜3.13	—
4-111a-4	0.19	0.14～0.26	**4-111c-1**	＞400	—
4-111a-5	2.65	1.61～4.35	**4-111c-2**	7.91	3.97～15.77
4-111a-6	3.13～6.25	—	**4-111c-3**	＞400	—
4-111a-7	5.54	3.75～8.16	**4-111c-4**	18.76	11.87～29.66
4-111a-8	3.13～6.25	—	**4-111c-5**	69.54	40.44～119.59
4-111a-9	9.11	3.15～26.35	**4-111c-6**	＞400	—
4-111a-10	10.44	3.93～27.72	**4-111c-7**	10.42	5.61～19.36
4-111b-1	1.99	0.64～6.21	**4-111c-8**	11.13	7.17～17.30
4-111b-3	10.75	6.66～17.37	**4-111c-9**	0.71	0.17～3.05
4-111b-4	9.92	5.73～17.18	**4-111d-1**	232.59	177.24～305.23
4-111b-5	6.25～25	—	**4-111d-2**	＞400	—
4-111b-6	7.52	4.62～12.23	**4-111d-3**	6.49	2.45～17.19
4-111b-7	10.57	6.28～17.79	**4-111d-4**	92.14	71.00～119.57
4-111b-8	100～400	—	**4-111e-1**	8.62	3.26～22.80
4-111b-9	14.15	7.39～27.09	**4-111e-2**	6.25～25	—
4-111b-10	9.09	4.09～20.22	**4-111e-3**	6.25～25	—
4-111b-11	20.50	11.68～35.99	**4-111e-4**	25～100	—
4-111b-12	18.58	12.01～27.73	**4-111e-5**	25～100	—
4-111b-13	23.52	12.18～45.40	**4-111e-6**	25～100	—
4-111b-14	5.10	2.47～10.55	氟嘧菌胺	23.06	16.13～32.96
4-111b-15	3.13～6.25	—	氟吗啉	7.77	6.48～9.32
4-111b-16	100～400	—	氰霜唑	1.01	0.62～1.63

4.5.2 合成方法

SYP-5502 的合成过程如图 4-41 所示。

4.5.3 田间试验

田间测试结果表明（表 4-101），化合物 SYP-5502 表现出显著优于对照药剂

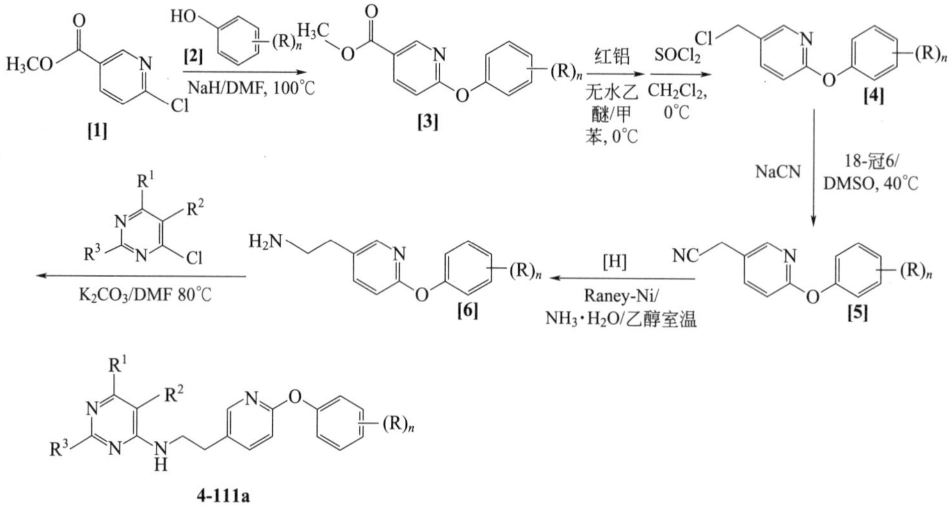

图 4-41 目标化合物的合成

氟吗啉和氰霜唑的优异效果，100mg/L 剂量下，化合物 SYP-5502 防效为 96.0%，显著高于对照药剂氰霜唑同剂量下的防效（81.2%）和氟吗啉 200mg/L 剂量下的防效（67.5%）。

表 4-101 化合物 SYP-5502 防治黄瓜霜霉病田间小区试验结果（沈阳，2017）

试验药剂	剂量/(mg/L)	防效/%				
		Ⅰ	Ⅱ	Ⅲ	Ⅳ	平均
10% SYP-5502 悬浮剂	50	95	96	97	94	95.5
	100	96	95	97	96	96.0
	200	99	99	99	100	99.3
10%氰霜唑悬浮剂	100	82	80	82	81	81.2
20%氟吗啉可湿性粉剂	200	68	67	68	67	67.5
空白对照	病指	59	62	64	61	61.5

4.5.4 作用特性

（1）杀菌谱研究结果　在已测试的 24 种病原菌中，化合物 SYP-5502 在 0.1mg/L 时，对 24 种病原菌均表现出抑制作用，其中对花生网斑病菌、番茄灰霉病菌、油菜黑胫病菌、稻瘟病菌、棉花黄萎病菌、香蕉叶斑病菌具有较好的抑菌活性。

（2）保护活性研究结果　保护活性研究结果显示，化合物 SYP-5502 对黄瓜霜霉病的保护活性高于氟吗啉、氟吡菌胺。见表 4-102。

（3）持效活性研究结果　持效活性研究结果显示，化合物 SYP-5502 对黄瓜霜霉病具有很好的持效活性，其持效期与氰霜唑相当。结果见表 4-103。

表 4-102　化合物 SYP-5502 对黄瓜霜霉病保护活性测定结果

药剂	防治效果/%					
	6.25mg/L	3.13mg/L	1.56mg/L	0.78mg/L	0.39mg/L	0.2mg/L
SYP-5502TC	100	100	100	100	98	60
氟吗啉 TC	50	30	10	0	0	0
氟吡菌胺 TC	100	80	65	10	0	0

表 4-103　化合物 SYP-5502 对黄瓜霜霉病持效活性测定结果

药剂	浓度/(mg/L)	防治效果/%				
		药后 1d	药后 3d	药后 5d	药后 7d	药后 10d
93% SYP-5502 TC	3.125	100	100	100	100	100
	1.56	100	100	100	100	95
	0.78	95	95	90	85	80
98%氰霜唑 TC	3.125	100	100	100	100	100
	1.56	100	100	100	100	98
	0.78	98	98	98	95	80

4.5.5 专利情况

该类化合物共申请专利 5 件，已授权 3 件，其中中国 2 件、美国 1 件，欧洲专利在实质审查中。见表 4-104。

表 4-104　本类化合物专利情况

序号	专利名称	申请日	公开号	公开日	专利号	授权日
1	取代芳氧吡啶类化合物及其用途	2014-07-04	CN105315296	2016-02-10	ZL2014103174081	2018-04-03
2	胺类化合物作为杀虫剂的应用	2013-06-04	CN104206384	2014-12-17	ZL2013102191530	2016-05-18
3	取代嘧啶类化合物及其用途	2013-10-24	WO2014063642	2014-05-01		
4	Substituted Pyrimidine Compound and Uses Thereof	2013-10-24	EP2913325	2016-10-05		
5	Substituted Pyrimidine Compound and Uses Thereof	2013-10-24	US2015257385	2015-09-17	US9770026	2017-09-26

4.6 氟吗啉的创制

卵菌纲病害是非常重要的病害：卵菌纲病害如黄瓜霜霉病、葡萄霜霉病、番茄晚疫病、辣椒疫病、荔枝霜疫霉病等是“气传”病害，一旦发生对作物可造成毁灭性的损害，主要危害蔬菜和水果，如黄瓜、番茄、辣椒、葡萄、荔枝等。而且老品种抗性严重，其他品种各有利弊，因此需要新产品。因此，为了寻找具有自主知识产权的、更有效防治卵菌纲病害的新化合物（杀菌剂），且对甲霜灵产生抗性的病害有效，以烯酰吗啉为先导化合物，创造性地向其中引入氟原子替换氯原子，经过7年国内外室内生测试验、大量的田间试验、各种毒性试验以及农户应用信息反馈，表明氟吗啉具有活性高、毒性低、治疗及保护活性兼备、抗性风险低、对作物和人类及环境安全、持效期长、用药次数少、农用成本低、增产效果显著等特点。该成果于1999年通过了辽宁省科委技术鉴定，先后获沈阳市十大科技成果奖（2000）、第七届中国发明专利奖金奖（2001）、中国石油和化学工业技术发明奖一等奖（2001）、国家技术发明二等奖（2012）、辽宁省科学技术厅确认为省级科学技术研究成果（2013）、中国石油和化学工业科技进步一等奖（2013）、辽宁省科学技术奖二等奖（2014）、第十九届中国发明专利奖金奖（2017）、首届石油和化工行业专利奖优秀奖（2017）等。

4.6.1 创制过程

氟吗啉的具体创制过程如下（属于中间体衍生化法中的替换法，即用对氟苯甲酸替换已知农药品种中的对氯苯甲酸，但属于等排替换；本团队发明的产品从化学结构上看，大多属于非等排替换）：

（1）先导化合物的寻找和发现　新农药研制过程中最关键的研究内容是寻找和发现先导化合物。寻找和发现先导化合物的方法和途径较多，其中部分方法是利用已知结构的化合物包括天然产物做先导化合物，或在已知化合物基础上经大量实验发现另一种新化合物做先导化合物，即二次先导化合物。找到先导化合物后，可利用多种优化方法，并通过进一步的合成、生测研究，最终发现可工业化的新品种。

以天然产物为先导化合物开发农药品种，是因为天然产物源于具有生命的生物体的防御体系内且作用机理独特，公认其在自然环境中自身会降解、无公害。因此以天然产物为先导化合物开发的农药备受青睐。

通过大量的资料检索、分析研究发现，杀菌剂烯酰吗啉具有独特的作用机理。文献报道它是在天然产物肉桂酸的基础上，经进一步研究获得的，具有很好的治疗活性和抑制孢子萌发活性。为了研制我们自己的农药品种，我们决定以烯酰吗啉为先导化合物，进行进一步的研究，以期有新的发现。

我们先将合成出来的烯酰吗啉进行生物活性评价。生测科研人员经过大量的试验，发现先导化合物烯酰吗啉虽有较好的保护活性，但治疗活性较差，通过进一步研究发现其对孢子萌发抑制率亦较差。而在实际应用中，治疗活性是非常重要的。因为农民通常在作物发病时才开始用药，此时仅靠保护活性的药剂是起不到治病作用的，只有治疗活性好的药剂，才能发挥作用。因此，我们的目标就是在烯酰吗啉的基础上发现一种具有优异的抑制孢子萌发活性和治疗活性的新化合物。

（2）先导化合物的优化与氟吗啉的发现　通过大量的实验，合成了许多杂环化合物。生测结果表明，所合成的化合物活性并没有多少提高，有的甚至不如先导化合物烯酰吗啉。经过进一步研究，我们推测在烯酰吗啉分子结构上引入具有渗透效应、模拟效应、电子效应、阻碍效应的氟原子有可能解决烯酰吗啉对孢子萌发抑制率低和治疗活性差的问题。因为多数含氟农药品种比同类不含氟的化合物活性更佳，且对环境影响小。基于这种思路，我们设计了新的含氟化合物。通过设计、合成、生测多次循环，发现所合成的化合物生物活性尤其是治疗活性明显高于先导化合物，解决了已知化合物治疗活性差的问题。通过进一步的大田药效试验，最终确定开发具有优异活性的化合物氟吗啉，后续大量试验包括各种性能测试与安全评价（毒理学、环境安全与风险评价等），最终确定氟吗啉具备作为杀菌剂开发的条件，并于 1999 年实现了工业化生产，国际通用名称：flumorph，试验代号：SYP-L190。

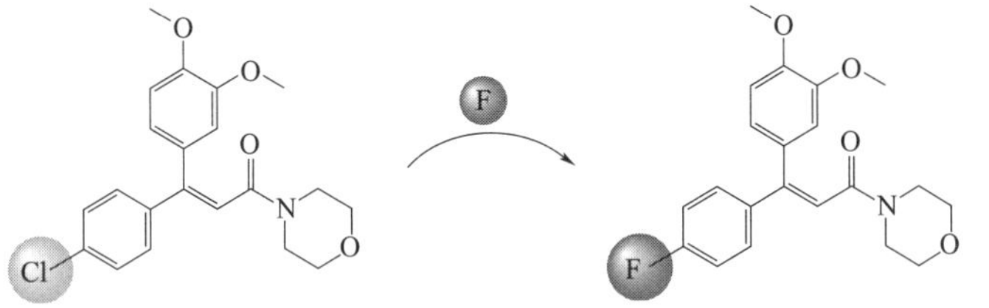

从结构上看，氟吗啉就是采用生物等排理论发明的，属典型的选择性发明。从中间体衍生化的角度看，是用对氟苯甲酸替换对氯苯甲酸得到的新产品。中间体衍生化法中的替换法可以是等排替换，更多指的是非等排替换，因为自 2000 年之后，专利申请者在申请专利时，就考虑到生物等排基团的保护，且专利审查者也会认为生物等排替换不具有创造性。

氟吗啉除在中国、美国和欧洲申请了化合物专利并获授权外，还在中国申请了 10 多项剂型/混剂专利和 2 项工艺专利。

氟吗啉是我国发明的首个含氟农药品种，首个获得中、美、欧发明专利的农药品种，首个获准正式登记的创制农药品种。氟吗啉的发明与产业化，结束了我国无自主知识产权农药品种的历史，对我国农药工业、农业生产、新农药创制乃至科学技术进步具有重要意义。

4.6.2 工艺研究

尽管低毒低残留，对人类、环境安全的氟吗啉具有很好的防病、治病、铲除、渗透、内吸活性，应用范围广，对作物安全、增产显著等特点，但在当时生产规模有限，仍需扩大规模，因此需要对工艺过程进行安全性风险评估。工艺尚需完善，尤其是最后一步氟吗啉的制备存在“三废”量大、生产效率低、成本高等缺陷，因此必须进行优化和创新研究，开发出一条高效、清洁、绿色的生产工艺。

（1）氟吗啉清洁生产新工艺产业化　以吗啉为原料，首先按照自有专利的方法，制备乙酰吗啉，收率几乎100%（未反应完的原料可以循环使用），无“三废”产生，实现了“三废”零排放；乙酰吗啉再与氨基钠反应，然后与（3,4-二甲氧基苯基）（4-氟苯基）甲酮（简称二苯酮）进行缩合反应，处理即得到氟吗啉，含量≥95%，收率≥90%。

（2）氟吗啉合成工艺热危险性及动力学研究[129,130]　利用DSC-TG和RC1对氟吗啉缩合新工艺反应进行了热危险性测试与研究，同时对反应动力学进行了研究。

① 二苯酮分解温度为559.3K，分解过程属于吸热过程；乙酰吗啉分解温度为478.2K，分解过程属于吸热过程；氟吗啉分解温度为638.6K，分解过程属于吸热过程。因此，实际生产过程中二苯酮、乙酰吗啉和氟吗啉物质分解放热而导致温度升高，造成恶性后果的潜在危险性较低。

② 氟吗啉新工艺摩尔反应热为15.44kJ/mol，绝热温升ΔT_{ad}=9.1K，反应危险严重度为“低级”。

③ 氟吗啉新工艺反应的MTSR为382.2K，低于二苯酮、乙酰吗啉和氟吗啉物质的分解温度，接近体系溶剂甲苯的沸点（383.2K），在热失控条件下，反应体系会出现回流，不会出现进一步热分解反应导致温升冲料现象的发生。

④ 氟吗啉新工艺反应对二苯酮反应级数为0.57。

⑤ 在实际生产中，在反应起始阶段放热速率较快，反应设备应具有较好的冷却能力，避免放热过快导致冲料。

（3）氟吗啉绿色生产及循环经济　杀菌剂氟吗啉的生产工艺共计由三大部分组成。针对工艺过程副产和三废产生的情况，采用绿色化学的原则，结合工厂其他品种的生产实际情况，设计了氟吗啉的绿色生产工艺及循环经济圈，使副产品得到了综合利用，并实现减少三废产生量，达到节能减排、节能降耗的目的。通过三废及副产的循环经济利用，实现了氟吗啉的清洁生产即绿色工艺生产，既实现了降低成本，也保证了环保，同时职业健康也能够有效地得到实施与保护。

工艺路线如图4-42所示。

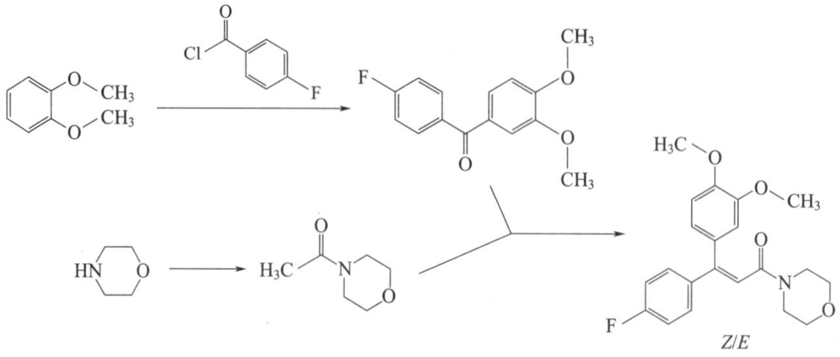

图4-42　氟吗啉的工艺路线

4.6.3 毒性研究

大鼠急性经口 LD_{50}：＞2710mg/kg（雄），＞3160g/kg（雌）。大鼠急性经皮 LD_{50}＞2150mg/kg（雄、雌）。对兔皮肤和兔眼睛无刺激性。无致畸、致突变、致癌作用。NOEL 数据［2y，mg/(kg·d)］：雄大鼠 63.64，雌大鼠 16.65。环境毒理评价结果表明对鱼、蜂、鸟安全。

4.6.4 应用研究

室内和田间大量试验结果表明：氟吗啉对卵菌纲病原菌引起的病害，如霜霉病、晚疫病、霜疫病等，具体的如黄瓜霜霉病、葡萄霜霉病、白菜霜霉病、番茄晚疫病、马铃薯晚疫病、辣椒疫病、荔枝霜疫霉病、大豆疫霉根腐病等具有很好的防治效果，同时具有保护和治疗作用，对作物安全，与苯基酰胺类杀菌剂无交互抗性。部分测试结果如表 4-105～表 4-109 所示。

表 4-105 氟吗啉黄瓜霜霉病孢子萌发测试效果

药剂	测试浓度/(mg/L)	孢子萌发率/%	孢子萌发抑制率/%
氟吗啉	25	23.1	65.2
	50	4.3	93.5
	100	1.6	97.6
烯酰吗啉	50	38.2	42.5
空白对照	—	66.4	—

表 4-106 氟吗啉黄瓜霜霉病保护活性和治疗活性测试效果

药剂	测试浓度/(mg/L)	保护活性		治疗活性	
		病指	防效/%	病指	防效/%
氟吗啉	100	0.07	93	0.37	63
	150	0.05	95	0.26	74
烯酰吗啉	100	0.39	61	0.98	2
	150	0.21	79	0.76	24
空白对照	—	1.00	—	1.00	—

表 4-107 氟吗啉黄瓜霜霉病保护活性和治疗活性测试效果

药剂	测试浓度/(mg/L)	保护活性/%	治疗活性/%
氟吗啉	25	40	0
	50	60	40
	75	75	60
	100	90	75
	200	100	90

续表

药剂	测试浓度/(mg/L)	保护活性/%	治疗活性/%
甲霜灵	500	60	40
三乙磷酸铝	1000	75	40
百菌清	1000	90	75
代森锰锌	1000	74	0
霜霉威盐酸盐	1000	90	0
空白对照	—	0	0

表 4-108　氟吗啉对甲霜灵抗性黄瓜霜霉病菌株的活性测试结果

药剂	测试浓度/(mg/L)	防效/%
氟吗啉	100	91
	200	100
甲霜灵	500	0
	1000	0
百菌清	1000	58
空白对照	—	—

表 4-109　氟吗啉顺反式与烯酰吗啉顺反式活性比较试验结果

药剂	浓度/(mg/L)	防治效果/%				平均防效/%
		Ⅰ		Ⅱ		
		1叶	2叶	1叶	2叶	
烯酰吗啉(顺)	100	75	85	100	100	90.0
烯酰吗啉(反)	100	50	75	50	75	62.5
氟吗啉(顺)	100	90	100	100	100	97.5
氟吗啉(反)	100	95	100	100	100	98.8
CK	—	0	0	0	0	0

4.6.4.1　室内杀菌活性

（1）黄瓜霜霉病孢子萌发测试效果　试验结果表明，氟吗啉对黄瓜霜霉病孢子萌发具有明显的抑制效果，显著优于对照药剂烯酰吗啉。

（2）黄瓜霜霉病保护活性和治疗活性测试效果　测试结果表明，不论是对黄瓜霜霉病的保护活性还是治疗活性，氟吗啉在供试剂量下的效果均优于烯酰吗啉，且氟吗啉作为保护药剂使用时的效果要好于作为治疗药剂使用时的效果。

测试结果表明，氟吗啉在 100mg/L 剂量下的保护活性和治疗活性与百菌清 1000mg/L 剂量下的效果相当；在 200mg/L 剂量下作为保护药剂使用时，效果优于对照药剂甲霜灵、三乙膦酸铝、代森锰锌和霜霉威盐酸盐。

（3）对甲霜灵抗性黄瓜霜霉病菌株的活性测试结果　氟吗啉对甲霜灵抗性菌株具有很好防治效果，二者无交互抗性。

（4）氟吗啉顺反式与烯酰吗啉顺反式活性比较

4.6.4.2 田间杀菌活性

相关试验结果见表4-110～表4-113。

表4-110 氟吗啉黄瓜霜霉病田间保护活性试验结果

药剂	测试浓度/(mg/L)	4月22日	4月29日	5月5日
		防效/%	防效/%	防效/%
氟吗啉	200	100	100	97.0
	400	100	100	100
	600	100	100	100
甲霜灵	800	89.2	77.2	41.0
	1000	91.9	82.6	58.0
	1200	95.9	89.1	68.0
空白对照	—	—	—	—

表4-111 氟吗啉黄瓜霜霉病田间治疗活性试验结果

药剂	测试浓度/(mg/L)	防效/%
氟吗啉	100	88.4
	200	97.7
	300	100.0
霜脲氰+代森锰锌	1500	81.9
空白对照	—	—

表4-112 氟吗啉番茄晚疫病田间活性试验结果

药剂	测试浓度/(mg/L)	病指		防效/%
		处理前	处理后	
氟吗啉	200	0.74	5.56	80.9
	400	0.74	2.59	91.1
	600	1.11	2.22	94.9
代森锰锌	1300	1.11	5.56	87.3
空白对照	—	1.11	43.70	—

表4-113 氟吗啉葡萄霜霉病田间保护活性试验结果

药剂	测试浓度/(mg/L)	病指	防效/%
氟吗啉	67	7.03	76.93
	100	4.17	86.97
	200	4.14	87.52
嘧菌酯	100	5.81	81.39
空白对照	—	32.3	—

4.6.5 推广应用

目前氟吗啉已在全国范围内和哥伦比亚、秘鲁、印度尼西亚、赞比亚、巴基斯坦等多国登记使用。可用于防治卵菌纲病原菌引起的病害如黄瓜霜霉病、辣椒疫病、番茄晚疫病、马铃薯晚疫病、葡萄霜霉病、荔枝霜疫霉病、烟草黑胫病、大豆疫霉根腐病等，卵菌纲病原菌危害的植物如葡萄、板蓝根、烟草、啤酒花、谷子、花生、大豆、马铃薯、番茄、黄瓜、白菜、南瓜、甘蓝、甜菜、大蒜、大葱、辣椒及其他蔬菜，橡胶、柑橘、鳄梨、菠萝、荔枝、可可、玫瑰、麝香石竹等。对作物安全、防病治病效果好、增产显著。

氟吗啉于 1999 年 11 月在沈阳化工研究院试验厂正式生产，新工艺 2011 年实现产业化，目前生产规模为年产原药 200t。

目前氟吗啉登记产品有 9 个，由于氟吗啉防病和治病效果显著、增产效果明显，深受农民欢迎。

环境效益好：氟吗啉产品本身源自天然产物肉桂酸衍生物、低毒低残留，对人类、环境、作物安全，具有很好的环境相容性；氟吗啉生产工艺绿色环保，采用绿色化学的原则，将氟吗啉全流程、规模化生产中的副产物回收再利用，极大地减少了“三废”的产生，达到了节能、减排、增收的目标，最大限度地减少对环境的污染。

氟吗啉系列产品单剂及混剂登记情况简介如下：

(1) 氟吗啉与唑菌酯的混配　“百达通”(25%氟吗啉·唑菌酯，氟吗啉 20%+唑菌酯 5%)，我国目前唯一由两个具有自主知识产权活性成分氟吗啉和唑菌酯组成的产品，具有预防、保护、治疗和铲除四大功效，是霜霉病、疫病、霜疫霉病的高效快速治疗剂，且能有效提高作物生长速度，改善产品品质，提高瓜果色泽鲜艳度，增加产品附加值。2012 年获准临时登记 (LS20120247)，2018 年获准正式登记 (PD20181598)，用于茎叶喷雾防治黄瓜霜霉病。

作用机理：百达通是专一杀卵菌纲病害的杀菌剂，其作用特点是破坏细胞壁形成，同时抵制线粒体呼吸作用，对卵菌生命的各个阶段都有作用。

产品特点：杀菌活性高，易被作物吸收，在植株体内高效传导，可有效迅速阻止病菌侵入，防止病菌扩散和杀死体内病菌；剂型先进，采用高效吸附渗透型助剂，抗雨水冲刷能力强，能有效持久地保护作物免受病菌侵害；可全面增强作物抗病、抗逆性，改善作物生长，提高品质。

应用：防治黄瓜霜霉病，每亩使用制剂 27～54g，对水 30kg，于发病前或初期均匀喷雾；防治葡萄霜霉病，每亩用本品 27～54g，对水 30kg，于发病前或初期均匀喷雾；还可用于马铃薯晚疫病、番茄晚疫病和辣椒疫病等病害的防治。

田间试验效果：使用百达通后，葡萄叶浓粒大，果色靓丽，且对葡萄安全，适宜剂量应在制剂量 1200 倍左右。见表 4-114。

表 4-114 百达通防治葡萄霜霉病田间试验结果（山东烟台，2012）

药剂	测试浓度/(mg/L)	平均防效(一次药后 8d)/%	平均防效(二次药后 7d)/%
25%氟吗啉·唑菌酯 SC	2400 倍	60.4	70.8
	1200 倍	70.5	83.9
72%霜脲氰·代森锰锌 WP	375 倍	74.4	82.8
空白对照	—	—	—

（2）氟吗啉与乙膦酸铝的混配　氟吗啉属吗啉类杀菌剂，具有较强的内吸性，是专杀卵菌亚门真菌的杀菌剂，对霜霉属、疫霉属病菌特别有效，对葡萄、马铃薯和番茄上的卵菌纲，尤其是霜霉科和疫霉属菌有杀菌效力。其作用是破坏细胞壁的形成，导致真菌细胞的死亡。对卵菌亚门真菌各生育阶段都有作用，对孢子囊梗和卵孢子形成阶段尤为敏感，表现出阻止游动孢子萌发，并引起死亡的预防作用；杀死真菌菌丝，治愈受伤部位；阻止孢子形成，减少再侵染可能的抗孢子作用，构成对作物的全面保护。根部施药，可通过根部进入植物的各个部位；叶面喷雾，药亦可进入叶片内部杀灭病菌，起到治疗作用。乙膦酸铝为内吸性杀菌剂，在植物体内能上下传导，具有保护和治疗作用。氟吗啉与乙膦酸铝混配，不仅提高了药效，扩大了杀菌谱，持效期长，而且还可预防继发性病害，延缓病菌对氟吗啉产生抗药性。该制剂耐雨水冲刷，对多种作物的霜霉病、疫病有极佳防效。

应用：主要用于防治葡萄、马铃薯、荔枝、十字花科蔬菜、烟草、瓜类等的霜霉病、疫病，烟草黑胫病等病害。作预防性处理时，使用低剂量，发病后使用高剂量。每季作物使用该制剂不要超过 4 次，如超过 4 次，应使用不同作用机制的杀菌剂。本制剂可与各类农药混用，以达到兼治作用。防治葡萄霜霉病，在病害发病初期，用 50%氟吗啉·乙膦酸铝可湿性粉剂 500～900g(a.i.)/hm^2，对水叶面喷雾，一般连续用药 3～4 次。

登记产品如下：

① 50%氟吗啉·乙膦酸铝可湿性粉剂（三乙膦酸铝 45%＋氟吗啉 5%），PD20090493。

作物	防治对象	有效成分用药量	施用方法
葡萄	霜霉病	500～900g/hm^2	喷雾
烟草	黑胫病	600～800g/hm^2	灌根

② 50%氟吗啉·乙膦酸铝水分散粒剂（三乙膦酸铝 45%＋氟吗啉 5%），PD20095462。

作物	防治对象	有效成分用药量	施用方法
荔枝	霜疫霉病	600～800mg/kg	喷雾
葡萄	霜霉病	500～750mg/kg	喷雾

（3）氟吗啉与代森锰锌的混配　氟吗啉属吗啉类杀菌剂，具有较强的内吸性，是专杀卵菌亚门真菌的杀菌剂，对霜霉属、疫霉属病菌特别有效，对卵菌亚门真菌各生育阶段都有作用，对孢子囊梗和卵孢子形成阶段尤为敏感，表现出阻止游动孢子萌发，并引起死亡的预防作用；杀死真菌菌丝，治愈受伤部位；阻止孢子形成，减少再侵染可能的抗孢子作用，构成对作物的全面保护。叶面喷雾，药亦可进入叶片内部杀灭病菌，起到治疗作用。代森锰锌则能抑制菌体内丙酮酸的氧化，使病菌死亡。氟吗啉与代森锰锌混配，不仅提高了药效，还可预防继发性病害，扩大杀菌谱，而且可延缓病菌对氟吗啉产生抗药性。该制剂耐雨水冲刷，持效期长，并助以代森锰锌的增效作用，对多种作物的霜霉病、疫病有极佳防效。

应用：主要用于防治蔬菜如辣椒、番茄、白菜等，葡萄，荔枝，瓜类如黄瓜等，马铃薯，大豆，烟草等的霜霉病、疫病，烟草黑胫病等病害，如黄瓜等瓜类霜霉病、番茄晚疫病、葡萄霜霉病、辣椒疫病、白菜霜霉病、荔枝霜疫霉病、马铃薯晚疫病、大豆疫霉根腐病等。作预防性处理时，使用低剂量，发病后使用高剂量。每季作物使用该制剂不要超过 4 次，如超过 4 次，应使用不同作用机制的杀菌剂。本制剂可与各类农药混用，以达到兼治作用。防治黄瓜霜霉病等病害：在发病初期，用 60%氟吗啉・代森锰锌可湿性粉剂或水分散粒剂 500～900g(a. i.)/hm^2，对水均匀喷雾。或用 50%氟吗啉・代森锰锌可湿性粉剂或水分散粒剂 700～1000g(a. i.)/hm^2，对水均匀喷雾；防治番茄晚疫病、马铃薯晚疫病等病害：在发病初期，用 60%氟吗啉・代森锰锌可湿性粉剂或水分散粒剂 500～750g(a. i.)/hm^2，对水叶面喷雾，间隔 7～10d 喷 1 次，连续喷 3～4 次；防治荔枝霜疫霉病等病害：在发病初期，用 60%氟吗啉・代森锰锌可湿性粉剂或水分散粒剂 450～750g(a. i.)/hm^2，对水叶面喷雾，间隔 7～10d 喷 1 次，连续喷 3～4 次；防治葡萄霜霉病等病害：在发病初期，用 60%氟吗啉・代森锰锌可湿性粉剂或水分散粒剂 500～900g(a. i.)/hm^2，对水叶面喷雾，间隔 7～10d 喷 1 次，连续喷 3～4 次。

登记产品如下：

① 50%代森锰锌・氟吗啉可湿性粉剂（43.5%代森锰锌＋6.5%氟吗啉），PD20070403。

作物	防治对象	有效成分用药量	施用方法
番茄	晚疫病	500～750g/hm^2	喷雾
黄瓜	霜霉病	500～900g/hm^2	喷雾
辣椒	疫病	450～750g/hm^2	喷雾
马铃薯	晚疫病	600～800g/hm^2	喷雾

② 60%代森锰锌・氟吗啉可湿性粉剂（50%代森锰锌＋10%氟吗

啉)，PD20060038。

作物	防治对象	有效成分用药量	施用方法
黄瓜	霜霉病	720～1080g/hm^2	喷雾

(4) 氟吗啉与氟啶胺的混配 20%氟吗啉·氟啶胺悬浮剂，2018 年获准正式登记(PD20180778)。

作物	防治对象	有效成分用药量	施用方法
马铃薯	晚疫病	270～360g/hm^2	喷雾

(5) 氟吗啉单剂

① 20%氟吗啉可湿性粉剂，PD20095953。

作物	防治对象	有效成分用药量	施用方法
黄瓜	霜霉病	75～150g/hm^2	喷雾

② 30%氟吗啉可湿性粉剂，PD20173229。

作物	防治对象	有效成分用药量	施用方法
番茄	晚疫病	135～180g/hm^2	喷雾
马铃薯	晚疫病	135～202.5g/hm^2	喷雾

③ 60%氟吗啉水分散颗粒剂，PD20161545。

作物	防治对象	有效成分用药量	施用方法
黄瓜	霜霉病	180～270g/hm^2	喷雾

4.6.6 专利情况

氟吗啉专利情况见表 4-115。

表 4-115 氟吗啉专利情况

序号	专利名称	申请日	公开号	专利号	授权日
1	含氟二苯基丙烯酰胺类杀菌剂	1996-08-21	CN1167568	ZL96115551.5	1999-06-23
2	fluorine-containing diphenyl acrylamide antimicrobial agents	1998-02-09	US6020332 (A)	US6020332B2	2000-02-01
3	fluorine-containing diphenyl acrylamide antimicrobial agents	1997-02-21	EP0860438 (A1)	EP 0860438	2003-01-08
4	杀菌剂组合物	2000-03-21	CN1314083	ZL00110225.7	2004-08-25
5	氟吗啉与烯肟菌酯及含有增效剂的杀菌组合物	2003-06-10	CN1565182	ZL03133419.9	2007-04-25
6	氟吗啉与恶唑菌酮的杀菌组合物	2003-06-10	CN1565181	ZL03133422.9	2007-05-02

续表

序号	专利名称	申请日	公开号	专利号	授权日
7	氟吗啉水分散片剂	2004-07-16	CN1720798	ZL200410020976.1	2008-04-23
8	一种制备乙酰吗啉的方法	2001-09-13	CN1403449	ZL01128158.8	2004-03-10
9	氟吗啉与咪鲜胺的杀真菌组合物	2012-05-09	CN103385249A	ZL 201210141735.7	2014-07-23
10	一种制备氟吗啉的方法	2011-05-25	CN102796062A	ZL 201110136086.7	2014-12-24
11	杀真菌组合物(氟吗啉+唑菌酯)	2007-10-09	CN102422837A	ZL 201110410209.1	2013-04-03

4.7 三唑啉酮类化合物的创制

三唑啉酮是一类非常重要的杂环化合物，以其良好的生物活性以及药效高、作用谱广的特点受到广大农药工作者的重视。令研究者鼓舞的是，众多的三唑啉酮类化合物不仅具有广谱、高效的除草活性，部分还具有十分良好的杀菌及植物生长调节的活性。这无疑为三唑啉酮类化合物的研究与开发注入了新的活力。

作为杀菌剂报道的三唑啉酮类化合物较少，且几乎均为杜邦公司报道，到目前为止三唑啉酮类杀菌剂只有杜邦公司开发中的 KZ-165。它具有广谱的杀菌活性，如对小麦白粉病、小麦颖枯病、小麦叶枯病以及葡萄黑腐病等具有很好的防治效果。尽管在结构上与常规 strobilurin 有明显区别，其是将 strobilurin 结构的甲氧丙烯酸酯部分进行衍生成环得到三唑啉酮环。但从作用机理上还是通过阻断细胞色素 b 和细胞色素 c1 之间的电子转移，从而抑制线粒体呼吸，预计与常规 strobilurin 类杀菌剂作用机理相似[131~133]。具有杀菌活性的三唑啉酮类化合物的主要母体结构比较单一，如图 4-43 所示。

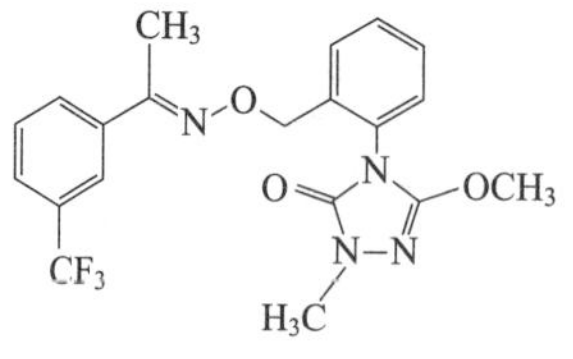

KZ-165

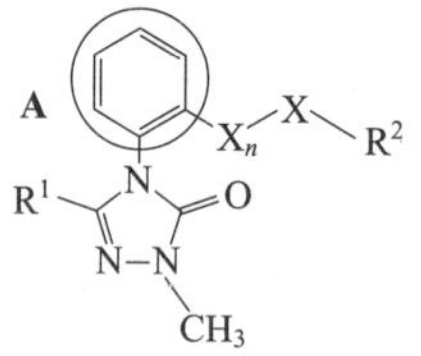

图 4-43 KZ-165 的结构和通式

其中 R^1 主要为 Cl、OCH_3、SCH_3；X_n（CH_2 个数）：直接连 X($n=0$)、亚甲基（$n=1$)；一般而言 X=O、S；A 部分主要为苯环，杂环也有报道。R^2 变化比较灵活。主要结构类型为肟醚类（$n=1$，X=O)，如图 4-44 所示。

具有杀菌活性的三唑啉酮类化合物以肟醚类居多，基本上为杜邦在1999～2001 年之间报道，其他公司并没有过多涉及。其中化合物 **4-112**、**4-115** 在 10mg/L 下对葡萄霜霉病有 100%防效；化合物 **4-113** 在 200mg/L 下对小麦叶锈病、稻瘟病、葡萄霜霉病的防除效果都能达到 100%；当把 A 部分苯环替换成杂环或苯并杂环时活性并没有提高多少，化合物 **4-116～4-120** 是杜邦在 2000 年报道的此类化合物。其中，化合物 **4-116** 在 40mg/L 下对葡萄霜霉病防效达到 100%；化合物 **4-116**、**4-117** 在 200mg/L 下对小麦白粉病、小麦叶锈病也能有 100%的防除效果；化合物 **4-119** 在 10mg/L 下对葡萄霜霉病的防效只有 37%；化合物 **4-120** 在 200mg/L 下对小麦白粉病只有 57%的防除效果，对小麦叶锈病的防除效果也只有 86%。

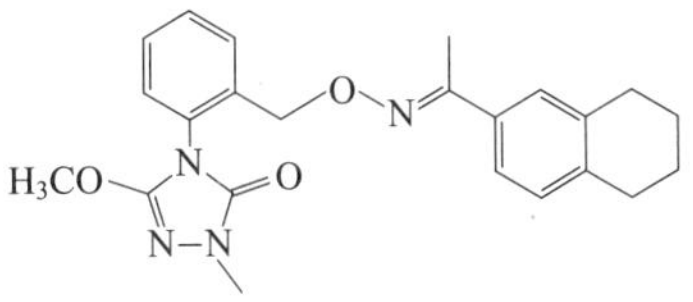

4-112 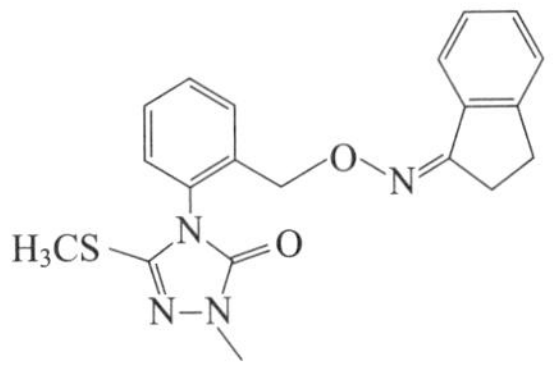 **4-113**

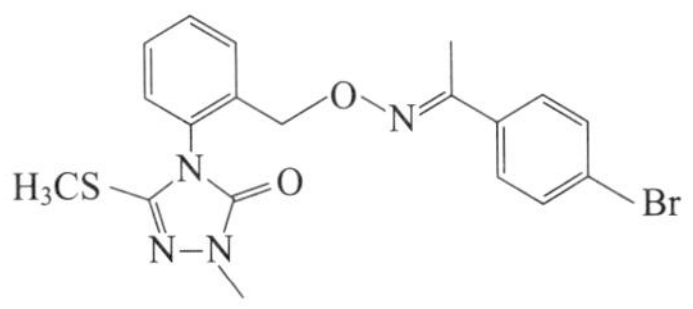

4-114 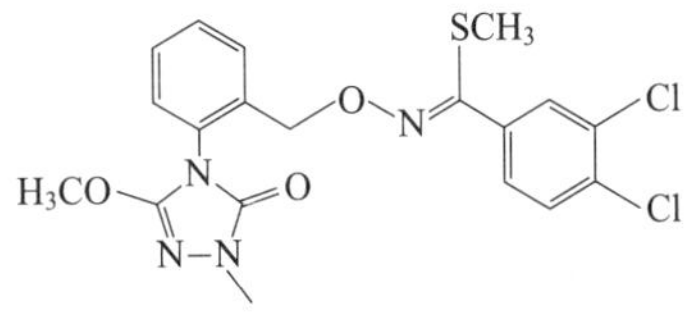 **4-115**

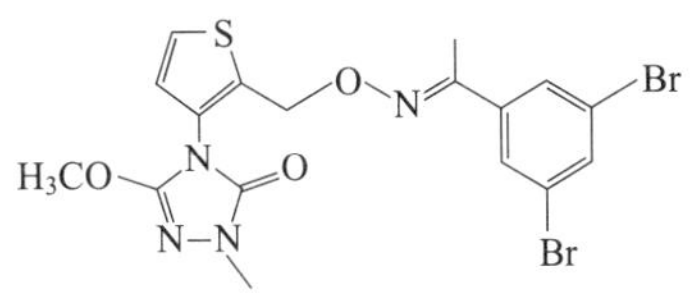

4-116 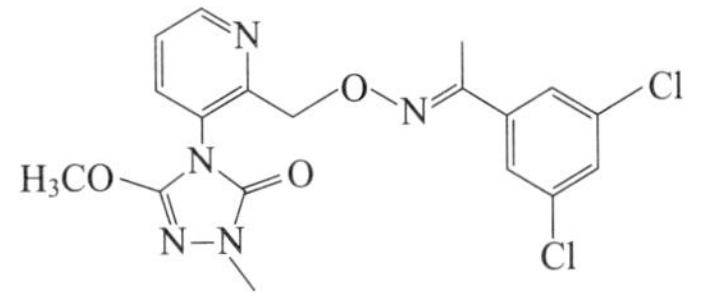 **4-117**

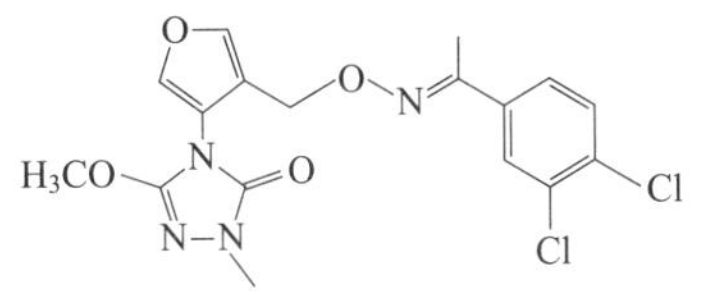

4-118 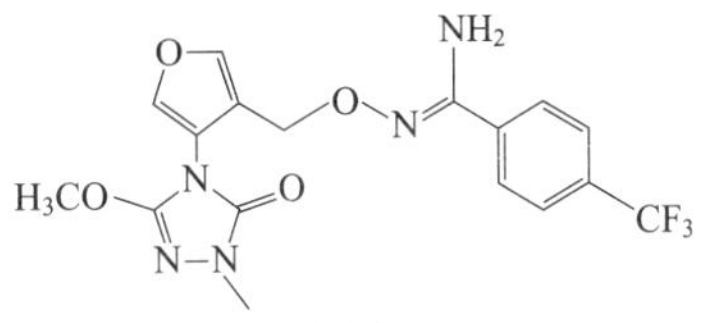 **4-119**

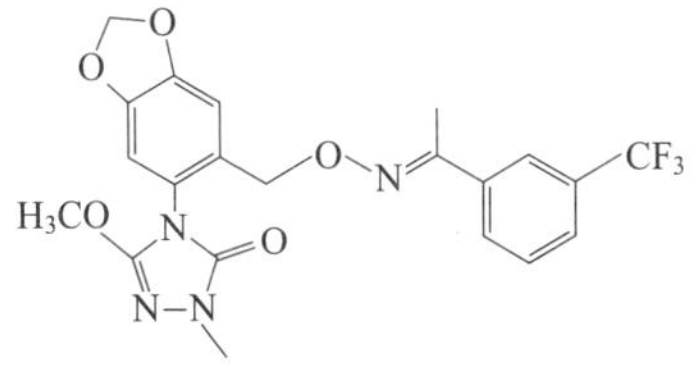

4-120

图 4-44 肟醚类结构

其他一些具有杀菌活性的三唑啉酮类的化合物也是杜邦报道较多，如化合物 **4-121～4-128**，化合物 **4-121**、**4-122** 在 200mg/L 下对小麦白粉病、小麦叶锈病都有不错的杀菌活性；化合物 **4-124** 在 200mg/L 下对小麦叶锈病、葡萄霜霉病杀菌效果近 100%；化合物 **4-127** 在 200mg/L 下对小麦白粉病、小麦叶锈病有近 100%的防效；化合物 **4-128** 在 10mg/L 下对葡萄霜霉病防效达到 71%，在

200mg/L下对小麦白粉病、小麦叶锈病防效在90%以上（图4-45）。

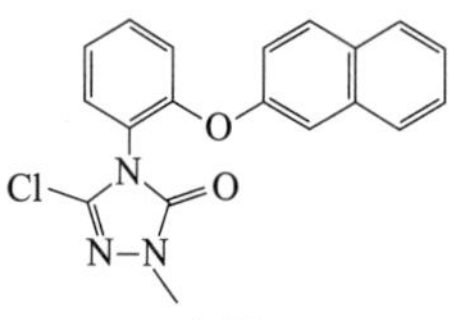

4-121 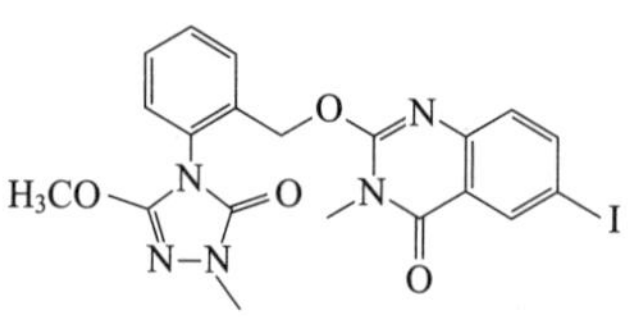　4-122 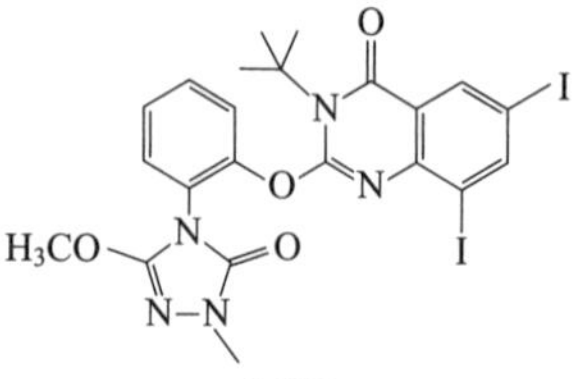　4-123

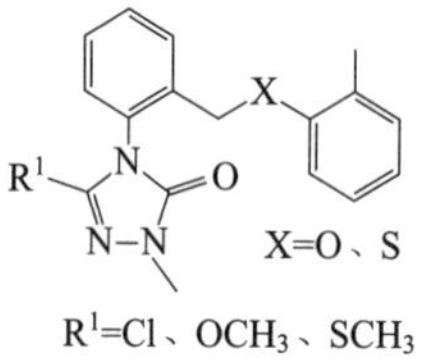

X=O、S

R^1=Cl、OCH_3、SCH_3

4-124 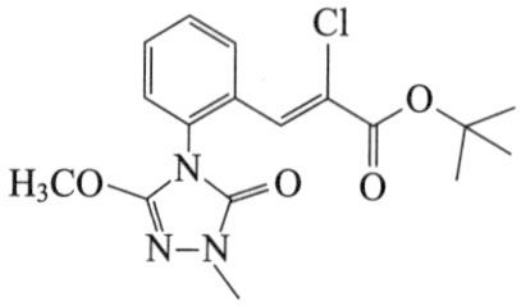　4-125 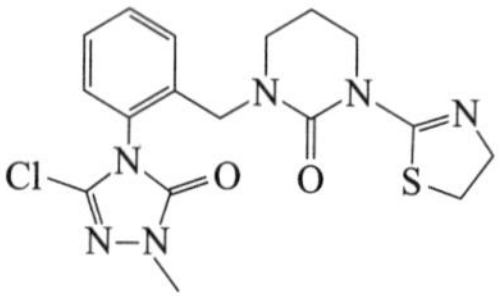　4-126

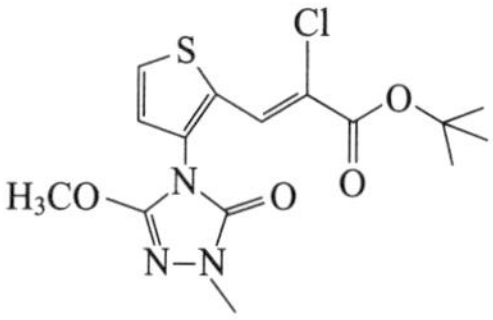

4-127 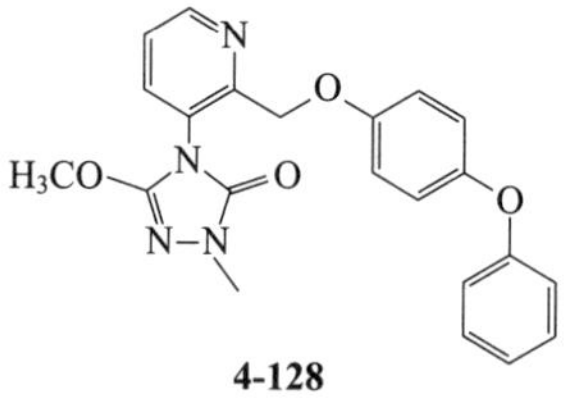　4-128

图4-45　其他类结构

概述上述结构，具有三唑啉酮结构的杀菌化合物多为醚类结构。因此为了发现高杀菌活性化合物，拟保留醚的结构。

4.7.1 创制过程

吡唑类化合物也是一类具有广泛生物活性的物质，且由于吡唑类化合物具有高效、低毒以及吡唑环上取代位点多的优点，因而在农药中扮演着十分重要的角色。巴斯夫开发的广谱杀菌剂吡唑醚菌酯（pyraclostrobin），以及本研究团队在前期研究strobilurin类杀菌剂时发现的具有优异杀菌活性的化合物唑菌酯（试验代号：SYP-3343，通用名称：pyraoxystrobin）、唑胺菌酯（试验代号：SYP-4155，通用名称：pyrametostrobin）均为吡唑醚类杀菌剂（图4-46）。吡唑醚菌酯具有广谱杀菌活性，具有保护、治疗、叶片渗透传导作用，用于防治玉米大小斑、黄瓜白粉病、霜霉病和香蕉黑星病、叶斑病。唑菌酯可有效防治霜霉病、白粉病、稻瘟病、炭疽病等众多病害，效果好、用量低，对作物安全，具有杀虫与抗病毒活性，并促进作物生长，叶色浓绿、长势健壮，抗逆能力增强，实现了对多种病害的综合防治，且增产增收效果显著。唑胺菌酯杀菌谱广、杀菌活性高，与其他同类型杀菌剂相比，具有独特的内吸传导性，对多种病害兼具保护和治疗活性，对小麦白粉病、玉米锈病、黄瓜霜霉病和疫病有优异的防治效果[134～136]。

在优化唑菌酯和唑胺菌酯类化合物的时候合成了一系列羟基吡唑中间体。因此为了发现杀菌活性更优的化合物，利用中间体衍生化法的替换法，首先用唑菌

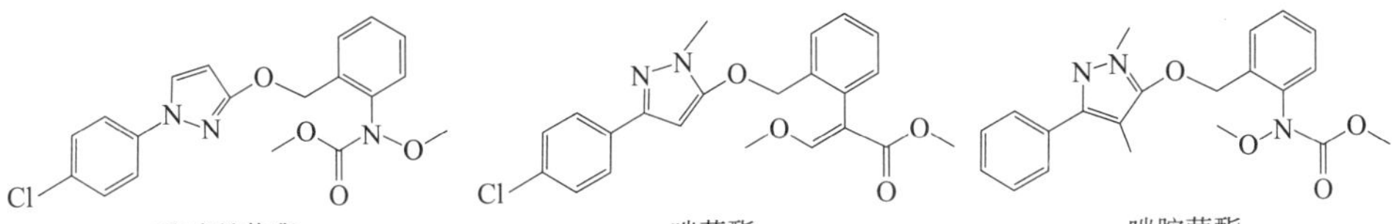

吡唑醚菌酯　　唑菌酯　　唑胺菌酯

图 4-46 商品化和正在开发中的含吡唑醚类杀菌剂

酯的 5-羟基吡唑替换 KZ-165 的肟醚结构，从而合成了化合物 **4-129**（R^1 = H，R^2 = Cl，Y = Cl 或 CH_3O）（图 4-47），尽管化合物 **4-129-2** 在 400mg/L 剂量时对霜霉病有 100%的防效，但是当剂量降低至 100mg/L 时活性为 0，并未达到预期效果（表 4-116）。随后引入了 3-羟基吡唑中间体，从而得到化合物 **4-130-1**，结果发现其对黄瓜霜霉病和小麦白粉病效果非常好，在 25mg/L 和 6.25mg/L 时对黄瓜霜霉病和小麦白粉病防效达到了 98%。因此后续优化工作重点放到对 3-羟基吡唑的优化上，在 R^2 位置上引入供电子基 CH_3、$C(CH_3)_3$ 以及吸电子基 F 等取代基，发现活性相对于化合物 **4-130-1** 都有一定程度的降低，除 R^2 为 $C(CH_3)_3$ 以外，化合物对白粉病的防效都还不错，在 6.25mg/L 防效能高于 80%，且 Y 为 Cl 时活性明显低于 OCH_3（表 4-117）。随后又对苄醚的位置进行了变化，如合成了对位取代的苄醚化合物 **4-131**，尽管合成化合物较少，仅合成了化合物**4-131-1**（R^1 = CH_3，R^2 = CH_3，Y = Cl）以及化合物 **4-131-2**（R^1 = CH_3，R^2 = CH_3，Y = Cl 或 CH_3O），但依然表现出了对小麦白粉病较好的防效，无论是化合物 **4-131-1** 还是化合物 **4-131-2** 在 6.25mg/L 剂量下防效均高于 90%（表 4-118）。通过对小麦白粉病进一步的复筛试验，表明化合物 **4-130-1** 在 0.3125mg/L 剂量下防效依然能达到 85%，优于唑胺菌酯和烯肟菌胺在同等剂量下的防效（分别为 74%和 72%）（表 4-119）。从而优选出了对小麦白粉病高防效的化合物 **4-130-1**，进行进一步的田间试验。田间试验表明，化合物 **4-130-1** 是一个潜在的可有效防除小麦白粉病的杀菌剂品种，值得进一步开发。

表 4-116　三唑啉酮醚类化合物的杀菌效果

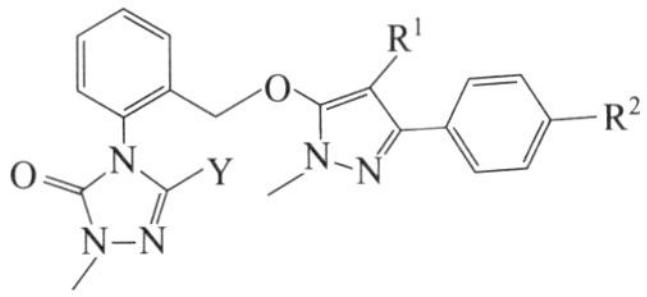

4-129

编号	R^1	R^2	Y	黄瓜霜霉病/%		小麦白粉病/%
				400mg/L	100mg/L	400mg/L
4-129-1	H	Cl	Cl	0	—	0
4-129-2	H	Cl	OCH_3	100	0	0

注："—"表示未测，下同。

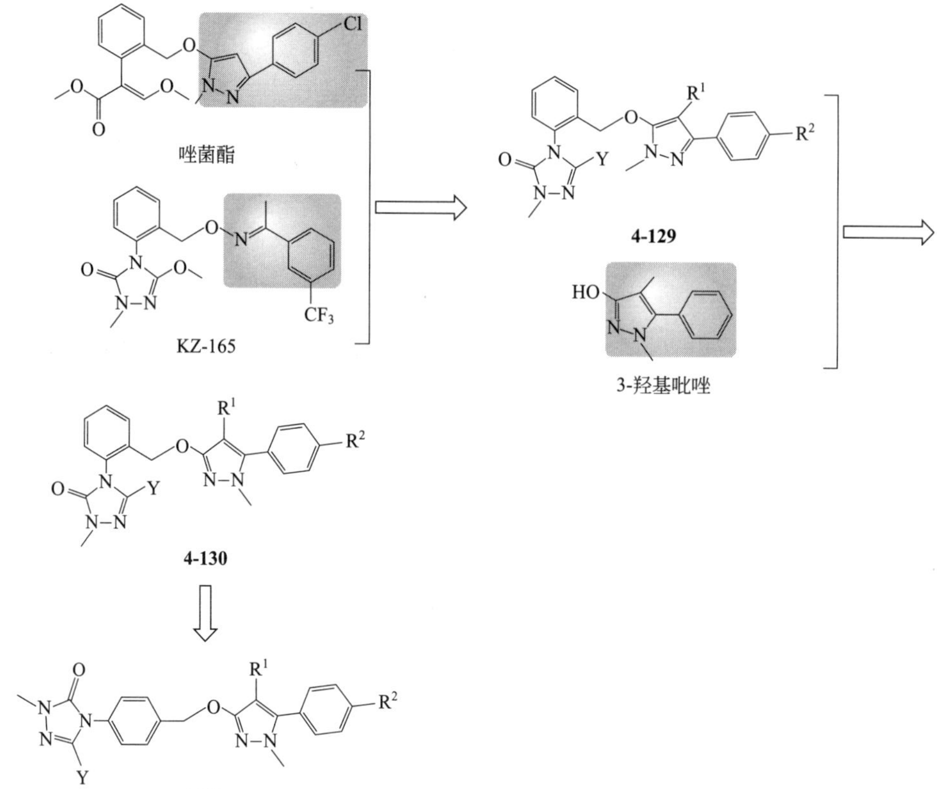

唑菌酯

KZ-165

4-129

3-羟基吡唑

4-130

4-131

图 4-47　三唑啉酮类化合物创制思路

表 4-117　三唑啉酮醚类化合物的杀菌效果

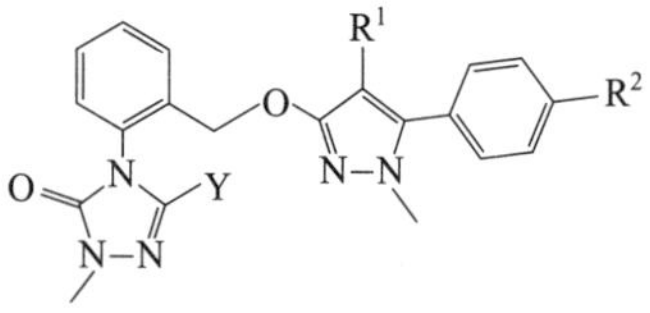

4-130

编号	R^1	R^2	Y	黄瓜霜霉病/%			小麦白粉病/%			
				400 mg/L	100 mg/L	25 mg/L	400 mg/L	100 mg/L	25 mg/L	6.25 mg/L
4-130-1	CH_3	H	OCH_3	100	100	98	100	100	100	98
4-130-2	CH_3	CH_3	OCH_3	100	100	30	100	98	80	70
4-130-3	CH_3	F	OCH_3	100	98	85	100	100	100	90
4-130-4	CH_3	$C(CH_3)_3$	OCH_3	70	0	0	98	40	15	0
4-130-5	CH_3	CH_3	Cl	100	0	0	100	0	0	0
4-130-6	CH_3	F	Cl	100	85	35	100	100	100	70
4-130-7	CH_3	$C(CH_3)_3$	Cl	30	—	—	30	—	—	—

表 4-118 三唑啉酮醚类化合物的杀菌效果

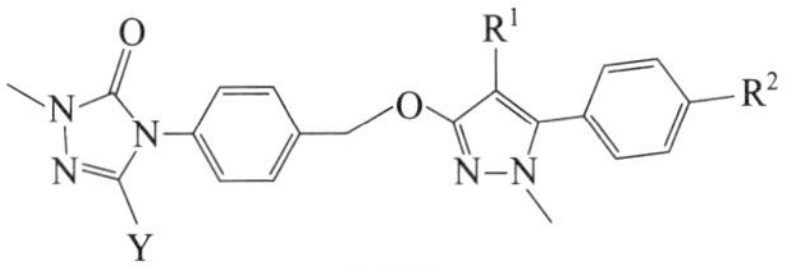

4-131

编号	R^1	R^2	Y	黄瓜霜霉病/%			小麦白粉病/%			
				400 mg/L	100 mg/L	25 mg/L	400 mg/L	100 mg/L	25 mg/L	6.25 mg/L
4-131-1	CH_3	CH_3	Cl	0	—	—	100	100	100	90
4-131-2	CH_3	CH_3	OCH_3	100	70	50	100	100	100	100

表 4-119 小麦白粉病室内复筛试验结果

药剂	防治效果/%					
	10mg/L	5mg/L	2.5mg/L	1.25mg/L	0.625mg/L	0.3125mg/L
4-130-1	100	100	100	100	88	85
4-131-2	100	100	50	0	0	0
唑胺菌酯	100	100	100	100	95	74
烯肟菌胺	100	100	100	93	90	72

4.7.2 合成方法

（1）三唑啉酮中间体的合成　通用方法合成三唑啉酮类中间体，以邻甲基苯基异氰酸酯为起始原料为例，如图 4-48 所示。

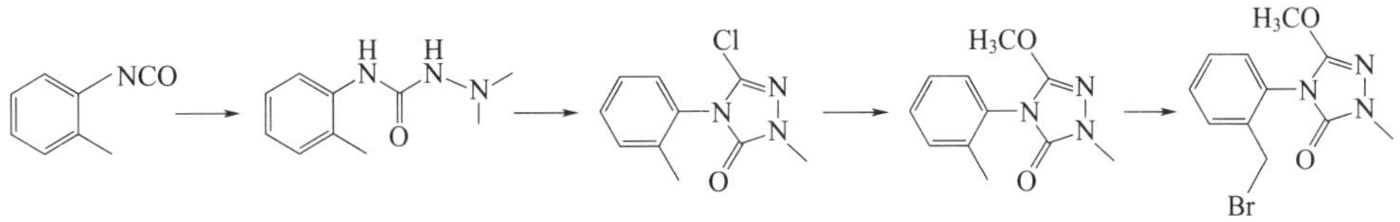

图 4-48 三唑啉酮中间体的合成

① 2,2-二甲基-*N*-(2-甲基苯基) 酰肼的制备。将 20g 邻甲基异氰酸酯溶于 150mL 甲苯中，冰浴冷却到 0～5℃滴加 11.4mL 1,1-二甲基肼（溶于 100mL 甲苯中）。滴加中有白色固体析出。滴毕移去冰浴继续反应 10min。过滤滤饼用石油醚洗得白色固体 17.80g，收率 61.8%。

② 5-氯-2,4-二氢-2-甲基-4-(2-甲基苯基)-3*H*-1,2,4-三唑-3-酮的制备。将 11.10g 中间体 2,2-二甲基-*N*-(2-甲基苯基) 酰肼溶于 400mL 二氯甲烷中，在微回流条件下加入 17.10g 三光气（多次少量加入），过程中猛烈回流，有气体放出。加料完毕后升温至回流 6h，TLC 监测反应完毕后，脱溶，所得固体溶于乙酸乙酯中，顺次用水、饱和食盐水洗，有机层用无水硫酸镁干燥减压脱溶，柱色

谱分离纯化得白色固体 7.25g，收率 56.2%。

③ 2,4-二氢-5-甲氧基-2-甲基-4-(2-甲基苯基)-3*H*-1,2,4-三唑-3-酮的制备。将 8.25g 5-氯-2,4-二氢-2-甲基-4-(2-甲基苯基)-3*H*-1,2,4-三唑-3-酮（B）溶解于 80mL 甲醇中，加入 14.0mL30%（质量分数）的甲醇钠/甲醇溶液，回流反应 3h。TLC 监测反应完毕后，将反应液倒入 100mL 饱和食盐水中，乙酸乙酯萃取，萃取液用无水硫酸镁干燥，减压脱溶，柱色谱分离纯化得白色固体 5.2g，收率 68.1%。

④ 4-[2-(溴甲基)苯基]-3-氯-1-甲基-1*H*-1,2,4-三唑-5(4*H*)-酮的制备。将 4.47g 中间体 5-氯-2,4-二氢-2-甲基-4-(2-甲基苯基)-3*H*-1,2,4-三唑-3-酮溶于 90mL 四氯化碳中，加入 4.27g NBS 和催化量偶氮二异丁腈，升温回流 2h 后，补加 1g NBS 和催化量偶氮二异丁腈继续回流 1h，TLC 监测反应完毕后，脱溶，所得固体溶于乙酸乙酯中，饱和食盐水洗，有机层用无水硫酸镁干燥，减压脱溶，柱色谱分离纯化得白色固体 2.37g，收率 39.2%。

通法制备其他中间体的，具体结构见表 4-120。

表 4-120 三唑啉酮苄溴类中间体

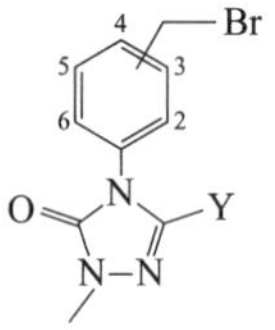

编号	苄溴位置	Y	外观	收率/%
4-Ⅺ-1	2	Cl	白色固体	49
4-Ⅺ-2	2	OCH_3	黄白色固体	52
4-Ⅺ-3	4	Cl	白色固体	60
4-Ⅺ-4	4	OCH_3	黄白色固体	65

（2）吡唑中间体的合成　大部分原料酮 Q 为取代的苯基，一般可以直接购买，或以取代的苯为原料，与乙酰氯或丙酰氯反应制备，参照文献报道的方法合成。

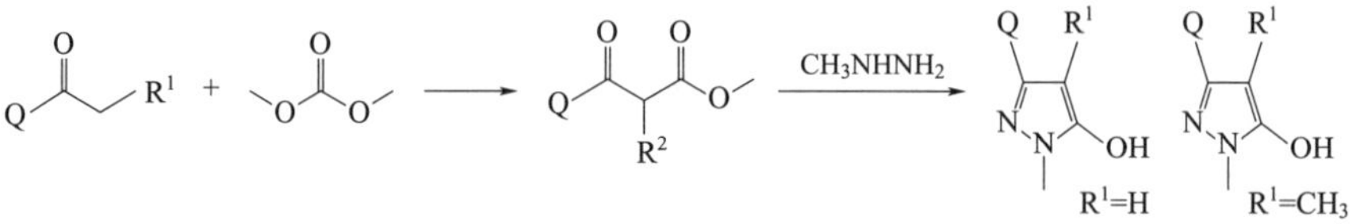

CH_3NHNH_2

R^1=H　**Ⅺ-5**　　R^1=CH_3　**Ⅺ-6～Ⅺ-9**

① 取代苯乙（丙）酮合成。在 250mL 三口瓶中，将三氯化铝（0.11mol）加入 100mL（溶剂量）取代的苯中，降温至 0℃，在半小时内滴入乙（丙）酰氯（0.1mol），室温继续搅拌 4～5h，倒入水中，加入饱和食盐水和甲苯萃取，取有

机相，再用 30mL 饱和食盐水分两次洗涤，无水硫酸镁干燥，过滤后，蒸去溶剂，得粗产品。

② β-酮酸酯合成通用方法。将等物质的量（0.5mol）的取代苯乙（丙）酮和碳酸二甲酯与 300mL 四氢呋喃的混合溶液慢慢滴入回流的、含有 1.0mol 叔丁醇钠的 200mL 四氢呋喃混合溶液中，大约 1h 加完；加完后继续在回流情况下搅拌反应 2h。减压脱出大部分溶剂后冷却，然后向其中加入 300mL 冰水和 150mL 乙酸乙酯，搅拌，分出乙酸乙酯（做废液处理）；向水层中再加入 300mL 乙酸乙酯，并用稀盐酸调 pH 为弱酸性（pH＝5～6），分出有机层，水层再用 2×200mL 乙酸乙酯萃取，合并有机层，用饱和食盐水洗，无水硫酸镁干燥，脱溶即得油状粗品。无需再纯化即可用于下步反应。

③ 吡唑中间体合成通用方法。将中间体 β-酮酸酯（0.010mol）溶于甲醇中，加热回流。滴加稍过量的 96%的甲基肼，回流 3h。TLC 监测反应完毕后，浓缩，冷却，析出固体。过滤，用少量甲醇冲洗固体，干燥，得吡唑中间体（表 4-121）。

表 4-121 吡唑醇类中间体

编号	Q	R^1	R^2	收率/%
4-Ⅺ-5	4-Cl-Ph	H	CH_3	67.2
4-Ⅺ-6	Ph	CH_3	CH_3	50
4-Ⅺ-7	4-F-Ph	CH_3	CH_3	56.8
4-Ⅺ-8	4-CH_3-Ph	CH_3	CH_3	53.9
4-Ⅺ-9	4-t-C_4H_9-Ph	CH_3	CH_3	61.2

（3）三唑啉酮醚化合物的合成

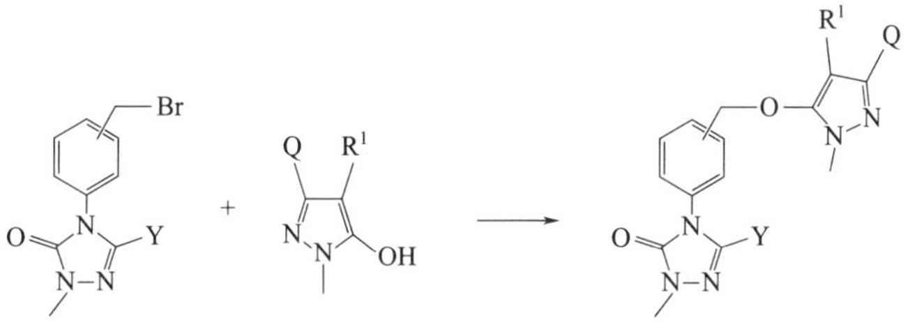

4-132a～c

三唑啉酮醚类化合物通用合成方法：将 0.001mol 的吡唑醇中间体溶解于 30mL 干燥乙腈中，加入 0.30g（0.0022mol）无水碳酸钾室温（20℃）搅拌 30min，之后加入 0.001mol 的三唑啉酮中间体，升温回流反应 6h，TLC 监测反应完毕后，将反应液倒入 30mL 饱和食盐水中，乙酸乙酯萃取，有机层用无水硫酸镁干燥，减压脱溶，柱色谱分离纯化得产品。所合成化合物如表 4-122 所示。

表 4-122 三唑啉酮醚类化合物列表

编号	苄溴位置	R^1	Q	Y	外观	收率/%
4-132a-1	2	H	4-Cl-Ph	Cl	黄色油状	61.8
4-132a-2	2	H	4-Cl-Ph	OCH_3	黄色固体	70.8
4-132b-1	2	CH_3	Ph	OCH_3	白色固体	62.5
4-132b-2	2	CH_3	4-CH_3-Ph	OCH_3	黄色油状	51.7
4-132b-3	2	CH_3	4-F-Ph	OCH_3	黄色油状	55.6
4-132b-4	2	CH_3	4-*t*-C_4H_9-Ph	OCH_3	淡黄色油状	66.2
4-132b-5	2	CH_3	4-CH_3-Ph	Cl	黄色油状	56.8
4-132b-6	2	CH_3	4-F-Ph	Cl	黄色油状	63.8
4-132b-7	2	CH_3	4-*t*-C_4H_9-Ph	Cl	黄色油状	62.1
4-132c-1	4	CH_3	4-CH_3-Ph	Cl	乳白色固体	50.9
4-132c-2	4	CH_3	4-CH_3-Ph	OCH_3	黄色油状	63.1

4.7.3 田间试验

田间试验结果表明，化合物 **4-132b-1** 对小麦白粉病具有很好的防治效果，具体见表 4-123。

表 4-123 化合物 4-132b-1 小麦白粉病沈阳田间试验结果

处理	浓度/(mg/L)	防效/%	
		沈阳三次平均	陕西三次平均
4-132b-1	150	96.4	81.3
	100	86.5	76.2
	50	83.0	71.5
25%三唑酮 WP	125	92.5	69.4
CK	(病指)	(69.44)	(14.87)

4.7.4 专利情况

三唑啉酮醚类化合物的专利情况见表 4-124。

表 4-124 三唑啉酮醚类化合物专利情况

专利号	专利名称	申请日	授权日
ZL201110199762.5	取代三唑啉酮醚类化合物及其作为杀菌、杀虫、杀螨剂的用途	2011-07-18	2014-05-07
ZL201010230699.2	取代三唑啉酮醚类化合物及其应用	2010-07-20	2015-01-14

4.8 SYP-3077 的创制

4.8.1 创制过程

本研究团队前期工作中，以 β-酮酸酯为起始原料合成了很多嘧啶类中间体，利用“中间体衍生化法”中的替换法，用芳基乙胺类中间体替换先导化合物中的取代苯乙胺，设计合成了多种类型的新化合物，后经筛选与优化，发现了活性较好、值得进一步研究的嘧啶胺类化合物 SYP-3077、SYP-30714、SYP-30724。

如前所述，我们以β-酮酸酯为原料合成了几种不同取代基的卤代嘧啶中间体（关键中间体 **1**），以中间体衍生化法为指导，用取代苯基乙胺（关键中间体 **2**）替换嘧虫胺（flufenerim）结构中的对三氟甲氧基苯乙胺，通过缩合反应将两个关键中间体结合在一起，研制了先导化合物，其具有很好的杀菌杀虫杀螨活性。如图 4-49 所示，随后对先导化合物开展进一步的优化研究，用取代的噻唑基脂肪胺（关键中间体 **3**）替换嘧虫胺（flufenerim）[134～136]结构中取代的苯乙胺，最终得到了具有较好杀菌杀虫杀螨活性的化合物 SYP-3077、SYP-30714 和 SYP-30724。SYP-3077、SYP-30714 及其类似物对黄瓜霜霉病、玉米锈病、小麦白粉病等病害具有较好的防治效果，同时对蚜虫、朱砂叶螨、小菜蛾和黏虫也有活性；SYP-30724 及其类似物具有广谱杀菌活性，对黄瓜霜霉病、玉米锈病、小麦白粉病等病害活性较好。

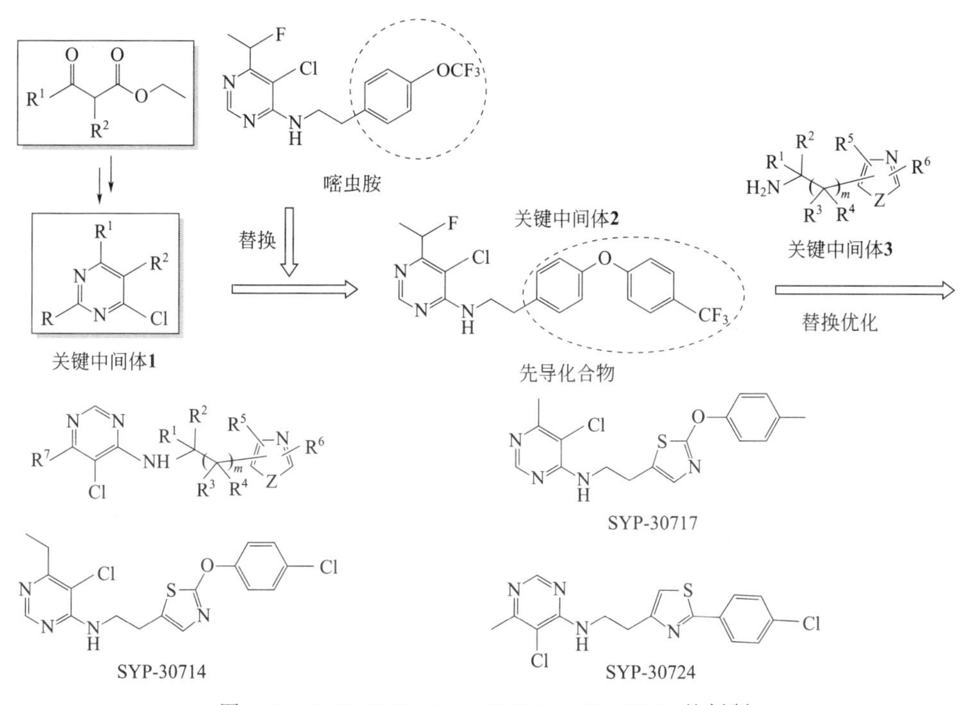

图 4-49 SYP-3077、SYP-30714、SYP-30724 的创制

4.8.2 合成方法

鉴于 SYP-3077、SYP-30714、SYP-30724 结构的相似性，以 SYP-3077 为例讲述一下该类化合物的合成方法。

（1）SYP-3077 的合成 合成路线见图 4-50。

中间体 4,5-二氯-6-甲基嘧啶的制备方法已经在高活性化合物 SYP-19070 中

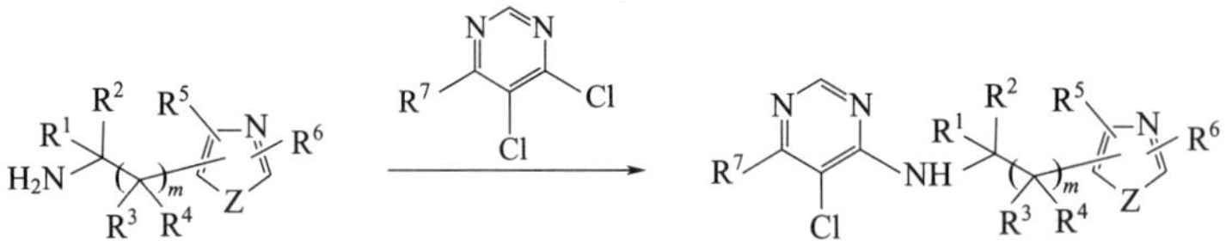

图 4-50 SYP-3077、SYP-30714、SYP-30724 的合成路线

进行了详细的描述，在此不再赘述。

将制得的中间体胺、原料 4,5-二氯-6-甲基嘧啶、碳酸钾、溶剂放入四口烧瓶中，升温至回流搅拌反应数小时，HPLC 跟踪反应。反应完毕，脱除溶剂，加入水搅拌 0.5h，过滤，再用水洗涤，抽干，红外灯干燥，得到目标物 SYP-3077，含量大于 95%。

（2）取代噻唑胺骨架的合成 噻唑环的合成有如下几种方法：

① Hantzsch 合成法。α-卤代羰基化合物与硫代酰胺（包括硫脲等具有酰胺基团的类似物）的环化缩合，该方法广泛用于噻唑类化合物的合成。

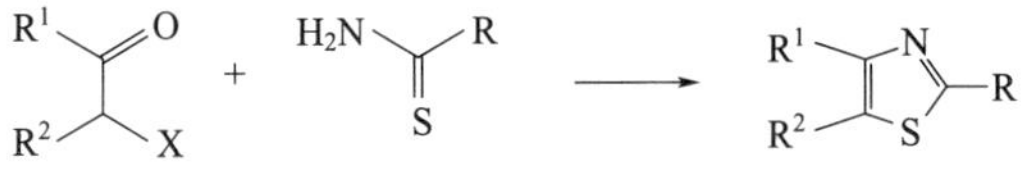

例如下面的合成示例：

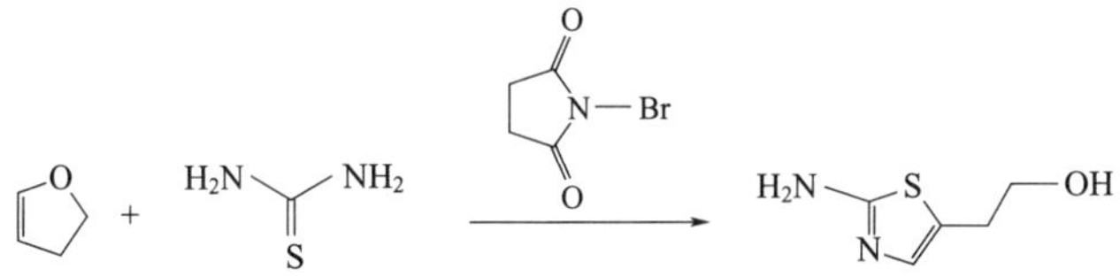

② Cook-Heilbron 合成法。α-氨基氰化物与二硫化碳、氧硫化碳、二硫代羧酸盐或酯、异硫氰酸酯等反应生成 2,4-二取代 5-氨基噻唑。

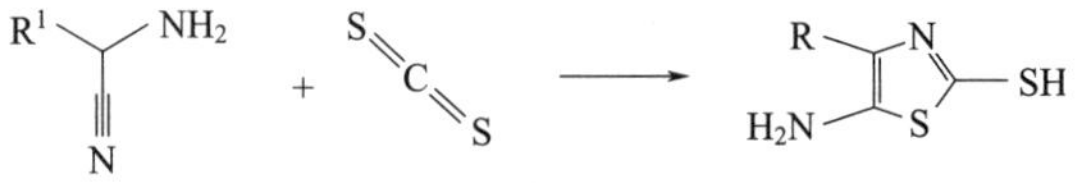

③ Gabriel 合成法。α-酰胺基酮与 P_4S_{10} 反应生成噻唑。

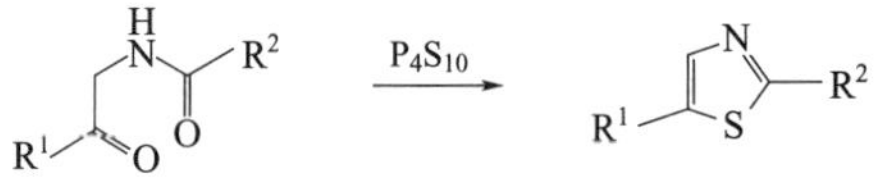

（3）噻唑环上的修饰 在合成噻唑环骨架后，还可以进行更一步的取代或修饰：

① 金属化反应。2 位没有取代基的噻唑可以与有机金属试剂进行金属化反应，如格氏试剂、有机锂试剂。再进一步与氯代烷烃、羰基化合物等生成相应的 2-噻唑化合物。

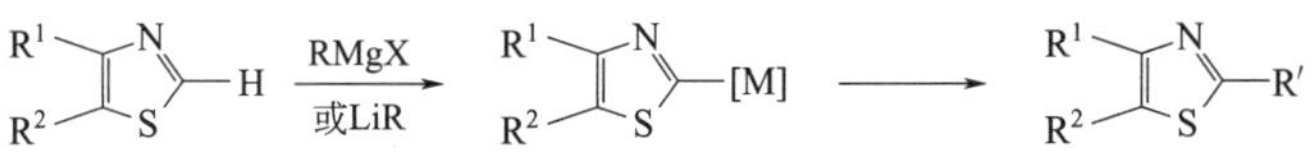

2 位为甲基的噻唑也可以与强碱进行反应，如氨基锂、有机锂试剂、叔丁醇

钾等。再进一步与羰基化合物等生成相应的取代噻唑化合物，也可以在过渡金属催化下与卤代苯发生偶联反应。

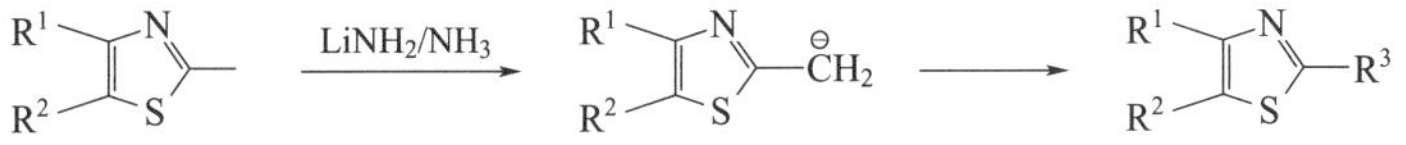

② 氨基化-卤化-取代反应。2 位为无取代的噻唑，可以与氨基钠等强碱发生亲核取代反应。

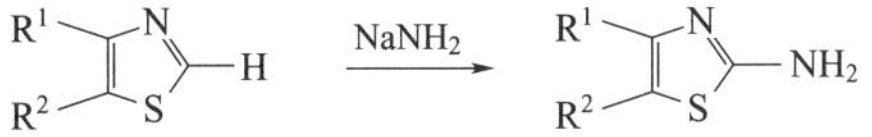

2 位为氨基取代的噻唑，可以进行 Sandmeyer 反应，再与亲核试剂（如甲醇钠）进行取代反应，制备相应的 2-噻唑化合物。

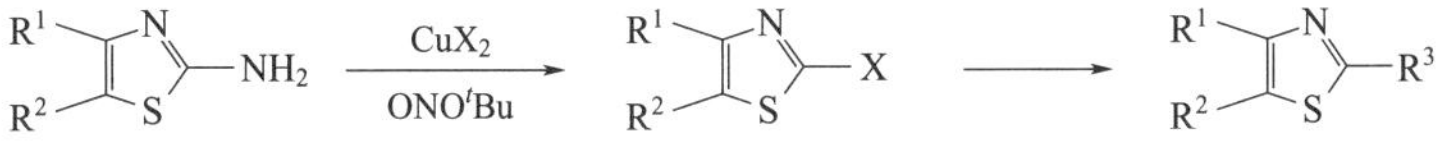

③ 亲电反应。较活泼的噻唑环可以与卤化试剂、硝化试剂、磺化剂反应，在 5 位引入卤素或硝基。如：

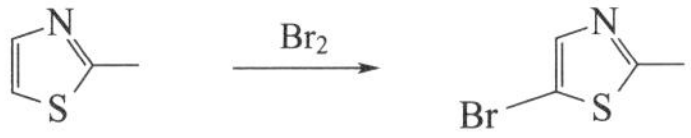

4.8.3 生物活性

SYP-30724 对小麦白粉病有一定的活性，但防效略低于丙环唑。SYP-3077 对黄瓜霜霉病有较好的活性，高于氟啶胺、氟吡菌胺。SYP-30714、SYP-3077 对朱砂叶螨有一定的活性。SYP-30714 对桃蚜也有一定的活性。

化合物	黄瓜霜霉病		
	3.125mg/L	1.5625mg/L	0.78125mg/L
SYP-3077	90	60	30
氟吡菌胺	60	40	30
氟啶胺	50	30	20

该类化合物目前还在进一步优化研究中。

4.9 SYP-9069 和 SYP-2260 的创制

4.9.1 创制过程

本研究团队前期工作中，以 β-酮酸酯为起始原料合成了很多嘧啶类中间体。利用这些中间体与芳基胺类中间体缩合，利用“中间体衍生化法”发明了多种类型的新化合物，成功发现了高活性的嘧啶胺类杀菌杀虫杀螨剂 SYP-9069、SYP-2260、SYP-4571、SYP-2454 和 SYP-4845。如图 4-51 所示。

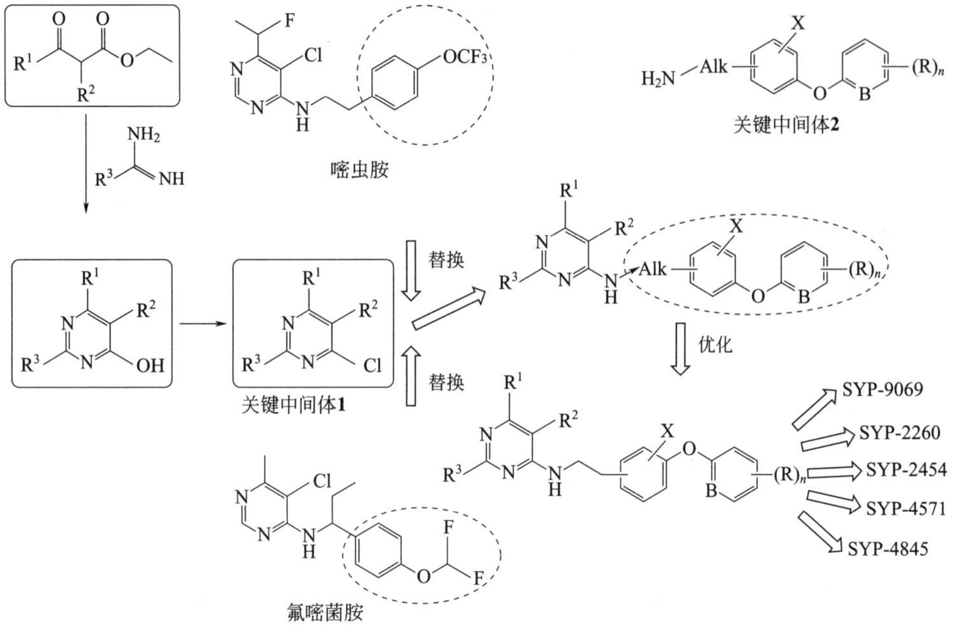

图 4-51　SYP-9069、SYP-2260 和 SYP-2545 等化合物的创制

如图 4-51 所示，我们以 β-酮酸酯为原料合成了几种不同取代基的嘧啶氯中间体（关键中间体 **1**），利用中间体衍生化法，用取代苯基乙胺（关键中间体 **2**）替换嘧虫胺结构中的对三氟甲氧基苯乙胺，通过缩合反应将两个关键中间体结合在一起，研制了先导化合物，其具有很好的杀菌杀虫杀螨活性。随后对先导化合物开展进一步的优化研究，最终得到了具有优异杀菌杀虫杀螨活性的 SYP-9069、SYP-2260、SYP-4571、SYP-2454 和 SYP-4845。此类化合物具有广谱杀菌杀虫杀螨活性，对黄瓜霜霉病、玉米锈病、小麦白粉病、水稻稻瘟病、黄瓜灰霉病等病害具有优良的防治效果，特别是对黄瓜霜霉病、玉米锈病、小麦白粉病、水稻稻瘟病等防效更好，对蚜虫、朱砂叶螨、小菜蛾和黏虫也有优良的防治效果，在很低的剂量下就可以获得很好的效果。田间试验结果表明：SYP-9069、SYP-2260 和 SYP-2454 对蔬菜、水果和水稻等的霜霉病和稻瘟病均具有很好的防效。同时，对蚜虫和朱砂叶螨等也有特效，已获中、美等多国发明专利授权。

4.9.2　合成方法

SYP-9069、SYP-2260 和 SYP-2454 等化合物的合成路线如下[137]：

查阅相关文献，总结出 SYP-9069 的合成路线主要有上述 2 条（图 4-52）。第 1 条路线是以对羟基苯基烷基胺为起始原料，先和中间体 4,5-二取代-6-氯嘧啶（它的具体合成方法已经在 SYP-5502 中进行了详细的描述，在此不再赘述）进行缩合得到相关中间体，然后和 2-氯-取代嘧啶再次进行缩合反应，最终得到目标物。

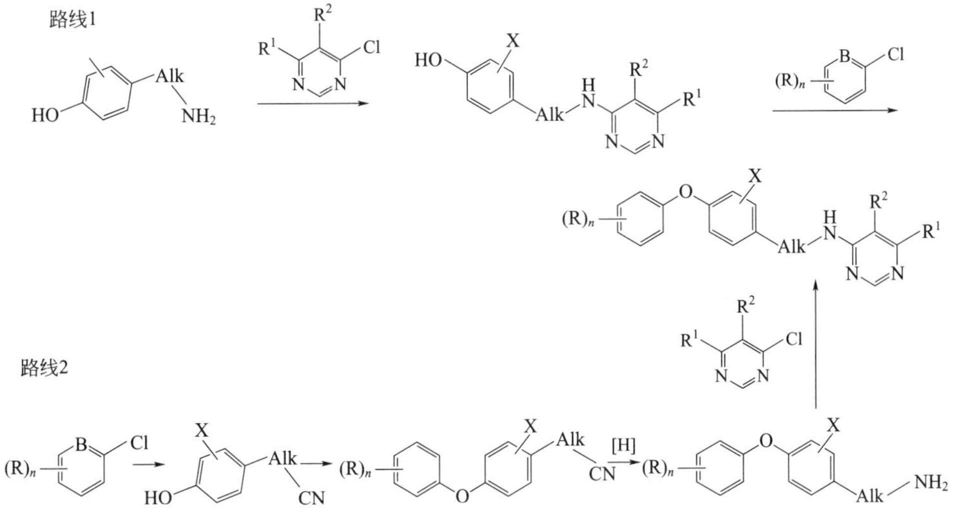

路线1

路线2

图 4-52 SYP-9069、SYP-2260、SYP-2454 等化合物的合成路线

路线 2 是以 2-氯-取代嘧啶为起始原料，先与对羟基苯基腈进行缩合反应，然后进行加氢还原得到相关中间体，最后与中间体 4,5-二取代-6-氯嘧啶进行缩合反应得到最终目标物。

我们对上述 2 条合成路线均进行了探索研究，经过实验验证，认为路线 1 具有工艺操作方便、路线短、收率高等优点。所以采用路线 1 对 SYP-9069 进行了探索研究。

4.9.3 应用研究

4.9.3.1 杀菌活性研究

保护活性试验结果显示：SYP-9069 对黄瓜霜霉病的保护活性高于氟吗啉、氟吡菌胺。结果见表 4-125。

表 4-125 SYP-9069 对黄瓜霜霉病保护活性测定结果

药剂	防治效果/%					
	6.25mg/L	3.13mg/L	1.56mg/L	0.78mg/L	0.39mg/L	0.2mg/L
SYP-9069	100	100	100	65	25	15
氟吗啉	50	30	10	0	0	0
氟吡菌胺	100	80	65	10	0	0

4.9.3.2 杀菌田间试验结果

田间试验结果表明，SYP-9069 对黄瓜霜霉病有优异的防效，相当于或高于氰霜唑，均高于不同试验剂量下的氟啶胺、吡唑醚菌酯、烯酰吗啉、氟吗啉、百菌清的防效；对葡萄霜霉病防效低于氰霜唑，与氟吗啉相当；对马铃薯晚疫病的防效与氟吗啉相当；对黄瓜白粉病的防效相当或略高于乙嘧酚、戊唑醇，高于嘧菌酯；对南瓜白粉病的防效相当于吡唑嘧菌酯的防效。对番茄早疫病的防效与嘧菌酯相当，略高于苯醚甲环唑；对花生叶斑病、玉米大斑病也具有一定的防治效果。部分试验结果见表 4-126。

表 4-126 SYP-9069 防治黄瓜霜霉病田间试验结果（苏家屯，2012）

药剂	剂量/(mg/L)	防治效果/%			
		Ⅰ	Ⅱ	Ⅲ	平均
10%SYP-9069 SC	200	93.27	92.90	92.51	92.89
	400	95.31	94.45	95.45	95.07
	800	97.11	97.28	97.65	97.35
50%烯酰吗啉 WP	400	58.08	68.45	67.40	64.64
50%氟啶胺 SC	400	82.37	86.62	83.85	84.28
25%吡唑醚菌酯 EC	400	72.50	77.12	77.50	75.71
75%百菌清 WP	800	60.57	67.48	71.14	66.39
10%氰霜唑 SC	200	93.75	95.98	96.73	95.49
CK	(病指)	(23.30)	(39.30)	(62.70)	(41.77)

4.9.3.3 杀虫活性研究

（1）SYP-9069 对同翅目害虫的活性　试验结果表明，SYP-9069 对蚕豆蚜的 LC_{50} 值为 0.3301mg/L，活性低于对照药剂吡虫啉和啶虫脒；对桃蚜的 LC_{50} 值为 0.5963mg/L，活性与对照药剂啶虫脒相当，低于吡虫啉，优于对照药剂吡蚜酮。活性测定结果见表 4-127。

表 4-127 SYP-9069 对同翅目昆虫的活性测定结果

昆虫名称	药剂名称	回归方程($Y=a+bX$)	LC_{50}/(mg/L)	95%置信限/(mg/L)
蚕豆蚜	90%SYP-9069 TC	$Y=6.1486+2.3851X$	0.3301	0.2159～0.4829
	96%吡虫啉 TC	$Y=7.0874+2.1243X$	0.1041	0.0645～0.1411
	95%啶虫脒 TC	$Y=7.7208+2.2771X$	0.0638	0.0243～0.1030
桃蚜	90%SYP-9069 TC	$Y=5.5974+2.6652X$	0.5963	0.5311～0.6763
	96%吡虫啉 TC	$Y=5.7305+2.1097X$	0.4501	0.3321～0.7140
	95%啶虫脒 TC	$Y=5.4263+1.8677X$	0.5916	0.5085～0.6944
	95%吡蚜酮 TC	$Y=3.7942+1.8750X$	4.3962	3.7120～5.3961

（2）温室白粉虱若虫的活性　试验结果表明，SYP-9069 在 50mg/L 浓度下，白粉虱若虫的死亡率在 70%左右，优于对照药剂吡虫啉。结果见表 4-128。

表 4-128 SYP-9069 对白粉虱若虫的活性测定（72h）

药剂名称	死亡率/%		
	100mg/L	50mg/L	25mg/L
90%SYP-9069 TC	72.5	71.0	22.5
96%吡虫啉 TC	57.0	41.5	17.0
CK		0	

4.9.3.4 田间杀虫活性

田间试验结果表明：①SYP-9069对苹果黄蚜的防效与吡虫啉相当，速效性好于吡蚜酮；对棉蚜药后3d与吡虫啉和吡蚜酮防效相当，药后7d好于吡虫啉和吡蚜酮。在供试剂量下对苹果黄蚜的防效与吡虫啉相当，优于吡蚜酮。②对甘蓝桃蚜防效优于吡虫啉和吡蚜酮；药后3～10d，防效与两个对照药剂相当；对棉蚜药后3d，与吡虫啉和吡蚜酮防效相当，药后7d好于吡虫啉和吡蚜酮。③SYP-2260对麦蚜防效与吡虫啉和吡蚜酮相当，速效性好于吡蚜酮，持效性与之相当。④SYP-2260能够有效防治黄瓜蚜虫，速效性和持效性均较好，与吡虫啉和啶虫脒相比差异不显著；对苹果黄蚜防效与吡虫啉相当；能够有效防治棉花蚜虫，速效性和持效性与吡虫啉相当。⑤SYP-2260能有效防治茶小绿叶蝉，防效、速效性和持效性均与吡虫啉相当。⑥SYP-9069对柑橘全爪螨与阿维菌素和阿维苯丁相当。⑦SYP-2260对茄子害螨，在高浓度下，速效性与哒螨酮相当，持效性优于哒螨酮；对棉花二斑叶螨，速效性和持效性均较好，高浓度处理与阿维菌素和虫螨腈相当。⑧SYP-4845对棉花二斑叶螨的防效与虫螨腈和阿维菌素相当，速效性较好；对柑橘叶螨的防效，其速效性高于螺螨酯和阿维菌素，持效性与螺螨酯和阿维菌素基本相当；对苹果叶螨的防效高于螺螨酯，与哒螨酮和三唑锡相当，具有一定的速效性。部分试验结果见表4-129～表4-132。

表4-129　10%SYP-9069悬浮剂防治苹果树蚜虫试验结果（2012年，辽宁兴城）

药剂名称	剂量/(mg/L)	药后2d		药后7d	
		防效/%	差异显著性	防效/%	差异显著性
10%SYP-9069 SC	25	96.0	a	94.5	b
10%SYP-9069 SC	50	99.5	a	99.0	ab
10%SYP-9069 SC	100	99.4	a	99.2	ab
10%吡虫啉 WP	50	100	a	99.9	a
50%吡蚜酮 WDG	100	85.5	b	99.8	a

表4-130　10%SYP-9069悬浮剂防治棉蚜田间药效试验结果（2013年，河南安阳）

药剂名称	剂量/[g(a.i.)/hm²]	药后1d		药后3d		药后7d	
		防效/%	差异显著性	防效/%	差异显著性	防效/%	差异显著性
10%SYP-9069 SC	15	50.4	cB	97.2	aA	99.9	aA
10%SYP-9069 SC	30	55.8	bcB	95.8	bcAB	99.7	aA
10%SYP-9069 SC	60	52.5	cB	95.5	bcAB	99.7	aA
10%吡虫啉 WP	30	69.6	abAB	94.4	cB	98.5	bB
50%吡蚜酮 WDG	60	79.0	aA	97.0	abA	98.5	bB

表 4-131 10%SYP-9069 悬浮剂防治黄瓜烟粉虱试验结果（2013 年，湖北武汉）

药剂名称	剂量/[g(a.i.)/hm^2]	药后 1d	药后 3d	药后 7d	药后 10d	药后 14d
10%SYP-9069 SC	15	24.8	52.0	58.5	51.5	46.0
10%SYP-9069 SC	30	30.4	60.5	63.4	57.0	49.1
10%SYP-9069 SC	60	37.1	68.3	73.2	65.5	57.5
10%吡虫啉 WP	30	24.2	33.5	33.9	26.84	26.5
5.7%甲维盐 EC	15	58.3	50.1	44.8	42.34	38.4

表 4-132 10%SYP-9069 悬浮剂防治柑橘木虱田间药效试验结果（2013 年，江西赣州）

药剂名称	剂量/(mg/L)	药后 1d		药后 7d		药后 14d		药后 21d	
		防效/%	差异显著性	防效/%	差异显著性	防效/%	差异显著性	防效/%	差异显著性
10%SYP-9069 SC	20	59.7	b	73.6	b	83.4	b	78.3	c
10%SYP-9069 SC	40	64.5	ab	8	ab	94.5	ab	98.6	a
10%SYP-9069 SC	80	70.6	a	91.8	a	96.1	a	99.0	a
10%吡虫啉 EC	20	40.6	c	91.6	a	93.3	ab	92.3	b
20%阿维丁硫 EC	100	37.3	c	71.5	b	77.5	c	81.8	c

4.9.4 专利情况

相关化合物的专利情况见表 4-133。

表 4-133 SYP-9069 和 SYP-2260 的专利情况

序号	申请日	公开号	公开日	专利号	授权日
1	2014-07-04	CN105315296	2016-02-10	ZL2014103174081	2018-04-03
2	2013-06-04	CN104206384	2014-12-17	ZL2013102191530	2016-05-18
3	2013-10-24	EP2913325	2016-10-05	实质审查中	
4	2013-10-24	US2015257385	2015-09-17	US9770026	2017-09-26
5	2013-10-24	IN2015MN00949	2016-05-27	实质审查中	
6	2012-10-25	CN103772293	2014-05-07	ZL20121041164.2	2015-09-09
7	2012-10-25	CN103772356	2014-05-07	ZL20121041204.8	2016-03-23
8	2012-10-25	CN103772294	2014-05-07	ZL20121041209.1	2015-09-09
9	2012-10-25	CN103772357	2014-05-07	ZL20121041304.8	2016-03-23
10	2013-10-24	CN104684900	2015-06-03	ZL20138005159.7	2017-04-12
11	2013-10-24	WO2014063642	2014-05-01		

4.10 二氯丙烯醚类杀虫剂的创制

农业的可持续发展关系到国家经济建设和社会稳定的全局，而粮食对人类的生存与发展起着至关重要的作用，通过农药的使用来防治多种生物灾害从而提高粮食产量仍是目前最有效、最可靠的防治手段。但是随着全人类文明程度的提高，环境保护的意识不断加强，高毒农药使用造成的负面影响已引起人们的广泛关注。自 2007 年国家全面禁止甲胺磷等 5 种高毒有机磷农药在农业上使用起始，2009 年又禁止使用 23 种高毒农药，禁止和限制在蔬菜、果树、茶叶、中草药材上使用 19 种农药，标志着我国农业植保进入了高毒后时期[138]，所以在强调高活性的同时，高效低毒、安全性高的杀虫剂是近年来农药科研工作者开发的主要目标，而二氯丙烯醚类（三氟甲吡醚类）杀虫剂便是其中重要一类。

二氯丙烯醚类杀虫剂目前商品化品种仅三氟甲吡醚一个。三氟甲吡醚试验代号：S-1812，通用名：pyridalyl，商品名：Plea、Pleo、速美效、宽帮 1 号，是日本住友化学株式会社于 1997 年公开的一种作用机制新颖的二氯丙烯醚类杀虫剂，具有与现有杀虫剂完全不同的结构。该化合物对蔬菜、棉花及果树上的许多鳞翅目害虫有着卓越的杀虫活性[139,140]，并且与其他作用方式的现有杀虫剂无交互抗性。也可与菊酯类等多种农药混配，起到增效作用[141,142]。三氟甲吡醚的生化作用机理还在研究中，但其表现出来的作用症状与现有的杀虫剂不同，它

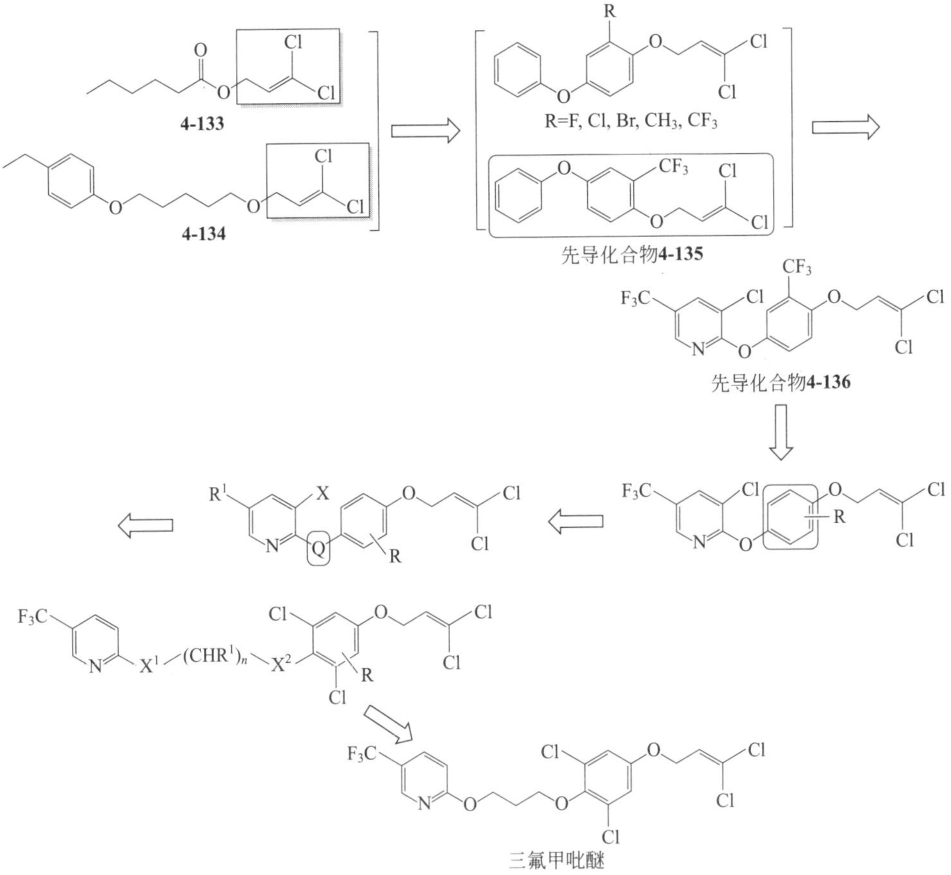

图 4-53　三氟甲吡醚的创制经纬

同时具有触杀和胃毒作用。三氟甲吡醚对有益昆虫安全，对各种节肢动物的影响很小，所以它有望成为一个在害虫综合治理中有效的工具[143]。

4.10.1 创制背景

三氟甲吡醚的创制过程如图 4-53 所示。

Sumitomo 化学公司的 Sakamoto 等根据现有杀虫活性化合物 **4-133**、**4-134** 均具有 3,3-二氯-2-丙烯基氧基结构的特点，将这一活性基团作为先导化合物，合成了一些含有 3,3-二氯-2-丙烯基氧基结构的化合物，发现化合物 **4-135** 对鳞翅目幼虫具有微弱的杀虫活性，这一结果促使他们进行结构优化以提高杀虫活性。在先导化合物 **4-135** 的优化过程中发现了先导化合物 **4-136**，经对苯基取代基、吡啶和苯基的链等方面的合成方法和构效研究后，发现了新型杀虫剂三氟甲吡醚。它在平面上呈直线形醚类结构，没有光学异构，也没有顺反异构体；三氟甲吡醚的生化作用机理还在研究中，其表现出来的作用症状与现存的杀虫剂不同，同时具有触杀和胃毒作用。当三氟甲吡醚使用剂量在 83～300g(a.i.)/hm^2 时，对蔬菜和棉花上的各种鳞翅目害虫有卓越的防治效果，与现有鳞翅目害虫杀虫剂无交互抗性，对现有杀虫剂产生抗性的害虫，同样具有优良的效果；与此同时，三氟甲吡醚对各种节肢动物的影响很小，所以它有望成为在害虫综合治理或杀虫剂抗性治理中防治鳞翅目和缨翅目害虫的一个有效工具。

三氟甲吡醚对烟芽夜蛾和小菜蛾显示出良好的控制效果，而这些鳞翅目害虫对当前的药剂都已经产生很强的抗药性。与此同时，在施用该药后，害虫先失去活动能力，一般在 2～3h 内死亡，这种症状不同于往日的杀虫剂，这说明该药具有新的作用机制，生化作用仍在研究中。不仅如此，三氟甲吡醚对其他作用方式的现有杀虫剂无交互抗性，对各种节肢动物的影响很小，而且其化学结构新颖但不复杂。由于三氟甲吡醚具备上述众多的优点，因此自 1997 年该品种问世以来，就受到国内外许多农药公司的青睐，国外公司如先正达公司、拜耳公司等，国内公司如沈阳化工研究院等都纷纷投入了大量的资金开发此类杀虫剂。

在对此类化合物的优化研究中，可将三氟甲吡醚分为 A、B、C、D 四个部分（图 4-54），并且在研究中发现：1,1-二氯烯丙基氧基是活性必需基团，因此本文将 D（1,1-二氯烯丙基氧基部分）部分不变，重点论述依据 A（芳香基部分）、B（链基部分）、C（苯环部分）三部分变化而展开研究的化合物。

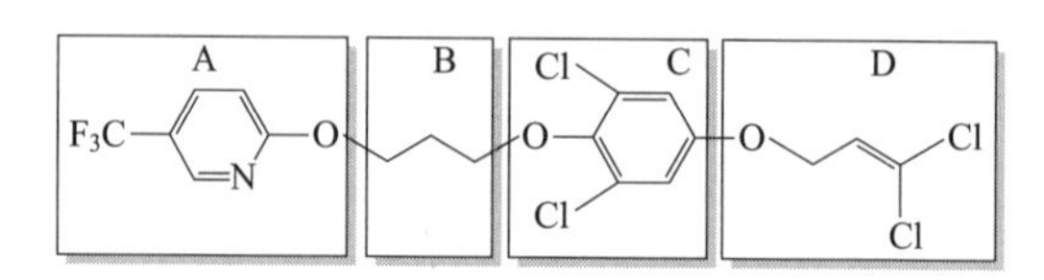

图 4-54 三氟甲吡醚的优化模块

(1) 苯环部分（C）保持 2,6-二氯取代不变

① 链基部分（B）为饱和烷基链。

a. 芳香基部分（A）为脂肪烃类化合物。此类化合物主要由住友化学公司报道[144,145]，例如化合物 **4-137～4-139**。其中化合物 **4-137** 引入二甲基烯丙醚基，对鳞翅目害虫有较好的防治效果；化合物 **4-138** 在芳香基部分（A）引入二氯烯丙基氧基后，在浓度为 100mg/L 时对烟草蚜虫和石榴棉铃虫的杀虫活性在 80％以上；化合物 **4-139** 在化合物 2 的基础之上再引入肟醚结构，在浓度为 100mg/L 时对斜纹夜蛾和小菜蛾的杀虫活性大于 80％。

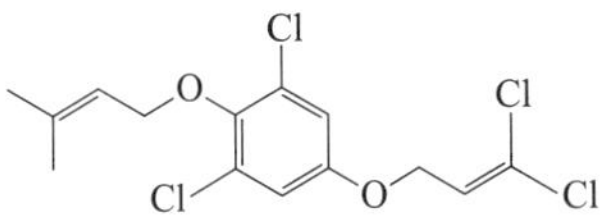

4-137

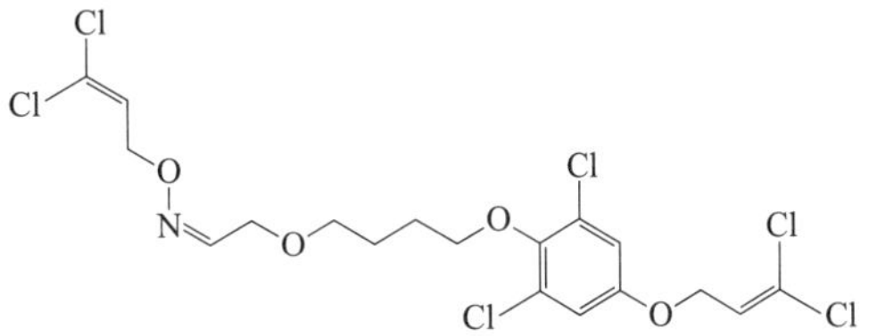

4-139

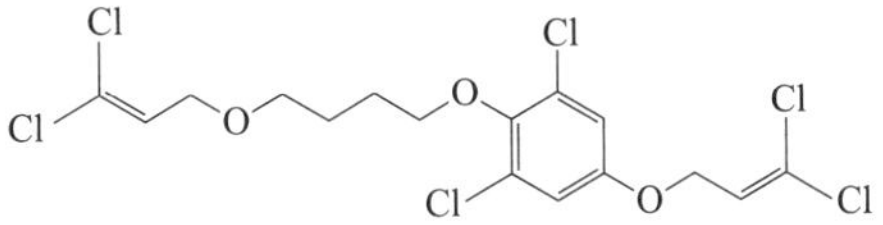

4-138

b. 芳香基部分（A）为芳香烃类化合物。化合物 **4-140～4-143** 由先正达公司报道。其中化合物 **4-140**、化合物 **4-141** 在苯环上引入肟醚、酰胺结构后对烟芽夜蛾、小菜蛾及夜蛾科害虫有较好的防治效果；化合物 **4-142** 引入氰基和烯基，在 400mg/L 浓度下对烟芽夜蛾的防效大于 80％。化合物 **4-143** 是将三氟甲吡醚的链基部分（B）的一个氧原子用碳原子替换掉，再用含三氟甲氧基取代的苯环替换吡啶环后得到的，该化合物由住友化学公司报道，对防治斜纹夜蛾、二点叶螨、烟草蚜虫及菱斑蛾均有较好的防治效果，并且在低剂量（50mg/L）浓度下对菱斑蛾的防效仍大于 80％[146,147]。

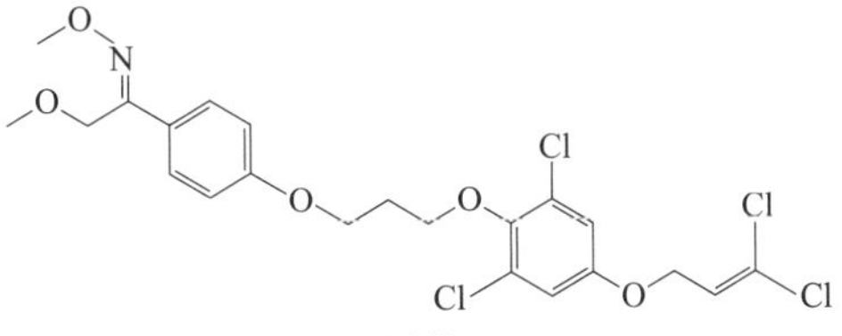

4-140

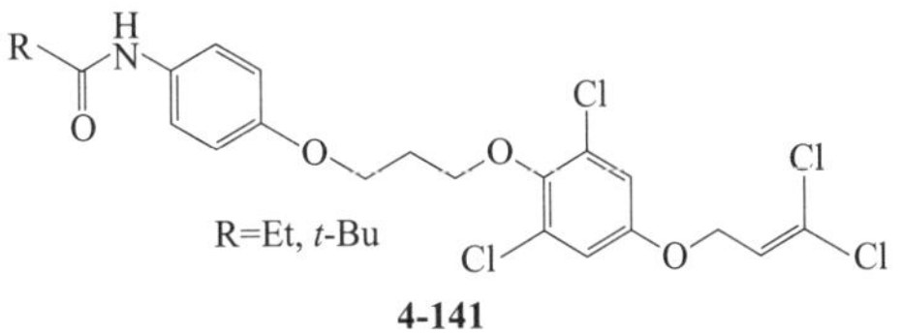

R=Et, *t*-Bu

4-141

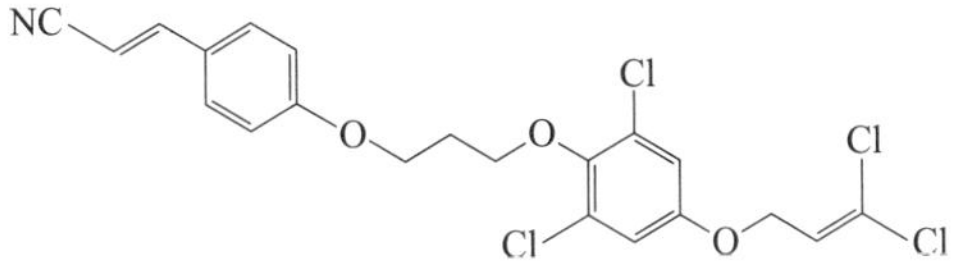

4-142

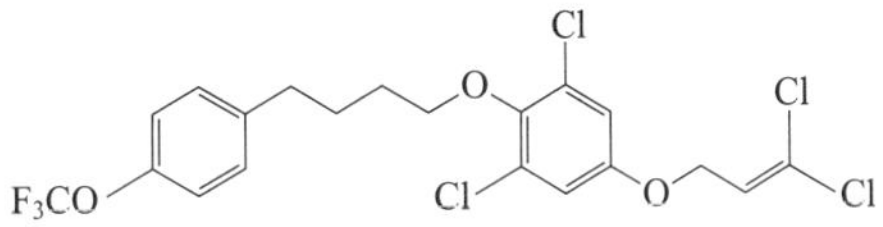

4-143

c. 芳香基部分（A）为吡啶类化合物[148～151]。化合物 **4-144** 由住友公司报道，该化合物在三氟甲吡醚的结构基础之上，在链基部分（B）增加一个碳原子后，再将吡啶基（A 部分）上的三氟甲基由 4 位变成 5 位后得到的，该化合物对防治鳞翅目害虫有较好的活性，同时对斜纹夜蛾、烟草蚜虫和菱斑蛾等也有较好的防治效果。

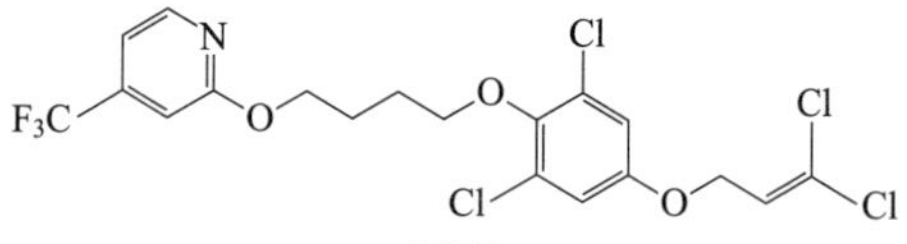

4-144

将三氟甲吡醚的三氟甲基换成氯原子，则可得到化合物**4-145**，由大连瑞泽农药公司报道。该化合物在低剂量（37.5mg/L）下对黏虫的杀虫活性为100%，而三氟甲吡醚在同剂量下的杀虫活性为90%。化合物**4-146**由沈阳化工研究院研制，将三氟甲吡醚结构中的4-三氟甲基吡啶基换成3,4,6-三氯吡啶基后即可制得，在100mg/L剂量下对甜菜夜蛾的致死率为100%。

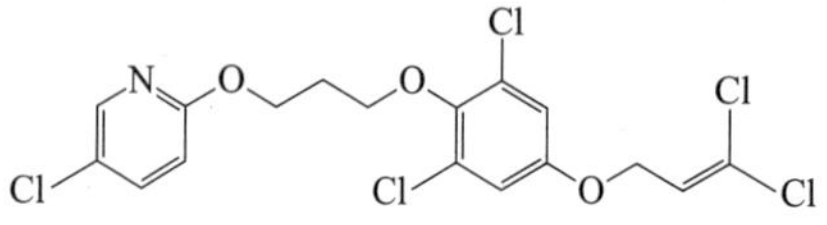

4-145 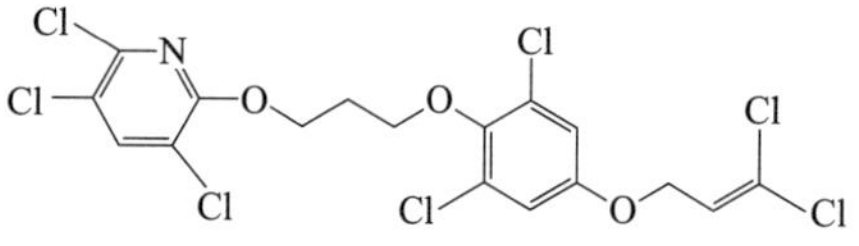　　4-146

d. 芳香基部分（A）为苯并噁唑类化合物。化合物**4-147**由住友公司报道，在500mg/L浓度下对斜纹夜蛾的防效大于80%。

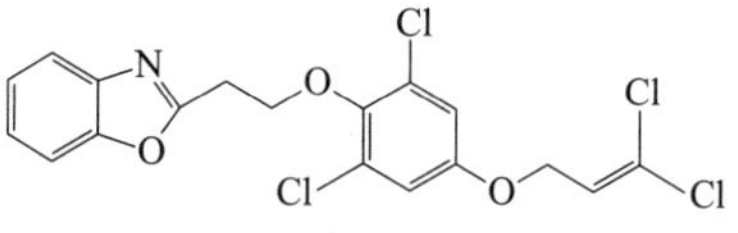

4-147

化合物**4-148**由沈阳化工研究院研制，该化合物是将化合物**4-147**的链基部分（B）部分增加两个碳原子及一个氧原子并将苯并噁唑的苯环部分增加一个三氟甲基后得到的，该化合物在1mg/L浓度下对甜菜夜蛾的致死率为87.5%，在50mg/L浓度下对小菜蛾的致死率为100%。化合物**4-149**由拜耳公司报道，在植物表面浓度为0.25mmol时，对烟草蚜虫的防效为100%，在更低剂量（30mg/L）下对烟芽夜蛾的防效仍可达95%以上。

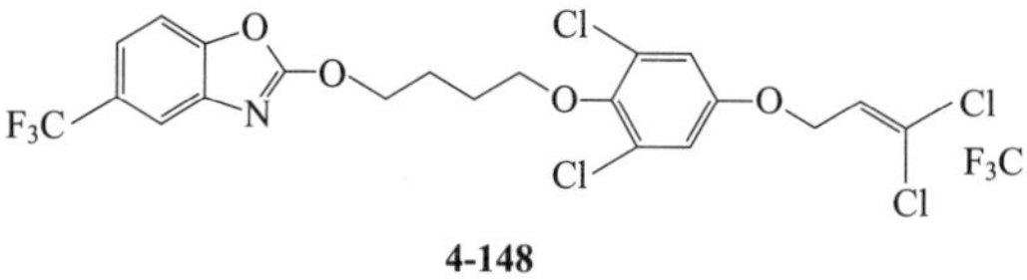

4-148 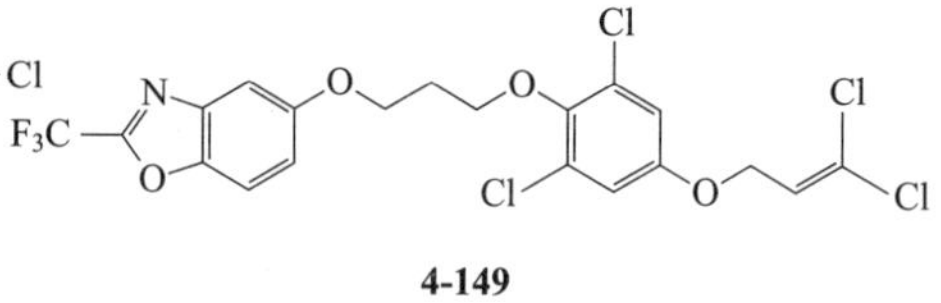　　4-149

e. 芳香基部分（A）为苯并噻唑和苯并咪唑类化合物[152]。化合物**4-150**由华中师范大学报道，该化合物对水稻褐飞虱、黏虫、红蜘蛛和苜蓿蚜的毒性很强，表现出很好的广谱性。化合物**4-151**由住友公司报道，在500mg/L浓度下对斜纹夜蛾的防治效果达80%以上。

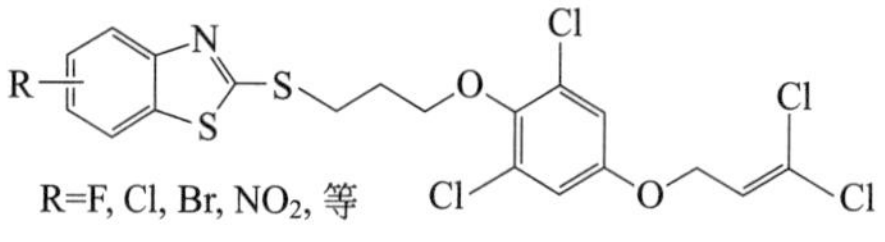

R=F, Cl, Br, NO_2, 等

4-150 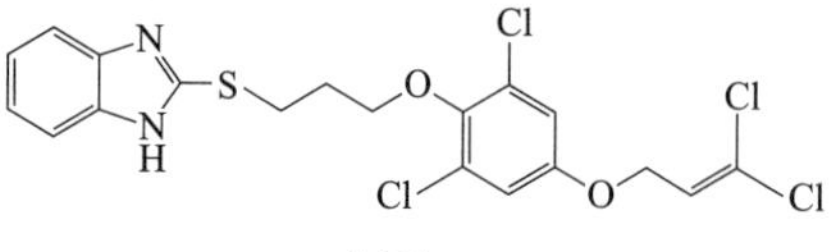　　4-151

f. 芳香基部分（A）为吡唑类化合物。化合物**4-152**由沈阳化工研究院研

制，该化合物在 9.38mg/L 浓度下对甜菜夜蛾的致死率为 87.5%，在 400mg/L 浓度下对小麦白粉病的防效大于 70%。化合物 **4-153** 由江苏省农药研究所研制，该化合物对鳞翅目害虫具有一定的杀虫活性。

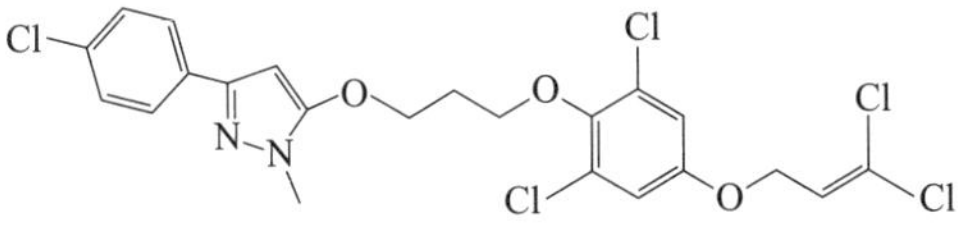

4-152 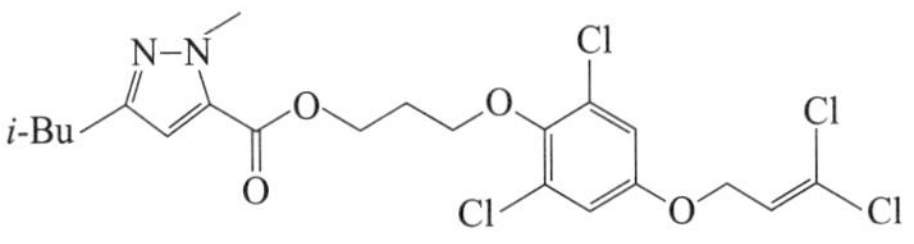 **4-153**

g. 芳香基部分（A）为二氢苯并呋喃和苯并二噁茂类化合物。化合物**4-154**、化合物 **4-155** 由 FMC 公司报道，对蚜虫具有很好的活性。

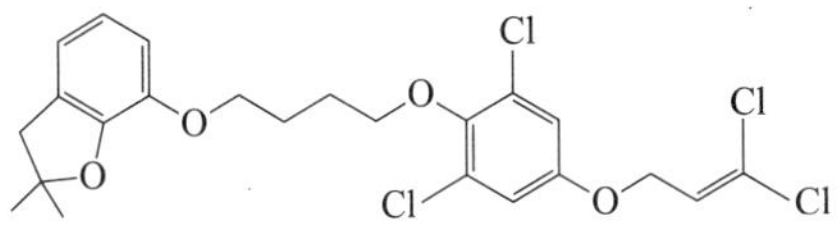

4-154 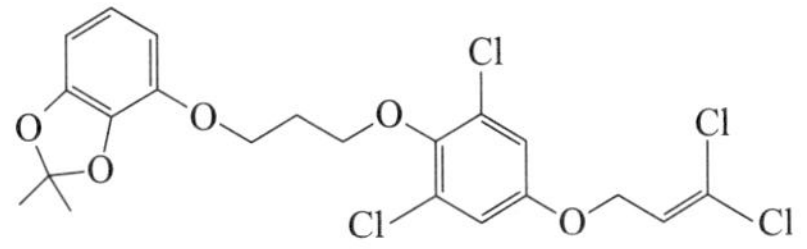 **4-155**

h. 芳香基部分（A）为其他杂环类化合物[153～157]。化合物 **4-156**、**4-157** 由先正达公司报道，其中化合物 **4-156** 对烟草蚜虫、菱斑蛾及灰翅夜蛾等表现出良好的防治效果；化合物 **4-157** 在 400mg/L 浓度下对烟芽夜蛾的防效大于 80%。化合物 **4-158**、**4-159** 由住友化学公司报道，化合物 **4-158** 引入哌嗪基团，500mg/L 浓度下对甜菜夜蛾或小菜蛾的致死率大于 80%；化合物 **4-159** 引入噻吩结构，具有一定的杀虫活性。化合物 **4-160** 由大连瑞泽农药公司报道，该化合物在 37.5mg/L 的浓度下对小菜蛾的杀虫活性为 75%。化合物 **4-161** 由国家农药创制工程技术研究中心研制，100mg/L 浓度下对黏虫、黑尾叶蝉的防效大于 90%。化合物 **4-162** 引入香豆素结构，由沈阳化工研究院报道，在 37mg/L 浓度下对甜菜夜蛾的致死率为 100%。

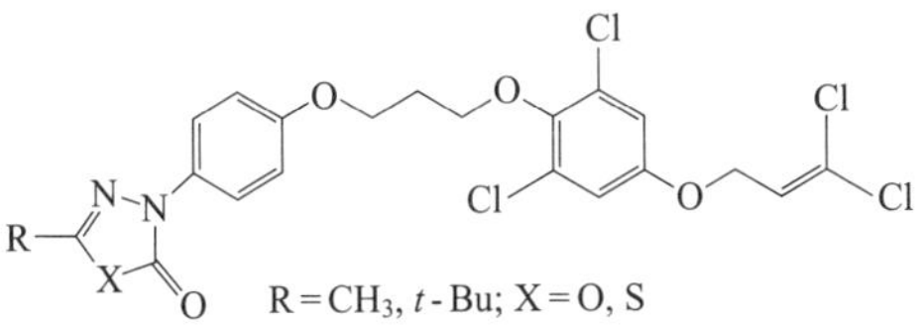

R = CH_3, *t*-Bu; X = O, S

4-156 **4-157**

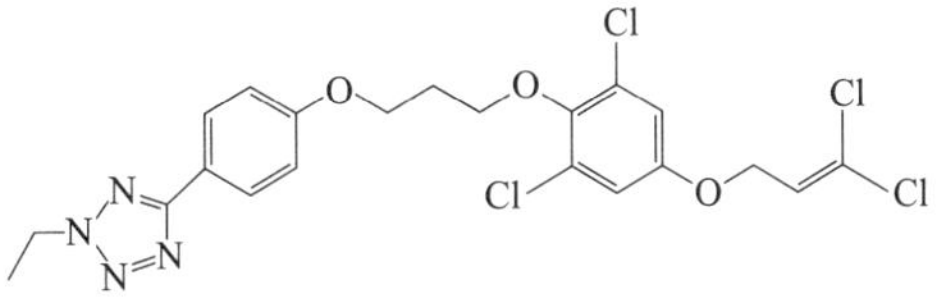

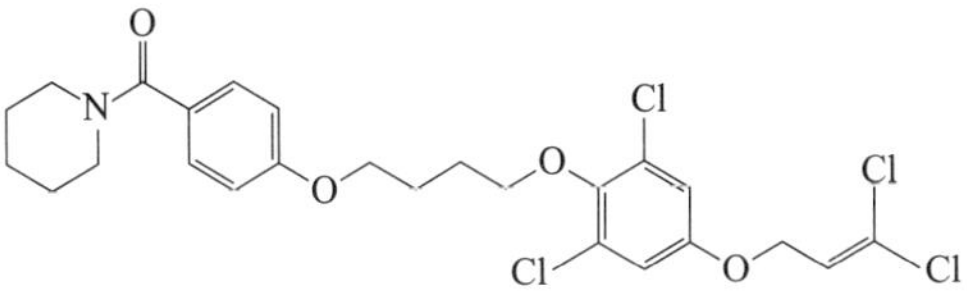

4-158 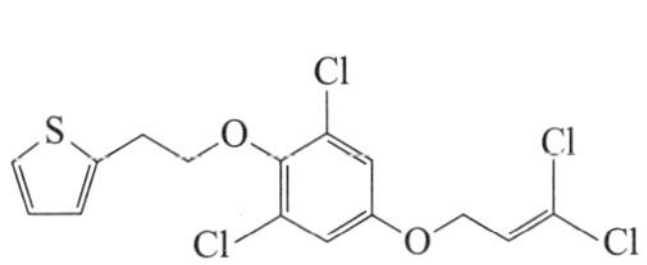 **4-159**

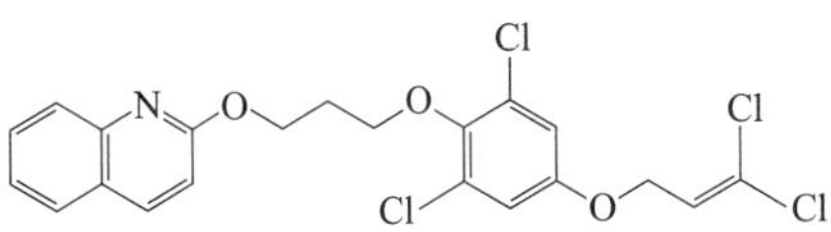

4-160 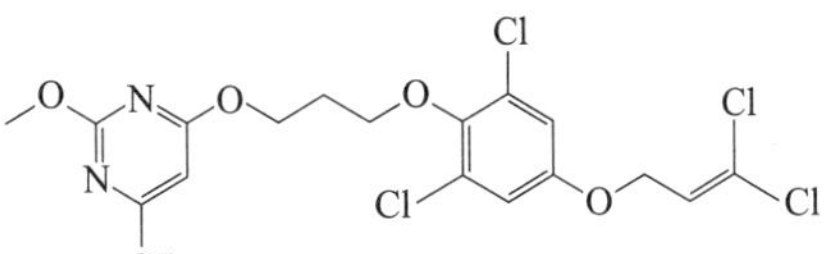 **4-161**

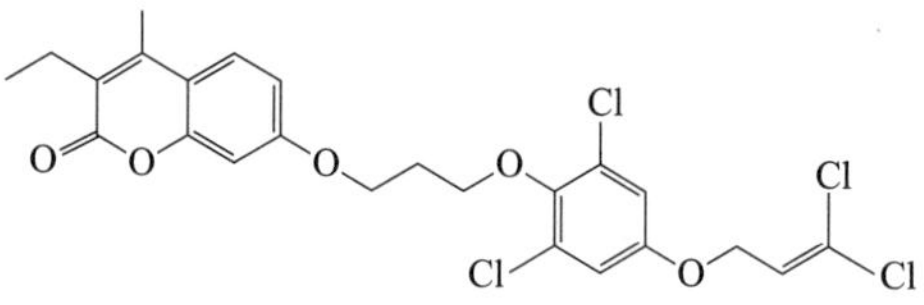

4-162

② 链基部分（B）含不饱和烃链键。该类化合物主要由先正达公司报道，如化合物**4-163**、**4-164**在400mg/L浓度时，对烟草蚜虫、小菜蛾、菱斑蛾和灰翅夜蛾的杀虫活性均在80%以上。

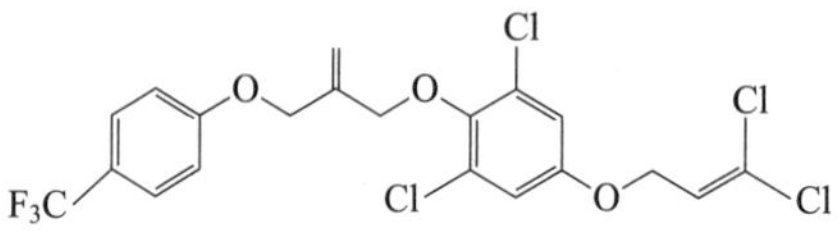

4-163

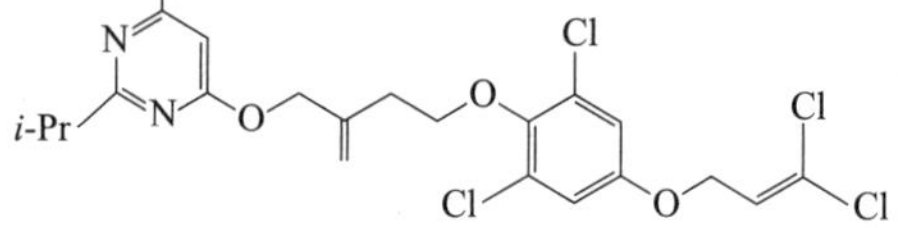

4-164

③ 链基部分（B）含N，O等杂原子[144,158～162]。化合物**4-165**、**4-166**由住友化学公司报道，其中化合物**4-165**在25mg/L浓度下对小菜蛾的杀虫活性为80%，而化合物**4-166**在25mg/L浓度下对菱斑蛾和稻纵卷叶螟的杀虫效果在80%以上。化合物**4-167**～**4-169**由FMC公司报道，对烟芽夜蛾、烟草蚜虫等具有很好的活性；化合物**4-169**在植物表面浓度为0.25mmol时对烟草蚜虫的杀虫活性为100%。化合物**4-170**由先正达公司报道，在400mg/L浓度下对烟芽夜蛾的致死率为80%。化合物**4-171**引入哌嗪结构，由沈阳化工研究院研制，该化合物在600mg/L浓度下对小菜蛾的防效为100%。化合物**4-172**由江苏省农药所报道，400mg/L浓度下对小菜蛾的防效为63.64%。

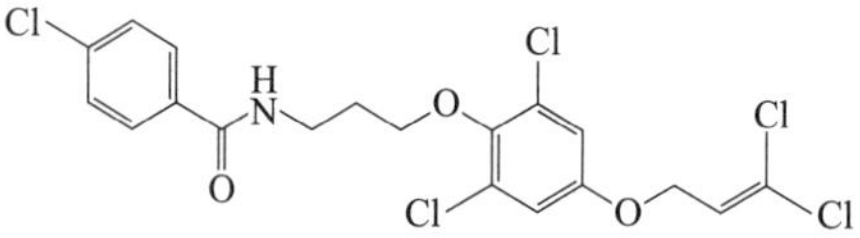

4-165

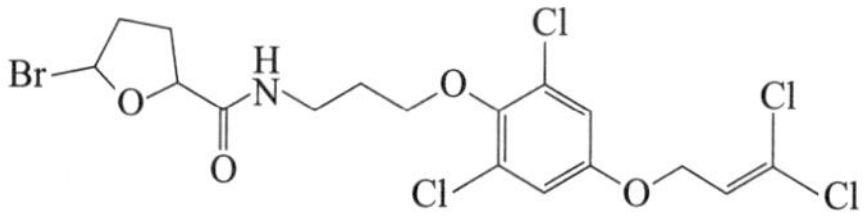

4-166

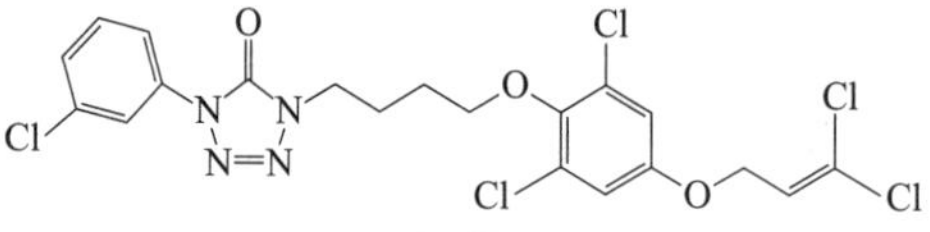

4-167

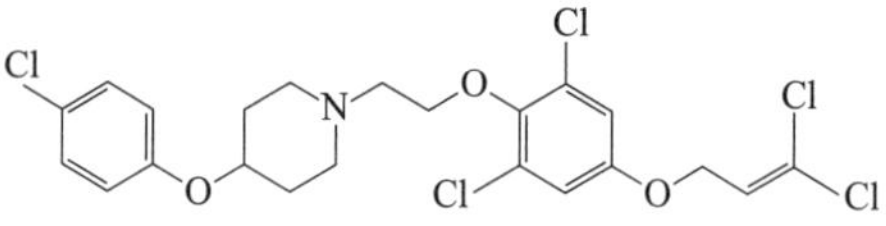

4-168

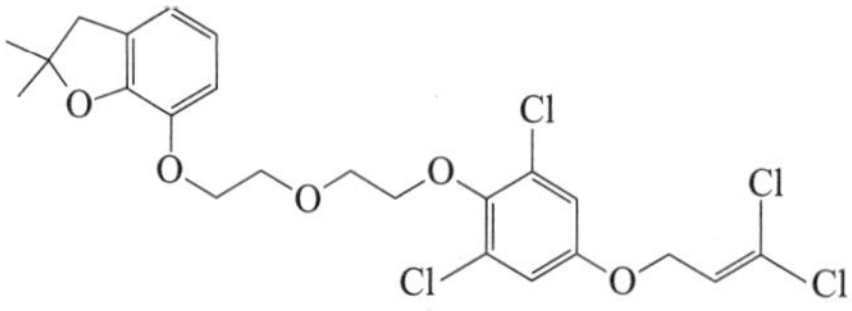

4-169

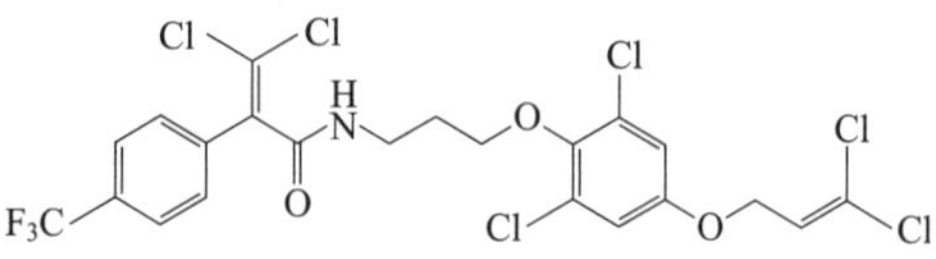

4-170

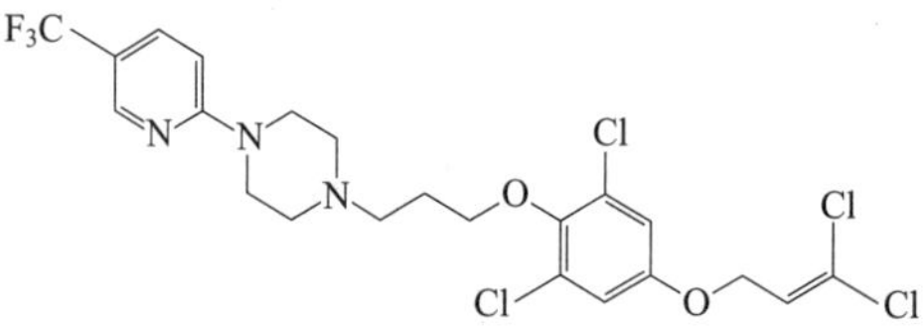

4-171

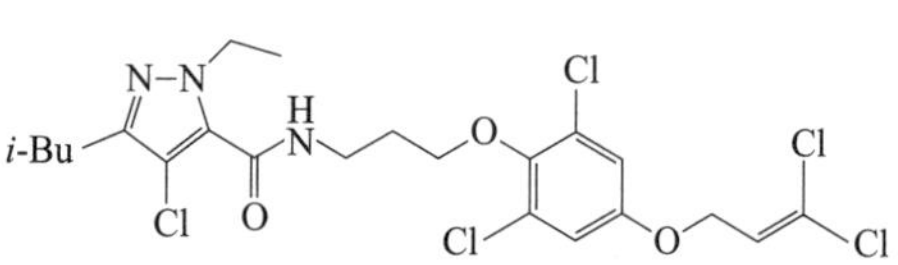

4-172

（2）苯环部分（C）不为2,6-二氯取代

① 链基部分（B）与1,1-二氯烯丙基氧基部分（D）接在苯环部分（C）的对位。

a. 链基部分（B）为烷基链。化合物**4-173**、**4-174**由住友公司报道，其中化合物**4-173**主要用于控制家蝇；化合物**4-174**在25mg/L浓度时，对菱斑蛾和稻纵卷叶螟的杀虫效果仍然高达80%以上。化合物**4-175**、**4-176**由拜耳公司报道，化合物**4-175**在500mg/L浓度下对烟芽夜蛾的防效大于50%，化合物**4-176**对鳞翅目害虫有很好的防治效果。

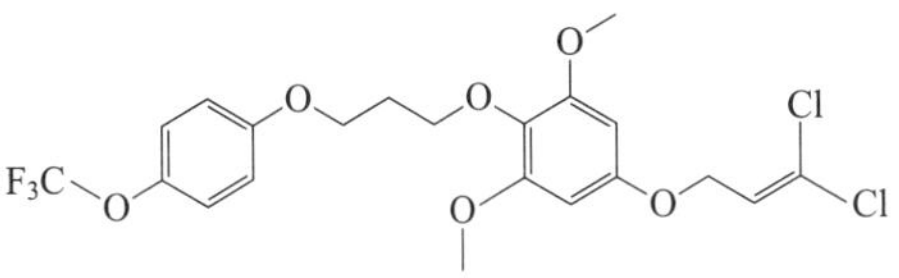

4-173

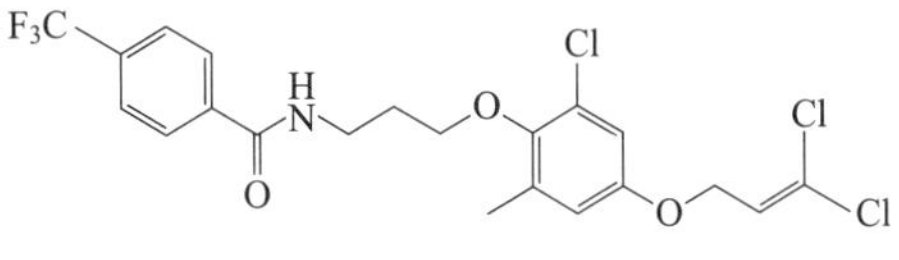

4-174

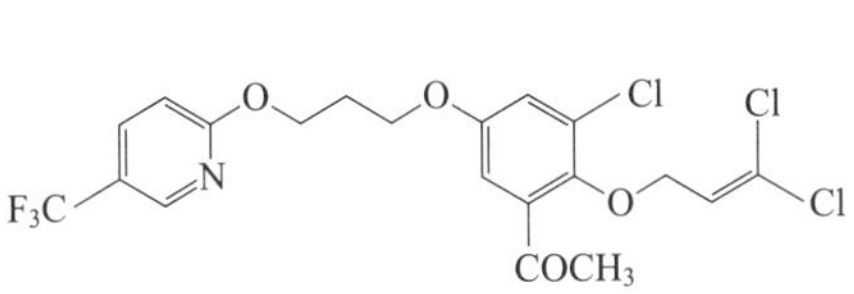

4-175

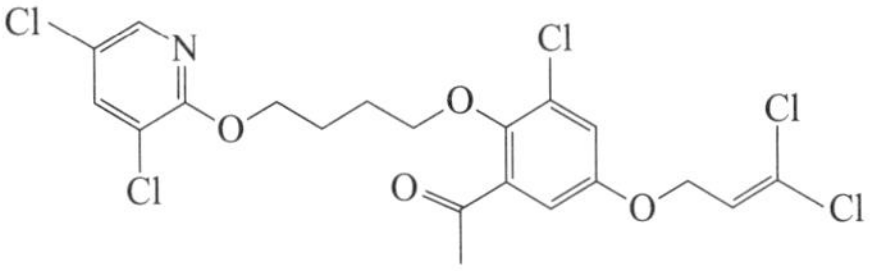

4-176

b. 链基部分（B）不为烷基链[163~167]。该类化合物主要由住友化学公司报道，例如化合物**4-177**～**4-182**。化合物**4-177**～**4-180**主要是用二苯醚结构将三氟甲吡醚的链基部分（B）替换掉得到的。化合物**4-177**在200mg/L浓度下对二斑叶螨的致死率为90%；化合物**4-178**对鳞翅目害虫有较好防效；化合物**4-179**在500mg/L浓度下对斜纹夜蛾和二斑叶螨都有较好的防治效果；化合物**4-180**在500mg/L浓度下对斜纹夜蛾的致死率大于80%；化合物**4-181**在500mg/L浓度下对斜纹夜蛾的防效为100%；化合物**4-182**在100mg/L浓度下对斜纹夜蛾的致死率大于80%。

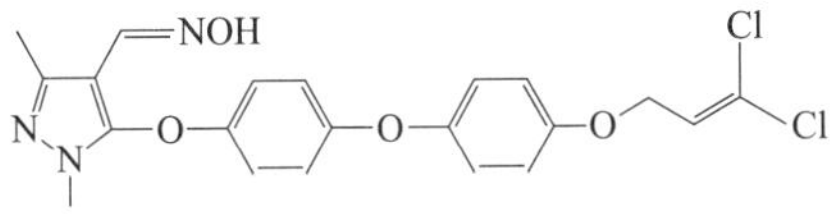

4-177

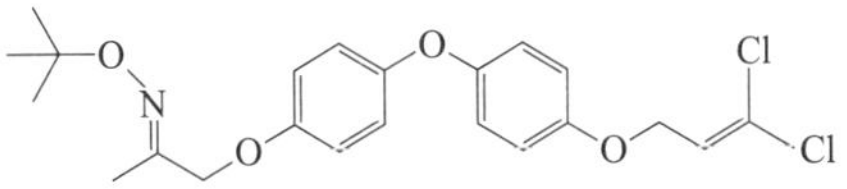

4-178

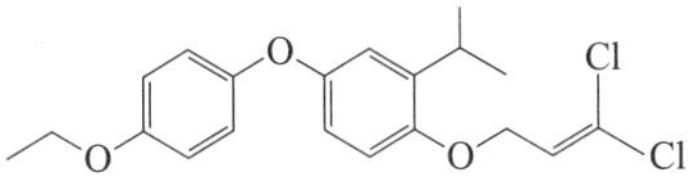

4-179

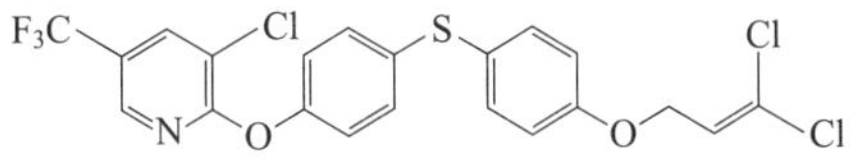

4-180

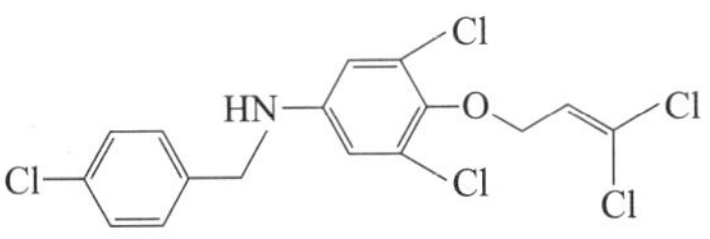

4-181

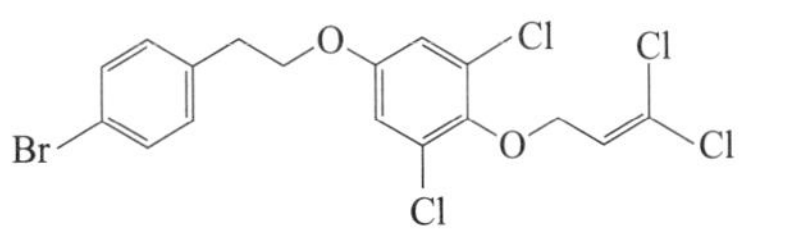

4-182

化合物**4-183**由住友公司报道，该化合物在500mg/L浓度下对斜纹夜蛾的防效大80%。化合物**4-184**引入邻苯二甲酰胺结构，由南京工业大学报道，在100mg/L浓度下对小菜蛾的防效为100%。化合物**4-185**引入strobilurin类化合

物结构，由意大利意赛格公司报道，在 200mg/L 浓度下对二斑叶螨的防效为 100%。

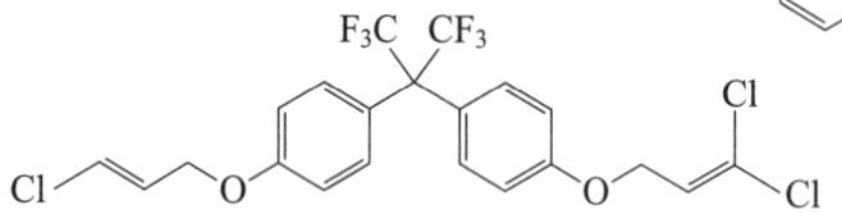

4-183 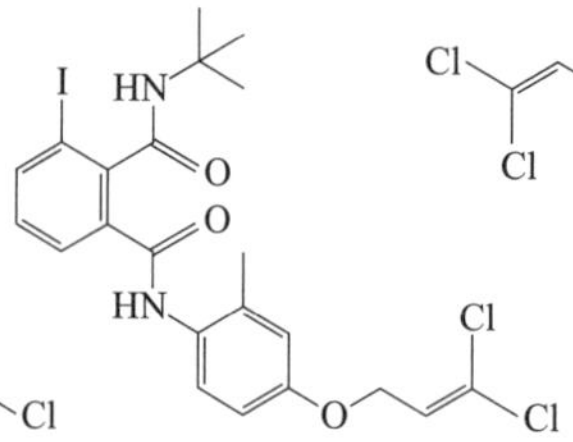　　4-184 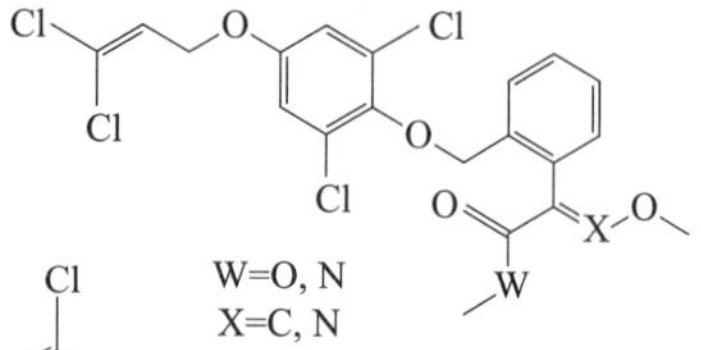　　4-185

W=O, N
X=C, N

② 链基部分（B）与 1,1-二氯烯丙基氧基部分（D）接在苯环部分（C）的间位[168~170]。化合物 **4-186**、**4-187** 由拜耳公司报道，其中化合物 **4-186** 在剂量为 500g(a.i.)/hm^2 下对草地贪夜蛾的防效为 100%；化合物 **4-187** 在 100mg/L 浓度下对甜菜夜蛾的致死率为 100%[48]。化合物 **4-188**、**4-189** 由住友化学公司报道，其中化合物 **4-188** 对黄瓜灰霉病有较好防效；化合物 **4-189** 对小菜蛾有较好的杀虫活性。化合物 **4-190**、**4-191** 分别由巴斯夫和 FMC 公司报道，对鳞翅目害虫具有一定的防治效果。

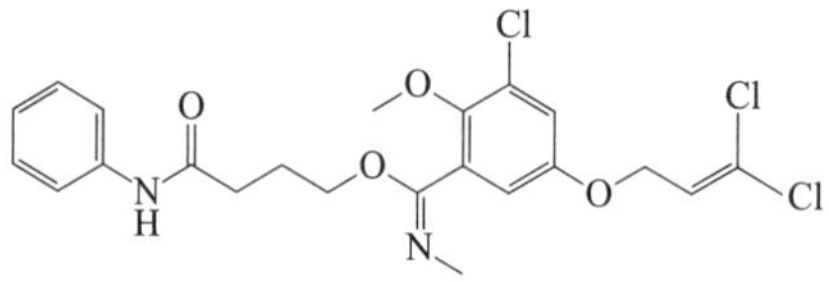

4-186 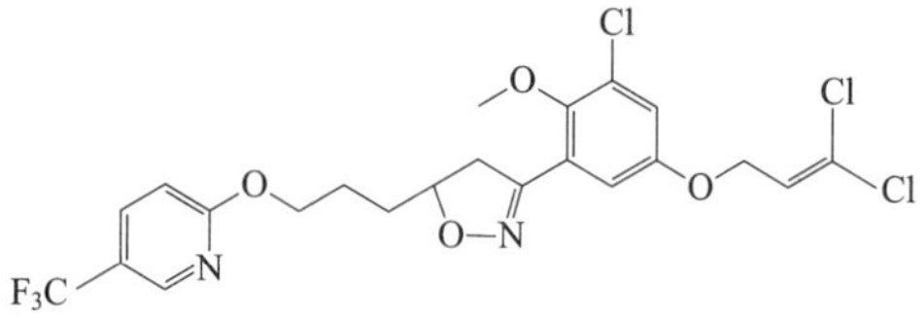　　4-187

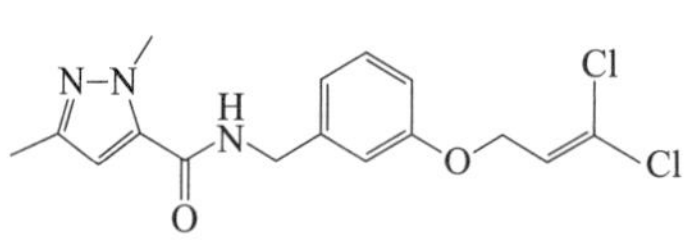

4-188 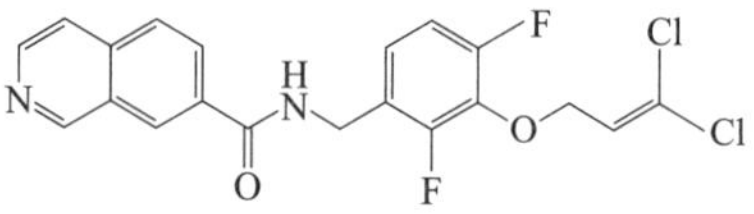　　4-189

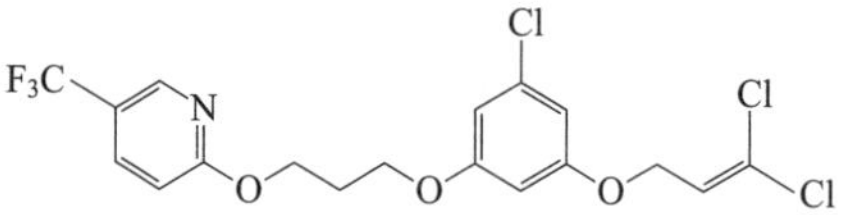

4-190 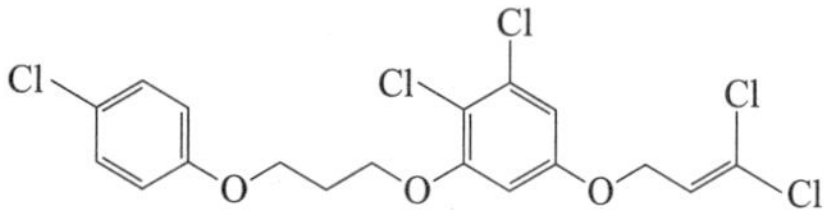　　4-191

化合物 **4-192** 由 FMC 公司报道，对烟青虫具有较好的活性。

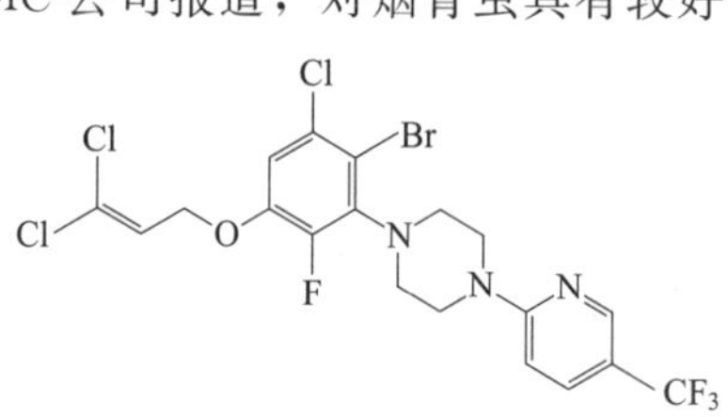

4-192

③ 链基部分（B）与 1,1-二氯烯丙基氧基部分（D）不在同一个环上。化合物 **4-193**、**4-194** 由拜耳公司报道，在 100mg/L 浓度下对斜纹夜蛾的防效为 100%。化合物 **4-195** 由住友公司报道，在 500mg/L 浓度下对小菜蛾的防效大于 80%。

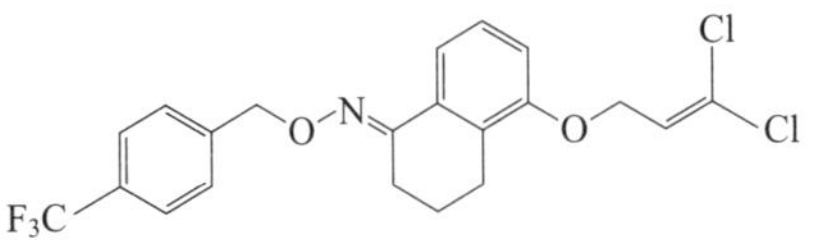

4-193 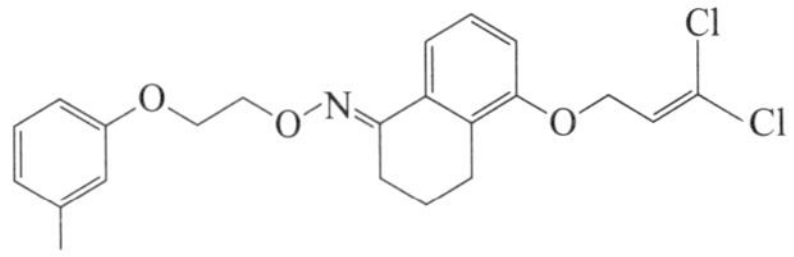　　4-194

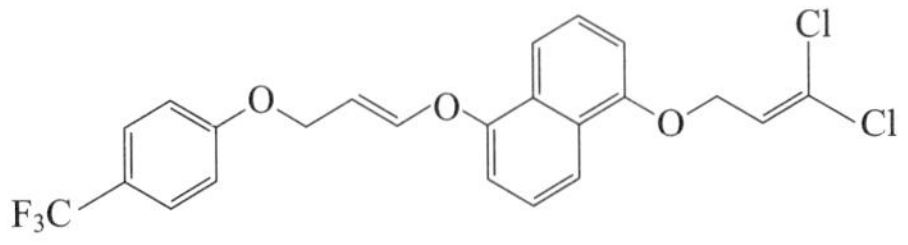

4-195

综上所述，通过对三氟甲吡醚 A、B、C、D 四个部分的优化，已取得了较好的成效，甚至个别化合物对鳞翅目害虫的生物活性已超过商品化品种三氟甲吡醚，然而该结构仍具有广阔的优化空间。

另一方面，三氟甲吡醚不仅可以用来防治棉花、蔬菜和水果上的鳞翅目害虫，而且还可以用来防治双翅目潜叶虫、缨翅目蓟马，尤其对智利蓟马、西花蓟马有特效。防治蓟马已在 2010 年被 IR-4 机构作为最优先考虑的项目，但是目前市场上防治西花蓟马的杀虫剂包括三氟甲吡醚在内仅有四个，这说明目前该类化合物的市场空间相对较大。并且有相关资料报道，2009 年三氟甲吡醚的销售额大约为 1000 万美元，与 2004 年相比，年增长率 27%，这充分说明其销售额正在不断稳步上升。

正是由于三氟甲吡醚具有如此广阔的市场空间，中国的农药科研工作者更应该加快研制二氯丙烯醚类化合物的步伐，在结构优化研究中加入自己独特的见解和想法，研究出性能优异的化合物，只有如此，才能使我国的农药研发水平更上一个新的台阶。

本研究团队前期工作中，以 β-酮酸酯为起始原料合成了很多含羟基的五元或六元杂环如吡唑、嘧啶等中间体。利用这些中间体，通过“中间体衍生化法”合成了多种类型的新化合物，成功研发了具有优异杀虫活性的 SYP-10868 等。同时，在对吡氟禾草灵类化合物的研究过程中合成了系列芳氧基苯酚中间体，利用芳氧基苯酚中间体成功开发了具有优异杀虫活性的 SYP-3409。

4.10.2　创制过程

本研究室前期合成了化合物 SYP-3343，该化合物具有较好的杀菌活性，其活性基团为甲氧基丙烯酸酯的 strobilurin 类化合物。在对 SYP-3343 进一步的优化研究中，合成出了先导化合物 1，发现该化合物除了具有较好的杀菌活性外，还具有微弱的杀虫活性，因此在更进一步的优化研究中，把其具有杀虫活性这一特点也考虑在内，利用“中间体衍生化法”中的替换法，结合三氟甲吡醚（A）和 3-羟基吡唑（B）的结构特点，将 3-羟基吡唑引入带三氟甲吡醚（A）结构中，首先合成出先导化合物 2，即化合物 SYP-10858（图 4-55）。研究发现该化合物对小菜蛾具有优良的杀虫活性，在 100mg/L 质量浓度下对小菜蛾（2 龄幼虫）

的致死率为100%。

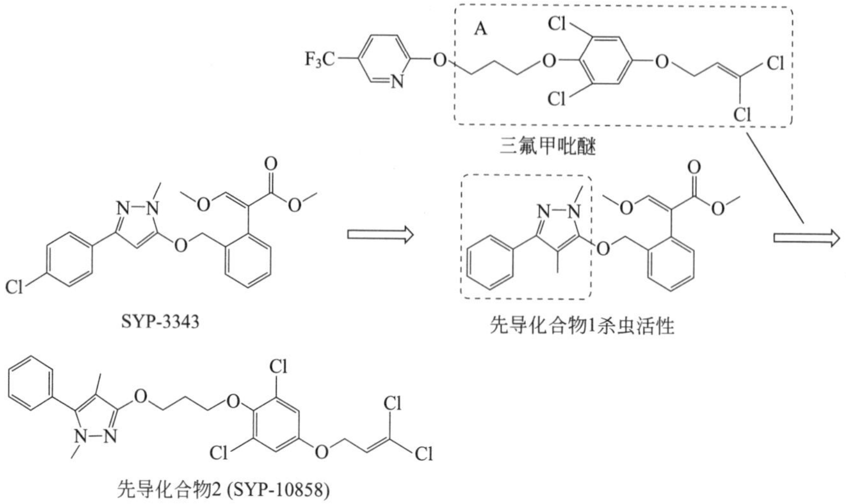

图4-55 先导发现路线

接下来从以下六个方面对先导化合物SYP-10858进行结构修饰，合成了一系列二氯丙烯醚类化合物，期望发现高活性化合物。

(1) 保持三氟甲吡醚的活性基团A部分不变，在其结构中引入3-羟基吡唑得到化合物**4-Ⅻ**（表4-134）。

表4-134 化合物4-Ⅻ防治小菜蛾的杀虫活性结果

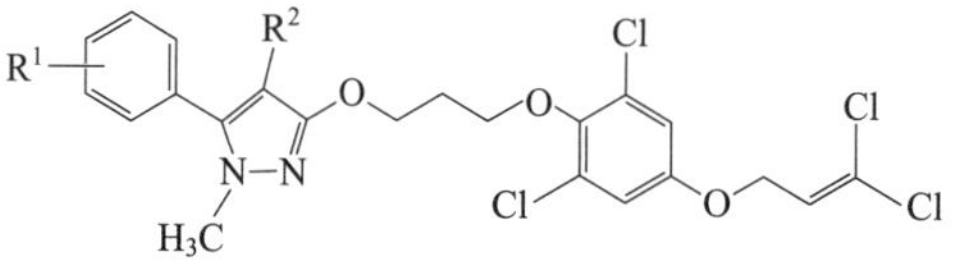

编号	取代基		死亡率/%		
	R^1	R^2	100mg/L	25mg/L	6.25mg/L
4-Ⅻ-1	H	CH_3	100	30	0
4-Ⅻ-2	4-Me	CH_3	100	100	95
4-Ⅻ-3	2,4-2Me	CH_3	90	60	30
4-Ⅻ-4	3,4-2Me	CH_3	100	100	87
4-Ⅻ-5	2,5-Me	CH_3	75	67	37
4-Ⅻ-6	4-Et	CH_3	100	77	60
4-Ⅻ-7	4-i-C_3H_7	CH_3	100	100	85
4-Ⅻ-8	4-t-C_4H_9	CH_3	100	87	30
4-Ⅻ-9	4-F	CH_3	100	80	30
4-Ⅻ-10	4-Cl	CH_3	80	50	20
4-Ⅻ-11	2,4-2Cl	CH_3	85	80	67
4-Ⅻ-12	3,4-2Cl	CH_3	100	75	50

续表

编号	取代基		死亡率/%		
	R^1	R^2	100mg/L	25mg/L	6.25mg/L
4-Ⅻ-13	4-CH_3O	CH_3	100	40	10
4-Ⅻ-14	4-CH_3CH_2O	CH_3	100	20	10
4-Ⅻ-15	H	H	100	100	75
4-Ⅻ-16	2-Me	H	100	70	40
4-Ⅻ-17	2,4-2Me	H	90	50	30
4-Ⅻ-18	3,4-2Me	H	80	50	0
4-Ⅻ-19	4-Et	H	70	40	30
4-Ⅻ-20	4-Cl	H	100	100	65
4-Ⅻ-21	2,4-2Cl	H	100	80	0
三氟甲吡醚			100	100	65

在 100mg/L 剂量下，多个化合物及对照药剂三氟甲吡醚对小菜蛾的致死率均为 100%；当浓度降低到 25mg/L 时，化合物 **4-Ⅻ-2**、**4-Ⅻ-4**、**4-Ⅻ-7**、**4-Ⅻ-15**、**4-Ⅻ-20** 对小菜蛾仍保持 100% 的致死率；当浓度进一步降低到 6.25mg/L 时，化合物 **4-Ⅻ-2**（SYP-10868）对小菜蛾仍具有 95%的致死率，而同剂量下对照药剂三氟甲吡醚的活性却为 65%。

（2）改变通式化合物中 A 部分的桥链长度及苯环上氯原子数量得到化合物 **4-ⅩⅢ**（表 4-135），发现保持 A 部分不变的情况下活性最好。

表 4-135　化合物 4-ⅩⅢ 防治小菜蛾的杀虫活性结果

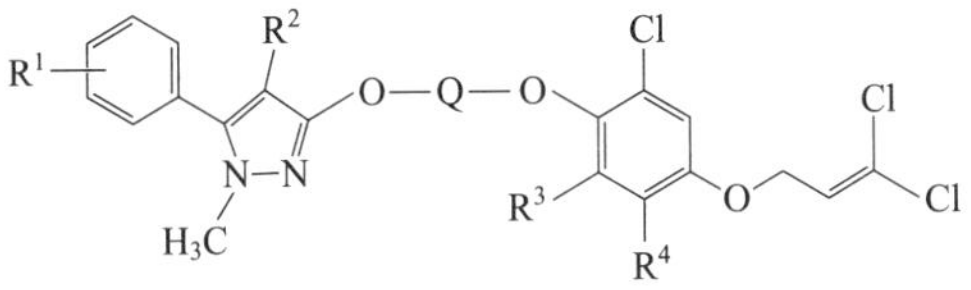

编号	取代基					死亡率/%		
	R^1	R^2	R^3	R^4	Q	100mg/L	25mg/L	6.25mg/L
4-Ⅻ-2	4-Me	Me	Cl	H	—$CH_2CH_2CH_2$—	100	100	95
4-Ⅻ-20	4-Cl	H	Cl	H	—$CH_2CH_2CH_2$—	100	100	65
4-ⅩⅢ-1	4-Me	Me	Cl	H	—CH_2CH_2—	17	0	0
4-ⅩⅢ-2	4-Et	Me	Cl	H	—CH_2CH_2—	67	33	0
4-ⅩⅢ-3	4-Me	Me	Cl	H	—$CH_2CH_2CH_2CH_2$—	100	50	42
4-ⅩⅢ-4	4-Et	Me	Cl	H	—$CH_2CH_2CH_2CH_2$—	100	50	10
4-ⅩⅢ-5	4-Me	Me	H	H	—$CH_2CH_2CH_2$—	40	20	10
4-ⅩⅢ-6	4-Cl	H	H	H	—$CH_2CH_2CH_2$—	90	70	10
4-ⅩⅢ-7	4-Me	Me	Cl	Cl	—$CH_2CH_2CH_2$—	100	70	40
4-ⅩⅢ-8	4-Cl	H	Cl	Cl	—$CH_2CH_2CH_2$—	100	80	50
三氟甲吡醚						100	100	65

改变通式化合物中 A 部分的桥链长度及苯环上氯原子数量得到化合物 **4-XIII**，从表中对比数据发现：

① 碳链 Q 的长度影响其杀虫活性，活性从大到小顺序为：$—CH_2CH_2CH_2—$ ＞$—CH_2CH_2CH_2CH_2—$＞$—CH_2CH_2—$。

② 苯环上氯原子数量对杀虫活性的影响规律为：2-Cl＞2,3-2Cl＞H。因此在后期的优化研究中保持 A 部分不变。

（3）保持三氟甲吡醚的 A 部分不变，在其结构中引入 4-羟基吡唑得到化合物 **4-XIV**（表 4-136）。

表 4-136　化合物 4-XIV 的杀虫活性结果

编号	取代基		死亡率/%					
			小菜蛾			黏虫		
	R^1	R^2	600 mg/L	100 mg/L	10 mg/L	600 mg/L	100 mg/L	10 mg/L
4-XIV-1	H	H	100	90	30	100	100	70
4-XIV-2	4-Me	H	100	40	10	100	100	30
4-XIV-3	$4-CF_3O$	H	100	100	40	100	100	90
4-XIV-4	4-Cl	H	100	100	100	100	—	—
4-XIV-5	4-F	H	100	100	40	100	40	20
4-XIV-6	$4-CF_3$	H	100	100	70	100	—	—
4-XIV-7	4-CN	H	100	80	20	100	—	—
4-XIV-8	$3-CF_3$	H	100	—	—	100	100	90
4-XIV-9	$3-NO_2$	H	100	80	10	100	80	0
4-XIV-10	2-Me-4-Cl	H	100	30	30	100	—	—
4-XIV-11	2,4-2Cl	H	100	100	30	100	100	90
4-XIV-12	$4-CF_3$	$—COOC_2H_5$	40	0	0	0	—	—
4-XIV-13	2-Me-4-Cl	$—COOC_2H_5$	100	45	10	0	—	—
4-XIV-14	4-Cl	*N-p*-tolylacetamide	0	10	0	0	—	—
三氟甲吡醚			100	100	70	—	—	—

在 600mg/L 剂量下，大部分化合物对小菜蛾、黏虫的致死率均为 100%；当浓度降低到 100mg/L 时，仍有多个化合物对小菜蛾、黏虫保持 100%的致死率；当浓度进一步降低到 10mg/L 时，化合物 **4-XIV-4**（SYP-10874）对小菜蛾仍具有 100%的致死率，而同剂量下对照药剂三氟甲吡醚的活性却为 70%。

（4）保持三氟甲吡醚的 A 部分不变，在其结构中引入 5-羟基吡唑得到化合物 **4-XV**（表 4-137）。

表 4-137 化合物 4-XV 防治小菜蛾的杀虫活性结果

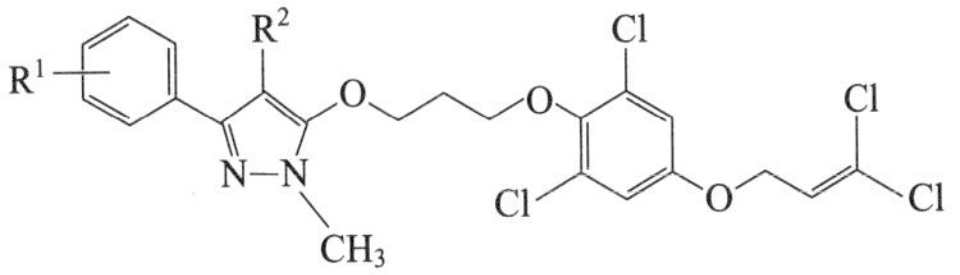

编号	取代基		死亡率/%		
	R^1	R^2	100mg/L	25mg/L	6.25mg/L
4-XV-1	C_6H_5	H	100	80	60
4-XV-2	4-Cl-C_6H_4	H	100	100	90
4-XV-3	2-Cl-C_6H_4	H	80	40	20
4-XV-4	2,4-2Cl-C_6H_3	H	90	60	30
4-XV-5	4-Br-C_6H_4	H	100	10	0
4-XV-6	3-CF_3-C_6H_4	H	80	50	30
4-XV-7	4-C_2H_5-C_6H_4	H	100	70	60
4-XV-8	4-i-C_3H_7-C_6H_4	H	80	50	30
4-XV-9	2,4-2CH_3-C_6H_3	H	100	80	60
4-XV-10	3,4-2CH_3-C_6H_3	H	100	90	70
4-XV-11	4-CH_3O-C_6H_4	H	100	30	0
4-XV-12	4-CH_3S-C_6H_4	H	100	30	0
4-XV-13	C_6H_5	CH_3	100	70	20
4-XV-14	4-Cl-C_6H_4	CH_3	90	85	60
4-XV-15	4-F-C_6H_4	CH_3	40	30	20
4-XV-16	2,4-2Cl-C_6H_3	CH_3	50	30	10
4-XV-17	4-CH_3-C_6H_4	CH_3	40	20	10
4-XV-18	4-C_2H_5-C_6H_4	CH_3	50	30	20
4-XV-19	3,4-2CH_3-C_6H_3	CH_3	70	40	20
三氟甲吡醚			100	100	65

从上表数据可以看出活性最优化合物为**4-XV-2**（SYP-11161）。

据田辉凯等人报道，含香豆素的二氯丙烯醚类化合物具有杀虫活性，为了发现具有更高杀虫活性的二氯丙烯醚类化合物，利用“中间体衍生化法”，并结合三氟甲吡醚和丁香菌酯的结构特点，将香豆素引入三氟甲吡醚结构中，合成了化合物**4-XVI**，部分化合物具有优异的杀虫活性。化合物**4-XVI**对小菜蛾的杀虫活性结果见表 4-138。

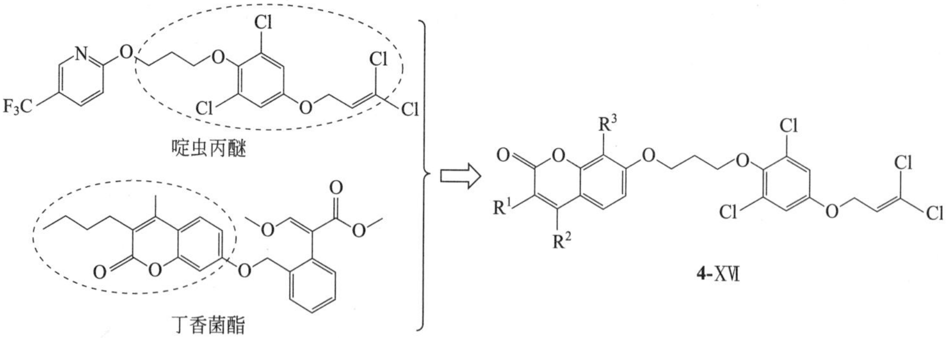

啶虫丙醚

丁香菌酯

4-ⅩⅥ

表 4-138　化合物 4-ⅩⅥ 对小菜蛾的杀虫活性结果

编号	结构式			死亡率/%		
	R^1	R^2	R^3	100mg/L	50mg/L	10mg/L
4-ⅩⅥ-1	H	CH_3	H	100	80	0
4-ⅩⅥ-2	CH_3	CH_3	H	100	40	0
4-ⅩⅥ-3	n-C_4H_9	CH_3	H	100	100	50
4-ⅩⅥ-4	H	CF_3	H	100	100	40
4-ⅩⅥ-5	H	n-C_3H_7	H	100	30	10
4-ⅩⅥ-6	H	n-C_3H_7	CH_3	40	—	—
4-ⅩⅥ-7	Cl	n-C_3H_7	CH_3	67	—	—
4-ⅩⅥ-8	H	i-C_3H_7	CH_3	100	20	0
4-ⅩⅥ-9	H	C_2H_5	CH_3	20	—	—
三氟甲吡醚				100	100	70

生物活性测试结果显示，部分化合物具有优良的杀虫活性，化合物 **4-ⅩⅥ-3**、**4-ⅩⅥ-4** 在 50mg/L 浓度下，对小菜蛾 2 龄幼虫的致死活性达到 100%，优于其他化合物，与对照化合物三氟甲吡醚相当。

利用“中间体衍生化法”，并结合三氟甲吡醚和嘧螨胺的结构特点，将嘧啶环引入三氟甲吡醚结构中，合成了化合物 **4-ⅩⅦ** 及 **4-ⅩⅧ**，部分化合物具有优异的杀虫活性，结果见表 4-139 及表 4-140。

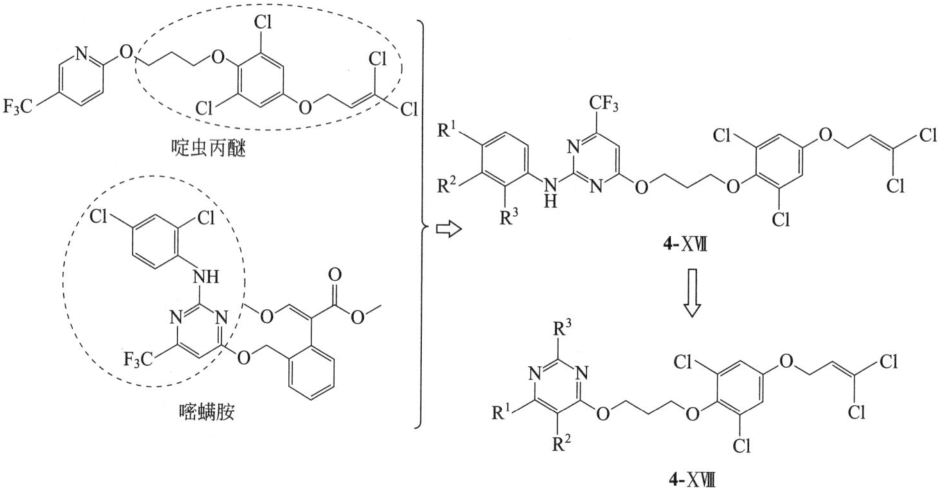

啶虫丙醚

嘧螨胺

4-ⅩⅦ

4-ⅩⅧ

表 4-139 化合物 4-XⅦ对小菜蛾的杀虫活性结果

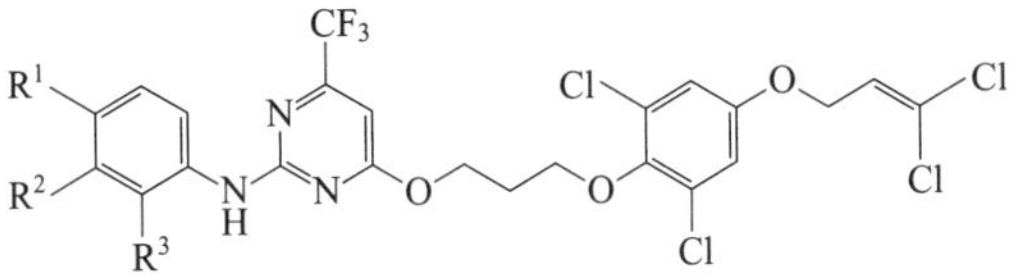

编号	结构式			死亡率/%
	R^1	R^2	R^3	100mg/L
4-XⅦ-1	Cl	H	H	0
4-XⅦ-2	CF_3	H	H	0
4-XⅦ-3	H	CF_3	H	0
4-XⅦ-4	CH_3	H	H	0
4-XⅦ-5	H	Cl	H	0
4-XⅦ-6	CH_3	H	CH_3	0
4-XⅦ-7	Cl	H	Cl	0
4-XⅦ-8	H	Cl	Cl	0
三氟甲吡醚				100

表 4-140 化合物 4-XⅧ对小菜蛾的杀虫活性结果

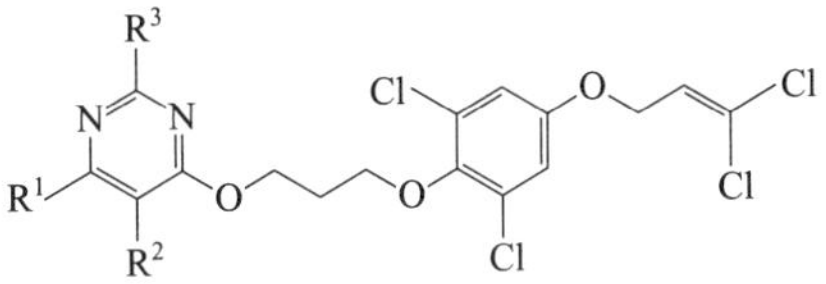

编号	结构式			死亡率/%		
	R^1	R^2	R^3	100mg/L	25mg/L	6.25mg/L
4-XⅧ-1	4-Cl-C_6H_4	CH_3	H	0	—	—
4-XⅧ-2	4-Cl-C_6H_4	CH_3	CH_3	100	100	25
4-XⅧ-3	4-CH_3O-C_6H_4	CH_3	H	0	—	—
4-XⅧ-4	4-CH_3-C_6H_4	CH_3	CH_3	100	100	87.5
4-XⅧ-5	4-CH_3-C_6H_4	CH_3	H	100	87.5	75
4-XⅧ-6	4-C_2H_5-C_6H_4	CH_3	CH_3	100	100	87.5
4-XⅧ-7	4-C_2H_5-C_6H_4	CH_3	H	100	100	87.5
4-XⅧ-8	3,4-2Cl-C_6H_3	CH_3	H	85.7	57.1	25
4-XⅧ-9	3,4-2Cl-C_6H_3	CH_3	CH_3	57.1	57.1	42.9
4-XⅧ-10	C_6H_5	CH_3	CH_3	100	77.8	42.9
三氟甲吡醚				100	100	65

生物活性测试结果显示，化合物 **4-XⅦ** 并没有显示杀虫活性，部分化合物 **4-XⅧ** 具有优良的杀虫活性。从化合物 **4-XⅧ-4**～**4-XⅧ-7** 的活性比较可以看出，R^1 为烷基取代苯基的化合物活性优于其他化合物，R^3 为甲基或氢对活性影响

不大。

综上，选出 3 个活性好的化合物 **4-Ⅻ-2**（SYP-10868）、**4-ⅩⅣ-4**（SYP-10874）、**4-ⅩⅤ-2**（SYP-11161）进行深入研究（表 4-141）：室内生物活性表明，SYP-10874、SYP-11161、SYP-10868 对鳞翅目害虫小菜蛾具有较好的防治效果，优于对照药剂三氟甲吡醚或与之相当。室内盆栽和田间小区试验表明，其对小菜蛾的防治效果与对照药剂三氟甲吡醚相差不大。而 SYP-10874、SYP-11161、SYP-10868 三个化合物的合成成本均较三氟甲吡醚低，性价比优势显著，选择 SYP-10868 进行深入研究。

表 4-141　防治小菜蛾的田间试验结果

化合物	处理浓度/(mg/L)	校正防效/%			
		小菜蛾		菜青虫	
		1d	3d	1d	3d
SYP-10868	100	19.6	40.4	34.6	67.7
	150	50.9	82	64	90.4
SYP-11161	100	16.8	73.3	35.4	73.9
	150	59.2	75.1	65.7	79.3
SYP-10874	100	31.1	66	30	67
	150	49.9	62.2	48.3	82.9
三氟甲吡醚	100	84.8	96	96	100
	150	90.4	100	100	100

4.10.3　室内活性

二氯丙烯醚类化合物 SYP-10868 对鳞翅目靶标黏虫、小菜蛾、甜菜夜蛾幼虫具有较好的杀虫活性，LC_{50} 值分别为 3.84mg/L、8.91mg/L、11.70mg/L；对美国白蛾幼虫具有一定的杀虫活性，LC_{50} 为 56.76mg/L；对家蝇幼虫具有一定杀虫活性，LC_{50} 值为 3.06mg/L；对西花蓟马具有一定的防治效果，在 100mg/L 的处理浓度下，2 龄若虫死亡率为 68.30%。部分测试结果如表 4-142～表 4-144 所示。

表 4-142　SYP-10868 对黏虫杀虫活性测定结果（死亡率，72h）

供试药剂	死亡率/%				
	10mg/L	5mg/L	2.5mg/L	1.25mg/L	0.625mg/L
SYP-10868	82.40	60.00	33.30	12.50	6.30
三氟甲吡醚	95.20	85.00	47.60	26.30	0.00

表 4-143 SYP-10868 对小菜蛾杀虫活性测定结果（死亡率，72h）

供试药剂	死亡率/%				
	40mg/L	20mg/L	10mg/L	5mg/L	2.5mg/L
SYP-10868	85.00	80.00	50.00	40.00	10.00
三氟甲吡醚	90.50	60.00	30.40	15.00	5.00

表 4-144 SYP-10868 对家蝇幼虫杀虫活性测定结果（72h）

供试药剂	毒力回归方程 ($Y=a+bX$)	LC_{50} /(mg/L)	95%置信限 /(mg/L)
SYP-10868	$Y=1.87+6.43X$	3.06	1.26～4.21
三氟甲吡醚	$Y=2.74+1.32X$	51.40	29.22～192.03

4.10.4 作用特性

SYP-10868 属正温度系数类型的化合物，持效期为 7～10d，10%SYP-10868 乳油具有较好的耐雨水冲刷性。不同温度条件下对小菜蛾活性测定试验结果见表 4-145。SYP-10868 持效期测定结果及耐雨水冲刷试验分别见表 4-146、表 4-147。

表 4-145 不同温度条件下对小菜蛾活性测定试验结果（72h）

温度	药剂名称	回归方程 ($Y=a+bX$)	LD_{50} /(mg/L)	95%置信限 /(mg/L)
35℃	90%SYP-10868 原药	$Y=3.46+3.04X$	3.21	0.96～4.90
	92%SYP-15969 原药	$Y=3.23+2.56X$	4.91	2.71～6.72
25℃	90%SYP-10868 原药	$Y=3.13+2.25X$	6.74	4.35～9.20
	92%SYP-15969 原药	$Y=2.40+2.46X$	11.46	8.58～17.05
15℃	90%SYP-10868 原药		>25	
	92%SYP-15969 原药	$Y=1.59+2.62X$	19.99	13.83～46.28

表 4-146 SYP-10868 持效期测定结果（小菜蛾，72h）

供试药剂	浓度 /(mg/L)	死亡率/%					
		0d	3d	7d	10d	13d	17d
SYP-10868	20	80.10	76.00	79.30	6.90	10.30	0.00
三氟甲吡醚	20	65.40	65.20	58.30	27.60	9.20	0.00

表 4-147 SYP-10868 耐雨水冲刷试验（72h）

药剂处理(15mg/L)	不同降雨时间黏虫死亡率/%					
	0.5h	1h	2h	4h	6h	未降雨
SYP-10868	83.30	89.70	93.50	90.00	93.50	89.70
三氟甲吡醚	70.00	76.70	79.30	89.70	90.00	86.70

4.10.5 田间试验

多点田间试验结果表明，10%SYP-10868乳油对十字花科蔬菜害虫小菜蛾、菜青虫具有较好的防治效果。药后3～7d防效可达到最高，在供试75g(a.i.)/hm²、105g(a.i.)/hm²、150g(a.i.)/hm²三个处理剂量下与对照药剂三氟甲吡醚乳油105g(a.i.)/hm²处理剂量下的防效大致相当，无显著性差异。结果见表4-148。

表4-148 10%SYP-10868乳油防治甘蓝小菜蛾田间药效试验结果（湖北武汉）

药剂处理/[g(a.i.)/hm²]	防效/%			
	药后1d	药后3d	药后7d	药后10d
10%SYP-10868乳油75	74.21 aA	91.34 bA	85.31 bA	82.85 bA
10%SYP-10868乳油105	79.31 aA	93.07 abA	89.08 abA	86.28 abA
10%SYP-10868乳油150	83.75 aA	96.83 aA	92.84 aA	88.47 aA
10%三氟甲吡醚乳油105	79.44 aA	95.26 abA	92.45 abA	84.33 abA

10%SYP-10868乳油对十字花科蔬菜甜菜夜蛾、斜纹夜蛾、玉米黏虫、棉花上的棉铃虫等夜蛾科害虫均具有比较好的防治效果。在供试75g(a.i.)/hm²、105g(a.i.)/hm²、150g(a.i.)/hm²三个处理剂量下可以得到比较满意的控害效果。持效期为7～10d。结果见表4-149。

表4-149 10%SYP-10868乳油防治斜纹夜蛾田间药效试验结果（浙江杭州，2012）

药剂处理/[g(a.i.)/hm²]	药后3d		药后7d	
	防效/%	差异显著性	防效/%	差异显著性
10%SYP-10868乳油75	86.5	bcA	89.3	abA
10%SYP-10868乳油105	93.8	abA	94.2	abA
10%SYP-10868乳油150	96.0	aA	97.3	aA
10%三氟甲吡醚乳油105	93.6	abcA	94.9	abA

10%SYP-10868乳油对茶尺蠖具有较好的防治效果。在供试75g(a.i.)/hm²、105g(a.i.)/hm²、150g(a.i.)/hm²三个处理剂量下防效与对照药剂10%三氟甲吡醚乳油相当，与生产上常规药剂2.5%联苯菊酯水乳剂常用剂量下防效间差异不显著。结果见表4-150。

表4-150 10%SYP-10868乳油防治茶尺蠖试验结果（安徽合肥，2012）

药剂处理/[g(a.i.)/hm²]	药后3d		药后7d	
	防效/%	差异显著性	防效/%	差异显著性
10%SYP-10868乳油75	91.45	bB	94.59	bB
10%SYP-10868乳油105	92.50	bAB	95.72	bAB
10%SYP-10868乳油150	94.72	aA	97.76	aA

续表

药剂处理/[g(a.i.)/hm²]	药后 3d		药后 7d	
	防效/%	差异显著性	防效/%	差异显著性
10%三氟甲吡醚乳油 105	61.41	cC	79.78	cC
20%氯虫苯甲酰胺悬浮剂 30	61.53	cC	76.31	cC
2.5%联苯菊酯水乳剂 11.25	90.44	bB	95.28	bAB

4.10.6 专利情况

SYP-10868 化合物专利情况见表 4-151。

表 4-151 SYP-10868 化合物专利

序号	申请号	申请日	公开号	公开日	专利号	授权日
1	ZL200810227711.7	2008-11-28	CN101747276A	2010-06-23	CN101747276B	2011-09-07
2	200980138131.3	2009-11-25	CN102216294A	2011-10-12	CN102216294B	2013-08-28
3	US200913121334	2009-11-25	US2011178149A1	2011-07-21	US8222280B2	2012-07-17
4	BR2009PI22073	2009-11-25	BRPI0922073(A2)	2015-08-11		
5	PCT/CN2009/075131	2009-11-25	WO2010060379(A1)	2010-06-03		

4.11 化合物 SYP-3409 的创制

4.11.1 创制过程

小菜蛾［*Plutella xylostella*(L)］是十字花科蔬菜上的一种重要的世界性害虫，由于其繁殖速度快，世代重叠严重，很容易对杀虫剂产生抗药性。如近期新开发的超高效且具有全新作用机制的鱼尼丁受体抑制剂类（ryanodine receptor）杀虫剂氯虫苯甲酰胺（chlorantraniliprole），小菜蛾也对其产生了抗药性。三氟甲吡醚是一个具有全新的但却未知的作用机制的新杀虫剂，其对棉花和蔬菜上的鳞翅目害虫和缨翅目害虫均有很优异的活性，且对作物安全，对其他常用杀虫剂产生抗性的棉铃虫和小菜蛾效果非常优异。三氟甲吡醚对有益昆虫安全，对各种节肢动物的影响很小。这些优异的特点也引起了我们的研究兴趣，从而对该类化合物进行了研究。

我们在前期对吡氟禾草灵（fluazifop-butyl）类化合物的研究过程中合成了一系列芳氧基苯酚的中间体，这类中间体在农药上应用非常广泛，无论是作为杀虫剂的吡丙醚（pyriproxyfen）、苯氧威（fenoxycarb）、氟虫脲（flufenoxuron）、氟啶脲（chlorfluazuron），还是作为除草剂的禾草灵（diclofop-methyl）、氟吡甲禾灵（haloxyfop-methyl）、吡氟禾草灵（fluazifop-butyl），还有作为杀菌剂的噁唑菌酮（famoxadone），均含有苯氧基苯基（图 4-56）。因此我们考虑利用中间体衍生化法中最为经典的替换法，使用芳氧基苯基替换三氟甲吡醚的 B 部分，即吡啶基部分，从而合成了一系列的芳氧基二氯丙烯醚类化合物（图 4-57）。

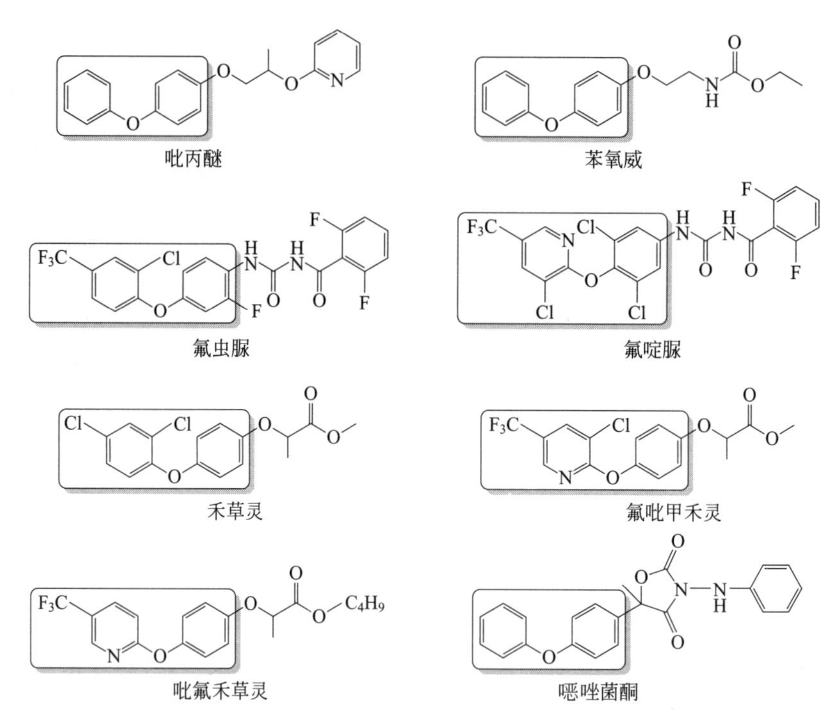

图 4-56　含有芳氧基苯基的商品化品种

图 4-57　芳氧基苯基二氯丙烯醚类化合物的设计

杀虫剂吡丙醚和苯氧威均为保幼激素类的几丁质合成抑制剂，具有内吸转移活性，低毒、持效期长，对作物安全，对鱼类低毒，对生态环境影响小。同样对鳞翅目和缨翅目害虫具有很好的防效。所以首先是合成了吡丙醚和苯氧威共同的中间体苯氧基苯酚，然后利用中间体衍生化中的替换法用苯氧基苯基来替换吡啶基，也就得到了化合物 **4-196a**，虽然化合物 **4-196a** 确实对小菜蛾具有很好的防效，在 100mg/L 浓度下防效为 90%（表 4-152），但明显低于三氟甲吡醚的防效，也远低于预期。随后为了提高其活性，对该化合物进行进一步优化，我们采用 Topliss 方法对苯环上的取代基进行优化，因此合成了化合物 **4-196c**（4-Cl）、**4-196b**（4-CH_3）、**4-196d**（4-OCH_3），然而活性相对于化合物 **4-196a** 并无明显

表 4-152 化合物 4-196、4-197 对小菜蛾的防效

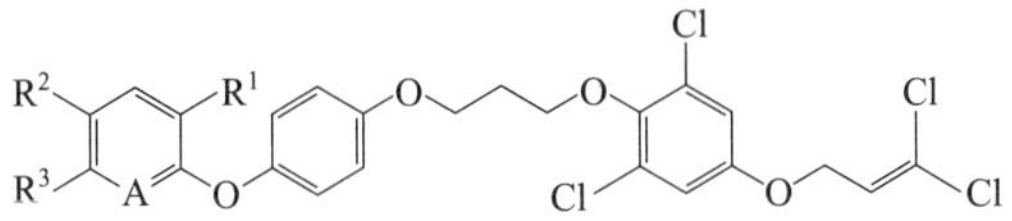

化合物	A	R^1	R^2	R^3	小菜蛾致死率/%	
					100mg/L	10mg/L
4-196a	CH	H	H	H	90	10
4-196b	CH	H	CH_3	H	67	48
4-196c	CH	H	Cl	H	60	35
4-196d	CH	H	OCH_3	H	92	33
4-196e	CH	Cl	CH_3	H	17	0
4-196f	CH	Cl	Cl	H	77	5
4-196g	CH	H	NO_2	H	77	65
4-196h	CH	H	CF_3	H	75	0
4-196i	CH	Cl	NO_2	H	67	25
4-196j	CH	Cl	CF_3	H	12	10
4-196k	C-NO_2	H	CF_3	H	75	22
4-196l	C-Cl	Cl	CF_3	H	54	0
4-196m	C-Cl	Cl	NO_2	H	0	0
4-197a	N	H	H	H	95	23
4-197b	N	H	Cl	H	90	53
4-197c	N	H	NO_2	H	95	55
4-197d	N	H	CN	H	85	82
4-197e	N	H	CF_3	H	100	100*
4-197f	N	Cl	H	H	84	10
4-197g	N	Cl	CF_3	H	100	75*
4-197h	N	Cl	Cl	H	92	70
4-197i	N	F	Cl	H	90	10
4-197j	N	Cl	CH_3	H	100	0
4-197k	N	Cl	Cl	Cl	80	10
三氟甲吡醚					100	75

注：标“*”的为 6.25mg/L 浓度下。

提高。随后进一步合成了一些带有吸电子基团的单取代、双取代或三取代的化合物。通过活性比较可以看出，尽管有一些化合物例外，但是总体上来看当 R^2 为 CF_3 和 NO_2 等吸电子基团时，活性明显优于其他化合物。在农药化合物的优化中为了得到更好的活性，苯基经常被三氟甲基取代的吡啶替换，因此通过引入前期合成的氟吡甲禾灵、吡氟禾草灵中间体 5-CF_3-吡啶氧基苯基、2-Cl-5-CF_3-吡啶氧基苯基来替换化合物 **4-196a～4-196m** 的苯基合成了化合物**4-197e**和 **4-197g**，惊喜地发现活性得到了大幅度提升，6.25mg/L 对小菜蛾防效分别为 100%和75%。因此为了得到更高活性的化合物我们引入了更多的吡啶氧基苯基的结构，合成了化合物 **4-197a**、**4-197b**、**4-197c**、**4-197d**、**4-197f**、**4-197h**、**4-197i**、**4-197j**、**4-197k**。然而令人失望的是结构的变化并未提升活性，反而有所降低。尽管合成了很多化合物，但很难得到一个确切的结构活性构效关系，仅仅从大的趋势上可以看出 C 部分取代基对杀虫活性的影响为 A：N＞CH；R^2：CF_3＞NO_2＞CN＞其他。

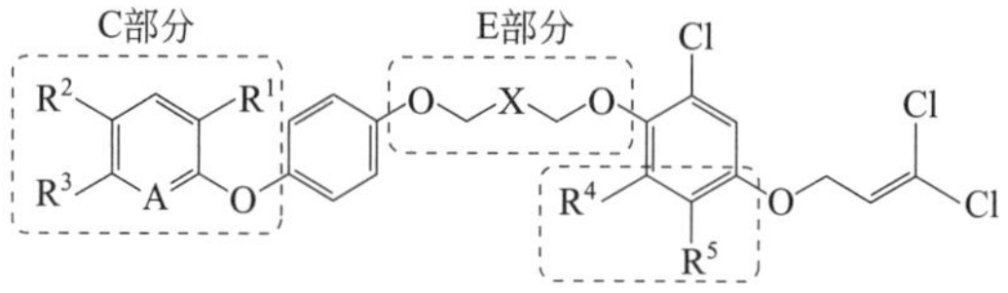

C部分 E部分 D部分

为了进一步研究构效关系，根据前面的结论固定 A 为 N，R^2 为 CF_3，变化 R^1 和 D 部分（表 4-153)。化合物 **4-197e** 和 **4-197g**（R^4＝Cl，R^5＝H）比其他化合物（R^4＝R^5＝H＞R^4＝R^5＝Cl）表现出了对小菜蛾更为优异的防效，同时也优于商品化品种三氟甲吡醚。因此可以推断 D 部分的构效关系为 R^1：H＞Cl；R^4＝Cl，R^5＝H＞R^4＝R^5＝H＞R^4＝R^5＝Cl。随后进一步固定 A 为 N，R^2 为 CF^3，R^4 为 Cl，R^5 为 H，改变 E 部分的碳链，如表 4-154 所示。化合物 **4-197e**（X＝CH_2，100%）比化合物 **4-198**（X＝1,1-vinyl，20%）在 10mg/L 浓度下对小菜蛾表现出更为优异的活性。综上我们选出了杀虫活性最为优异的化合物 **4-197e**，其在 6.25mg/L 浓度下对小菜蛾防效为 100%，而在同等剂量下商品化品种三氟甲吡醚防效仅为 50%（表 4-154)。

表 4-153　化合物 4-197e、4-197g、4-197l～4-197o 对小菜蛾的防效

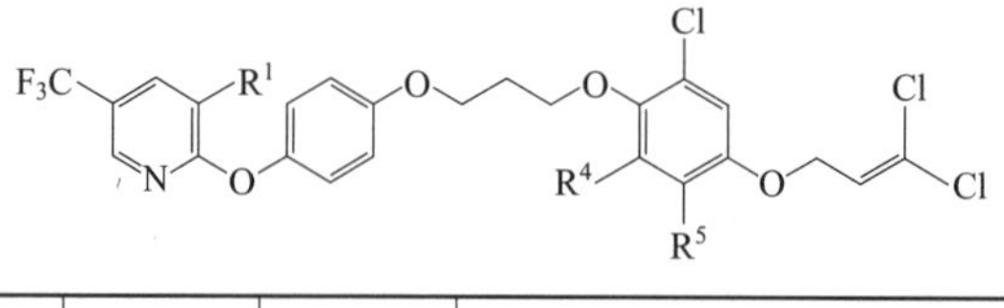

化合物	R^1	R^4	R^5	小菜蛾致死率/%			
				600mg/L	100mg/L	10mg/L	6.25mg/L
4-197e	H	Cl	H	100	100	100	100
4-197g	Cl	Cl	H	100	100	90	75
4-197l	H	H	H	100	80	20	—
4-197m	Cl	H	H	100	80	20	—
4-197n	H	Cl	Cl	100	50	20	—
4-197o	Cl	Cl	Cl	80	30	0	—
三氟甲吡醚				100	100	75	50

表 4-154 化合物 4-197e 和 4-198 对小菜蛾的防效

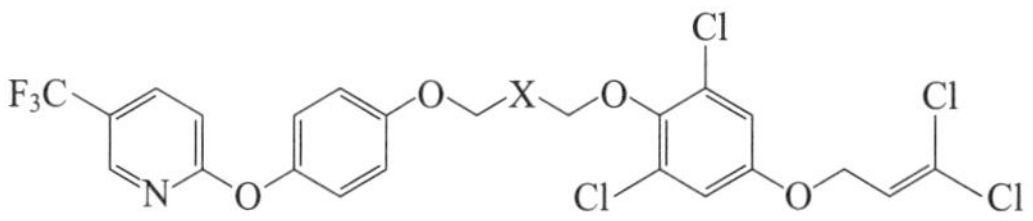

化合物	X	小菜蛾致死率/%		
		100mg/L	10mg/L	6.25mg/L
4-197e	CH_2	100	100	100
4-198	CH_2	80	20	—
三氟甲吡醚		100	75	50

4.11.2 合成方法

中间体及最终产物的合成方法见图 4-58。以对苯二酚为起始原料先是和四氯丙烷反应，随后经过磺酰氯氯化得到中间体 **4-199a**～**4-199c**。

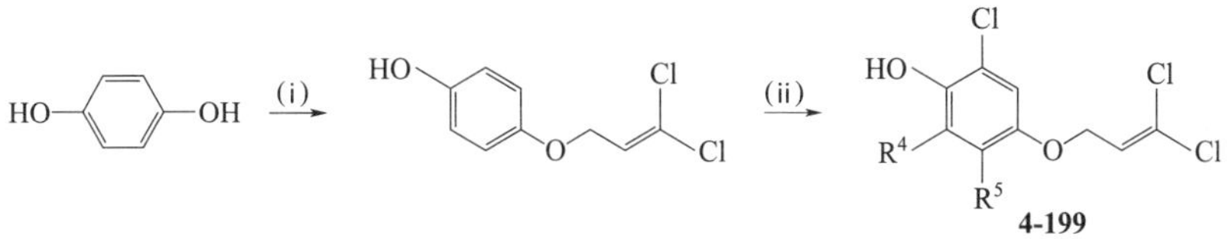

4-199

4-199a R^4=Cl, R^5=H
4-199b R^4=H, R^5=H
4-199c R^4=Cl, R^5=Cl

图 4-58 化合物 **4-199** 的合成

试剂和反应条件：（ⅰ）1,1,1,3-四氯丙烷；（ⅱ）二正丁胺，SO_2Cl_2，甲苯，室温。

芳氧基苯酚化合物 **4-202b**～**4-202m** 和化合物 **4-203a**～**4-203k** 可按照如图 4-59 所示的两种方法合成。芳氧基苯酚化合物 **4-202b**～**4-202f** 可以由芳氧基苯甲醛化合物 **4-201b**～**4-201f** 利用 Baeyer-Villiger 氧化/水解反应通过与间氯过氧苯甲酸反应得到，收率一般在 50%～85%。当 R^2 为非强吸电子基且 A 为碳原子的时候，相应的芳氧基苯甲醛化合物 **4-201b**～**4-201f** 可以通过苯酚 4(X＝OH) 与对氟苯甲醛在碱性条件下反应得到，收率为 45%～80%。当 R^2 为强吸电子基

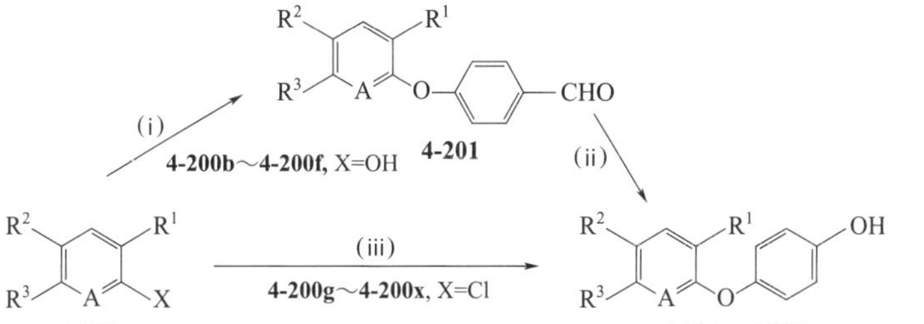

(i) **4-200b**～**4-200f**, X=OH **4-201** (ii)

(iii) **4-200g**～**4-200x**, X=Cl

4-200 **4-202**、**4-203**

图 4-59 化合物 **4-202**、**4-203** 的合成

试剂和反应条件：（ⅰ）K_2CO_3，回流；（ⅱ）*m*-CPBA，氯仿，室温；（ⅲ）DMF，K_2CO_3，室温。

团或A=N时，芳氧基苯酚化合物**4-202g**～**4-202m**和化合物**4-203a**～**4-203k**可以通过氯代苯或氯代吡啶化合物**4-200**与对苯二酚在碱性条件下得到，收率为50%～95%。

目标化合物**4-205a**～**4-205m**以及化合物**4-206a**～**4-206q**可如图4-60所示合成：中间体**4-199a**～**4-199c**与1,3-二溴丙烷在碱性条件下进行缩合反应，随后与芳氧基苯酚化合物**4-202a**～**4-202m**或化合物**4-203a**～**4-203k**在碱性条件下反应得到目标化合物**4-205a**～**4-205m**和化合物**4-206a**～**4-206q**。

4-199a～**4-199c**

4-199a: R^4=Cl, R^5=H
4-199b: R^4=H, R^5=H
4-199c: R^4=Cl, R^5=Cl

4-204a～**4-204c**

4-204a: R^4=Cl, R^5=H
4-204b: R^4=H, R^5=H
4-204c: R^4=Cl, R^5=Cl

4-205a～**4-205m**, **4-206a**～**4-206q**

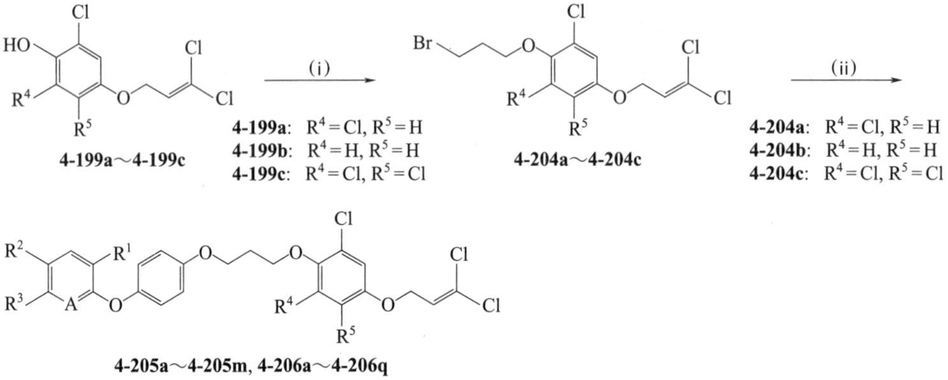

图4-60　化合物**4-205**、**4-206**的合成

试剂和反应条件：(ⅰ) DMF，1,3-二溴丙烷，K_2CO_3，1h，室温；
(ⅱ) CH_3CN，化合物4-202或4-203，K_2CO_3，1h，回流。

化合物**4-198**是先正达公司在专利WO2005019147中报道的具有杀虫活性的化合物，其在结构上与化合物**4-197e**最为相似。同样的化合物**4-198**是由吡啶氧基苯酚**4-203e**和3-氯-2-(氯甲基)丙-1-烯和化合物**4-204e**相继缩合反应得到的(图4-61)。

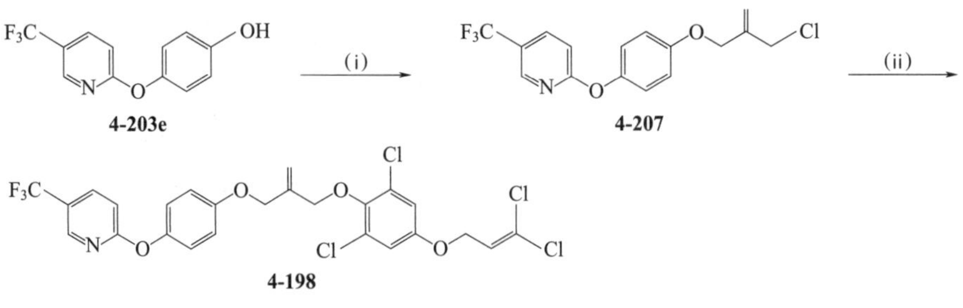

4-203e　**4-207**　**4-198**

图4-61　化合物**4-198**的合成

试剂和反应条件：(ⅰ) CH_3CN，3-氯-2-(氯甲基)丙-1-烯，K_2CO_3，4h，
回流；(ⅱ) CH_3CN，化合物**4-204a**，K_2CO_3，1h，回流。

化合物**4-206e**即SYP-3409，其合成是以2-氯-5-三氟甲基吡啶为原料，经过缩合、醚化，再缩合得到产品，经工艺优化总收率达到70%（2-氯-5-三氟甲基吡啶）以上，产品含量稳定在95%以上。合成路线如下：

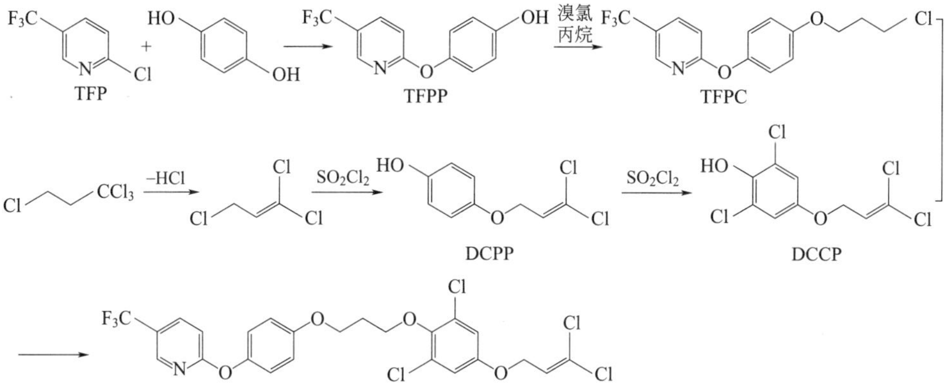

中间体 2,6-二氯-4-(3,3-二氯烯丙氧基) 苯酚 (DCPP) 的合成收率达到 75%，含量 95%以上。

2,6-二氯-4-(3,3-二氯烯丙氧基) 苯酚 (DCPP) 的平均收率为 92.5%，平均含量为 90%。

4-(3-三氟甲基吡啶) 苯酚中间体 (TFPP) 的合成含量为 95%以上，收率为 90%。

中间体 3-[4-(5-三氟甲氧基吡啶氧基)]苯氧基丙基氯 (TFPC) 合成，含量为 90%，收率为 92%。

最终产物 SYP-3409 定量含量为 95.8%，精制收率为 94.6%，总收率为 86.2% (以 TFPC 计)。

4.11.3 单晶衍射

晶体学数据可以使用 Bruker SMART 1000 CCD 单晶衍射仪在 Mo-Ka 辐射 113(2)K (λ=0.71073 Å，1Å=10^{-10}m) 处收集。晶体学数据通过洛伦兹和极化因素修正，并吸收利用实证扫描数据。结构使用 SHELX 系统进行解析，并通过基于 F2 的全矩阵最小二乘方法进行修正，同时通过各向异性热参数修正无氢原子。氢原子均处于理论上的分布，并未进一步优化改进。晶体学数据和结构精修参数均列在图 4-62 和表 4-155 中。

表 4-155 化合物 SYP-3409 晶体结构数据和精修参数

分子式	$C_{24}H_{18}Cl_4F_3NO_4$	γ/(°)	90.00
分子量	583.19	体积/$Å^3$	2504.9(10)
T/K	113(2)	单位晶胞中所含分子个数 Z	4
晶型	单斜	计算密度/(g/cm^3)	1.546
空间群	P2(1)/C	吸收系数/mm^{-1}	0.528
a/Å	8.777(2)	单胞中电子的数目	1184
b/Å	8.0042(18)	衍射点收集	22252
c/Å	35.670(8)	独立衍射点	5991 [R(int)=0.0515]

续表

分子式	$C_{24}H_{18}Cl_4F_3NO_4$	γ/(°)	90.00
α/(°)	90.00	对于可观测衍射点的残差因子 R 值 [$I>2\sigma(I)$]	$R_1=0.0458$，$wR_2=0.1205$
β/(°)	91.759(4)	对于全部衍射点的残差因子 R 值	$R_1=0.0578$，$wR_2=0.1355$

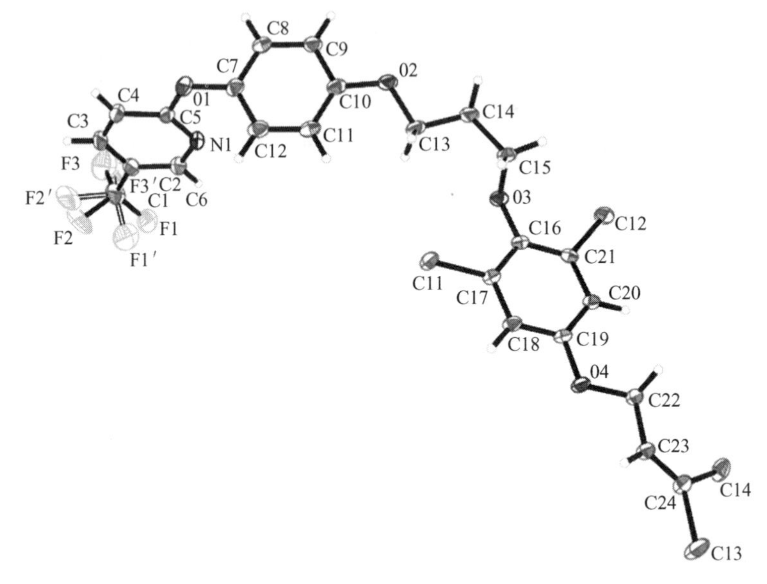

图 4-62　化合物 SYP-3409 的晶体结构

4.11.4　生物活性

室内活性测定结果表明，化合物 SYP-3409 对小菜蛾、甜菜夜蛾的杀虫活性略优于同类对照药剂三氟甲吡醚；对黏虫、斜纹夜蛾、美国白蛾的活性略低于同类对照药剂三氟甲吡醚；对家蝇幼虫活性明显优于同类对照药剂三氟甲吡醚。

混剂配方筛选结果表明，化合物 SYP-3409 与茚虫威、氰氟虫腙、阿维菌素、多杀菌素、甲维盐、氟虫腈、丁烯氟虫腈、虫螨腈、毒死蜱、除虫脲、高效氯氟氰菊酯、高效氟氯氰菊酯、甲氰菊酯、醚菊酯、溴氰菊酯、乙氰菊酯、联苯菊酯、吡虫啉、啶虫脒混用在一定配比范围内表现出增效作用。

田间试验表明，SYP-3409 对十字花科蔬菜小菜蛾、菜青虫、甜菜夜蛾防效较好，相当或优于同类对照药剂三氟甲吡醚，对小菜蛾和菜青虫的防效优于商品药剂氰氟虫腙，与氯虫苯甲酰胺、茚虫威和阿维菌素在常规用量下的防效基本相当；对茶尺蠖的防效优于同类对照药剂三氟甲吡醚和生产上常用对照药剂联苯菊酯，与氯虫苯甲酰胺防效相当；对大葱根蛆、稻水象甲、豇豆斑潜蝇、水稻蓟马、棉盲蝽和黄瓜烟粉虱防效较好，需要进一步验证；对美国白蛾、大豆食心虫、茄蓟马有一定的控制作用，但防效低于生产上常用对照药剂；对氯虫苯甲酰胺、阿维菌素和甲维盐等产生抗性的害虫防效较好（如广东的小菜蛾、甜菜夜蛾；广西地区的小菜蛾、武汉的小菜蛾等）；对作物安全。推荐防治靶标为十字花科蔬菜小菜蛾、菜青虫和甜菜夜蛾，田间使用剂量为 105～150g(a.i.)/hm^2。

4.11.4.1 室内生物活性研究

室内活性测定结果表明，SYP-3409 对小菜蛾、甜菜夜蛾的杀虫活性略优于同类对照药剂三氟甲吡醚；对黏虫、斜纹夜蛾、美国白蛾的活性略低于同类对照药剂三氟甲吡醚；对家蝇幼虫活性明显优于同类对照药剂三氟甲吡醚。部分测试结果如表 4-156 所示。

表 4-156 SYP-3409 对家蝇幼虫活性测定结果（72h）

药剂名称	回归方程($Y=a+bX$)	LC_{50}/(mg/L)	95%置信限/(mg/L)
90%SYP-3409 原药	$Y=2.0746+3.5324X$	6.7324	5.0871～8.7554
92%三氟甲吡醚原药	$Y=2.7355+1.3235X$	51.3993	29.217～192.032

SYP-3409 对小菜蛾的活性随温度的升高而有所提高。因此，SYP-3409 属正温度系数类型的化合物，而且随着温度的升高，活性升高幅度大于对照药剂三氟甲吡醚。活性测定结果如表 4-157 所示。

表 4-157 不同温度条件下对小菜蛾的活性测定结果（72h）

温度	药剂名称	回归方程($Y=a+bX$)	LC_{50}/(mg/L)	95%置信限/(mg/L)
15℃	90%SYP-3409 原药	$Y=2.5255+1.7242X$	27.2397	15.6493～176.3714
	92%三氟甲吡醚原药	$Y=1.6480+2.7408X$	16.7095	12.1983～30.8052
25℃	90%SYP-3409 原药	$Y=2.3372+2.8784X$	8.4156	6.3196～11.0233
	92%三氟甲吡醚原药	$Y=2.4308+2.4347X$	11.3568	8.4609～16.9349
35℃	90%SYP-3409 原药	$Y=3.6188+2.3410X$	3.8903	1.5786～5.7388
	92%三氟甲吡醚原药	$Y=3.2671+2.5484X$	4.7861	2.5769～6.6069

SYP-3409 在温室条件下的持效期在 12d，与对照药剂三氟甲吡醚的持效性基本相当。SYP-3409 乳油有较好的耐雨水冲刷性，施药后 0.5～1h 之间降雨，对药剂活性略有影响，2～6h 降雨与未降雨处理相比，活性差异不明显，而且制剂与原药之间趋势相一致。结果见表 4-158。

表 4-158 SYP-3409 耐雨水冲刷试验结果（72h）

药剂名称	处理/(mg/L)	不同时间降雨时黏虫死亡率/%					
		0.5h	1h	2h	4h	6h	未降雨
10%SYP-3409 乳油	8	77.8	86.7	90	93.1	90	90
90%SYP-3409 原药	8	86.7	92.9	89.7	93.1	90	93.5

混剂配方筛选结果表明：SYP-3409 与菊酯类杀虫剂如高效氯氟氰菊酯、高效氟氯氰菊酯、氟氯氰菊酯、氯氰菊酯、联苯菊酯、溴氰菊酯、甲氰菊酯、醚菊酯等，以及氰氟虫腙虱螨脲、毒死蜱、茚虫威、阿维菌素、甲维盐、多杀菌素、

虫螨腈、氯虫苯甲酰胺、除虫脲等混用防治鳞翅目害虫具有很好的增效作用；与吡虫啉、啶虫脒混用对棉蚜成若蚜混合群体测定结果也显示具有增效作用。

4.11.4.2 田间药效试验结果

田间试验结果表明：SYP-3409 对十字花科蔬菜小菜蛾、菜青虫、甜菜夜蛾防效较好，相当或优于同类对照药剂三氟甲吡醚，对小菜蛾和菜青虫的防效优于商品药剂氰氟虫腙，与氯虫苯甲酰胺、茚虫威和阿维菌素在常规用量下的防效基本相当；茶尺蠖防效优于同类对照药剂三氟甲吡醚和生产上常用对照药剂联苯菊酯，与氯虫苯甲酰胺防效相当；对大葱根蛆、稻水象甲、豇豆斑潜蝇、水稻蓟马、棉盲蝽和黄瓜烟粉虱防效较好；对美国白蛾、大豆食心虫、茄蓟马有一定的控制作用；对氯虫苯甲酰胺、阿维菌素和甲维盐等产生抗性的害虫防效较好（如广东的小菜蛾、甜菜夜蛾；广西地区的小菜蛾试验、武汉的小菜蛾等）；对作物安全。推荐防治靶标为十字花科蔬菜小菜蛾、菜青虫和甜菜夜蛾，田间使用剂量为 105～150g(a.i.)/hm^2。部分试验结果见表 4-159～表 4-164。

表 4-159　10%SYP-3409 EC 对甘蓝小菜蛾的防治效果（吉林长春，2011）

处理剂量/[g(a.i.)/hm^2]	药后 1d		药后 3d		药后 7d	
	防效/%	差异显著性	防效/%	差异显著性	防效/%	差异显著性
10%SYP-3409 乳油 75	81.7	aA	96.3	aA	87.6	aA
10%SYP-3409 乳油 105	88.3	aA	94.2	aA	89.5	aA
10%SYP-3409 乳油 150	92.1	aA	96.6	aA	81.9	aA
10%三氟甲吡醚乳油 105	87.6	aA	94.1	aA	84.3	aA

表 4-160　10%SYP-3409 乳油防治茶尺蠖试验结果（浙江杭州，2012）

处理剂量/[g(a.i.)/hm^2]	药后 1d		药后 3d		药后 7d	
	防效/%	差异显著性	防效/%	差异显著性	防效/%	差异显著性
10%SYP-3409 乳油 75	83.8	abA	90.1	abA	82.8	abA
10%SYP-3409 乳油 105	79.8	abA	97.5	aA	95.0	aA
10%SYP-3409 乳油 150	73.6	abA	96.9	aA	93.3	aA
10%三氟甲吡醚乳油 105	66.2	bB	66.7	cB	51.6	bA
20%氯虫苯甲酰胺悬浮剂 30	71.4	bB	89.3	abA	71.1	abA
25g/L 联苯菊酯乳油 11.25	88.9	aA	85.0	bAB	78.8	abA

表 4-161　10%SYP-3409 乳油防治斜纹夜蛾试验结果（浙江杭州，2012）

处理剂量/[g(a.i.)/hm^2]	药后 3d		药后 7d	
	防效/%	差异显著性	防效/%	差异显著性
10%SYP-3409 乳油 75	86.6	bcA	87.0	bA
10%SYP-3409 乳油 105	92.3	abA	95.0	abA
10%SYP-3409 乳油 150	97.3	aA	97.7	aA
10%三氟甲吡醚乳油 105	93.6	abA	94.9	abA

表 4-162 10%SYP-3409 乳油防治棉铃虫试验结果（安徽合肥，2012）

处理剂量/[g(a.i.)/hm²]	药后 3d		药后 7d		药后 10d	
	防效/%	差异显著性	防效/%	差异显著性	防效/%	差异显著性
10%SYP-3409 乳油 75	66.48	dB	71.11	aA	87.37	aA
10%SYP-3409 乳油 105	68.62	dB	73.09	aA	91.18	aA
10%SYP-3409 乳油 150	73.16	cB	81.88	aA	96.04	aA
10%三氟甲吡醚乳油 105	83.69	aA	83.70	aA	94.30	aA
20%氯虫苯甲酰胺悬浮剂 30	79.39	bA	83.30	aA	93.15	aA

表 4-163 10%SYP-3409 乳油防治黄瓜斑潜蝇田间小区试验结果（辽宁沈阳，2012）

处理剂量/[g(a.i.)/hm²]	药后 3d		药后 7d		药后 10d	
	防效/%	差异显著性	防效/%	差异显著性	防效/%	差异显著性
10%SYP-3409 乳油 75	66.59	bc	73.24	bc	78.47	b
10%SYP-3409 乳油 105	70.04	b	73.98	bc	83.51	ab
10%SYP-3409 乳油 150	86.88	a	89.24	a	91.99	a
10%三氟甲吡醚乳 150	58.63	c	61.25	c	66.13	c
5%阿维菌素乳油 10.8	83.86	a	86.42	ab	90.89	a

表 4-164 25%SYP-3409 SC 防治大葱根蛆试验结果（辽宁沈阳，2013）

处理剂量/[g(a.i.)/hm²]	药前	药后 3d		药后 10d		药后 15d	
	受害率/%	受害率/%	防效/%	受害率/%	防效/%	受害率/%	防效/%
25%3409 SC 225	15.1	11.3	43.2a	5.7	79.7a	4	81.7a
25%3409 SC 450	11.7	10.8	46a	3.2	88.7a	3.1	85.8a
10%三氟甲吡醚 EC 450	12	11.4	42.7a	14.1	56b	15.7	40.4b
65%毒死蜱 EC 1200	14.6	8.7	56.5a	10.1	63.7b	10.2	53.8b
CK	14.1	20	—	27.9	—	22.1	—

4.11.5 专利情况

化合物 SYP-3409 于 2011 年 3 月 30 日申请专利，专利名称为芳氧基二卤丙烯醚类化合物与应用。专利情况见表 4-165。

表 4-165 化合物 SYP-3409 的专利情况

公开号	申请日	专利号	申请/授权日
WO2012130137	2012-03-28		2012-03-28
CN102718701A	2011-03-30	CN102718701B	2014-05-07
CN103201266A	2012-03-28	CN103201266B	2016-04-27
EP2692723A1	2012-03-28	EP2692723B1	2016-05-04

续表

公开号	申请日	专利号	申请/授权日
JP2014505659T	2012-03-28	JP5678200B2	2015-02-25
US20130303541	2013-07-12	US 8969332	2015-03-03
BR112013009415	2012-03-28		
IN2013MN00565	2013-03-22		

4.12 酰基乙腈类杀螨剂的创制

SYP-10898是采用新农药创制策略"中间体衍生化法"，以新型杀螨剂丁氟螨酯为起始先导化合物，进行了各个关键结构片段的替换与优化，通过设计并合成多个新型化合物，再经生物活性筛选、结构与活性关系研究而得到的。

利用"中间体衍生化法"，对结构中的有效片段进行替换，在新品种创制上提供了高效可行的创新思路，有助于解决本领域创新难度大、研发周期长、投资巨大等关键性、共性的技术难题。

4.12.1 创制过程

农业生产中的螨类，尤其是食植性害螨，它们吮吸植物汁液、取食农产品及其加工品等，一些种类还能传播有害病菌。在现代农业生产中，害螨的控制已经成为植物保护的重要议题，越来越引起人们的关注。我国的主要农业害螨约40种，主要类群包括叶螨、瘿螨、附线螨、粉螨等，可危害150多种作物，每年都给农林业生产造成极大损失。严重危害的作物包括柑橘、苹果、棉花和花卉等。农业害螨具有个体小、繁殖力强、时间周期短、活动范围小、适应性强、近亲交配率高、受药机会多、抗性问题严重等特点，是公认的最难防治的有害生物类群之一。害螨的发生和发展与环境因素有着密切的关系，而其本身的生物学特性也极为复杂。实践证明，对害螨的控制要依靠害虫综合治理的方式进行，使用杀螨剂是防治螨类的一个有效而重要的手段[171,172]。

杀螨剂的应用历史悠久，人们很早就用硫黄来杀灭农业中的有害螨类。近些年来，有机杀螨剂普遍使用，化学药剂已经成为防治螨类的常规手段。螨类由于繁殖快，很容易产生抗性，在实际应用中抗性因素影响着杀螨剂的使用寿命和使用量。早期开发的杀螨剂，例如菊酯类以及有机磷类抗性已经十分严重，这些药剂之间容易产生交互抗性。哒螨灵是近些年来防治螨类的主流药剂，但非常容易产生抗性，对柑橘全爪螨的最高抗性倍数达到33.04倍[172]。

开发出新作用机制的杀螨剂是近年来新农药开发中的热点。国外的农药公司在新杀螨剂方面的报道很多，从2000年之后投入商品化或正在开发农药品种的统计中，发现新杀螨剂达到9个，另外一些正在开发的杀虫剂也具有杀螨活性。

这 9 个新杀螨剂包括拜耳开发的季酮酸酯类杀螨剂螺螨酯（spirodiclofen）、螺甲螨酯（spiromesifen）、螺虫乙酯（spirotetramat），日本曹达开发的嘧螨酯（fluacrypyrim），日本日产化学开发的新型杀螨剂（cyenopyrafen），日本大冢化学开发的丁氟螨酯，日本住友化学开发的磺胺螨酯（amidoflumet），日本宇部兴产开发的嘧虫胺（flufenerim）、乙酰虫腈（acetoprole）[173]。

日本大冢化学开发的 2-酰基氰基乙酸类杀螨剂丁氟螨酯（cyflumetofen）结构新颖，与现有杀虫杀螨剂无交互抗性。这让我们非常感兴趣，以此为先导，开发新型的杀螨剂对螨类的防治将具有重要的意义。

SYP-10898 的具体创制过程如下：

(1) 先导化合物的发现[174,175] 以丁氟螨酯为先导化合物，结合已有文献的报道，进行了结构改造。通过对图 4-63 中 A 部分中的酰基取代基、B 部分的苯基取代基、C 部分的酯基取代基进行变化，初步探讨了结构与活性的关系。由于该类化合物报道的相对较少，通过对其结构进行修饰与改变，希望能发现具有独特作用性能的高活性杀螨化合物。

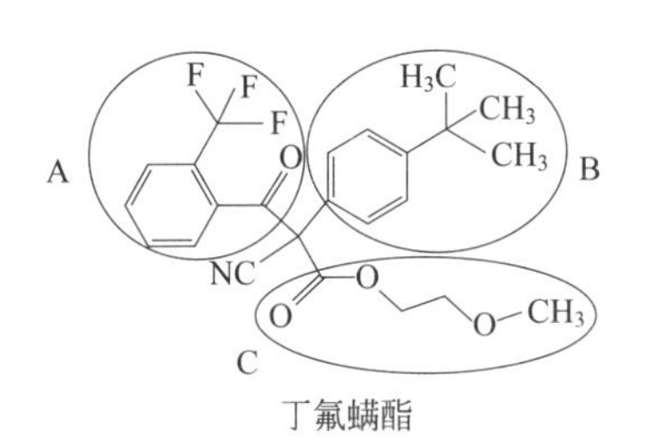

图 4-63 先导化合物的发现

经过化合物结构和生物活性的研究，当 A 部分为烷基取代基时，化合物的杀螨活性很低，而烷基上有芳基取代时，活性相对有所提高；当 A 为苯基时，苯环上取代基对活性影响显著，2 位为三氟甲基时，活性最高，当 2 位为体积更大的基团时，无论是非芳香环的吗啉取代基，还是芳香环的苯基，活性都急剧下降；当 A 为噻唑、吡唑、吡啶时，活性下降，为吡啶环时，在 600mg/L 浓度下无杀螨活性，但是却意外地发现化合物对甜菜夜蛾有很高的防效，值得进一步研究，这也是该类化合物首次报道有杀虫活性。

当 B 部分为苯环时，可以发现杀螨活性是 4-叔丁基＞3,4 二甲氧基＞硝基；当 B 部分为嘧啶环时，活性相对苯环下降，但为吡啶环时，化合物在 600mg/L 浓度下对朱砂叶螨活性为 100%；当苯环和其他结构之间为亚甲基时，仅有弱的杀螨活性，但是却发现这类化合物普遍对小麦白粉病有效，首次报道了这类化合物具有杀菌活性。

对 C 部分进行结构变化时，发现该部分的酯基部分对活性影响很大。当酯基中的甲基变成芳烃后，活性下降；甲氧基变为苯环后，意外地发现杀螨活性与丁氟螨酯相当，10mg/L 浓度下，对朱砂叶螨的防效达到 100%，该化合物为高杀螨活性化合物 SYP-10898。

（2）高活性化合物的优化　对 SYP-10898 的杀螨活性进行了优化，对 D 部分的苯环上的取代基进行了结构优化，通过结构优化，发现 4H＞4-CH_3、4-F＞4-Cl。

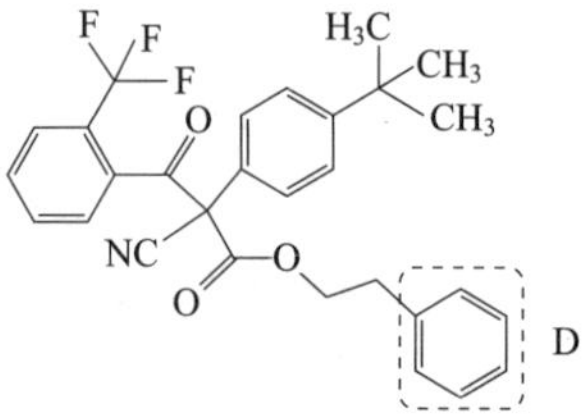

SYP-10898

在新杀螨剂的开发中，分子结构的脂溶性对杀螨活性的影响非常显著。在这个思路下，通过将丁氟螨酯结构中的甲氧基变成苯基，增加整个分子的脂溶性，发现了具有优良杀螨活性的新化合物 SYP-10898。

4.12.2　合成方法

SYP-10898 的制备方法是以对叔丁基氯苄为起始原料，进行氰化反应，然后进行酰基化，再进行酯交换反应，最后进行酰基化反应得到目标产物[174,176～178]。反应路线如图 4-64 所示。

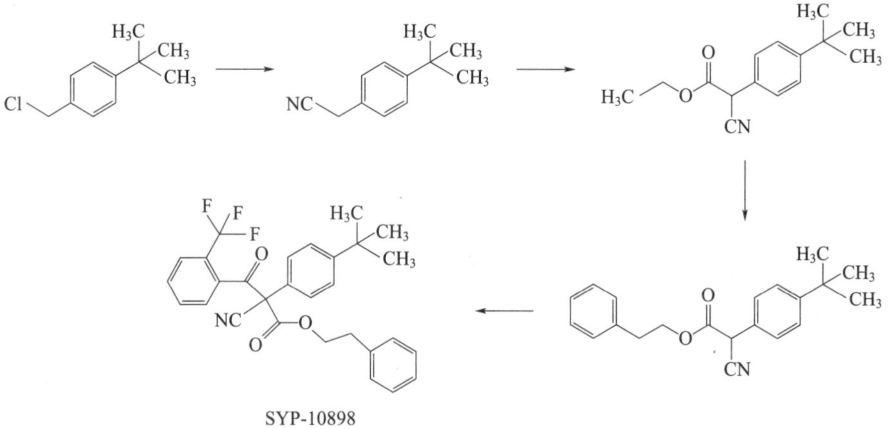

SYP-10898

图 4-64　SYP-10898 的合成路线

（1）对叔丁基苯乙腈的制备　称取 20g 氰化钠溶于 30mL 的水中，搅拌使之溶解，加入 100mL 的乙醇中。升温至 75℃，滴加 68g 对叔丁基氯苄，在 75～80℃下反应 8h。反应完毕，加入 30g 无水碳酸钾，调反应液 pH 为 8～9。减压蒸去乙醇，加 100mL 清水。用乙酸乙酯萃取（100mL×2），合并有机层，并用水洗（20mL×2）、饱和食盐水洗（20mL×2），用无水硫酸镁干燥。柱色谱分离得到 58.4g 油状物，收率 78.0%。

（2）2-(4-叔丁基苯基)-氰基乙酸乙酯的制备　称取氢化钠 3.5g（60%含量）

加入 500mL 的圆底烧瓶中，加入 120mL 干燥的四氢呋喃，15g 对叔丁基苯乙腈溶解到 10mL 四氢呋喃中，在 0～5℃，滴加到反应液中，20min 加毕，逐渐升至室温。又向其中缓慢滴加 12g 碳酸二乙酯溶于 100mL 四氢呋喃溶液，滴加完毕。加热回流，反应 4h，薄层色谱显示原料反应完全。蒸干溶剂，加少许清水，稀盐酸调节 pH 为 2 左右。乙酸乙酯萃取（200mL×2）、合并有机层，有机层水洗（30mL×2）、饱和食盐水洗（30mL×2），无水硫酸镁干燥，柱色谱分离得到黄色液体 12.8g，收率 60%。

（3）2-(4-叔丁基苯基)-氰基乙酸-2-(苯基)乙基酯的制备　称取 5g 2-(4-叔丁基苯基)-氰基乙酸乙酯、6g 2-苯基乙醇加入 100mL 的圆底烧瓶中，升温至 100℃，反应 12h。薄层色谱显示原料反应完全。向反应液中加少许水，用乙酸乙酯萃取（100mL×3），合并有机层。有机层水洗（20mL×2）、饱和食盐水洗（20mL×2），无水硫酸镁干燥。柱色谱分离得到白色固体 4.0g，熔点：56～58℃。

（4）2-(4-叔丁基苯基)-2-氰基-3-氧代-3-(邻三氟甲基苯基)-丙酸(2-苯基)乙基酯的制备　0.3g 氢化钠（60%含量）及 10mL 四氢呋喃加入 125mL 圆底烧瓶中，在 0～5℃范围内将溶于 10mL 四氢呋喃中的 1.6g 2-(4-叔丁基苯基)-氰基乙酸-2-(苯基)乙基酯滴加到反应液中，反应 30min 后，再将溶于 10mL 四氢呋喃中的 3.6g 2-(三氟甲基)-苯甲酰氯缓慢滴加到反应液中，滴加完毕，逐渐升温至室温，反应 4h。减压除去四氢呋喃，加入少许水，稀盐酸调节 pH 为 2 左右。乙酸乙酯萃取（30mL×2），合并有机相，并用水洗（20mL×2）、饱和食盐水洗（20mL×2），无水硫酸镁干燥。柱色谱分离得到目的物 2.3g，熔点：92～94℃。

4.12.3　生物活性

4.12.3.1　室内杀螨生物活性研究

对 SYP-10898 的杀螨生物活性进行了广泛而系统的研究，研究了对朱砂叶螨的毒力指数、棉红蜘蛛的毒力指数、朱砂叶螨的杀卵活性、对朱砂叶螨不同生长阶段活性测定、对朱砂叶螨的持效性，也研究了应用性能方面的内吸活性、渗透作用、向上传导活性、横向传导活性、温度对杀螨活性的影响。试验结果表明：SYP-10898 具有很好的杀螨活性。相关试验结果见表 4-166～表 4-169。

表 4-166　SYP-10898 对朱砂叶螨成螨的毒力测定（72h）

化合物	回归式($Y=a+bX$)	相关系数	LC_{50}/(mg/L)(95%置信区间)	毒力指数
SYP-10898	$Y=4.732+2.017X$	0.962	1.570(1.303～1.940)	1.81
丁氟螨酯	$Y=4.754+2.635X$	0.973	1.416(1.203～1.776)	2.01
嘧螨酯	$Y=4.884+1.984X$	0.978	1.145(1.059～1.238)	2.48
哒螨酮	$Y=4.371+1.842X$	0.975	2.840(2.227～3.983)	1.00

表 4-167　SYP-10898 对棉红蜘蛛的毒力测定（处理后 72h）

供试化合物	毒力回归方程式 ($Y=a+bX$)	相关系数	LC_{50}/(mg/L) (95%置信限)	RT(毒效比)
SYP-10898	$Y=4.9820+1.4806X$	0.9976	1.03(0.81～1.31)	2.03
嘧螨酯	$Y=5.0179+1.7338X$	0.9641	0.98(0.15～2.57)	2.13
哒螨酮	$Y=4.2873+2.2289X$	0.9824	2.09(1.32～3.31)	1.0

表 4-168　SYP-10898 对朱砂叶螨的杀卵活性测定（处理后 5d）

化合物	浓度/(mg/L)	平均抑制率/%
SYP-10898	5	65
	10	95
丁氟螨酯	5	85
	10	95
哒螨酮	2.5	100
	5	100

表 4-169　SYP-10898 对朱砂叶螨不同生长阶段活性测定结果

供试化合物	作用对象	回归方程	(LC_{50}/EC_{50})/(mg/L)	95%置信限
95% SYP-10898 TC	成螨	$Y=1.42+6.34X$	3.67	2.84～3.71
89% 丁氟螨酯 TC	成螨	$Y=3.48+2.26X$	4.73	3.55～7.71
95% SYP-10898 TC	若螨	$Y=4.84+0.92X$	1.49	0.98～2.63
89% 丁氟螨酯 TC	若螨	$Y=5.88+1.43X$	0.24	0.18～0.31
95% SYP-10898 TC	螨卵	$Y=2.72+6.07X$	18.76	16.91～23.71
89% 丁氟螨酯 TC	螨卵	$Y=0.99+4.18X$	9.12	8.36～9.97

4.12.3.2　田间试验研究

田间试验结果表明，SYP-10898 对苹果红蜘蛛、柑橘红蜘蛛、柑橘全爪螨、柑橘锈螨、苹果叶螨、棉叶螨和茄叶螨均有较好的防效，防效优于对照药剂哒螨酮，和对照药剂丁氟螨酯、炔螨特、螺螨酯、阿维菌素等基本相当。具体结果见表 4-170、表 4-171。

表 4-170　SYP-10898 防治苹果红蜘蛛田间验证试验（辽宁普兰店，2008）

化合物	浓度/(mg/L)	校正防效/%			
		3d	7d	14d	21d
SYP-10898	50	94.61	98.79	95.60	91.31
	100	96.96	97.74	97.36	93.29
	150	98.76	99.70	97.07	94.82

续表

化合物	浓度/(mg/L)	校正防效/%			
		3d	7d	14d	21d
丁氟螨酯	50	96.27	97.29	97.36	93.60
	100	97.10	99.70	98.53	95.12
哒螨酮	50	91.85	95.93	96.77	78.81
	100	95.86	95.48	97.07	78.20

表 4-171　SYP-10898 防治柑橘红蜘蛛田间验证试验（湖南江永，2008）

药剂	浓度/(mg/L)	校正防效/%			
		药后 3d	药后 7d	药后 14d	药后 21d
SYP-10898	200	97.66	96.65	100	100
	50	96.13	95.21	91.04	97.57
嘧螨酯	100	100.00	88.03	90.39	97.94
	50	100.00	77.62	93.20	98.23
哒螨酮	50	89.13	63.37	0	0
CK	—	0	0	0	0

4.12.4　专利情况

化合物 SYP-10898 的专利情况见表 4-172。

表 4-172　化合物 SYP-10898 专利情况

专利名称	申请号	申请日	专利号	授权日
取代氰基乙酸酯类化合物及其应用	200810116762.2	2008-07-17	ZL200810116762.2	2012-11-14

4.13　噻吩并嘧啶胺类杀菌杀虫剂的创制

噻吩并嘧啶胺类化合物是生物及医药活性很高的杂环化合物，具有十分重要的研究和应用价值。2006 年，道化学公司公开的专利 US20060089370 等报道的就是该类化合物的合成及其生物活性研究。其中化合物 **4-207** 在 200mg/L 条件下表现出较好的杀菌活性。

4.13.1　创制过程

（1）先导化合物的发现　本研究团队在前期工作中，合成了很多芳氧基吡啶乙胺类中间体。采用中间体衍生化法之替换法，将这些中间体替换道化学公司公开的噻吩并嘧啶类化合物 **4-207** 中的部分结构，设计合成了 **4-208** 和 **4-209** 类化合物，测试结果显示相关化合物具有很好的杀菌活性，同时兼具一定的杀虫活性。进一步结构优化研究仍在进行中。

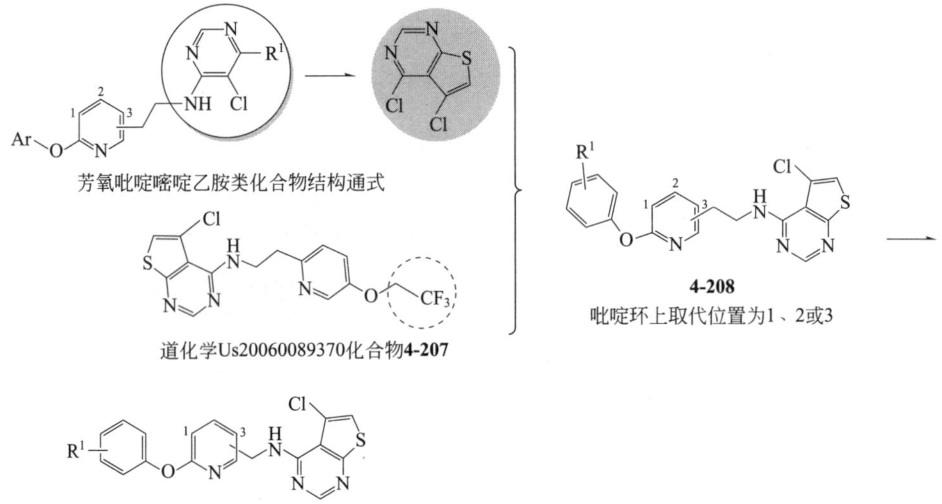

芳氧吡啶嘧啶乙胺类化合物结构通式

道化学Us20060089370化合物**4-207**

4-208

吡啶环上取代位置为1、2或3

4-209

吡啶环上取代位置为1或3

（2）苯环上取代基的结构优化　对吡唑环上取代基的优化分三部分进行：

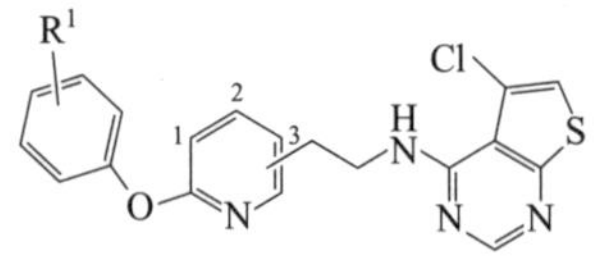

4-208

吡啶环上取代位置为1、2或3

首先对苯环上 R^1 展开了优化，合成了一系列结构（R＝Cl，R^2＝H 或 OCH_3）的化合物，发现当 R^1 为吸电子基团时，活性优于 R^1 为供电子基团，且 R^1 为卤素时活性较好，最终将 R^1 选定为对氯取代。

然后对吡啶环上的取代位置进行优化，合成了一系列结构（1、2 或 3 位取代）的化合物，发现该结构中吡啶环上取代位置为 2 位时，杀菌活性优异；吡啶环上取代位置为 1 位时活性次之，吡啶环上取代位置为 3 位时活性降低。

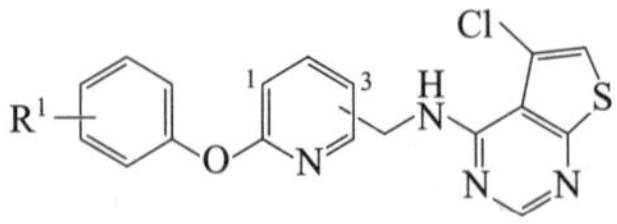

4-209

吡啶环上取代位置为1或3

最后，在保持结构 R^1＝Cl、吡啶环上的取代位置为 2 位的条件下，又考察了吡啶环和噻吩并嘧啶结构直接的碳链长度对活性的影响，发现碳链长度减少一个亚甲基后，部分杀菌活性明显降低。

（3）吡啶环结构优化发现高杀虫活性化合物　在杀菌活性研究中，通过结构优化设计的 **4-208** 和 **4-209** 类化合物具有一定的杀虫活性。其杀虫活性引起了我们高度重视，当将吡啶环替换为苯环后，杀虫活性有所提高，然后又对苯环上的取代基进行优化，最终发现化合物 SYP-25477 具有优异的杀虫效果。

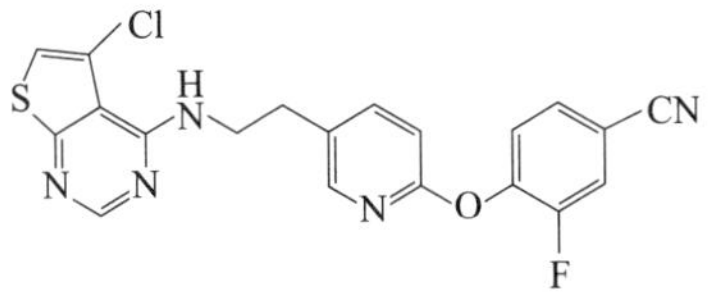

SYP-25477

4.13.2 合成方法

以除草剂中间体3,4-二氟苯腈为起始原料，经过如下反应所示的途径，即可制得所需要的化合物。

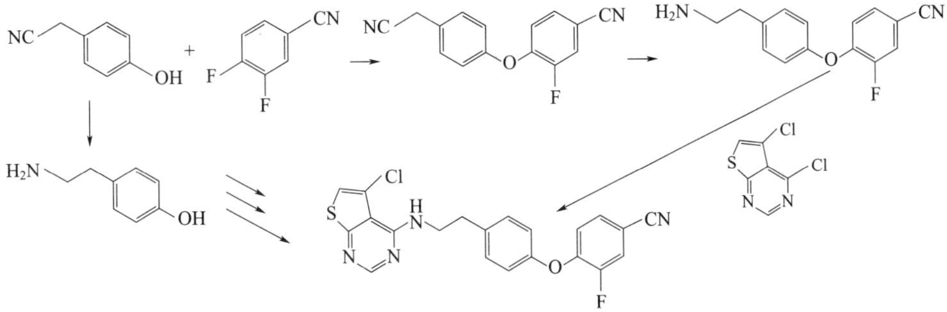

4.13.3 生物活性

噻吩并嘧啶类化合物除了具有较好的杀菌活性外，更重要的是表现了明显的杀虫、杀螨活性，可达到病虫兼治之目的。

（1）室内杀蚜虫活性　SYP-25477对桃蚜、棉蚜均表现了很好的防治效果，其中对桃蚜的LC_{50}为0.1453mg/L，明显优于对照药剂吡虫啉和啶虫脒，对棉蚜的防效与对照药剂相当。结果见表4-173、表4-174。

表4-173　桃蚜活性测定结果

供试药剂	桃蚜		
	直线回归方程式 $Y=a+bX$	LC_{50}值/(mg/L)	95%置信区间
SYP-25477	$Y=5.8059+0.9621X$	0.1453	0.0726～0.2297
吡虫啉	$Y=5.8153+1.4919X$	0.2841	0.2150～0.3506
啶虫脒	$Y=6.3821+2.1917X$	0.2341	0.1781～0.2871

表4-174　棉蚜活性测定结果

供试药剂	桃蚜		
	直线回归方程式 $Y=a+bX$	LC_{50}值/(mg/L)	95%置信区间
SYP-25477	$Y=5.8182+1.4177X$	0.2648	0.0854～0.4279
吡虫啉	$Y=5.7416+1.2563X$	0.2568	0.1535～0.3596
啶虫脒	$Y=5.7294+1.1174X$	0.2224	0.1405～0.3031

（2）室内杀螨活性　SYP-25477具有较好的杀螨活性，对螨虫的各个生长阶

段（成螨、幼螨、若螨、螨卵）都表现了较好的活性，其中对成螨的活性优于对照药剂三唑锡，对螨卵的效果明显优于螺螨酯，但对幼螨和若螨的活性较阿维菌素差。活性测定结果见表4-175～表4-177。

表4-175　室内杀成螨活性测定

供试药剂	回归方程($Y=a+bX$)	LC_{50}/(mg/L)	95%置信限/(mg/L)
SYP-25477	$Y=4.8788+1.5571X$	1.1963	1.0740～1.3325
三唑锡	$Y=3.2868+3.1715X$	3.4687	3.1091～3.866

表4-176　室内杀幼螨活性测定

供试药剂	浓度/(mg/L)	死亡率/%
SYP-25477	50	100
	5	100
	0.5	50.8
阿维菌素	0.1	100
	0.033	96.4
	0.011	91.3

表4-177　室内杀若螨活性测定

供试药剂	浓度/(mg/L)	死亡率/%
SYP-25477	50	100.0
	5	92.3
	0.5	38.6
阿维菌素	0.1	100
	0.033	87.4
	0.011	76.4

（3）防治蚜虫田间试验结果　SYP-25477田间试验结果表明，可以有效防治桃蚜和瓜蚜，在试验剂量下，其防治效果与市场上主流药剂效果相当。结果见表4-178。

表4-178　防治桃蚜的田间药效试验结果（武汉）

供试药剂	处理剂量/[g(a.i.)/hm^2]	防效/%			
		1d	3d	7d	10d
SYP-25477	30	78.38	99.11	99.42	99.75
	60	81.68	98.75	99.45	99.84
	120	79.74	98.95	99.77	99.37
10%吡虫啉WP	30	89.61	99.08	99.82	100
50%吡蚜酮WDG	60	80.02	96.21	97.65	99.07

4.13.4 专利情况

SYP-25477等化合物专利申请号：20141031819.9；申请日：2014-07-04；公开号：CN 105218557；公开日：2016-01-06；专利号：ZL20141031819.9；授权日：2018-02-02。

4.14 哒嗪酮类杀菌杀螨剂的创制

4.14.1 创制背景

哒嗪酮类化合物是一类具有良好生物活性的杂环化合物，在农药研究中占有重要的地位。天然产物中并不存在这个结构，1886年Fischer才采用乙酰丙酸苯腙自身缩合的办法首次合成了哒嗪酮。但哒嗪酮类化合物的研究一直发展比较缓慢，1949年，Schoene和Hoffmann首次报道4-羟基哒嗪酮具有强烈抑制植物细胞分裂的特性，并作为植物生长调节剂应用在农业生产中，1976年Bachman等也报道哒嗪酮类化合物具有降压等作用后，对它的研究才日益深入，合成了大量具有哒嗪酮环的化合物。此后，以哒嗪酮环为母体进行结构修饰为新农药创制开辟了新的领域。目前，已有许多商品化的哒嗪酮类农药，包括植物生长调节剂、除草剂、杀菌剂、杀虫（杀螨）剂、昆虫生长调节剂（IGRs）等。哒嗪酮类农药具有活性高、对环境友好、广谱生物活性等特点，在害虫综合防治和降低农药对环境污染方面发挥着重要作用。在已有的哒嗪酮类农药中，哒嗪酮2-*N*上取代基多为叔丁基和苯基。

哒嗪酮是在哒嗪环中含有羰基官能团的化合物，包括3-哒嗪酮和4-哒嗪酮两种异构体（如下图所示），也是一类具有良好生物活性的杂环化合物，在农业和医药界研究中均有着广泛的应用。

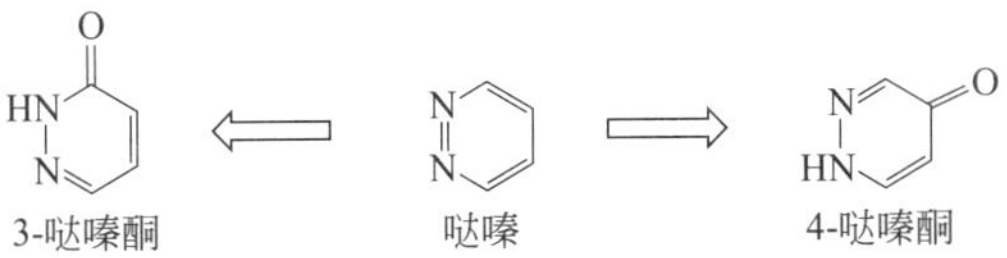

3-哒嗪酮　　哒嗪　　4-哒嗪酮

最早商品化的哒嗪类除草剂马来酰肼（抑芽丹，Maleic hydrazide），由顺丁烯二酸酐与水合肼制备，应用于防止土豆、洋葱、大蒜和萝卜等贮藏期发芽，并有抑制作物生长和延长开花的作用，也可用于非耕地除草，因其结构简单而引起人们的广泛注意，至今许多国家仍在使用。为了提高生物活性及选择性，对其结构的衍生和修饰研究一直没有间断过，先后出现了杀草敏、哒草特（pyridate）、醚草敏（credazine）、溴杀草敏、哒草灭等商品化的除草剂品种。

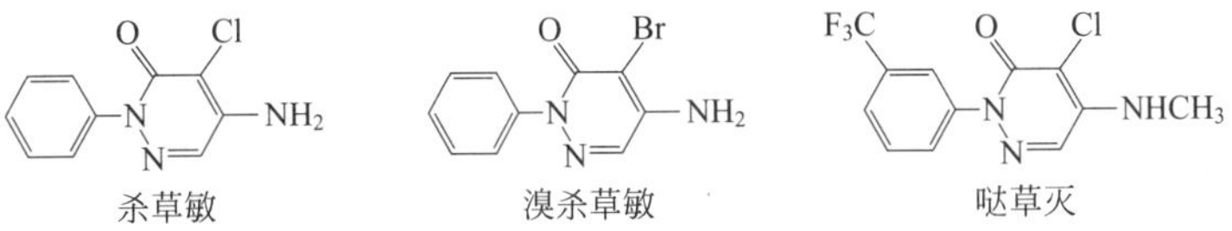

杀草敏　　溴杀草敏　　哒草灭

在1982年，巴斯夫公司开发出一种取代哒嗪酮衍生物（BASF13-388）。该化合物为2-苯基-4-氯-5-二甲氨基-3(2*H*)-哒嗪酮，经过一系列研究，发现能够抑制菠菜叶绿素的光合作用。后经过多年对种植植物的研究，证实了BASF13-388除草剂对叶绿素的光合作用具有良好的抑制作用。在国内，许寒等设计并合成一系列具有除草功能的三氟甲基苯基哒嗪酮，该类化合的结构式见下图。

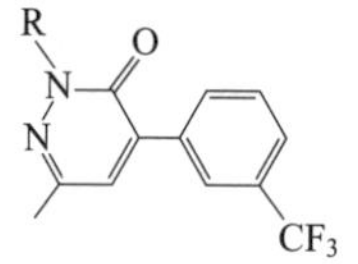

R=C_1～C_5 烷基、乙腈、乙酸乙酯基、丙烯基、丙炔、苯甲基等

后来，日本株式会社的研究员在哒嗪酮环的2位、4位、5位以及6位进行不同的取代，设计并合成了具有优良杂草控制作用的化合物（该化合物的通式见下图）。该化合物可用作农田的田地、水稻田、草坪、果园和非农田的除草剂。

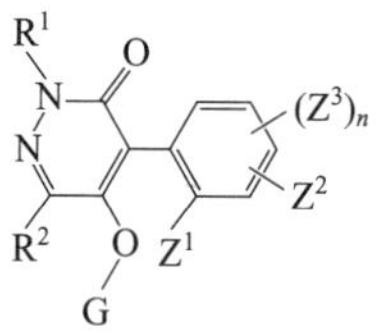

日本住友化学公司报道的含有哒嗪酮衍生物**4-210**的组合物对玉米、大豆田杂草显示出良好的除草活性。Furukawa等报道的化合物**4-211**对小野芝麻（*Lamium purpureum*）、宝盖草（*Lamium amplexicaule*）、野勿忘草（*Myosotis arvensis*）、狗牙根（*Cynodon dactylon*）、莎草（*Cyperus rotundus*）、问荆（*Equisetum arvense*）、稗草、狗尾草（*Setaria viridis*）、裂叶牵牛（*Pharbitis hederacea*）、田旋花（*Convolvulus arvensis*）等也有良好的防除效果，如化合物**4-211**(R^2＝CH_3、R^3＝H、Q＝2-F-4-Cl-5-丙氧基苯基）在用量为0.25kg/hm^2时能防除稗草，在药剂用量为0.5kg/hm^2时也能防除苘麻和裂叶牵牛。

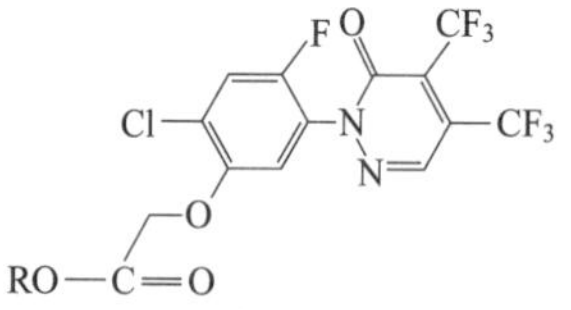

4-210 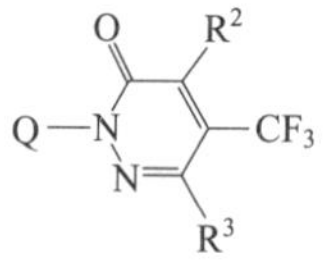　　**4-211**

R^2, R^3＝H, C_1～C_3烷基；
Q＝(非)取代苯基，吲哚基，苯并呋喃基等

2002年，曹松等报道化合物**4-212**具有一定的除草活性；2006年，杨华铮等报道含三氟甲基苯基取代的哒嗪衍生物**4-213**对马唐、稗草、油菜、苋菜具有一定的防除作用；另外，Xu等报道了化合物**4-214a**～**4-214o**对油菜、稗草、升马唐及反枝苋具有一定的防除效果，如化合物**4-214c**、**4-214l**在药剂用量为0.3kg/hm^2时对升马唐的防效分别为83.33%和97.83%。在0.6kg/hm^2的药剂用量下，化合物**4-214e**、**4-214g**、**4-214j**、**4-214k**对升马唐的苗前防除效果均大于90%；化合物**4-214c**、**4-214h**对反枝苋的苗后防除效果大于90%；另外，化

合物 **4-214j** 在 0.6kg/hm^{2}的用量下能抑制油菜生长。

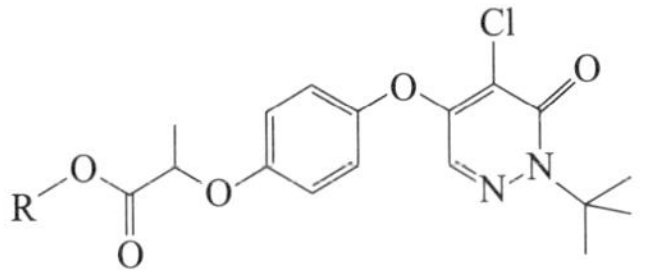

4-212 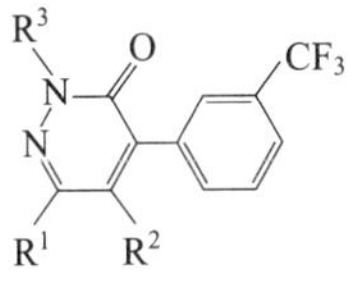　　**4-213**

R^1=H, 烷基，取代苯基，烷氧基，苯基烷氧基，羟基烷基，烷氧烷基，卤代烷基，硝基，氨基等；
R^2=H, 烷基，取代苯基，烷氧基，苯基烷氧基，羟基烷基，烷氧烷基，卤代烷基，硝基，氨基等；
R^1=H, 苄基，取代苄基，烷氧基，羟基烷基，烷氧烷基，卤代烷基，烯基等

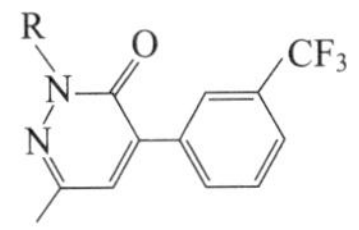

4-214a～4-214o

a: R = $CH_2COOC_2H_5$
b: R = $CH(CH_3)COOC_2H_5$
c: R = $COOC_2H_5$
d: R = SO_2CH_3
e: R = $CH_2OCH_2CH_2OCH_3$
f: R = CH_2CN
g: R = $CH_2CH=CH_2$
h: R = $CH_2C\equiv CH$
i: R = $CH_2C_6H_5$
j: R = CH_3
k: R = C_2H_5
l: R = $CH_2CH_2CH_3$
m: R = n-C_4H_9
n: R = n-C_5H_{11}
o: R = $CH_2CH_2CH(CH_3)CH_3$

以上对哒嗪衍生物在除草活性方面的应用作了简单的介绍，从含不同特征基团的哒嗪类化合物中可以看出：不少化合物表现出高效广谱的除草活性。其中，含有芳基及芳氧基取代的哒嗪酮类等就具有高效的除草活性；另外在哒嗪酮环中引入稠杂环、氰基丙烯酸酯等基团，化合物都表现出了良好的除草活性。

1971 年，三亚东井化学公司开发了硫代哒嗪衍生物哒嗪硫磷（pyridaphenthion)，也是最早商品化的哒嗪酮类杀虫剂，具有胃毒和触杀活性，对多种咀嚼式口器和刺吸式口器害虫均有较好效果，对水稻害虫的药效尤其突出，可防治稻纵卷叶螟、稻苞虫、飞虱、叶蝉、蓟马、稻瘿蚊等。对棉叶螨也有特效，对若螨、螨卵都有显著抑制作用，还可用于防治棉蚜、棉铃虫等。之后含哒嗪酮类化合物杀虫剂的开发在很长的一段时间内出现了停滞。但是，80 年代以后，对这类杀虫剂的开发出现了新的突破，尤其是日本，开发了一批又一批新颖的哒嗪酮类杀虫剂。因此，哒嗪酮类杀虫剂成为国内外农药研究的热点之一，它们不仅对害虫的生长和变态有强烈的抑制作用，而且有杀卵和影响生育的作用，如杀螨杀虫剂哒螨酮（NC-129)，保幼激素类似物哒幼酮（NC-170)、哒碘酮（NC-184)、哒醚酮（NC-194)、哒氨酸酮（NC-196）等，其中 NC-170 能抑制飞虱和叶蝉的变态，用量低于 1mg/L 时，可抑制昆虫发育，影响其蜕皮，使昆虫不能完成由若虫到成虫的变态，最终导致其死亡；NC-196 在 75～250g/hm^{2}时可防治褐飞虱和某些鳞翅目害虫。

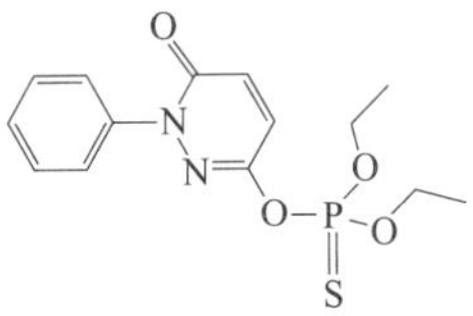

pyridaphenthion 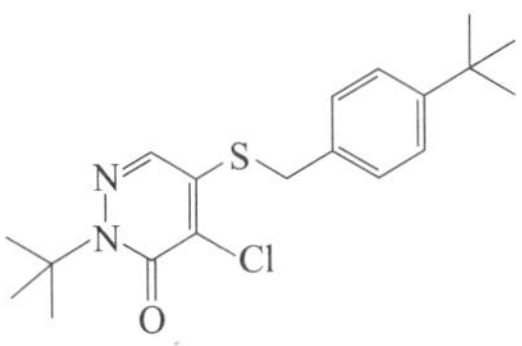　　NC-129 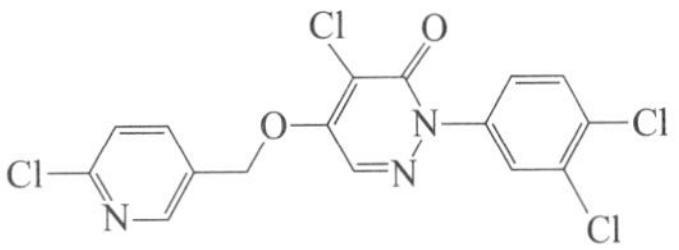　　NC-170

在这类结构 **4-215** 中，当 R 为叔丁基时往往有较高的杀虫活性，如 5-[取代苯硫(氧)基]-2-叔丁基-4-氯-4,5-二氢哒嗪-3(2*H*)-酮及 NC-194 就具有优异的杀虫杀螨活性；对该类结构的改造主要集中在“A”部分和“B”部分。当“B”部分为各种直连（或支链）的烷烃或环烷烃亚甲基时（“A”部分为 O 或 S，R 为叔丁基），此类化合物对苹果全爪螨（*Panonychus ulmi*）、蚕豆蚜（*Aphis craccivora*）、白粉虱等具有很高的生物活性，试虫的死亡率均达 100%。Takao 等保持该类结构的基本骨架不变，在“B”部分进行修饰改造，引入含不饱和基团的取代苯环，得到的化合物 **4-216** 对成虫的白蜘蛛、4 龄斜纹夜蛾（*Spodoptera litura*）、4 龄小菜蛾、黄蓟马成虫的致死率均大于 90%。当不饱和基团在间位取代时，活性较低，而取代基在苯环的邻位和对位时，化合物的活性最佳。Nakajima 等将“B”部分变为取代苯氧乙基时，得到的化合物 **4-217** 在质量浓度为 1000mg/L 时对叶蝉、二十八星瓢虫（*Henosepilachna vigintioctopunctata*）、神泽氏叶螨（*Tetranychus kanzawai*）具有良好的杀虫杀螨活性。其中化合物 **4-217a**(2,6-二氯-4-正丙基)、**4-217b**(2,6-二甲基-4-异丁基)、**4-217c**(2,6-二甲基-4-苯甲酰基)在质量浓度为 500mg/L 时对叶蝉、二十八星瓢虫、神泽氏叶螨均显示出较高的防治活性，试虫的死亡率均达 100%。此外，Bettarini 和 Joachim 等对“B”部分改造，得到的化合物 **4-218** 具有优异的杀螨活性，如化合物 **4-218a**(R 为异丁氧基甲基）在质量浓度为 100mg/L 时蜱螨成虫的死亡率达 100%，在质量浓度为 10mg/L 时试虫的死亡率略有下降，但对卵的抑制率达 100%，对大戟长管蚜（*Macrosiphum euphorbiae*）的致死率也达 100%；Takao 等将“B 部分”变为对炔基取代的苯环，得到化合物 **4-219**，在质量浓度为 10～100mg/L 时具有良好的杀虫活性。此外，Fujii 等报道了 2-叔丁基-4-氯-5-(4,4-二氟丁-3-烯-1-硫基)哒嗪-3(2*H*)-酮质量浓度为 500mg/L 时对螨类害虫二斑叶螨具有 100%致死率。

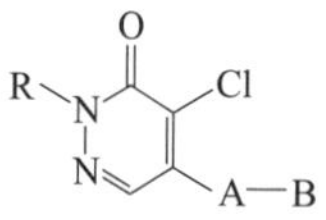

4-215

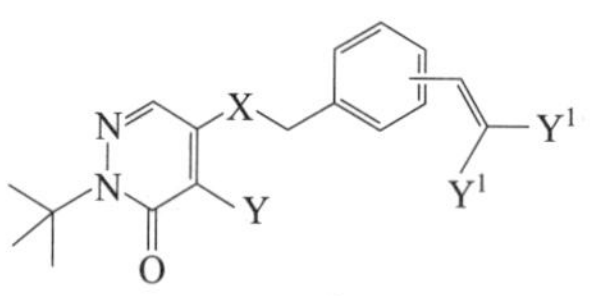

X=O/S; Y, Y^1=卤素

4-216

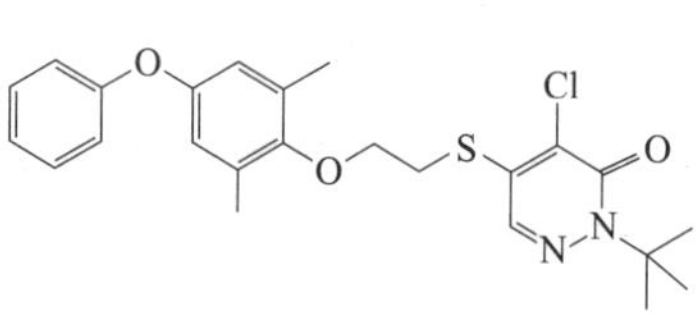

NC-194

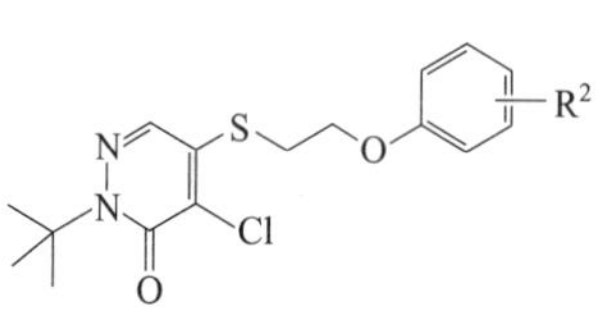

R^2=氢，烯烃，炔烃，烷基，烷氧基，苯基，单取代或双取代的苯基

4-217

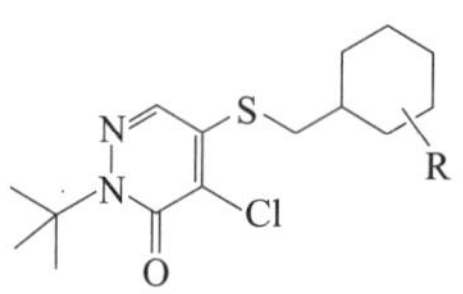

4-218

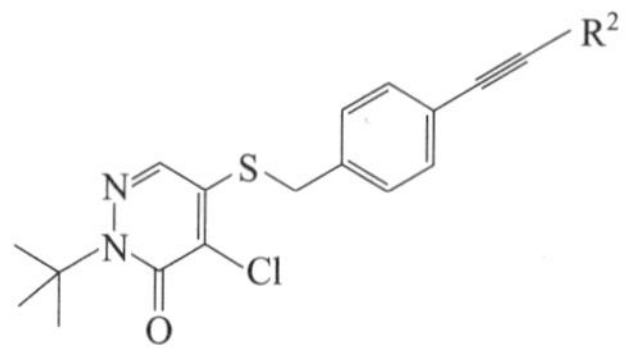

R^2=氢，烯烃，炔烃，烷基，烷氧基，苯基，单取代或双取代的苯基

4-219

从上面的介绍中可以看出，哒嗪酮类衍生物具有优良的杀虫杀螨活性。其

中，含有多个卤素的哒嗪酮类就具有高效的杀虫活性；该类化合物都表现了优异的杀虫活性，特别是当以“O”或“S”原子作为“桥”的哒嗪类衍生物，一直都受到人们的青睐。对哒嗪酮类新农药的创制源源不断，近年来也出现了不少高杀虫活性的哒嗪酮类衍生物。从目前杀虫杀螨活性来看，哒嗪酮环分子中可以采用活性基团拼接原理，继续以“O”或“S”等为“桥链”引入取代芳环、杂环、肟醚等活性亚结构，可为哒嗪酮类衍生物在杀虫杀螨活性方面的应用和发展提供更多、更广阔的空间。

1986 年 Tomoyuke 等合成了化合物 **4-220**，该类化合物大部分具有优异的杀菌活性，其中含吡啶环的化合物抗菌活性优异，如化合物 **4-220a**（X＝S，A＝CH，B＝N，R＝PrO）在质量浓度为 100mg/L 时，对黄瓜霜霉病、黄瓜白粉病、小麦锈病、稻瘟病的防效达到 100%。化合物 **4-220b**（X＝O，A＝N，B＝CH，R＝*i*-Bu）、11c（X＝S，A＝N，B＝CH，R＝Br）在质量浓度为 1000mg/L 时对黄瓜霜霉病、黄瓜白粉病、小麦锈病、稻瘟病的防效为 100%。当 A＝B＝CH 时，也具有抗菌活性，但活性低于含吡啶环的化合物。

1989 年 Richarz 等报道（亚）砜类化合物 **4-221** 对黄瓜霜霉病菌、大豆褐纹病、苹果（梨）褐腐病菌、烟草黑胫病、小麦颖枯病、黄瓜灰霉病、马铃薯晚疫病具有较好的抑菌活性，其中，当 R^1＝Et 或环己基、R^2＝Cl、R^3＝苯基或氯苯基时，化合物的活性较高。如化合物 **4-221a**（$R^1=C_2H_5$，R^2＝Cl，$R^3=C_6H_5$，X＝SO）、**4-221b**（$R^1=C_2H_5$，R^2＝Cl，$R^3=C_6H_5$，X＝SO_2）、**4-221c**（R^1＝环己基，R^2＝Cl，R^3＝3-Cl-C_6H_5，X＝SO_2）在质量分数为 0.0125%～0.05% 时对黄瓜灰霉病、马铃薯晚疫病、葡萄霜霉病、小麦颖枯病等的防效均大于 90%。

1994 年王家喜等合成砜类哒嗪衍生物 **4-222**。生物活性测试表明：化合物 **4-222a**～**4-222f** 均有一定的杀菌活性，其中化合物 **4-222a**、**4-222c** 在质量浓度为 50mg/L 时对芦笋茎枯病（*Phoma asparagi*）、苹果轮纹病、棉花立枯病的防效分别为 87%、71%、67% 和 87%、71%、56%。化合物 **4-222a** 与化合物 **4-222f**、化合物 **4-222b** 与化合物 **4-222e** 相比，哒嗪酮 5 位上氯被 4-叔丁基苄硫基取代后，生物活性降低。

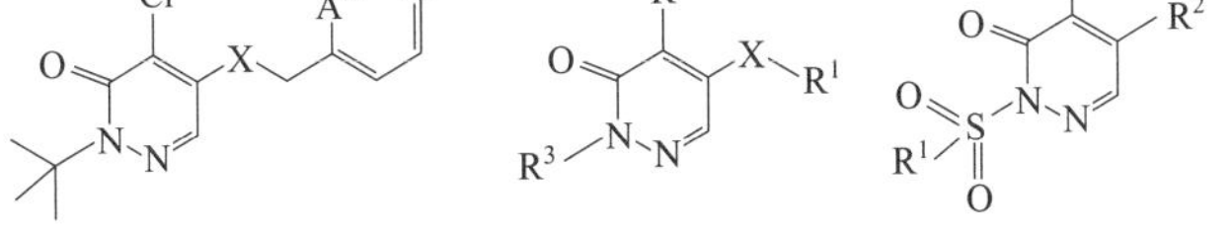

4-220　　**4-221**　　**4-222a**～**4-222f**

a: R^1 = 4-Me-C_6H_4, R^2 = Cl
b: R^1 = 2-Me-C_6H_4, R^2 = Cl
c: R^1 = C_6H_5, R^2 = Cl
d: R^1 = CH_3, R^2 = Cl
e: R^1 = 2-Me-C_6H_4, R^2 = *n*-Pr-C_6H_4-CH_2S
f: R^1 = $C_6H_5CH_3$, R^2 = *n*-Pr-C_6H_4-CH_2S

1998 年 Ross 等报道了含甲氧基丙烯酸酯结构的哒嗪酮化合物 **4-223**，在用药量为 300g/hm^2 时，具有较广谱的杀菌活性。其中化合物 **4-223a** 对葡萄灰霉病防效为 95%；化合物 **4-223b** 对黄瓜霜霉病（*Pseudoperonospora cubensis*）、葡萄霜霉病、番茄早疫病的防效大于 95%，对马铃薯晚疫病的防效为 85%，化合物 **4-223c** 对葡萄霜霉病、黄瓜霜霉病、稻瘟病、小麦颖枯病、小麦锈病的防效大于 90%；化合物 **4-223d** 对小麦颖枯病的防效为 100%。化合物 **4-223e** 在用药量为 $75g/hm^2$ 时对黄瓜霜霉病的防效达 100%。构效研究表明：取代苯环 Q 的性质对活性的影响较大，当苯环上含有卤素取代时活性较高，且杀菌广谱，而无取代基时活性稍低，当 Q 上被硝基、氰基等基团取代时活性很低或没有活性。

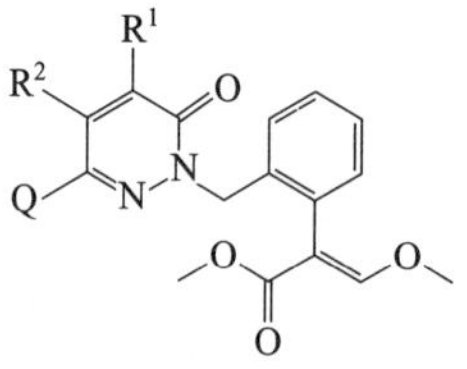

a: $R^1=R^2=H$, $Q=C_6H_5$
b: $R^1=R^2=H$, $Q=4\text{-}Cl\text{-}C_6H_4$
c: $R^1=R^2=H$, $Q=4\text{-}Br\text{-}C_6H_4$
d: $R^1=R^2=H$, $Q=3\text{-}Cl\text{-}C_6H_4I$
e: $R^1=H$, R^2=3-甲基噻吩, $Q=C_6H_5$

4-223a～4-223e

2000 年杨卓鸿等报道化合物 **4-224** 在质量浓度为 500mg/L 时对小麦锈病的防效为 100%。2001 年邹霞娟等合成了化合物 **4-225**。生物活性测试表明：在质量浓度为 500mg/L 时，化合物 **4-225a** 对小麦锈病的防效为 60%，化合物 **4-225a**、**4-225b**对水稻纹枯病的防效分别为 84.6%和 79.0%。同年邹霞娟等合成一系列 1-取代苯基-1,4-二氢-6-甲基-4-哒嗪酮-3-酰肼，其中化合物 1-(2,6-二氯取代苯基)-1,4-二氢-6-甲基-4-哒嗪酮-3-酰肼和 1-(4-氯取代苯基)-1,4-二氢-6-甲基-4-哒嗪酮-3-酰肼对水稻纹枯病的防效分别为 74.5%和 79.6%。

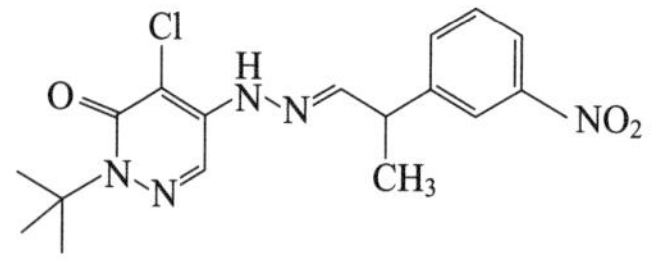

4-224

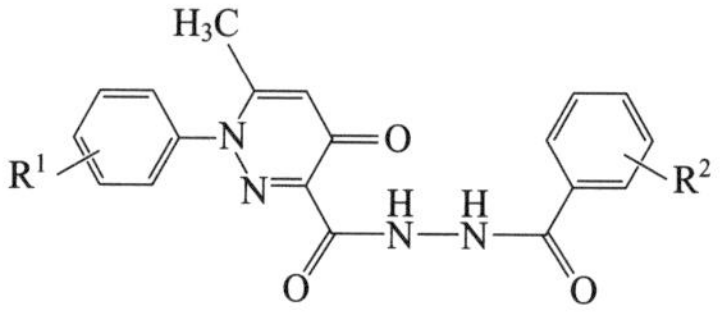

4-225

a: $R^1=o\text{-}Cl$, $R^2=H$
b: $R^1=H$, $R^2=H$

2001 年周懿波等合成了化合物 **4-226～4-228**。采用离体平皿法进行室内活性初筛，结果表明：这些化合物在质量浓度为500mg/L时，对水稻纹枯病和黄瓜灰霉病的防效均高于 50%，其中化合物 **4-226b**、**4-226c**、**4-226d** 对水稻纹枯病的防效分别为 67.1%、65.7%和 65.2%；化合物 **4-227**、**4-228** 对黄瓜灰霉病菌的抑制活性分别为 68.7%、65.8%。采用活体小株法，在质量浓度为 500mg/L 时，化合物 **4-226a** 对番茄早疫病（*Alternaria solan*）及棉花立枯病的防效分别为 63.6%和 58.1%，化合物 **4-226b** 对小麦赤霉病（*Gibberella zeae*）的防效为 58.1%，化合物 **4-226d** 对番茄早疫病的防效为 64.5%。

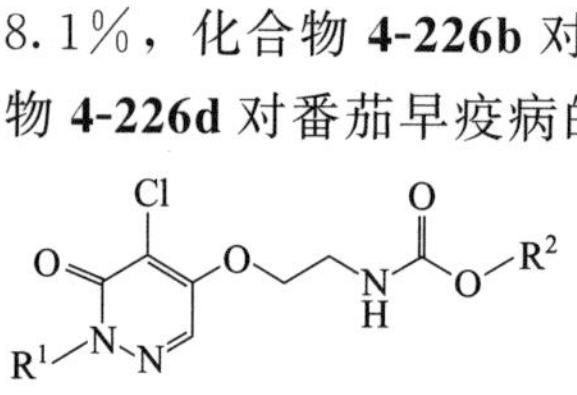

4-226

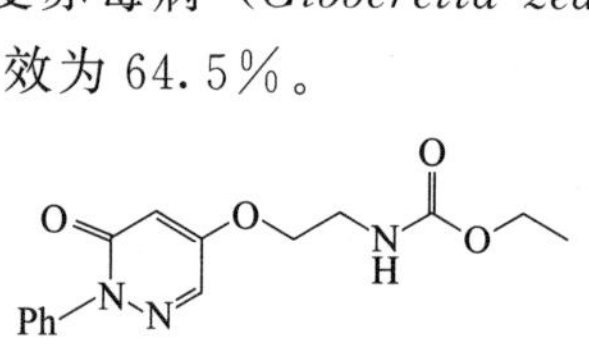

4-227

a: $R^1=t\text{-}Bu$, $R^2=Et$
b: $R^1=3, 4\text{-}2ClC_6H_3$, $R^2=Et$
c: $R^1=t\text{-}Bu$, $R^2=Me$
d: $R^1=3, 4\text{-}2ClC_6H_3$, $R^2=Me$

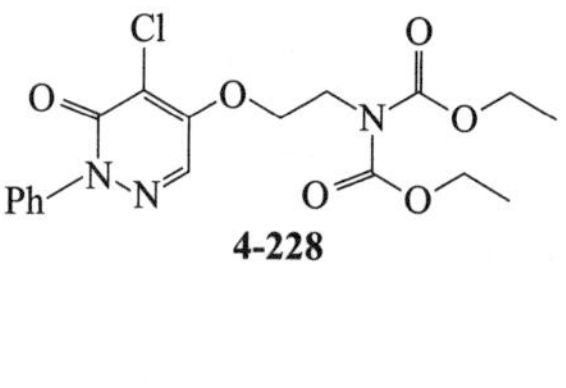

4-228

2003年邹霞娟等报道了化合物**4-229**～**4-231**的合成，并采用水稻半叶法测定了化合物的杀菌活性。结果表明：在质量浓度为500mg/L时，这些化合物对水稻纹枯病具有较高的防治效果，尤其是化合物**4-229a**和**4-229b**，防效分别为89.12%和91.13%。采用植株法对化合物进行小麦锈病的生物活性测定，结果表明：在质量浓度为500mg/L时，化合物**4-230**、**4-231**对小麦锈病防效较好，分别为80%和70%。

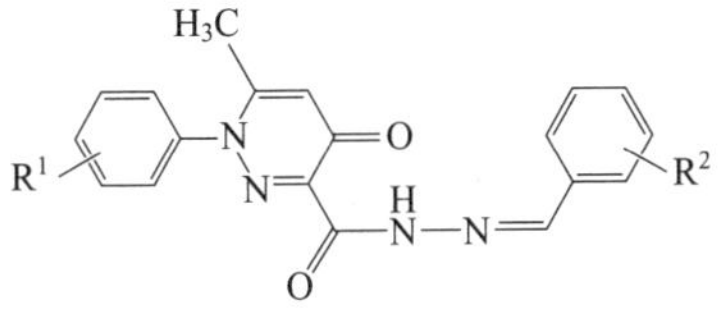

4-229　　**4-230**　　**4-231**

a: $R^1 = o$-Cl, $R^2 = p$-OH
b: $R^1 = o$-Cl, $R^2 = m$-NO_2

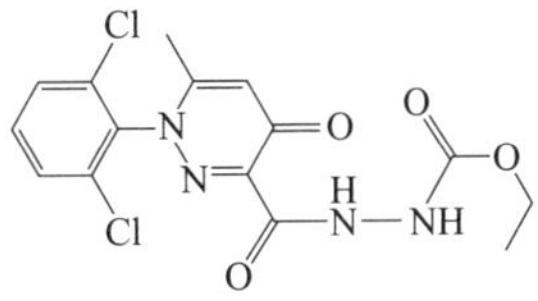

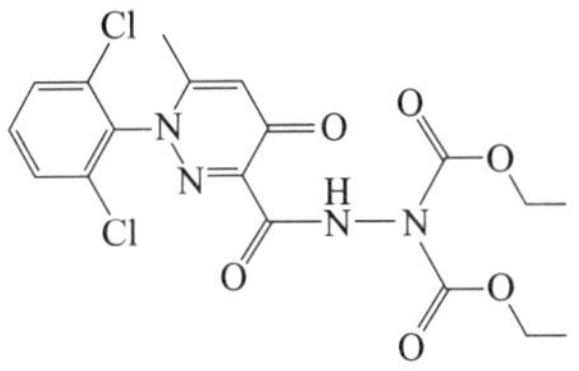

2005年刘卫东等在吡唑嘧菌酯（pyraclostrobin）的化学结构上引入哒嗪酮，合成了化合物**4-232a**～**4-232k**。采用菌丝生长速率法进行离体杀菌活性筛选，结果表明：在质量浓度为50mg/L时，大部分化合物对小麦赤霉病菌、稻瘟病菌和黄瓜灰霉病菌具有较好的抑菌活性，其中化合物**4-232c**、**4-232e**对小麦赤霉病的抑菌活性大于80%；化合物**4-232e**对稻瘟病的抑菌活性达到100%。大部分化合物对辣椒疫霉病（*Phytophthora infestans*）活性较低。不同的R基团对活性有一定的影响，其中F原子的引入可以提高杀菌活性。

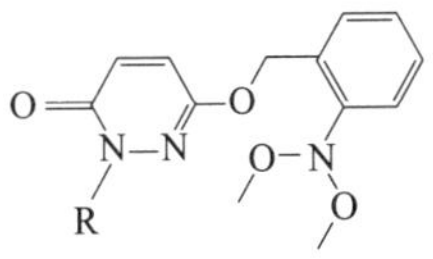

4-232

a: $R = C_6H_5$
b: $R = 4\text{-}ClC_6H_4$
c: $R = 4\text{-}FC_6H_4$
d: $R = 2\text{-}CH_3C_6H_4$
e: $R = 4\text{-}CF_3OC_6H_4$
f: $R = 2\text{-}CH_3OC_6H_4$
g: $R = 3, 5\text{-}2ClC_6H_3$
h: $R = 3, 4\text{-}2ClC_6H_3$
i: $R = 2\text{-}F\text{-}4\text{-}BrC_6H_3$
j: $R = 3, 4\text{-}2CH_3C_6H_3$
k: $R = IC_6H_3CH_2$

从上面的介绍可看出，哒嗪酮衍生物具有优良广谱的杀菌活性。将多卤素及多卤素取代的芳环、杂环引入哒嗪环中，可以拓宽哒嗪类化合物的杀菌谱，提高其杀菌活性；将含取代芳环的酰肼、酰腙及噻（噁）二唑环引入哒嗪环，其杀菌活性受芳环苯环上取代基性质影响较大。另外，含甲氧基丙烯酸酯类、（亚）砜、吡唑环吡啶环哒嗪衍生物也显示了很高的杀菌活性。总之，哒嗪酮环是具有很强生物活性的杂环，在其结构上引入不同的基团将会改变或增强其活性，而哒嗪酮环上取代位点和取代基的多样性变化使得该类化合物变得日益丰富，这为合成先导化合物、改造和修饰杀菌剂的结构提供了捷径。哒嗪酮分子中可以直接或通过某些“桥”引入（亚）砜、杂环、稠杂环和甲氧基丙烯酸酯等活性基团，从而为哒嗪酮类化合物提供广阔的发展空间。

此外，作为昆虫生长调节剂，3(2*H*)-哒嗪酮衍生物具有良好的昆虫保幼激素活性，能选择性抑制叶蝉和飞虱的变态，而且还具有很强的内吸活性和杀卵活性。4(2*H*)-哒嗪酮衍生物可作为植物生长调节剂和杀病毒剂。其中，中国农业大学杨新玲教授团队设计的化合物**4-233**～**4-235**对家蝇2龄幼虫的生长有明显抑制，具有典型的昆虫生长调节剂的活性。

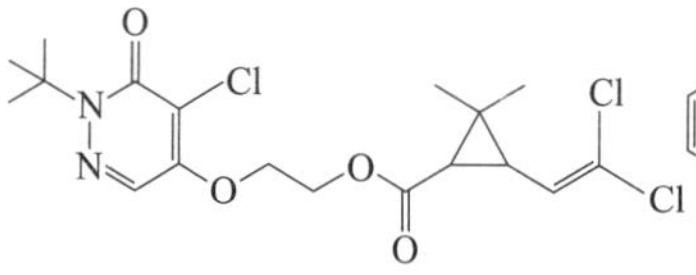

4-233 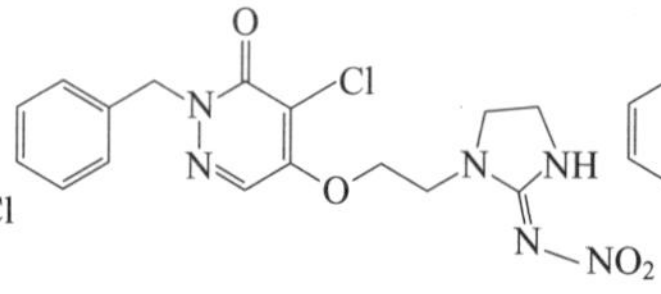　　**4-234** 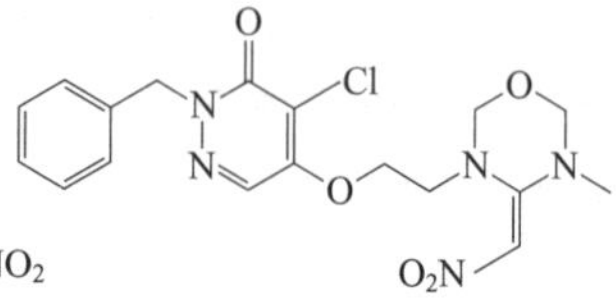　　**4-235**

从以上综述中可以看出，哒嗪酮是具有良好生物活性的化合物母体，在农药上有着广阔的研究开发前景。可以预料，随着合成化学、农药化学及药物化学的迅猛发展，该类哒嗪酮衍生物在未来会为人类健康、绿色生态环境做出更大的贡献。

4.14.2 创制过程

国内外研究进展和成果表明，3(2*H*)-哒嗪酮衍生物具有良好的生物活性，在商品化的哒嗪酮类农药中，杀螨剂哒螨灵结构比较简单，且其中哒嗪酮杂环的取代位点和取代基的多样性引起了本研究团队的注意。因此选择2-叔丁基-4,5-二氯-2*H*-哒嗪-3-酮作为起始原料，利用"中间体衍生化法"中的衍生法[1,6,78,179～183]，结合课题组之前研究的SYP-20484成熟的合成路线，成功地把已有农药品种中的哒嗪酮杂环与SYP-20484多种中间体结合，得到了一系列结构新颖、杀菌活性优异的先导化合物（图4-65）；相关先导化合物也可以认为是利用本研究团队在研究SYP-20484过程中的中间体替换哒螨灵结构的一部分所得，所以放在替换部分。

对**4-236**类2个化合物进行研究的过程中我们发现，**4-236**类化合物不仅具有一定的杀虫杀螨活性，而且还具有广谱杀菌活性，尤其是对霜霉病靶标的防治比较优异，在6.25mg/L剂量下能达到80%以上。同时还合成了**4-237**和**4-238**类化合物，初步生测结果显示，该类化合物也具有一定的杀虫、杀螨、杀菌活性，进一步降低剂量时，**4-237**和**4-238**类化合物与**4-236**类化合物相比，表现不出优势。因此，为了发现具有更好生物活性的化合物，我们集中精力来优化**4-236**类化合物，首先是对苯环上的取代基进行优化，合成了一系列如通式**4-ⅩⅨ**所示的哒嗪酮类化合物（图4-66），发现了具有广谱杀菌活性的化合物SYP-35345。其次，是将苯环替换为吡啶环进行优化，发现了具有杀螨活性的化合物SYP-37062。

这类化合物的具体合成策略，B部分哒嗪酮杂环上的取代基（叔丁基）保持不变，根据A部分苯环上取代基的个数将化合物分成无取代、单取代、双取代和三取代的几个类别，按取代基的电子效应分为给电子基团和吸电子基团两类，A和B的连接处为"同类极性"原子硫和氧。对每类化合物内部、不同类化合

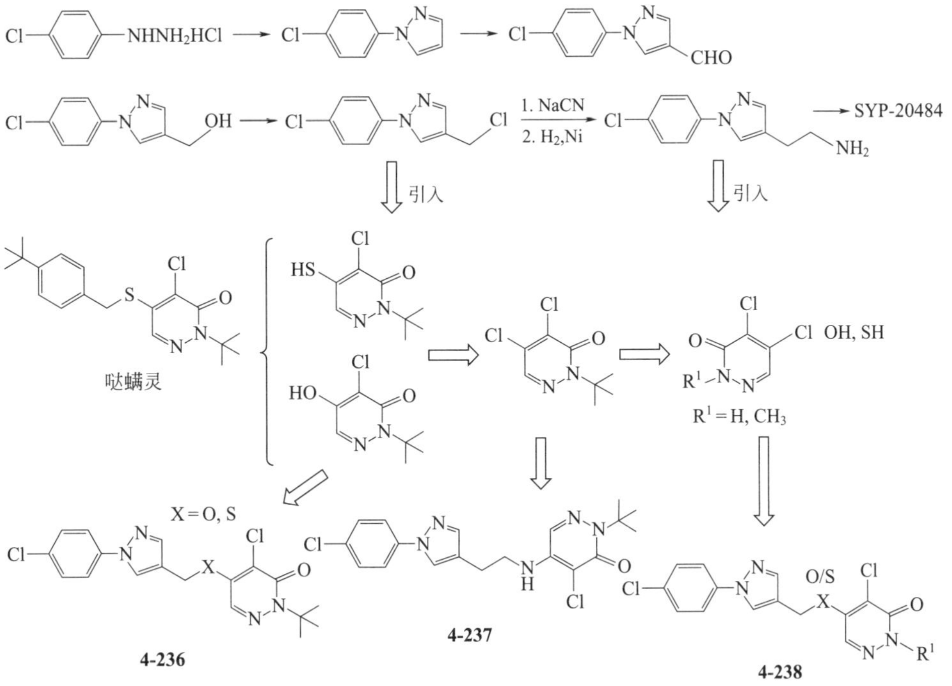

图 4-65 哒嗪酮类化合物的结构设计思路

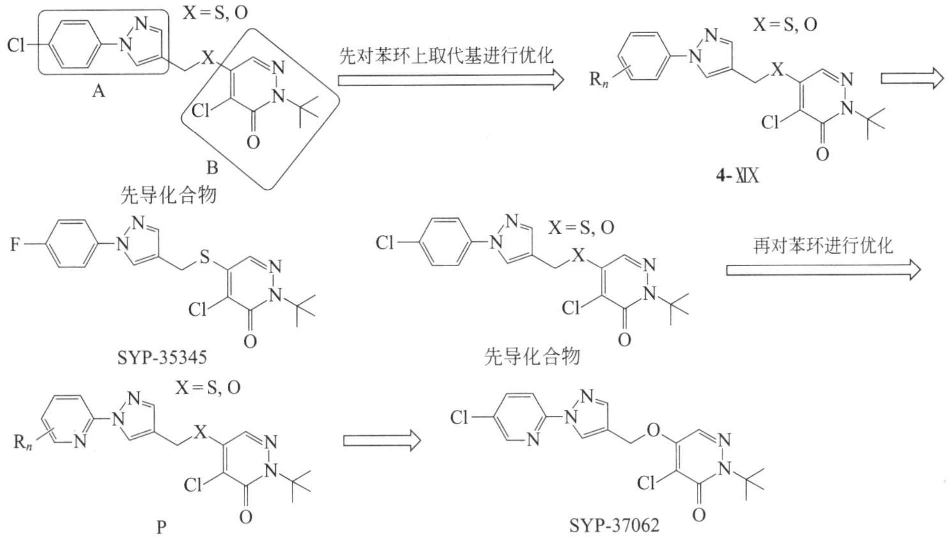

图 4-66 哒嗪酮类化合物的结构

物之间的活性进行比较，从而找出活性最优的化合物。

4.14.2.1 对取代基类型和取代位置的探索

通过对所合成的 11 个无取代或单取代化合物的活性（表 4-179）进行比较发

现：这类化合物对霜霉病靶标防效比较突出，对位取代基为氢或者卤素原子且桥连 X 为 S 时的活性优于为 O 的化合物，对霜霉病的活性总体优于其他取代的化合物且桥连 X 时的活性较前相反。在杀虫活性方面，该类化合物不仅对小菜蛾、黏虫和桃蚜有一定的活性，尤其对朱砂叶螨有较好的活性。而且化合物**4-ⅪⅩ-2**、**4-ⅪⅩ-4**、**4-ⅪⅩ-5**、**4-ⅪⅩ-6** 在 100mg/L 浓度下对朱砂叶螨的致死率达到 90%以上（表 4-180）。

表 4-179　无取代和单取代化合物杀菌活性数据

化合物	$(R)_n$	X	给定浓度下的防效/%					
			CDM		CSR		CA	
			100mg/L	25mg/L	400mg/L	100mg/L	400mg/L	100mg/L
4-ⅪⅩ-1	H	S	100	100	100	—	0	—
4-ⅪⅩ-2	H	O	90	70	30	—	85	90
4-ⅪⅩ-3	4-Cl	S	100	100	100	—	0	—
4-ⅪⅩ-4	4-Cl	O	100	95	65	—	85	—
4-ⅪⅩ-5	4-F	S	100	100	85	—	100	—
4-ⅪⅩ-6	4-F	O	60	40	85	—	0	—
4-ⅪⅩ-7	4-NO_2	O	95	80	0	—	0	—
4-ⅪⅩ-8	4-CH_3	S	0	0	30	—	0	—
4-ⅪⅩ-9	4-CH_3	O	60	20	65	—	90	80
4-ⅪⅩ-10	4-OCH_3	S	—	—	95	—	85	—
4-ⅪⅩ-11	4-OCH_3	O	100	100	80	—	60	—
氟吗啉			95	70	—	—	—	—
嘧菌酯			—	—	100	100	—	—
咪鲜胺			—	—	—	—	100	100
唑菌酯			—	—	—	—	100	100

注：“—”表示无数据。

表 4-180　无取代和单取代化合物杀螨活性数据

化合物	朱砂叶螨致死率/%	
	100mg/L	10mg/L
4-ⅪⅩ-2	100	28.4
4-ⅪⅩ-4	96.9	47.6
4-ⅪⅩ-5	100	85.3
4-ⅪⅩ-6	100	57.9
阿维菌素(10mg/L)	100	100

通过比较 12 个二取代的化合物（表 4-181），我们发现在二取代化合物中引入氟原子时，化合物的活性明显提高，尤其是对玉米锈病的活性。同时我们还发现，对于霜霉病、玉米锈病和炭疽病，当桥连为氧原子时化合物的活性要优于硫原子时化合物的活性。在苯环上引入三个氯原子时，活性则降低。在杀虫方面，

二取代化合物同样具有一定的杀虫、杀螨活性，尤其杀螨活性比较突出，在10mg/L的剂量下化合物**4-XIX-21**的致死率能够达到90%以上（表4-182）。因此，选择化合物**4-XIX-21**为杀螨先导化合物进行优化。

表4-181 二取代化合物杀菌活性数据

化合物	$(R)_n$	X	给定浓度下的防效/%							
			CDM			CSR			CA	
			100mg/L	25mg/L	6.25mg/L	100mg/L	25mg/L	6.25mg/L	100mg/L	25mg/L
4-XIX-12	2,3-2Cl	S	—	—	—	—	—	—	—	—
4-XIX-13	2,3-2Cl	O	0	0	0	—	—	—	—	—
4-XIX-14	3,5-2Cl	S	—	—	—	—	—	—	—	—
4-XIX-15	3,5-2Cl	O	30	0	0	—	—	—	50	20
4-XIX-16	2,4-2Cl	S	—	—	—	—	—	—	—	—
4-XIX-17	2,4-2Cl	O	98	75	30	—	—	—	—	—
4-XIX-18	2,6-2Cl	S	100	30	0	—	—	—	—	—
4-XIX-19	2,6-2Cl	O	80	60	30	85	80	70	—	—
4-XIX-20	2-F-4-Cl	S	—	—	—	100	90	80	0	0
4-XIX-21	2-F-4-Cl	O	95	90	70	100	100	100	85	70
4-XIX-22	2,4-2F	S	85	20	0	100	85	80	0	0
4-XIX-23	2,4-2F	O	100	98	35	100	100	100	80	50
4-XIX-24	2,4,6-3Cl	H	—	—	—	—	—	—	—	/
氟吗啉			95	70	10	—	—	—	—	—
嘧菌酯			—	—	—	—	—	—	100	98
咪鲜胺			—	—	—	—	—	—	100	100
唑菌酯			—	—	—	100	100	100	—	—

注："—"表示无数据。

表4-182 部分Ⅱ类化合物杀虫初筛活性

化合物	朱砂叶螨致死率/%	
	100mg/L	10mg/L
4-XIX-16	75.7	0
4-XIX-17	100	85.5
4-XIX-20	100	75.7
4-XIX-21	100	94.7
4-XIX-23	100	60.3
阿维菌素(10mg/L)	100	100

4.14.2.2 SYP-35345的发现

通过对单取代、二取代和三取代的化合物进行比较发现，单取代化合物对霜霉病的活性优于其他取代的化合物。当在苯环引入多原子时，对霜霉病，活性不变或有所下降，而对于玉米锈病，活性显著提高，但对于炭疽病，整体活性都不是太好。因此，选择单取代化合物进行深入研究（霜霉病），选择双取代化合物进行研究（玉米锈病），具体见表 4-183：通过对 **4-ⅩⅨ-1**、**4-ⅩⅨ-3**、**4-ⅩⅨ-5** 和 **4-ⅩⅨ-11** 四个化合物进行低剂量筛选，发现化合物 **4-ⅩⅨ-5** 在 3.13mg/L 浓度下的活性与氰霜唑相当，优于氟吗啉，因此选择化合物 **4-ⅩⅨ-5**，也就是 SYP-35345，进入下一阶段研究，即田间验证阶段。同时，继续深入优化，以期发现活性更优的化合物。

表 4-183 部分化合物杀菌活性数据

化合物	$(R)_n$	X	给定浓度下的防效/%					
			CDM					
			100mg/L	25mg/L	6.25mg/L	3.13mg/L	1.56mg/L	0.78mg/L
4-ⅩⅨ-1	H	S	100	100	100	70	0	0
4-ⅩⅨ-3	4-Cl	S	100	100	90	0	0	0
4-ⅩⅨ-5	4-F	S	100	100	100	85	45	15
4-ⅩⅨ-11	4-OCH_3	O	100	100	98	50	10	0
氟吗啉			100	100	100	10	0	0
氰霜唑			100	100	100	85	60	30

4.14.2.3 SYP-37062 的发现

仅对苯环上的取代基进行优化，我们发现了对霜霉病防效较好的化合物 SYP-35345。同时，我们还发现了化合物 **4-ⅩⅨ-21** 具有比较突出的杀螨优势，因此把它作为先导化合物进行深入优化。对此，我们将吡啶环替换苯环来进行优化（表 4-184）。首先在吡啶环上引入双取代基，结果活性迅速下降。接着在 5 位上引入 CF_3 单取代基活性有所增加，最后在 5 位上引入 Cl 时，发现活性非常好。

表 4-184 取代吡啶基化合物杀螨活性数据

化合物	$(R)_n$	X	朱砂叶螨致死率/%				
			600mg/L	100mg/L	10mg/L	5mg/L	2.5mg/L
4-ⅩⅨ-24	3,5-2Cl	O	50	—	—	—	—
4-ⅩⅨ-25	5-CF_3	S	100	37.4	22.9	—	—
4-ⅩⅨ-26	5-CF_3	O	76.9	—	—	—	—
4-ⅩⅨ-27	5-Cl	O	100	100	100	80.1	55.5
哒螨灵			100	100	100	50.3	40
螺螨酯			100	100	100	12.5	5
阿维菌素			100	100	100	100	100

因此，选择化合物 **4-ⅩⅨ-27** 进入田间进一步验证其活性，接下来将进一步继续优化这一类化合物。

4.14.3 生物活性

SYP-35345 杀菌谱广，离体条件下，10mg/L 的处理剂量对小麦全蚀病菌、苹果轮纹病菌、柑橘疮痂病菌、核盘菌、玉米大斑病等具有较好的抑菌活性。活体试验，对黄瓜霜霉病具有很好的防治效果，具备优良的治疗活性和内吸活性、持效期长等。另外该药剂对水稻纹枯病、瓜类白粉病、瓜类炭疽病也有较好的活性。对黄瓜霜霉病具有很好的保护和治疗活性，明显优于氟吗啉、双炔酰菌胺、哒螨酮。内吸性较好，与氟吡菌胺相当，优于氰霜唑。部分结果见表 4-185～表 4-187。

表 4-185 SYP-35345 对黄瓜霜霉病保护活性测定试验结果

测试药剂	EC_{90}/(mg/L)	直线回归方程	相关系数
99% SYP-35345 TC	6.15	$Y=0.4368+7.4103X$	0.9597
93.8%氟吗啉 TC	>200	—	—
95%氰霜唑 TC	1.49	$Y=4.7216+9.0776X$	0.9562
95%双炔酰菌胺 TC	44.28	$Y=10.9640+10.4757X$	0.9831
80%代森锰锌 WP	70.33	$Y=3.5080+1.5016X$	0.9666

表 4-186 SYP-35345 对黄瓜霜霉病治疗活性测定试验结果

测试药剂	EC_{90}/(mg/L)	直线回归方程	相关系数
99% SYP-35345 TC	23.21	$Y=3.4441+2.0777X$	0.9927
93.8%氟吗啉 TC	>400	—	—
95%氰霜唑 TC	>200	—	—
95%双炔酰菌胺 TC	>200	—	—
80%代森锰锌 WP	>160	—	—
空白对照	—	—	—

表 4-187 SYP-35345 内吸性试验结果

药剂	移动性		
	200mg/L	100mg/L	50mg/L
99%SYP-35345 TC	+++	++	++
95%氟吡菌胺 TC	+++	+++	++
95%氰霜唑 TC	++	+	+

注："+"代表弱移动性，"+"越多说明移动性越好。

99%SYP-35345 原药对黄瓜霜霉病的叶片内吸性与氟吡菌胺相当，优于氰霜唑。试验结果见表 4-188。

表 4-188　SYP-35345 防治黄瓜霜霉病田间试验结果（沈阳，2016）

药剂	浓度/(mg/L)	防治效果/%				显著性	
		Ⅰ	Ⅱ	Ⅲ	平均	0.05	0.01
10.6%SYP-35345 SC	200	93.32	91.13	89.23	91.23	a	A
	100	78.88	85.63	82.77	82.43	b	B
	50	57.22	51.68	55.08	54.66	d	D
10%氟吗啉 EC	200	54.01	41.59	40.62	45.41	e	E
80%代森锰锌 WP	1000	68.72	66.06	62.15	65.64	c	C
10%氰霜唑 SC	100	85.29	85.02	82.46	84.26	b	B
CK	病指	69.26	60.56	60.19	63.33	—	—

4.14.4 合成方法

SYP-35345 和 SYP-37062 主要有如下两条合成路线。路线 1 是以取代苯肼或肼盐酸盐为起始原料，经过 Vilsmeier 反应和还原、氯化等反应制备；路线 2 同样是以取代苯肼或肼盐酸盐为起始原料，经过 Blanc 氯甲基化反应制备。与路线 1 相比，路线 2 的操作步骤比较简单。

（1）SYP-35345 合成路线

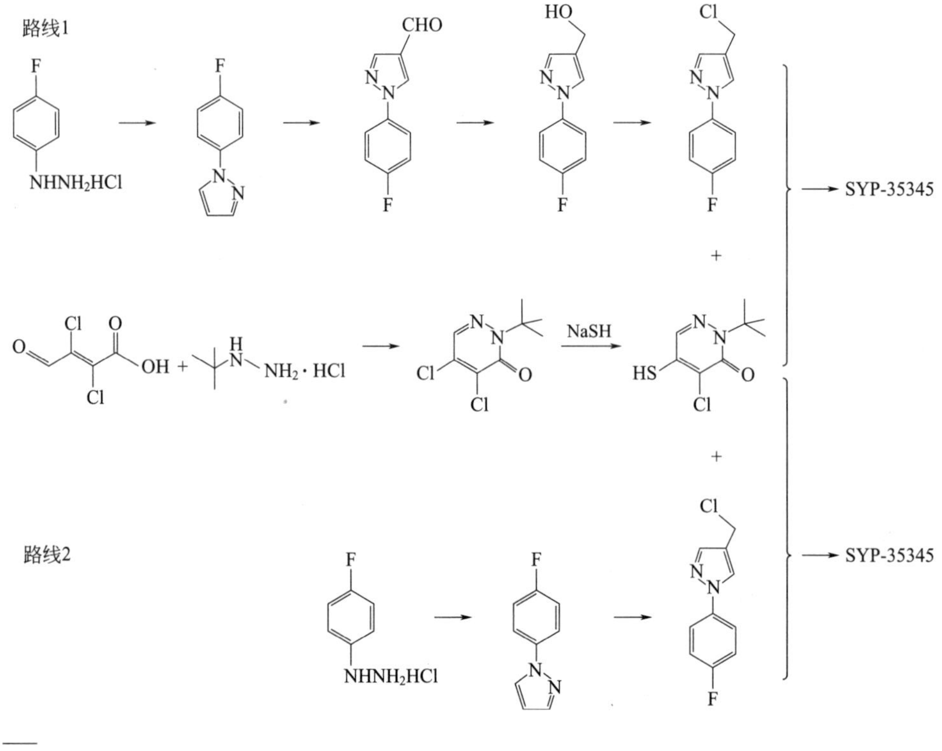

路线1

F, NHNH2HCl → F → CHO, N, N, F → HO, N, N, F → Cl, N, N, F → SYP-35345

Cl, O, O, OH, Cl + H, N, NH2 · HCl → N, N, Cl, O, Cl —NaSH→ N, N, HS, O, Cl

路线2

F, NHNH2HCl → F, N, N → Cl, N, N, F → SYP-35345

（2）SYP-37062 合成路线

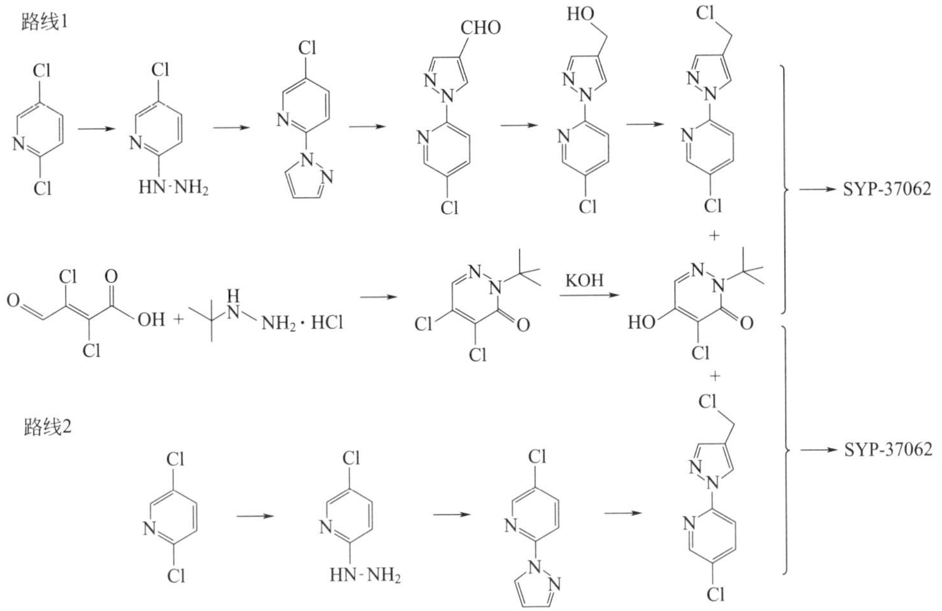

路线1

KOH

→ SYP-37062

路线2

→ SYP-37062

（3）操作方法　哒嗪酮中间体的合成：将叔丁基肼盐酸盐加入含有 NaOH 的 10%水-甲苯混合溶液中，搅拌 1h 后于 0～5℃分批加入糠氯酸，再升温至 20～25℃反应 30min，反应液由浊液变为红色。加入冰醋酸，升温至 35～45℃反应 10h。待反应液冷却后，将反应液倒入水中用乙酸乙酯萃取，有机相分别用 30%NaOH 和 35%盐酸洗涤。减压蒸去有机溶剂并用甲醇洗涤，干燥得到 2-叔丁基-4,5-二氯哒嗪酮，收率 84%。

将上面得到的中间体、氢氧化钾在乙二醇作溶剂中升温至 130℃反应 5h。反应结束后用盐酸调 pH 至中性，得到 4 位氯被羟基取代的哒嗪酮中间体，收率 94%。

将 2-叔丁基-4,5-二氯哒嗪酮加入在 0℃下搅拌的乙醇中，逐滴加入 30% NaSH（3.36g，0.06mol）溶液。滴加完成后将反应混合物搅拌 30min。向反应液中加入 35%盐酸进行酸化，反应液中有固体析出，抽滤得到 4 位被巯基取代的哒嗪酮中间体，收率 66.67%。

苄基物的合成：取代苯肼盐酸盐、四甲氧基丙烷，在乙醇中，升温回流反应约 4h。纯化得到的产品，在冰浴下搅拌经 Vilsmeier 反应，得到醛基物。再经硼氢化钠还原和氯化亚砜氯化得到氯甲基物。

将 2,5-二氯吡啶在吡啶中与水合肼回流反应，再与四甲氧基丙烷在乙醇中回流 4h 得到取代吡啶基吡唑，然后再经过 Blanc 反应一步得到苄基物。

最后，得到的苄基物与哒嗪酮中间体在 DMF 溶剂中反应得到目标物。

4.14.5 专利情况

化合物 SYP-35345 的专利情况见表 4-189。

表 4-189 SYP-35345 化合物专利情况

序号	专利名称	申请号	申请日	公开号	公开日
1	哒嗪酮类化合物及其应用	CN201610915189.6	2016-10-20	CN107964007A	2018-04-27
2	Pyridazinone compound and application thereof	WOCN17106902	2017-10-19	WO2018072736A	2018-04-26

4.15 三酮类除草剂的创制

1977 年先正达（原 Stauffer Chemical，后被 ICI 收购）在加州西部研究中心的研究人员发现在红千层树（*Callistemon citrinus*）下生长的杂草比周围地区少，经过对红千层树提取物进行分析，研究人员发现了具有除草活性的化合物，并进一步确定其结构为已知的天然产物纤精酮（leptospermone），这个化合物具有中等的除草活性，杀草谱也较窄，用量至少为 1000g/hm^2。先正达接着对纤精酮进行了优化，合成了一些类似物，并在 1980 年获得这些类似化合物和纤精酮的除草活性的专利授权[184]。

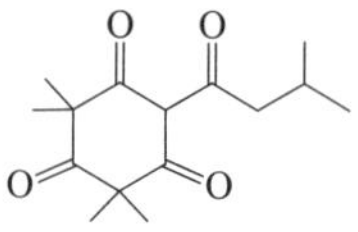

纤精酮

接下来一件偶然事件的发生对三酮类除草剂的发现起了更大的作用。先正达西部研究中心的化学家为了发现新的 ACC 抑制剂，对商品化环己烯酮类除草剂烯禾啶进行优化，合成了化合物 **4-239**。该化合物具有一定的除草活性，当尝试用相同的方法合成其含苯基类似物时，却并没有得到目标化合物**4-240**，而是得到了具有三酮结构的化合物 **4-241**，化合物 **4-241** 完全没有除草活性，但幸运的是该化合物对硫代氨基甲酸酯类除草剂具有解毒作用，为了优化 **4-241**的解毒作用，制备了一系列含有取代苯甲酰基的类似物，这些化合物中的 2-氯苯甲酰基类似物 **4-242** 被发现具有较弱的除草活性。进一步的优化很快发现去掉环己二酮上的甲基可以大大提高对阔叶杂草的活性，如化合物 **4-243**(2-氯苯甲酰基环己烷-1,3-二酮)在 2000g/hm^{2}浓度下对一些阔叶杂草表现出中度至良好的除草活性，更为重要的是化合物 **4-243** 与纤精酮具有同样的白化症状。接下来通过大量的优化工作，研究人员终于在 1991 年发现了可以选择性防除玉米田阔叶杂草的磺草酮（sulcotrione），并于 1993 年首次在欧洲登记。随后，先正达又成功开发了硝磺草酮（mesotrione），并于 2001 年投入美国和欧洲玉米田除草剂市场[185]。

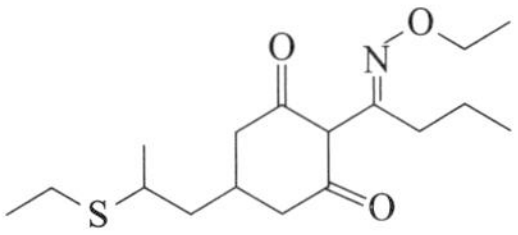

烯禾啶

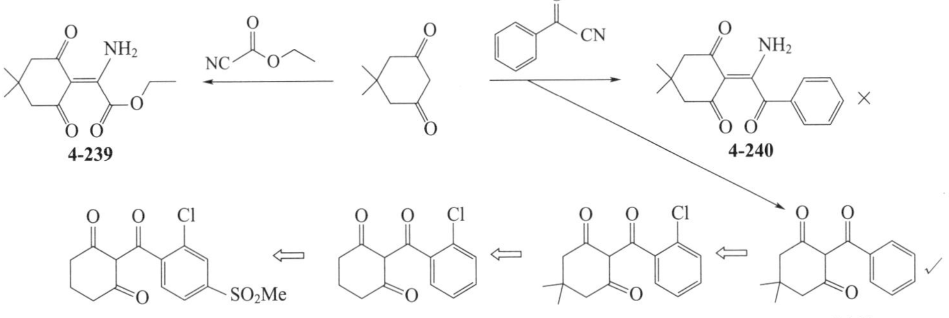

4-239　**4-240**

磺草酮　**4-243**　**4-242**　**4-241**

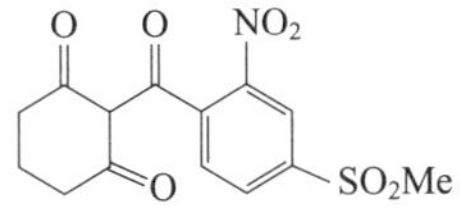

硝磺草酮

除先正达外，拜耳等农药公司也纷纷致力于三酮类除草剂的研发，后来又开发出了双环磺草酮（benzobicylon）、环磺酮（tembotrione）、特糠酯酮（tefuryltrione）及氟吡草酮（bicyclopyrone）等三酮类除草剂品种。

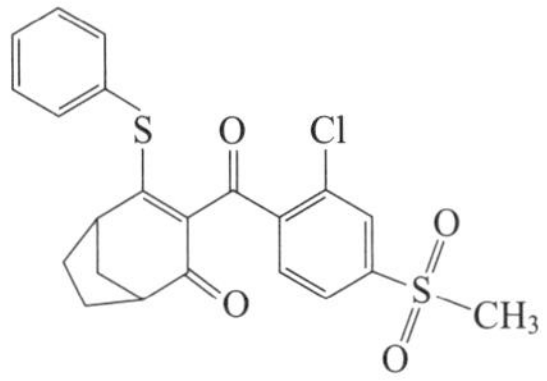

双环磺草酮 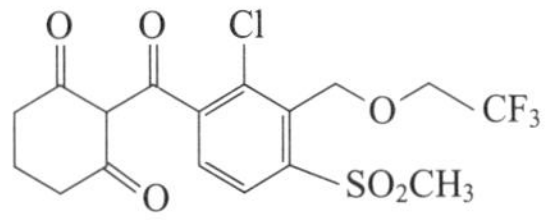　环磺酮

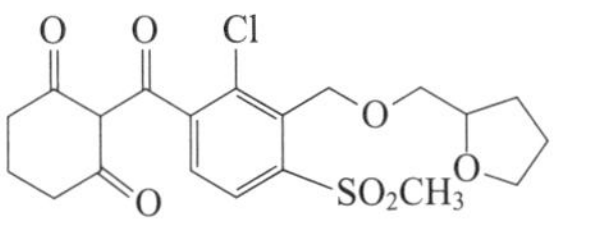

特糠酯酮 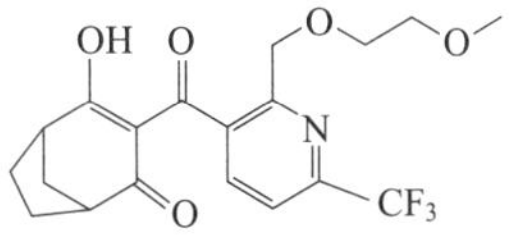　氟吡草酮

现代除草剂研究的一个重要目标是发现除草谱广、使用期灵活（可苗前或苗后使用）、用量少、对环境友好、同时对目标作物和使用者安全的除草剂新产品，三酮类除草剂很好地达到了这些要求，这得益于其独特的作用机制。三酮类玉米田除草剂磺草酮最初被认为是通过在类胡萝卜素生物合成中抑制八氢番茄红素脱氢酶（PDS）而发挥作用的。真正揭示其作用机制的线索来自毒理学研究，大鼠被喂食三酮类除草剂［如 2-(2-硝基-4-三氟甲基苯甲酰)-环己烷-1，3-二酮，即 nitisinone］后，其血液中的酪氨酸和尿中的对羟基苯丙酮酸（HPP）水平都有所增加，这表明酪氨酸代谢受阻。进一步的研究工作表明，nitisinone 是哺乳动物对羟基苯丙酮酸双氧化酶（HPPD）的一种有效抑制剂，它催化对羟基苯丙酮酸

HPP 氧化脱羧和重排生成同系物尿黑酸（HGA），这是酪氨酸代谢中的一步。接下来的研究很快发现三酮除草剂也是 HPPD 酶在植物中的有效抑制剂[186]。

HPPD 是一种铁-酪氨酸蛋白，它是生物体内酪氨酸代谢过程中重要的酶，几乎存在于所有需氧生物体内。生物体内的酪氨酸（tyrosine）在酪氨酸氨基转移酶（tyrosine aminotransferase，TAT）的作用下生成对羟基苯丙酮酸（HPP），在氧气的参与下 HPPD 能够将 HPP 催化转化成尿黑酸（HGA）。在植物体内，尿黑酸（HGA）能够被进一步转化成质体醌和生育酚。生育酚是植物体内重要的抗氧化物质，能有效地增强植物的抗逆性。质体醌是植物进行光合作用过程中关键的辅助因子，促进植物体内类胡萝卜素等的合成。在植物体中高于60%的叶绿素都结合于捕光天线复合物上，该复合物吸收太阳光能并将激发能传递给光合作用反应中心，而类胡萝卜素是反应中心的叶绿素结合蛋白和天线系统的重要组成部分，在植物光合作用中担负着光吸收辅助色素的重要功能，具有吸收和传递电子的能力，并在清除自由基方面起着重要的作用。因此，一旦 HPPD 的活性被抑制，植物体内酪氨酸的正常代谢将被阻断，导致在植物体内类胡萝卜素的缺乏，从而诱导叶绿素光氧化作用减弱，影响植物的光合作用，促使植物产生白化症状而死亡[187~191]。

在植物体内 HPPD 催化 HPP 转化成 HGA 这一生化反应的机理曾有多种推测，目前较为完善的得到广泛认可的是催化反应机理（图 4-67）。该机理包括羰基的脱除反应、芳香环的羟基化和取代基的迁移反应。在催化反应进行的时候，

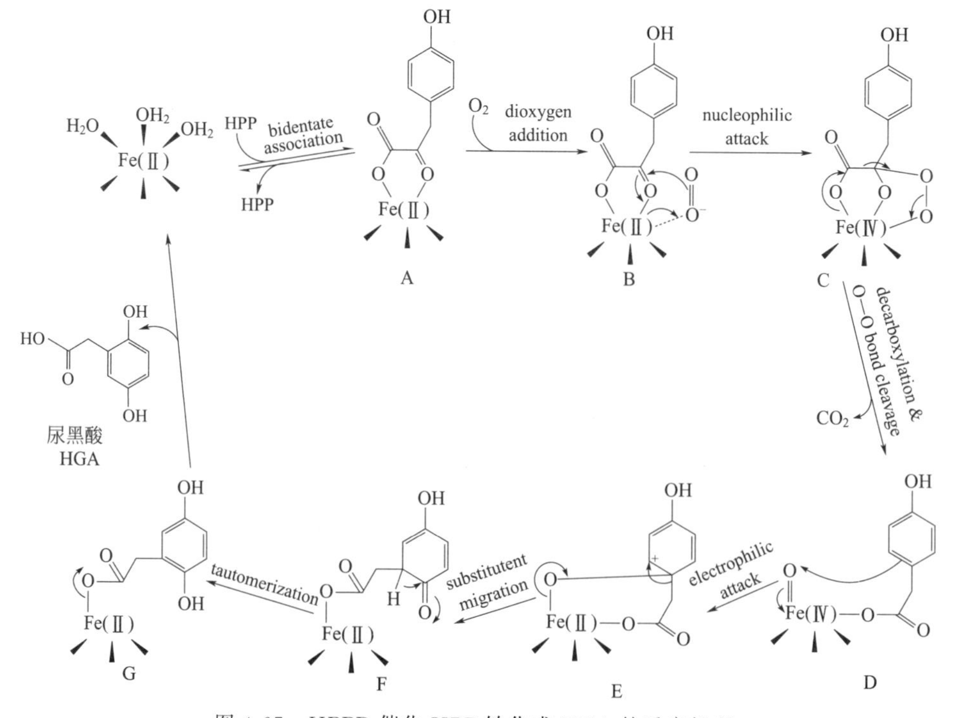

图 4-67 HPPD 催化 HPP 转化成 HGA 的反应机理

HPP首先与HPPD的催化活性中心Fe^{2+}进行配位形成一个六配位过渡态A，紧接着一分子氧插入该过渡态中，二价铁随后被氧化成四价铁形成过渡态C。经过O—O键的断裂以及二氧化碳的脱除反应得到过渡态D，D结构中的苯环是一个富电子的官能团，它进攻高价铁中的氧原子形成E。四价铁随后被还原成二价铁，再经过烷基的迁移反应、烯醇互变反应即得过渡态G，G脱除尿黑酸即完成了整个催化反应循环。在完成一个催化反应循环后，HPPD又继续进行下一个催化反应过程，得到的尿黑酸则进入后续的生理转换过程中[192]。

在该过程的第一步中，底物对羟基苯丙酮酸（HPP）利用其2-酮酸部分在氧气辅助下与HPPD酶键合生成络合物。动力学数据表明，三酮类HPPD抑制剂竞争性地以和底物对羟基苯丙酮酸相同的作用位点与HPPD酶键合着。比如植物HPPD受磺草酮抑制，其抑制程度随着底物对羟基苯丙酮酸数量的增加而降低。这表明对于HPPD来说，三酮类HPPD抑制剂是底物对羟基苯丙酮酸的仿造物。这些发现引起人们把三酮类HPPD抑制剂的三酮部分看作是底物对羟基苯丙酮酸2-酮酸部分的等排体。David通过对各种HPPD抑制剂化学结构的研究，认为HPPD抑制剂分子中或其异构体或其代谢物中需要含有2-苯甲酰基乙烯-1-醇，从而充当对羟基苯丙酮酸的2-酮酸部分的等排体，与对羟基苯丙酮酸竞争和HPPD酶的键合，从而抑制HPPD酶催化对羟基苯丙酮酸向尿黑酸转化的过程，在离体条件下对HPPD酶有活性是HPPD抑制剂的第一个结构特征[185,193,194]。

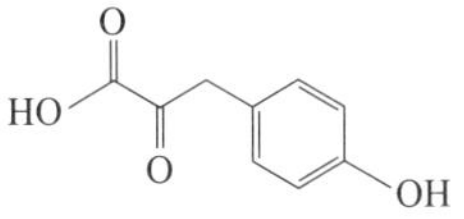

底物 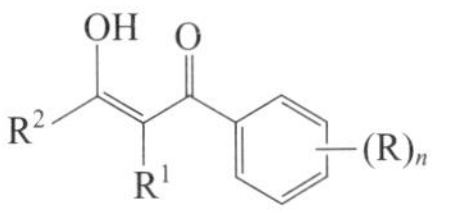　　　2-苯甲酰基乙烯-1-醇

为了验证这个结构特征，人们合成了含有2-苯甲酰基乙烯-1-醇的化合物。其在离体条件下可以抑制靶酶HPPD，这进一步证明该结构特征是正确的。但该化合物在活体条件下却不能抑制靶酶HPPD。经研究发现，HPPD抑制剂均具有足够的酸度（$pK_a<6$），而化合物**4-244**（$pK_a=6.2$）酸度不足，因此认为化合物的酸度对其活性有重要影响，这可能是由于化合物的酸度对其在植物体内传导和被植物细胞吸收有重要作用。这样，具有弱酸性就成为HPPD抑制剂的第二个结构特征。为此，人们合成了类似物化合物**4-245**（$pK_a=3.9$），发现其具有很好的除草活性。这证明HPPD抑制剂的第二个结构特征也是正确的。

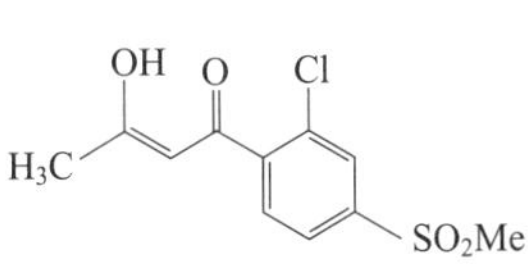

4-244 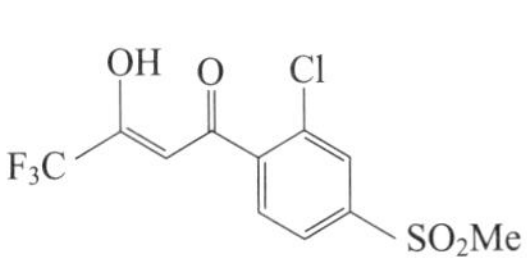　　　**4-245**

综上所述，HPPD抑制剂的结构特征为：①离体条件下对HPPD酶有活性，

化合物分子或其异构体或其代谢物中需含有2-苯甲酰基乙烯-1-醇基团，从而充当底物对羟基苯丙酮酸的酮酸部分的等排体，作为对羟基苯丙酮酸的竞争物去和HPPD键合。②要在活体条件下对HPPD酶有活性，化合物分子必须是弱酸性的，即其$pK_a<6$，以便于其在植物体内传导和被植物细胞吸收。

符合以上两个结构特征的HPPD抑制剂目前已报道的化学结构主要有以下5种：三酮类、吡唑类、异噁唑类、二酮腈类和二苯酮类。

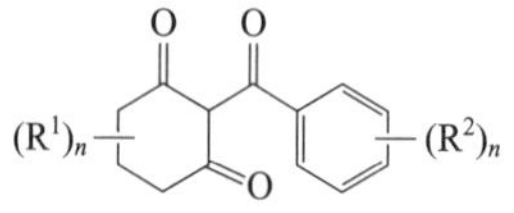

三酮类 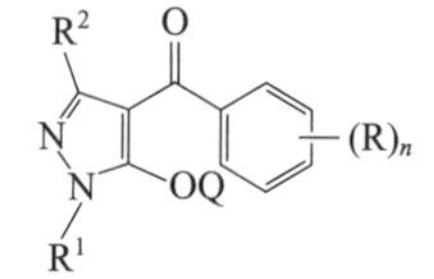　　吡唑类 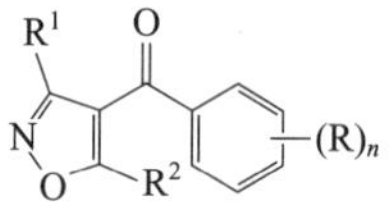　　异噁唑类

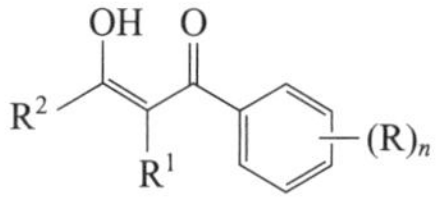

二酮腈类 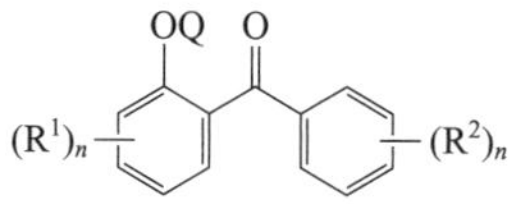　　二苯酮类

目前，商品化的HPPD抑制剂在结构上主要分为三酮类、吡唑类和异噁唑类。其中三酮类如前所述共有6个商品化品种；吡唑类目前有6个商品化品种，分别是苄草唑（pyrazoxyfen）、吡草酮（benzofenap）、吡唑特（pyrazolynate）、磺酰草吡唑（pyrasulfotole）、苯唑草酮（topramezone）、tolpyralate；异噁唑类有一个上市品种，为异噁唑草酮（isoxaflutole）。

4.15.1 创制过程

文献报道tembotrione的除草活性优于硝磺草酮，为了发现活性更高、选择性更好的新三酮类化合物，本实验室以tembotrione为先导，用胺类结构替换其三氟乙醇部分，设计合成了如图4-68所示的化合物**4-246**，其中化合物**4-246a**和**4-246b**具有一定的除草活性，对其进行优化合成了通式**4-247**化合物，从中发现化合物SYP-12194具有较广谱的除草活性[181]，并且对玉米安全。

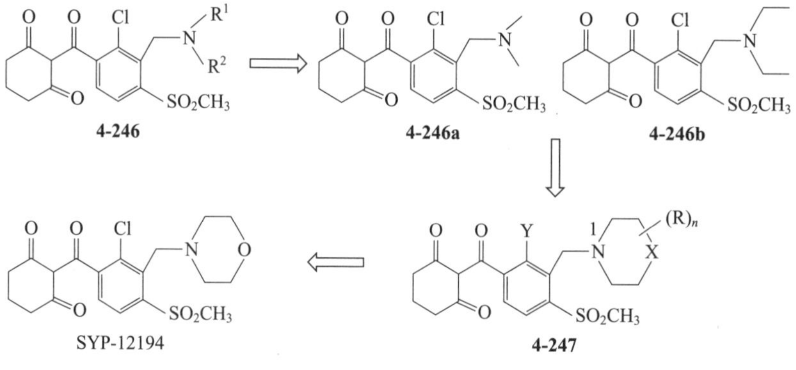

图4-68　SYP-12194的创制

4.15.2 合成方法

SYP-12194 可以从原料 2,6-二氯甲苯出发，经过取代、酰化、氧化、酯化、溴化等多步反应合成，合成路线如图 4-69 所示。其中中间体 2-氯-3-溴甲基-4-甲磺酰基苯甲酸甲酯的合成方法在 US6376429 等专利中均有报道。

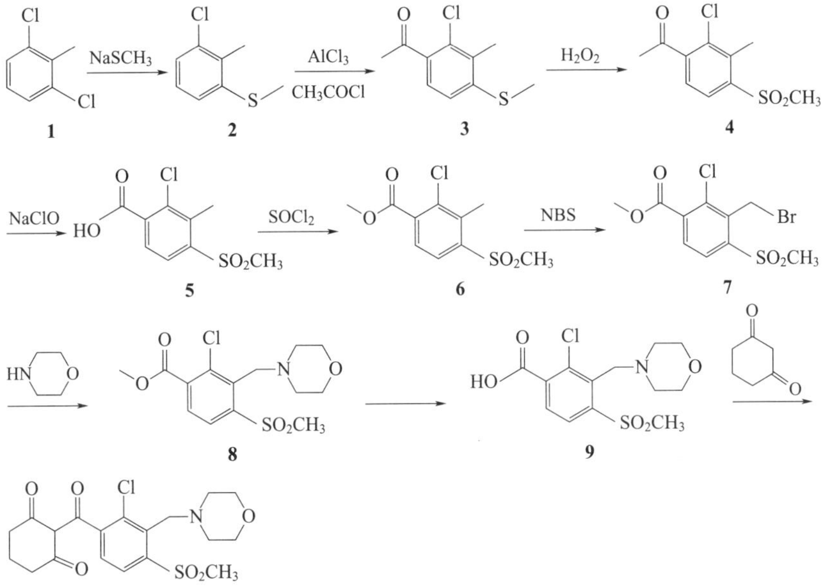

图 4-69 SYP-12194 的合成路线

操作方法：

将 2,6-二氯甲苯和甲硫醇钠溶于 HMPA（六甲基磷酸三酰胺）中，100℃下反应 3h，倒入水中，乙酸乙酯萃取，合并有机相，水洗，饱和食盐水洗，无水硫酸镁干燥，脱溶，得 2-氯-6-甲硫基甲苯。

将三氯化铝悬浮于二氯乙烷中，15～20℃下滴加乙酰氯的二氯乙烷溶液，滴完再滴入 2-氯-6-甲硫基甲苯的二氯乙烷溶液，室温搅拌过夜。将反应液倒入冰水和浓盐酸的混合液中，充分搅拌后静置分层，二氯甲烷萃取，合并有机相，水洗，干燥，脱溶，得 2-氯-3-甲基-4-甲硫基苯乙酮。

将 2-氯-3-甲基-4-甲硫基苯乙酮溶于冰醋酸中，冰浴下滴加 30% H_2O_2，滴完室温搅拌 1.5d。加水稀释，析出固体，过滤，水洗，干燥，得 2-氯-3-甲基-4-甲磺酰基苯乙酮。

将 2-氯-3-甲基-4-甲磺酰基苯乙酮溶于二氧六环中，加入 13%的 NaClO 水溶液，80℃下反应 1h，冷却，倒入分液漏斗中静置分层，水相用 HCl 调酸，过滤白色固体，水洗，干燥，得 2-氯-3-甲基-4-甲磺酰基苯甲酸。

将 2-氯-3-甲基-4-甲磺酰基苯甲酸溶于甲醇中，回流下通 HCl 气体 3h，冷却，脱溶，得 2-氯-3-甲基-4-甲磺酰基苯甲酸甲酯。

将2-氯-3-甲基-4-甲磺酰基苯甲酸甲酯溶于四氯化碳中，加入NBS和催化量的过氧化苯甲酰，反应液用300W灯照射，回流反应，过滤，滤液脱溶，残留物溶于二乙醚中，用*n*-己烷处理，析出沉淀，过滤，干燥，得2-氯-3-溴甲基-4-甲磺酰基苯甲酸甲酯。

取吗啉和碳酸钾于反应瓶中，加适量乙腈搅拌20min，加入2-氯-3-溴甲基-4-甲磺酰基苯甲酸甲酯，室温下反应5h，TLC监测反应完毕，过滤，滤液减压脱溶，柱色谱分离[洗脱剂为乙酸乙酯与石油醚（沸程60～90℃），体积比为1∶3]，纯化得2-氯-3-(吗啉基甲基)-4-甲基磺酰基苯甲酸甲酯。

将中间体2-氯-3-(吗啉基甲基)-4-甲基磺酰基苯甲酸甲酯溶于甲醇中，加入氢氧化钠的水溶液，室温搅拌3h，TLC监测无原料剩余，用盐酸调至中性，减压脱溶，干燥，得中间体2-氯-3-(吗啉基甲基)-4-甲基磺酰基苯甲酸。

将2-氯-3-(吗啉基甲基)-4-甲基磺酰基苯甲酸用乙腈溶剂溶解，在搅拌下加入1,3-环己二酮和DCC，室温下反应10h，然后加入三乙胺和两滴丙酮氰醇，继续室温下反应3h，过滤，滤液减压脱溶，残留物中加入水后调酸，乙酸乙酯萃取3次，水相用氢氧化钠调至中性，乙酸乙酯萃取，有机相干燥、脱溶，得黄色黏稠物，加石油醚研磨出现固体，过滤得化合物SYP-12194。

4.15.3 生物活性

4.15.3.1 室内生物活性

（1）除草活性试验结果　茎叶处理试验结果表明，SYP-12194对阔叶杂草龙葵有很高的防效，在15g(a.i.)/hm^{2}剂量下，防效达到95%；对稗草、马唐和鸭跖草也有较高的防效，在120g(a.i.)/hm^{2}剂量下对稗草的防效达到90%，对反枝苋活性较差，对马齿苋基本无效。综合防效与对照药剂硝磺草酮相当。结果见表4-190。

表4-190　SYP-12194茎叶处理对杂草的防效结果

供试药剂	剂量/[g(a.i.)/hm^2]	目测防效/%					
		稗草	马唐	反枝苋	马齿苋	鸭跖草	龙葵
SYP-12194	150	95	80	55	5	80	100
	120	90	75	55	5	70	100
	90	80	65	50	0	55	100
	60	75	60	35	0	55	100
	30	60	45	25	0	50	100
	15	15	10	20	0	45	95
硝磺草酮	150	95	75	85	5	85	100
	120	90	75	50	0	70	100
	90	65	55	50	0	70	100
	60	65	50	45	0	65	100
	30	45	30	20	0	60	100
	15	20	15	20	0	60	98

SYP-12194与磺草酮的除草活性结果显示，二者都对百日草、狗尾草、苘麻和稗草具有一定的防效，特别是对百日草在37.5g(a.i.)/hm²剂量下，防效达到95%；同等剂量下，SYP-12194对狗尾草的防效明显优于磺草酮，对稗草的防效略优于磺草酮，对苘麻的防效稍差于磺草酮。结果见表4-191。

表4-191 SYP-12194与磺草酮的除草活性

供试药剂	剂量/[g(a.i.)/hm²]	防效/%			
		稗草	狗尾草	苘麻	百日草
SYP-12194	300	75	98	90	100
	150	70	90	70	100
	75	60	65	55	100
	37.5	35	30	45	95
磺草酮	300	60	30	100	100
	150	50	20	98	100
	75	30	15	95	100
	37.5	10	10	60	95

(2) 杀草谱试验　杀草谱试验结果表明，SYP-12194对多种阔叶杂草和禾本科杂草均较为敏感。其中对阔叶杂草龙葵有很高的防效，在试验设定的120g(a.i.)/hm²剂量下，防效可达100%；对马唐、苍耳和鸭跖草也有很高的防效，在120g(a.i.)/hm²剂量下防效分别为100%、95%和80%。结果见表4-192。

表4-192 SYP-12194杀草谱试验结果

供试杂草	防效/%				
	15g(a.i.)/hm²	30g(a.i.)/hm²	60g(a.i.)/hm²	90g(a.i.)/hm²	120g(a.i.)/hm²
稗草	50	70	70	70	75
金色狗尾草	20	30	60	70	85
马唐	70	85	90	100	100
黑麦草	0	0	0	2	5
早熟禾	0	0	0	10	20
苘麻	10	15	20	30	40
决明	10	10	10	20	20
龙葵	50	80	80	90	100
鸭跖草	40	50	60	70	80
铁苋菜	10	15	15	20	20
藜	30	30	50	60	70
苍耳	40	70	75	85	95
鳢肠	20	25	40	50	70

4.15.3.2 田间试验

表 4-193 试验结果表明，SYP-12194 在 225g(a. i.)/hm^2 剂量下对夏玉米田杂草防效达到 85%以上，且在此剂量下对夏玉米安全。与硝磺草酮相比，SYP-12194 在同等剂量下对禾本科杂草和阔叶杂草的防效更优。

表 4-193 SYP-12194 夏玉米田药效试验结果（宿州，2012）

供试药剂	剂量/[g(a. i.)/hm^2]	对禾本科杂草的防效/%		对阔叶杂草的防效/%		对玉米的抑制率/%	
		15d	30d	15d	30d	15d	30d
10%SYP-12194 AS	75	70	70	75	70	0	0
	150	75	75	80	75	0	0
	225	90	85	90	90	0	0
	300	95	90	95	90	3	2
	450	98	95	98	95	10	5
	600	98	98	98	98	15	8
9%硝磺草酮 SC	150	40	20	70	70	0	0
	300	60	50	80	80	0	0

表 4-194 试验结果表明，SYP-12194 在 450g(a. i.)/hm^2 剂量下对夏玉米田杂草防效不低于 80%，且在此剂量下对夏玉米安全。在 150g(a. i.)/hm^2、300g(a. i.)/hm^2 剂量下，SYP-12194 对禾本科杂草和阔叶杂草的防效与同等剂量下硝磺草酮相当。

表 4-194 SYP-12194 夏玉米田药效试验结果（宿州，2013）

供试药剂	剂量/[g(a. i.)/hm^2]	对禾本科杂草的防效/%		对阔叶杂草的防效/%		对玉米的抑制率/%	
		15d	30d	15d	30d	15d	30d
10%SYP-12194 AS	150	55	60	70	70	0	0
	300	65	70	75	80	0	0
	450	80	80	80	90	0	0
	600	95	95	90	90	3	0
	750	100	98	95	95	8	5
10%SYP-12194 OF	150	55	60	70	70	0	0
	300	70	70	70	80	0	0
	450	80	85	80	85	3	0
	600	95	95	85	90	5	0
	750	100	98	95	95	10	5
10%硝磺草酮 SC	150	50	60	65	65	0	0
	300	70	70	75	70	0	0

4.15.4 毒性试验

98%SYP-12194 原药部分毒性试验结果如下：

① 大鼠急性经口毒性为低毒，急性经口 LD_{50} 雌雄鼠均大于 4640mg/kg 体重；

② 大鼠急性经皮毒性为低毒，急性经皮 LD_{50} 雌雄鼠均大于 2000mg/kg 体重；

③ 兔眼刺激强度为“轻度刺激性”；

④ 兔皮肤刺激强度为“无刺激性”；

⑤ 细菌回复突变试验结果为阴性；

⑥ CHL 体外培养染色体畸变试验结果为阴性；

⑦ 嗜多染红细胞微核试验结果为阴性。

4.15.5 专利情况

化合物 SYP-12194 的专利情况见表 4-195。

表 4-195 SYP-12194 化合物的专利情况

序号	专利名称	申请号	申请日	公开号	公开日	专利号	授权日
1	含氮杂环取代的苯甲酰基类化合物及其应用	201010554434.8	2010-11-19	CN102464630A	2012-05-23	ZL201010554434.8	2015-05-13
2	含氮杂环取代的苯甲酰基类化合物及其应用	PCT/CN2011/082436	2011-11-18	WO2012065573A1	2012-05-24		
3	含氮杂环取代的苯甲酰基类化合物及其应用	201180035270.0	2011-11-18	CN103025718A1	2013-04-03	ZL201180035270.0	2016-01-20
4	一种除草剂组合物及应用	201410842424.2	2014-12-30	CN105794796A	2016-07-27		
5	一种除草剂及其应用	201410810186.7	2014-12-22	CN105766944A	2016-07-20		

4.16 异噻唑类化合物的创制

异噻唑是一类新的杂环化合物，随着对其合成和生物活性研究的深入，不断有结构新颖且活性显著的异噻唑衍生物在工业、农业、医药等领域得到应用。据统计，异噻唑类化合物在农药领域的商品化品种有 3 个。包括日本明治制果公司开发的异噻唑类杀细菌和杀真菌剂烯丙苯噻唑（probenazole）、Rohm & Haas 公司（现为 Dow AgroScience）开发的杀细菌、真菌剂辛噻酮（octhilinone，试验代号：RH893）和拜耳与住友共同开发的杀菌剂异噻菌胺（isotianil，试验代号 BYF 1047、S 2310)，其中异噻菌胺作为异噻唑酰胺类化合物中仅有的商品化品种，得到众多科研工作者的重视，但目前对该类化合物的研究和应用还很有限。因此，开辟新的合成方法和设计结构新颖的异噻唑酰胺类衍生物作为农药创制的一个方向，具有广阔的研究与应用价值。

4.16.1 创制背景

4.16.1.1 异噻唑基-5-位羧酸酰胺

陈晓燕等以 3,4-二氯-5-异噻唑甲酸为原料，合成的一系列 3,4-二氯-5-异噻唑甲酰胺衍生物对 7 种病原菌有一定的抑制活性，其中化合物 **4-248** 在 50mg/L 浓度下对黄瓜灰霉病菌和油菜菌核病菌抑制率达 90%；化合物 **4-249** 由三井化学株式会社报道，引入磺酰胺结构，对稻瘟病菌和水稻纹枯病具有一定的活性；化合物 **4-250** 由陶氏益农公司报道，100mg/L 浓度下对腐霉病菌的抑制率为 91.6%，300mg/L 浓度下对番茄晚疫病菌的抑制率为 100%。

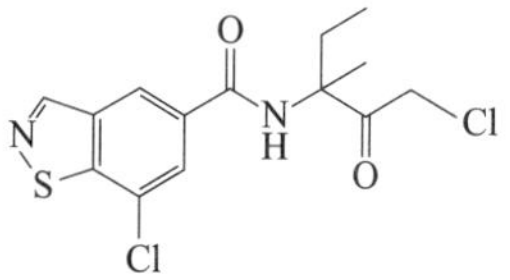

4-248 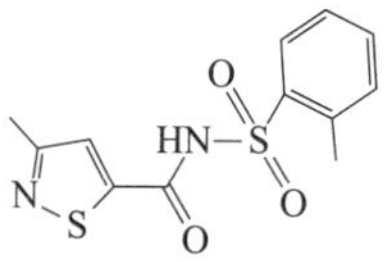 **4-249** 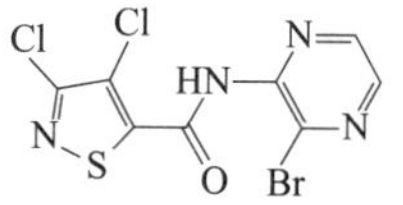 **4-250**

专利 CN102942565 公开了如下所示的化合物具有一定的杀菌、杀虫活性，其中化合物 **4-251** 在 40mg/L 浓度下对小菜蛾的致死率为 42.73%，在 50mg/L 浓度下对黄瓜霜霉病的防效为 40.54%；在 100mg/L 浓度下对蚜虫的致死率为 3.67%。

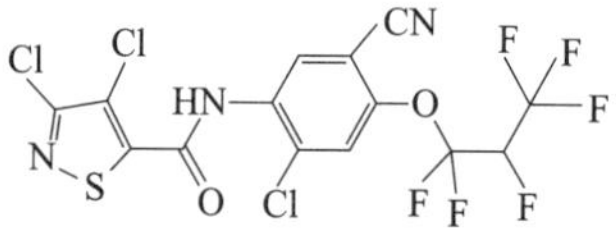

4-251 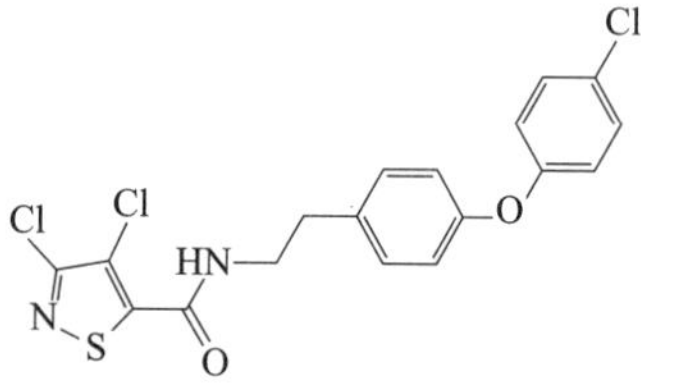 **4-252**

专利 WO9924413 公开了化合物 **4-252** 在 100g/hm^2 条件下对苹果黑星病的防效为 96%；专利 JP2000336080 报道了所示的化合物 **4-253** 具有一定的杀菌活性。沈阳化工研究院杨帆等报道了异噻唑与通式二苯醚拼接的化合物 **4-254**，在 2.8mg/L 浓度下对水稻稻瘟病菌的抑制率为 100%；在 400mg/L 浓度下，对黄瓜霜霉病和玉米锈病的活体防效均为 100%。

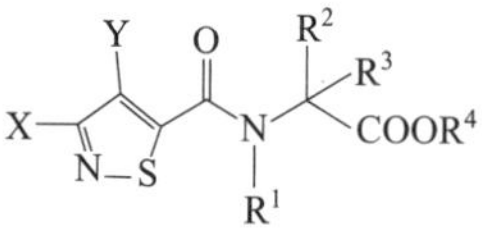

4-253 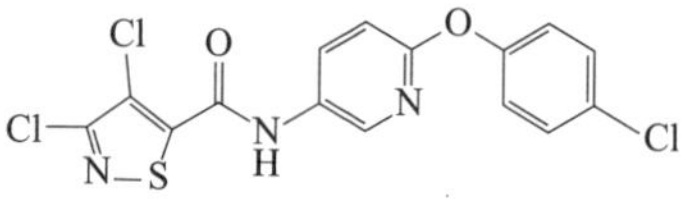 **4-254**

化合物 **4-255** 引入邻位氰基和长链烷基，500mg/L 质量浓度下对稻瘟病的防效大于 90%；化合物 **4-256** 在 500mg/L 质量浓度下对稻瘟病菌的抑制率大于 80%。

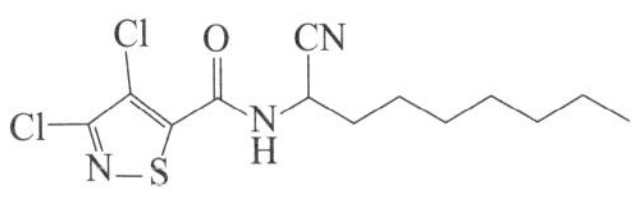

Cl O CN
Cl N H
N S

4-255

Cl O
Cl N H O
N S O

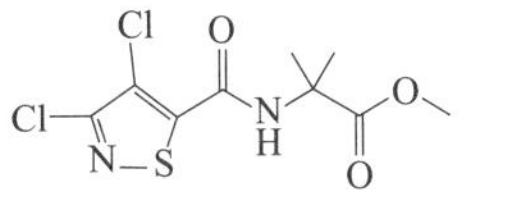

4-256

4.16.1.2 5位的氨基类

5 位的氨基类如化合物 **4-257**，由拜耳公司报道，具有一定的杀虫、杀菌活性，化合物 **4-258** 由先正达公司研发，对稻瘟病菌有一定的抑制活性。

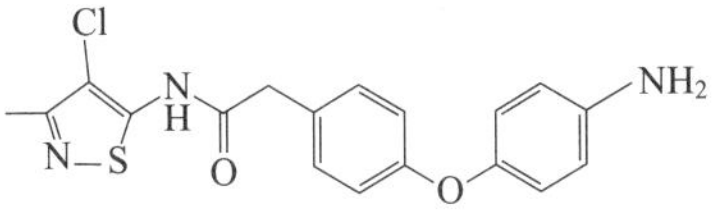

Cl
N H NH_2
N S O O

4-257

Cl
N H O
N S O N $CF_2CF_2CF_3$

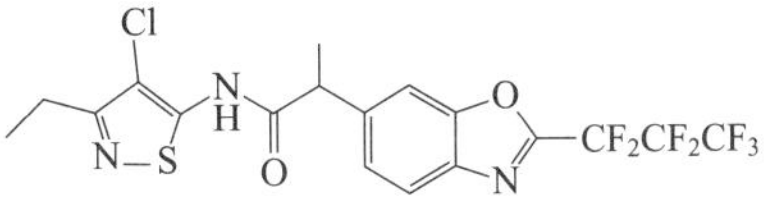

4-258

化合物 **4-259** 具有一定的杀虫杀菌活性，化合物 **4-260** 由巴斯夫公司报道，对葡萄霜霉病和马铃薯晚疫病有较好的防效。

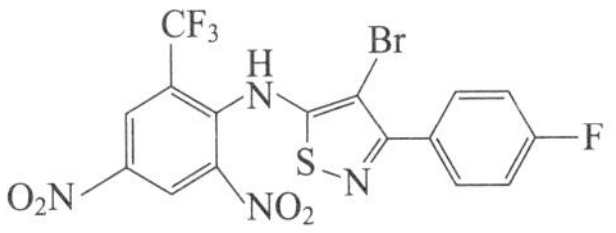

CF_3 H Br
N F
O_2N NO_2 S N

4-259

O_2N Cl
CF_3
HN
O_2N N NO_2

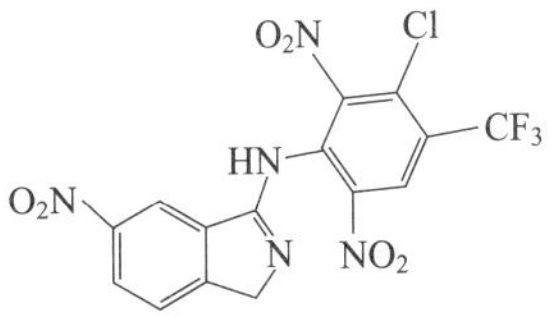

4-260

化合物 **4-261** 可有效防治白粉病和稻瘟病等，750g/hm^2 剂量下对稻瘟病的防效为 90%；化合物 **4-262** 在 500mg/L 浓度下对马铃薯晚疫病菌的抑制率大于 80%。

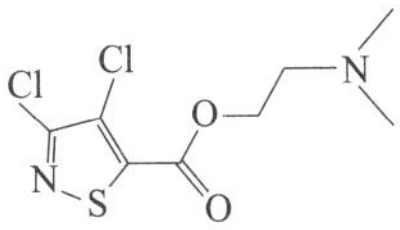

Cl Cl
O N
N S O

4-261

Cl O Cl
Cl O O
N S Cl O
O

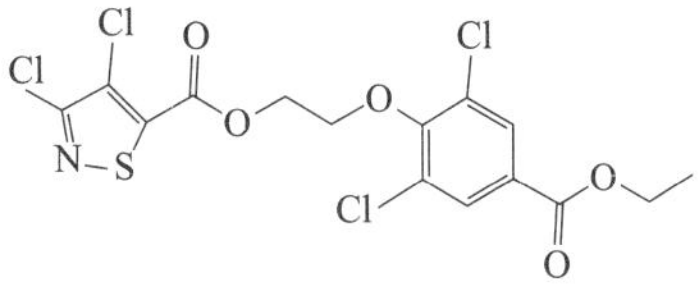

4-262

Assmann 等报道的化合物 **4-263** 在极低浓度下对晚疫病菌的抑制率达 80% 以上。

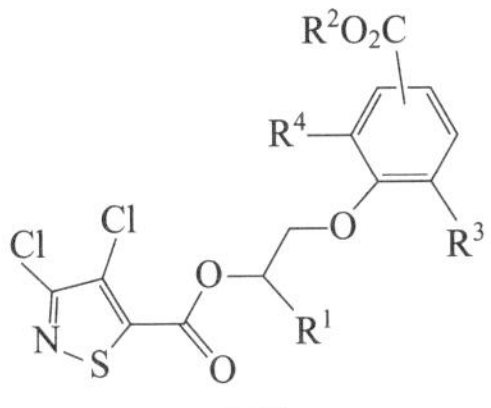

R^2O_2C
R^4
O R^3
Cl Cl
O
N S O R^1

4-263

4.16.1.3 磺酰脲类

该类化合物是在烟嘧磺隆的基础上，以异噻唑环替换吡啶环，衍生出新品种。化合物 **4-264** 为石原产业株式会社报道，具有低毒和选择性好的特点，可在低剂量下选择性地杀死稻田中的杂草，对水稻安全性好；化合物 **4-265** 为杜邦公司报道，对小麦、棉花作物的阔叶杂草和恶性杂草有很好的防效。

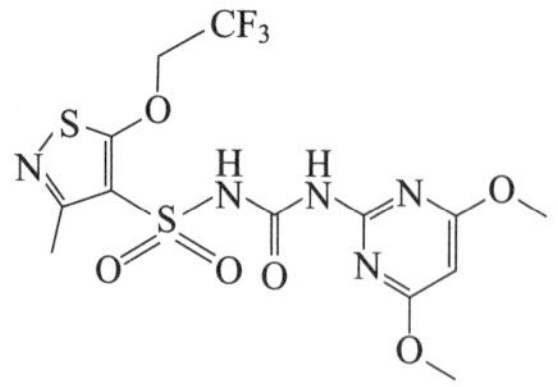

4-264 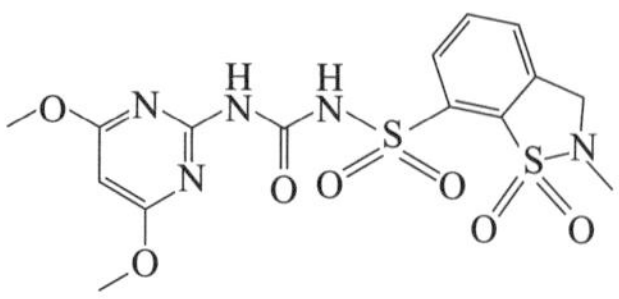　　4-265

4.16.1.4 其他类

化合物 **4-266** 由巴斯夫公司报道，具有一定的除草活性；化合物 **4-267** 由先正达公司报道，具有一定的杀菌活性；化合物 **4-268** 可有效防治稻瘟病、黄瓜霜霉病、马铃薯疫病及大部分作物的白粉病与锈病；化合物 **4-269** 由 FMC 公司报道，具有较好的除草活性。

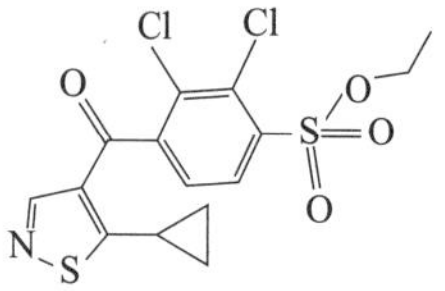

4-266 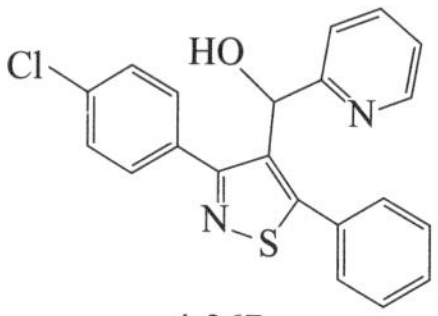　　4-267 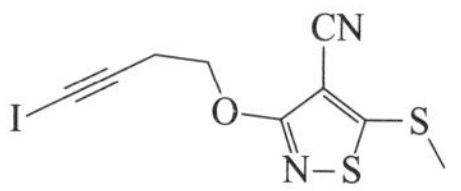　　4-268 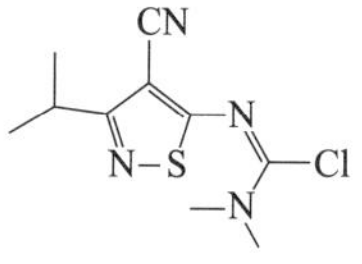　　4-269

4.16.2 创制过程

唑虫酰胺（tolfenpyrad）是由 Mitsubishi 和 Otsuka Chemical Co. 共同开发的新型吡唑类杀虫杀螨剂。考虑到异噻唑酰胺类化合物商品化品种稀缺，应用中间体衍生化法，用异噻唑结构替换唑虫酰胺结构中的吡唑基团，期望发现活性优异的异噻唑酰胺类化合物。中间体衍生化法于 2014 年发表于 *Chemical Reviews*[4~15]，该方法的一个重要核心理念是：利用现有中间体进行衍生或替换，设计并合成一系列结构新颖的化合物，最终发现性能更优或者结构全新的化合物。

异噻唑酰胺类化合物的具体创制过程如图 4-70 所示。

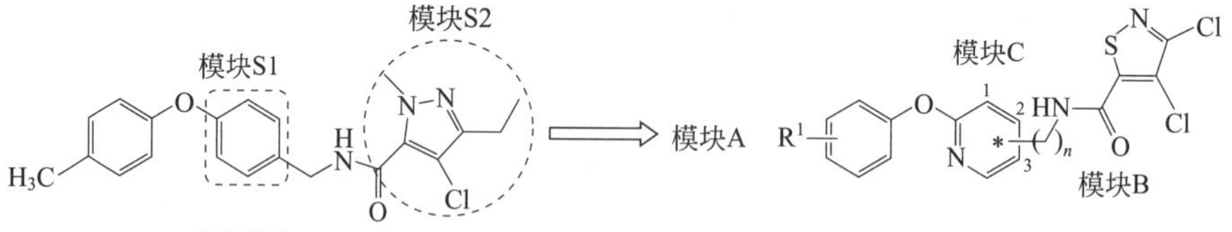

模块S2　模块S1　模块C　模块A　模块B　唑虫酰胺　4-XX

图 4-70　设计思路

如图 4-70 所示，根据生物等排理论，唑虫酰胺的模块 S1 被吡啶环取代，利用中间体衍生化法将异噻唑环引入唑虫酰胺结构中去替换模块 S2，得到一类结构新颖的化合物 **4-XX** 及其类似物。我们惊喜地发现，该类化合物在测试浓度下对黄瓜炭疽病显示出优异的防效。其中部分化合物在低剂量条件下，对黄瓜炭疽病的防效仍能达到 85%以上。

高活性化合物 SYP-30234 的结构优化如图 4-71 所示。

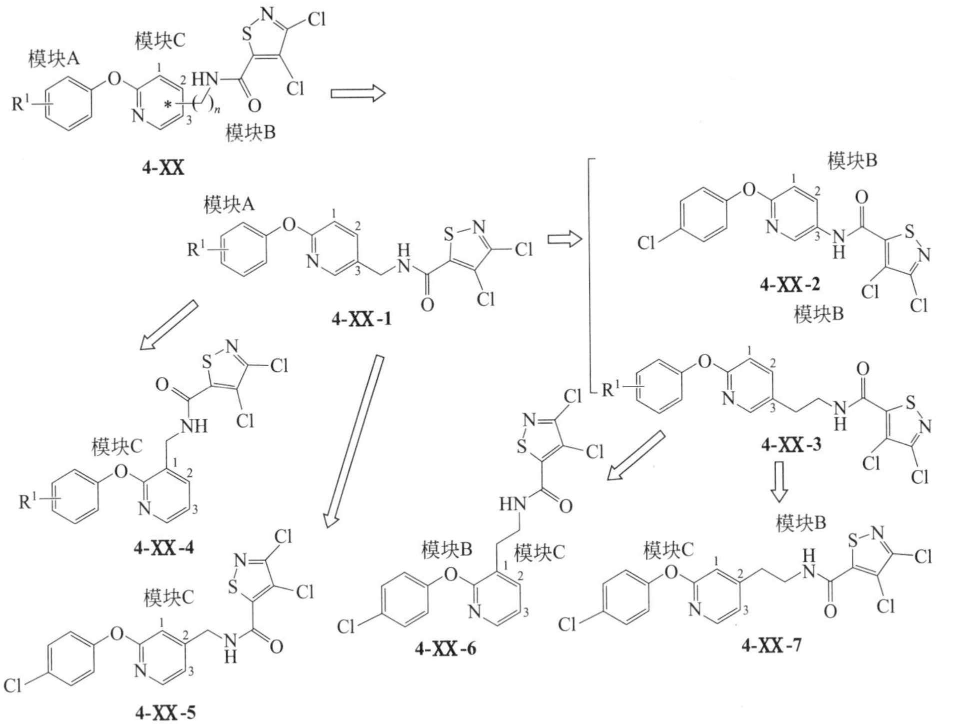

图 4-71 高活性化合物 SYP-30234 的结构优化

对高活性化合物 SYP-30234 的优化分三部分进行：

首先对模块 A 上的 R^1 展开了优化，合成了一系列结构如 **4-XX-1** 所示的化合物，发现 R^1 及其取代位置对生物活性具有明显的影响，但供电子和吸电子效应不明显。当 R^1 中引入氯原子时生物活性显著提高，且对位取代活性优于邻位和间位取代。考虑上述原因，后续的研究与优化将 R^1 固定为对位氯原子单取代。

然后对模块 B 进行优化，合成了一系列结构如 **4-XX-2** 和 **4-XX-3** 所示的化合物，发现当吡啶环和酰胺键之间的碳链长度增加或减少一个碳原子时，生物活性均降低。因此，保持原有碳链长度不变，在 **4-XX-1** 系列化合物基础上继续对模块 C 进行优化。发现当酰胺键为间位（2 位）取代时生物活性有所降低，当酰胺键为邻位（1 位）取代时生物活性几乎完全消失。故在 **4-XX-1** 系列化合物里发现杀菌活性最好的是 SYP-30234，在 6.25mg/L 质量浓度对黄瓜炭疽病的防效为 90%，生物活性优于商品化品种咪鲜胺，仅次于商品化品种 SYP-1620。

4.16.3 合成方法

以取代苯酚为起始原料，经过取代、还原等一系列化学反应得到关键中间体芳氧基吡啶类化合物，再与异噻唑酰氯反应得到目标产物。产品含量>96%、总收率达 75%（以取代苯酚计）。

反应路线如图 4-72 所示。

具体合成方法如下：

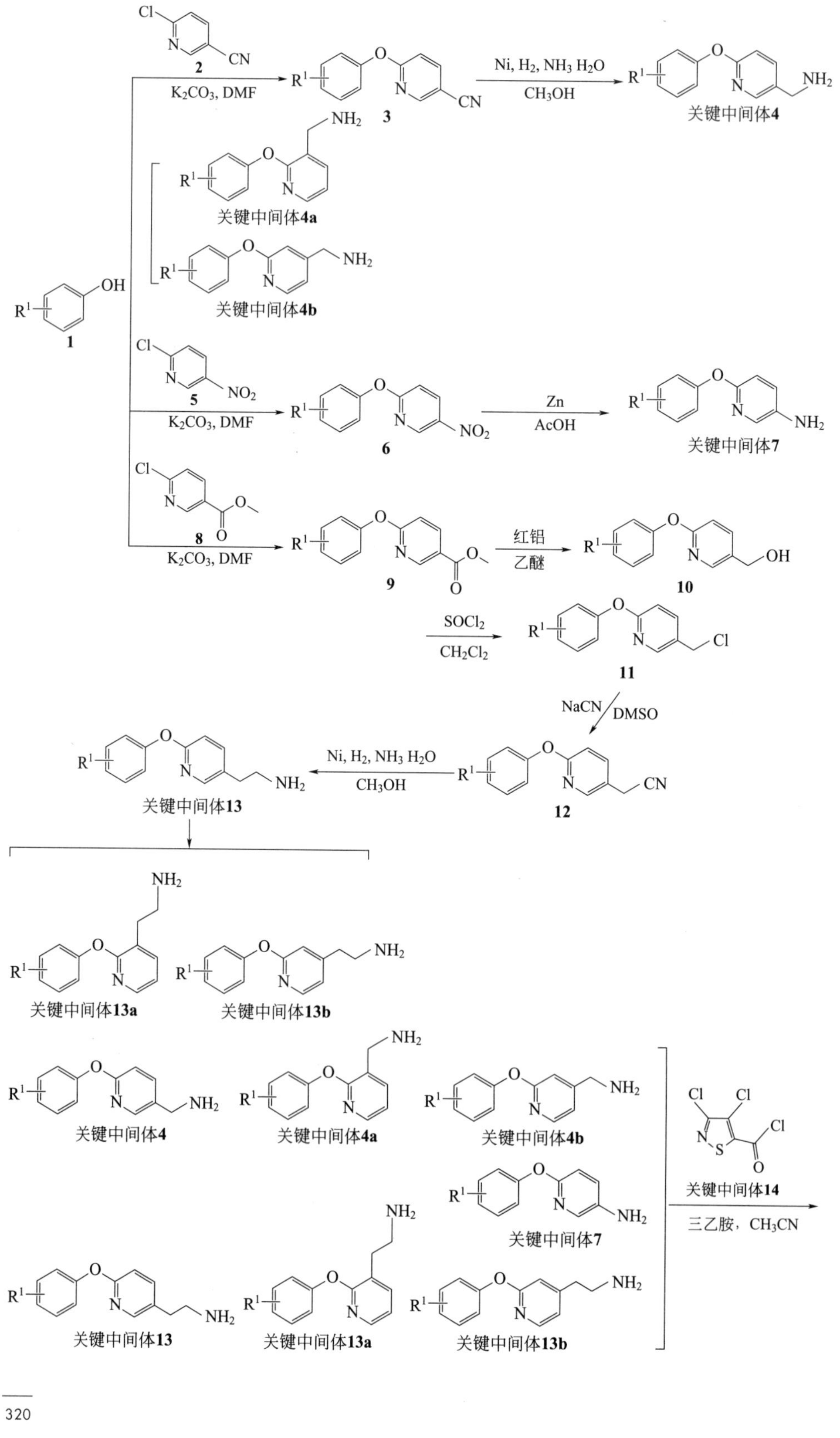

2
K_2CO_3, DMF
3
Ni, H_2, NH_3 H_2O
CH_3OH
关键中间体4
关键中间体4a
关键中间体4b
1
5
K_2CO_3, DMF
6
Zn
AcOH
关键中间体7
8
K_2CO_3, DMF
9
红铝
乙醚
10
$SOCl_2$
CH_2Cl_2
11
NaCN
DMSO
12
Ni, H_2, NH_3 H_2O
CH_3OH
关键中间体13
关键中间体13a
关键中间体13b
关键中间体4
关键中间体4a
关键中间体4b
关键中间体7
关键中间体13
关键中间体13a
关键中间体13b
关键中间体14
三乙胺，CH_3CN

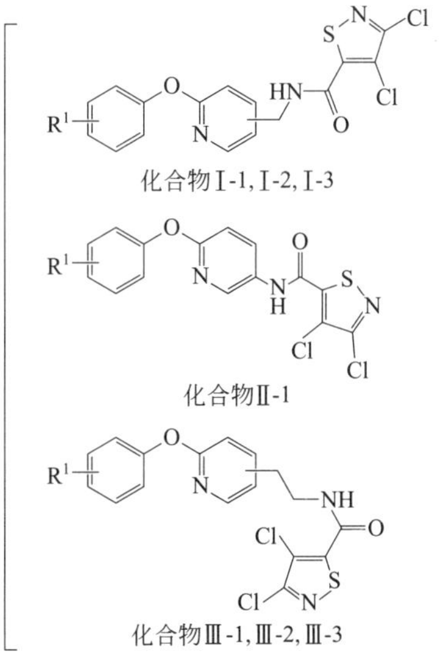

化合物Ⅰ-1, Ⅰ-2, Ⅰ-3

化合物Ⅱ-1

化合物Ⅲ-1, Ⅲ-2, Ⅲ-3

图 4-72 SYP 30234 的合成路线

(1) **4-XX-1** 系列化合物关键中间体的合成

① 6-(4-三氟甲基苯氧基) 烟腈的合成。

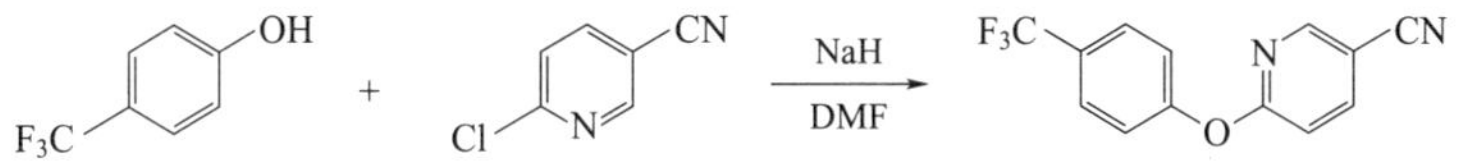

② [6-(4-三氟甲基苯氧基)吡啶-3-基]甲胺的合成

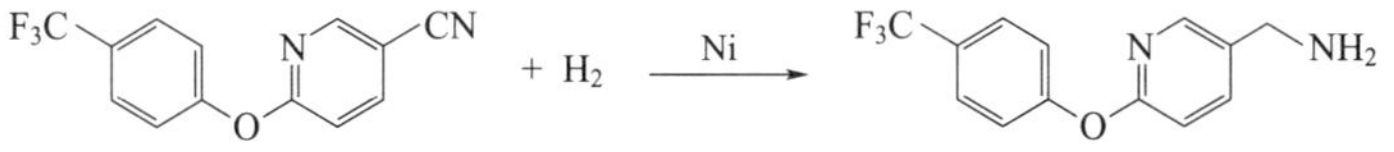

用类似的方法合成 **4-XX-2**、**4-XX-4** 和 **4-XX-5** 系列化合物的关键中间体。

(2) **4-XX-3** 系列化合物关键中间体的合成

① 6-(4-氯苯氧基) 烟酸甲酯的合成。

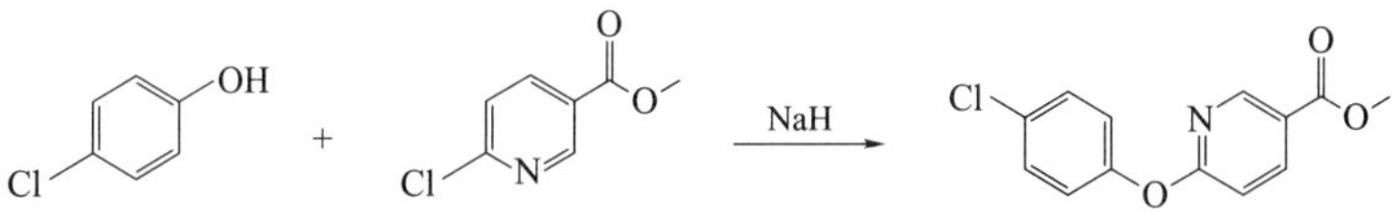

向 25.6g (0.2mol) 对氯苯酚的 350mL *N*,*N*-二甲基甲酰胺溶液中分批加入 70%的氢化钠 10.3g (0.43mol)，于室温搅拌反应 4h，然后向其中分批加入 34.2g(0.2mol)6-氯烟酸甲酯，加毕，反应混合物升温至 100℃反应 10h，TLC 监测反应完毕后，将反应液倒入水中，乙酸乙酯萃取，有机相依次经水洗、饱和盐水洗，干燥，过滤，脱溶，残余物冷却凝固后，过滤，石油醚洗涤，晾干后得浅褐色固体 42.0g，即 6-(4-氯苯氧基) 烟酸甲酯。熔点：64～66℃。

② [6-(4-氯苯氧基)吡啶-3-基]甲醇的合成。

于0℃下，向52.6g(0.2mol)6-(4-氯苯氧基)烟酸甲酯的500mL无水乙醚溶液中滴加70%的红铝甲苯溶液74.5g(0.24mol)，加毕，于室温搅拌反应4h，然后于0℃下，向其中滴加事先配制好的10%氢氧化钠溶液，直至反应混合物变澄清，然后升温至35℃反应2h，TLC监测反应完毕后，将反应液倒入水中，甲苯萃取，有机相依次经水洗、饱和盐水洗，干燥，过滤，脱溶，残余物进行柱色谱分离[洗脱剂为乙酸乙酯与石油醚（沸程60～90℃），体积比为1∶3]，纯化得产品42.2g，即[6-(4-氯苯氧基)吡啶-3-基]甲醇。白色固体。熔点：100～102℃。

③ 5-氯甲基-2-(4-氯苯氧基）吡啶的合成。

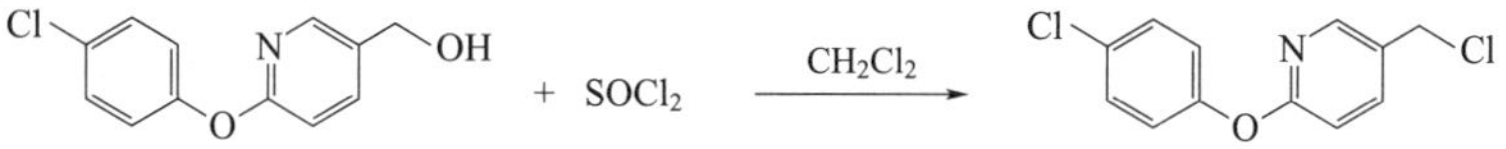

于0℃下，向23.5g(0.1mol)[6-(4-氯苯氧基)吡啶-3-基]甲醇的350mL二氯甲烷溶液中滴加17.9g(0.15mol）氯化亚砜，加毕，于室温搅拌反应4h，TLC监测反应完毕后，减压蒸出过量的氯化亚砜，残余物加水，乙酸乙酯萃取，有机相依次经水洗、饱和碳酸氢钠洗、饱和盐水洗，干燥，过滤，脱溶，得产品22.8g，即5-氯甲基-2-(4-氯苯氧基）吡啶。白色固体。熔点：78～80℃。

④ 2-[6-(4-氯苯氧基)吡啶-3-基]乙腈的合成。

于40℃下，将2.69g(55mmol）氰化钠溶解于300mL二甲基亚砜中，然后向其中加入13.9g(50mmol）5-氯甲基-2-(4-氯苯氧基）吡啶，加入催化量的18-冠-6，反应混合物升温至80℃反应2h，TLC监测反应完毕后，将反应液倒入水中，甲苯萃取，有机相依次经水洗、饱和盐水洗，干燥，过滤，脱溶，残余物进行柱色谱分离[洗脱剂为乙酸乙酯与石油醚（沸程60～90℃），体积比为1∶3]，纯化得产品11.2g，即2-[6-(4-氯苯氧基)吡啶-3-基]乙腈。白色固体。熔点：100～102℃。

⑤ 2-[6-(4-氯苯氧基)吡啶-3-基]乙胺的合成。

将2.44g(0.01mol)2-[6-(4-氯苯氧基)吡啶-3-基]乙腈、Raney镍（1.0g)、25%氨水10mL和乙醇50mL组成的混合物在氢氛围、室温下搅拌反应3～15h，TLC监测反应完毕后，滤除Raney镍，减压蒸除溶剂得浅绿色黏稠状液体2.30g，收率95.0%。无色油状物。

用类似的方法合成**4-XX-6**和**4-XX-7**系列化合物关键中间体。

4.16.4　生物活性

黄瓜炭疽病近年来发生不断趋重，由半知菌亚门真菌葫芦科刺盘孢菌（*Colletotrichum orbiculare*）侵染所致。病菌以菌丝体或拟菌核在种子上或随病残体在土壤中越冬。春秋两季均有发生，防治难度较大，对生产影响巨大。该病属真菌性病害。高温、高湿是炭疽病发生流行的主要条件。22～27℃时最适宜病菌生长，相对湿度为87%～98%时最适宜侵染发病。病菌可随雨水传播，温室大棚如果通风不良、闷热、早上叶片结露水最易侵染流行。露地栽培在春末夏初的多雨季节病情严重，但温度高于30℃，相对湿度低于60%时病势发展缓慢。

室内和田间大量试验结果表明：SYP30234对黄瓜炭疽病活性优异。

SYP-30234对黄瓜霜霉病和黄瓜炭疽病等病害具有很好的防治效果，部分测试结果如表4-196、表4-197所示。

表4-196　室内杀菌活性测定

化合物	杀菌活性筛选结果(400mg/L)/%	
	黄瓜霜霉病	黄瓜炭疽病
SYP-30234	100	100

表4-197　室内杀菌活性测定

化合物	剂量/(mg/L)	杀菌活性筛选结果/%	
		黄瓜霜霉病	黄瓜炭疽病
SYP-30234	100	60	100
	25	40	98
	6.25	30	90

4.16.5　专利情况

SYP-30234化合物专利申请号：201510592095.5；申请日：2015-09-17；公开号：CN106543167A；公开日：2017-03-29，实审中。

4.17　联芳香基苯磺酰胺类除草剂的创制

4.17.1　创制背景

吡啶作为一种重要的中间体，被广泛应用于医药和农药领域。例如：新烟碱类杀虫剂、磺酰脲类除草剂等重要农药中均含有吡啶环。据统计，目前有30种以上含吡啶环的除草剂，近年来报道了更多的含吡啶环的高活性化合物。

T. Konakahara等人报道了一类高氟化的2-苯基吡啶（化合物**4-270**）作为医药和农药的中间体。随后EP-A167491公开了取代的双酰硫脲类化合物具有很好的除草活性，如化合物**4-271**。Yanagi Akihiko等人报道了2,6-二芳基吡啶衍生物化合物**4-272**具有很好的除草活性和落叶性质，苗后施用量为 63g/hm^2 时，可以很好地控制小麦田中的多种杂草。

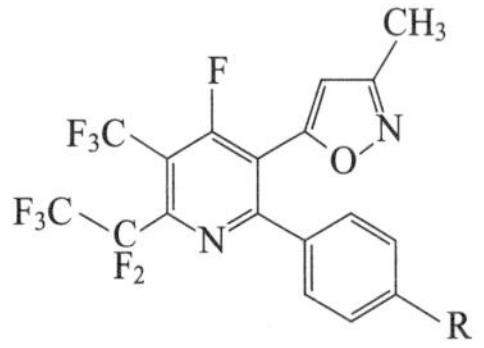

4-270 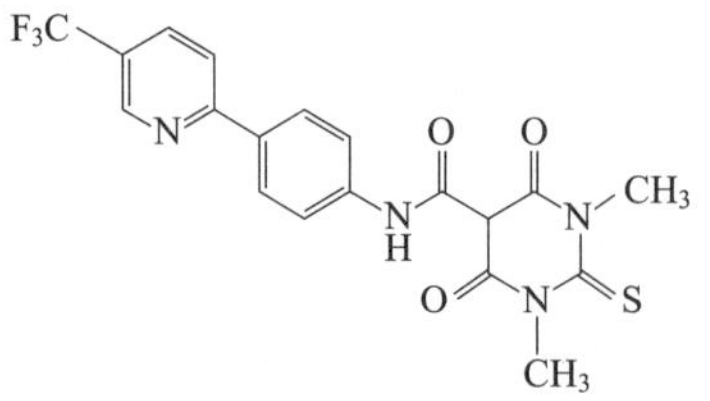 **4-271** 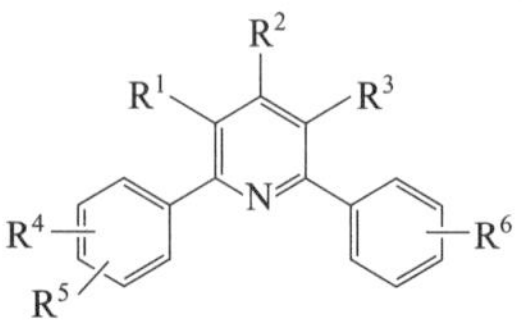 **4-272**

(1) 多取代吡啶类 多取代吡啶类最早出现在 20 世纪 60 年代，如 1963 年开发的毒莠定，它在吡啶环的 4 位上含有一个氨基，据此我们可以将这类农药细分成两类：氨基取代吡啶类和非氨基取代吡啶类。

在氨基吡啶中除了上面提到的毒莠定外，还有使它隆等，它们的特点是在吡啶环上同时还含有一个羧酸基。当氨基吡啶上的氨基被酯基取代时，它们中多数具有除草活性，部分具有杀菌活性。1988 年日本曹达公司开发了除草剂 TSH-888，而 Tosoh 公司和宇都宫大学将氨基甲酸酯中的羰基氧换成硫，开发出稗草畏。1999 年，Bretschneider 等人将二苯醚引入此类化合物中，得到了化合物**4-273**，具有很好的除草效果。

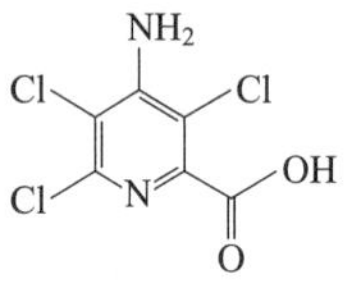

毒莠定 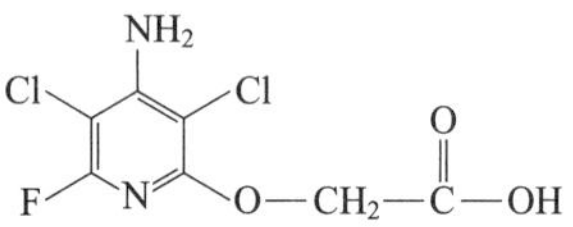 使它隆

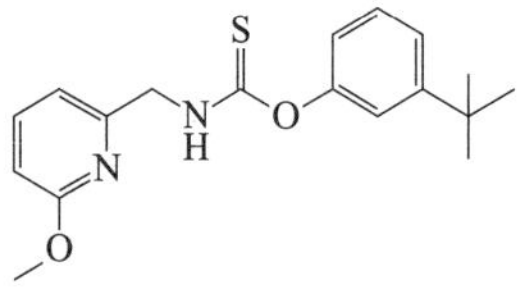

稗草畏 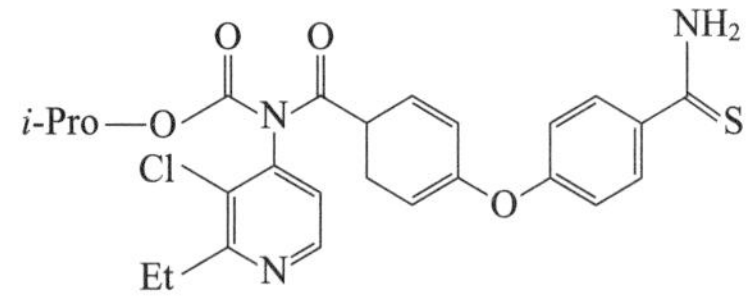 **4-273**

在非氨基取代的多取代吡啶类农药中，如早期的绿草定是将使它隆中的氨基去掉，并将其中的氟换成氯原子。1985 年，科学家又发现了 3,5-二硫代羧酸酯基吡啶——氟硫草定。近年孟山都和罗姆-哈斯公司又推出了除草剂噻草啶（thiazopyr）。

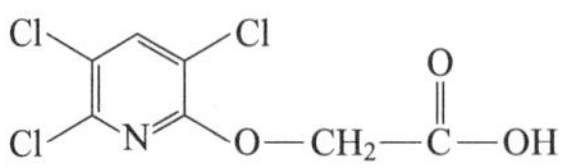

绿草定 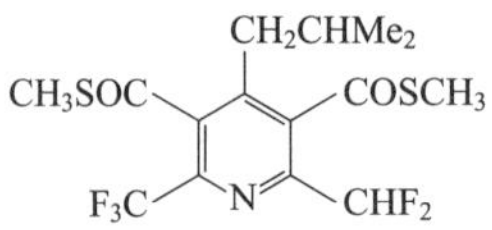 氟硫草定 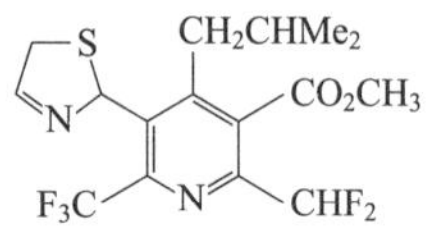 噻草啶

(2) 芳氧基吡啶类 二苯醚类除草剂是一个历史十分悠久的农药品种，近年来，与二苯醚类似的芳氧基吡啶类农药的兴起则与磺酰脲的兴起有关。人们在研究超高效除草剂——嘧啶磺隆的作用机制时，发现嘧啶磺隆在植物体内可以降解成 *N*-吡啶基嘧啶胺类衍生物 A。人们据此合成了一系列芳香取代的吡啶胺类化

合物，发现 CGA-244126 具有良好的除草活性。

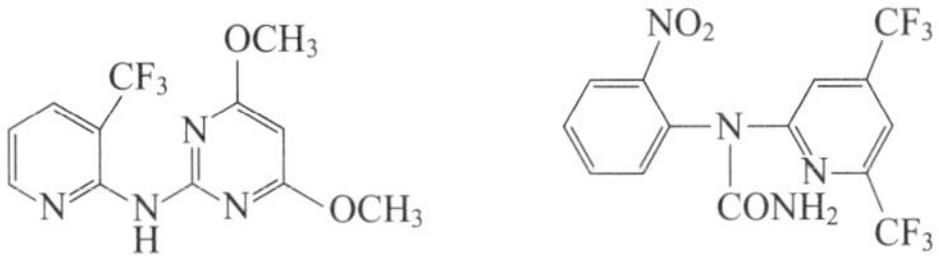

4-274　　CGA-244126

人们根据生物等排原理，用硫和氧取代氨基，发现了许多具有良好除草活性的化合物。在 20 世纪 90 年代初分别发现了如下两个具有优异除草活性的化合物。

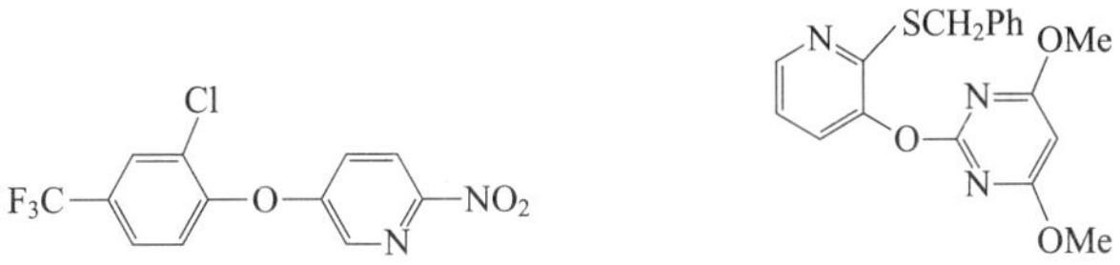

4-275　　4-276

当芳氧基吡啶中引入其他官能团后，通常也具有良好的生物活性。如 20 世纪 90 年代开发的吡氟草胺在芳氧基的邻位引入了酰氨基。吡氟草胺有很高的除草活性和很广的除草谱，并对一些对绿麦隆和异丙隆有抗性的杂草也有防效。而美国氰胺公司则将苯氧基取代在吡啶环的不同位置，开发了氟吡酰草胺（picalinafen）。

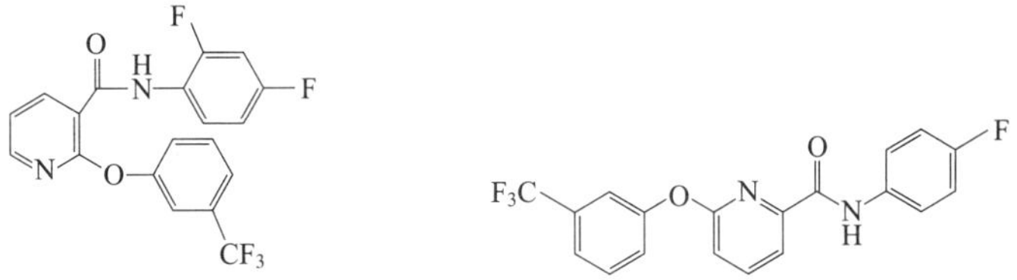

吡氟草胺　　氟吡酰草胺

当苯环对位有 α-氧代丙酸酯取代时，即芳氧苯氧基丙酸酯类农药。1972 年德国赫司特公司开发了禾草灵。转年，日本石原产业公司用吡啶环取代了 2,4-二氯苯，最终开发成功了吡氟氯草灵和吡氟禾草灵。而诺华公司则开发了 clodinafop，罗姆哈斯公司开发了 isoxapyrifop。

吡氟氯草灵　　吡氟禾草灵

禾草灵

clodinafop　　isoxapyrifop

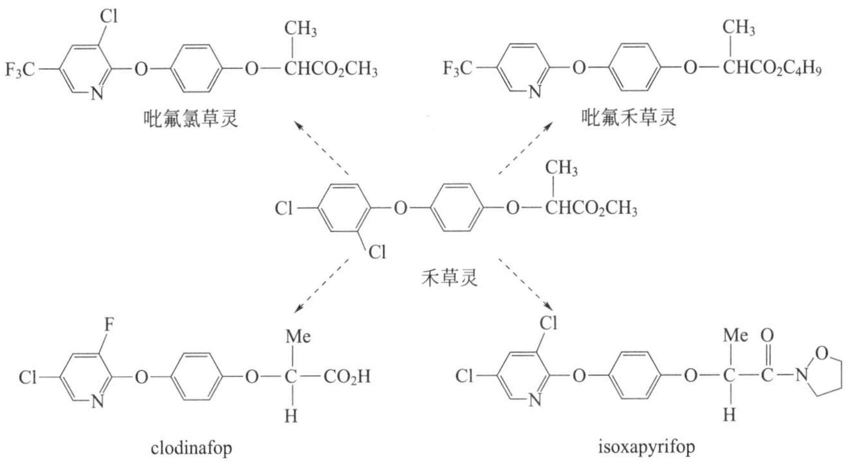

从上面的论述我们可以看出芳氧基吡啶类化合物有很好的生物活性，当苯环上有不同的取代基团取代时常有不同的变化，然而对其他官能团取代的芳氧基吡啶类化合物，人们的研究较少，因此将芳基吡啶上取代其他官能团或将芳氧基吡啶作为活性基团引入其他结构类型的农药品种中可能会发现新的类型的农药品种，应该引起农药工作者的重视。特别值得注意的是近年来公布的一些二嘧啶氧基苯甲酸和嘧啶巯基苯甲酸类化合物的用量都在每公顷几十克左右，如日本组合公司的双草醚、韩国的嘧啶肟草醚和日本组合公司的嘧草硫醚。此类农药和芳氧基吡啶极为类似，对开发吡啶类除草剂有很好的参考价值。

在芳氧类化合物中插入一个碳原子也是一种很好的开发新农药的方法，如新近开发的甲氧丙烯酸酯类的啶氧菌酯（picoxystrobin）就是将通常的结构中插入一个亚甲基。

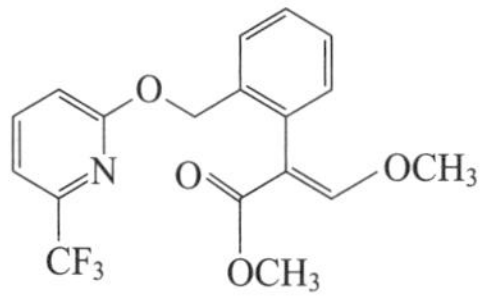

O N CF_3 O OCH_3 OCH_3

啶氧菌酯

（3）芳基吡啶类　当去掉上面一类农药中的氧桥时，就可得到另一类农药品种——芳基吡啶类。进入 20 世纪 90 年代以来，苯基吡啶类的研究逐渐增多，到目前为止虽然没有商品化的品种，但是也有一些活性不错的化合物进入开发阶段，如化合物 **4-277**，苗后施用量为 $63g/hm^2$ 时，可很好地控制小麦田中的多种杂草。

由于近年来杂环类化合物的兴起，对杂环基吡啶的研究日益受到人们的重视。其实最早使用的吡啶类农药联吡啶盐类化合物也可以归入芳基吡啶类中。到目前为止，敌草快和百草枯仍在使用。

嘧啶环由于其在生物体中广泛的生物活性，是近年来最先被引入此类农药中的杂环，如 1992 年日本报道了化合物 **4-278** 具有杀稻梨孢活性。

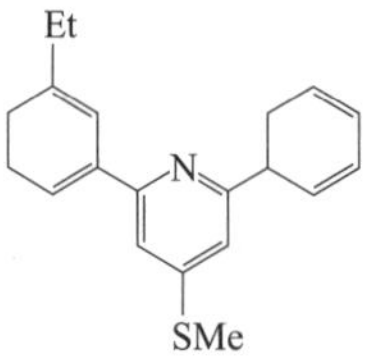

Et N SMe　　Me N N N OCH_2CH_2Ph Me

4-277 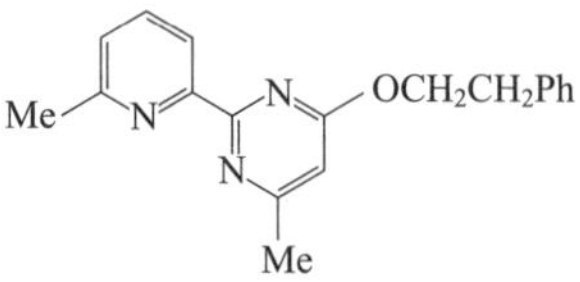　　**4-278**

然而目前研究最多的还是五元杂环取代的吡啶类化合物。近年来有大量文献报道此类化合物，如吡唑基吡啶类化合物 **4-279**、**4-280**，前者主要用于大豆田除草，后者主要用于水稻田除草。1998 年，Tiebes 等人发现 1,2,4-噁唑环取代的吡啶化合物 **4-281** 也有很好的生物活性。

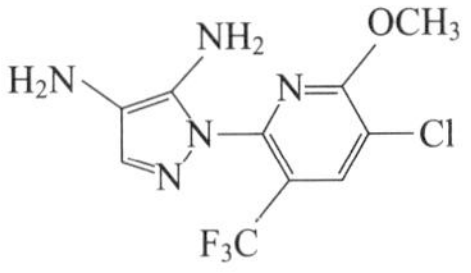

4-279 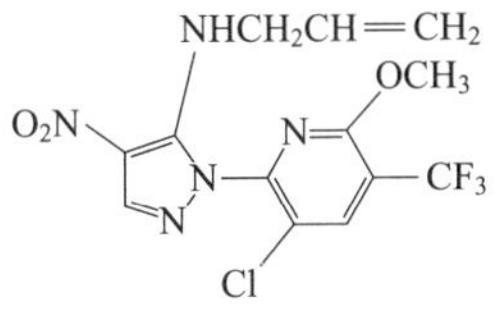　　4-280 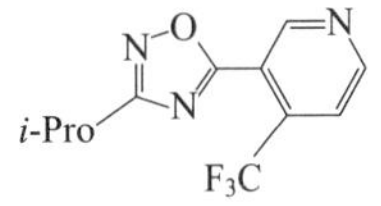　　4-281

咪唑啉酮类是一类较新型的除草剂，将其与吡啶环连接已经有了三个商品化品种，它们分别是灭草烟、咪草烟和甲氧咪草烟。其他咪唑环，如苯并咪唑代替咪唑啉酮与吡啶相连的化合物**4-282**也有较好的除草活性。

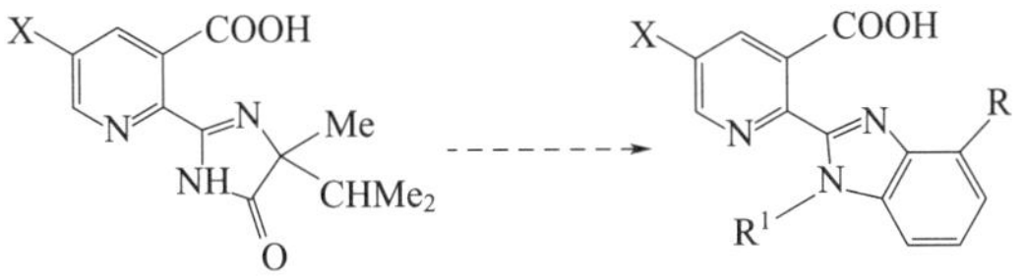

X=H　灭草烟
X=Et　咪草烟
X=MeOCH$_2$　甲氧咪草烟

4-282

（4）新烟碱类　结构通式如化合物**4-283**的烟碱类化合物是20世纪80年代后期发现的一类新型的杀虫剂，南开大学杨华铮教授在研究中发现氰基丙烯酸酯类化合物**4-284**是很好的光合作用抑制剂。而南开大学的黄润秋教授以新烟碱类杀虫剂为先导，将吡啶基引入氰基甲酸酯结构中，发现所合成的化合物**4-285**具有良好的除草活性。

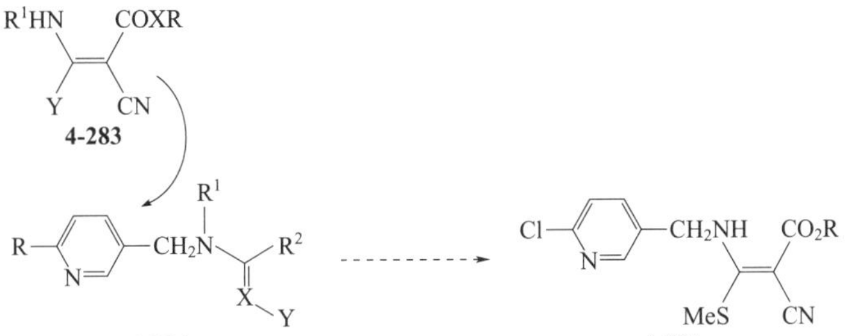

4-283

4-284　　4-285

（5）磺酰脲类　将吡啶环引入磺酰脲是开发含吡啶类农药最成功的例子。1989年在吡啶环第一次引入磺酰脲后短短三四年的时间里就有几个产品商品化，它们是日本石原产业公司的啶嘧磺隆、烟嘧磺隆和杜邦公司的砜嘧磺隆。用吡啶环取代其他农药品种中的环状结构也是创制农药一个很好的思路。

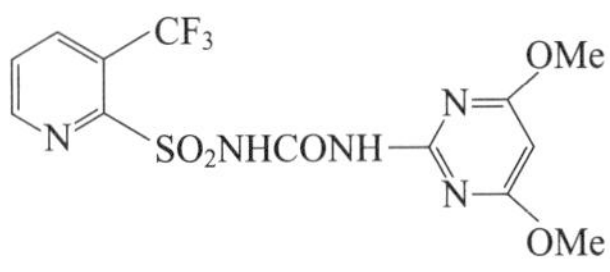

啶嘧磺隆 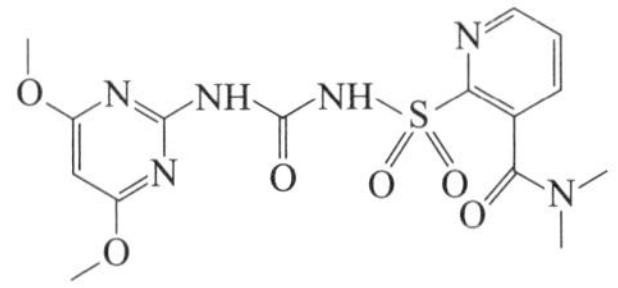　　烟嘧磺隆 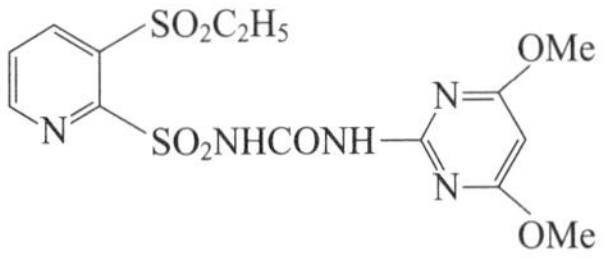　　砜嘧磺隆

近年来开发的含吡啶的除草剂有磺酰脲及其类似物（氟吡磺隆和啶磺草胺）。

氟吡磺隆（试验代号LGC-42153，通用名称flucetosulfuron）是由韩国LG

生命科学公司发现并与日本石原株式会社联合开发的磺酰脲类除草剂，主要用于稻田除草，特别对 4 叶期的草类效果更好，用量少，对环境影响也小。其合成路线如下：

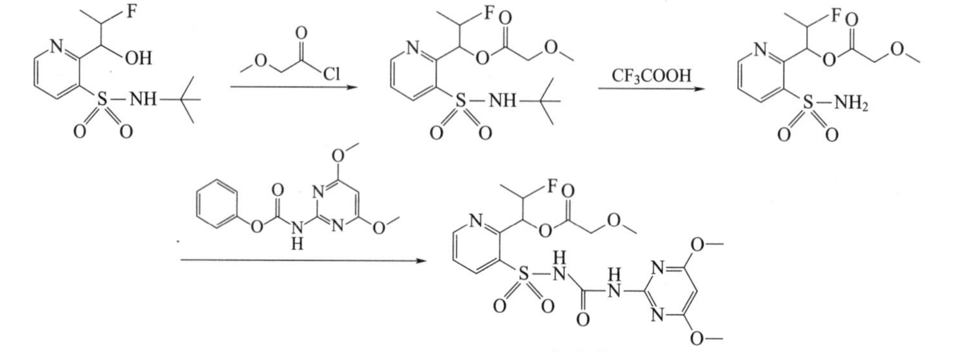

CF_3COOH

氟吡磺隆

啶磺草胺（试验代号 DE-742、XDE-742、XR-742、X666742，通用名称 pyroxsulam，商品名称 Torpedo）是美国道农科公司开发的乙酰乳酸合成酶抑制剂，可作为谷类除草剂，用于防除各种禾本科杂草。国内商品名称“优先”，在中国获得了最佳新作物保护产品奖。合成路线如下所示：

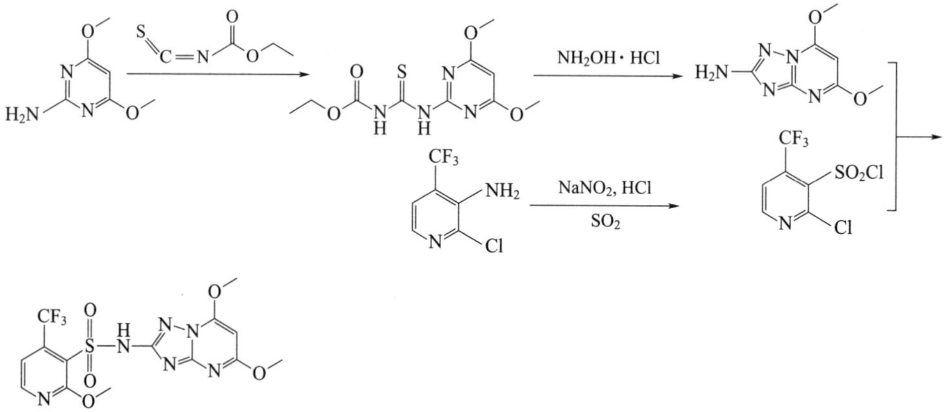

$NH_2OH \cdot HCl$

$NaNO_2$, HCl

SO_2

啶磺草胺

4.17.2 创制过程

芳基吡啶化合物作为一类重要的吡啶化合物，日益受到研究人员的重视，有一些活性不错的化合物已经进入开发阶段。Schaefer Peter 等人将磺酰胺取代基引入 2-苯基吡啶化合物中，其代表化合物 **4-286** 在 250g/hm^2 和 125g/hm^2 施用剂量下，采用苗后处理方法时，可非常有效地防治苘麻、百日草等阔叶杂草，在 600g(a. i.)/hm^2 剂量下对稗草、狗尾草等禾本科杂草具有理想的防效。虽然这些已知的化合物具有较好的除草活性或脱叶效果，但其活性尚不能总令人满意[195]。

4-286

为了发现高除草活性的新化合物，我们用 2-苯基吡啶作为先导化合物，采用中间体衍生化法（IDM）设计合成了取代的 3-(吡啶-2-基)苯磺酰胺类衍生物(见图 4-73)。采用替换法通过向 2-苯基吡啶类化合物的磺酰胺基团上引入肼衍生物、脂肪醇和取代胺得到化合物 **4-287a-1～a-5**、**4-287b-1～b-5**、**4-287b-11**、**4-287b-12**、**4-287b-16** 和 **4-287c-1**。用除草剂磺草灵的重要基团氨基甲酸酯替换 2-苯基吡啶类的磺酰胺基团合成出化合物 **4-287b-6～b-10** 和 **4-287c-2～c-4**。在化合物**4-287b-6～b-10** 和 **4-287c-2～c-4** 的基础上又衍生出其他的一些化合物。并且对取代的 3-(吡啶-2-基) 苯磺酰胺类衍生物进行了室内和田间除草活性研究（见表 4-198、表 4-199），该类化合物申请的中国专利已获授权。

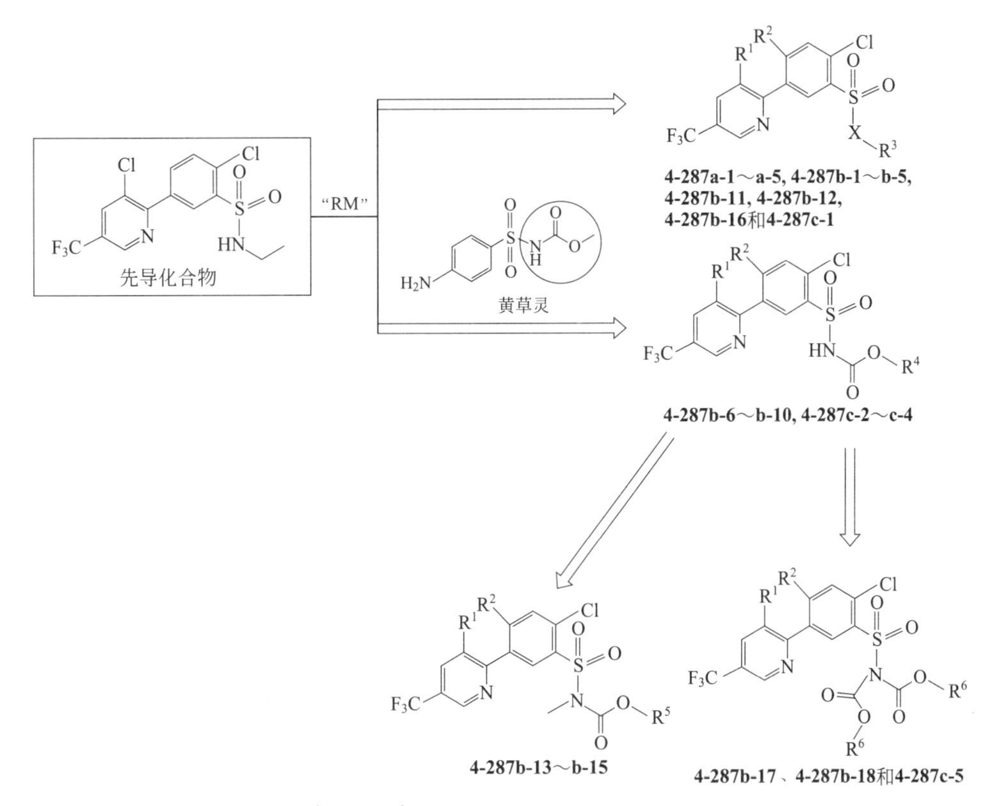

X = O, N; R^1 = H, Cl; R^2 = H, F; R^3 = $NHCH_2$, $NHCH_2CN$, NH_2, $NHNHCH_3$, $OCH_2CH_2C_6H_5$, $OCH_2CH{=}CH_2$, NHCN, [吗啉基], [环丙氨基];

R^4 = H, CH_3, CH_2CN_3, $CH(CH_3)_2$, $CH_2CH_2CH_2CH_3$, $CH_2CH_2OCH_3$;

R^5 = CH_3, CH_2CH_3, $CH(CH_3)_2$; R^6 = CH_3, CH_2CH_3

图 4-73　3-(吡啶-2-基)苯磺酰胺类衍生物的设计

表 4-198　取代 3-(吡啶-2-基)苯磺酰胺类衍生物的化学结构和室内苗后除草活性测试

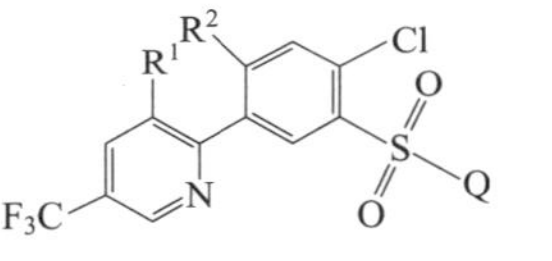

化合物	R^1	R^2	Q	对百日草的防效/%			对苘麻的防效/%			对狗尾草的防效/%			对稗草的防效/%		
				600 g(a.i.)/hm^2	150 g(a.i.)/hm^2	37.5 g(a.i.)/hm^2	600 g(a.i.)/hm^2	150 g(a.i.)/hm^2	37.5 g(a.i.)/hm^2	600 g(a.i.)/hm^2	150 g(a.i.)/hm^2	37.5 g(a.i.)/hm^2	600 g(a.i.)/hm^2	150 g(a.i.)/hm^2	37.5 g(a.i.)/hm^2
4-287a-1	H	H	NH_2	0	—①	—	0	—	—	0	—	—	0	—	—
4-287a-2	H	H	$NHCH_2CN$	0	—	—	0	—	—	0	—	—	0	—	—
4-287a-3	H	H	$NCH(CH_3)_2$	0	—	—	0	—	—	0	—	—	0	—	—
4-287a-4	H	H	$NHOCH_3$	0	—	—	5	—	—	0	—	—	0	—	—
4-287a-5	H	H	$NHCH_3$	0	—	—	0	—	—	0	—	—	0	—	
4-287b-1	Cl	H	$OCH_2CH_2C_6H_5$	20	10	5	40	25	20	10	5	5	5	5	0
4-287b-2	Cl	H	$OCH_2CH{=}CH_2$	50	15	0	60	10	5	20	15	5	10	0	0
4-287b-3	Cl	H	HN—◁	—	—	—	100	—	—	—	—	—	40	—	—
4-287b-4	Cl	H	NHCN	100	98	15	100	80	35	35	15	5	35	20	10
4-287b-5	Cl	H	$NHCH_2CN$	100	100	100	100	100	100	100	100	100	100	95	95
4-287b-6	Cl	H	$NHCO_2CH_3$	100	100	100	100	100	100	100	100	100	100	100	100
4-287b-7	Cl	H	$NHCO_2C_2H_5$	100	100	100	100	100	100	100	100	90	100	100	90
4-287b-8	Cl	H	$NHCO_2CH(CH_3)_2$	100	100	90	100	100	90	100	100	90	100	100	90
4-287b-9	Cl	H	$NHCO_2CH_2CH_2CH_2CH_3$	100	100	100	100	100	100	65	45	10	65	50	15
4-287b-10	Cl	H	$NHCO_2CH_2CH_2OCH_3$	100	100	100	100	100	100	85	55	45	98	65	50

续表

化合物	R^1	R^2	Q	对百日草的防效/%			对苘麻的防效/%			对狗尾草的防效/%			对稗草的防效/%		
				600 g(a.i.)/hm^2	150 g(a.i.)/hm^2	37.5 g(a.i.)/hm^2	600 g(a.i.)/hm^2	150 g(a.i.)/hm^2	37.5 g(a.i.)/hm^2	600 g(a.i.)/hm^2	150 g(a.i.)/hm^2	37.5 g(a.i.)/hm^2	600 g(a.i.)/hm^2	150 g(a.i.)/hm^2	37.5 g(a.i.)/hm^2
4-287b-11	Cl	H	$NHN(CH_3)_2$	100	100	100	100	100	100	95	60	50	98	50	45
4-287b-12	Cl	H	$NHNHCH_3$	90	80	40	85	15	5	20	0	0	0	0	0
4-287b-13	Cl	H	$N(CH_3)CO_2CH_3$	—	—	—	85	—	—	—	—	—	35	—	—
4-287b-14	Cl	H	$N(CH_3)CO_2C_2H_5$	—	—	—	0	—	—	—	—	—	0	—	—
4-287b-15	Cl	H	$N(CH_3)CO_2CH(CH_3)_2$	25	20	15	95	50	25	10	10	0	15	10	5
4-287b-16	Cl	H	N O	35	25	20	98	50	35	10	10	5	10	5	5
4-287b-17	Cl	H	$N(CO_2CH_3)_2$	95	90	85	98	85	90	90	40	60	85	40	20
4-287b-18	Cl	H	$N(CO_2C_2H_5)_2$	45	30	20	50	45	10	30	20	20	20	10	10
4-287c-1	Cl	F	$NHCH_2CN$	5	—	—	0	—	—	0	—	—	0	—	—
4-287c-2	Cl	F	$NHCO_2H$	100	100	100	100	100	100	100	100	98	100	100	100
4-287c-3	Cl	F	$NHCO_2CH_3$	100	100	100	100	100	100	100	100	65	100	100	60
4-287c-4	Cl	F	$NHCO_2CH_2CH_3$	100	100	100	100	100	100	100	100	100	100	100	100
4-287c-5	Cl	F	$N(CO_2CH_3)_2$	100	100	95	100	100	100	100	100	80	100	100	50
先导化合物	Cl	H	$NHCH_2CH_3$	100	—	20	100	—	15	30	—	10	25	—	10
		苯嘧磺草胺		100	100	100	100	100	100	100	100	100	100	100	90
		95%磺草酮		95	90	55	95	80	60	98	90	55	100	98	55

① 代表没有相关数据。

表 4-199　室内苗后除草活性平行试验

化合物	对百日草的防效/%				对苘麻的防效/%				对狗尾草的防效/%				对稗草的防效/%			
	300g/hm^2	150g/hm^2	37.5g/hm^2	18.75g/hm^2	300g/hm^2	150g/hm^2	37.5g/hm^2	18.75g/hm^2	300g/hm^2	150g/hm^2	37.5g/hm^2	18.75g/hm^2	300g/hm^2	150g/hm^2	37.5g/hm^2	18.75g/hm^2
4-278b-5	100	100	100	100	100	100	100	100	100	100	70	55	100	100	100	75
4-278b-6	100	100	100	100	100	100	100	100	100	100	100	100	100	100	100	75
4-278b-7	100	100	100	100	100	100	100	100	100	100	100	100	100	100	100	100
4-278b-10	100	100	100	100	100	100	100	100	85	55	45	40	100	98	50	45
4-278c-2	100	100	100	100	100	100	100	100	100	100	65	50	100	100	60	50
4-278c-4	100	100	100	100	100	100	100	90	100	100	80	50	100	100	50	25

4.17.3　合成路线

取代 3-(吡啶-2-基)苯环酰胺衍生物的合成路线：

$R^1 = H, C; R^2 = H, F$

取代3-(吡啶-2-基)磺酰胺衍生物

4.17.4　生物活性

4-287a 系列化合物即使在 600g/hm^2 的剂量下也无活性；而 **4-287b** 和 **4-287c** 系列的大多数化合物能有效地控制百日草、苘麻、狗尾草和稗草，特别是化合物 **4-287b-6**～**4-287b-11** 和化合物 **4-287c-2** 到 **4-287c-5** 在 37.5g(a. i.)/hm^2 剂量下较先导化合物能更有效地控制百日草、苘麻、狗尾草和稗草，化合物 **4-287b-6**、**4-287b-7**、**4-287c-2** 和 **4-287c-4** 在相同剂量下的活性与苯嘧磺草胺相当，而优于 95%磺草酮。系列 **4-287b** 和 **4-287c** 的其他化合物没有显示出较好的活性。

通过对系列 **4-287a**、系列 **4-287b** 和系列 **4-287c** 的活性比较，可以看出，取代基 R^1 是一个关键的活性基团，R^1 是氯的化合物活性明显提高。氢和氟被引入用来初步推断取代基 R^2 的结构活性关系；化合物 **4-287b-6** 和 **4-287c-3** 除了取代基 R^2 不同，其他部分结构相同，均对百日草、苘麻、狗尾草、稗草显示出优异的活性。然而，化合物 **4-287b-5** 和 **4-287c-1** 活性差异显著。化合物 **4-287b-5** 的 R^2 为氢，可有效控制杂草，而化合物 **4-287c-1** 的 R^2 为氟却无活性。因此，需要合成更多的化合物才能得到基团 R^2 的构效关系。此外，显而易见的是，在 Q 取代基位置引入氨基甲酸甲酯（**4-287b-6**）、氨基甲酸乙酯（**4-287b-7**）、氨基甲酸异丙酯（**4-287b-8**）、氨基甲酸丁酯（**4-287b-9**）和2-甲氧基乙基氨基甲酸酯（**4-287b-10**）均可以提高除草活性，而且控制稗草和狗尾草的效果可能随着氨基甲酸酯的碳数的增加而降低。结果见表4-198。

为了比较这些高活性化合物的活性，进行室内平行试验。如表4-199所示，在18.75g/hm^{2}剂量下，化合物**4-278b-6**和**4-278b-7**能够很好地控制百日草、苘麻、狗尾草、稗草。18.75g/hm^{2}的活性物质**4-278b-5**、**4-278b-10**和**4-278c-2**对百日草、苘麻显示防效为100%，在低剂量下对狗尾草和稗草防效不佳。

田间试验结果表明，**4-287b-7**在60g/hm^{2}剂量下与苯达松（48%水分散粒剂）1440g/hm^{2}剂量下表现出大致相同的活性。**4-287b-7**在60g/hm^{2}剂量下施药7d防效达70%，15d防效为60%。特别是，10% **4-287b-7**油悬浮剂能很好地控制野慈姑，显示出比24%乙氧氟草醚乳油更好的效果，对水稻安全。

总之，我们通过中间体衍生化法设计合成了一系列取代的3-(吡啶-2-基）苯磺酰胺类新化合物。这类化合物（**4-287b-6**～**4-287b-11**、**4-287c-2**～**4-287c-5**）在37.5g/hm^{2}剂量下室内活性优于先导化合物，化合物**4-287b-6**、**4-287b-7**、**4-287c-2**和**4-287c-4**在相同剂量下的活性与苯嘧磺草胺相当，而优于95%磺草酮。在辽宁进行的田间试验结果表明，化合物**4-287b-7**能有效防治鸭跖草和龙葵。化合物**4-287b-7**在60g/hm^{2}剂量下的防效相当于1440g/hm^{2}剂量的苯达松。同时，在黑龙江的田间试验表明，10% **4-287b-7**油悬浮剂能很好地控制野慈姑，显示出比24%乙氧氟草醚乳油更好的效果，且对水稻安全。

以上研究结果表明：化合物**4-287b-7**可能是一种新的潜在的水田除草剂。

参考文献

[1] Guan A Y, Liu C L, Huang G, et al. Synthesis and fungicidal activity of fluorine-containing chlorothalonil derivatives. J Fluorine Chem, 2014, 160: 82-87.

[2] Liu C L, Guan A Y, Yang J D, et al. Efficient approach to discover novel agrochemical candidates: intermediate derivatization method. J Agric Food Chem, 2016, 64: 45-51.

[3] 刘长令. 新农药创新方法与应用（1）——中间体衍生化法. 农药, 2011, 50（1）: 20-23.

[4] Guan A Y, Liu C L, Li M, et al. Design, synthesis and structure-activity relationship of novel coumarin derivatives. Pest Manag Sci, 2011, 67: 647-655.

[5] Guan AY, Liu C L, Li M, et al. Synthesis and bioactivity of novel coumarin derivatives. Nat Prod Commun, 2011, 6: 1917-1920.

[6] Liu C L, Li M, Guan AY, et al. Design, synthesis and fungicidal activity of novel (*E*)-methyl 2-{2-[(coumarin-7-yloxy)methyl]phenyl}-3-methoxyacrylates. Nat Prod Commun, 2007, 2: 845-848.

[7] 关爱莹，刘长令，李志念，等. 杀菌剂丁香菌酯的创制经纬. 农药, 2011, 50（2）: 90-92.

[8] 刘长令. 创新研究方法及候选农药品种. 高科技与产业化, 2008（9）: 79-81.

[9] 刘长令，李正名. 以天然产物为先导化合物开发的农药品种——杀菌剂. 农药, 2003, 42（11）: 1-4.

[10] 刘长令，钟滨，李正名. 以天然产物为先导化合物开发的农药品种——杀虫杀螨剂. 农药, 2003,

42 (12): 1-8.

[11] 刘长令，韩亮，李正名．以天然产物为先导化合物开发的农药品种——除草剂．农药，2004，43 (1)：1-4.

[12] Murray R D H，Mendez J，Brown S A. The natural coumarins：occurrence，chemistry and biochemistry. New York：John Wiley & Sons Ltd，1982.

[13] Singh R，Gupta B B，Malik O P. Studies on pesticides based on coumarin. I. antifungal activity of 6-alkyl-3-*n*-butyl-7-hydroxy-4-methylcoumarins. Pestic Sci，1987，20：125-130.

[14] Daoubi M，Duran-patron R，Hmamouchi M，et al. Screening study for potential lead compounds for natural productbased fungicides：I. synthesis and in vitro evaluation of coumarins against Botrytis cinerea. Pest Manag Sci，2004，60：927-932.

[15] Sukh D，Opender K. Insecticides of Natural Origin. Netherlands：Harwood Academic Publishers，1997.

[16] Gleye C，Lewin G，Laurens A，et al. Acaricidal activity of tonka bean extracts. synthesis and structure-activity relationships of bioactive derivatives. J Nat Prod，2003，66：690-692.

[17] Beriger E. Insecticidally active 3-*N*-(4-trifluoromethylphenyl)-carbamoyl-4-hydroxycoumarin：US 4078075. 1978-03-07.

[18] Vyvyan J R. Allelochemicals as leads for new herbicides and agrochemicals. Tetrahedron. 2002，58 (9)：1631-1646.

[19] Aliotta G，Cafiero G，De feo V. Allelochemicals from rue (Ruta graveolens L.) and olive (Olea europea L.) oil mill waste as potential natural pesticides. Curr Topics Phytochem，2000，3：167-177.

[20] 化工部农药信息总站．国外农药品种手册．北京：化工部农药信息总站，1996：90.

[21] 刘长令．世界农药大全：除草剂卷．北京：化学工业出版社，2006：86-95.

[22] TomLin C D S. The Pesticide Manual 15th. Alton：British Crop Protection Council，2009：688-690.

[23] 丁琦，贾福艳，陈光，等．丁香菌酯在水稻及稻田环境中的残留检测方法与消解动态．贵州农业科学，2013，41 (8)：106-108.

[24] 司乃国，刘君丽，陈亮，等．新型杀菌剂丁香菌酯应用技术．农药，2010 (10)：46-47.

[25] 陈亮，刘君丽，司乃国，等．丁香菌酯对苹果树腐烂病的防治．农药，2009，48 (6)：402-404.

[26] 宋益民，刁亚梅，顾春燕，等．10种杀菌剂防治水稻纹枯病的田间药效比较．现代农药，2012，11 (2)：54-56.

[27] 周明国，段亚冰，王建新，等．一种含丁香菌酯和氰烯菌酯的杀菌组合物：CN106857523. 2017-06-20.

[28] 张攀，李现玲，宋娜，等．含毒氟磷和甲氧基丙烯酸酯类杀菌剂的杀菌组合物：CN102715187. 2012-10-10.

[29] 杨慧，王晓梅，侯志广，等．几种杀菌剂对水稻菌核秆腐病菌的室内毒力测定及田间防效．农药，2015，54 (5)：381-383.

[30] Ammermann E，Lorenz G，Schelberger K，et al. The new broad-spectrum strobilurin fungicide. In Proceedings of BCPC Conference on Pests and Diseases. BCPC Farnham：Surrey，UK，2000：541-548.

[31] 刘长令，李淼，张弘，等．取代唑类化合物及其制备与应用：CN 1906171A. 2007-01-31.

[32] Li M，Liu CL，Li L，Yang H，Li ZN，et al，Design，synthesis and biological activities of new strobilurin derivatives containing substituted pyrazoles. Pest Manag Sci，2010，66：107-112.

[33] 张存松，霍治邦，刘宏，等．瓜类炭疽病的发生规律与防治方法．西北园艺，2004 (5)：43-44.

[34] 王丽颖，刘君丽，孙芹，等．唑菌酯与苯醚甲环唑混剂对瓜类炭疽病的防治．农药，2015，54

(7)：530-532.

[35]　陈亮，刘君丽，司乃国．唑菌酯混剂对稻瘟病的防治．农药，2011，50 (10)：759-760，772.

[36]　李汝刚，伍宁丰，范云六，等．马铃薯抗晚疫病研究进展．中国马铃薯，1997，11 (4)：243-250.

[37]　吴承金，向常青，黄大恩，等．中国南方马铃薯研究中心的晚疫病研究．中国马铃薯，2000，14 (3)：145-147.

[38]　毕朝位，车兴壁，马金成．致病疫霉对甲霜灵抗性及抗性水平测试．西南农业大学学报，2002，24 (4)：307-310.

[39]　张国生，曹文友，杨瑞秀．15%氟吗啉·唑菌酯油悬剂配方及生物活性．农药，2010，49 (9)：650-652.

[40]　张英彪，郭冰，欧军，等．25%唑菌酯·氟吗啉 SC 对马铃薯晚疫病的田间防效．农药，2015，54 (1)：73-75.

[41]　于淑晶，王满意，田芳，等．黄瓜棒孢叶斑病的防治及抗药性研究进展．农药，2014，53 (1)：7-12.

[42]　樊仲庆，谢永成，查仙芳．靶斑病对黄瓜光合作用的影响．江苏农业科学，2013，41 (8)：158-159.

[43]　乔桂双，王文桥，韩秀英，等．20%唑菌酯悬浮剂对黄瓜霜霉病的作用方式．农药学学报，2009，11 (3)：312-316.

[44]　王丽，石延霞，李宝聚，等．唑菌酯对 8 种蔬菜病原菌的生物活性．农药学学报，2008，10 (4)：417-422.

[45]　张乃楼，李亚美，康文强，等．辽宁省黄瓜靶斑病菌对苯醚甲环唑和戊唑醇的敏感性．农药学学报，2014，16 (4)：452-456.

[46]　郑雪松，张潜坤，陈宇，等．唑菌酯及其混剂防治黄瓜靶斑病室内及田间药效试验．农药，2015，54 (5)：378-380.

[47]　董金皋．农业植物病理学．北京：中国农业出版社，2007：91-92.

[48]　王晓鸣，晋齐鸣，石洁，等．玉米病害发生现状与推广品种抗性对未来病害发展的影响．植物病理学报，2006，36 (1)：1-11.

[49]　陈捷．玉米病害诊断与防治．北京：金盾出版社，1999：35-36.

[50]　郭厚文．玉米大斑病发病规律及防治技术．河北农业科学，2007，11 (4)：62-64.

[51]　王洪英，魏联善．玉米大斑病流行因素与防治对策．江苏农业科学，1994 (5)：37-38.

[52]　孙学梅．玉米大斑病的防治．河北农业科技，2007 (8)：27-28.

[53]　赵书文，杨秀林，郭东．玉米大斑病的流行原因与综合治理措施．中国植保导刊，2005，25 (3)：10-12.

[54]　杨信东，高洁，于光，等．玉米大斑病发生及防治若干问题的研究．吉林农业大学学报，2004，26 (2)：134-137.

[55]　柏亚罗．Strobilurins 类杀菌剂研究开发进展．农药，2007，46 (5)：289-295.

[56]　侯春青，李志念，刘长令．新型 Strobin 类杀菌剂唑菌胺酯．农药，2002，41 (6)：41-43.

[57]　Ohnishi M，Tajima S，Nishiguchi T，et al. *N*-substituted phenylcarbamic acid derivatives，a process for production thereof，agricultural and horticultural fungicides，intermediates of the derivatives and a process for production thereof：American，US 5712399. 1998-01-27.

[58]　Mueller B，Grammenos W，Sauter H，et al. Preparation of 2-[(biphenylyloxy) methyl] anilides as agrochemical fungicides and pesticides，World Pat Appl：WO 9616029. 1996-05-30.

[59]　Gewehr M，Gotz R，Grote T，et al. Preparation of benzyl azolylphenyl ethers as agrochemical fungi-

cides and pesticides：World Pat Appl，WO9946246. 1999-09-16.

[60] Benoit R，Grote T，Bayer H，et al. Pyrazolo [1，5-a] pyrimidines，process for preparing them，and their use as pesticides and fungicides：World Pat Appl，WO 9635690. 1996-11-14.

[61] Mueller B，Sauter H，Goetz N，et al. Preparation of 2-(1′，2′，4′-triazol-3′-yloxymethylen) anilide agrochemical fungicides：World Pat Appl，WO 9601258. 1996-01-18.

[62] Oberdorf K，Grammenos W，Sauter H，et al. Pyrimidyl phenyl and benzyl ethers，process and intermediate products for their production，and their use as fungicides and pesticides：World Pat Appl，WO 9733874. 1997-09-18.

[63] Grammenos W，Sauter H，Bayer H，et al. Substituted (benzyloxy) imino compounds：World Pat Appl，WO 9847886. 1998-10-29.

[64] Bayer He，Muller B，Muller R，et al. Preparation of phenylcarbamates as pesticides and fungicides：World Pat Appl，WO 9743252. 1997-11-20.

[65] Shaber S H，Szapacs E M，Ross R. Dihydropyridazinones and pyridazinones and their use as fungicides and insecticides：Eur Pat Appl，EP 835865. 1998-04-15.

[66] Ross R，Fujimoto T T，Shaber S H. Substituted cyclopropylphenoxymethylphenylcarbamates and their use as fungicides：American，US 6114375. 2000-09-05.

[67] Henmi S，Kakinuma S，Katoh S，et al. Disease or insect pest control agent containing alkoxyimino-substituted bicyclic derivative as active ingredient：World Pat Appl，WO 9903824. 1999-01-28.

[68] Yokota Y，Hamamura H，Sugiura T. Synergistic agrochemical fungicides containing strobilurins and food additives：Japan，JP 2001064104. 2001-03-13.

[69] Miyahara O，Miyazawa M，Hamamura H，et al. Preparation of pyridylpyridines and their use as agrochemical fungicides：Japan，JP 2001055304. 2001-02-27.

[70] 刘卫东，李志伟，李仲英，等. *N*-甲氧基-*N*-[2-(1，6-2*H*-1-取代-6-羰基-哒嗪-3-氧甲基)苯基]氨基甲酸甲酯的合成及生物活性研究. 有机化学，2005，25 (4)：445-448.

[71] Onishi M，Tajima S，Yamamoto Y，et al. *N*-Substituted phennylcarbamic acid derivates a process for production thereof，and agricultural and horticultural fungicides：Eur Pat Appl，EP 619301. 1994-10-12.

[72] Watanabe M，Tanaka T，Suizu S，et al. Preparation of *N*-phenylcarbamate compounds as agricultural or horticultural fungicides：World Pat Appl，WO9721689. 1997-06-19.

[73] Desbordes P，Ellwood C，Gerusz V，et al. Preparation of [[[(alkoximino) alkoxy] methyl] phenyl] aloximinoacetates and analogs as agrochemical fungicides：World Pat Appl，WO 9951579. 1999-10-14.

[74] Onishi M，Nishiguchi T，Hirooka T，et al. Preparation of alkyl *N*-phenylcarbamate derivatives as agrochemical fungicides：Japan，JP 7278090. 1995-10-24.

[75] Ziegler H. Preparation of new *N*-alkoxy-*N*-phenylcarbamates for the control of pests and plant-pathogenic fungi：World Pat Appl，WO 0041476. 2000-07-20.

[76] Mai A，Artico M，Rotili D，et al. Synthesis and biological properties of novel 2-aminopyrimidin-4 (3H)-ones highly potent against HIV-1 mutant strains. Journal of Medicinal Chemistry，2007，50 (22)：5412-5424.

[77] 李淼，刘长令，李志念，等. 杀菌剂唑菌酯的创制经纬. 农药，2011，50 (3)：173-174.

[78] Chai B S，Liu C L，Li H C，et al. The discovery of SYP-10913 and SYP-11277：novel strobilurin acaricides. Pest Manag Sci，2011，67：1141-1146.

[79] 刘长令，柴宝山，张弘，等．取代嘧啶醚类化合物及其应用：WO 2008145052. 2008-12-04.

[80] Yang X Y，Shui S X，Chen X，et al. Synthesis of bromodifluoromethyl substituted pyrazoles and isoxazoles. J Fluorine Chem，2010，131：426-432.

[81] 刘少武，宋玉泉，崔勇，等．一种除虫菊酯类杀虫剂的组合物及其应用：CN 103875699. 2014-06-25.

[82] 刘少武，常秀辉，李轲轲，等．一种杀虫、杀螨组合物及其应用：CN 103518754. 2014-01-22.

[83] 刘少武，李轲轲，常秀辉，等．一种杀螨组合物及其应用：CN 103518764. 2014-01-22.

[84] 刘若霖，张金波，李淼，等．嘧螨酯的合成与杀螨活性．农药，2009，48（3）：169-171.

[85] 刘长令，迟会伟，崔东亮，等．Substituted para-trifluoromethyl phenylethers，the preparation and the use thereof：US 7947734 B2. 2011.

[86] Nakagawa Y，Kitahara K，Nishioka T，etc. Quantitative structure-activity studies of benzoylphenylurea larvicides（1）. Pestic Biochem Physiol，1984，21：309-325.

[87] 李林，李淼，迟会伟，等．Discovery of flufenoxystrobin：Novel fluorine-containing strobilurin fungicide and acaricide. J Fluorine Chem，2016，185：173-180.

[88] TomLin C D S. The Pesticide Manual. 15th ed. BCPC，Alton，UK，2009：397-398.

[89] Martin，D. Applying diphenylamine to fruit. Food Preserv Quart，1959，19：8-9.

[90] Pfaff K，Erlenbach M，Gelmroth W，et al. Insecticide：DE 705923. 1941-05-14.

[91] Roberts W J. Substitutes for copper and zinc in fungicidal sprays. Ind Eng Chem，1942，34：497-498.

[92] Trifluoromethylnitrodiphenylamines：GB 868165. 1961-05-17.

[93] Luvisi J P. Polyhalosubstituted polycyclic derivatives of pyridine：US 2889329. 1959-06-02.

[94] Barlow C B，White B G. Pesticidal fluorinated 4′-nitro-2′-（trifluoromethyl）diphenylamines：DE 2213058. 1972-09-28.

[95] Kim J H，Shin Y W，Heo J N，et al. 2-Chloro-3,5-bis（trifluoromethyl）phenyl benzoyl urea derivative and process for preparing the same：WO 9800394. 1998-01-08.

[96] 刘长令．世界农药大全——杀虫剂卷．北京：化学工业出版社，2012：216-220.

[97] Van A A，Willms L，Auler T，et al. Preparation of benzoylcyclohexandiones as herbicides and plant growth regulators：DE 19846792. 2000-04-13.

[98] Li H C，Guan A Y，Huang G，et al. Design，synthesis and structure-activity relationship of novel diphenylamine derivatives. Bioorganic & Medicinal Chemistry，2016，24：453-461.

[99] 尚尔才，刘长令，杜英娟．嘧啶类农药的研究进展．化工进展，1995，5：8-15.

[100] Hayashi S，Maeno S，Kimoto T，et al. Development of a new fungicide，mepanipyrim. Nihon Noyaku Gakkaishi（Journal of Pesticide Science），1997，22：165-175.

[101] Klemens M，Peter B，Burkhard S，et al. New 2-arylaminopyrimidine derivatives，containing alkynyl group，useful as fungicides：DE 4029650. 1992-3-26.

[102] Rempfler H，Stamm E，Thummel R C. Pyrimidine-2-phenylamino derivatives：US 4904778. 1990-2-27.

[103] 刘长令．新型嘧啶胺类杀菌剂的研究进展．农药，1995，8：25-28.

[104] 林学圃．杀菌剂嘧菌胺（mepanipyrim）的开发．农药译丛，1998，20（1）：30-36.

[105] 周艳丽，薛超．杀菌剂嘧霉胺的合成研究．农药科学与管理，2005，26（9）：24-25.

[106] 范文玉，马韵升．嘧菌环胺．精细与专用化学品，2005，13（11）：13-14.

[107] 王胜得，陈明，王宇，等．杀菌剂甲菌定的合成研究．精细化工中间体，2012，42（5）：11-13.

[108] 刘昱霖，王胜得，毛春晖，等．杀菌剂乙嘧酚的合成研究．精细化工中间体，2012，42（1）：25-27.

[109] 李宗英，黄晓瑛，张媛媛，等．乙嘧酚磺酸酯合成研究评述．农药，2012，51（7）：482-484.

[110] FRAC（Fungicide Resistance Action Committee）Code List © * 2017，fungicides sorted by mode of action（including FRAC code numbering），www. frac. info（accessed Mar 10，2017）.

[111] 杨定乔，吕芬，李文辉，等．Friedlttnder 法合成芭并喹啉类衍生物．有机化学，2004，4（11）：1465-1468.

[112] Fujii K，Tanaka T，Fukuda Y，et al. Aralkylamine derivatives，preparation method thereof and fungicides containing the same：EP 424125. 1991-04-24.

[113] Aspinall M B，Mound W R，Wailes J S，et al. Chemical compounds：WO 2009081112. 2009-07-02.

[114] Biniecki S，Kolodynska Z，Zlakowska W，et al. Synthesis of 4-[2-(3,4-methylenedioxyphenyl)ethylamino]-quinazoline and products of 4-chloroquinazoline condensation with ethyl urethan and allylthiourea. Acta Poloniae Pharmaceutica，1996，23（1）：1-6.

[115] Wu J，Shih H，Vigont V，et al. Neuronal store-operated calcium entry pathway as a novel therapeutic target for huntington's disease treatment. Chem Biol，2011，18：777-793.

[116] Nekrasov E D，Vigont V A，Klyushnikov S A，et al. Manifestation of Huntington's disease pathology in human induced pluripotent stem cell-derived neurons. Mol Neurodegener，2016，11：27/1-27/15.

[117] Hsu H H，Chen M C，Baskaran R，et al. Oxaliplatin resistance in colorectal cancer cells is mediated via activation of ABCG2 to alleviate ER stress induced apoptosis. J Cell Physiol，2018，DOI：10. 1002/jcp. 26406.

[118] Ghanim M，Lebedev G，Kontsedalov S，et al. Flufenerim，a novel insecticide acting on diverse insect pests：biological mode of action and biochemical aspects. J Agric Food Chem，2011，59：2839-2844.

[119] Guan A Y，Wang M A，Yang J L，et al. Discovery of a new fungicide candidate through lead optimization of pyrimidinamine derivatives and its activity against cucumber downy mildew. J Agric Food Chem，2017，65：10829-10835.

[120] 刘长令．世界农药大全杀菌剂卷．北京：化学工业出版社，2006.

[121] 刘长令．世界农药大全杀虫剂卷．北京：化学工业出版社，2012.

[122] 刘长令．世界农药大全除草剂卷．北京：化学工业出版社，2002.

[123] 刘长令．新农药研究开发文集．北京：化学工业出版社，2002.

[124] 刘长令．基于生物等排理论的中间体衍生化法及应用//王静康．现代化工、冶金与材料技术前沿．中国工程院化工、冶金与材料工程学部第七届学术会议论文集（上册）．北京：化学工业出版社，2010：86-94.

[125] Guan A Y，Qin Y K，Wang J F，et al. Synthesis and insecticidal activity of novel dihalopropene derivatives containing benzoxazole moiety：a structure-activity relationship study. J Fluorine Chem，2013，156：120-123.

[126] Smart B E. Fluorine substituent effects（on bioactivity）. J Fluorine Chem，2001，109：3-11.

[127] Maienfisch P，Hall R G. The importance of fluorine in the life science industry. Chimia，2004，58：93-99.

[128] Josef N，Helmut P，Juergen C，et al. Acrylic acid heterocyclic amides，fungicidal compositions and use：US 4753934. 1988-06-28.

［129］ 程春生，秦福涛，魏振云，等．氟吗啉合成工艺热危险性及动力学研究．化学学报，2012，70（10）：1227-1231.

［130］ 孙德群，田爱俊，杨越，等．氟吗啉缩合新工艺的研究．现代农药，2009，8（2）：32-33.

［131］ 王文桥，刘国容，张晓风，等．葡萄霜霉病菌和马铃薯晚疫病菌对三种杀菌剂的抗药性风险评估．植物病理学报，2000，30（1）：48-52.

［132］ 艾歇尔，豪普特曼著．杂环化学——结构、反应、合成与应用．第3版．李润涛，葛泽梅译．北京：化学工业出版社：2006.

［133］ 刘长令．世界农药大全（杀菌剂卷）．北京：化学工业出版社，2012：238-239.

［134］ 王立增，孙旭峰，宋玉泉，等．嘧虫胺的合成及生物活性．农药，2013（9）：20-24.

［135］ 杨帆，王立增，张金波，等．氟嘧菌胺的合成与生物活性．农药，2013（12）：20-24.

［136］ Liu C L，Wang L Z，Lan J，et al. Piperonylethylamine compound and application：CN 103772369. 2014-05-07.

［137］ Fujii Katsutoshi，Tanaka Toshinobu，Fukuda Yasuhisa ，et al. Aralkylamine derivatives，preparation thereof and bactericides containing the same：EP 0370704. 1990-05-30.

［138］ 丹彤．2011年我国淘汰高毒农药三战略．http：//www. doc88. com/p-0022450233142. html.

［139］ 徐文平．三氟甲吡醚：防治鳞翅目害虫的新颖杀虫剂．世界农药，2006，28（1）：51-53.

［140］ 尚尔才．新农药的研究开发与先导设计思维．现代农药，2003，2（4）：1-2,15.

［141］ 石小清，张梅．2002年布莱顿植保会议介绍的新品种．现代农药，2003，2（1）：31-35.

［142］ 周丽平，李彦龙，王俊春等．新型二氯丙烯醚类杀虫剂的合成及杀虫活性．农药研究与开发，2007，11（5）：24-28.

［143］ Dhawan A K，Kamaldeep S，Ravinder S. Evaluation of new insecticidal combination of pyridalyl with synthetic pyrethroid for the management of bollworm complex on cotton. Pesticide Research Journal，2009，21（1）：61-63.

［144］ Sakamoto N，Suzuki M，Tsushima K，et al. Preparation of substituted phenyl-containing dihalopropene insecticides and acaricides：WO 9604228. 1995-07-20.

［145］ Ikegami H，Izumi K，Suzuki M，et al. Dihalopropene compounds，their use as insecticides/acaricides，and intermediates for their production：WO 9728112. 1997-01-23.

［146］ Zambach W，Hall R G，Renold P，et al. Preparation of pesticidally active ketone and oxime derivatives：WO 2004113273. 2004-06-02.

［147］ Zambach W，Renold P，Steiger A，et al. Preparation of 1-{4-(3,3-dihaloallyloxy)phenoxy}-3-phenoxypropanes as Pesticides：WO 2004002943. 2003-06-27.

［148］ Sakamoto N，Matsuo S，Suzuki M，et al. Preparation of dihalopropene insecticides and acaricides：WO 9611909. 1995-10-12.

［149］ 王正权．二氯丙烯类杀虫剂．CN 1860874. 2006-11-15.

［150］ 李斌，秦玉坤，王军锋，等．一种3,5,6-三卤代吡啶基醚类化合物及其应用：CN 101863828. 2010-10-20.

［151］ 李斌，关爱莹，王军锋，等．一种二氯丙烯类化合物及其应用：CN 101863851. 2010-10-20.

［152］ 杨光富，刘祖明，王亚洲，等．苯并噻唑杂环的二氯丙烯衍生物及其制备方法和杀虫剂组合物：CN 101906080. 2010-12-28.

［153］ Theodoridis G，Barron E J，Suarez D P，et al. Pesticidal（dihalopropenyl）phenylalkyl substituted benzodioxolane and benzodioxole derivatives：US 20060247238. 2006-11-02.

［154］ Hall R G，Trah S，Zambach W，et al. Preparation of various heterocyclic allyl derivatives as pesticides：WO 2005068445. 2005-01-07.

[155] Zambach W, Steiger A, Renold P, et al. Preparation of dihaloallyloxyphenoxypropoxyphenylazoles as pesticides：WO 2004020445. 2003-08-29.

[156] Ikegami H, Hirose T, Suzuki M, et al. Dihalopropene compounds, their use as insecticides/acaricides, and intermediates for Ttheir production：WO 9727173. 1997-01-17.

[157] 柳爱平，刘兴平，黄路，等．具杀虫活性的含氮杂环二氯烯丙醚类化合物：CN 101337940. 2009-01-07.

[158] Izumi K, Ikegami H, Suzuki M, et al. Preparation of (3,3-dihalo-2-propenyloxy) benzene derivatives and their intermediates and insecticides and acaricides containing the derivatives：JP 09194417. 1996-01-12.

[159] Tiebes J, Braun R, Dickhaut J, et al. Preparation of 2-chloro-4-[(3,3-dichloro-2-propenyl)oxy] phenol ethers as pest control agents：WO 2003042147. 2002-10-26.

[160] Takyo H, Hashizume M, Sakamoto N. Preparation of phenoxypyrazoles for controlling noxious arthropod pests：WO 2005075433. 2005-01-25.

[161] Ikegami H, Suzuki M. Preparation of dihalopropenyloxyphenylalkanone oximes as insecticides and acaricides：JP 2001335550. 2000-05-26.

[162] Suzuki M, Nagatomi T, Sakamoto N, et al. Preparation of pyridine derivatives as insecticides and acaricides：JP 08208551. 1995-02-01.

[163] Escher I, Mueller M, Jeschke P, et al. Preparation of phenylethanone oximes and related compounds as agrochemical pesticides：DE 102005022384. 2005-05-14.

[164] Jeschke P, Mueller M, Escher I, et al. Preparation of arylisoxazolines and related compounds as pesticides：WO 2004099197. 2004-04-27.

[165] Sakaguchi H. *N*-Benzylpyrazolecarboxamides, Plant pest control agents containing them, and control of plant pests using them：JP 2011001293. 2011-01-06.

[166] Sakaguchi H, Kubota M. Quinolin, benzothiazol or [1,5] naphthyridin group containing plant disease control agent：WO 2010032881. 2009-09-18.

[167] Puhl M, Kordes M, Pohlman M, et al. Preparation of dichloroallyloxyphenoxyalkoxyheterocycles as pesticides：WO 2007054558. 2006-11-10.

[168] Barron E J, Zhang Y L, Zawacki F J, et al. Insecticidal 3-(dihaloalkenyl) phenyl derivatives：WO 2006047438. 2006-05-04.

[169] Norio S, Norishige T, Kei D, et al. Novel dichloropropene derivatives：WO 2005095330. 2005-12-13.

[170] Suzuki M, Sakamoto N, Nagatomi T, et al. Preparation of (dihalopropenyloxy) naphthalenes as insecticides and miticides：WO 9615093. 1995-11-14.

[171] 丁伟，张永强，赵志模．我国农业害螨的系统控制．桂林：中国植物保护学会 2007 年学术年会，2007.

[172] 丁晓，徐加利，范青海．中国叶螨抗药性研究进展．武夷科学，2001，17：91-96.

[173] 刘长令．2007 年英国植保会议公开的新农药品种．农药，2007，46：777-778.

[174] 李洋，张弘，刘远雄，等．新型杀螨剂 Cyflumetofen 的合成与杀螨活性．农药，2009，48：474-475，478.

[175] 李洋，刘长令，田俊峰．新型 2-酰基氰基乙酸类化合物 SYP-10898 的研究．农药学学报，2010，4：423-428.

[176] Reynold C F , Norman R. Organic Syntheses, 1945, 25: 69-72.

[177] Nobuyoshi T , Satoshi G, Naoki I, et al. Acylacetonitriles, process for preparation thereof and miticides containing the same: WO 2002014263. 2002-02-21.

[178] Takahashi N, Gotoda S, Naoki I, et al. Acylacetonitriles, process for preparation thereof and miticides containing the same: US 2003208086. 2001-08-09.

[179] 刘长令. 中间体衍生化方法进行新农（医）药的开发. 2013, 35 卷增刊: 1-4.

[180] 刘长令. 先导化合物的发现方法——利用已知中间体发现先导化合物. 绿色农药论坛报告集, 2003.

[181] Li H C, Liu C L, Guan A Y, et al. Synthesis and biological activity of benzoylcyclohexanedione herbicide SYP-9121. Pestic Biochem Physiol, 2017, 142: 155-160.

[182] Li M, Liu C L, Yang J C. Design, synthesis and biological activity of new strobilurin derivatives with a1*H*-pyrazol-5-oxy side chain. Nat Prod Commun, 2009, 4: 1215-1220.

[183] Li H C, Chai B S, Li Z N. Synthesis and fungicidal activity of novel strobilurin analogues containing substituted *N*-phenylpyrimidin-2-amines. Chin Chem Lett, 2009, 20: 1287-1290.

[184] Renaud B, Andrew J F E, Torquil E M F, et al. Herbicidal 4-hydroxyphenylpyruvate dioxygenase inhibitors-A review of the triketone chemistry story from a Syngenta perspective. Bioorg Med Chem, 2009, 17 (14), 4134-4152.

[185] 吴彦超, 胡方中, 杨华铮. HPPD 抑制剂的研究进展, 农药学学报. 2001, 3 (3): 1-10.

[186] Yang G F. Structure-based drug design: Strategies and challenges. Curr Pharm Design, 2014, 20 (5): 685-686.

[187] Hrens H, Lange G, Müller T, et al. 4-Hydroxyphenylpyruvatedioxygenase inhibitors in combination with safeners: solutions for modern and sustainable agriculture. Angew Chem Int Ed, 2013, 52 (36): 9388-9398.

[188] Beaudegnies R, Edmunds A J F, Fraser T E M, et al. Herbicidal 4-hydroxyphenylpyruvate dioxygenase inhibitors-A review of the triketone chemistry story from a syngenta perspective. Bioorg Med Chem, 2009, 17 (12): 4134-4152.

[189] 周蕴赟, 李正名. HPPD 抑制剂类除草剂作用机制和研究进展. 世界农药, 2013, 35 (1): 1-7.

[190] 尹振东, 张苈, 陈洪, 等. 苯甲酰基吡唑类除草剂的研究进展. 辽宁化工, 2016, 45 (6): 739-741.

[191] 杨文超, 林红艳, 杨盛刚, 等. 对羟基苯基丙酮酸双氧化酶抑制剂筛选方法研究进展. 农药学学报, 2013, 15 (2): 139-134.

[192] 何波, 王大伟, 杨文超, 等. 对羟基苯丙酮酸双加氧酶（HPPD）的结构及其吡唑类除草剂的最新研究进展. 有机化学, 2017, 37 (11): 2895-2904.

[193] Isabelle G, Matthew R, Regis P, et al. Plant Physiology , 1999, 119 (4): 1507-1516.

[194] Lee D L, Prisbylla M P, Cromartie T H, et al. Weed Science, 1997, 45 (5): 601-609.

[195] Yong Xie, Hui-Wei Chi, Ai-Ying Guan, et al. Design, synthesis and herbicidal activity of novel substituted 3-(pyridin-2-yl) benzenesulfonamide derivatives. J Agric Food Chem, 2014, 62: 12491-12496.

5 衍生法及应用

5.1 百菌清衍生物的创制

百菌清（2,4,5,6-四氯间苯二腈）是目前农用化学品市场上的广谱性杀菌剂，可有效防治严重危害蔬菜、水果、坚果、观赏植物、草坪和其他农作物等的病害，如灰霉病、早疫病、晚疫病、叶斑病、炭疽病、水果腐烂病、锈病和霜霉病等。同时百菌清不仅成本低，而且低毒，大鼠急性经口 LD_{50} >10000mg/kg[1]。由于百菌清在作物保护领域的成功应用，本领域研究人员进行了大量的研究工作[2~6]，云南大学严胜骄等人公开了系列中间体，可以作为合成一种具有荧光活性及潜在药物活性的新的多卤代吖啶酮类化合物的中间体，其中提及了化合物 **5-1**～**5-11**，但没有任何生物活性报道；日本 SDS 生物技术公司 Nobuo Ishikawa 等人报道了化合物 **5-7**、**5-8** 和 **5-12**，在 500mg/L 浓度下对稻瘟病（blast of rice）和柑橘腐烂病（canker of citrus fruit）的抑菌圈直径分别为 22.5mm、10.2mm、15.5mm 和 13.8mm、0mm、0mm，其中化合物 **5-7** 和 **5-8** 对梨黑星病菌的抑制率分别为 100%、90%（US4614742 A）；日本触媒化学工业株式会社 Yoshitoshi Koji 等人报道了酞花菁类化合物的生产工艺，其中涉及了化合物 **5-13**（JP 2000169743 A）。

文献 *Pesticide Science* [1988，24（2）：111-21] 报道了化合物 **5-1**、**5-14**、**5-15** 在高剂量下对有关病害如葡萄霜霉病菌（*Plasmopora viticola*）等有一定的活性；William P. Heilman 等人公开了编号为 28g（**5-16**）的化合物具有一定的抗炎活性。云南大学严胜骄等人还公开了化合物 **5-17**～**5-20** 作为合成一种具有荧光活性及潜在药物活性的新的多卤代吖啶酮类化合物的中间体，但没有任何生物活性报道。

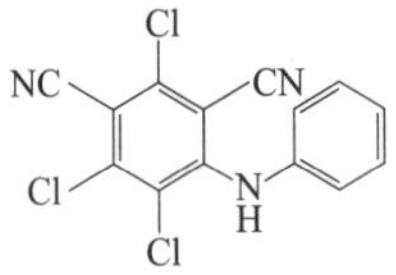

5-1 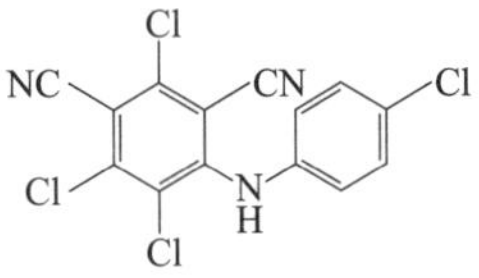　　**5-2** 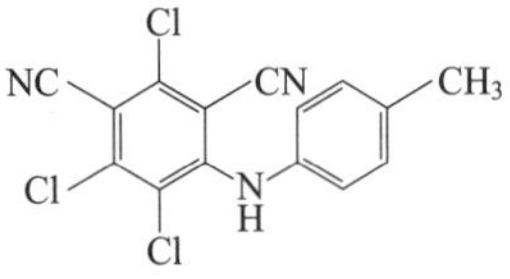　　**5-3**

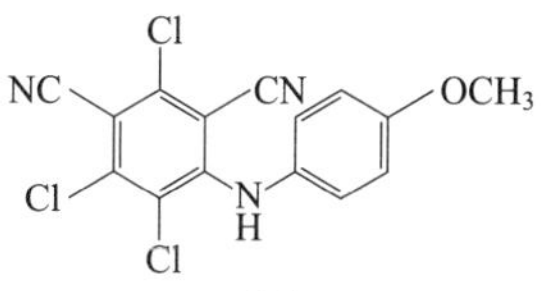

5-4 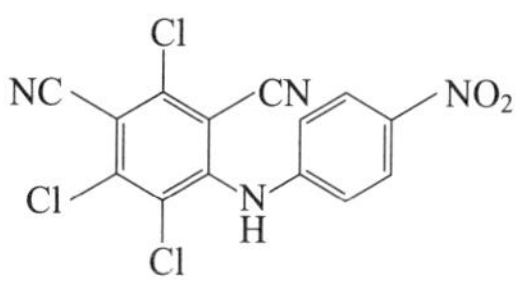　5-5 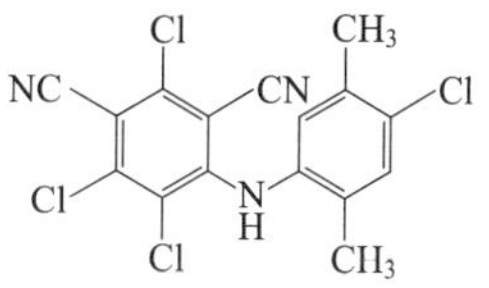　5-6

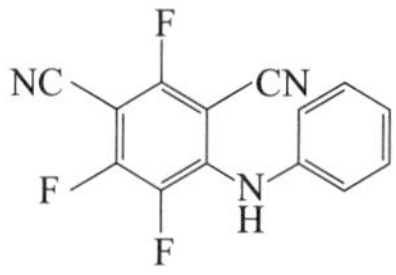

5-7 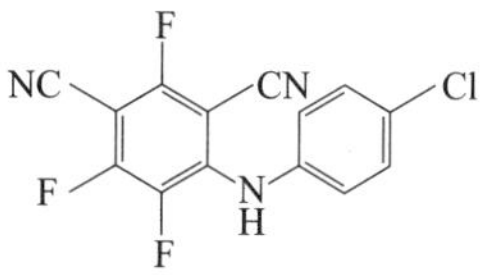　5-8 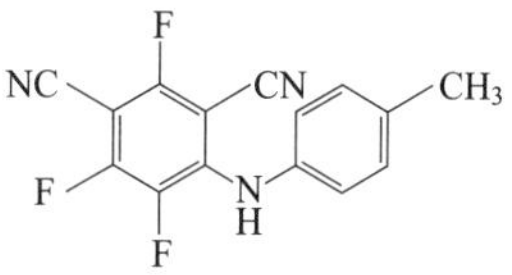　5-9

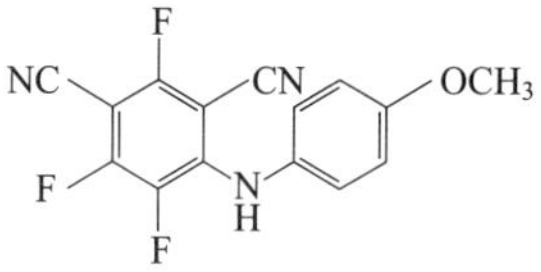

5-10 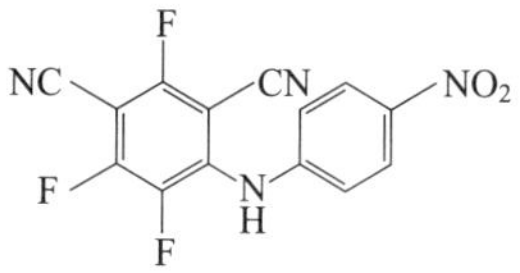　5-11 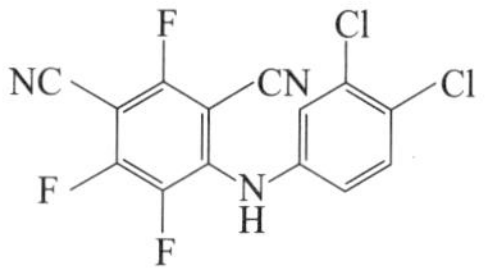　5-12

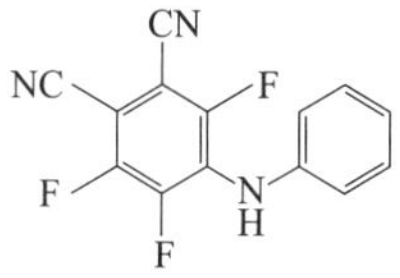

5-13 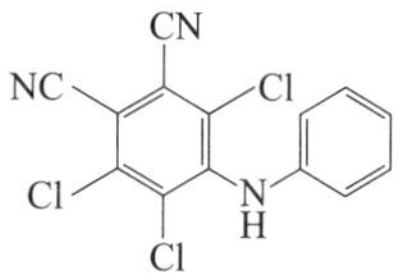　5-14 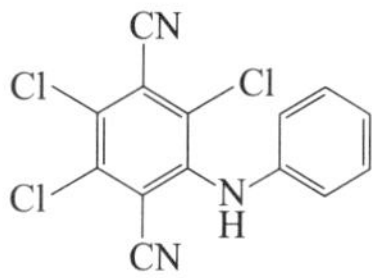　5-15

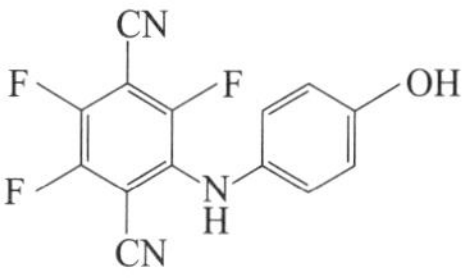

5-16 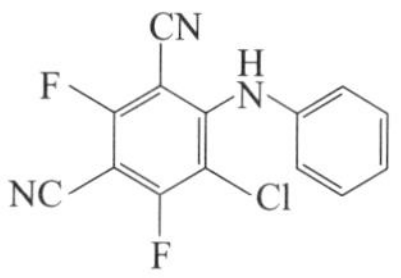　5-17 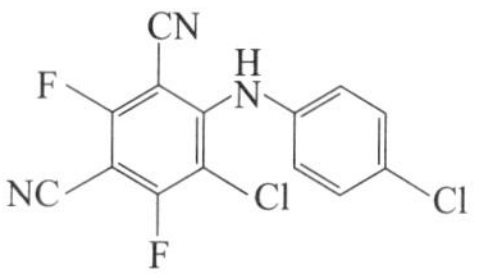　5-18

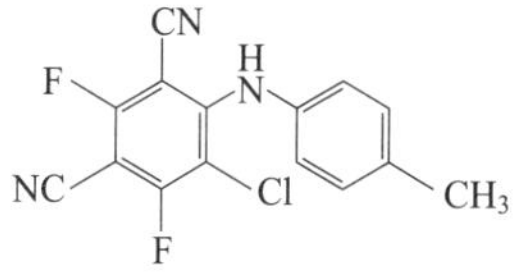

5-19 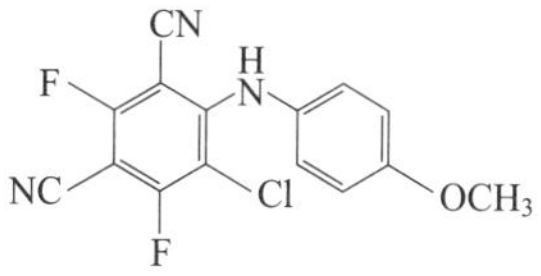　5-20

可见，现有技术中公开的取代氰基苯胺类化合物其右侧苯环上的取代基多为单取代，而右侧为双取代或多取代苯环及其他含氮六元杂环的取代氰基苯胺类化合物未见报道，且在农业领域中的应用研究还不深入。本研究团队也以我们自己提出的中间体衍生化法为指导，围绕百菌清合成了很多衍生物，以期发现新颖的活性更优的杀菌化合物。

中间体衍生化法[7~10]具体分为三种，即直接合成法、替换法和衍生法。在这三种方法中，替换法已经被证明是行之有效的。衍生法在发现新型高效化合物方面具有巨大的潜力，这种方法就是在已知化合物基础上进行优化，这些作为优化基础的已知化合物通常选自已知农药和/或医药品种，或者天然产物中具有独特性能的小分子。这些起始化合物关键在于拥有可以衍生化的活性官能团，通常成本低，进而可以降低终端产品的生产成本。在设计之初，综合考虑所设计化合物的环境友好性、简单易操作的制备工艺，以及结构新颖性（可能发现新颖作用机制的前提）。

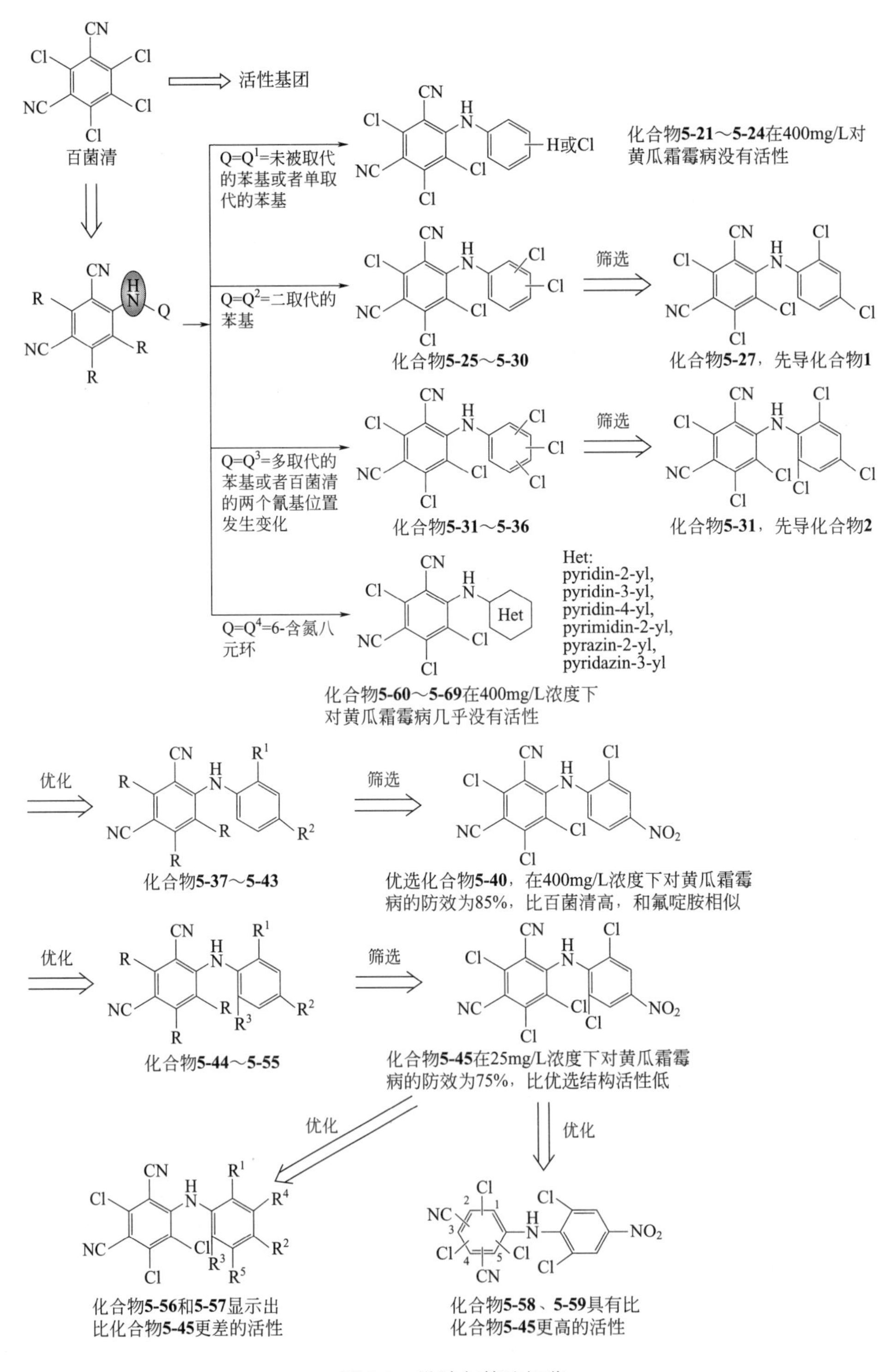
活性基团
百菌清
Q=Q1=未被取代的苯基或者单取代的苯基
H或Cl
化合物5-21～5-24在400mg/L对黄瓜霜霉病没有活性
Q=Q2=二取代的苯基
筛选
化合物5-25～5-30
化合物5-27，先导化合物1
Q=Q3=多取代的苯基或者百菌清的两个氰基位置发生变化
化合物5-31～5-36
化合物5-31，先导化合物2
Q=Q4=6-含氮八元环
Het:
pyridin-2-yl,
pyridin-3-yl,
pyridin-4-yl,
pyrimidin-2-yl,
pyrazin-2-yl,
pyridazin-3-yl
化合物5-60～5-69在400mg/L浓度下对黄瓜霜霉病几乎没有活性
优化
化合物5-37～5-43
优选化合物5-40，在400mg/L浓度下对黄瓜霜霉病的防效为85%，比百菌清高，和氟啶胺相似
化合物5-44～5-55
化合物5-45在25mg/L浓度下对黄瓜霜霉病的防效为75%，比优选结构活性低
化合物5-56和5-57显示出比化合物5-45更差的活性
化合物5-58、5-59具有比化合物5-45更高的活性

图 5-1　设计与筛选概览

百菌清具有 Cl、CN 等活性基团，很容易被进一步修饰，这样，借助经典的有机化学反应如亲核取代、水解和加成反应，可以很容易对百菌清进行多样化衍生。基于上述考虑，对百菌清进行了系统的优化设计。模拟另一个广谱杀菌剂氟啶胺骨架结构，用大量的取代芳胺与百菌清的 Cl 反应，得到一系列二芳胺结构，详细的合成、生测和构效关系讨论如下。

5.1.1 创制过程

首先，我们将百菌清和苯胺借助亲核取代反应结合在一起得到化合物 **5-21**（图 5-1），但是化合物 **5-21** 对黄瓜霜霉病在测试剂量下并未显示任何效果，尽管如此，为了考察是否取代位置对杀菌活性有影响，并以氯原子作为探针，又合成了化合物 **5-22**～**5-24**。当单个氯原子被引入右边苯环的任意位置（化合物 **5-22**～**5-24**），化合物的杀菌活性都没有得到提高。接下来，我们合成了双氯（化合物 **5-25**～**5-30**）和三氯（化合物 **5-31**～**5-35**）取代的类似物，杀菌测试结果表明（表 5-1），化合物 **5-27**（$R^1=R^2=Cl$，$R^3=R^4=R^5=H$）和化合物 **5-31**（2,4,6-3Cl），在 100mg/L 剂量下，对黄瓜霜霉病的防效分别达到了 100% 和 95%，并作为两个先导化合物继续研究，尽管当降低剂量至 50mg/L 时，化合物 **5-27** 和 **5-31** 的杀菌效果比百菌清要差一点，但是，这一结果足以鼓励我们继续对两个先导化合物进行优化。更重要的是，我们从当前的研究中获得了很有价值的构效关系：与其他取代位置相比，右边苯环的 2,4-和 2,4,6-位置是提高整个分子杀菌活性的关键，因此，下一步我们计划改变重要取代位置的取代基的电子效应和空间效应。

表 5-1 类似物 5-21～5-35 的结构与活性

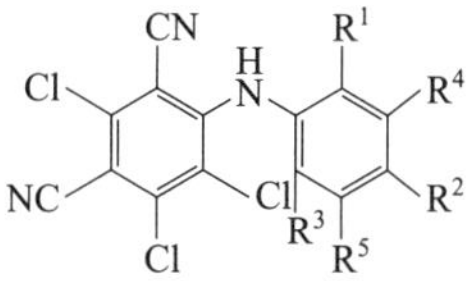

化合物	R^1	R^2	R^3	R^4	R^5	对黄瓜霜霉病的生物活性(防效)/%					
						400 mg/L	100 mg/L	50 mg/L	25 mg/L	12.5 mg/L	6.25 mg/L
5-21	H	H	H	H	H	0	—①	—	—	—	—
5-22	Cl	H	H	H	H	0	—	—	—	—	—
5-23	H	H	H	Cl	H	0	—	—	—	—	—
5-24	H	Cl	H	H	H	0	—	—	—	—	—
5-25	Cl	H	H	Cl	H	100	35	0	—	—	—
5-26	Cl	H	Cl	H	H	80	—	—	—	—	—
5-27 先导化合物 **1**	Cl	Cl	H	H	H	100	100	20	—	—	—

续表

化合物	R^1	R^2	R^3	R^4	R^5	对黄瓜霜霉病的生物活性(防效)/%					
						400 mg/L	100 mg/L	50 mg/L	25 mg/L	12.5 mg/L	6.25 mg/L
5-28	H	H	H	Cl	Cl	60	—	—	—	—	—
5-29	Cl	H	H	H	Cl	100	0	—	—	—	—
5-30	H	Cl	H	Cl	H	85	—	—	—	—	—
5-31 先导化合物 **2**	Cl	Cl	Cl	H	H	98	95	75	15	—	
5-32	Cl	Cl	H	Cl	H	80	—	—	—	—	
5-33	H	Cl	Cl	Cl	H	80	—	—	—	—	
5-34	Cl	Cl	H	H	Cl	100	0	—	—	—	
5-35	H	Cl	H	Cl	Cl	85	—	—	—	—	
百菌清						100	100	80	30	—	—
氟啶胺						100	100	100	100	100	90

① 代表未测。

（1）化合物 **5-27** 的优化　以化合物 **5-27** 作为先导，我们考虑用甲基等供电子基团或甲酸甲酯、三氟甲基、硝基、氰基等吸电子基团（表 5-2）代替右边苯环的 2 位或 4 位的氯原子。首先，固定 4 位取代基为氯，改变 2 位取代基，分别合成了供电子基团（甲基）的化合物 **5-36**、吸电子基团（硝基）的化合物 **5-37**。结果表明，化合物 **5-36** 并不比先导化合物 **5-27** 好，表明甲基等供电子基团对提高活性不利；相反，化合物 **5-37** 的活性相对于化合物 **5-27** 有所提高，暗示吸电子基团对于提高活性有帮助。然后，保持 2 位为氯，改变 4 位的基团，我们合成了 2 个在 4 位引入吸电子基团的化合物，化合物 **5-38**（三氟甲基）、化合物 **5-40**（硝基）（表 5-2），让我们惊奇的是，化合物 **5-38** 在 25mg/L 时防效为 80%，化合物 **5-40** 在 25mg/L 时防效为 98%，在 6.25mg/L 时仍是 85%，这两个化合物效果显著好于百菌清（在 25mg/L 时防效仅为 30%）。为了探究是否 2 位和 4 位同时引入吸电子取代基，化合物活性能提高更多，于是设计并合成了化合物**5-42**（2,4-2NO_2）和 **5-43**（2-CN-4-NO_2），结果却令我们大失所望，没有一个能达到先导化合物 **5-40** 的活性。综上，以化合物 **5-27** 为二次先导化合物优化的结果就是获得了杀菌活性极大提高的化合物 **5-40**（2-Cl-4-NO_2）。

（2）化合物 **5-31** 的优化　以化合物 **5-31** 作为起点，我们准备替换右边苯环上的 2,4,6-位的氯原子（表 5-3），首先，改变 4 位的取代基，保持 2 位和 6 位为氯或溴，选取的取代基都是电子效应、空间效应的代表性基团。然而，当 4 位被溴取代后（化合物 **5-44**），活性低于先导化合物 **5-31**，硝基取代后（化合物 **5-45**），活性得到了提高，在 25mg/L 时，化合物 **5-45** 和 **5-31** 活性差别更明显。然而当化合物 **5-31** 的 4 位氯原子被三氟甲基（化合物 **5-46**）、三氟甲氧基（化合

表 5-2 类似物 5-36～5-43 的结构与活性

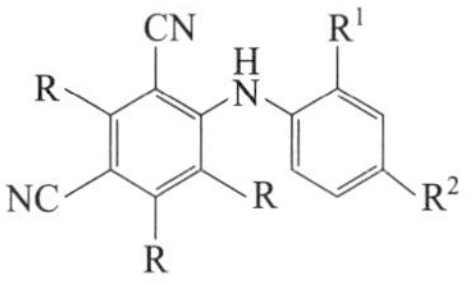

化合物	R	R^1	R^2	对黄瓜霜霉病的生物活性(防效)/%					
				400mg/L	100mg/L	50mg/L	25mg/L	12.5mg/L	6.25mg/L
5-27	Cl	Cl	Cl	100	100	20	—①	—	—
5-36	Cl	CH_3	Cl	100	0	—	—	—	—
5-37	Cl	NO_2	Cl	100	70	30	10	—	—
5-38	Cl	Cl	CF_3	100	100	98	80	20	—
5-39	F	Cl	CF_3	100	100	98	80	—	—
5-40 优选结构	Cl	Cl	NO_2	10	10	98	98	98	85
5-41	F	Cl	NO_2	100	95	80	40	—	—
5-42	Cl	NO_2	NO_2	100	95	80	60	—	—
5-43	Cl	CN	NO_2	100	—	—	—	—	—
百菌清			100	100	80	30	—		
氟啶胺			100	100	100	100	100	90	

① 代表未测。

表 5-3 类似物 5-44～5-57 的结构与活性

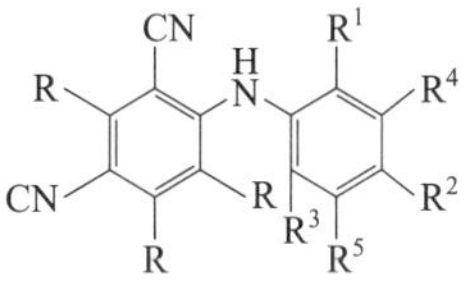

化合物	R	R^1	R^2	R^3	R^4	R^5	对黄瓜霜霉病的生物活性(防效)/%					
							400 mg/L	100 mg/L	50 mg/L	25 mg/L	12.5 mg/L	6.25 mg/L
5-31 先导化合物 **2**	Cl	Cl	Cl	H	H	H	98	95	75	15	—①	—
5-44	Cl	Cl	Br	Cl	H	H	100	70	40	20	—	—
5-45	Cl	Cl	NO_2	Cl	H	H	100	100	100	75	—	—
5-46	Cl	Cl	CF_3	Cl	H	H	50	—	—	—	—	—
5-47	Cl	Br	OCF_3	Br	H	H	85	—	—	—	—	
5-48	Cl	Cl	CO_2CH_3	Cl	H	H	20	—	—	—	—	
5-49	Cl	Cl	CONHPh	Cl	H	H	98	0	—	—	—	
5-50	Cl	Cl	CONH(4-Cl-Ph)	Cl	H	H	55	—	—	—	—	

续表

化合物	R	R^1	R^2	R^3	R^4	R^5	对黄瓜霜霉病的生物活性(防效)/%					
							400 mg/L	100 mg/L	50 mg/L	25 mg/L	12.5 mg/L	6.25 mg/L
5-51	Cl	F	NO_2	F	H	H	100	100	100	98	70	40
5-52	Cl	Cl	NO_2	F	H	H	100	100	98	95	50	40
5-53	F	Cl	NO_2	F	H	H	100	95	70	30	—	—
5-54	Cl	Br	NO_2	Br	H	H	100	100	100	100	30	—
5-55	F	Br	NO_2	Br	H	H	100	98	90	85	—	—
5-56	Cl	CH_3	NO_2	NO_2	Cl	H	100	100	0	—	—	—
5-57	Cl	Cl	CN	CN	Cl	Cl	100	0	—	—	—	—
5-40 优选结构	Cl	Cl	NO_2	H	H	H	100	100	98	98	98	85

① 代表未测。

物 **5-47**)、CO_2CH_3（化合物 **5-48**）替换时，均导致了整个分子活性的降低。基于上述结果，可见，吸电子基团如硝基更能提高活性。鉴于有文献报道三氟甲基通常会对活性提高有很大的贡献，而研究当 4 位为三氟甲基和三氟甲氧基时并没有带来活性的提高，这一结果确实令我们感到吃惊，可能 4 位并不适合引入含氟的官能团。接下来，我们在右面苯环的对位引入了空间位阻较大的基团 CONHPh 和 CONH（4-Cl-Ph），得到化合物 **5-49** 和 **5-50**，都比先导化合物 **5-31** 的活性差，原因可能是位阻大的基团阻碍了分子和靶标的结合。

考虑到含氟化合物由于氟原子独特的性质，如高热稳定性和亲脂性而具有显著的农用生物活性，进一步的优化就是向 2 位和 6 位导入氟原子，同时保持 4 位硝基不变。正如我们所料，化合物 **5-51** 和 **5-52** 比化合物 **5-45** 的活性好得多，在 25mg/L 时化合物 **5-51** 的防效高达 98%，化合物 **5-45** 的防效为 75%，而化合物 **5-52** 的防效为 95%。当化合物 **5-31** 的 2 位和 6 位的氯原子用溴原子替换的时候（化合物 **5-54**），其杀菌活性和化合物 **5-51**、**5-52** 基本相似。乘胜追击，继续在先导化合物中引入氟原子，我们将左边苯环的氯原子全部替换为氟原子，得到了化合物 **5-53** 和 **5-55**，然而，它们的活性比相应的氯原子类似物要差，结果表明不是氟原子越多活性就越好，而且，氟原子在整个分子中的位置对化合物的活性起着重要的作用。

最后，我们合成了两个化合物 **5-56** 和 **5-57** 以检测右面苯环上多取代对活性的影响，结果显示，不论是化合物 **5-56** 还是 **5-57**，防效都不如先导化合物 **5-45**。对化合物 **5-31** 的优化结果得到了具有更高生物活性的化合物 **5-51**（2,6-2F-4-NO_2）。

（3）化合物 **5-45** 的氰基异构体的活性　为了确认是否化合物 **5-45** 的氰基异构体会使活性进一步提高，我们合成和筛选了化合物 **5-58** 和 **5-59**（表 5-4），在 25mg/L 时，化合物 **5-58** 的防效为 90%，化合物 **5-59** 则是 100%，都高于化合物 **5-45** 对霜霉病的防效。

表 5-4　类似物 5-58、5-59 的结构与活性

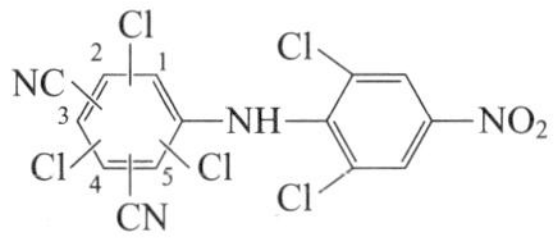

化合物	两个氰基的位置	对黄瓜霜霉病的生物活性(防效)/%				
		400mg/L	100mg/L	50mg/L	25mg/L	12.5mg/L
5-58	2,3-位	100	100	95	90	0
5-59	1,4-位	100	100	100	100	20
5-45	1,3-位	100	100	100	75	—
5-40 优选结构		100	100	98	98	98

（4）百菌清杂芳胺衍生物的活性　为了确认含氮杂环替换右边的苯环是否能提高化合物的活性，我们还合成了 10 个百菌清的杂环胺类似物，分别为吡啶、嘧啶、吡嗪（表 5-5），只有化合物 **5-64** 表现出良好的活性，这些结果表明引入含氮杂环对于提高这类化合物的活性不利。

表 5-5　类似物 5-60～5-69 的结构与活性

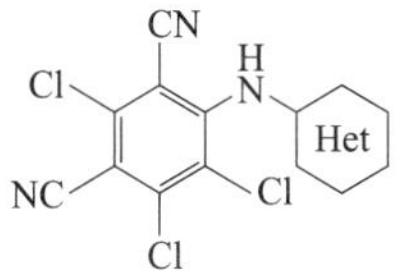

化合物	Het	对黄瓜霜霉病的生物活性(防效)/%					
		400mg/L	100mg/L	50mg/L	25mg/L	12.5mg/L	6.25mg/L
5-60	pyridin-2-yl	0	—①	—	—	—	—
5-61	5-Br-pyridin-2-yl	30	—	—	—	—	—
5-62	pyridin-3-yl	0	—	—	—	—	—
5-63	6-Br-pyridin-3-yl	80	—	—	—	—	—
5-64	2-Cl-pyridin-4-yl	90	80	30	10	—	—
5-65	pyrimidin-2-yl	0	—	—	—	—	—
5-66	4,6-2CH_3-pyrimidin-2-yl	0	—	—	—	—	—
5-67	4,6-2OCH_3-pyrimidin-2-yl	0	—	—	—	—	—
5-68	6-Cl-pyrazin-2-yl	98	0	—	—	—	—
5-69	6-Cl-pyridazin-3-yl	100	0	—	—	—	—

① 代表未测。

基于表 5-4 和表 5-5 的数据，通过考察不同取代基的吸电子、供电子，以及空间位阻效应，得到了一个清晰的构效关系。2,4-二取代苯胺类似物特别是化合物 **5-40**（右边苯环上 2-氯-4-硝基取代），与百菌清相比，活性有显著改善；2,4,6-三取代苯胺类似物特别是化合物 **5-45**（2,6-二氯-4-硝基）的活性好于百菌清；化合物 **5-45** 的两个氰基位置异构体，化合物 **5-58** 和 **5-59**，效果稍好于化合物 **5-45**；但是，含氮杂环芳胺衍生物的活性都较弱。

综上，我们得出如下结论，百菌清衍生物化合物 **5-40**，合成方法简单，成本低，拥有良好的活性，在 6.25mg/L 时防效在 85%，效果显著优于百菌清，与氟啶胺相当。经过进一步测试还发现化合物 **5-40** 除了对霜霉病防治效果优异外，对稻瘟病、灰霉病也有良好的防治效果，具有进一步开发价值。本研究也表明中间体衍生化法是一种高效发现活性化合物的实践可行的方法。

对该类化合物的两个氰基位置异构体的后续优化工作还在继续进行中。

至此，综合考虑百菌清衍生物的药效与成本，选择化合物 **5-40**（即 SYP-4575）作为候选化合物进行室内深入筛选研究和田间药效试验研究，具体试验结果如下。

合成的目标化合物一览表：

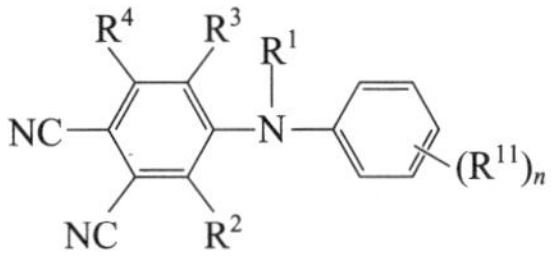

编号	R^1	R^2	R^3	R^4	$(R^{11})_n$
5-70	H	Cl	Cl	Cl	2-CH_3
5-71	H	Cl	Cl	Cl	2-Cl
5-72	H	Cl	Cl	Cl	2-NO_2
5-73	H	Cl	Cl	Cl	2-$CONHCH_3$
5-74	H	Cl	Cl	Cl	3-CH_3
5-75	H	Cl	Cl	Cl	3-NO_2
5-76	H	Cl	Cl	Cl	4-CH_3
5-77	H	Cl	Cl	Cl	4-*t*-Bu
5-78	H	Cl	Cl	Cl	4-OCH_3
5-79	H	Cl	Cl	Cl	4-OCF_3
5-80	H	Cl	Cl	Cl	4-CO_2CH_3
5-81	H	Cl	Cl	Cl	4-CN
5-82	H	Cl	Cl	Cl	4-CF_3
5-83	H	Cl	Cl	Cl	2-F-4-NO_2
5-84	H	Cl	Cl	Cl	2-Cl-4-NO_2
5-85	H	Cl	Cl	Cl	2-Cl-5-NO_2
5-86	H	Cl	Cl	Cl	2-Cl-4-CF_3
5-87	H	Cl	Cl	Cl	2-F-5-CF_3
5-88	H	Cl	Cl	Cl	2-Cl-5-CF_3
5-89	H	Cl	Cl	Cl	2-CH_3-4-NO_2
5-90	H	Cl	Cl	Cl	2-CH_3-6-CO_2CH_3

续表

编号	R^1	R^2	R^3	R^4	$(R^{11})_n$
5-91	H	Cl	Cl	Cl	2,4-2NO_2
5-92	H	Cl	Cl	Cl	2-NO_2-4-Cl
5-93	H	Cl	Cl	Cl	2-CH_3-6-Cl
5-94	H	Cl	Cl	Cl	2-CH_3-4-Cl
5-95	H	Cl	Cl	Cl	2,6-2(*i*-Pr)
5-96	H	Cl	Cl	Cl	3-CF_3-4-CN
5-97	H	Cl	Cl	Cl	2-OCH_3-4-NO_2
5-98	H	Cl	Cl	Cl	2,4-2Cl
5-99	H	Cl	Cl	Cl	2,6-2Cl
5-100	H	Cl	Cl	Cl	2,6-2F
5-101	H	Cl	Cl	Cl	2,5-2Cl
5-102	H	Cl	Cl	Cl	3,4-2Cl
5-103	H	Cl	Cl	Cl	3,5-2Cl
5-104	H	Cl	Cl	Cl	2,3-2Cl
5-105	H	Cl	Cl	Cl	2-Cl-4-Br
5-106	H	Cl	Cl	Cl	3-Cl-4-CO_2CH_3
5-107	H	Cl	Cl	Cl	3,4-2CH_3
5-108	H	Cl	Cl	Cl	3-CF_3-4-Cl
5-109	H	Cl	Cl	Cl	2,4,6-3CH_3
5-110	H	Cl	Cl	Cl	2,3,4-3F
5-111	H	Cl	Cl	Cl	2-CN-6-Br-4-NO_2
5-112	H	Cl	Cl	Cl	2,6-2F-4-NO_2
5-113	H	Cl	Cl	Cl	2,6-2Cl-4-NO_2
5-114	H	Cl	Cl	Cl	2,6-2Br-4-NO_2
5-115	H	Cl	Cl	Cl	2-Br-6-Cl-4-NO_2
5-116	H	Cl	Cl	Cl	2-CH_3-6-Cl-4-NO_2
5-117	H	Cl	Cl	Cl	2-Cl-6-F-4-NO_2
5-118	H	Cl	Cl	Cl	2,6-2Cl-4-CF_3
5-119	H	Cl	Cl	Cl	2-CH_3-4-CN-6-$CONHCH_3$
5-120	H	Cl	Cl	Cl	2,4-2Cl-6-$CONHCH_3$
5-121	H	Cl	Cl	Cl	2,4-2Cl-6-CO_2CH_3
5-122	H	Cl	Cl	Cl	2,4-2Cl-6-CN
5-123	H	Cl	Cl	Cl	2,4,6-3Cl
5-124	H	Cl	Cl	Cl	2,3,4-3Cl
5-125	H	Cl	Cl	Cl	2,4,5-3Cl
5-126	H	Cl	Cl	Cl	2,6-2Cl-4-Br
5-127	H	Cl	Cl	Cl	2,6-2Cl-4-CN

续表

编号	R^1	R^2	R^3	R^4	$(R^{11})_n$
5-128	H	Cl	Cl	Cl	3,5-2CN-6-Cl
5-129	H	Cl	Cl	Cl	2,6-2Br-4-OCF_3
5-130	H	Cl	Cl	Cl	2-CH_3-3-Cl-4,6-2NO_2
5-131	H	Cl	Cl	Cl	2,3,5-3Cl-4,6-2CN
5-132	H	F	F	F	2-F-4-NO_2
5-133	H	F	F	F	2-Cl-4-NO_2
5-134	H	F	F	F	2-Cl-5-NO_2
5-135	H	F	F	F	2-Cl-4-CF_3
5-136	H	F	F	F	2-F-5-CF_3
5-137	H	F	F	F	2,4,6-3Cl
5-138	H	F	F	F	2-CN-6-Br-4-NO_2
5-139	H	F	F	F	2,4-2Cl-6-CN
5-140	H	F	F	F	2,6-2F-4-NO_2
5-141	H	F	F	F	2,6-2Cl-4-NO_2
5-142	H	F	F	F	2,6-2Cl-4-CN
5-143	H	F	F	F	2,6-2Br-4-NO_2
5-144	H	F	F	F	2-Br-6-Cl-4-NO_2
5-145	H	F	F	F	2-CH_3-6-Cl-4-NO_2
5-146	H	F	F	F	2-Cl-6-F-4-NO_2
5-147	H	F	F	F	2,6-2Cl-4-CF_3

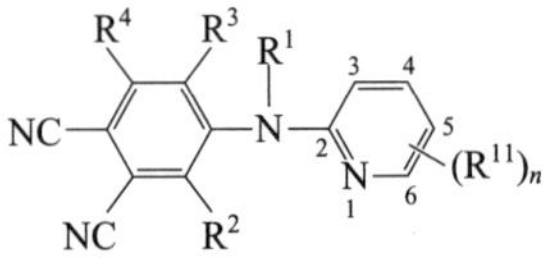

编号	R^1	R^2	R^3	R^4	$(R^{11})_n$
5-148	H	Cl	Cl	Cl	5-Br
5-149	H	Cl	Cl	Cl	4-CH_3
5-150	H	Cl	Cl	Cl	5-CH_3
5-151	H	Cl	Cl	Cl	3-Cl-5-CF_3
5-152	H	Cl	Cl	Cl	3,5,6-3Cl

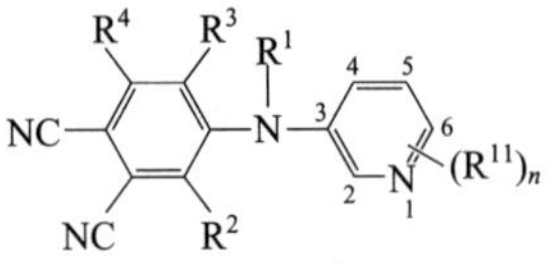

编号	R^1	R^2	R^3	R^4	$(R^{11})_n$
5-153	H	Cl	Cl	Cl	—
5-154	H	Cl	Cl	Cl	2,5-2Cl

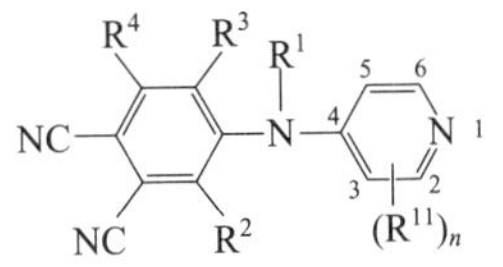

编号	R^1	R^2	R^3	R^4	$(R^{11})_n$
5-155	H	Cl	Cl	Cl	—
5-156	H	Cl	Cl	Cl	3,5-2Cl
5-157	H	F	F	F	3,5-2Cl

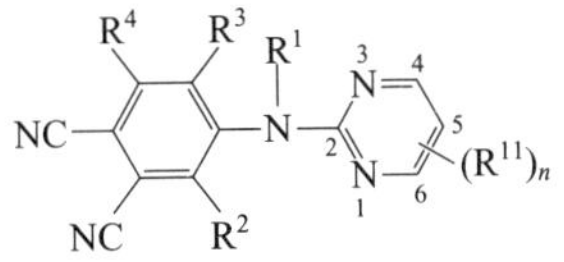

编号	R^1	R^2	R^3	R^4	$(R^{11})_n$
5-158	H	Cl	Cl	Cl	—
5-159	H	Cl	Cl	Cl	4,6-2OCH_3

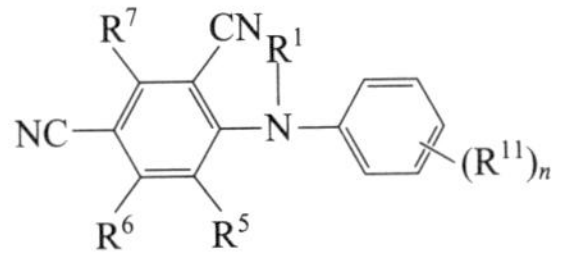

编号	R^1	R^5	R^6	R^7	$(R^{11})_n$
5-160	H	Cl	Cl	Cl	2-CH_3
5-161	H	Cl	Cl	Cl	2-Cl
5-162	H	Cl	Cl	Cl	2-CN
5-163	H	Cl	Cl	Cl	2-$CONHCH_3$
5-164	H	Cl	Cl	Cl	3-CH_3
5-165	H	Cl	Cl	Cl	3-Cl
5-166	H	Cl	Cl	Cl	3-CF_3
5-167	H	Cl	Cl	Cl	3-NO_2
5-168	H	Cl	Cl	Cl	4-*t*-Bu
5-169	H	Cl	Cl	Cl	4-CN
5-170	H	Cl	Cl	Cl	4-CF_3
5-171	H	Cl	Cl	Cl	4-OCF_3
5-172	H	Cl	Cl	Cl	4-CO_2CH_3
5-173	H	Cl	Cl	Cl	2,4-2F
5-174	H	Cl	Cl	Cl	2,6-2F
5-175	H	Cl	Cl	Cl	2,3-2Cl
5-176	H	Cl	Cl	Cl	2,6-2Cl
5-177	H	Cl	Cl	Cl	2,4-2Cl

续表

编号	R^1	R^5	R^6	R^7	$(R^{11})_n$
5-178	H	Cl	Cl	Cl	3,5-2Cl
5-179	H	Cl	Cl	Cl	2,5-2Cl
5-180	H	Cl	Cl	Cl	3,4-2Cl
5-181	H	Cl	Cl	Cl	2-CH_3-4-Cl
5-182	H	Cl	Cl	Cl	2-CH_3-6-Cl
5-183	H	Cl	Cl	Cl	2-CH_3-4-CO_2CH_3
5-184	H	Cl	Cl	Cl	2-CH_3-6-CO_2CH_3
5-185	H	Cl	Cl	Cl	2,5-2CH_3
5-186	H	Cl	Cl	Cl	2,6-2(*i*-Pr)
5-187	H	Cl	Cl	Cl	2-Cl-4-CF_3
5-188	H	Cl	Cl	Cl	2-Cl-5-CF_3
5-189	H	Cl	Cl	Cl	2-F-5-CF_3
5-190	H	Cl	Cl	Cl	2-Cl-5-CF_3
5-191	H	Cl	Cl	Cl	2-Cl-4-Br
5-192	H	Cl	Cl	Cl	3-Cl-4-CO_2CH_3
5-193	H	Cl	Cl	Cl	2-F-4-NO_2
5-194	H	Cl	Cl	Cl	2-Cl-4-NO_2
5-195	H	Cl	Cl	Cl	2-Cl-5-NO_2
5-196	H	Cl	Cl	Cl	2,4-2NO_2
5-197	H	Cl	Cl	Cl	2-CN-4-NO_2
5-198	H	Cl	Cl	Cl	2-NO_2-4-Cl
5-199	H	Cl	Cl	Cl	3-CF_3-4-CN
5-200	H	Cl	Cl	Cl	2,3,4-3F
5-201	H	Cl	Cl	Cl	2,4,6-3Cl
5-202	H	Cl	Cl	Cl	2,3,4-3Cl
5-203	H	Cl	Cl	Cl	2,4,6-3CH_3
5-204	H	Cl	Cl	Cl	2,4,5-3Cl
5-205	H	Cl	Cl	Cl	3,4,5-3Cl
5-206	H	Cl	Cl	Cl	2,6-2Cl-4-Br
5-207	H	Cl	Cl	Cl	3-CH_3-2,4-2Cl
5-208	H	Cl	Cl	Cl	2,6-2F-4-NO_2
5-209	H	Cl	Cl	Cl	2,4-2Cl-6-CN
5-210	H	Cl	Cl	Cl	2,6-2Cl-4-CN
5-211	H	Cl	Cl	Cl	2,6-2Cl-4-CF_3
5-212	H	Cl	Cl	Cl	2-Cl-6-F-4-NO_2
5-213	H	Cl	Cl	Cl	2,6-2Cl-4-NO_2

续表

编号	R^1	R^5	R^6	R^7	$(R^{11})_n$
5-214	H	Cl	Cl	Cl	2-Br-6-Cl-4-NO_2
5-215	H	Cl	Cl	Cl	2-Br-6-CN-4-NO_2
5-216	H	Cl	Cl	Cl	2,6-2Br-4-NO_2
5-217	H	Cl	Cl	Cl	2-CH_3-6-Cl-4-NO_2
5-218	H	Cl	Cl	Cl	2-CH_3-4-Cl-6-NO_2
5-219	H	Cl	Cl	Cl	2,6-2C_2H_5-4-Cl
5-220	H	Cl	Cl	Cl	2,6-2Br-4-OCF_3
5-221	H	Cl	Cl	Cl	2,6-2Cl-4-CO_2CH_3
5-222	H	Cl	Cl	Cl	2-CH_3-4-CN-6-$CONHCH_3$
5-223	H	Cl	Cl	Cl	2-CH_3-4-Cl-6-$CONHCH_3$
5-224	H	Cl	Cl	Cl	2,6-2Cl-4-CONHPh
5-225	H	Cl	Cl	Cl	2,6-2Cl-4-CONH(4-Cl-Ph)
5-226	H	Cl	Cl	Cl	2,6-2Cl-4-CO_2Na
5-227	H	Cl	Cl	Cl	2,6-2Cl-4-COOH
5-228	H	Cl	Cl	Cl	2,6-2NO_2-3-Cl-4-CF_3
5-229	H	Cl	Cl	Cl	2-CH_3-3-Cl-4,6-2NO_2
5-230	H	Cl	Cl	Cl	2,3,5-3Cl-4,6-2CN
5-231	H	Cl	$N(C_2H_5)_2$	Cl	2-NO_2
5-232	H	Cl	$NHCH_3$	$NHCH_3$	2-F
5-233	H	Cl	OCH_3	OCH_3	2-Br
5-234	H	Cl	$N(CH_3)_2$	Cl	2,6-2Cl-4-NO_2
5-235	H	Cl	OCH_3	Cl	2,6-2Cl-4-NO_2
5-236	H	Cl	OCH_3	OCH_3	2,6-2Cl-4-NO_2
5-237	H	F	F	F	2-CH_3
5-238	H	F	F	F	2-NO_2
5-239	H	F	F	F	3-CH_3
5-240	H	F	F	F	3-Cl
5-241	H	F	F	F	3-NO_2
5-242	H	F	F	F	4-OCF_3
5-243	H	F	F	F	4-CN
5-244	H	F	F	F	2,3-2Cl
5-245	H	F	F	F	2,5-2Cl
5-246	H	F	F	F	3,5-2Cl
5-247	H	F	F	F	2,6-2Cl
5-248	H	F	F	F	2,4-2NO_2
5-249	H	F	F	F	2-Cl-4-Br

续表

编号	R^1	R^5	R^6	R^7	$(R^{11})_n$
5-250	H	F	F	F	2-CH_3-4-Cl
5-251	H	F	F	F	2-CH_3-6-Cl
5-252	H	F	F	F	2-CH_3-4-NO_2
5-253	H	F	F	F	2-Cl-4-CF_3
5-254	H	F	F	F	2-F-5-CF_3
5-255	H	F	F	F	2-Cl-5-CF_3
5-256	H	F	F	F	2-Cl-4-NO_2
5-257	H	F	F	F	2-NO_2-4-Cl
5-258	H	F	F	F	3-CF_3-4-CN
5-259	H	F	F	F	3-CF_3-4-Cl
5-260	H	F	F	F	3-Cl-4-CO_2CH_3
5-261	H	F	F	F	2,4,6-3CH_3
5-262	H	F	F	F	2,3,4-3F
5-263	H	F	F	F	2,3,4-3Cl
5-264	H	F	F	F	2,4,6-3Cl
5-265	H	F	F	F	2,4,5-3Cl
5-266	H	F	F	F	3,4,5-3Cl
5-267	H	F	F	F	2,6-2Cl-4-Br
5-268	H	F	F	F	2,4-2Cl-6-CN
5-269	H	F	F	F	2,6-2Cl-4-CN
5-270	H	F	F	F	2,6-2Cl-4-NO_2
5-271	H	F	F	F	2,6-2F-4-NO_2
5-272	H	F	F	F	2,6-2Cl-4-CF_3
5-273	H	F	F	F	2-Cl-6-F-4-NO_2
5-274	H	F	F	F	2-Br-6-Cl-4-NO_2
5-275	H	F	F	F	2-CH_3-6-Cl-4-NO_2
5-276	H	F	F	F	2,6-2Br-4-NO_2
5-277	H	F	F	F	2-Br-6-CN-4-NO_2
5-278	H	F	F	F	2,6-2Br-4-OCF_3
5-279	H	F	F	F	2-CH_3-3-Cl-4,6-2NO_2
5-280	H	F	F	F	2,3,5-3Cl-4,6-2CN

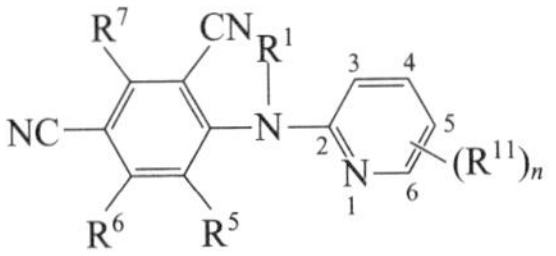

编号	R^1	R^5	R^6	R^7	$(R^{11})_n$
5-281	H	Cl	Cl	Cl	—
5-282	H	Cl	Cl	Cl	3-Br
5-283	H	Cl	Cl	Cl	5-Br
5-284	H	Cl	Cl	Cl	3-Br-4-CH_3
5-285	H	Cl	Cl	Cl	3-Br-5-CH_3
5-286	H	Cl	Cl	Cl	3-Cl-5-CF_3
5-287	H	F	F	F	3-Cl-5-CF_3
5-288	H	Cl	Cl	Cl	3,5-2CN-6-Cl
5-289	H	Cl	Cl	Cl	3,5,6-3Cl
5-290	H	Cl	Cl	Cl	3,4,5,6-4Cl
5-291	H	F	F	F	3,5,6-3Cl

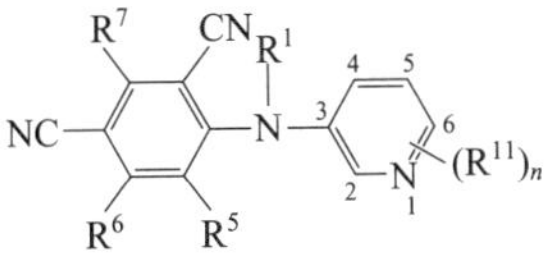

编号	R^1	R^5	R^6	R^7	$(R^{11})_n$
5-292	H	Cl	Cl	Cl	—
5-293	H	Cl	Cl	Cl	2-Cl
5-294	H	Cl	Cl	Cl	6-Br
5-295	H	Cl	Cl	Cl	2,5-2Cl
5-296	H	F	F	F	2,5-2Cl
5-297	H	Cl	Cl	Cl	2-Cl-4-CH_3

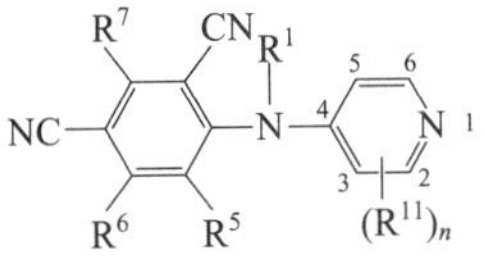

编号	R^1	R^5	R^6	R^7	$(R^{11})_n$
5-298	H	Cl	Cl	Cl	—
5-299	H	Cl	Cl	Cl	2-Cl
5-300	H	Cl	Cl	Cl	3-Br
5-301	H	Cl	Cl	Cl	3,5-2Cl
5-302	H	F	F	F	3,5-2Cl
5-303	H	Cl	Cl	Cl	2,3,5,6-4Cl

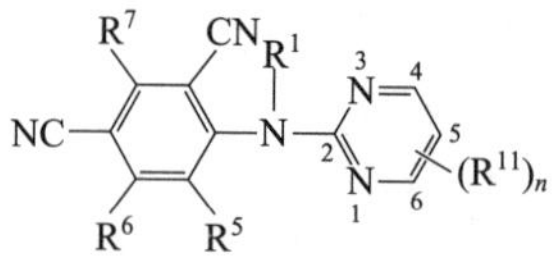

编号	R^1	R^5	R^6	R^7	$(R^{11})_n$
5-304	H	Cl	Cl	Cl	—
5-305	H	Cl	Cl	Cl	4,6-2CH_3
5-306	H	Cl	Cl	Cl	4,6-2OCH_3
5-307	H	Cl	Cl	Cl	4-CF_3-5-$CO_2C_2H_5$

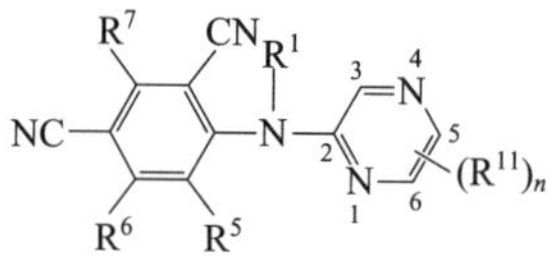

编号	R^1	R^5	R^6	R^7	$(R^{11})_n$
5-308	H	Cl	Cl	Cl	—
5-309	H	Cl	Cl	Cl	6-Cl
5-310	H	F	F	F	6-Cl

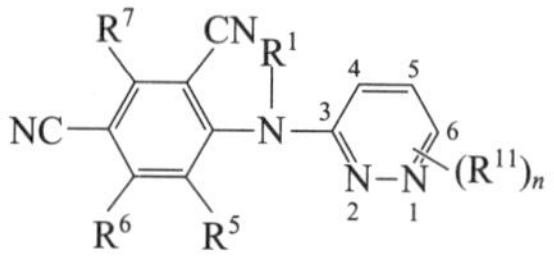

编号	R^1	R^5	R^6	R^7	$(R^{11})_n$
5-311	H	Cl	Cl	Cl	—
5-312	H	Cl	Cl	Cl	6-Cl
5-313	H	F	F	F	6-Cl

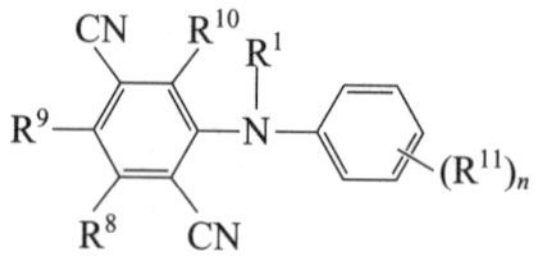

编号	R^1	R^8	R^9	R^{10}	$(R^{11})_n$
5-314	H	Cl	Cl	Cl	2-CH_3
5-315	H	Cl	Cl	Cl	2-Cl
5-316	H	Cl	Cl	Cl	2-NO_2
5-317	H	Cl	Cl	Cl	2-$CONHCH_3$
5-318	H	Cl	Cl	Cl	3-Cl
5-319	H	Cl	Cl	Cl	3-CH_3
5-320	H	Cl	Cl	Cl	3-NO_2

续表

编号	R^1	R^8	R^9	R^{10}	$(R^{11})_n$
5-321	H	Cl	Cl	Cl	4-CO_2CH_3
5-322	H	Cl	Cl	Cl	4-*t*-Bu
5-323	H	Cl	Cl	Cl	4-CH_3
5-324	H	Cl	Cl	Cl	4-CF_3
5-325	H	Cl	Cl	Cl	4-CN
5-326	H	Cl	Cl	Cl	4-OCF_3
5-327	H	Cl	Cl	Cl	4-OCH_3
5-328	H	Cl	Cl	Cl	2,4-2Cl
5-329	H	Cl	Cl	Cl	2,6-2Cl
5-330	H	Cl	Cl	Cl	2,6-2F
5-331	H	Cl	Cl	Cl	2,5-2Cl
5-332	H	Cl	Cl	Cl	3,4-2Cl
5-333	H	Cl	Cl	Cl	3,5-2Cl
5-334	H	Cl	Cl	Cl	2,3-2Cl
5-335	H	Cl	Cl	Cl	2-Cl-4-Br
5-336	H	Cl	Cl	Cl	2,4-2NO_2
5-337	H	Cl	Cl	Cl	2,6-2(*i*-Pr)
5-338	H	Cl	Cl	Cl	2-CH_3-4-Cl
5-339	H	Cl	Cl	Cl	2-CH_3-6-Cl
5-340	H	Cl	Cl	Cl	2-F-4-NO_2
5-341	H	Cl	Cl	Cl	2-Cl-4-NO_2
5-342	H	Cl	Cl	Cl	2-Cl-5-NO_2
5-343	H	Cl	Cl	Cl	2-Cl-4-CF_3
5-344	H	Cl	Cl	Cl	2-F-5-CF_3
5-345	H	Cl	Cl	Cl	2-Cl-5-CF_3
5-346	H	Cl	Cl	Cl	2-NO_2-4-Cl
5-347	H	Cl	Cl	Cl	2-CH_3-6-CO_2CH_3
5-348	H	Cl	Cl	Cl	2-OCH_3-4-NO_2
5-349	H	Cl	Cl	Cl	3-Cl-4-CO_2CH_3
5-350	H	Cl	Cl	Cl	3,4-2CH_3
5-351	H	Cl	Cl	Cl	3-CF_3-4-CN
5-352	H	Cl	Cl	Cl	3-CF_3-4-Cl
5-353	H	Cl	Cl	Cl	2,6-2Cl-4-NO_2
5-354	H	Cl	Cl	Cl	2,6-2Br-4-NO_2
5-355	H	Cl	Cl	Cl	2,6-2Cl-4-Br
5-356	H	Cl	Cl	Cl	2,6-2Cl-4-CN

续表

编号	R^1	R^8	R^9	R^{10}	$(R^{11})_n$
5-357	H	Cl	Cl	Cl	2,4-2Cl-6-CN
5-358	H	Cl	Cl	Cl	2,6-2F-4-NO_2
5-359	H	Cl	Cl	Cl	2-Cl-6-F-4-NO_2
5-360	H	Cl	Cl	Cl	2,6-2Br-4-OCF_3
5-361	H	Cl	Cl	Cl	2-CN-6-Br-4-NO_2
5-362	H	Cl	Cl	Cl	2-Br-6-Cl-4-NO_2
5-363	H	Cl	Cl	Cl	2,6-2Cl-4-CF_3
5-364	H	Cl	Cl	Cl	2,3,4-3F
5-365	H	Cl	Cl	Cl	2,4,5-3Cl
5-366	H	Cl	Cl	Cl	2,4,6-3Cl
5-367	H	Cl	Cl	Cl	2,3,4-3Cl
5-368	H	Cl	Cl	Cl	2,4,6-3CH_3
5-369	H	Cl	Cl	Cl	2-CH_3-4-Cl-6-$CONHCH_3$
5-370	H	Cl	Cl	Cl	2-CH_3-6-Cl-4-NO_2
5-371	H	Cl	Cl	Cl	2,4-2Cl-6-$CONHCH_3$
5-372	H	Cl	Cl	Cl	2,4-2Cl-6-CO_2CH_3
5-373	H	Cl	Cl	Cl	2-CH_3-3-Cl-4,6-2NO_2
5-374	H	Cl	Cl	Cl	2,3,5-3Cl-4,6-2CN
5-375	H	OCH_3	Cl	Cl	2-Cl-4-CF_3
5-376	H	F	F	F	2-CH_3
5-377	H	F	F	F	2-NO_2
5-378	H	F	F	F	3-CH_3
5-379	H	F	F	F	3-Cl
5-380	H	F	F	F	3-NO_2
5-381	H	F	F	F	4-OCH_3
5-382	H	F	F	F	4-*t*-Bu
5-383	H	F	F	F	4-NO_2
5-384	H	F	F	F	2,4-2Cl
5-385	H	F	F	F	2,6-2Cl
5-386	H	F	F	F	2,6-2F
5-387	H	F	F	F	2,5-2Cl
5-388	H	F	F	F	3,4-2Cl
5-389	H	F	F	F	3,5-2Cl
5-390	H	F	F	F	2,3-2Cl
5-391	H	F	F	F	2-Cl-4-Br
5-392	H	F	F	F	2-F-4-NO_2

续表

编号	R^1	R^8	R^9	R^{10}	$(R^{11})_n$
5-393	H	F	F	F	2-Cl-4-NO_2
5-394	H	F	F	F	2-Cl-5-NO_2
5-395	H	F	F	F	2-Cl-4-CF_3
5-396	H	F	F	F	2-Cl-5-CF_3
5-397	H	F	F	F	2-F-5-CF_3
5-398	H	F	F	F	2-CH_3-4-Cl
5-399	H	F	F	F	2-CH_3-4-NO_2
5-400	H	F	F	F	2-CH_3-6-Cl
5-401	H	F	F	F	2-OCH_3-4-NO_2
5-402	H	F	F	F	2-NO_2-4-Cl
5-403	H	F	F	F	3-Cl-4-CO_2CH_3
5-404	H	F	F	F	3-CF_3-4-Cl
5-405	H	F	F	F	2,6-2F-4-NO_2
5-406	H	F	F	F	2,6-2Cl-4-NO_2
5-407	H	F	F	F	2,6-2Cl-4-CN
5-408	H	F	F	F	2,4-2Cl-6-CN
5-409	H	F	F	F	2,6-2Br-4-NO_2
5-410	H	F	F	F	2-CN-6-Br-4-NO_2
5-411	H	F	F	F	2,6-2Cl-4-CF_3
5-412	H	F	F	F	2-Br-6-Cl-4-NO_2
5-413	H	F	F	F	2-Cl-6-F-4-NO_2
5-414	H	F	F	F	2-CH_3-6-Cl-4-NO_2
5-415	H	F	F	F	2,6-2Br-4-OCF_3
5-416	H	F	F	F	2,4,6-3Cl
5-417	H	F	F	F	2,3,4-3Cl
5-418	H	F	F	F	2,4,5-3Cl
5-419	H	F	F	F	2,6-2Cl-4-Br
5-420	H	F	F	F	2,4,6-3CH_3

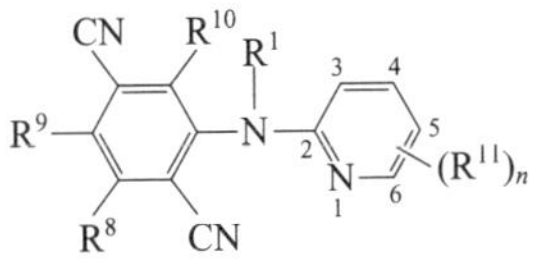

CN R10 R1 3 4 R9 N 2 5 (R11)n N 1 6 R8 CN

编号	R^1	R^8	R^9	R^{10}	$(R^{11})_n$
5-421	H	F	F	F	5-Br
5-422	H	Cl	Cl	Cl	5-Br
5-423	H	Cl	Cl	Cl	4-CH_3

续表

编号	R^1	R^8	R^9	R^{10}	$(R^{11})_n$
5-424	H	Cl	Cl	Cl	5-CH_3
5-425	H	Cl	Cl	Cl	3-Cl-5-CF_3
5-426	H	Cl	Cl	Cl	3,5,6-3Cl
5-427	H	Cl	Cl	Cl	3,5-2CN-6-Cl

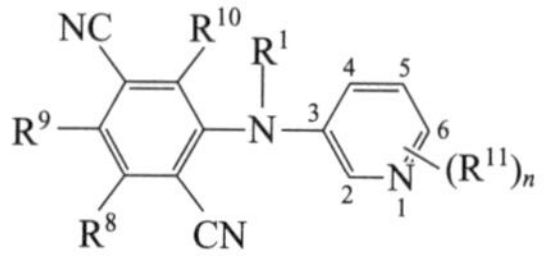

编号	R^1	R^8	R^9	R^{10}	$(R^{11})_n$
5-428	H	Cl	Cl	Cl	—
5-429	H	Cl	Cl	Cl	2-Cl
5-430	H	Cl	Cl	Cl	6-Br
5-431	H	Cl	Cl	Cl	2,5-2Cl
5-432	H	F	F	F	2,5-2Cl
5-433	H	Cl	Cl	Cl	2-Cl-4-CH_3

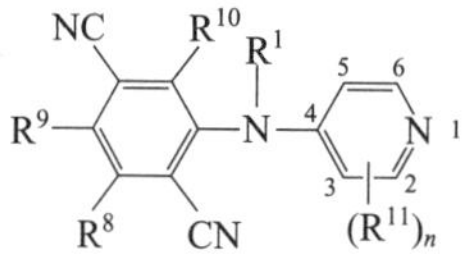

编号	R^1	R^8	R^9	R^{10}	$(R^{11})_n$
5-434	H	Cl	Cl	Cl	—
5-435	H	Cl	Cl	Cl	2-Cl
5-436	H	Cl	Cl	Cl	3-Br
5-437	H	Cl	Cl	Cl	3,5-2Cl
5-438	H	F	F	F	3,5-2Cl

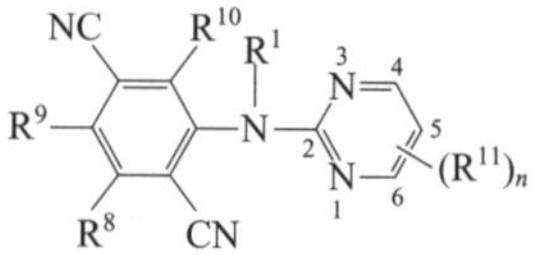

编号	R^1	R^8	R^9	R^{10}	$(R^{11})_n$
5-439	H	Cl	Cl	Cl	—
5-440	H	Cl	Cl	Cl	4,6-2CH_3
5-441	H	Cl	Cl	Cl	4,6-2OCH_3
5-442	H	Cl	Cl	Cl	4-CF_3-5-$CO_2C_2H_5$

5.1.2 合成方法

确定了合理的工艺路线，进一步优化工艺合成条件，减少“三废”的生成，并探索最佳的产品提纯方式。目前产品实验室收率在 75%以上，纯度 95%以上（图 5-2）。

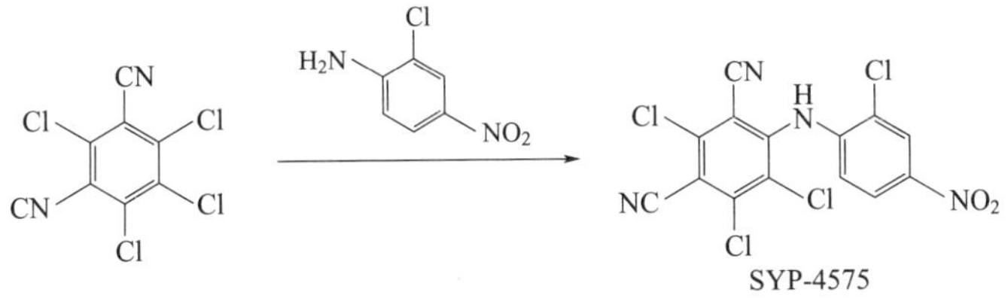

图 5-2 SYP-4575 的合成

5.1.3 生物活性

SYP-4575 杀菌谱广，田间试验结果表明，其对黄瓜霜霉病、水稻稻瘟病、番茄灰霉病、番茄早疫病、葡萄霜霉病、辣椒疫病、桃褐腐病、油菜菌核病、马铃薯晚疫病等均有较好的田间防治效果。特别是对油菜菌核病、马铃薯晚疫病、番茄早疫病等效果突出，与主流商品化药剂防效相当，由于 SYP-4575 成本很低，因此，综合性价比显著优于对照药剂。部分测试结果如下：

（1）杀菌谱测定

表 5-6 室内离体杀菌谱试验结果表明，SYP-4575 对供试的 22 种病原菌，在 10mg/L 试验浓度下，对黄瓜灰霉病、桃褐腐病、苹果腐烂病、油菜菌核病、芒果蒂腐病抑菌率达 75%以上。

表 5-6 化合物 SYP-4575 杀菌谱试验结果

靶标	供试药剂	抑菌效果/%		
		10mg/L	1mg/L	0.1mg/L
桃褐腐病病菌	95%4575TC	78.26	78.26	60.87
	95%氟啶胺 TC	100.00	100.00	73.44
小麦纹枯病菌	95%4575TC	38.46	15.38	6.15
	95%氟啶胺 TC	100.00	86.73	61.95
芒果炭疽病菌	95%4575TC	63.93	57.38	19.67
	95%氟啶胺 TC	100.00	76.27	52.54
甜瓜疫霉病菌	95%4575TC	62.50	66.25	22.50
	95%氟啶胺 TC	100.00	76.67	25.00
番茄萎蔫病菌	95%4575TC	55.00	52.50	12.50
	95%氟啶胺 TC	85.92	59.15	52.11
西瓜炭疽病菌	95%4575TC	38.10	33.33	4.76
	95%氟啶胺 TC	100.00	89.66	74.14

续表

靶标	供试药剂	抑菌效果/%		
		10mg/L	1mg/L	0.1mg/L
梨黑斑病菌	95%4575TC	45.16	35.48	9.68
	95%氟啶胺 TC	100.00	78.33	45.00
玉米小斑病菌	95%4575TC	64.58	58.33	42.71
	95%氟啶胺 TC	100.00	92.06	41.27
梨轮纹病菌	95%4575TC	40.26	40.26	29.87
	95%氟啶胺 TC	100.00	100.00	77.60
小麦赤霉病菌	95%4575TC	41.84	38.78	19.39
	95%氟啶胺 TC	90.91	77.27	37.12
黄瓜枯萎病菌	95%4575TC	51.22	51.22	17.07
	95%氟啶胺 TC	92.31	85.58	55.77
棉花炭疽病菌	95%4575TC	65.00	65.00	41.25
	95%氟啶胺 TC	100.00	97.14	71.43
棉花黄萎病菌	95%4575TC	4.08	4.08	0
	95%氟啶胺 TC	100.00	96.39	45.78
油菜菌核病菌	95%4575TC	75.58	75.58	60.47
	95%氟啶胺 TC	100.00	97.30	56.76
人参锈腐病菌	95%4575TC	25.42	10.17	10.17
	95%氟啶胺 TC	66.23	40.26	31.17
黄瓜炭疽病菌	95%4575TC	45.00	45.00	10.00
	95%氟啶胺 TC	—	—	—
黄瓜灰霉病菌	95%4575TC	85.71	83.81	80.95
	95%氟啶胺 TC	—	—	—
芒果蒂腐病菌	95%4575TC	75.96	75.96	63.46
	95%氟啶胺 TC	—	—	—
番茄早疫病菌	95%4575TC	52.54	47.46	16.95
	95%氟啶胺 TC	—	—	—
大豆根腐病菌	95%4575TC	55.00	36.00	12.00
	95%氟啶胺 TC	—	—	—
苹果腐烂病菌	95%4575TC	76.60	71.28	54.26
	95%氟啶胺 TC	—	—	—
玉米软腐病菌	95%4575TC	43.94	37.88	9.09
	95%氟啶胺 TC	—	—	—

（2）田间试验结果

① 防治油菜菌核病田间试验结果。多点田间试验结果表明，试验剂量下，SYP-4575 悬浮剂对油菜菌核病有一定的防效。900mg/L 试验剂量下对油菜菌核

病的防效（79.61%）高于对照药剂多菌灵在960mg/L试验剂量下对油菜菌核病的防效（60.39%），防效间差异显著；600mg/L试验剂量下对油菜菌核病的防效（59.57%）高于对照药剂菌核净在相同试验剂量下对油菜菌核病的防效（40.69%）；600mg/L试验剂量下SYP-4575对油菜菌核病的防效高于对照药剂异菌脲（防效48.4%），防效间差异显著；600mg/L试验剂量下SYP-4575对油菜菌核病的防效高于对照药剂嘧霉胺（防效50.9%）在常规剂量下的防效，防效间差异不显著；对油菜菌核病的防效高于对照药剂托布津（防效67.5%）、多菌灵（防效69.0%）在常规剂量下的防效。

② 防治马铃薯晚疫病田间试验结果。田间试验结果表明（表5-7），SYP-4575在试验浓度下对马铃薯晚疫病有较好的防治效果。400mg/L试验剂量下，SYP-4575对马铃薯晚疫病的防效（90%）与对照药剂氟吗啉（88%）、银法利（84%）在相同试验剂量下的防效相当；400mg/L试验剂量下的防效与氰霜唑在100mg/L试验剂量下的防效（82.3%）相当，防效间差异不显著。

表5-7 SYP-4575防治马铃薯晚疫病田间药效试验结果（河北）

药剂	剂量/(mg/L)	防治效果/%				显著性	
		Ⅰ	Ⅱ	Ⅲ	平均	0.05	0.01
30%SYP-4575SC	800	93	88	91	90.7	a	A
	400	82	97	91	90	a	A
	200	79	91	83	84.3	a	A
20%氟吗啉WP	400	81	92	91	88	a	A
10%氰霜唑SC	100	71	85	91	82.3	a	A
687.5g/L银法利SC	400	80	85	87	84	a	A
CK	(病指)	(4.22)	(7.19)	(6.39)	(5.93)	—	

特别值得说明的是，2016年，内蒙古马铃薯晚疫病开始暴发流行时间较早，喷药期间阵性降雨频繁，最后一次喷药后，几乎所有小区的马铃薯晚疫病全部达到7级。后期菌源量增加、温湿度适合发病、没有继续喷药，影响药效，加上药剂残效期短，不太适合雨季使用。尽管如此，在试验条件下，供试药剂SYP-4575在试验剂量下对马铃薯晚疫病仍有较好的防治效果，在800mg/L、400mg/L、200mg/L试验剂量下对马铃薯晚疫病的防效分别为69.6%、63.6%、60.0%。相同试验剂量下SYP-4575对马铃薯晚疫病的防效与对照药剂氟吗啉、氟啶胺相当，200mg/L试验剂量下防效与对照药剂氰霜唑在100mg/L试验剂量下的防效相当，防效间无显著性差异。结果见表5-8。

③ 防治番茄早疫病田间试验结果。田间试验结果表明（表5-9），供试药剂SYP-4575在试验剂量下对番茄早疫病有一定的防治效果。450mg/L试验剂量下对番茄早疫病的防效（58.3%）相当于对照药剂异菌脲在相同试验剂量下的防效（57.6%）；300mg/L试验剂量下对番茄早疫病的防效（57.2%）相当于对照药

表 5-8　SYP-4575 防治马铃薯晚疫病田间试验结果（内蒙古）

药剂	剂量/(mg/L)	防治效果/%				显著性	
		Ⅰ	Ⅱ	Ⅲ	平均	0.05	0.01
30%SYP-4575 SC	800	67.8	70.4	70.7	69.6	a	A
	400	62.6	67.8	60.4	63.6	ab	AB
	200	62.6	58.1	59.3	60.0	b	AB
20%氟吗啉 WP	400	60.0	60.4	50.4	56.9	b	B
10%科佳 SC	100	59.3	58.1	58.5	58.6	b	AB
50%氟啶胺 SC	400	63.3	55.2	59.6	59.4	b	AB
CK	（病指）	(100)	(100)	(100)	(100)	—	—

剂苯醚甲环唑（57.2%）、醚菌酯（53.6%）在 150mg/L 试验剂量下对番茄早疫病的防效。

表 5-9　SYP-4575 防治番茄早疫病田间药效试验结果（武汉）

药剂	剂量/(mg/L)	防治效果/%				显著性	
		Ⅰ	Ⅱ	Ⅲ	平均	0.05	0.01
30%SYP-4575 SC	900	63.2	64.8	67.4	65.1	a	A
	450	58.0	60.0	57.0	58.3	ab	A
	300	55.8	55.4	60.4	57.2	ab	A
10%苯醚甲环唑 WDG	150	58.0	57.6	56.0	57.2	ab	A
50%异菌脲 SC	450	62.1	57.6	53.2	57.6	ab	A
25%醚菌酯 SC	150	61.1	41.7	58.1	53.6	b	A
CK	（病指）	(70.4)	(63.0)	(68.1)	(67.2)	—	

5.1.4　毒性试验

主要进行了急性经口、经皮、眼刺激、皮肤刺激、Ames、小鼠睾丸精母细胞染色体畸变及小鼠骨髓嗜多染红细胞微核等初步的毒理学试验。结果见表 5-10。

表 5-10　SYP-4575 毒理学试验结果（鼠）

项目	结果
急性经口	LD_{50}>5000mg/kg(雌雄)
急性经皮	LD_{50}>2000mg/kg(雌雄)
眼睛刺激	重度刺激
皮肤刺激	无刺激
微核试验	阴性
染色体畸变试验	阴性
Ames 试验	阴性

表 5-11 化合物专利情况

序号	专利名称	申请日	公开号	公开日	专利号	授权日
1	含邻二氰基苯胺类化合物及其应用	2011-06-17	CN102827033A	2012-12-19	ZL201110163460.2	2015-04-01
2	含对二氰基苯胺类化合物及其应用	2011-06-17	CN102827034A	2012-12-19	ZL201110163496.0	2015-04-01
3	取代氰基苯胺类化合物及其应用	2011-06-17	CN102827071A	2012-12-19	ZL201110163314.X	2015-02-25
4	含氰基二苯胺类化合物及其应用	2011-06-17	CN102827032A	2012-12-19	ZL201110163457.0	2015-10-21
5	取代氰基苯胺类化合物及制备与应用	2012-06-15	CN103547565(A)	2014-01-29	ZL201280024754.X	2015-05-20
6	取代氰基苯胺类化合物及制备与应用	2012-06-15	WO2012171484(A1)	2012-12-20		
7	Substituted cyanoaniline compounds, preparation and use thereof	2012-06-15	US2014213598(A1)	2014-07-31	US8937072(B2)	2015-01-20
8	Substituted cyanoaniline compounds, preparation and use thereof	2012-06-15	JP2014523414(A)	2014-09-11	JP5931187(B2)	2016-06-08
9	Substituted cyanoaniline compounds, preparation and use thereof	2012-06-15	EP2757092(A1)	2014-07-23		

5.1.5 专利情况

该类化合物共申请专利 9 件，已授权 7 件，其中中国 5 件、美国和日本各 1 件，欧洲专利在实质审查中（表 5-11）。

5.2 异噁唑啉类除草剂 SY-1604 的创制

异噁唑啉类化合物是一类具有优良生物活性的化合物，其不仅在医药上有着广泛的应用，在农药上也是一类重要的活性化合物。含有异噁唑啉结构的商品化除草剂目前有 3 个，异噁草酮（clomazone）、苯唑草酮（topramezone）和砜吡草唑（pyroxasulfone），以及 1 个除草剂安全剂双苯噁唑酸（isoxadifen-ethyl）（图 5-3）：异噁草酮是 1984 年由美国 FMC 公司开发的一种色素抑制芽前类的除草剂，在植物体内抑制叶绿素及叶绿素保护色素的产生，使植物在短期内死亡，主要防除阔叶杂草和禾本科杂草，除大豆田外，还可以用于棉花、木薯、玉米、油菜、甘蔗和烟草田等；苯唑草酮（商品名称 Convey）是巴斯夫开发的环己二酮类除草剂，2006 年首次在加拿大登记用于玉米田苗后除草，2007 年在阿根廷、墨西哥获准登记，用于玉米田除草；砜吡草唑是一个苗前除草剂，用于玉米、大豆和小麦等旱地大田作物的播前耕作使用，能干扰草类细胞中超长链脂肪酸的生化合成，阻止细胞分裂，从而杀灭害草，用于玉米和大豆作物时，用量约是其他化学除草剂用量的 1/10，而控草时效却是它们的 1.5～2 倍，对人类、其他动物和环境安全性高，对大多数害草有着极强的控除能力，包括一些对除草剂产生抗性的苋类和水麻草等草类。另外还有 4 个正在开发中：日本组合化学工业株式会社开发的用于水稻田，对稗草卓效的 fenoxasulfone；1989 年巴斯夫公司引入 5-苄氧基甲基-5-甲基-3-芳基-1,2-异噁唑啉衍生物，此类化合物具有除草活性，并对水稻具有选择性。在此基础上，韩国化学技术研究所开发出异噁唑啉类除草剂 methiozolin（试验代号 MRC-01），本剂对芽前至 4 叶期稗草的活性特别好，杀草谱广，对移栽水稻具有良好的选择性。芽前至插秧后 5d，用量 62.5g/hm^2，对稗草、鸭舌草、节节菜、异型莎草和丁香蓼防效甚好。稗草 2～3 叶期用量 32.5g/hm^2 防效极好，4 叶期需 250g/hm^2；本剂可与苄嘧磺隆、环丙嘧磺隆、四唑嘧磺隆和氯吡嘧磺隆等磺酰脲类除草剂混用。此外，韩国化学技术研究所还开发了 EK-5498、EK-5439 和 EK-5385 等一系列活性较好的除草结构[11]。

近期开发的砜吡草唑、methiozolin、fenoxasulfone 的创制经纬大致如下[12]：早在 20 世纪 70 年代拜耳公司在研究孟山都开发的乙草胺（acetochlor）结构的基础上报道了化合物 **5-443**，其不仅提高了化合物的除草活性而且提高了其对作物的安全性，巴斯夫在化合物 **5-443** 的基础上引入异噁唑啉环来替换呋喃环报道了化合物 **5-444**，发现也具有很好的除草活性，韩国化学技术研究所结合前期报道，通过对 Q 及苯基的变化开发出了 methiozolin；组合化学株式会社结

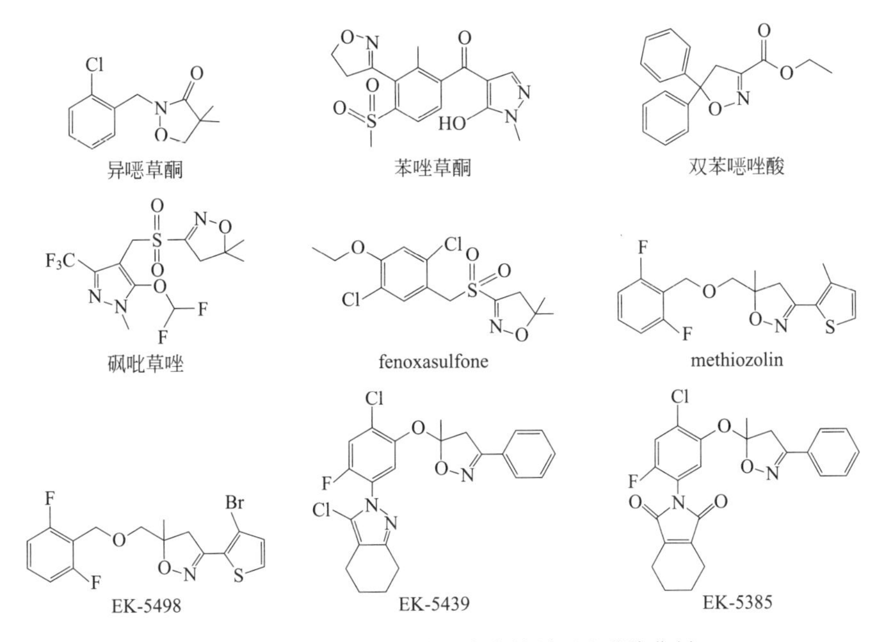

图 5-3 已商品化或正在开发中的异噁唑啉除草剂

合日本曹达公司报道的砜基异噁唑啉（化合物 **5-445**）及卤代异噁唑啉（化合物 **5-446**）在异噁唑啉的 3 位引入苄硫醚或苄砜基（化合物 **5-447**），其 Ar 变化较多，包括五元及六元杂环，其后一直对其进行优化研究，通过结合苯唑草酮（topramezone）引入吡唑结构开发得到了砜吡草唑；另一方面可能是考虑引入麦草畏（dicamba）的结构，引入了 2,5-二氯苄基，成功开发出了 fenoxasulfone（图 5-4）。

5.2.1 创制背景

杂草对作物产量的影响明显，当杂草长至 15cm 时，其造成的经济损失为 73 欧元/公顷，杂草仍是农民的头号敌人，除草剂的重要性不言而喻[13～15]。但是随着除草剂的大量使用，除草剂抗性成为当前全球面临的挑战，而抗性杂草的治理也是摆在全世界面前的一道难题。一般而言，单一作用机制的除草剂大量连续使用 3～5 年后，杂草就逐渐产生抗药性[5]。该如何有效应对、延缓抗性是当下除草剂行业、农化企业主体亟待思考和解决的棘手课题。

（1）全球抗除草剂杂草的发展情况 自 20 世纪 50 年代首次在加拿大和美国分别发现抗 2,4-D 的野生胡萝卜和鸭跖草以来，杂草抗性的问题始终伴随着全球农业的发展，是全球农业发展的噩梦。国际抗性杂草调查的统计数据显示（图 5-5），起初的 20 年里，抗性杂草的发展非常缓慢，进入 20 世纪 80 年代中后期，随着全球农药行业的快速发展，抗性杂草以惊人的速度迅速发展[16,17]。截至 2018 年 3 月份，在 69 个国家、92 种作物中，已有 254 种杂草（148 种阔叶杂草和 106 种单子叶杂草）的 490 个生物型对 26 类已知化学除草剂中的 23 类 163 种

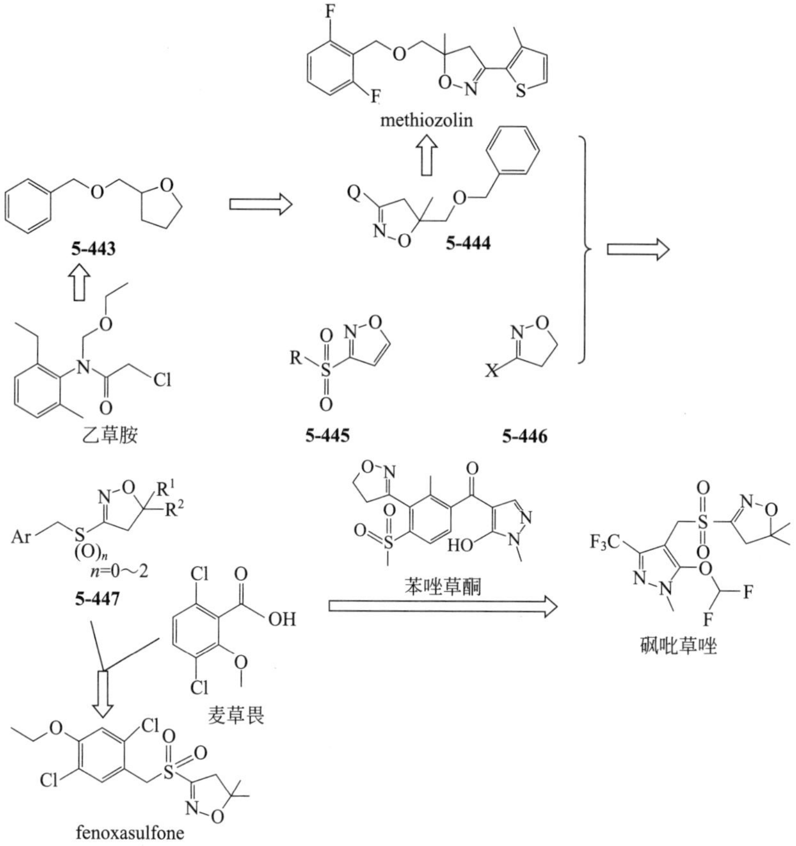

methiozolin

5-443

5-444

乙草胺

5-445

5-446

5-447

n=0～2

苯唑草酮

麦草畏

砜吡草唑

fenoxasulfone

图 5-4 砜吡草唑、methiozolin、fenoxasulfone 的创制

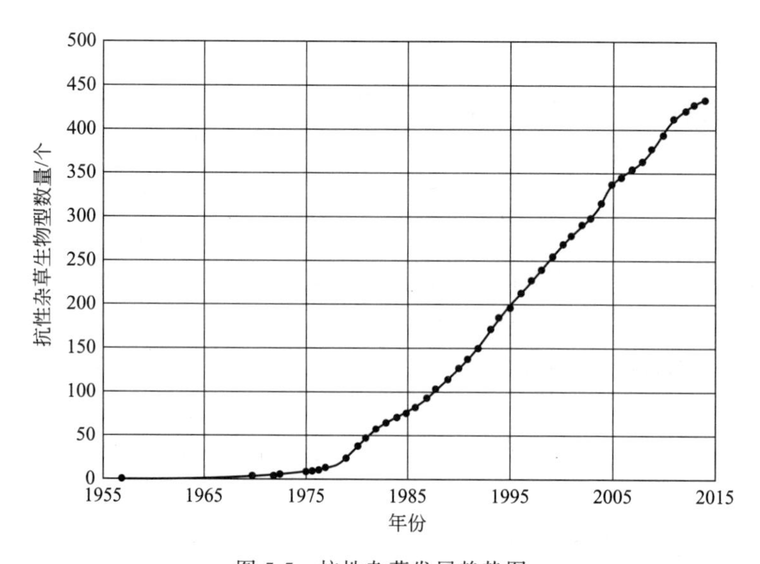

图 5-5 抗性杂草发展趋势图

除草剂产生了抗药性。

（2）中国除草剂抗性现状　近年来，我国杂草防除面积逐年扩大，除草剂使用量也逐年增加，杂草抗性问题也随之而来，且呈现逐渐加重发生的态势。据统计，中国已有 40 种杂草（22 种双子叶、18 种单子叶）的 60 个生物型对 10 类 31 种化学除草剂产生了抗药性。从作物上看，水稻、小麦、玉米田除草剂使用最多[18]。按目前杂草抗药性发展趋势，未来 3～5 年，中国抗性杂草种类将急剧上升；10 年后，中国抗性杂草或将大暴发，中国除草剂行业将进入以“减量施用”为特征的抗性管理时代[19]。

（3）草甘膦抗性杂草　到目前为止全球登记的除草剂共有 303 个，其中 162 个除草剂已经产生抗性，抗性产生率 53.47%。在 162 个已产生抗性的除草剂中，105 个除草剂的抗性杂草为 3 个或 3 个以上。其中目前销售额最高的灭生性除草剂草甘膦抗性尤为严重。由于草甘膦优异的杀草活性、广泛的杀草谱、较低的土壤残留、较长的控草时间，因此从 1974 年草甘膦商业化到现在一直被广泛使用，被称为是最卓越的除草剂。起初草甘膦价格高，只用于高价值的果园和非作物植物等。随着价格的下降，草甘膦被广泛应用于非耕地种植前杂草防除。在 1996 年转基因作物引入后，草甘膦首次被用于长有作物的田中选择性地杀死杂草，其用量迅速增加。其每年被多次施用（5～10 次），由于长时间大量单一地连续使用草甘膦，在使用了 15 年后，在果园发现了首例抗草甘膦杂草（1996 年硬直黑麦草和 1997 年牛筋草），而后抗性杂草日趋严重，尤其在 2005 年以后抗性杂草的种类呈现直线上升趋势（图 5-6）。到目前已经公布了有 40 多种 100 多个生物的杂草对草甘膦产生抗性[20]，可见其抗性问题的严重性。事实上，除了

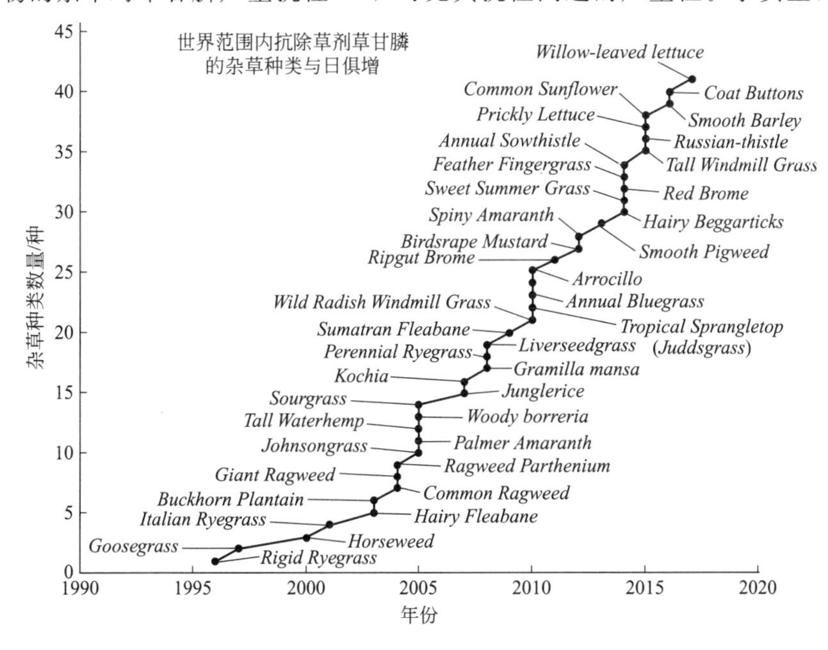

图 5-6　草甘膦抗性杂草发展趋势图

抗性杂草外，还有10多种杂草如马唐、苘麻、龙葵、蓼、藜等天然就对草甘膦有抗性[21]。我国分别于2006年、2010年报道了小飞蓬、牛筋草对草甘膦产生抗性，尤其是牛筋草已经在我国南方免耕种植区、种植园成为优势杂草和恶性杂草，其抗性蔓延日趋严重，成为难以解决的问题[22]。不同杂草对草甘膦的敏感性有差异，有一些杂草对草甘膦的耐药能力较强，单一使用草甘膦不能有效防除，对这些杂草的防除是亟待解决的问题。

百草枯杀草谱广、见效快、成本低，曾经是用于防除抗性杂草的利器。百草枯是灭生性除草剂中除了草甘膦以外最重要的品种，和草甘膦占据了灭生性除草剂绝大部分的市场份额。但是由于对人毒性极大，且无特效解毒药，口服中毒死亡率极高。目前已被20多个国家禁止或者严格限制使用。我国自2016年7月1日停止水剂在国内销售和使用。百草枯的禁用，留下巨大的市场空缺。因此，市场上亟需新的替代品种来填补市场空缺。

另外如何有效地应对全球杂草抗性的持续挑战，成为了各大植保公司最现实及最急需解决的问题之一。一直以来，科研人员都是通过不断开发新的产品来解决已出现的作物保护问题，如毒性、残留、健康影响等，抗性问题亦是如此。纵观除草剂的发展，尽管近20年来报道不少新品种，却没有一个新作用机制的除草剂出现[22,23]。新除草剂成分的研发将越来越难。未来抗性治理的方向在于两点：一是研制新作用机理的化合物，二是除草剂的混用。因此开发一个高效广谱、环境更友好的新除草剂以有效防除草甘膦抗性杂草势在必行。

5.2.2 创制过程

原卟啉原氧化酶抑制剂类除草剂是以植物细胞中催化叶绿素合成的酶为作用点，确保了动植物之间的选择毒性，因而具有高效、残留期短、选择性强、对非目标生物安全以及对环境污染少的特点。以原卟啉原氧化酶为靶标的除草剂研究在发达国家方兴未艾，已经成为近年来发展最快的除草剂品种之一。脲嘧啶类化合物是其中的一个重要分支，该类化合物用药量低，活性优异。通过查阅大量资料发现，PPO抑制剂类除草剂抗性报道较少，其中尤以含有脲嘧啶官能团的活性突出，如美国尤尼罗伊尔化学公司开发的flupropacil、先正达公司开发的氟丙嘧草酯（butafenacil）、巴斯夫公司开发的苯嘧磺草胺（saflufenacil）等均具有含有脲嘧啶的苯甲酸骨架（图5-7）[24~26]。其中苯嘧磺草胺则是该类除草剂的佼佼者，其活性优异，用量极低，被巴斯夫称为“20多年来开发最成功的新除草剂”“代表了阔叶杂草防除的新水平”，能够防除90余种阔叶杂草，包括一些对三嗪类、草甘膦及乙酰乳酸合成酶抑制剂存在抗性的杂草。苯嘧磺草胺对抗草甘膦的小飞蓬具有较好的防除效果，可替代苯氧羧酸类除草剂2,4-D和磺酰脲类除草剂与草甘膦复配，有效降低防治顽固性杂草对草甘膦的使用量，被巴斯夫设定为防治抗草甘膦杂草的重要工具[27~29]。但是苯嘧磺草胺主要防除阔叶杂草，对禾本

flupropacil

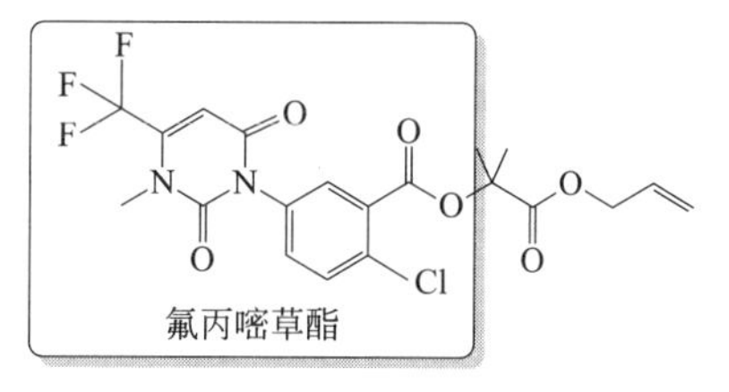

苯嘧磺草胺

图 5-7 脲嘧啶类除草剂结构

科杂草防治效果较差，因此不能有效防除我国的抗草甘膦的牛筋草。

另外如前面所述的具有异噁唑啉结构的除草剂如巴斯夫开发的苯唑草酮（topramezone）、韩国化学技术研究所开发的 methiozolin、日本组合化学公司开发的砜吡草唑和 fenoxasulfon 均具有典型的异噁唑啉官能团，结构新颖，对禾本科杂草活性优异。

本课题组在长期的新农药创制研发过程中，总结出了一种行之有效的新农药创新方法——“中间体衍生化法”，包括直接合成法、替换法、衍生法。其本质是从有机合成的角度出发，利用中间体可进行多种反应的特性，把新药创制中先导化合物发明的复杂过程简单化。因为任何一个产品都是由一个或几个原料或中间体经反应而得[7,30~32]。分析苯嘧磺草胺的衍生过程，应该是以 2-氯-4-氟甲苯为起始原料，经过氧化成酸、硝化、还原、合环成脲嘧啶结构得到。为了获得活性优异并能有效防除抗性杂草的全新结构化合物，本文同样选用苯嘧磺草胺的初始原料 2-氯-4-氟甲苯为起始原料，经过氧化成醛，后经硝化、肟化、成环衍生得到各种不同取代基的异噁唑啉中间体，后经还原、合环成为脲嘧啶结构（图 5-8）。

中间体衍生化法之衍生法（ADM）主要是利用已知的具有活性的化合物或农药品种作为中间体，进行进一步的化学反应，设计合成新化合物，经筛选、优化研究创制新农药品种。因此我们选用脲嘧啶类除草剂的关键中间体 2-氯-4-氟甲苯作为起始中间体进行衍生，经过氧化成醛，后经硝化、肟化、成环衍生得到各种不同取代基的异噁唑啉中间体，后经还原、合环成为脲嘧啶结构。首先是结合 methiozolin 结构合成苄醚结构异噁唑啉环（化合物 **5-448**）（图 5-9），但是除草活性并不突出，意外的是发现其副产物（化合物 **5-449**）具有较为优异的活性，在室内对阔叶杂草百日草和苘麻在 7.5g(a.i.)/hm^2 剂量下杀死效果达 100%，与苯嘧磺草胺活性相当。但是后续的田间试验结果却非常不理想，分析原因可能是乙酰酯基不稳定，在室外环境下分解，乙酰基脱掉形成异噁唑啉甲醇

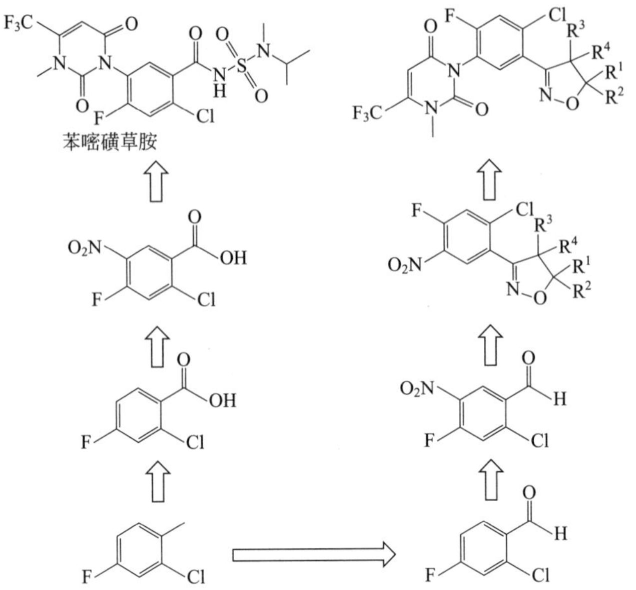

图 5-8　异噁唑啉除草剂的创制思路

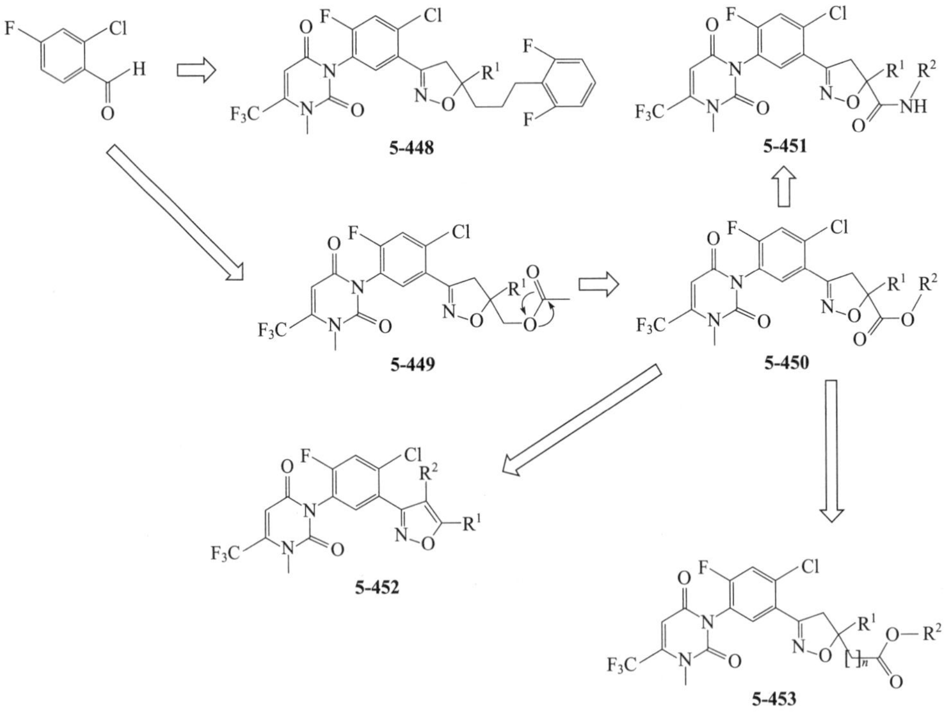

图 5-9　SY-1604 的创制过程

结构导致活性降低。为了提高稳定性并保持活性，在设计化合物时考虑将酯基的位置交换一下，即化合物 **5-450**，令人惊奇的是不仅保持了对阔叶杂草的活性，同时发现对禾本科杂草的活性同样优异。这相对于以苯嘧磺草胺为代表的脲嘧啶除草剂来说是突破性进展，因为所有报道的该类除草剂包括苯嘧磺草胺仅对阔叶杂草有效[23]。后续继续对该类化合物进行优化研究，通过将酯氨化得到酰胺类化合物 **5-451**，但是活性降低。通过在酯与异噁唑啉环之间插入烷基得到化合物 **5-453**，该类化合物基本保持了活性，与化合物 **5-450** 活性相当。通过氧化将异噁唑啉环衍生为异噁唑类化合物 **5-452**，尽管保持了对阔叶杂草的活性，但是对禾本科活性大大降低。结合化合物的合成成本，重点对化合物 **5-450** 进行优化，通过引入不同的 R^2，最终发现了活性优异、性价比最高的 SY-1604。

5.2.3 生物活性

(1) 室内试验结果　SY-1604 对阔叶杂草百日草和苘麻的防除效果略优于苯嘧磺草胺（商品名巴佰金），对禾本科杂草稗草和狗尾草的防除效果更是远优于苯嘧磺草胺。SY-1604 在 7.5g(a.i.)/hm^2 剂量时对阔叶杂草如百日草和苘麻的防效高于 95%，与巴佰金防效相当，同时 SY-1604 对禾本科杂草如稗草与狗尾草的防效高于 70%，这是明显优于巴佰金的地方（防效 0～15%）。室内除草复筛结果见表 5-12。

表 5-12　室内除草复筛结果　　防效：%

供试化合物	剂量/[g(a.i.)/hm^2]	苗后								
		稗草	狗尾草	百日草	苘麻	水稻	小麦	玉米	大豆	棉花
SY-1604	7.5	70	85	95	100	25	50	80	95	95
	15.0	98	98	98	100	25	55	85	100	100
	30.0	98	95	100	100	35	95	100	100	100
	60.0	100	100	100	100	45	100	100	100	100
	120.0	100	100	100	100	45	100	100	100	100
苯嘧磺草胺	7.5	0	15	95	75	5	10	5	10	10
	15.0	0	15	100	98	5	15	5	15	25
	30.0	10	30	100	100	25	25	25	30	45
	60.0	20	70	100	100	45	25	30	35	60
	120.0	25	80	100	100	50	35	30	40	75

(2) 室内杀草谱试验结果　室内杀草谱试验结果（表 5-13）表明，SY-1604 的杀草谱明显比苯嘧磺草胺广，且在 30g(a.i.)/hm^2 剂量时对绝大多数的杂草稗草、狗尾草、异型莎草、水莎草、马唐、荩草、苘麻、百日草、反枝苋、马齿苋、苍耳、龙葵、决明、野西瓜苗以及野大豆防效均高于 85%，甚至在 7.5g(a.i.)/hm^2 剂量时仍对稗草、水莎草、苘麻、百日草、马唐、反枝苋、决明、野西瓜苗以及野大豆等的防效高于 80%，明显优于苯嘧磺草胺同等剂量下的防效。

(3) 不同叶期杂草防效试验结果　对禾本科、阔叶杂草不同叶期的防效试验结果（表 5-14 和表 5-15）表明，SY-1604 在 7.5g(a.i.)/hm^2 剂量时对稗草（2～

表 5-13　杀草谱试验　　目测防效：%

供试药剂	剂量/[g(a.i.)/hm²]	稗草(4.5叶)	看麦娘(3.5叶)	狗尾草(4.5叶)	异型莎草(4.5叶)	水莎草(5叶)
95%SY-1604原药	7.5	90	40	30	30	80
	15	98	45	70	60	80
	30	100	60	95	90	90
	60	100	90	100	95	100
	120	100	95	100	100	100
70%苯嘧磺草胺WG(巴佰金)	7.5	0	20	10	5	0
	15	5	20	25	5	0
	30	5	25	40	10	10
	60	20	40	50	15	10
	120	35	45	55	70	45

表 5-14　对不同叶期禾本科杂草的防效　　防效：%

供试药剂	剂量/[g(a.i.)/hm²]	稗草		狗尾草		
		2～3叶期	4～5叶期	1～2叶期	4～5叶期	5～6叶期
95%SY-1604原药	7.5	95	95	95	45	35
	15	100	100	98	65	55
	30	100	100	100	90	85
	60	100	100	100	95	90
	120	100	100	100	100	95
70%苯嘧磺草胺WG(巴佰金)	7.5	0	5	10	5	15
	15	0	5	10	30	20
	30	0	10	25	45	30
	60	5	25	55	55	40
	120	20	30	98	60	50

表 5-15　不同叶期阔叶杂草的防效　　防效：%

供试药剂	剂量/[g(a.i.)/hm²]	苘麻			百日草	
		1～2叶期	3～4叶期	5～6叶期	4叶期	6叶期
95%SY-1604原药	7.5	100	80	65	95	90
	15	100	95	70	98	95
	30	100	100	90	100	100
	60	100	100	98	100	100
	120	100	100	100	100	100
70%苯嘧磺草胺WG(巴佰金)	7.5	100	75	30	65	100
	15	100	90	50	85	90
	30	100	95	85	100	95
	60	100	100	98	100	100
	120	100	100	100	100	100

3叶期、4～5叶期）和狗尾草（1～2叶期）这两种禾本科杂草的防除效果达到95%，远优于巴佰金在60g(a.i.)/hm²剂量时的防效，同时SY-1604对4叶期苘麻（1～2叶期、3～4叶期）、百日草（4叶期、6叶期）也具有很好的防效，略优于巴佰金。

（4）抗性杂草的防效　SY-1604可以有效防除对草甘膦产生严重抗性的小飞蓬和牛筋草。SY-1604在60g(a.i.)/hm²剂量时对小飞蓬和牛筋草的防效分别为98%和80%，而草甘膦在2400g(a.i.)/hm²剂量时防效仅为25%和50%（表5-16）。

表5-16　SY-1604、草甘膦对抗性小飞蓬和牛筋草的防效试验

供试药剂	剂量/[g(a.i.)/hm²]	目测防效/%	
		小飞蓬	牛筋草
95%SY-1604 TC	30	60	60
	60	98	80
	120	100	90
48%草甘膦钾盐	1200	20	35
	2400	25	50

（5）与草甘膦的增效作用　SY-1604对百日草的ED_{50}值为5.0g(a.i.)/hm²，而草甘膦钾盐仅为557g(a.i.)/hm²，二者复配使得活性提高近10倍。SY-1604对稗草的ED_{50}值为7.7g(a.i.)/hm²，而草甘膦钾盐仅为444.9g(a.i.)/hm²，二者复配使得活性提高6倍之多。SY-1604对小飞蓬的ED_{50}值为10g(a.i.)/hm²，而草甘膦钾盐仅为2512.8g(a.i.)/hm²，二者复配使得活性提高10倍。SY-1604对牛筋草的ED_{50}值为21.3g(a.i.)/hm²，而草甘膦钾盐仅为2494.7g(a.i.)/hm²，二者复配使得活性提高5倍之多。因此，SY-1604与草甘膦混用具有明显的增效作用。

（6）助剂对SY-1604药效的影响　表5-17试验结果表明，助剂1%HEAT能够提高SY-1604对阔叶杂草和禾本科杂草的防效，70%苯嘧磺草胺WG添加助剂1%HEAT能显著提高对禾本科杂草的防效。

（7）温度对SY-1604药效的影响　试验结果表明，低温对SY-1604的药效有较大的影响，在昼/夜16℃/10℃温度条件下，SY-1604对杂草的防效明显降低，在25℃/20℃和35℃/30℃温度条件下，防效较高。

（8）光照对SY-1604药效的影响　试验结果表明，低光照对SY-1604的药效有较大的影响，在无光照条件下，SY-1604对杂草的防效极低，低光照对防效也有一定的影响。

（9）SY-1604田间药效试验结果　在辽阳果园的试验表明：SY-1604在60g(a.i.)/hm²剂量时的防除效果优于苯嘧磺草胺在同等剂量下的防除效果，在300g

表 5-17 助剂对 SY-1604 药效的影响试验 防效：%

供试药剂	剂量/[g(a. i.)/hm²]	处理后 3d		处理后 10d	
		苘麻	稗草	苘麻	稗草
95%SY-1604 TC+0.1%吐温 80	7.5	50	30	90	50
	15	65	45	95	95
	30	90	55	100	98
95% SY-1604 TC+吐温+1%HEAT 助剂	7.5	60	55	95	95
	15	85	75	100	98
	30	100	80	100	100
95% SY-1604 TC+吐温+0.1%洗洁精	7.5	45	20	90	35
	15	60	30	90	40
	30	85	40	98	65
70%苯嘧磺草胺 WG	7.5	40	5	45	0
	15	55	5	60	0
	30	85	10	98	10
70%苯嘧磺草胺 WG+1%HEAT	7.5	95	40	90	45
	15	95	55	95	75
	30	100	65	100	95

(a. i.)/hm² 剂量时的防除效果略优于百草枯在 375g(a. i.)/hm² 时的防除效果。结果见表 5-18。

表 5-18 辽阳果园 15d 株目测防效

供试药剂	剂量/[g(a. i.)/hm²]	禾本科总防效/%	阔叶总防效/%	总防效/%
95%SY-1604 原药	60	61.7	85.0	81.7
	120	71.7	93.3	91.7
	180	83.3	94.3	91.7
	240	88.3	97.0	93.3
	300	94.3	92.7	98.7
70%苯嘧磺草胺 WG	60	25.0	75.0	58.3
25%百草枯水剂	375	97.7	99.3	96.7

在苏州的试验表明：SY-1604 对阔叶杂草小飞蓬的防效高于对禾本科杂草牛筋草的防效，处理后 14d，在 60g(a. i.)/hm² 剂量时对小飞蓬的防效稍低于对照药剂 70%苯嘧磺草胺（巴佰金）水分散粒剂在 60g(a. i.)/hm² 剂量下的防效，显著高于 41%草甘膦水剂在 1500g(a. i.)/hm² 剂量下的防效。SY-1604 在 60g(a. i.)/hm² 剂量时对牛筋草的防效及总体防效显著优于苯嘧磺草胺同等剂量下防效，且与其添加助剂在同等剂量下的总体防效相当。SY-1604 的总体防效明显

远优于草甘膦在 1500g(a. i.)/hm^2 剂量下的防除效果。结果见表 5-19。

表 5-19 苏州目测防效（处理后 14d）

供试药剂	剂量/[g(a. i.)/hm^2]	小飞蓬防效/%	牛筋草防效/%	总防效/%
95%SY-1604 原药	60	70	78	80
	120	73	90	87
	180	83	95	91
	240	93	97	95
	300	96	98	98
70%苯嘧磺草胺 WG(巴佰金)	60	95	60	73
70%苯嘧磺草胺 WG(巴佰金)+助剂	60	98	70	80
	120	97	78	84
41%草甘膦水剂	1500	15	83	45

在沈阳苏家屯梨园的试验表明：处理后 16d，SY-1604 对阔叶杂草和禾本科杂草均有很高的防效，总体防效明显高于对照药剂苯嘧磺草胺，在 60g(a. i.)/hm^2 剂量时的防除效果与草甘膦在 1200g(a. i.)/hm^2 剂量时的防除效果相当。

苏州枇杷园的试验结果表明，SY-1604 对阔叶杂草小飞蓬和蓼的防效与对照药剂苯嘧磺草胺相当，在 60～180g(a. i.)/hm^2 剂量下，防效可达到 90%以上，在 240～300g(a. i.)/hm^2 剂量下，防效可达到 95%以上；对禾本科杂草狗尾草的防效明显高于对照药剂苯嘧磺草胺，在 120～240g(a. i.)/hm^2 剂量下，防效可达到 80%以上，总体防效明显高于苯嘧磺草胺。

（10）SY-1604 活性小结　室内试验结果表明，SY-1604 对大部分阔叶杂草和部分禾本科杂草如稗草、看麦娘、狗尾草、水莎草、马唐、莎草等的防效很高，对阔叶杂草铁苋菜、鸭跖草、青葙和禾本科杂草牛筋草、狗牙根、高羊茅等防效稍差，对阔叶杂草的总体防效与对照药剂 70%苯嘧磺草胺 WG 相当，对禾本科杂草的防效明显高于对照药剂 70%苯嘧磺草胺 WG；杂草叶期、助剂的使用、温度、光照等对除草活性均有不同程度的影响。

田间药效试验结果表明，SY-1604 在 60～120g(a. i.)/hm^2 剂量下对禾本科杂草和阔叶杂草均有较高的防效，对草甘膦抗性杂草小飞蓬和牛筋草也有较高的防效；对阔叶杂草的防效稍低于或与对照药剂 70%苯嘧磺草胺 WG 相当，对禾本科杂草的防效明显高于对照药剂 70%苯嘧磺草胺 WG；在禾本科杂草和阔叶杂草均匀分布的地块，总体防效明显高于对照药剂 70%苯嘧磺草胺 WG。

5.2.4 专利情况

SY-1604 于 2014 年 12 月 16 日申请专利，专利名称为含异噁唑啉的脲嘧啶类化合物与应用，专利申请人为沈阳中化农药化工研发有限公司。专利情况见表 5-20。

表 5-20　SY-1604 化合物的专利情况

申请日	公开号	公开日	授权号	授权日
2015-12-14	WO2016095768	2016-06-23	实审中	
2014-12-16	CN105753853	2016-07-23	实审中	
2015-12-14	CN106536517	2015-12-14	实审中	
2014-12-16	AR103048	2015-12-15	实审中	
2015-12-14	AU2015366689A2	2017-02-16	AU2015366689B2	2018-11-08
2015-12-14	CA2958170	2017-02-20	实审中	
2015-12-14	US15527864	2017-05-18	实审中	
2015-12-14	BR1120170054108	2017-03-16	实审中	

5.2.5　小结

利用巴斯夫引以为傲的超高效除草剂苯嘧磺草胺的关键中间体，通过“中间体衍生化法”进行衍生、优化，发现了一个不仅在活性上明显优于苯嘧磺草胺而且可以有效防除抗草甘膦杂草的全新除草剂 SY-1604（也可以理解为用异噁唑替换苯嘧磺草胺的一部分而得到的新产品）。其具有自主知识产权，已经相继申请了中国、阿根廷、澳大利亚、加拿大、美国和巴西专利，目前澳大利亚专利已经授权，其他在实审中。SY-1604 活性优异、用量低、杀草谱广，可以同时防除抗草甘膦的牛筋草和小飞蓬，且与草甘膦具有明显的增效作用，可有效降低草甘膦的使用量，符合国家农药减量等产业政策。SY-1604 急性经口毒性 LD_{50} > 5000mg/kg。SY-1604 活性得到农药研发巨头先正达公司和拜耳公司的高度认可，明确表示其具有全球开发价值。相信 SY-1604 在不久的将来上市后，必将在抗性杂草治理中起到重要的作用。

5.3　季铵盐类除草剂的创制

季铵盐（又称四级铵盐）是铵离子中的 4 个氢离子都被烃基取代后形成的季铵阳离子的盐。季铵盐化合物特有的分子结构赋予其乳化、分散、增溶、洗涤、润湿、润滑、发泡、消泡、杀菌、柔软、凝聚、减摩、匀染、防腐和抗静电等一系列物理化学作用及相应的实际应用，这些独特性能使其在造纸、纺织、涂料、染色、医药、农药、道路建设、洗化与个人护理用品和高新技术等领域均显示出了良好的应用前景。

季铵盐有4个碳原子通过共价键直接与氮原子相连，阴离子在烃基化试剂作用下通过离子键与氮原子相连。在季铵盐化合物的诸多独特性能及相应的实际应用中，优异的杀菌性能是其中发现最早、应用最广的性能。目前，具有广谱高效、低毒安全、长效稳定等优点的季铵盐杀菌剂已在工业、农业、建筑、医疗、食品、日常生活等众多领域得到广泛应用。例如，水处理、造纸、皮革、纺织、印染、采油、涂料等行业的杀菌灭藻、防腐防霉、清洗消毒；农产品和农作物的防霉防病；养殖和畜牧的防病杀菌；木材和建材的防虫防腐；外科手术和医疗器械的杀菌消毒；禽蛋肉类和食品加工的清洗杀菌；个人家庭和公共卫生的洗涤消毒等均要用到季铵盐杀菌剂。

季铵盐作为杀菌剂使用的历史可以追溯到20世纪初，W. A. Jacobs等于1915年首次合成了季铵盐类表面活性剂，并指出这类化合物具有一定的杀菌能力，翻开了季铵盐杀菌剂的历史篇章。然而，该研究成果一直未被人们所重视。此后直到1935年，G. Domagk发现了烷基二甲基氯化铵的杀菌作用，进一步研究了杀菌性能与化学结构的关系，并利用其处理军服以防止伤口感染之后，季铵盐杀菌剂才逐渐引起人们的极大兴趣。同年，R. Wetzel即将季铵盐杀菌剂用于临床消毒实践。随后，对季铵盐杀菌剂的研究与开发一直是应用研究领域关注的重点。

季铵盐杀菌剂发展到今天，按其开发历程来划分，至少已有7代产品。

① 第一代季铵盐杀菌剂是混合烷基链分布的烷基苄基二甲基卤化铵。Culter对同系列烷基苄基二甲基卤化铵的性能进行了研究，发现烷基链碳数处于12～16范围内时杀菌性好。

② 对第一代产品的结构稍加改变，即在苄基环上或季铵盐的氮原子上进行取代，开发了第二代季铵盐杀菌剂（1955年），如下图所示：

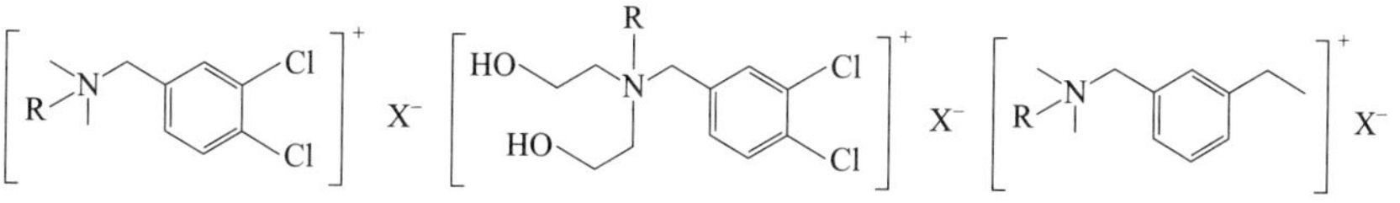

R Cl Cl X⁻ R HO HO Cl Cl X⁻ R X⁻

(X=Cl, Br, I)

③ 双烷基二甲基卤化铵，此代产品与前两代相比，在合成工艺、生产成本方面都有了改进，且对革兰氏阴性菌有很强的杀菌能力。

④ 第1、3代产品的混合物，杀菌效果比前3代产品高出4～20倍，且抗干扰能力强、毒性小、价格较低。

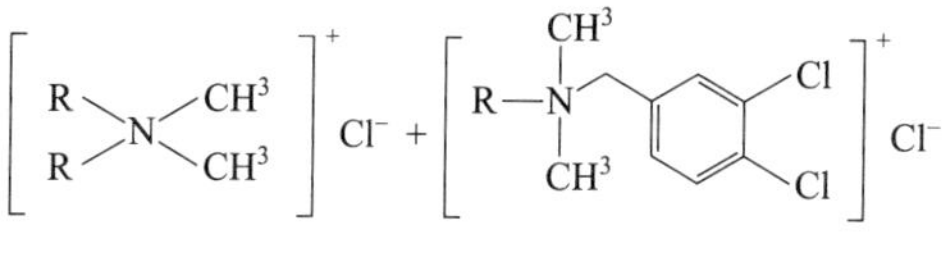

R R N CH^3 CH^3 Cl⁻ + R N CH^3 CH^3 Cl Cl Cl⁻

⑤ 含有 2 个 N^+ 的双季铵盐，主要特点是杀菌效果好、毒性低、水溶性好，并具有广泛的生物活性。

$$\left[R^1 - {}^{+}\overset{\overset{R^2}{|}}{\underset{\underset{R^2}{|}}{N}} - (CH_2CH_2O)_n - \overset{\overset{R^2}{|}}{\underset{\underset{R^2}{|}}{N^+}} - R^1 \right] 2X^-$$

$X = Cl, Br, I; R^1, R^2 = CH_3(CH_2)_n —, Ph, C_7H_8 —$

⑥ 聚合季铵盐，具有毒性更小、杀菌作用更温和的特点，主要体现其药用价值，如角膜接触镜和个人护理用品的杀菌。

⑦ 第 1、2、6 代产品的混合物，利用协同增效的原理，其杀菌效果优于单一成分。

此外，还有更多的其他组合及复配方式，形成了多种各具特色的季铵盐杀菌剂，在各个领域得到广泛应用。例如：①百草枯：1882 年首度合成百草枯，在 1955 年被英国 ICI 公司（原先正达公司）发现其具有除草特性。1962 年，由 ICI 公司注册并开始生产百草枯除草剂。该产品是世界上用量第二大的除草剂，仅次于草甘膦，主要用于农业和园艺除草以及棉花、大豆等的催枯。现在有超过 120 多个国家使用，但由于百草枯对人毒性极大，且无特效解毒药，口服中毒死亡率可达 90%以上，目前已被 20 多个国家禁止或者限制使用。我国自 2014 年 7 月 1 日起，撤销百草枯水剂登记和生产许可、停止生产；但保留原药生产企业水剂出口境外登记、允许专供出口生产，2016 年 7 月 1 日停止水剂在国内销售和使用。②敌草快：由 ICI 公司与百草枯同期发现、开发和推广，且都属于联吡啶类，都属于内吸性触杀型灭生性除草剂，作用机理也完全相同，都是光合电子传递链分流剂；都具有除草和催枯/熟双重作用。登记用于棉花、小麦等作物上催枯/熟。用于大田、果园、非耕地、收割前等除草，也可以用作马铃薯和地瓜的茎叶催枯。

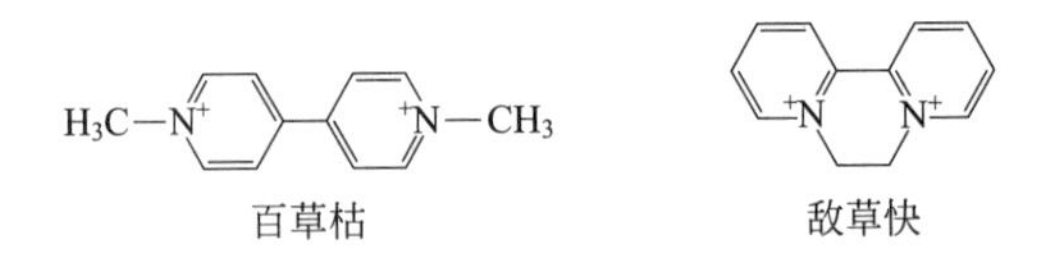

百草枯　　敌草快

5.3.1 创制过程

在总结了季铵盐杀菌剂结构的基础上，参阅相关文献，选择报道具有杀菌活性的化合物 **5-454** 为先导，考虑到已有除草剂品种当中有很多是羧酸结构，于是利用“中间体衍生化法”的衍生法（利用已知的具有活性的化合物或农药品种作为中间体，进行进一步的化学反应，设计合成新化合物，经筛选、优化研究创制新农药品种。利用此方法，不仅可以研制出结构相似的产品，也可以发明性能不同、结构新颖的新产品）把已有农药品种当中的除草剂羧酸 Q—COOH 引入季铵盐结构当中，得到了一系列具有优异除草活性的先导**5-455**，大部分化合物具有广谱的除草活性，已申请中国专利。

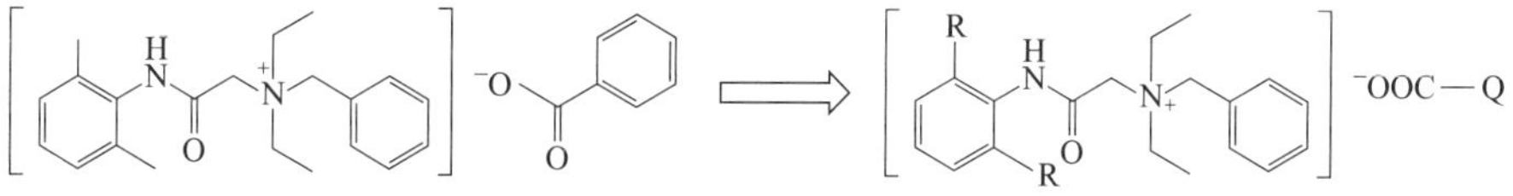

H N O N+ O⁻ O　⟹　R H N O R N+ ⁻OOC—Q

5-454　　　**5-455**

5.3.2 合成方法

以取代苯胺为起始原料与氯乙酰氯反应生成酰胺，再与二乙胺、氯苄反应生成氯离子季铵盐，最后与除草剂酸反应生成化合物**5-455**（图5-10）。

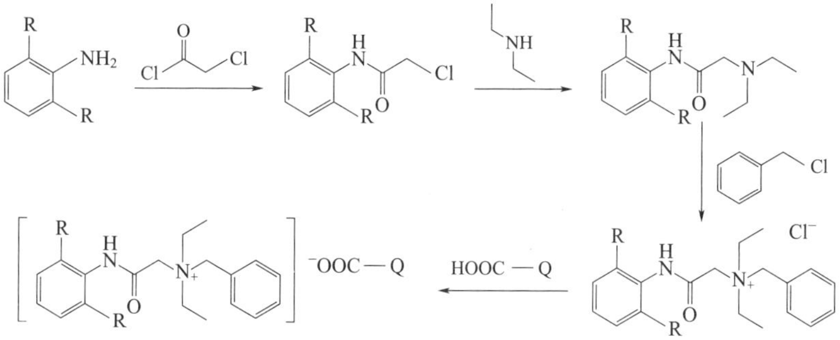

R NH_2 R　Cl O Cl →　R H N O R Cl　NH →　R H N O R N

Cl（氯苄）↓

R H N O R N+ Cl^-　HOOC—Q ←　R H N O R N+ ⁻OOC—Q

5-455

图5-10 化合物**5-455**的合成方法

5.3.3 生物活性

合成的一系列化合物当中大部分均具有除草活性，其中化合物**5-456**～**5-463**为优选化合物，结构见表5-21。生测活性表明，在1000g(a.i.)/hm^{2}剂量下化合物**5-456**～**5-463**对苘麻、百日草、稗草、狗尾草苗后均具有广谱防效，而且化合物**5-457**、**5-461**～**5-463**同时具有较好的苗前广谱除草活性（表5-22）。更进一步的除草活性表明，化合物**5-457**与化合物**5-463**在150g(a.i.)/hm^{2}剂量下对苘麻、百日草、稗草、狗尾草苗后除草活性均好于同等剂量下对照药剂96%麦草畏原药与三氟羧草醚原药，尤其是化合物**5-463**在75g(a.i.)/hm^{2}剂量下对苘麻、百日草、稗草、狗尾草的苗后除草活性均>98%，化合物**5-459**与化合物**5-462**除草活性与对照药剂活性相当（表5-23）。

此类季铵盐化合物已作为除草剂先导化合物，进一步的活性测试还在进行中。

表 5-21　高活性化合物结构列表

化合物	R	Q	化合物	R	Q
5-456	C_2H_5	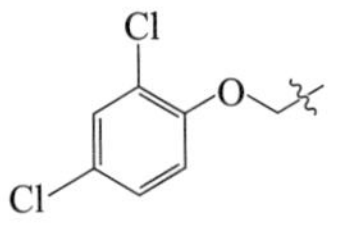	**5-460**	CH_3	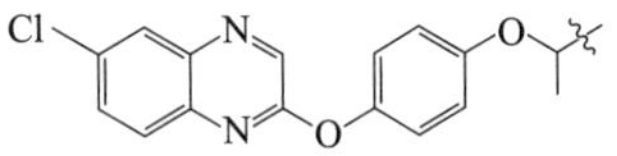
5-457	C_2H_5	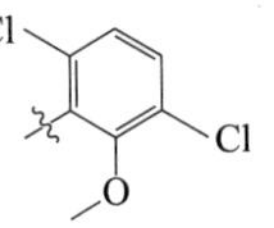	**5-461**	CH_3	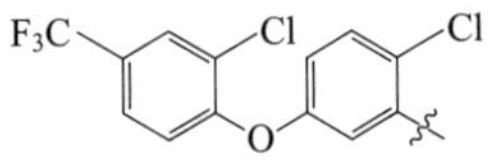
5-458	CH_3	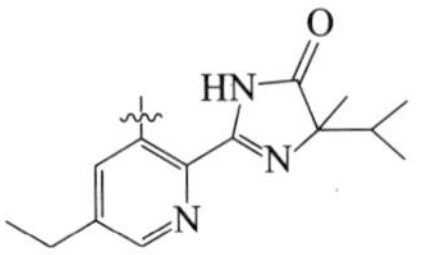	**5-462**	CH_3	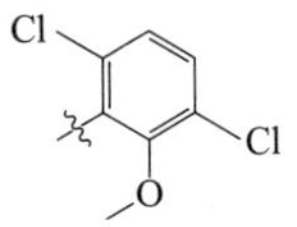
5-459	CH_3	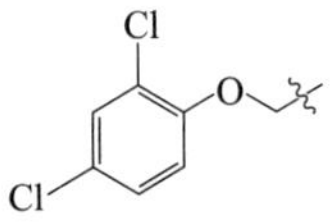	**5-463**	C_2H_5	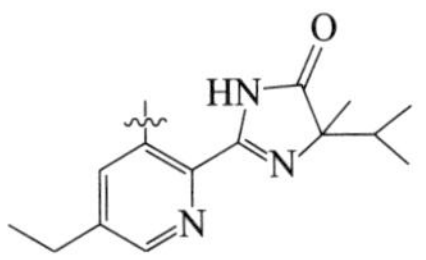

表 5-22　高活性化合物除草活性数据 [1000g(a. i.)/hm^2]

化合物	苗前防效/%				苗后防效/%			
	苘麻	百日草	稗草	狗尾草	苘麻	百日草	稗草	狗尾草
5-456	85	80	40	60	85	80	40	60
5-457	100	100	90	85	100	100	95	90
5-458	0	0	0	0	100	100	50	50
5-459	70	70	25	30	80	80	30	55
5-460	20	10	50	90	10	25	85	100
5-461	100	100	100	95	100	100	90	80
5-462	100	100	85	85	80	80	50	50
5-463	90	70	90	85	60	100	100	100

表 5-23　高活性化合物进一步筛选除草活性数据

化合物	剂量 /[g(a. i.)/hm^2]	苗前防效/%				苗后防效/%			
		苘麻	百日草	稗草	狗尾草	苘麻	百日草	稗草	狗尾草
5-457	150	90	100	5	10	70	98	30	15
	300	98	100	50	20	98	100	35	20
	450	100	100	55	35	100	100	50	35
	600	100	100	65	70	100	100	55	40
	750	100	100	70	100	100	100	70	50

续表

化合物	剂量/[g(a.i.)/hm²]	苗前防效/%				苗后防效/%			
		苘麻	百日草	稗草	狗尾草	苘麻	百日草	稗草	狗尾草
5-459	75	5	10	0	0	30	65	0	0
	150	5	15	10	0	45	70	0	15
	300	60	15	20	0	60	98	10	15
	600	65	75	45	5	85	98	20	20
	900	70	80	55	5	90	100	25	20
5-462	150	20	15	0	0	35	90	15	10
	300	60	55	15	20	50	100	30	15
	600	65	55	45	45	65	100	50	25
	900	65	65	75	60	75	100	55	50
5-463	75	45	35	30	50	98	100	100	100
	150	50	50	60	65	98	100	100	100
	300	50	55	65	65	100	100	100	100
	450	70	60	65	98	100	100	100	100
	600	75	65	95	100	100	100	100	100
96%麦草畏原药	150	—	—	—	—	55	90	25	0
三氟羧草醚原药	150	—	—	—	—	45	98	15	45

5.3.4 专利情况

季铵盐类化合物的专利如下：

专利名称：一种季铵盐类化合物及其应用；申请号：201410539916.4；申请日：2014-10-14；

公开号：CN105566148A；公开日：2016-05-11；专利号 ZL201410539916.4；授权日：2017-10-03。

参 考 文 献

[1] British Columbia Ministry of Agriculture, Food and Fisheries. Pesticide Info: Chlorothalonil; British Columbia Ministry of Agriculture, Food and Fisheries: Vancouver, British Columbia, Canada, 2004. http://www.agf.gov.bc.ca/pesticides/infosheets/chlorothalonil.pdf.

[2] Yan S J, Huang C, Zeng X H, et al. Solvent-free, microwave assisted synthesis of polyhalo heterocyclic ketene aminals as novel anti-cancer agents. Bioorg Med Chem Lett, 2010, 20: 48-51.

[3] Yan S J, Zheng H, Huang C, et al. Synthesis of highly functionalized 2,4-diaminoquinazolines as anticancer and anti-HIV agents. Bioorg Med Chem Lett, 2010, 20: 4432-4435.

[4] Hrenn H, Schwack W, Seilmeier W, et al. Synthesis of a chlorothalonil peptide conjugate mimicking

protein-bound pesticide residues. Tetrahedron Lett，2003，44：1911-1913.

[5] Kontrec D，Vinkovic V，Sunjic V. Preparation and evaluation of chiral stationary phases based on *N*，*N*-2,4-(or 4,6)-disubstituted 4,5-(or 2,5)-dichloro-1,3-dicyanobenzene. Chirality ，2000，12：63-70.

[6] Shi L P，Jiang K M，Jiang J J，et al. Synthesis and antimicrobial activity of polyhalobenzonitrile quinazolin-4(3*H*)-one derivatives. Bioorg Med Chem Lett，2013，23：5958-5963.

[7] 刘长令．基于生物等排理论的中间体衍生化法及应用//王静康．现代化工、冶金与材料技术前沿．中国工程院化工、冶金与材料工程学部第七届学术会议论文集（上册）．北京：化学工业出版社，2010：86-94.

[8] 刘长令．创新研究方法及候选农药品种．高科技与产业化，2008，(9)：79-81.

[9] 刘长令．新农药创新方法与应用（1）——中间体衍生化法．农药，2011，50（1）：20-23.

[10] Guan AY，Liu C L，Huang G，et al. Design，synthesis，and structure-activity relationship of novel aniline derivatives of chlorothalonil. J Agric Food Chem，2013，61：11929-11936.

[11] 范玉杰，赫彤彤，杨吉春，等．具有除草活性的异噁唑啉类化合物的研究进展．农药研究与应用，2010，14（5）：1-5.

[12] 刘长令，柴宝山．新农药创制与合成．北京：化学工业出版社，2014：169.

[13] Leonard P G. The increasing importance of herbicides in worldwide crop production. Pest Manag Sci，2013，69（10）：1099-1105.

[14] 柏亚罗．苯嘧磺草胺——防除阔叶杂草的新标杆［J/OL］．2014-11-07. http：//www. agroinfo. com. cn/other _ detail _ 815. html.

[15] 王忠武．农田杂草抗药性研究进展．杂粮作物，2006，26（2）：130-132.

[16] Jonathan G. Are integrated pest management（IPM）and resistance management synonymous or antagonistic. Pest Manag Sci，2015，71（3）：329-330.

[17] 叶萱．除草剂抗性现状．世界农药，2017，39（3）：1-6.

[18] Micheal D O，Hugh J B，Julia Y L，et al. Integrated pest management and weed management in the United States and Canada. Pest Manag Sci，2015，71（3）：357-376.

[19] 曲耀训．我国农田杂草抗性现状及综合治理评述．农药市场信息，2017，4：6-9.

[20] 于平平．谁掌握了除草剂抗性的解决方案，谁就掌握了除草剂的未来．农资与市场，2017，10：79-81.

[21] 彭学岗，金涛，张景运．除草剂面临的挑战及草甘膦复配的意义．杂草科学，2013，31（1）：5-9.

[22] 陈世国，强胜，毛婵娟．草甘膦作用机制和抗性研究进展．植物保护，2017，43（2）：17-24.

[23] 彭学岗．对草甘膦有恶性抗性杂草的铲除方案．湖北植保，2015，148（1）：64.

[24] Stephen O D. A time for herbicide discovery. Pest Manag Sci，2012，68（4）：493-662.

[25] 马士存，姜美锋，张茜，等．脲嘧啶类除草剂的研究进展．农药研究与应用，2010，14（1）：1-5.

[26] Selby T P，Ruggiero M，Hong W，et al. Broad-spectrum PPO-inhibiting *N*-phenoxyphenyluracil acetal ester herbicides. Peter Maienfisch，Thomas M Stevenson. Discovery and Synthesis of Crop Protection Products. ACS Symposium Series 1204. Washington DC：American Chemical Society，2015：277-289.

[27] 郑敏．浅析“20年来最成功的除草剂”——苯嘧磺草胺［J/OL］．2016-07-08. http：//www. agrichem. cn/news/2016/7/8/20167815391990897. shtml.

[28] 张晓慷，张新刚，王海利．新型除草剂——苯嘧磺草胺．今日农药，2016，8：50-52.

[29] 赫彤彤，杨吉春，刘允萍．新型除草剂苯嘧磺草胺．农药，2011，50（6）：440-442.

[30] 刘长令．2,6-二氟（氯）苯腈及其衍生物在农药合成中的应用．农药，1995.34（12）：28-31.

[31] 刘长令．对氟苯酚的合成及其应用．有机氟工业，1996，（1）：9-12.

[32] Guan A Y，Liu C L，Yang X P，et al. Application of the intermediate derivatization approach in agrochemical discovery. Chemical Reviews，2014，114：7079-7107.

6

直接合成法及应用

6.1 芳基吡啶类杀螨剂的创制背景

吡啶在有机合成中是一个十分古老而重要的杂环，它在农药中的应用最早可以追溯到17世纪末18世纪初的欧洲，那里的人们将烟草浸出液作为杀虫剂使用，后经分析确认其有效成分为烟碱（nicotine)，这也是最早的吡啶联烷基杂环类化合物。而首次通过化学合成的芳基联吡啶类农药则是英国ICI公司开发的联吡啶类除草剂：敌草快（diquat，1955年）和百草枯（paraquat，1958年）。这两个品种是联吡啶类中非常有效而且使用方便的重要除草剂，它们使耕作的农民从世代耕耘除草的传统方法中得到了解放。

到目前为止商品化的或在开发中的杂环联吡啶类农药品种共有20多个。其大致可分为苯环联吡啶类、联吡啶类、吡唑联吡啶类、咪唑啉酮联吡啶类、烟碱类及其他类[1]。

(1) 鱼尼丁受体激活剂类化合物　鱼尼丁（ryanodine)、脱氢鱼尼丁（dehydroryanodine）等是从南美杀虫植物尼亚那（ryania speciosa）中分离出来的。鱼尼丁制剂早在1945年就引入美国，试验证明这些化合物对鳞翅目害虫，包括欧洲玉米螟、甘蔗螟、苹果小卷蛾、苹果食心虫、舞毒蛾等十分有效。但由于鱼尼丁对人畜的毒性很大，引起哺乳动物僵直性麻痹，因而推广应用受到限制。鱼尼丁是一种肌肉毒剂，主要作用于钙离子通道，影响肌肉收缩。氯虫酰胺（chlorantraniliprole)、氰虫酰胺（cyantraniliprole）等是具有代表性的本类商品化产品。在此基础上，人们开展了大量工作。例如：2010年沈阳化工研究院报道了化合物**6-1**在1mg/L浓度下对甜菜夜蛾的致死率大于90%；2011年拜耳报道了化合物**6-2**、**6-3**在500mg/L浓度下对桃蚜、辣根猿叶虫和草地贪夜蛾的致死率为100%；2011年中化蓝天报道了化合物**6-4**、**6-5**在500mg/L浓度下对黏虫的致死率为100%，在20mg/L浓度下对苜蓿蚜的致死率为100%，在4mg/L浓度下对小菜蛾的致死率为100%；2011年江苏农药所报道了化合物**6-6**、**6-7**在100mg/L浓度下对小菜蛾的致死率大于95%，在400mg/L浓度下对蚕豆蚜的致死率大于90%；2011年贵州大学报道了化合物**6-8**在25mg/L浓度下对小菜蛾、棉铃虫的致死率为100%，在600mg/L浓度下对玉米螟的致死率为100%，在100mg/L浓度下对黏虫的致死率为100%；先正达报道了化合物**6-9**、**6-10**在400mg/L浓度下对草地贪夜蛾、小菜蛾和桃蚜的致死率大于80%；2011年南开大学报道了化合物**6-11**在100mg/L浓度下对黏虫的致死率大于90%；2012年南开大学报道了化合物**6-12**在200mg/L浓度下对黏虫、玉米螟、小菜蛾和甜菜夜蛾的致死率大于90%。

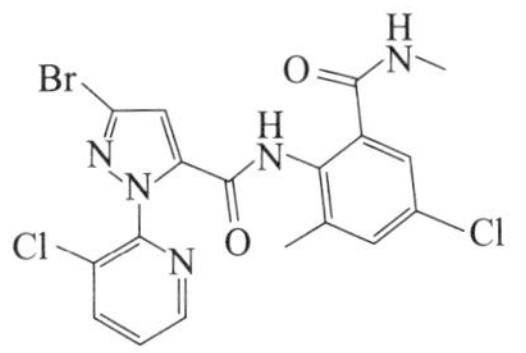

氯虫酰胺 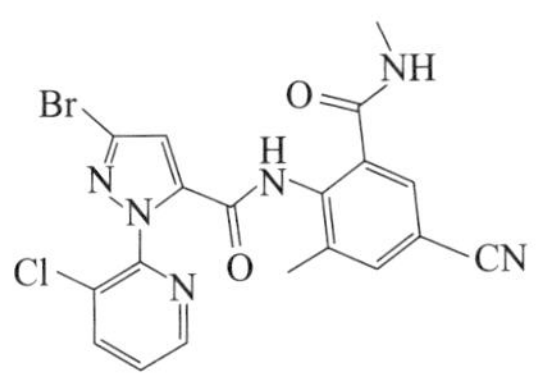　　氰虫酰胺 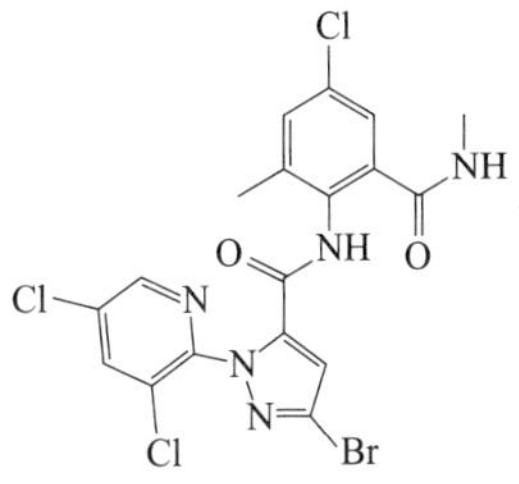　　**6-1**

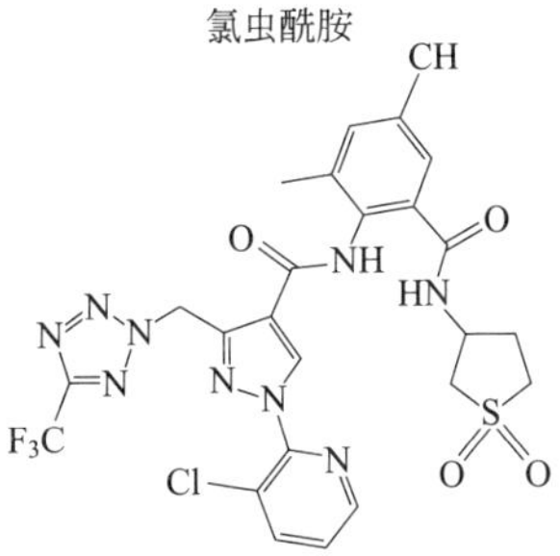

6-2 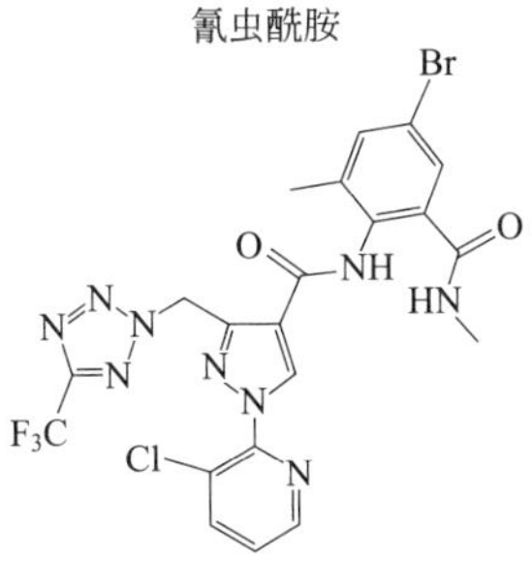　　**6-3** 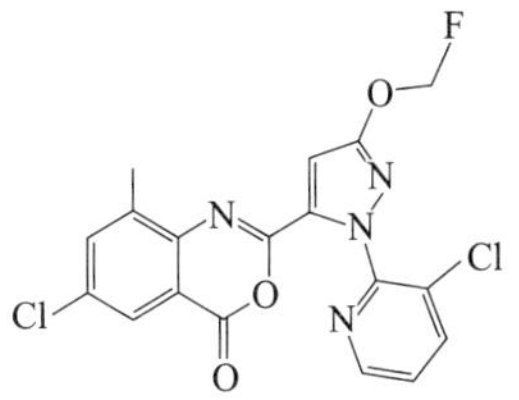　　**6-4**

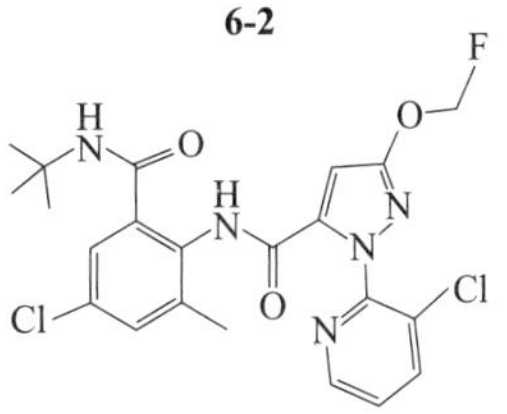

6-5 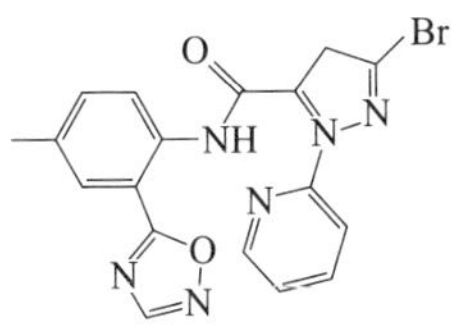　　**6-6** 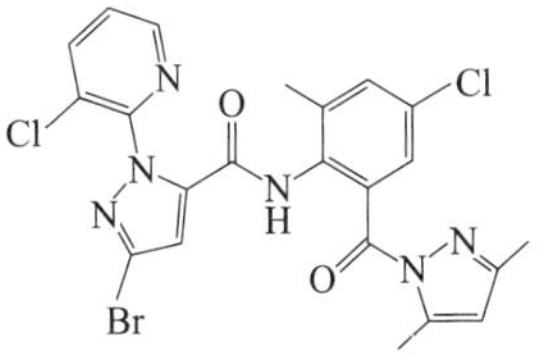　　**6-7**

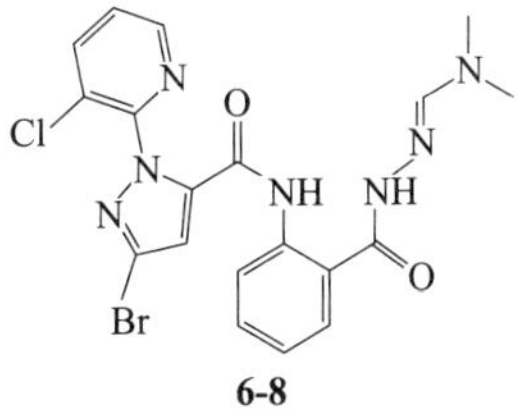

6-8 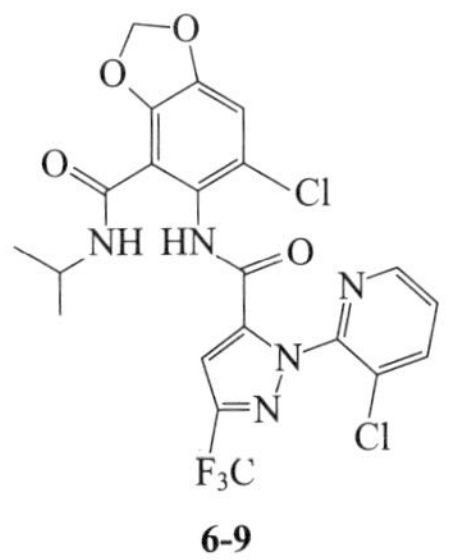　　**6-9** 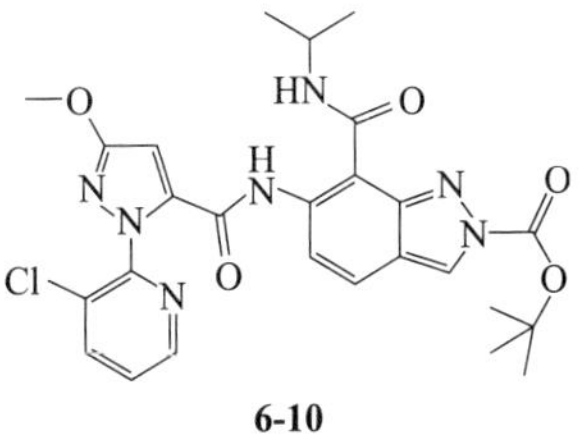　　**6-10**

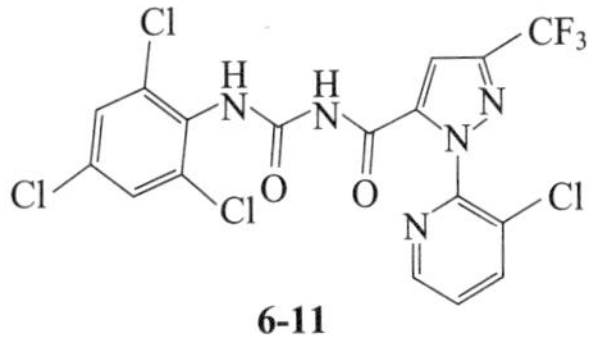

6-11 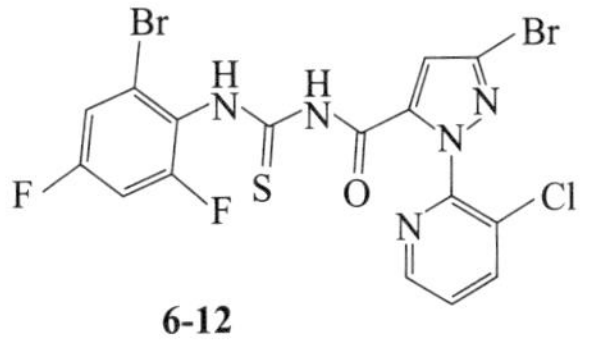　　**6-12**

（2）吡啶联五元杂环类　2012年道化学报道了化合物**6-13**在200mg/L浓度下对甜菜夜蛾、桃蚜、棉蚜和介壳虫有较好的防效；2012年C. H. Yap Maurice等人报道了化合物**6-14**作为杀虫剂组合物对桃蚜和烟粉虱等有较好的防效；2012年日产化学工业株式会社报道了化合物**6-15**在500mg/L浓度下对褐飞虱、银叶粉虱、桃蚜和棉蚜的致死率大于90%；2011年大冢化学报道了化合物**6-16**在100mg/L浓度下对二斑叶螨和柑橘全爪螨的致死率为100%；2012年巴斯夫报道了化合物**6-17**在300mg/L浓度下对桃蚜的致死率大于75%，在2500mg/L浓度下对巢菜修尾蚜的致死率为90%，在500mg/L浓度下对豇豆蚜虫的致死率大于75%；2012年日产化学工业株式会社报道了化合物**6-18**在500mg/L浓度下对褐飞虱、银叶粉虱、桃蚜和棉蚜的致死率大于90%；2012年拜耳化学报道了化合物**6-19**和**6-20**在500g/hm^{2}剂量下对桃蚜和二斑叶螨的致死率为100%；2012年拜耳化学报道了化合物**6-21**在500g/hm^{2}剂量下对桃蚜和草地贪夜蛾的致死率为100%；2010年浙江化工科技有限公司报道了化合物**6-22**在500mg/L浓度下对黏虫的致死率为100%；诺华报道了化合物**6-23**、**6-24**在100mg/L浓度下对犬血蜱和猫蚤的致死率大于80%。

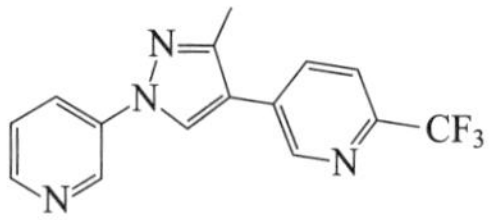

6-13 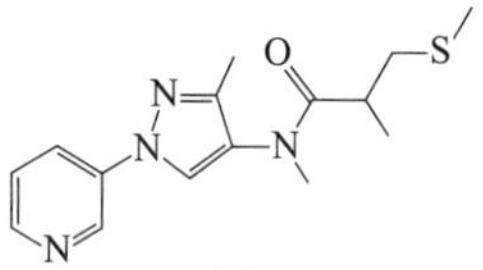　**6-14** 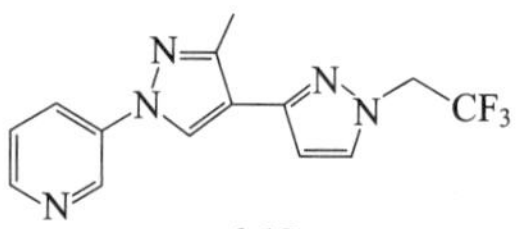　**6-15**

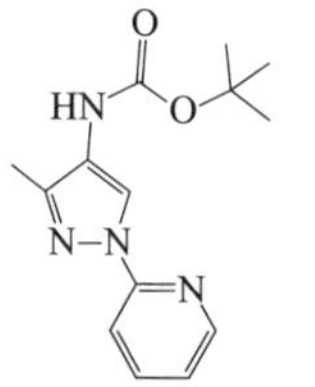

6-16 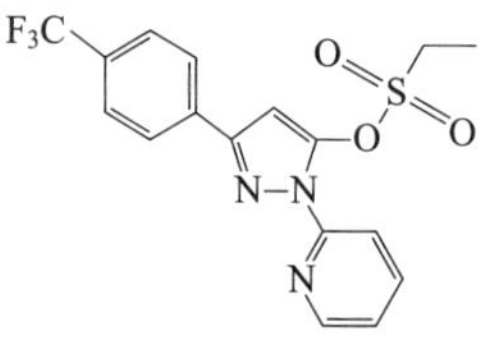　**6-17** 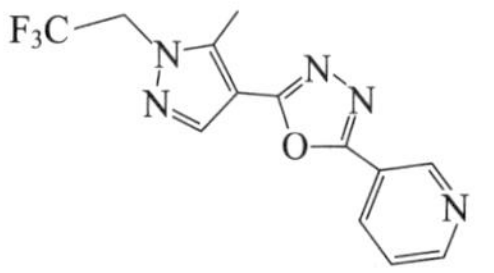　**6-18**

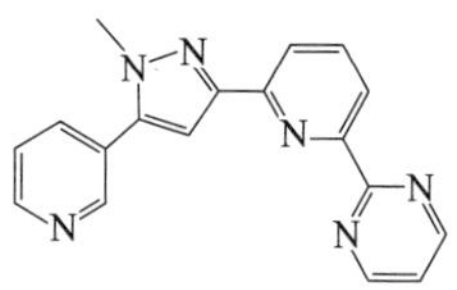

6-19 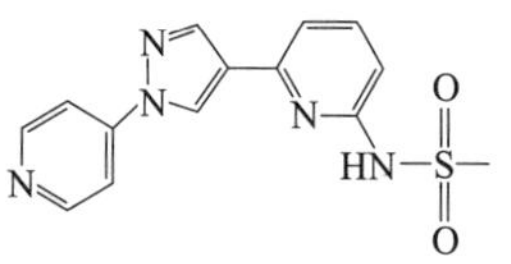　**6-20** 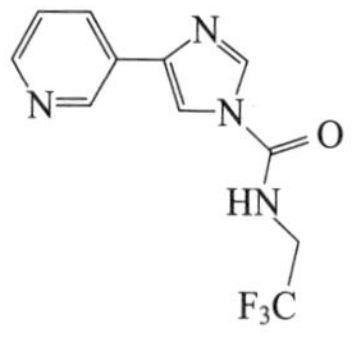　**6-21**

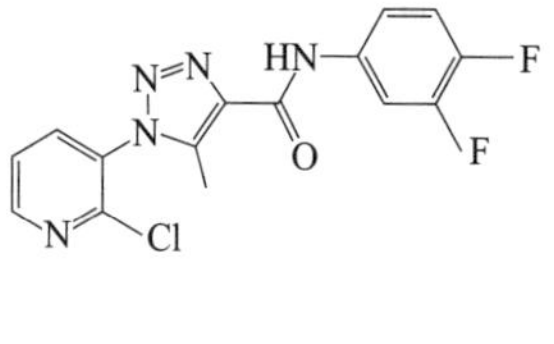

6-22 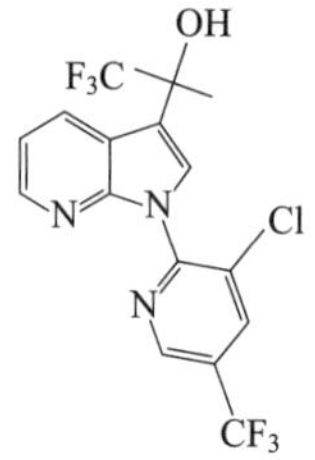　**6-23** 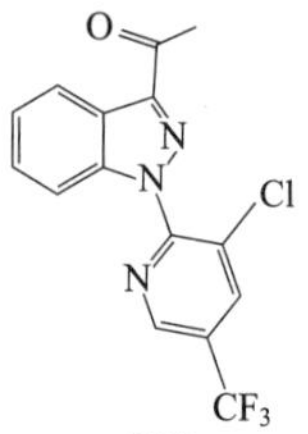　**6-24**

2009～2010年道化学报道了化合物**6-25**在200mg/L浓度下对桃蚜有较好的防效，化合物**6-26**在200mg/L浓度下对桃芽和烟粉虱的致死率为100%；

2009～2011 年拜耳报道了化合物 **6-27** 在 500g/hm² 剂量下对桃蚜、辣根猿叶虫、草地贪夜蛾和二斑叶螨的致死率为 70%，化合物 **6-28** 在 20μg/t 浓度下对微小牛蜱的致死率为 100%、在 500g/hm² 剂量下对桃蚜的致死率为 100%；2012 年先正达报道了化合物 **6-29** 和 **6-30** 在 200mg/L 浓度下对烟芽夜蛾、小菜蛾、二斑叶螨和桃蚜的致死率大于 80%。

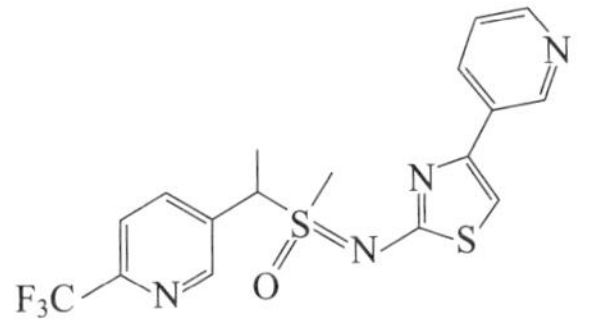

6-25 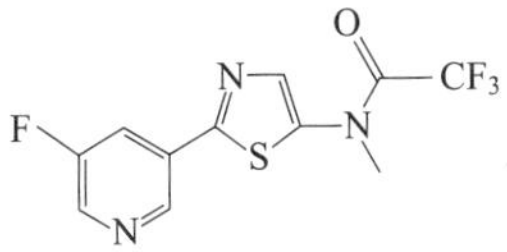　**6-26** 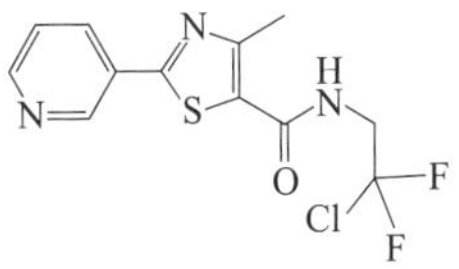　**6-27**

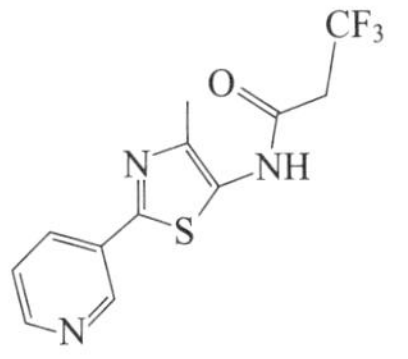

6-28 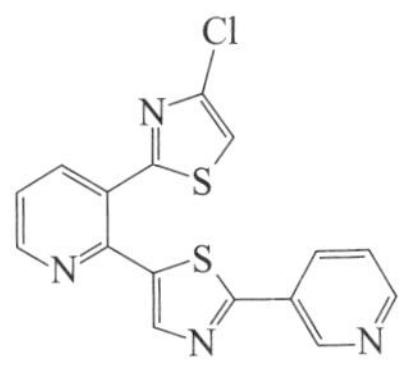　**6-29** 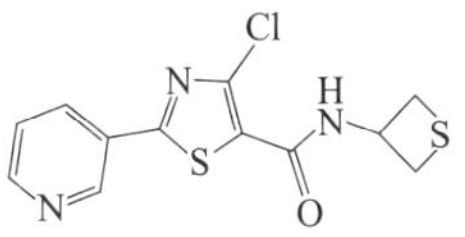　**6-30**

2008～2012 年拜耳报道了化合物 **6-31** 对斜纹夜蛾、二斑叶螨和桃蚜等有较高的活性，化合物 **6-32** 在 20mg/L 浓度下对斜纹夜蛾和二斑叶螨的致死率为 100%，化合物 **6-33** 对斜纹夜蛾、二斑叶螨和桃蚜等有较好的活性，化合物 **6-34** 在 100mg/L 浓度下对斜纹夜蛾、二斑叶螨、黄守瓜、铜绿蝇和桃蚜的致死率为 100%，化合物 **6-35** 在 20mg/L 浓度下对二斑叶螨和黄守瓜等有较好的活性，化合物 **6-36** 在 4mg/L 浓度下对甜菜夜蛾的致死率为 100%、在 100mg/L 浓度下对铜绿蝇的致死率大于 80%，化合物 **6-37～6-39** 对棉贪夜蛾、二斑叶螨和黄守瓜等有较好的活性；2008～2010 年道化学报道了化合物 **6-40** 在 50mg/L 浓度下对甜菜夜蛾的致死率大于 70%、在 200mg/L 浓度下对棉蚜的致死率大于 70%，化合物 **6-41** 在 2000mg/L 浓度下对豇豆蚜虫的致死率大于 80%；2012 年住友化学报道了化合物 **6-42～6-45** 在 500mg/L 浓度下对棉蚜的致死率为 90%；2008～2012 年日产化学株式会社报道了化合物 **6-46**、**6-47** 在 100mg/L 浓度下对猫栉首蚤和舍蝇的致死率为 80%，化合物 **6-48** 在 500mg/L 浓度下对小菜蛾、斜纹夜蛾、桃蚜、黄守瓜和二斑叶螨的致死率大于 80%，化合物 **6-49** 对犬血蜱、家蝇和德国小蠊有较好的防效；2009 年日本曹达报道了化合物 **6-50** 在 125mg/L 浓度下对棉蚜、斜纹夜蛾和二斑叶螨的致死率为 100%；2011 年梅里亚集团报道了化合物 **6-51** 对犬心丝虫和吸血蝇有较高的致死率。

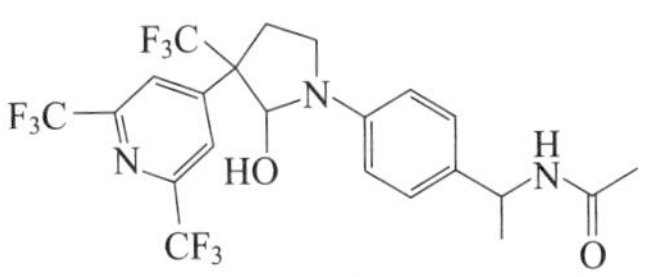

6-31 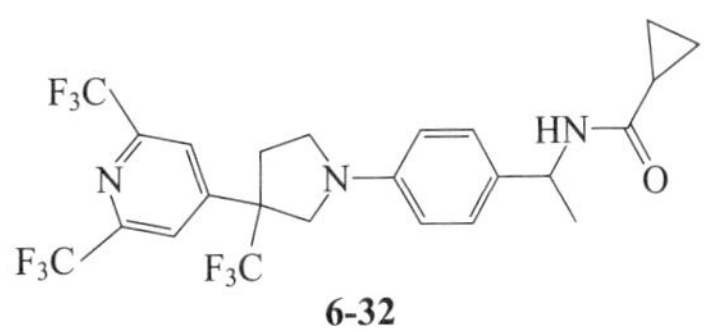　**6-32**

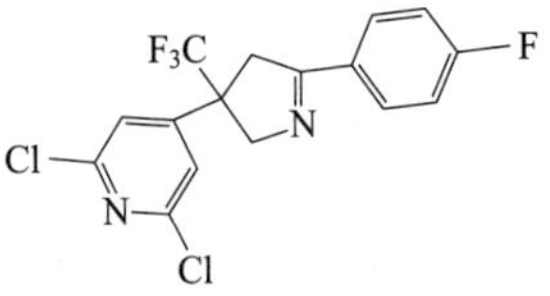

6-33

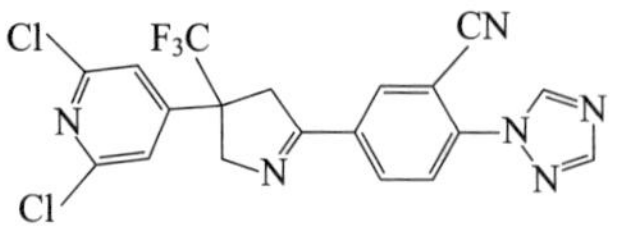

6-34

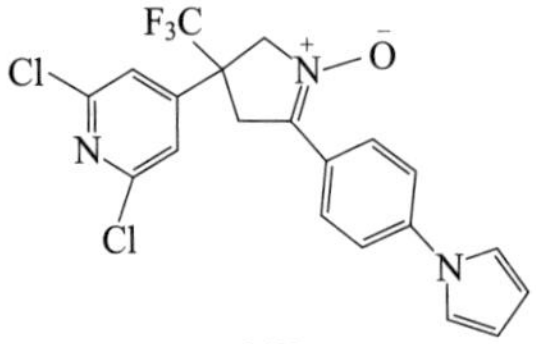

6-35

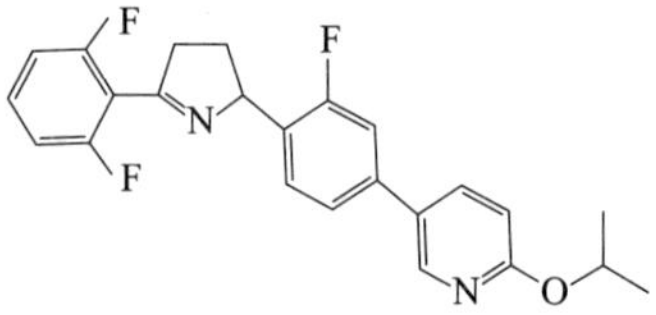

6-36

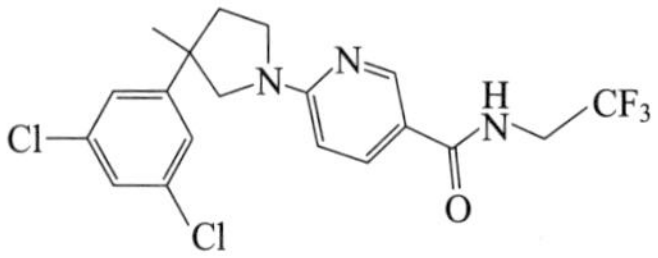

6-37

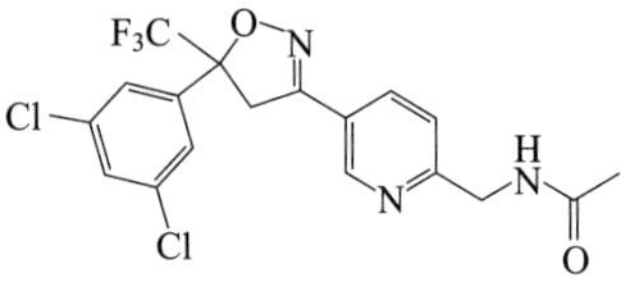

6-38

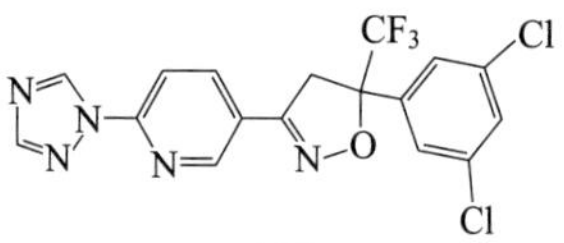

6-39

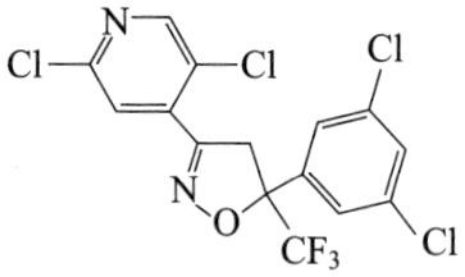

6-40

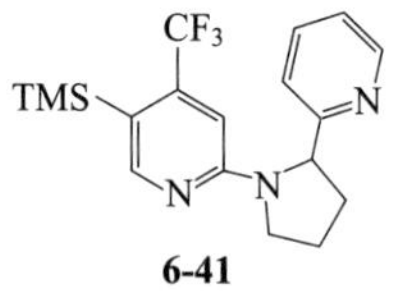

6-41

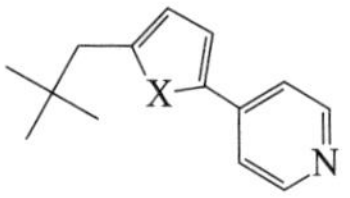

6-42 X=O
6-43 X=S

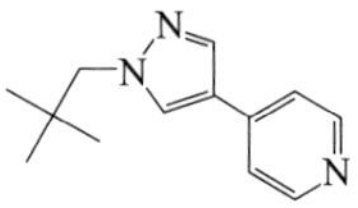

6-44

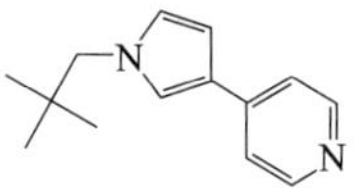

6-45

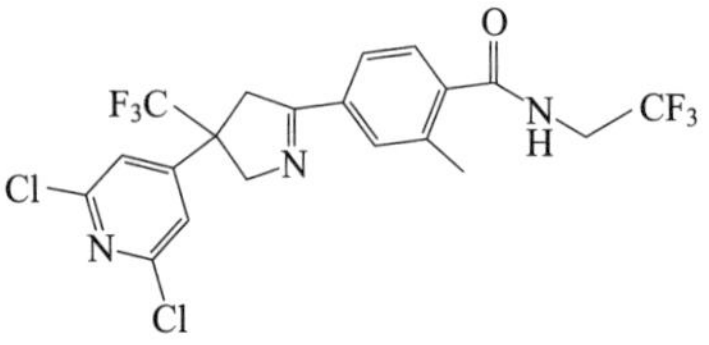

6-46

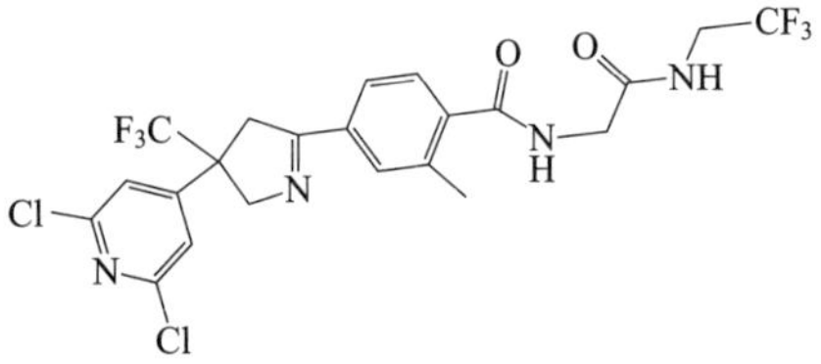

6-47

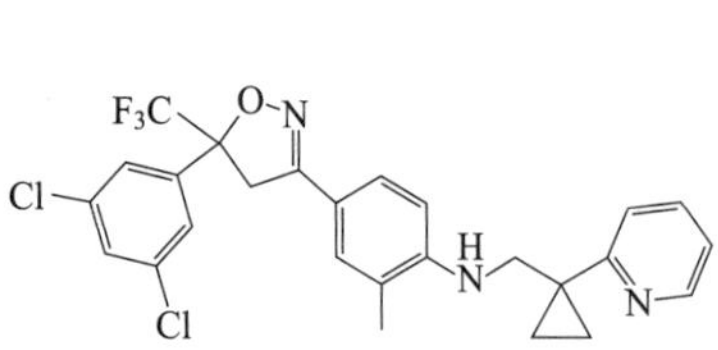

6-48

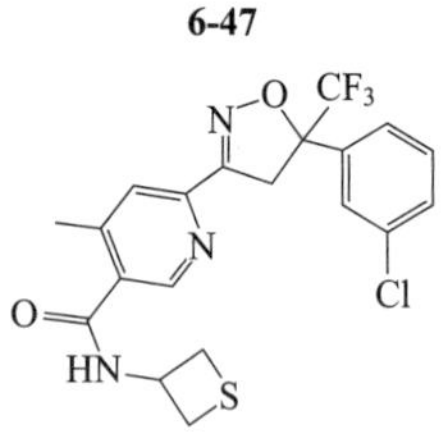

6-49

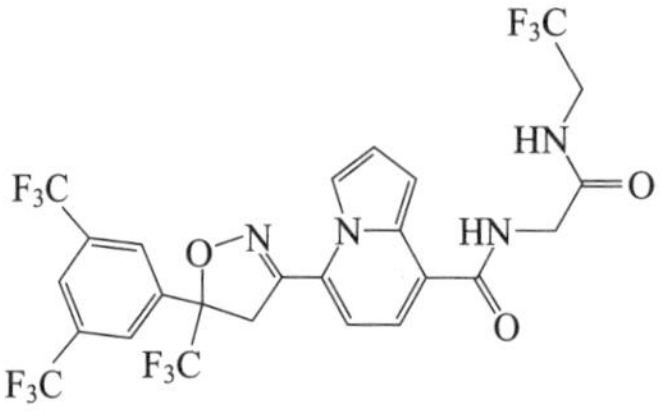

6-50

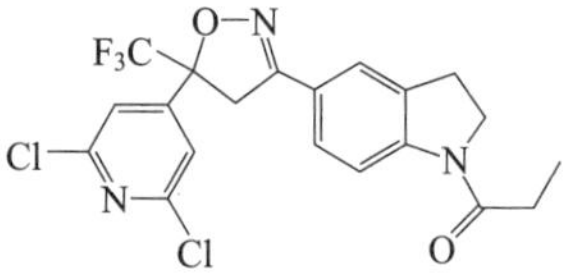

6-51

（3）新型烟碱类　2010年华东理工大学报道了化合物**6-52**在500mg/L浓度下对蚜虫和黏虫的致死率为100%，化合物**6-53**在500mg/L浓度下对蚜虫和黏虫的致死率为100%；2009～2012年巴斯夫报道了化合物**6-54**在300mg/L浓度下对桃蚜、豇豆蚜虫、兰花蓟马和二点黑尾叶蝉的致死率大于75%，化合物**6-55**在800mg/L浓度下对桃蚜的致死率大于75%、在500mg/L浓度下对兰花蓟马和二点黑尾叶蝉的致死率大于75%；2008～2011年道化学报道了化合物**6-56**在0.78mg/L浓度下对棉蚜有90%以上的致死率、在12.5mg/L浓度下对桃蚜有90%以上的致死率，化合物**6-57**在50mg/L浓度下对甜菜夜蛾和谷实夜蛾的致死率大于80%；2009年住友化学报道了化合物**6-58**在500mg/L浓度下对棉蚜和二斑叶螨的致死率大于90%；2010年杜邦报道了化合物**6-59**在50mg/L浓度下对桃蚜、棉蚜、玉米蜡蝉和蚕豆微叶蝉的致死率大于80%；2012年日本曹达公司报道了化合物**6-60**在125mg/L浓度下对二斑叶螨的致死率大于99%、对柑橘全爪螨的致死率大于90%，在500mg/L浓度下对神泽叶螨的致死率大于90%。

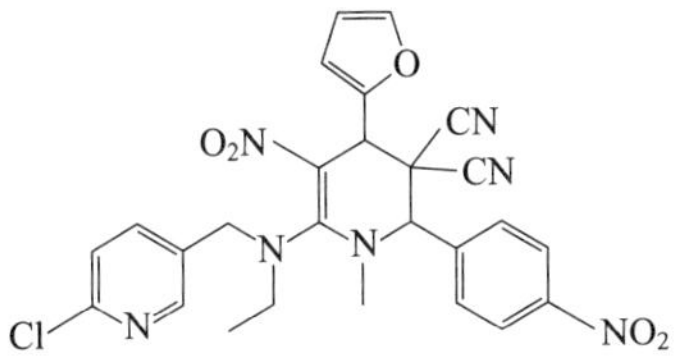

6-52 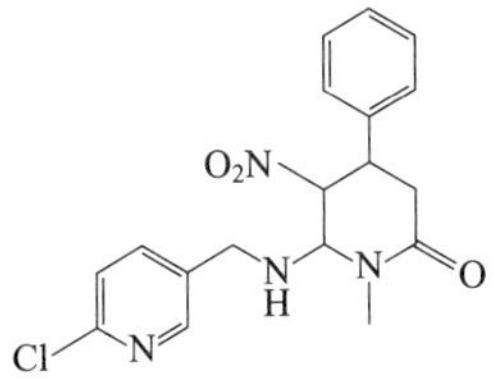　**6-53** 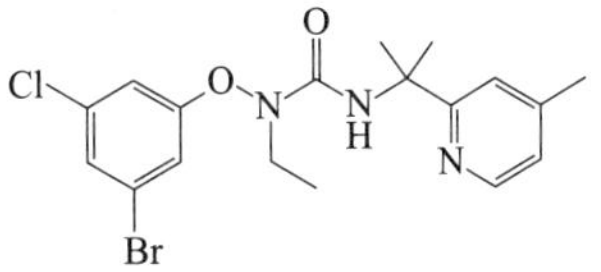　**6-60**

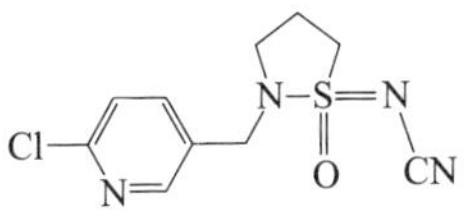

6-54 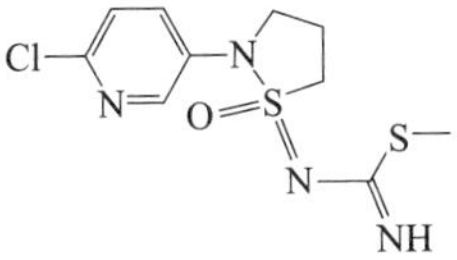　**6-55** 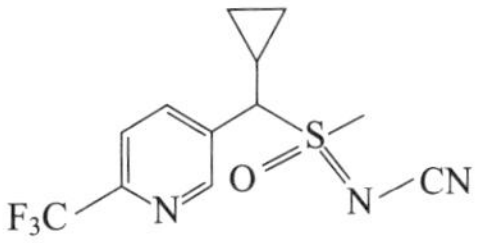　**6-56**

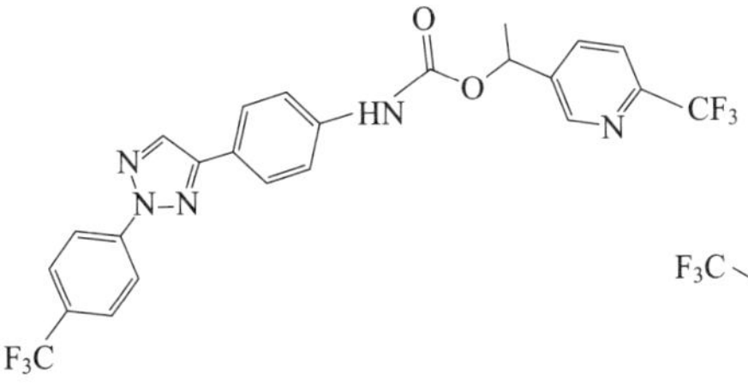

6-57 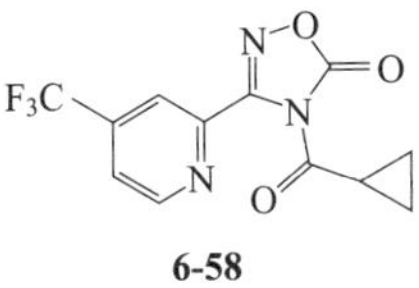　**6-58** 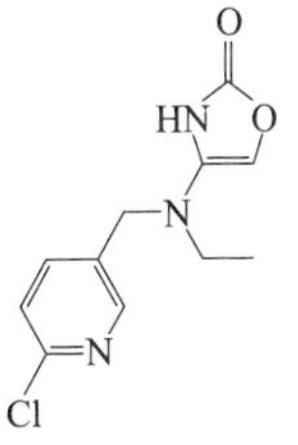　**6-59**

（4）其他类　Parker等人报道了化合物**6-61**在200mg/L浓度下对蚜虫、桃蚜烟粉虱等有较好的活性；2011年日本石原产业株式会社报道了化合物**6-62**在200mg/L浓度下对二斑叶螨、褐飞虱和长角血蜱的致死率为90%；2011年日本曹达化学报道了化合物**6-63**在125mg/L浓度下对柑橘全爪螨及其卵和二斑叶螨的卵的致死率大于80%；2012年沈阳化工研究院报道了化合物**6-64**在25mg/L浓度下对小菜蛾的致死率大于80%；2008年大家化学报道了化合物**6-65**在500mg/L浓度下对二斑叶螨的致死率为100%，在100mg/L浓度下对柑橘红蜘蛛的致死率为100%；2009年先正达报道了化合物**6-66**在200mg/L浓度下对斜纹夜蛾、烟芽夜蛾和小菜蛾的致死率大于80%；2009年中国农业大学报道了化合物**6-67**在500mg/L浓度下对蚜虫的致死率为100%；2011～2012年住友化学报道了化合物**6-68**在500mg/L浓度下对桃蚜和烟粉虱的卵的致死率大于90%，化合物**6-69**对褐飞虱有较好的防效，化合物**6-70**、**6-71**在500mg/L浓度下对褐飞虱和棉蚜的致死率大于90%，化合物**6-72**和**6-73**在500mg/L浓度下对棉蚜、褐飞虱和烟粉虱的致死率大于90%；2008年日本石原产业株式会社报道了化合物**6-74**在200mg/L浓度下对褐飞虱和桃蚜的致死率大于90%、对银叶粉虱的致死率大于80%，化合物**6-75**和**6-76**在200mg/L浓度下对褐飞虱和桃蚜的致死率大于90%、对银叶粉虱的致死率大于80%；2011～2012年杜邦报道了化合物**6-77**在50mg/L浓度下对南方根结线虫的致死率大于50%，介离子化合物**6-78**和**6-79**在10mg/L浓度下对斜纹夜蛾的防效为100%、对桃蚜的防效为80%以上，化合物**6-78**和**6-79**在50mg/L浓度下对棉蚜的致死率为80%、在2mg/L浓度下对玉米飞虱有80%以上的致死率；2010年日本农业株式会社报道了化合物**6-80**在500mg/L浓度下对褐飞虱和桃蚜的致死率为100%；2009年拜耳报道了化合物**6-81**在500g/hm^{2}剂量下对辣根猿叶虫和桃蚜的致死率大于80%，在20mg/L浓度下对南方根结线虫的致死率大于80%。

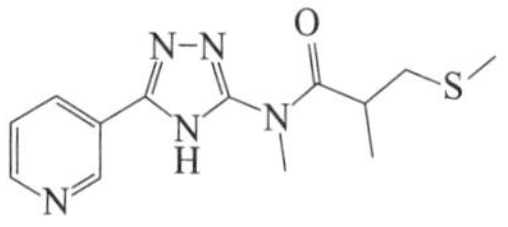

6-61 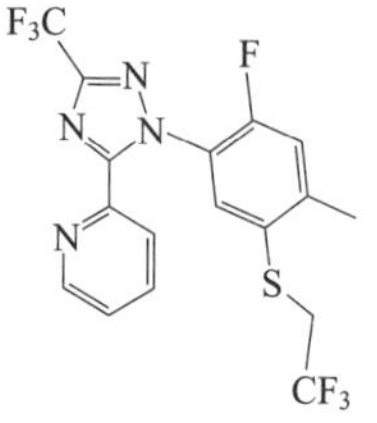 **6-62** 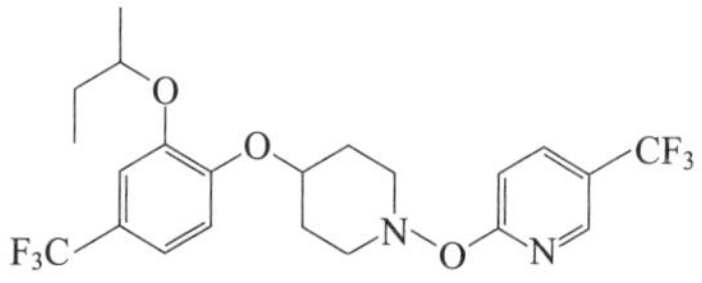 **6-63**

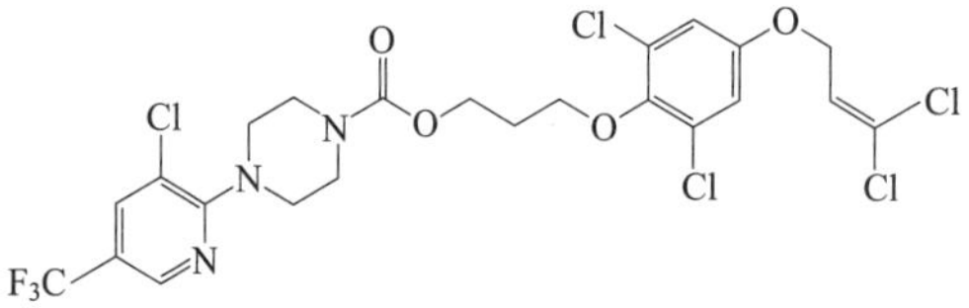

6-64 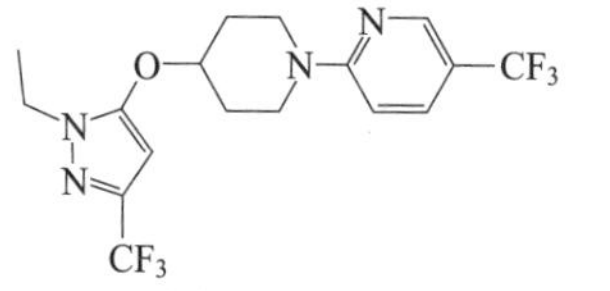 **6-65**

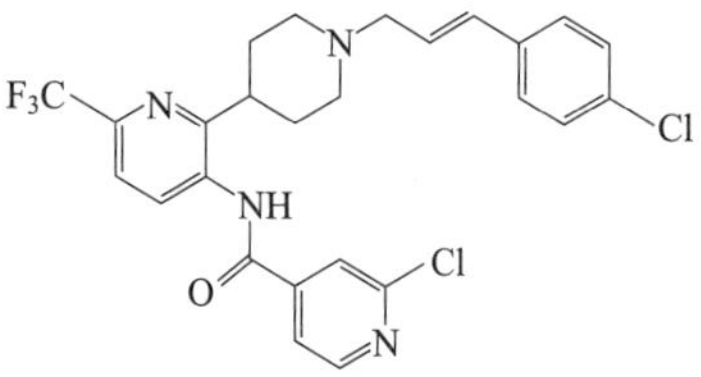

6-66 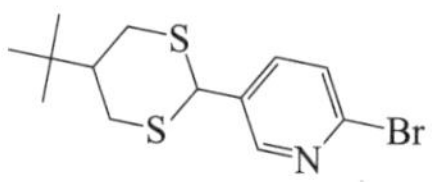 **6-67** 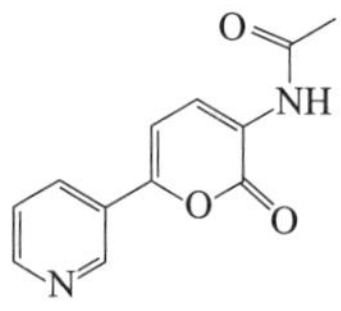 **6-68**

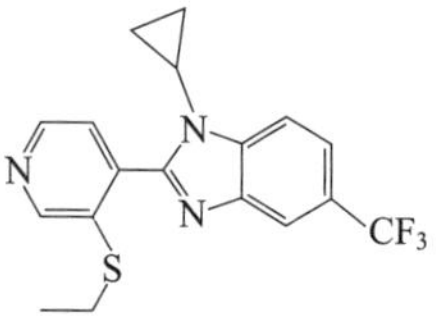

6-69 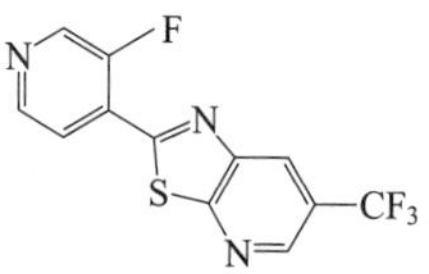 **6-70** 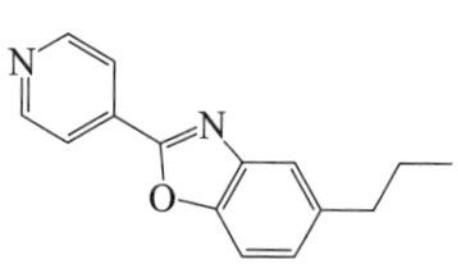 **6-71** 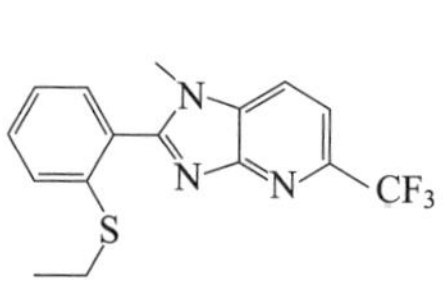 **6-72**

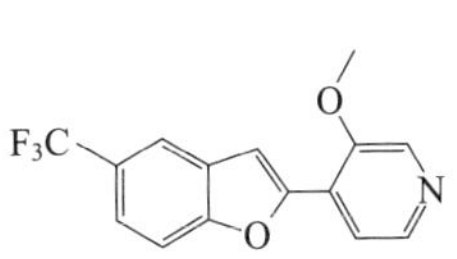

6-73 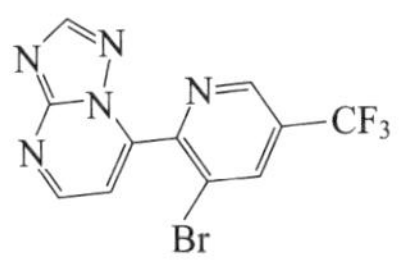　6-74 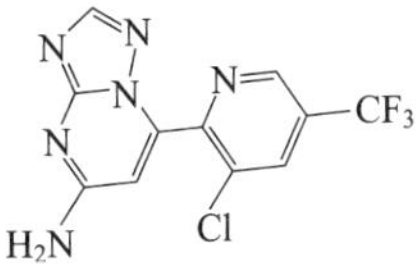　6-75 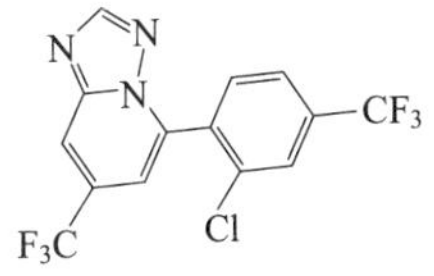　6-76

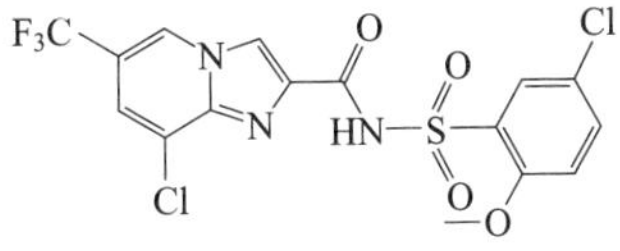

6-77 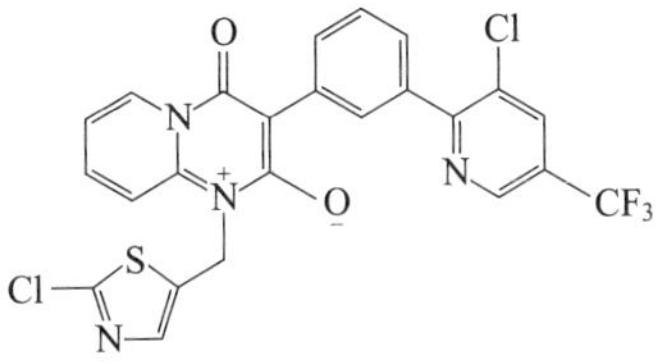　6-78 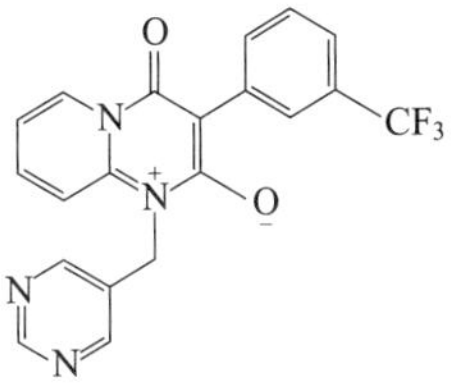　6-79

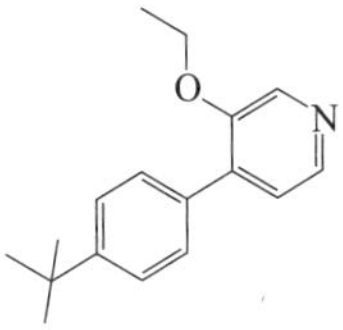

6-80 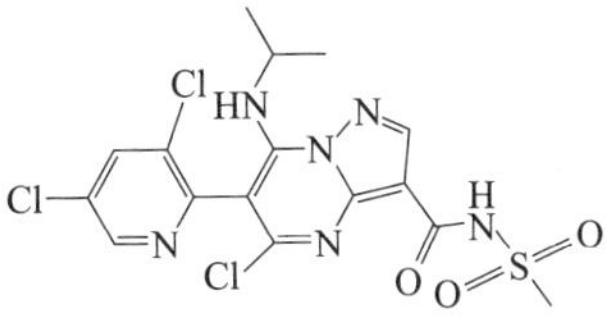　6-81

从近几年报道的吡啶类化合物在杀虫（螨）方面的活性情况可看出：①对已知结构类型的农药进行改造依然是研发的重点，如杀虫剂中新烟碱类和鱼尼丁受体激活剂邻甲酰氨基苯甲酰胺类依然是各大公司研发的热点。②保留活性组分引入新的片段得到超出专利范围外的化合物仍然是分子设计的重点。如从杀虫剂氯虫酰胺到氰虫酰胺，吡啶联吡唑部分没有变化，仅将苯环上的氯变为氰基，获得了更好的杀虫效果，2013 年公开的杀虫剂环溴虫酰胺（cyclaniliprole）属于鱼尼丁受体激活剂，其创制也是保留了吡啶联吡唑部分，对苯甲酰胺部分进行修饰而得到的。

6.2 创制过程

为了解决病虫草产生的抗性，减轻农药使用给环境带来的压力，满足人们对食物的需求，让人们吃上更安全放心的瓜果蔬菜等，新农药创制研究人员必须连续不断地为之提供高效、安全的、新的作物保护产品，即绿色新农药品种。结合专利报道或者已商品化的高活性化合物的片段，合成出含高活性片段的新型化合物，是一种行之有效的方法。本节从该创制过程中获得启发，利用自己合成的芳基联吡啶类化合物为原料，通过化学反应合成新的中间体，再利用该中间体衍生化法直接合成法得到新的化合物。如下图所示，文献 WO 2011072174A、CN 101381342A、Eur J Med Chem 44：4726-4733（2009）报道的哌啶环具有很好的活性，通过与氯代吡啶的反应得到关键中间体，再利用直接合成法通过缩合和水解反应得到中间体 **6-82**～**6-92**，再通过活性筛选与优化得到候选杀螨剂 **6-93**[2～5]。

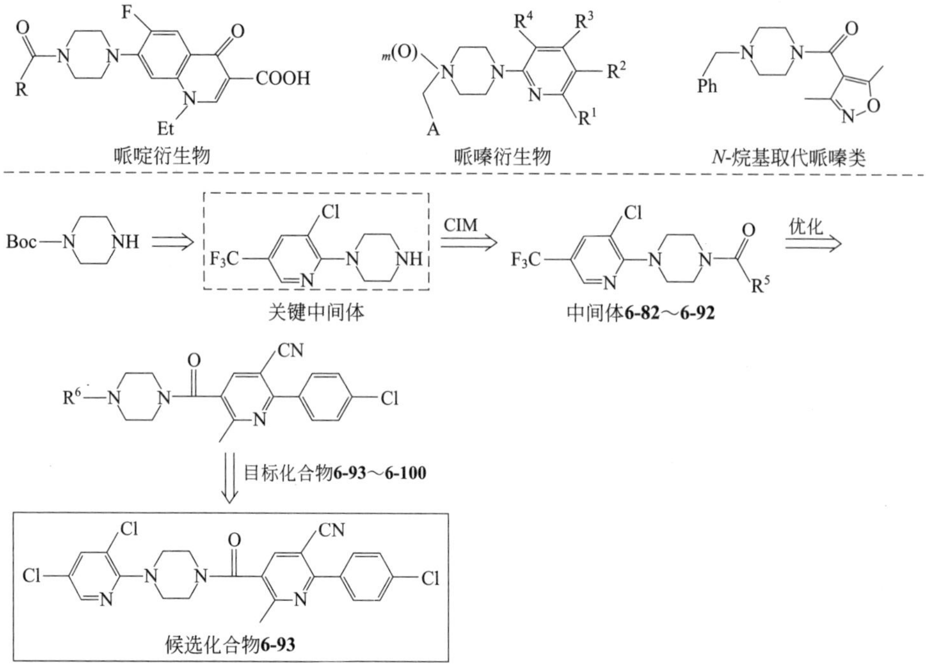

哌啶衍生物　哌嗪衍生物　*N*-烷基取代哌嗪类

关键中间体　中间体**6-82～6-92**

目标化合物**6-93～6-100**

候选化合物**6-93**

6.3 合成路线

关键中间体的合成方法如下：

(1) 4-(3-氯吡啶-2-基)哌嗪-1-碳酸叔丁酯[tert-butyl 4-(3-chloropyridin-2-yl)piperazine-1-carboxylate]的合成

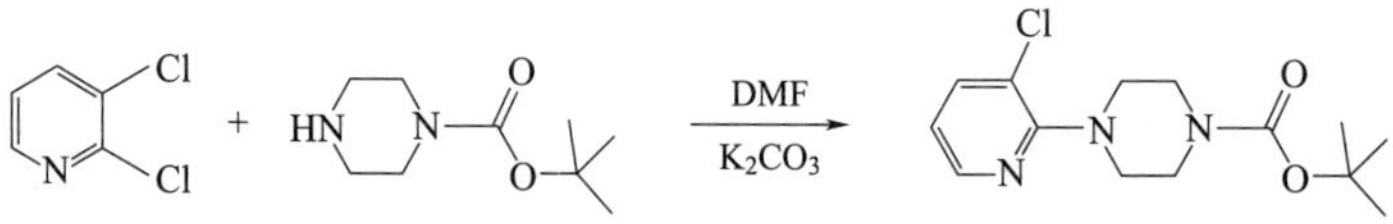

DMF, K_2CO_3

将10g(0.068mol)2,3-二氯吡啶放入500mL的单口瓶中，向其中加入100mL DMF室温搅拌使其溶解，向其中加入9.5g(0.068mol)碳酸钾、13.0g(0.068mol)*N*-Boc哌嗪，升温至50℃，反应2h，TLC监测反应完毕后，将反应液倒入水中，有固体析出，抽滤得白色固体10.9g，纯度：80.7%，收率：54.2%。

(2) 2-三氟甲基-5-氰基-6-羟基-烟酸乙酯[ethyl 5-cyano-6-hydroxy-2-(trifluoromethyl)nicotinate，**6-94**]的合成

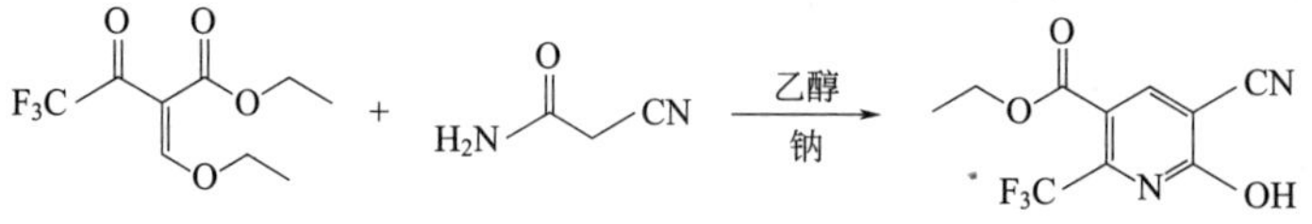

乙醇, 钠

6-94

取金属钠11.0g(0.48mol)，用刀切成薄片，分批缓慢加入到约200mL乙醇的1000mL圆底烧瓶中，加入完毕后，用电热套加热，以促进反应进行。当无金

属钠悬浮后，冷却至室温，将 100.0g(0.42mol)2-(乙氧基亚甲基)-4,4,4-三氟-3-氧代丁酸乙酯和 35.0g(0.42mol)氰基乙酰胺加入上述乙醇钠溶液中，室温反应 5 h，TLC 监测反应完毕后，降压除去溶剂，将残余物倒入水中，调 pH 至强酸性，有大量固体析出，抽滤，滤饼用水洗涤，空气干燥得白色固体 70.8 g，纯度：92.9%，收率：65.4%。

(3) 2-三氟甲基-5-氰基-6-氯-烟酸乙酯[ethyl 6-chloro-5-cyano-2-(trifluoromethyl)nicotinate,**6-95**]的合成

草酰氯

6-94 **6-95**

将 70.8g(0.27mol)2-三氟甲基-5-氰基-6-羟基-烟酸乙酯放入 1000mL 单口烧瓶中，向其中加入草酰氯，升温至回流，反应 8h，TLC 监测反应完毕后，降压除去溶剂，将残余物倒入水中，有固体析出，抽滤，滤饼用水洗涤，空气干燥得土黄色固体 59.7g，纯度：89.6%，收率：78.7%。

(4) 中间体 **6-96** 的合成

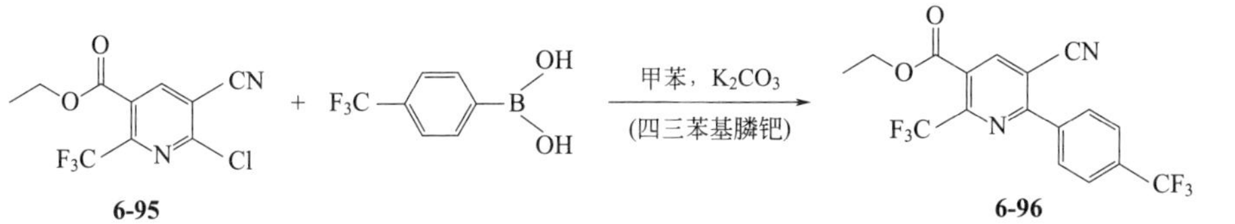

甲苯，K_2CO_3 (四三苯基膦钯)

6-95 **6-96**

将 20.0g(0.072mol)2-三氟甲基-5-氰基-6-氯-烟酸乙酯放入 500mL 单口烧瓶中，向其中加入 250mL 甲苯，再向其中加入 10g(0.072mol)碳酸钾，再称取 13.5g(0.072mol)对三氟甲基苯硼酸放入其中，加入催化量的四三苯基膦钯，升温至回流，反应 4h，TLC 监测反应完毕后，冷却至室温，抽滤，滤饼用 100mL 甲苯洗涤 3 次，将滤液旋干得到棕色固体 25.3g，纯度：85.3%，收率：90.7%。

(5) 化合物 **6-93** 的合成

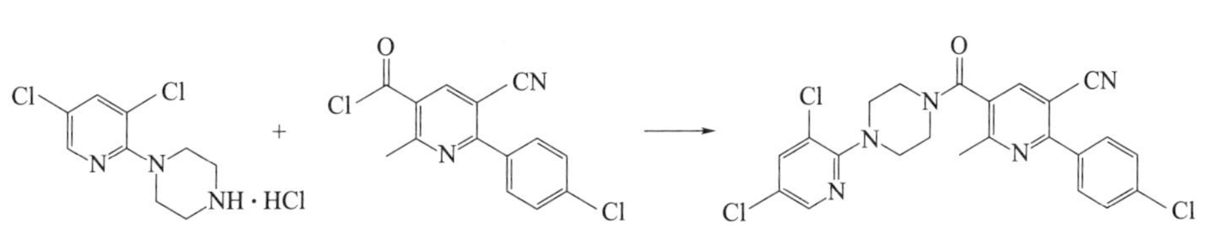

取 0.5g1-(3-氯吡啶-2-基)哌嗪盐酸盐、三乙胺 0.42g(4.2mmol) 于 50mL 反应瓶中，加入 15mL 二氯甲烷，搅拌下加入 0.62g(2.1mmol)2-甲基-5-氰基-6-(4-氯苯基)-烟酰氯，室温搅拌反应 1h。TLC 监测反应完毕后，过滤，滤液减压脱溶，残余物经柱色谱分离得产品 0.55g，收率：57.0%。

6.4 生物活性

(1) 室内杀螨活性研究 如表 6-1 所示，中间体 **6-82**～**6-92** 中除了 **6-92** 可以有效控制朱砂叶螨外，**6-82**～**6-91** 均在 600mg/L 下对朱砂叶螨无明显活性，在低浓度下中间体 **6-92** 也具有很好的活性，优于商品化品种螺螨酯。以中间体 **6-92** 为先导化合物，进一步优化得到化合物 **6-93**～**6-99**，对朱砂叶螨表现出一定的活性，尤其化合物 **6-93** 活性显著优于螺螨酯和中间体 **6-92**。化合物 **6-93** 在 5mg/L、2.5mg/L、1.25mg/L 浓度下对朱砂叶螨的致死率分别为 100%、95%、85%。

表 6-1 化合物 6-82～6-99 对朱砂叶螨成虫的活性

化合物	不同浓度化合物对朱砂叶螨成虫的致死率/%					
	600mg/L	100mg/L	10mg/L	5mg/L	2.5mg/L	1.25mg/L
6-82	0	—	—	—	—	—
6-83	0	—	—	—	—	—
6-84	0	—	—	—	—	—
6-85	0	—	—	—	—	—
6-86	0	—	—	—	—	—
6-87	0	—	—	—	—	—
6-88	0	—	—	—	—	—
6-89	0	—	—	—	—	—
6-90	24	—	—	—	—	—
6-91	25	—	—	—	—	—
6-92	100	100	98	80	55	42
6-93	100	100	100	100	95	85
6-94	90	97	62	—	—	—
6-95	100	100	43	—	—	—
6-96	100	56	36	—	—	—
6-97	34	—	—	—	—	—
6-98	98	84	4	—	—	—
6-99	20	—	—	—	—	—
螺螨酯	—	—	—	43	27	15

通过表 6-2 可知，化合物 **6-93** 的 LC_{50} 值为 0.8977mg/L，明显优于螺螨酯（LC_{50}=6.0526mg/L）、哒螨灵（LC_{50}=2.7456mg/L）。

表 6-2 化合物 6-93、螺螨酯、哒螨灵对朱砂叶螨成虫的 LC_{50} 值

化合物	朱砂叶螨成虫		
	$Y=a+bX$	LC_{50}/(mg/L)	95% 置信区间
6-93	$Y=5.1394+2.9751X$	0.8977	0.7723～1.0436
98% 螺螨酯 TC	$Y=3.8169+1.441X$	6.0526	4.8089～7.4311
90% 哒螨灵 TC	$Y=3.5424+0.8156X$	2.7456	1.4926～5.0504

通过表 6-3 可知，化合物 **6-93** 对朱砂叶螨的卵和幼虫都表现出较好的活性。在 5mg/L 浓度下，化合物 **6-93** 对卵的抑制率为 95%，与螺螨酯、哒螨灵相当；2.5mg/L 浓度时，化合物 **6-93** 对卵的抑制率为 72%，稍微优于螺螨酯，差于哒螨灵。对朱砂叶螨的幼虫，在 5mg/L 浓度下，化合物 **6-93** 的抑制率为 100%，稍优于螺螨酯、哒螨灵；0.5mg/L 浓度时，与螺螨酯相当，稍优于哒螨灵。

表 6-3 化合物 6-93、螺螨酯、哒螨灵对朱砂叶螨卵、幼虫的抑制率或致死率

化合物	对卵的抑制率/%			对幼虫的抑制率/%		
	10mg/L	5mg/L	2.5mg/L	50mg/L	5mg/L	0.5mg/L
6-93	97	95	72	100	100	74
98% 螺螨酯 TC	100	93	63	98	86	74
95% 哒螨灵 TC	100	100	87	100	98	61

（2）田间药效试验　试验结果（表 6-4）表明：化合物 **6-93** 药后 3d 对全爪螨的防治效果在 75%以上，差于哒螨灵 EC（97.12%）、螺螨酯 SC（84.29%）；但在 16d 后，防效在 93%，稍微弱于哒螨灵 EC（100%）、螺螨酯 SC（99.06%）。

表 6-4 化合物 6-93 防治柑橘全爪螨田间试验结果（湖南）

序号	浓度/(mg/L)	致死率/%									
		1d	差异	3d	差异	7d	差异	16d	差异	21d	差异
6-93 TC	50	65.62	ab	75.89	ab	78.38	ab	93.13	ab	88.96	b
	100	72.93	a	77.21	b	89.41	ab	93.49	ab	91.05	b
24%螺螨酯 SC	50	62.00	ab	84.29	ab	98.12	ab	99.06	ab	100	a
15%哒螨灵 EC	100	66.09	ab	97.12	a	100	a	100	a	93.23	ab

结果（表 6-5）表明：化合物 **6-93** 药后 3 天对苹果叶螨的防治效果在 80%以上，优于同等浓度下的螺螨酯 SC（60.78%），差于同等浓度的哒螨灵 EC（90.91%）；药后 14d，化合物 **6-93** 在 50mg/L 浓度下防效在 74.04%，100mg/L 浓度时防效为 83.63%，弱于同等浓度下的螺螨酯 SC（94.59%），优于同等浓度

下的哒螨灵 EC（72.77%）。

表 6-5　化合物 6-93 防治苹果叶螨田间试验结果（辽宁）

序号	浓度/(mg/L)	致死率/%							
		1d	差异	3d	差异	7d	差异	14d	差异
6-93 TC	50	81.60	bc	82.59	bc	69.03	cd	74.04	c
	100	85.16	ab	80.40	bc	83.89	bc	83.63	bc
24%螺螨酯 SC	50	52.28	d	60.78	d	95.05	ab	94.59	ab
15%哒螨灵 EC	100	84.40	ab	90.91	b	84.74	bc	72.77	c

6.5　专利情况

专利情况见表 6-6。

表 6-6　芳基吡啶类杀螨剂的专利情况

专利名称	专利号	申请日
芳基吡(嘧)啶类化合物及其用途	CN 104418800 B	2013-09-06
芳基吡(嘧)啶类化合物及其用途	WO 2015/032280 A1	2015-03-12
具有杀虫杀螨活性的 2-苯基烟酸衍生物	CN 106316931 A	2015-07-10

参　考　文　献

[1]　徐英．芳基联吡啶类化合物的设计合成与生物活性研究．沈阳：沈阳化工研究院，2014.

[2]　Xie Y，Xu Y，Liu C，et al. Intermediate derivatization method in the discovery of new acaricide candidate：synthesis of *N*-substituted piperazines derivatives and their activity against phytophagous mites. Pest Manag Sci，2017，73：945-952.

[3]　刘长令，谢勇，宋玉泉，等．芳基吡（嘧）啶类化合物及其用途：WO 2015/032280 A1. 2014.

[4]　刘长令，徐英，王军锋，等．取代芳基吡啶类化合物及其用途：CN 105348298 A. 2014.

[5]　谢勇，刘长令，班兰凤，等．具有杀虫杀螨活性的 2-苯基烟酸衍生物：CN 106316931 A. 2015.

索 引

H

J

K

L

M

N

P

Q

S

T

W

X

Y

Z

其他